量子光学导论

戴宏毅　编著

科 学 出 版 社

北　京

内 容 简 介

本书系统阐述量子光学的基本理论、概念、方法及其在量子信息处理中的应用。全书分为 9 章，主要内容包括量子力学基础、光场的量子化、相干态表象及其准概率分布函数、光场的相干性及其干涉理论、光场的压缩态、经典光场与原子相互作用的半经典理论、量子光场与原子相互作用的全量子理论、量子光学中的物理实验系统、开放量子系统的量子理论等。每章附有例题、小结和习题，方便学生学习与训练。

本书可作为量子信息科学等相关专业研究生、高年级本科生的教材，也可作为相关学科研究的科研工作者、教师参考用书。

图书在版编目（CIP）数据

量子光学导论 / 戴宏毅编著. -- 北京 : 科学出版社, 2024.8. — ISBN 978-7-03-078874-0

Ⅰ. O431.2

中国国家版本馆 CIP 数据核字第 2024JV4241 号

责任编辑：张艳芬　李　娜 / 责任校对：崔向琳
责任印制：师艳茹 / 封面设计：无极书装

科 学 出 版 社 出版
北京东黄城根北街 16 号
邮政编码：100717
http://www.sciencep.com
北京天宇星印刷厂印刷
科学出版社发行　各地新华书店经销
*
2024 年 8 月第　一　版　开本：720×1000　1/16
2024 年 8 月第一次印刷　印张：19 1/2
字数：388 000

定价：140.00 元

（如有印装质量问题，我社负责调换）

前言

量子光学不仅是光学领域的基础学科，也是当前物理学中发展最活跃的领域之一。现代量子光学是 20 世纪 60 年代诞生、90 年代初趋于成熟的一门学科。

量子理论是探究微观世界粒子运动规律的基础理论，量子光学是一门运用量子理论研究光场的非经典效应，以及光与物质相互作用过程中非经典现象的学科。量子光学用于观测符合量子力学规律复杂多样的物理现象，研究对光子的操纵和相干调控，不仅以其不可或缺的实验方法验证了部分尚存在争议的量子力学的基本原理，促进了量子力学的纵深发展，而且与信息科学交叉融合，将量子光学基本理论与量子操控的独特实验方法应用于信息处理，开拓出极为实用的量子信息新领域，促使量子信息科学的诞生。

量子光学从一门专门研究光和光场量子特性的学科，目前已演变为融合量子通信、量子计算、量子精密测量等量子信息科学，其应用极为广泛，为量子信息科学和技术的发展提供了基础。

目前量子光学可以分为以下两个部分：

第一部分是量子光学的基础理论，也是从事量子光学和量子信息学研究必须掌握的部分，内容包括：光场的量子相干性、统计性以及压缩特性(即光场的量子化、光场本身的量子统计性质、相干性质、光场的压缩特性)，经典光场和量子光场分别与原子相互作用的半经典理论和全量子理论，量子光学中具体的物理实验系统，以及开放量子系统的量子理论等。

第二部分是量子光学前沿(最新发展)。这部分内容广泛且丰富、发展和更新速度快，从曾经很活跃、很前沿的激光半经典理论、共振荧光、超荧光、超辐射以及光学双稳态等，到当前迅猛发展的量子通信、量子计算与量子模拟、量子精密测量、量子关联成像、量子网络、冷原子物理等。

本书着重阐述第一部分内容，对第二部分内容不进行专门介绍，但将其中的重要内容和核心概念，如激光理论、纠缠态制备、纠缠度量、退相干、边带冷却等穿插融入其中进行介绍。这是因为从事量子信息科学等专业的学生还有更加具体和深入的专业课、专题课及前沿讲座对第二部分内容进行专门讨论。

本书是作者在国防科技大学讲授量子光学课程多年所用讲义的基础上，精心总结而成的。本书具有如下特点：

(1) 内容选择方面，考虑量子光学自身理论体系的科学性、系统性、完整性及其内在联系；尽可能多地把量子光学的新概念、新理论、新方法和新应用融合其中，突出反映书中内容的现代化和时代性，增强实用性和针对性。

(2) 内容优化方面，融合作者多年量子光学教学与量子信息科研的积累，从当前量子光学的研究成果中选择提炼出适合研究生教学的内容，丰富并完善从事量子信息研究所需要的量子光学基础理论，优化充实该课程的教学内容。

(3) 内容组织方面，遵循本领域认知规律，注重内容精练，重点突出，语言简洁，推导详尽，循序渐进，论述清楚；突出物理思想、物理方法、物理图像的清晰展现；强化多思考提出问题、多总结提炼分析问题和多交流优化解决问题过程的完整表达。

(4) 习题编排方面，每章精选一些与课本内容密切联系的习题，一些教材内容也以习题的形式呈现。习题形式自由灵活，难易程度不同，涉及知识面广；方便不同学习程度的学生选择相应习题进行演算和求解。

本书旨在使学生较系统和全面地掌握量子光学的基础理论，把握量子光学的发展方向；能够使学生较快地进入量子光学和量子信息的前沿领域，开展相关科学研究；同时，也有益于培养学生提出问题、分析问题和解决问题，以及自主学习与科学创新的能力。

本书要说明的是，书中矢量、向量、矩阵都用黑体。希尔伯特空间的态矢量用狄拉克符号右矢$|\ \rangle$、左矢$\langle\ |$内括上符号或相应的量子数来表示。如右矢$|\psi\rangle$表示量子态，左矢$\langle\psi|$则是其厄米共轭，有时也用黑体$\boldsymbol{\psi}$、$\boldsymbol{\psi}^*$表示。密度算符也称为密度矩阵，书中均用黑体$\hat{\boldsymbol{\rho}}$表示。希尔伯特空间上的算符，在取定基后也可用矩阵表示，但为了书写和阅读方便，一般写成白体，只有在表示为矩阵形式时才作黑体处理。

在本书即将出版之际，作者要向给予本书支持与帮助的国防科技大学教师、学生表示衷心的感谢。感谢李承祖教授，是他引导作者转向量子信息科学的研究；感谢江天研究员、陈平形教授、刘伟涛教授、张婷副教授，在作者从事量子科学研究与教学过程中得到他们的大力支持；感谢吴春旺副教授，他与作者就书中有关问题进行了讨论；感谢周艳丽副教授，她对本书进行审阅并提出了宝贵意见；感谢邹宏新研究员、邓志姣教授、钟鸣教授、吴伟副教授、张杰副研究员、林惠祖副研究员、沈咏副研究员、谢艺副研究员、欧保全高级实验师、李春燕副教授、孙帅博士、周勇壮博士等的热心帮助。还要感谢智能科学学院的张明教授、龚京忠教授，他们对本书的撰写提出许多宝贵的建议。聂镇武、熊凯莉、何思文、何林贵、穆姝颖、汪伟全、许梦亮、张鹏飞等研究生曾阅读了本书部分初稿并提出了有益建议，在此一并表示感谢！

由于作者学识水平有限，书中难免存在不妥之处，敬请读者批评指正！作者邮箱：hydai@nudt.edu.cn 和 daihongyi1@163.com。

戴宏毅
2024 年 1 月

目　录

第 1 章　量子力学基础

本章首先回顾量子光学的发展历程；然后阐述量子力学中的绘景、旋转参考系以及它们之间哈密顿量的变换；接着讨论密度算符及其性质；最后介绍约化密度算符及其在期望值计算、纠缠态定义、纠缠度量等量子信息处理中的应用。这些讨论不但可以使人们对量子力学有一定的了解，而且是深入学习后面各章节的必要知识和基础。

1.1　量子光学的发展历程

人类对光的认识源远流长，对光的本性的认识经历了漫长、复杂、曲折的过程。光学随着人类对光的本质的不断探究而不断发展，有时甚至是螺旋式发展。17 世纪，明确形成了粒子说和波动说两大对立学说。波动说缺乏严谨的数学基础以及牛顿的威望，使得粒子说一直处于上风。直到 19 世纪初，托马斯 · 杨进行了著名的杨氏双缝干涉实验，光的波动说才获得人们的普遍认可。19 世纪 60 年代，麦克斯韦提出光的电磁理论，建立了麦克斯韦电磁方程组，预言了电磁波的存在，其传播速度等于光速，说明光是一种电磁波。后来，赫兹实验证实了麦克斯韦电磁理论，并发现了后来所知的光电效应。

19 世纪末至 20 世纪初，科学家发现了黑体辐射、光电效应等新的深层次的光学现象，在用波动理论解释这类涉及光的产生以及光与物质相互作用的新现象时，遇到了当时无法克服的困难。当然，这些困难成为即将到来的量子力学革命的种子，引发了光的量子特性研究，孕育了量子力学，推动了量子光学的发展。

量子光学的发展历程可分为三个阶段。

第一阶段：提出了光量子理论和电磁场量子化思想。

1900 年，普朗克为解释黑体辐射的紫外灾难问题，提出了能量量子化；1905 年，爱因斯坦针对经典理论解释光电效应所遇到的困难，总结了光学发展过程中微粒说和波动说长期争论的历史，在普朗克能量子假说的基础上，提出了光的量子学说，圆满解释了光电效应。至此，光的粒子性又被重新认识并赋予全新的内涵，使人们对光的本性的认识产生了飞跃，揭示了光同时具有粒子性和波动性的双重性质。不久，科学家认识到光的波粒二象性是微观世界中一切物质普遍存在的共同性质，并促进了量子力学的建立和发展[1]。

量子理论是现代物理学的两大基石之一，不仅革新光学，开启了光的量子特性的研究，而且成为物理学发展史上一个新纪元的开端，引发了物理学基本理论的变革。许多物理学家通过颠覆性的创新发展，逐渐建立了一套完整的量子力学理论。这标志着人类对自然的认识、对客观规律的探索从宏观领域进入微观领域物理学新时代。量子力学发展历程中三个重要时期的主要成果如表 1.1.1 所示。

表 1.1.1 量子力学发展历程中三个重要时期的主要成果

<table>
<tr><th>时期</th><th>时间</th><th>代表人物</th><th>假设或理论</th></tr>
<tr><td rowspan="3">旧量子论时期</td><td>1900 年</td><td>普朗克</td><td>提出了著名的黑体辐射理论和能量量子化</td></tr>
<tr><td>1905 年</td><td>爱因斯坦</td><td>提出了光量子理论，圆满解释了光电效应，后来又提出了光的波粒二象性思想、受激辐射理论，预言了激光</td></tr>
<tr><td>1913 年</td><td>玻尔</td><td>提出了用氢原子结构的玻尔模型来解释氢原子光谱，后来又提出了互补原理和哥本哈根诠释来解释量子力学</td></tr>
<tr><td rowspan="5">量子力学创立和完善时期</td><td>1923 年</td><td>德布罗意</td><td>提出了著名的“物质波”假设，指出光的波粒二象性是微观世界中一切物质的共同性质</td></tr>
<tr><td>1925 年</td><td>海森伯</td><td>建立了矩阵力学，后来又阐述了不确定性原理</td></tr>
<tr><td>1926 年</td><td>薛定谔</td><td>建立了波动力学和薛定谔方程</td></tr>
<tr><td>1926 年</td><td>玻恩</td><td>进行了波函数的统计诠释</td></tr>
<tr><td>1926～1928 年</td><td>狄拉克</td><td>创建了狄拉克符号、态矢量及量子力学表象理论，同时进行了电磁场的量子化，建立了量子场论的基础，并建立了相对论波动方程，预测了反粒子</td></tr>
<tr><td rowspan="3">量子力学纵深发展时期</td><td>1935 年</td><td>爱因斯坦、波多尔斯基、罗森</td><td>发表了称为爱因斯坦-波多尔斯基-罗森(Einstein-Podolsky-Rosen, EPR)佯谬的论文，认为量子纠缠这种超距相互作用是不可思议的</td></tr>
<tr><td>1964 年</td><td>贝尔</td><td>提出了贝尔不等式，使 EPR 佯谬问题的实验检验成为可能</td></tr>
<tr><td>1972 年至今</td><td>克劳泽、阿斯佩、蔡林格</td><td>进行光子纠缠实验，验证了贝尔不等式在量子世界中不成立，开创了量子信息科学</td></tr>
</table>

第一阶段进行了电磁场的量子化，光的量子特性被认知，但是对光场的量子特性研究是在 20 世纪 60 年代激光发明以后。

第二阶段提出了光场相干性的量子理论，发明了激光，即量子光学诞生期。

作为研究光场量子特性的重要学科分支，量子光学是在激光技术被发明以后才逐渐发展和成熟起来的。

1956 年，汉伯里 · 布朗(Hanbury Brown)和特维斯(Twiss)首次实现了一种能够观测光场的强度关联实验(称为 HBT 实验)，发现了热光源的光子聚束现象。HBT

实验大大促进了量子光学的发展，是物理学史上著名的三大干涉实验之一。

1960 年，梅曼(Maiman)发明了世界上第一台红宝石激光器。激光相干光源因相干性、单色性、方向性俱佳和亮度极强，可使光场的量子特性得到展现和观测，同时使激光场与物质相互作用的非经典现象能更方便地得到实验观测和调控。激光被誉为 20 世纪继核能、计算机、半导体之后的重大发明，对人类科学技术和人们日常生活的意义重大。

1963 年，格劳伯(Glauber)针对在对光本身特性进行描述时遇到的困难，认为量子化的电磁场并不能代表光的一切性质，大量光子的集体行为与普通光子有很大区别，应该发展量子理论来探索光的本质，从而创造性地提出了光的相干性的量子理论，成功描述了光量子的运动规律，奠定了量子光学的基础，开创了一门全新学科，极大地拓展了现代光学的研究范围。

1963 年，杰恩斯(Jaynes)和卡明斯(Cummings)提出了旋转波近似下表征量子单模光场与二能级原子相互作用的 Jaynes-Cummings 模型(简称 J-C 模型)。此后，人们围绕 J-C 模型及其各种推广形式开展了大量富有成效的理论与实验研究。

后来，科学家又相继进行了激光光子统计、共振荧光实验中的反聚束效应、亚泊松分布效应、压缩态产生、纠缠态制备等实验，使量子光学的发展日益成熟。

第三阶段用激光来控制物质的思想。

从物质对光的控制发展到利用激光来控制物质的思想是量子光学发展过程中的一个巨大进步，激光已成为人们认识和操控微观世界的有力工具。

原先，光与物质作用的研究和应用仅局限于物质对光的作用和控制，控制光的状态和运动，如利用晶体调节光的频率、控制光的相位、选择光的偏振态等。

在激光发明以后，出现了用激光冷却和控制物质的思想，并取得了突破性进展。激光冷却、囚禁与操控方法为量子物理领域全新而重要的实验开启了微观操控的大门。近年来，量子信息学、基于原子的激光冷却和囚禁的冷原子物理是量子光学发展中产生的非常活跃的前沿研究领域，无论是在基础研究方面还是在应用研究方面都具有重要意义。这可从 1997 年(发明用激光冷却和囚禁原子的方法)、2001 年(实现冷原子的玻色-爱因斯坦凝聚)、2005 年(建立光的量子相干理论及发展激光的精密光谱学)、2012 年(提出的突破性实验方法能测量和操控单个量子系统而不破坏其量子性质)、2018 年(在激光物理学领域的突破性发明：光镊技术及啁啾脉冲放大技术)和 2022 年(用纠缠光子验证了量子领域不遵循贝尔不等式,开创了量子信息学)的诺贝尔物理学奖授予该领域的 17 位科学家得到充分说明。

量子光学实行对光子的操纵和相干调控，观测符合量子力学规律的复杂多样的物理现象，已从一门专门研究光场量子特性的学科，逐渐演变为融合量子信息科学、冷原子物理、激光物理等多个研究领域的大学科，在新兴的量子信息科学中发挥着不可替代的作用。

当前，量子科学技术的迅猛发展展现出微观系统中量子操控蕴含的广阔应用前景。利用量子特性开发量子通信、量子计算和量子精密测量等崭新的应用技术。利用光场进行操控和探测，无论是在验证量子力学基本原理，还是在量子通信、量子计算、量子精密测量等应用研究中，均是重要的手段；同时，它还为不同学科的交叉融合提供了研究基础、实验方法和技术支撑。量子精密测量不仅可突破传统探测手段的局限，而且在提升测量精度、简化测量过程中发挥着重要作用。例如，利用光的压缩态可以做到低于量子噪声极限的精密测量；将 NOON 态等非经典态作为马赫-曾德尔干涉仪的探测态，测量精度不仅可以超越标准量子极限，甚至可以达到海森伯极限。

目前，量子光学的发展为探索微观系统各种奇妙的量子效应提供了极佳的理论基础，同时也为提升人类量子操控的能力和开发各种新的量子技术提供了保障[1]。21 世纪，量子领域的新发现、量子光学的新发展，使得量子通信、量子计算和量子精密测量等量子技术密集涌现，预示着第二次量子革命的到来。

1.2 量子力学中的绘景

量子系统随时间的演化包括态矢量和物理量算符两个方面，因此描述微观量子系统状态及其动力学规律的方式不是唯一的，对时间演化的处理方式不同，使得量子力学具有不同的绘景。绘景是描述量子系统随时间演化的方式，通常有薛定谔绘景、海森伯绘景和相互作用绘景[2-7]。为了进行区分，常对三种绘景中的任意态矢量和物理量算符分别用下标 S、H 和 I 标记。这三种绘景都是量子力学的表述，在物理上等价，所获结果完全一致。

为便于转换和比较，约定在初始时刻 t_0，三种绘景的态矢量和物理量算符相同。

1.2.1 薛定谔绘景

薛定谔绘景是指力学量算符与时间无关，而系统态矢量随时间演化的一种绘景。在薛定谔绘景中，系统态矢量随时间的演化由薛定谔方程描述，即

$$\mathrm{i}\hbar\frac{\mathrm{d}|\psi_{\mathrm{S}}(t)\rangle}{\mathrm{d}t}=\hat{H}|\psi_{\mathrm{S}}(t)\rangle \tag{1.2.1}$$

式中，$\hat{H}$ 和 $|\psi_{\mathrm{S}}(t)\rangle$ 分别为希尔伯特空间中薛定谔绘景的哈密顿量和系统态矢量(有时为书写方便，常省略薛定谔绘景的标记 S)。

根据薛定谔方程(1.2.1)和初始时刻 t_0 的态矢量 $|\psi_{\mathrm{S}}(t_0)\rangle$ 条件，可求出 t 时刻的态矢量 $|\psi_{\mathrm{S}}(t)\rangle$ 为

$$|\psi_S(t)\rangle = \hat{U}(t,t_0)|\psi_S(t_0)\rangle \tag{1.2.2}$$

式中，$\hat{U}(t,t_0)$ 为系统哈密顿量决定的时间演化算符，其作用是将 t_0 时刻的态矢量变换为 t 时刻的态矢量。

将式(1.2.2)代入薛定谔方程(1.2.1)可得到时间演化算符方程，即

$$\mathrm{i}\hbar\frac{\mathrm{d}\hat{U}(t,t_0)}{\mathrm{d}t} = \hat{H}\hat{U}(t,t_0) \tag{1.2.3}$$

对式(1.2.3)两边从 t_0 到 t 积分，并利用初始条件 $\hat{U}(t_0,t_0)=1$，可得

$$\hat{U}(t,t_0) = 1 + \frac{1}{\mathrm{i}\hbar}\int_{t_0}^{t}\mathrm{d}t_1\hat{H}(t_1)\hat{U}(t_1,t_0) \tag{1.2.4}$$

对式(1.2.4)进行逐次迭代，可得

$$\hat{U}(t,t_0) = 1 + \sum_{n=1}^{\infty}\left(\frac{1}{\mathrm{i}\hbar}\right)^n \int_{t_0}^{t}\mathrm{d}t_1\int_{t_0}^{t_1}\mathrm{d}t_2\cdots\int_{t_0}^{t_{n-1}}\mathrm{d}t_n\hat{H}(t_1)\hat{H}(t_2)\cdots\hat{H}(t_n) \tag{1.2.5}$$

当 $\hat{H}$ 不显含时间(即薛定谔绘景中哈密顿量与时间无关)时，注意到 $\int_{t_0}^{t}\mathrm{d}t_1\int_{t_0}^{t_1}\mathrm{d}t_2\cdots\int_{t_0}^{t_{n-1}}\mathrm{d}t_n = \frac{(t-t_0)^n}{n!}$，可将式(1.2.5)简化为

$$\hat{U}(t,t_0) = \sum_{n=0}^{\infty}\frac{1}{n!}\left[-\frac{\mathrm{i}}{\hbar}\hat{H}\times(t-t_0)\right]^n = \exp\left[-\frac{\mathrm{i}}{\hbar}\hat{H}\times(t-t_0)\right] \tag{1.2.6}$$

在量子力学中，测量是用一个厄米算符 $\hat{A}$ 来描述，常见的物理量算符有坐标、动量、角动量、能量等。

在薛定谔绘景中，算符 $\hat{A}$ 虽与时间无关，但其期望值一般随时间变化，即

$$\langle\hat{A}\rangle = \langle\psi_S(t)|\hat{A}_S|\psi_S(t)\rangle \tag{1.2.7}$$

可见，在薛定谔绘景中不能直接看出算符随时间变化的规律。首先要知道 $|\psi_S(t)\rangle$ 随时间变化的规律，然后利用式(1.2.7)确定算符 $\hat{A}$ 随时间变化的规律。

1.2.2　海森伯绘景

把量子系统随时间的演化归因于力学量算符随时间的演化，而态矢量不随时间变化的绘景，称为海森伯绘景。

规定在初始时刻 t_0，海森伯绘景中的系统初态与薛定谔绘景中的系统初态相同，于是有

$$|\psi_H(t)\rangle = |\psi_S(t_0)\rangle,\quad \hat{A}_H(t_0) = \hat{A}_S \tag{1.2.8}$$

由于算符 $\hat{A}$ 的期望值与绘景无关，所以有

$$\left\langle \hat{A} \right\rangle = \langle \psi_{\mathrm{S}}(t) | \hat{A}_{\mathrm{S}} | \psi_{\mathrm{S}}(t) \rangle = \langle \psi_{\mathrm{S}}(t_0) | \hat{U}^{\dagger}(t,t_0) \hat{A}_{\mathrm{S}} \hat{U}(t,t_0) | \psi_{\mathrm{S}}(t_0) \rangle$$
$$= \langle \psi_{\mathrm{H}} | \hat{U}^{\dagger}(t,t_0) \hat{A}_{\mathrm{S}} \hat{U}(t,t_0) | \psi_{\mathrm{H}} \rangle = \langle \psi_{\mathrm{H}} | \hat{A}_{\mathrm{H}}(t) | \psi_{\mathrm{H}} \rangle \tag{1.2.9}$$

式中

$$\hat{A}_{\mathrm{H}}(t) = \hat{U}^{\dagger}(t,t_0) \hat{A}_{\mathrm{S}} \hat{U}(t,t_0) \tag{1.2.10}$$

为算符在海森伯绘景中的形式。

因为 $\hat{H}_{\mathrm{S}}$ 与 $\hat{U}(t,t_0)$ 对易，所以 $\hat{H}_{\mathrm{H}} = \hat{H}_{\mathrm{S}} = \hat{H}$ ，也就是说，系统的哈密顿量在这两种绘景中完全相同。

对式(1.2.10)两边求时间导数，并利用式(1.2.3)，可得

$$\frac{\mathrm{d}\hat{A}_{\mathrm{H}}(t)}{\mathrm{d}t} = \frac{\mathrm{d}\hat{U}^{\dagger}(t,t_0)}{\mathrm{d}t} \hat{A}_{\mathrm{S}} \hat{U}(t,t_0) + \hat{U}^{\dagger}(t,t_0) \hat{A}_{\mathrm{S}} \frac{\mathrm{d}\hat{U}(t,t_0)}{\mathrm{d}t}$$
$$= \frac{\mathrm{i}}{\hbar} [\hat{H}, \hat{A}_{\mathrm{H}}(t)]$$

即

$$\mathrm{i}\hbar \frac{\mathrm{d}\hat{A}_{\mathrm{H}}}{\mathrm{d}t} = [\hat{A}_{\mathrm{H}}, \hat{H}] \tag{1.2.11}$$

称为算符的海森伯运动方程，它是在海森伯绘景中描述系统运动规律的动力学方程。当 $[\hat{A}_{\mathrm{H}}, \hat{H}] = 0$ 时，$\hat{A}_{\mathrm{H}}$ 称为守恒量。

下面讨论海森伯绘景中的基矢。首先，在薛定谔绘景中，关于算符 $\hat{A}_{\mathrm{S}}$ 的本征方程为

$$\hat{A}_{\mathrm{S}} | a_i \rangle_{\mathrm{S}} = a_i | a_i \rangle_{\mathrm{S}} \tag{1.2.12}$$

可见，在薛定谔绘景中，基矢不随时间变化，因为此时力学量算符不随时间变化。然后，考察海森伯绘景中的基矢情况。设 t_0 时刻这两种绘景重合，将时间演化算符的厄米共轭 $\hat{U}^{\dagger}(t,t_0)$ 作用于式(1.2.12)两边，再插入恒等算符 $\hat{U}\hat{U}^{\dagger} = 1$，可得

$$\hat{U}^{\dagger} \hat{A}_{\mathrm{S}} \hat{U} \hat{U}^{\dagger} | a_i \rangle_{\mathrm{S}} = a_i \hat{U}^{\dagger} | a_i \rangle_{\mathrm{S}} \tag{1.2.13}$$

式(1.2.13)可看作算符 $\hat{A}_{\mathrm{H}}(t) = \hat{U}^{\dagger}(t,t_0) \hat{A}_{\mathrm{S}} \hat{U}(t,t_0)$ 的本征值方程，即

$$\hat{A}_{\mathrm{H}} | a_i, t \rangle_{\mathrm{H}} = a_i | a_i, t \rangle_{\mathrm{H}} \tag{1.2.14}$$

式中

$$| a_i, t \rangle_{\mathrm{H}} = \hat{U}^{\dagger}(t,t_0) | a_i \rangle_{\mathrm{S}} \tag{1.2.15}$$

是算符 $\hat{A}_{\mathrm{H}}(t)$ 属于本征值 a_i 的本征矢，也是海森伯绘景中的基矢。可见，在海森

伯绘景中的态矢量不随时间变化，但基矢随时间变化。

可以说，海森伯绘景实际上是系统的量子态，不随时间演化，始终处于一个确定的态矢量上，而基矢随时间演化，系统的物理量算符在幺正变换下随时间演化。

1.2.3　相互作用绘景

在许多实际问题中，系统的哈密顿量算符可分为两部分，即

$$\hat{H}=\hat{H}_0+\hat{V} \tag{1.2.16}$$

式中，$\hat{H}_0$ 为无相互作用时系统的自由哈密顿量，不显含时间，且其本征值可严格求解；$\hat{V}$ 为系统的相互作用哈密顿量，通常显含时间，因此对系统有特别的影响。

上述不标注是哪种绘景的都是指薛定谔绘景中的物理量。在这种情况下，求出系统的态矢量和物理量算符随时间的演化，采用相互作用绘景极为方便。

系统态矢量由薛定谔绘景变换到相互作用绘景的方法是引入幺正变换，使得

$$|\psi_{\mathrm{S}}(t)\rangle=\hat{U}_0(t,t_0)|\psi_{\mathrm{I}}(t)\rangle \tag{1.2.17}$$

式中

$$\hat{U}_0(t,t_0)=\exp\left[-\mathrm{i}\hat{H}_0\times(t-t_0)/\hbar\right] \tag{1.2.18}$$

可见 $\hat{U}_0(t_0,t_0)=1$。将幺正变换 $\hat{U}_0(t,t_0)$ 对时间求导，可得

$$\mathrm{i}\hbar\frac{\mathrm{d}\hat{U}_0}{\mathrm{d}t}=\hat{H}_0\hat{U}_0 \tag{1.2.19}$$

在初始时刻 t_0，相互作用绘景和薛定谔绘景的态矢量重合，即

$$|\psi_{\mathrm{I}}(t_0)\rangle=|\psi_{\mathrm{S}}(t_0)\rangle \tag{1.2.20}$$

现在推导相互作用绘景中态矢量 $|\psi_{\mathrm{I}}(t)\rangle$ 满足的运动方程。在薛定谔绘景中，对于哈密顿量算符(1.2.16)，态矢量 $|\psi_{\mathrm{S}}(t)\rangle$ 满足的运动方程为

$$\mathrm{i}\hbar\frac{\partial|\psi_{\mathrm{S}}(t)\rangle}{\partial t}=(\hat{H}_0+\hat{V})|\psi_{\mathrm{S}}(t)\rangle \tag{1.2.21}$$

将式(1.2.17)代入式(1.2.21)，可得

$$\mathrm{i}\hbar\frac{\partial\hat{U}_0}{\partial t}|\psi_{\mathrm{I}}(t)\rangle+\mathrm{i}\hbar\hat{U}_0\frac{\partial|\psi_{\mathrm{I}}(t)\rangle}{\partial t}=(\hat{H}_0+\hat{V})\hat{U}_0|\psi_{\mathrm{I}}(t)\rangle$$

利用式(1.2.19)，可将上式简化为

$$\mathrm{i}\hbar\hat{U}_0\frac{\partial|\psi_{\mathrm{I}}(t)\rangle}{\partial t}=\hat{V}\hat{U}_0|\psi_{\mathrm{I}}(t)\rangle$$

对上式两端左乘$\hat{U}_0^\dagger$，可得相互作用绘景中态矢量$|\psi_{\rm I}(t)\rangle$满足的薛定谔方程为

$$
{\rm i}\hbar\frac{\partial|\psi_{\rm I}(t)\rangle}{\partial t}=\hat{V}_{\rm I}(t)|\psi_{\rm I}(t)\rangle \tag{1.2.22}
$$

式中

$$
\hat{V}_{\rm I}(t)=\hat{U}_0^\dagger(t,t_0)\hat{V}\hat{U}_0(t,t_0)={\rm e}^{{\rm i}\hat{H}_0\times(t-t_0)/\hbar}\hat{V}{\rm e}^{-{\rm i}\hat{H}_0\times(t-t_0)/\hbar} \tag{1.2.23}
$$

为相互作用绘景中的相互作用哈密顿量。

式(1.2.22)表明，相互作用绘景中系统态矢量$|\psi_{\rm I}(t)\rangle$的时间演化，原则上由系统的相互作用能量$\hat{V}_{\rm I}(t)$决定，所以它突出了相互作用能的效应。

任意算符$\hat{A}$的期望值为

$$
\begin{aligned}
\langle\hat{A}\rangle&=\langle\psi_{\rm S}(t)|\hat{A}_{\rm S}|\psi_{\rm S}(t)\rangle=\langle\psi_{\rm I}(t)|\hat{U}_0^\dagger(t,t_0)\hat{A}_{\rm S}\hat{U}_0(t,t_0)|\psi_{\rm I}(t)\rangle\\
&=\langle\psi_{\rm I}(t)|\hat{A}_{\rm I}(t)|\psi_{\rm I}(t)\rangle
\end{aligned} \tag{1.2.24}
$$

式中

$$
\hat{A}_{\rm I}(t)=\hat{U}_0^\dagger(t,t_0)\hat{A}_{\rm S}\hat{U}_0(t,t_0) \tag{1.2.25}
$$

为算符$\hat{A}$变换到相互作用绘景中的表示形式。

对式(1.2.25)两边求时间导数，并代入式(1.2.19)，可得

$$
\begin{aligned}
{\rm i}\hbar\frac{{\rm d}\hat{A}_{\rm I}(t)}{{\rm d}t}&={\rm i}\hbar\frac{{\rm d}\hat{U}_0^\dagger(t,t_0)}{{\rm d}t}\hat{A}_{\rm S}\hat{U}(t,t_0)+\hat{U}_0^\dagger(t,t_0)\hat{A}_{\rm S}{\rm i}\hbar\frac{{\rm d}\hat{U}(t,t_0)}{{\rm d}t}\\
&=[-\hat{U}_0^\dagger(t,t_0)\hat{H}_0\hat{A}_{\rm S}\hat{U}(t,t_0)+\hat{U}_0^\dagger(t,t_0)\hat{A}_{\rm S}\hat{H}_0\hat{U}(t,t_0)]\\
&=[\hat{A}_{\rm I},\hat{H}_0]
\end{aligned} \tag{1.2.26}
$$

即算符$\hat{A}_{\rm I}$的演化方程满足

$$
{\rm i}\hbar\frac{{\rm d}\hat{A}_{\rm I}}{{\rm d}t}=[\hat{A}_{\rm I},\hat{H}_0] \tag{1.2.27}
$$

这是算符$\hat{A}$在相互作用绘景中的动力学方程。

1.2.4　旋转参考系

在量子物理系统中，选取旋转参考系变换有时比使用相互作用绘景更为方便，能进一步简化系统的哈密顿量。

设$|\psi(t)\rangle$和$|\psi'(t)\rangle$分别是原绘景和新绘景(即旋转参考系)的态矢量，$|\psi(t)\rangle$满足的薛定谔方程为

$$\mathrm{i}\hbar\frac{\partial|\psi(t)\rangle}{\partial t}=\hat{H}|\psi(t)\rangle \tag{1.2.28}$$

则$|\psi(t)\rangle=\hat{U}(t)|\psi'(t)\rangle$，$|\psi'(t)\rangle=\hat{U}^{\dagger}(t)|\psi(t)\rangle$，其中，幺正变换$\hat{U}(t)$为

$$\hat{U}(t)=\exp\left(-\frac{\mathrm{i}}{\hbar}\hat{H}_0 t\right) \tag{1.2.29}$$

从而有

$$\begin{aligned}
\mathrm{i}\hbar\frac{\partial|\psi'(t)\rangle}{\partial t}&=\mathrm{i}\hbar\left[\frac{\mathrm{d}\hat{U}^{\dagger}(t)}{\mathrm{d}t}|\psi(t)\rangle+\hat{U}^{\dagger}(t)\frac{\mathrm{d}|\psi(t)\rangle}{\mathrm{d}t}\right]\\
&=\mathrm{i}\hbar\frac{\mathrm{d}\hat{U}^{\dagger}(t)}{\mathrm{d}t}|\psi(t)\rangle+\hat{U}^{\dagger}(t)\hat{H}|\psi(t)\rangle\\
&=\mathrm{i}\hbar\frac{\mathrm{d}\hat{U}^{\dagger}(t)}{\mathrm{d}t}\hat{U}(t)|\psi'(t)\rangle+\hat{U}^{\dagger}(t)\hat{H}\hat{U}(t)|\psi'(t)\rangle\\
&=\left[\mathrm{i}\hbar\frac{\mathrm{d}\hat{U}^{\dagger}(t)}{\mathrm{d}t}\hat{U}(t)+\hat{U}^{\dagger}(t)\hat{H}\hat{U}(t)\right]|\psi'(t)\rangle\\
&=\hat{H}'|\psi'(t)\rangle
\end{aligned} \tag{1.2.30}$$

式中

$$\hat{H}'=\mathrm{i}\hbar\frac{\mathrm{d}\hat{U}^{\dagger}}{\mathrm{d}t}\hat{U}+\hat{U}^{\dagger}\hat{H}\hat{U} \tag{1.2.31}$$

由于哈密顿量$\hat{H}'$是厄米算符，$\hat{H}'=\hat{H}'^{\dagger}$，所以$\hat{H}'$也可表示为

$$\hat{H}'=-\mathrm{i}\hbar\hat{U}^{\dagger}\frac{\mathrm{d}\hat{U}}{\mathrm{d}t}+\hat{U}^{\dagger}\hat{H}\hat{U} \tag{1.2.32}$$

方程(1.2.30)即为薛定谔方程形式不变时，新的旋转参考系下的薛定谔方程。实际上，这是量子力学中的一种规范变换。

比较旋转参考系和相互作用绘景可知，相互作用绘景中幺正变换$\hat{U}_0$中的$\hat{H}_0$一定是$\hat{H}$的一部分，而旋转参考系中式(1.2.29)的幺正变换$\hat{U}(t)$中的$\hat{H}_0$可以灵活选取，可达到简化哈密顿量、方便求解的目的，这在求解量子系统中的具体问题时非常重要。需要说明的是，在旋转参考系中求解其薛定谔方程与求解相互作用绘景的薛定谔方程，除了一个由守恒量决定的相位因子外所得结果一致，有时将旋转参考系与相互作用绘景等同起来。

例 1.2.1　一个本征跃迁频率为ω_0的二能级原子与光场频率为ω的单模量子光场相互作用，在旋转波近似下描述该系统的哈密顿量为

$$\hat{H}=\frac{1}{2}\hbar\omega_0\hat{\sigma}_z+\hbar\omega\hat{a}^{\dagger}\hat{a}+\hbar g(\hat{a}\hat{\sigma}_{+}+\hat{a}^{\dagger}\hat{\sigma}_{-}) \tag{1.2.33}$$

式中，$\hat{a}^{\dagger}$和$\hat{a}$分别为光子的产生算符和湮没算符；$\hat{\sigma}_z$为原子反转算符；$\hat{\sigma}_{+}=|e\rangle\langle g|$

和 $\hat{\sigma}_- = |g\rangle\langle e|$ 为原子的上升和下降算符；g 为原子与光场的耦合系数。

可以采用三种方法对式(1.2.33)进行旋转参考系中的哈密顿量变换。

变换 1 若 $\hat{H}_0 = \frac{1}{2}\hbar\omega_0\hat{\sigma}_z + \hbar\omega\hat{a}^\dagger\hat{a}$，则其幺正变换和旋转参考系中的哈密顿量分别为

$$\hat{U} = \exp\left(-\frac{\mathrm{i}}{\hbar}\hat{H}_0 t\right) = \exp\left[-\mathrm{i}\left(\omega\hat{a}^\dagger\hat{a} + \frac{1}{2}\omega_0\hat{\sigma}_z\right)t\right] \tag{1.2.34}$$

$$\begin{aligned}\hat{H}' &= -\mathrm{i}\hbar\hat{U}^\dagger\frac{\mathrm{d}\hat{U}}{\mathrm{d}t} + \hat{U}^\dagger\hat{H}\hat{U} \\ &= -\mathrm{i}\hbar(-\mathrm{i}\hat{H}_0/\hbar) + \hat{U}^\dagger[\hat{H}_0 + \hbar g(\hat{a}\hat{\sigma}_+ + \hat{a}^\dagger\hat{\sigma}_-)]\hat{U} \\ &= \hbar g(\hat{a}\hat{\sigma}_+\mathrm{e}^{\mathrm{i}\Delta t} + \hat{a}^\dagger\hat{\sigma}_-\mathrm{e}^{-\mathrm{i}\Delta t})\end{aligned} \tag{1.2.35}$$

式中，$\Delta = \omega_0 - \omega$ 为光场与原子能级耦合的失谐量。式(1.2.35)正好是将薛定谔绘景中的哈密顿量变换为相互作用绘景中的哈密顿量。

变换 2 若 $\hat{H}_0 = \hbar\omega\left(\hat{a}^\dagger\hat{a} + \frac{1}{2}\hat{\sigma}_z\right)$，则其幺正变换和旋转参考系中的哈密顿量分别为

$$\hat{U} = \exp\left[-\mathrm{i}\omega\left(\hat{a}^\dagger\hat{a} + \frac{1}{2}\hat{\sigma}_z\right)t\right] \tag{1.2.36}$$

$$\begin{aligned}\hat{H}' &= -\mathrm{i}\hbar\hat{U}^\dagger\frac{\mathrm{d}\hat{U}}{\mathrm{d}t} + \hat{U}^\dagger\hat{H}\hat{U} \\ &= -\mathrm{i}\hbar\left[-\mathrm{i}\omega\left(\hat{a}^\dagger\hat{a} + \frac{1}{2}\hat{\sigma}_z\right)\right] + \frac{1}{2}\hbar\omega_0\hat{\sigma}_z + \hbar\omega\hat{a}^\dagger\hat{a} + \hbar g(\hat{a}\hat{\sigma}_+ + \hat{a}^\dagger\hat{\sigma}_-) \\ &= \frac{1}{2}\hbar\Delta\hat{\sigma}_z + \hbar g(\hat{a}\hat{\sigma}_+ + \hat{a}^\dagger\hat{\sigma}_-)\end{aligned} \tag{1.2.37}$$

这是选择以光场频率为旋转参考系的基准频率，从而使旋转参考系中的哈密顿量不显含时间。

变换 3 若 $\hat{H}_0 = \hbar\omega_0\left(\hat{a}^\dagger\hat{a} + \frac{1}{2}\hat{\sigma}_z\right)$，则其幺正变换和旋转参考系中的哈密顿量分别为

$$\hat{U} = \exp\left[-\mathrm{i}\omega_0\left(\hat{a}^\dagger\hat{a} + \frac{1}{2}\hat{\sigma}_z\right)t\right] \tag{1.2.38}$$

$$\hat{H}' = -\hbar\Delta\hat{a}^\dagger\hat{a} + \hbar g(\hat{a}\hat{\sigma}_+ + \hat{a}^\dagger\hat{\sigma}_-) \tag{1.2.39}$$

在前面的运算中，需要利用算符展开定理，即

$$\exp(x\hat{A})\hat{B}\exp(-x\hat{A}) = \hat{B} + x[\hat{A},\hat{B}] + \frac{x^2}{2!}[\hat{A},[\hat{A},\hat{B}]] + \cdots \tag{1.2.40}$$

对于具体算符，则有

$$e^{\frac{1}{2}\mathrm{i}\omega_0\hat{\sigma}_z t}\hat{\sigma}_{\pm}e^{-\frac{1}{2}\mathrm{i}\omega_0\hat{\sigma}_z t}=\hat{\sigma}_{\pm}e^{\pm\mathrm{i}\omega_0 t} \tag{1.2.41}$$

$$e^{\mathrm{i}\omega\hat{a}^{\dagger}\hat{a}t}\hat{a}e^{-\mathrm{i}\omega\hat{a}^{\dagger}\hat{a}t}=\hat{a}e^{-\mathrm{i}\omega t},\quad e^{\mathrm{i}\omega\hat{a}^{\dagger}\hat{a}t}\hat{a}^{\dagger}e^{-\mathrm{i}\omega\hat{a}^{\dagger}\hat{a}t}=\hat{a}^{\dagger}e^{\mathrm{i}\omega t} \tag{1.2.42}$$

1.3 密度算符

在量子力学中，描述系统的状态有两种类型：一种是用希尔伯特空间中的一个态矢量$|\psi\rangle$描述的量子态，称为纯态；另一种是量子系统所处的状态不能用一个确定的态矢量来描述，而是以不同的概率$(p_1,p_2,\cdots)$分别处于各个状态$(|\psi_1\rangle,|\psi_2\rangle,\cdots)$，这种量子态称为混合态。

1.3.1 纯态和混合态的密度算符

在量子力学中，密度算符主要扩展态矢量的应用范围，求解密度算符的方法能比求解态矢量的方法更为普遍地描述一个系统的信息。密度算符也称为密度矩阵$\hat{\boldsymbol{\rho}}$，既可描述系统纯态$|\psi\rangle$，又可刻画混合态[2-12]。可以说，密度算符及其对应的密度矩阵可专门描述混合态量子系统的物理性质。

系统纯态$|\psi\rangle$的密度算符$\hat{\boldsymbol{\rho}}$定义为

$$\hat{\boldsymbol{\rho}}=|\psi\rangle\langle\psi| \tag{1.3.1}$$

设$|\psi_i\rangle(i=1,2,\cdots)$表示某物理量的一组完备的正交归一本征态，根据态叠加原理，各本征态$\{|\psi_i\rangle\}$的线性叠加态仍对应希尔伯特空间的一个矢量，因此也是纯态，即

$$|\psi\rangle=\sum_{i=1}^{N}c_i|\psi_i\rangle \tag{1.3.2}$$

式中，$c_i=\langle\psi_i|\psi\rangle$称为概率幅，一般为复数。

此时，描述该线性叠加态(1.3.2)的密度算符表示为

$$\hat{\boldsymbol{\rho}}=\sum_{m,n=1}^{N}c_m c_n^{*}|\psi_m\rangle\langle\psi_n| \tag{1.3.3}$$

而混合态却不能由单一态矢量来描述，其密度算符表示为

$$\hat{\boldsymbol{\rho}}=\sum_i p_i|\psi_i\rangle\langle\psi_i| \tag{1.3.4}$$

式中，p_i表示混合态中出现纯态$|\psi_i\rangle$的概率，为实数，满足归一化条件：

$$\mathrm{Tr}(\hat{\boldsymbol{\rho}})=\sum_i p_i=1 \tag{1.3.5}$$

比较式(1.3.3)和式(1.3.4)可知，混合态的密度算符(1.3.4)只包含对角项，而纯

态的密度算符(1.3.3)包含对角项和非对角项。非对角项产生干涉效应，相干性是通过密度矩阵的非对角元随时间的演化来表征的，因此非对角项也称为相干项。

在具体的实际问题中，量子系统与环境的相互作用使得系统的密度算符将随时间演化而发生衰减，其对角元的衰减将导致能量的损耗，而非对角元的衰减将导致相干性的消退。退相干(decoherence)是指量子系统与环境作用后相干性逐渐消失，实际上是刻画量子相干性的非对角项随时间的衰减。退相干问题是量子光学和量子信息学中一个极为重要的问题。

1.3.2 算符的期望值

当用密度算符计算物理量算符 $\hat{O}$ 的期望值时，无论是纯态还是混合态均具有相同形式，可以表示为

$$\langle\hat{O}\rangle=\mathrm{Tr}(\hat{\boldsymbol{\rho}}\hat{O}) \tag{1.3.6}$$

下面以混合态密度算符为例进行证明，而纯态是其特例，易得证。

证明 在以 $\{|u_n\rangle\}$ 为基矢的表象中，任意算符 $\hat{O}$ 在混合态(1.3.4)中的期望值为

$$\begin{aligned}
\langle\hat{O}\rangle&=\sum_i p_i\langle\psi_i|\hat{O}|\psi_i\rangle\\
&=\sum_i\sum_{mn}p_i\langle\psi_i|u_m\rangle\langle u_m|\hat{O}|u_n\rangle\langle u_n|\psi_i\rangle\\
&=\sum_{mn}\sum_i\langle u_n|\psi_i\rangle p_i\langle\psi_i|u_m\rangle O_{mn}\\
&=\sum_{mn}\langle u_n|\hat{\boldsymbol{\rho}}|u_m\rangle O_{mn}=\sum_n\left(\sum_m\rho_{nm}O_{mn}\right)\\
&=\mathrm{Tr}(\hat{\boldsymbol{\rho}}\hat{O})
\end{aligned}$$

可见，引入密度算符后，在混合态和纯态中计算算符期望值的公式是相同的。

1.3.3 算符的迹

算符 $\hat{O}$ 的迹(trace)就是算符所对应矩阵 $\boldsymbol{O}$ 的所有对角元素之和，可表示为

$$\mathrm{Tr}(\hat{O})=\sum_k\langle k|\hat{O}|k\rangle=\sum_j\sum_k\langle k|j\rangle\langle j|\hat{O}|k\rangle=\sum_j\langle j|\hat{O}|j\rangle \tag{1.3.7}$$

式中，$|k\rangle$ 和 $|j\rangle$ 为任意分立谱的本征矢，说明算符的迹 $\mathrm{Tr}(\hat{O})$ 与本征矢的选择无关。

因此，求算符的迹 $\mathrm{Tr}(\hat{O})$ 的最简单方法是将式(1.3.7)中的本征矢 $|k\rangle$ 取为算符 $\hat{O}$ 的本征矢 $|n\rangle$，从而式(1.3.7)可表示为

$$\mathrm{Tr}(\hat{O})=\sum_n\langle n|\hat{O}|n\rangle=\sum_n O_{nn}=\mathrm{Tr}(\boldsymbol{O}) \tag{1.3.8}$$

式中，$\boldsymbol{O}$ 是 $\hat{O}$ 的矩阵表示。这表明，算符的迹 $\mathrm{Tr}(\hat{O})$ 等于其本征值之和。

总之，算符的矩阵表示可采用不同的基底或表象，而算符的迹是一个不变量，在任何表象中都是不变的。

进行求迹运算时，任意两个算符 $\hat{A}$ 和 $\hat{B}$ 的顺序可以交换，即

$$\mathrm{Tr}(\hat{A}\hat{B}) = \mathrm{Tr}(\hat{B}\hat{A}) \tag{1.3.9}$$

对于三个算符之积的求迹 $\mathrm{Tr}(\hat{A}\hat{B}\hat{C})$，有

$$\mathrm{Tr}(\hat{A}\hat{B}\hat{C}) = \mathrm{Tr}(\hat{C}\hat{A}\hat{B}) = \mathrm{Tr}(\hat{B}\hat{C}\hat{A}) \tag{1.3.10}$$

这是求迹算符的循环轮换不变性，即在求迹 Tr 时，算符顺序可以轮换。

对于任意算符 $\hat{O}$ 以及任意投影算符 $|\psi\rangle\langle\varphi|$，有

$$\mathrm{Tr}(\hat{O}|\psi\rangle\langle\varphi|) = \langle\varphi|\hat{O}|\psi\rangle \tag{1.3.11}$$

因为算符的迹与本征矢的选取无关，所以在算符 $\hat{O}$ 的本征矢 $|n\rangle$ 中，有

$$\begin{aligned}\mathrm{Tr}(\hat{O}|\psi\rangle\langle\varphi|) &= \sum_n \langle n|\hat{O}|\psi\rangle\langle\varphi|n\rangle = \sum_n \langle\varphi|n\rangle\langle n|\hat{O}|\psi\rangle \\ &= \langle\varphi|\sum_n |n\rangle\langle n|\hat{O}|\psi\rangle = \langle\varphi|\hat{O}|\psi\rangle\end{aligned}$$

当 $\hat{O} = \hat{I}$ 时，可得一个很实用的算符公式[13]，即

$$\mathrm{Tr}(|\psi\rangle\langle\varphi|) = \langle\varphi|\psi\rangle \tag{1.3.12}$$

1.3.4　密度算符的性质

无论是纯态还是混合态，可以证明其密度算符具有以下性质：厄米性，即 $\hat{\boldsymbol{\rho}}^{\dagger} = \hat{\boldsymbol{\rho}}$；正定性，即 $\langle\psi|\hat{\boldsymbol{\rho}}|\psi\rangle \geqslant 0$；幺迹性，即 $\mathrm{Tr}(\hat{\boldsymbol{\rho}}) = 1$。

对于纯态，其具有幂等性，即 $\hat{\boldsymbol{\rho}}^2 = \hat{\boldsymbol{\rho}}$；对于混合态，其不具有幂等性，即 $\hat{\boldsymbol{\rho}}^2 < \hat{\boldsymbol{\rho}}$。因此，$\hat{\boldsymbol{\rho}}^2 \leqslant \hat{\boldsymbol{\rho}}$ 成为判断量子态是纯态还是混合态的一个重要判据。

事实上，对于混合态，有

$$\begin{aligned}\hat{\boldsymbol{\rho}}^2 &= \sum_{ij} p_i p_j |\psi_i\rangle\langle\psi_i|\psi_j\rangle\langle\psi_j| \\ &= \sum_{ij} p_i p_j |\psi_i\rangle\langle\psi_j|\delta_{ij} \\ &= \sum_i p_i^2 |\psi_i\rangle\langle\psi_i| \\ &\leqslant \sum_i p_i |\psi_i\rangle\langle\psi_i| = \hat{\boldsymbol{\rho}}\end{aligned} \tag{1.3.13}$$

1.3.5　密度算符的运动方程

现在以混合态为例，讨论密度算符随时间的演化。假设 p_i 不随时间变化，则有

$$\hat{\boldsymbol{\rho}}(t)=\sum_i p_i\left|\psi_i(t)\right\rangle\left\langle\psi_i(t)\right|$$

对时间求导数，可得

$$\frac{\mathrm{d}\hat{\boldsymbol{\rho}}(t)}{\mathrm{d}t}=\sum_i\left(\frac{\partial\left|\psi_i(t)\right\rangle}{\partial t}p_i\left\langle\psi_i(t)\right|+\left|\psi_i(t)\right\rangle p_i\frac{\partial\left\langle\psi_i(t)\right|}{\partial t}\right)$$

由于哈密顿量算符的厄米性，利用态矢量满足的方程

$$\mathrm{i}\hbar\frac{\partial\left|\psi_i(t)\right\rangle}{\partial t}=\hat{\boldsymbol{H}}\left|\psi_i(t)\right\rangle$$

及其共轭式

$$-\mathrm{i}\hbar\frac{\partial\left\langle\psi_i(t)\right|}{\partial t}=\left\langle\psi_i(t)\right|\hat{\boldsymbol{H}}$$

可得

$$\begin{aligned}\mathrm{i}\hbar\frac{\mathrm{d}\hat{\boldsymbol{\rho}}(t)}{\mathrm{d}t}&=\sum_i\left[\hat{\boldsymbol{H}}\left|\psi_i(t)\right\rangle p_i\left\langle\psi_i(t)\right|-\left|\psi_i(t)\right\rangle p_i\left\langle\psi_i(t)\right|\hat{\boldsymbol{H}}\right]\\&=\hat{\boldsymbol{H}}\hat{\boldsymbol{\rho}}(t)-\hat{\boldsymbol{\rho}}(t)\hat{\boldsymbol{H}}\end{aligned}$$

从而可得，在具体表象中用矩阵表示的密度算符方程为

$$\mathrm{i}\hbar\frac{\mathrm{d}\hat{\boldsymbol{\rho}}}{\mathrm{d}t}=[\hat{\boldsymbol{H}},\hat{\boldsymbol{\rho}}]\tag{1.3.14}$$

这就是薛定谔绘景中密度算符的运动方程。只要已知初始时刻 t_0 的 $\hat{\boldsymbol{\rho}}(t_0)$，就可求出 $\hat{\boldsymbol{\rho}}(t)$，从而确定任意物理量的期望值随时间的演化。

密度算符在一个具体表象中的矩阵为密度矩阵，因此式(1.3.14)的密度矩阵元为

$$\begin{aligned}\frac{\mathrm{d}\rho_{ij}}{\mathrm{d}t}=\left\langle i\right|\dot{\hat{\boldsymbol{\rho}}}\left|j\right\rangle&=\frac{1}{\mathrm{i}\hbar}\sum_k\left[\left\langle i\right|\hat{\boldsymbol{H}}\left|k\right\rangle\left\langle k\right|\hat{\boldsymbol{\rho}}\left|j\right\rangle-\left\langle i\right|\hat{\boldsymbol{\rho}}\left|k\right\rangle\left\langle k\right|\hat{\boldsymbol{H}}\left|j\right\rangle\right]\\&=\frac{1}{\mathrm{i}\hbar}\sum_k\left[H_{ik}\rho_{kj}-\rho_{ik}H_{kj}\right]\end{aligned}\tag{1.3.15}$$

上述密度算符的运动方程(1.3.14)是在薛定谔绘景中导出的，而在相互作用绘景中，密度算符随时间的演化规律为

$$\mathrm{i}\hbar\frac{\mathrm{d}\hat{\boldsymbol{\rho}}_{\mathrm{I}}(t)}{\mathrm{d}t}=[\hat{\boldsymbol{V}}_{\mathrm{I}}(t-t_0),\ \hat{\boldsymbol{\rho}}_{\mathrm{I}}(t)]\tag{1.3.16}$$

求出密度算符的解析表达式，就可以方便地研究量子态的非定域性动力学、纠缠特性、退相干过程等。

1.4　约化密度算符及其在量子信息处理中的应用

在量子光学和量子信息学中，通常会遇到由两个或多个子系统(或自由度)量子态构成的复合量子系统[2-9]。

对于分别处于希尔伯特空间 $\boldsymbol{H}_A$ 和 $\boldsymbol{H}_B$ 的两个子系统 A 和 B，设 $|u_i\rangle_A$ 和 $|v_i\rangle_B$ 分别构成子系统 A 和 B 中量子态的一组正交完备基，则 $|u_i\rangle_A \otimes |v_i\rangle_B = |u_i\rangle_A |v_i\rangle_B$ 可构成复合系统 AB 的一组完备基。也就是说，复合系统 AB 中任何属于 $\boldsymbol{H}_A \otimes \boldsymbol{H}_B$ 的量子态 $|\psi\rangle_{AB}$ 总可以表示为这一组完备基的线性叠加，即

$$|\psi\rangle_{AB} = \sum_i \lambda_i |u_i\rangle_A |v_i\rangle_B \tag{1.4.1}$$

式中，λ_i 满足归一化条件 $\sum_i |\lambda_i|^2 = 1$。其相应的密度算符为

$$\hat{\boldsymbol{\rho}}_{AB} = |\psi\rangle_{AB\ AB}\langle\psi| = \sum_i \lambda_i \lambda_i^* |u_i\rangle_A |v_i\rangle_{B\ A}\langle u_i|_B\langle v_i| \tag{1.4.2}$$

约化密度算符是指只对密度算符 $\hat{\boldsymbol{\rho}}_{AB}$ 中的子系统 B 或 A 单独求迹所得到的算符，即

$$\hat{\boldsymbol{\rho}}_A = \mathrm{Tr}_B(\hat{\boldsymbol{\rho}}_{AB}) = \sum_i {}_B\langle v_i|\hat{\boldsymbol{\rho}}_{AB}|v_i\rangle_B = \sum_i |\lambda_i|^2 |u_i\rangle_{A\ A}\langle u_i| \tag{1.4.3}$$

$$\hat{\boldsymbol{\rho}}_B = \mathrm{Tr}_A(\hat{\boldsymbol{\rho}}_{AB}) = \sum_i {}_A\langle u_i|\hat{\boldsymbol{\rho}}_{AB}|u_i\rangle_A = \sum_i |\lambda_i|^2 |v_i\rangle_{B\ B}\langle v_i| \tag{1.4.4}$$

式中，λ_i 为约化密度算符 $\hat{\boldsymbol{\rho}}_A$ 或 $\hat{\boldsymbol{\rho}}_B$ 的本征值，$\hat{\boldsymbol{\rho}}_A$ 和 $\hat{\boldsymbol{\rho}}_B$ 具有相同的非零本征值谱 λ_i^2。

可以验证，$\hat{\boldsymbol{\rho}}_A$(或 $\hat{\boldsymbol{\rho}}_B$)满足厄米性($\hat{\boldsymbol{\rho}}_A^\dagger = \hat{\boldsymbol{\rho}}_A$)、正定性($\hat{\boldsymbol{\rho}}_A$ 为非负)和幺迹性($\mathrm{Tr}(\hat{\boldsymbol{\rho}}_A) = 1$)，但是 $\hat{\boldsymbol{\rho}}_A^2 = \hat{\boldsymbol{\rho}}_A$ 不一定成立，即子系统不一定为纯态。

设 A 和 B 是两个子系统，$|u_1\rangle$、$|u_2\rangle$ 是子系统 A 的任意两个态矢量，$|v_1\rangle$、$|v_2\rangle$ 是子系统 B 的任意两个态矢量，则对 B 求迹后可得

$$\begin{aligned} \mathrm{Tr}_B(|u_1 v_1\rangle\langle u_2 v_2|) &= \mathrm{Tr}_B(|u_1\rangle\langle u_2| \otimes |v_1\rangle\langle v_2|) \\ &= |u_1\rangle\langle u_2| \mathrm{Tr}_B(|v_1\rangle\langle v_2|) \\ &= |u_1\rangle\langle u_2| \langle v_2|v_1\rangle \end{aligned} \tag{1.4.5}$$

约化密度算符是用统计平均的方式排除其余子系统对此子系统的影响，是分析复合量子系统不可或缺的理论工具，这是密度算符最有用的特性，其

内容丰富，已广泛应用于多个领域。下面讨论约化密度算符在量子信息学中的应用。

1.4.1 期望值的计算

设$\hat{O}$是子系统A中的一个可观测力学量算符，对于由两个子系统A和B耦合组成的复合系统，相应的算符应表示为$\hat{O}_{AB}=\hat{O}\otimes\hat{I}_B$，其中$\hat{I}_B$为子系统$B$的单位算符，只作用于子系统$B$的量子态。当复合系统处于由$\hat{\boldsymbol{\rho}}_{AB}$描述的态时，对子系统$A$测量力学量$\hat{O}$的期望值就等于对复合系统测量$\hat{O}_{AB}=\hat{O}\otimes\hat{I}_B$得到的期望值。根据式(1.3.6)，对于式(1.4.2)描述的态，子系统A中算符$\hat{O}$的期望值可表示为

$$\begin{aligned}\langle\hat{O}\rangle&=\langle\hat{O}_{AB}\rangle=\mathrm{Tr}(\hat{\boldsymbol{\rho}}_{AB}\hat{O}\otimes\hat{I}_B)\\&=\sum_i {}_A\langle u_i|\sum_i {}_B\langle v_i|\hat{\boldsymbol{\rho}}_{AB}|v_i\rangle_B\hat{O}|u_i\rangle_A\\&=\mathrm{Tr}_A(\hat{\boldsymbol{\rho}}_A\hat{O})\end{aligned}\tag{1.4.6}$$

式中，$\hat{\boldsymbol{\rho}}_A$为子系统$A$的约化密度算符，由式(1.4.3)确定。

1.4.2 纠缠态的定义

复合系统的任意量子态不能表示为每个子系统的直积态，即在子系统之间存在量子关联，称为纠缠态。同样，纠缠态也可定义为相应的密度算符不能表示为子系统的约化密度算符的直积，即

$$\hat{\boldsymbol{\rho}}_{AB}\neq\hat{\boldsymbol{\rho}}_A\otimes\hat{\boldsymbol{\rho}}_B\tag{1.4.7}$$

对于两个子系统的纠缠纯态$|\psi\rangle_{AB}$，有

$$|\psi\rangle_{AB}\neq|\psi\rangle_A\otimes|\psi\rangle_B\tag{1.4.8}$$

例如，对于两个子系统的纠缠纯态，即

$$|\psi\rangle_{AB}=\frac{1}{\sqrt{2}}(|01\rangle-|10\rangle)_{AB}\tag{1.4.9}$$

其密度算符由式(1.4.2)确定，则子系统A的约化密度算符为

$$\begin{aligned}\hat{\boldsymbol{\rho}}_A&=\mathrm{Tr}_B(|\psi\rangle_{AB}\,{}_{AB}\langle\psi|)=\frac{1}{2}\left(|0\rangle_A\,{}_A\langle 0|+|1\rangle_A\,{}_A\langle 1|\right)\\&=\frac{1}{2}\begin{bmatrix}1&0\\0&1\end{bmatrix}_A=\frac{1}{2}\hat{\boldsymbol{I}}_A\end{aligned}\tag{1.4.10}$$

同理，可得

$$\hat{\boldsymbol{\rho}}_B=\frac{1}{2}\hat{\boldsymbol{I}}_B\tag{1.4.11}$$

显然，它们满足定义式(1.4.7)，故式(1.4.9)的态为一纠缠态。

也可以说，在两个子系统构成的量子态中，如果其子系统的约化密度算符是混合态密度算符，则为纠缠态；反之，若其子系统的约化密度算符是纯态密度算符，则为非纠缠态。

例如，对于式(1.4.9)的两个子系统量子态，由式(1.4.10)可知

$$\hat{\boldsymbol{\rho}}_A^2 = \frac{1}{4}\hat{\boldsymbol{I}}_A \neq \hat{\boldsymbol{\rho}}_A \tag{1.4.12}$$

它是混合态密度算符，因此是纠缠态。

上述定义很容易推广到多个子系统或多自由度量子态构成的复合量子系统情况。

1.4.3　两体纠缠态的度量

在量子信息学中，纠缠态起到极为重要的作用，目前已成为一种新的物理资源。为了定量刻画量子纠缠态，人们引入了纠缠度的定义。对于一个由两个子系统构成的量子态，即两体纠缠态$|\psi\rangle_{AB}$，其密度矩阵为$\hat{\boldsymbol{\rho}}_{AB} = |\psi\rangle_{AB\,AB}\langle\psi|$，两个子系统$A$与$B$之间的纠缠度$E$可以用其约化密度算符的冯 · 诺依曼熵(von Neumann entropy)来度量，即

$$E(|\psi\rangle_{AB}) = S(\hat{\boldsymbol{\rho}}_{A(B)}) = -\mathrm{Tr}(\hat{\boldsymbol{\rho}}_{A(B)}\log_2 \hat{\boldsymbol{\rho}}_{A(B)}) \quad (单位：\mathrm{ebit}) \tag{1.4.13}$$

式中，$\hat{\boldsymbol{\rho}}_{A(B)}$为量子态$|\psi\rangle_{AB}$中子系统$A$(或$B$)的约化密度算符。

由于两个子系统A与B是互相纠缠的，所以有

$$S(\hat{\boldsymbol{\rho}}_A) = S(\hat{\boldsymbol{\rho}}_B) \tag{1.4.14}$$

设λ_i是$\hat{\boldsymbol{\rho}}_{A(B)}$的本征值，则其纠缠度或冯 · 诺依曼熵可写为

$$E(|\psi\rangle_{AB}) = S(\hat{\boldsymbol{\rho}}_{A(B)}) = -\sum_i \lambda_i \log_2 \lambda_i \quad (单位：\mathrm{ebit}) \tag{1.4.15}$$

式中，约定$\log_2 0 \equiv 0$。

例如，对于两个子系统构成的一个纠缠态，有

$$|\psi\rangle_{AB} = (c_0|00\rangle + c_1|01\rangle + c_2|10\rangle + c_3|11\rangle)_{AB} \tag{1.4.16}$$

式中，复系数$c_i(i=0,1,2,3)$满足归一化条件$\sum_{i=0}^{3}|c_i|^2 = 1$。

与该态相应的密度算符为$\hat{\boldsymbol{\rho}}_{AB} = |\psi\rangle_{AB\,AB}\langle\psi|$，因此描述子系统$A$的约化密度算符为

$$\begin{aligned}\hat{\boldsymbol{\rho}}_A &= \mathrm{Tr}_B(\hat{\boldsymbol{\rho}}_{AB}) \\ &= \left(|c_0|^2 + |c_1|^2\right)|0\rangle_{A\,A}\langle 0| + \left(c_0c_2^* + c_1c_3^*\right)|0\rangle_{A\,A}\langle 1| \\ &\quad + \left(c_0^*c_2 + c_1^*c_3\right)|1\rangle_{A\,A}\langle 0| + \left(|c_2|^2 + |c_3|^2\right)|1\rangle_{A\,A}\langle 1|\end{aligned} \tag{1.4.17}$$

若取$|0\rangle \to \begin{bmatrix}1\\0\end{bmatrix}$，$|1\rangle \to \begin{bmatrix}0\\1\end{bmatrix}$，则约化密度算符(1.4.17)可表示为矩阵形式，即

$$\hat{\boldsymbol{\rho}}_A = \begin{bmatrix} |c_0|^2 + |c_1|^2 & c_0 c_2^* + c_1 c_3^* \\ c_0^* c_2 + c_1^* c_3 & |c_2|^2 + |c_3|^2 \end{bmatrix} \tag{1.4.18}$$

容易求出式(1.4.18)中的两个本征值$\lambda_\pm$为

$$\lambda_\pm = (1 \pm \sqrt{1-\varepsilon})/2 \tag{1.4.19}$$

式中，$\varepsilon = 4|c_0 c_3 - c_1 c_2|^2$，且$0 \leqslant \varepsilon \leqslant 1$。

在式(1.4.16)的纠缠态$|\psi\rangle_{AB}$中，$\hat{\boldsymbol{\rho}}_B = \hat{\boldsymbol{\rho}}_A$，$\hat{\boldsymbol{\rho}}_A$和$\hat{\boldsymbol{\rho}}_B$具有相同的本征值谱。于是，该纠缠态$|\psi\rangle_{AB}$的纠缠度为

$$E(|\psi\rangle_{AB}) = S(\hat{\boldsymbol{\rho}}_{A(B)}) = -\lambda_+ \log_2 \lambda_+ - \lambda_- \log_2 \lambda_- \quad (\text{单位：ebit}) \tag{1.4.20}$$

对于式(1.4.16)的特殊情况，有

$$|\psi\rangle_{AB} = \alpha\,|00\rangle_{AB} + \beta\,|11\rangle_{AB} \tag{1.4.21}$$

式中，$|\alpha|^2 + |\beta|^2 = 1$。

相应的子系统A的约化密度算符为

$$\hat{\boldsymbol{\rho}}_A = \mathrm{Tr}_B(\hat{\boldsymbol{\rho}}_{AB}) = |\alpha|^2\,|0\rangle_{A\,A}\langle 0| + |\beta|^2\,|1\rangle_{A\,A}\langle 1| \tag{1.4.22}$$

则量子态(1.4.21)的纠缠度为

$$E(|\psi\rangle_{AB}) = S(\hat{\boldsymbol{\rho}}_{A(B)}) = -|\alpha|^2 \log_2|\alpha|^2 - (1-|\alpha|^2)\log_2(1-|\alpha|^2) \quad (\text{单位：ebit}) \tag{1.4.23}$$

图 1.4.1 显示两个子系统量子态的纠缠度E与纠缠系数$|\alpha|$的关系。可见，当$|\alpha| = |\beta| = 1/\sqrt{2}$时，两个子系统处于最大纠缠的贝尔态，其纠缠度为$1\,\text{ebit}$。

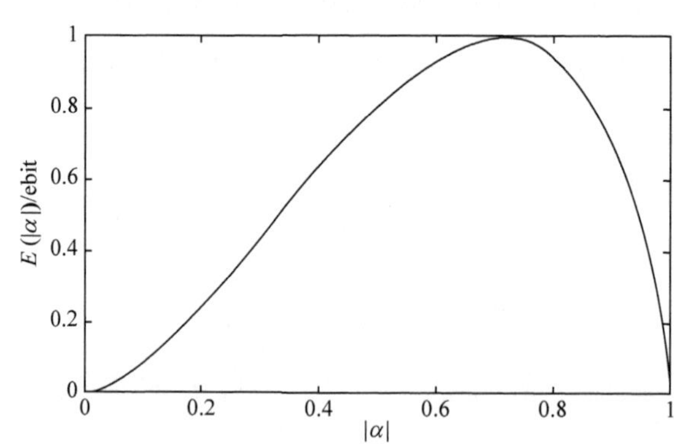

图 1.4.1　两个子系统量子态的纠缠度E与纠缠系数$|\alpha|$的关系

总之，约化密度算符是分析复合量子系统的重要理论工具，不仅给深入研究纠缠度量、量子退相干机制等量子信息学前沿问题提供了一种极为方便的表示方法，而且在量子信息处理中的其他问题如波函数的统计诠释、可观测量的期望值、

粒子的布居数、描述量子系统与库耦合行为的主方程以及量子计算机演化的主方程等方面具有重要应用[8]。

1.5 小　结

1. 量子光学的发展历程

(1) 光量子理论和电磁场量子化。

(2) 光场相干性的量子理论和激光发明。

(3) 用激光来控制物质的思想。

2. 量子力学中的三种绘景和旋转参考系

(1) 在 S-绘景中，力学量算符不随时间变化，而态矢量随时间演化遵循薛定谔方程，即

$$\frac{\partial \hat{A}_{\mathrm{S}}}{\partial t}=0,\quad \mathrm{i}\hbar\frac{\mathrm{d}\left|\psi_{\mathrm{S}}(t)\right\rangle}{\mathrm{d}t}=\hat{H}\left|\psi_{\mathrm{S}}(t)\right\rangle$$

(2) 在 H-绘景中，态矢量不随时间变化，而力学量算符随时间演化遵循海森伯方程，即

$$\frac{\partial\left|\psi_{\mathrm{H}}(t)\right\rangle}{\partial t}=0,\quad \mathrm{i}\hbar\frac{\mathrm{d}\hat{A}_{\mathrm{H}}}{\mathrm{d}t}=[\hat{A}_{\mathrm{H}},\hat{H}]$$

(3) 在 I-绘景中，态矢量和力学量算符均随时间变化，态矢量的演化遵循薛定谔方程，即

$$\mathrm{i}\hbar\frac{\partial\left|\psi_{\mathrm{I}}(t)\right\rangle}{\partial t}=\hat{V}_{\mathrm{I}}(t)\left|\psi_{\mathrm{I}}(t)\right\rangle$$

式中，$\hat{V}_{\mathrm{I}}(t)=\hat{U}_0^{\dagger}(t,t_0)\hat{V}\hat{U}_0(t,t_0)=\mathrm{e}^{\mathrm{i}\hat{H}_0\times(t-t_0)/\hbar}\hat{V}\mathrm{e}^{-\mathrm{i}\hat{H}_0\times(t-t_0)/\hbar}$。

力学量算符的演化遵循海森伯方程，即

$$\mathrm{i}\hbar\frac{\mathrm{d}\hat{A}_{\mathrm{I}}}{\mathrm{d}t}=[\hat{A}_{\mathrm{I}},\hat{H}_0]$$

式中，$\hat{A}_{\mathrm{I}}(t)=\hat{U}_0^{\dagger}(t,t_0)\hat{A}_{\mathrm{S}}\hat{U}_0(t,t_0)$。

(4) 在旋转参考系中，态矢量$\left|\psi'(t)\right\rangle=\hat{U}^{\dagger}(t)\left|\psi(t)\right\rangle$的演化遵循薛定谔方程，即

$$\mathrm{i}\hbar\frac{\partial\left|\psi'(t)\right\rangle}{\partial t}=\hat{H}'\left|\psi'(t)\right\rangle$$

$$\hat{H}' = \mathrm{i}\hbar \frac{\mathrm{d}\hat{U}^\dagger}{\mathrm{d}t}\hat{U} + \hat{U}^\dagger \hat{H}\hat{U} = -\mathrm{i}\hbar \hat{U}^\dagger \frac{\mathrm{d}\hat{U}}{\mathrm{d}t} + \hat{U}^\dagger \hat{H}\hat{U}$$

3. 密度算符

密度算符既可描述系统纯态，又可刻画混合态。

纯态为

$$\hat{\boldsymbol{\rho}} = |\psi\rangle\langle\psi|$$

混合态为

$$\hat{\boldsymbol{\rho}} = \sum_i p_i |\psi_i\rangle\langle\psi_i|$$

算符期望值为

$$\langle\hat{O}\rangle = \mathrm{Tr}(\hat{\boldsymbol{\rho}}\hat{O})$$

算符的迹：算符所对应矩阵的所有对角元素之和，与本征矢的选取无关，即

$$\mathrm{Tr}(\hat{O}) = \sum_n \langle n|\hat{O}|n\rangle = \sum_n O_{nn} = \mathrm{Tr}(\boldsymbol{O})$$

密度算符的性质：厄米性，$\hat{\boldsymbol{\rho}}^\dagger = \hat{\boldsymbol{\rho}}$；正定性，$\langle\psi|\hat{\boldsymbol{\rho}}|\psi\rangle \geqslant 0$；幺迹性，$\mathrm{Tr}(\hat{\boldsymbol{\rho}}) = 1$。

$\hat{\boldsymbol{\rho}}^2 \leqslant \hat{\boldsymbol{\rho}}$ 是判断量子态是纯态还是混合态的一个重要判据。

S-绘景中密度算符的运动方程为

$$\mathrm{i}\hbar \frac{\mathrm{d}\hat{\boldsymbol{\rho}}(t)}{\mathrm{d}t} = [\hat{\boldsymbol{H}}, \hat{\boldsymbol{\rho}}(t)]$$

4. 约化密度算符

(1) 约化密度算符为

$$\hat{\boldsymbol{\rho}}_{A(B)} = \mathrm{Tr}_{B(A)}(\hat{\boldsymbol{\rho}}_{AB})$$

式中，$\hat{\boldsymbol{\rho}}_{AB} = |\psi\rangle_{AB\ AB}\langle\psi|$。

(2) 期望值的计算。

对于子系统 A 中的一个可观测力学量 $\hat{O}$，有

$$\langle\hat{O}\rangle = \mathrm{Tr}_A(\hat{\boldsymbol{\rho}}_A\hat{O})$$

(3) 纠缠态的定义。

对于两个子系统，有

$$\hat{\boldsymbol{\rho}}_{AB} \neq \hat{\boldsymbol{\rho}}_A \otimes \hat{\boldsymbol{\rho}}_B,\quad |\psi\rangle_{AB} \neq |\psi\rangle_A \otimes |\psi\rangle_B$$

(4) 两个子系统中量子纠缠的度量。

$$E(|\psi\rangle_{AB}) = S(\hat{\boldsymbol{\rho}}_{A(B)}) = -\mathrm{Tr}(\hat{\boldsymbol{\rho}}_{A(B)} \log_2 \hat{\boldsymbol{\rho}}_{A(B)}) \text{ (单位：ebit)}$$

1.6　习　　题

1. 在薛定谔绘景中可观测物理量 $\hat{A}$ 、$\hat{B}$ 和 $\hat{C}$ 满足对易关系 $[\hat{A},\hat{B}]=\mathrm{i}\hat{C}$ ，试证明这一关系在海森伯绘景和相互作用绘景中也成立。
2. 位移算符 $\hat{S}(\lambda)=\exp(-\mathrm{i}\lambda\hat{p}/\hbar)$ ，满足 $\hat{S}^{\dagger}(\lambda)=\hat{S}^{-1}(\lambda)=\hat{S}(-\lambda)$ ，其中 λ 为任意常数。对于坐标表象 q ，试证明算符 $\hat{S}(\lambda)$ 对态矢量 $|q\rangle$ 的作用为 $\hat{S}(\lambda)|q\rangle=|q+\lambda\rangle$ 。
3. 动量变换算符 $\hat{S}_p(\kappa)=\exp(-\mathrm{i}\kappa\hat{q}/\hbar)$ ，试证明它对态矢量 $|p\rangle$ 的作用为 $\hat{S}_p(\kappa)|p\rangle=|p-\kappa\rangle$ 。
4. 对于任意算符 $\hat{A}$ 和 $\hat{B}$ ，令 $\hat{C}_0=\hat{B}$, $\hat{C}_1=[\hat{A},\hat{B}]$, $\hat{C}_2=[\hat{A},\hat{C}_1]$,$\cdots$, $\hat{C}_n=[\hat{A},\hat{C}_{n-1}]$,$\cdots$, 对于经典常数 x，试证明算符恒等式，即算符展开定理：
$$\exp(x\hat{A})\hat{B}\exp(-x\hat{A})=\sum_{n=0}^{\infty}\frac{x^n}{n!}\hat{C}_n=\hat{B}+x[\hat{A},\hat{B}]+\frac{x^2}{2!}[\hat{A},[\hat{A},\hat{B}]]+\cdots$$
5. 若两个非对易算符 $\hat{A}$ 和 $\hat{B}$ 满足关系 $[\hat{A},[\hat{A},\hat{B}]]=[\hat{B},[\hat{A},\hat{B}]]=0$ ，试证明
$$\mathrm{e}^{\hat{A}+\hat{B}}=\mathrm{e}^{\hat{A}}\mathrm{e}^{\hat{B}}\mathrm{e}^{-\frac{1}{2}[\hat{A},\hat{B}]}=\mathrm{e}^{\hat{B}}\mathrm{e}^{\hat{A}}\mathrm{e}^{\frac{1}{2}[\hat{A},\hat{B}]}$$
此式称为贝克-坎贝尔-豪斯多夫(Baker-Campbell-Hausdorff)定理展开式，简称 BCH 定理展开式。
6. 设 λ 为常数，试证明 $\mathrm{e}^{\mathrm{i}\lambda\hat{\sigma}_z}=\cos\lambda+\mathrm{i}\hat{\sigma}_z\sin\lambda$ ，并证明 $\mathrm{e}^{\mathrm{i}\lambda\hat{\boldsymbol{\sigma}}\cdot\boldsymbol{n}}=\cos\lambda+\mathrm{i}\hat{\boldsymbol{\sigma}}\cdot\boldsymbol{n}\sin\lambda$ ，其中，$\boldsymbol{n}=(\sin\theta\cos\varphi,\sin\theta\sin\varphi,\cos\theta)$ 为任意方向的三维单位矢量，$\hat{\boldsymbol{\sigma}}$ 表示泡利算符，其相应的三个分量为 $\hat{\sigma}_\alpha$ ($\alpha=x,y,z$)。
7. 在自旋空间中绕 z 轴转动时，变换并化简关系式 $\mathrm{e}^{\mathrm{i}\lambda\hat{\sigma}_z}\hat{\sigma}_\alpha\mathrm{e}^{-\mathrm{i}\lambda\hat{\sigma}_z}$ ，其中，λ 为常数；下标 $\alpha=x,y$ 。
8. 证明 $\mathrm{e}^{-\mathrm{i}\theta\hat{\sigma}_y/2}=\cos(\theta/2)-\mathrm{i}\hat{\sigma}_y\sin(\theta/2)$ ，由此证明关系式 $\mathrm{e}^{-\mathrm{i}\theta\hat{\sigma}_y/2}|\mathrm{e}\rangle\langle\mathrm{e}|\mathrm{e}^{\mathrm{i}\theta\hat{\sigma}_y/2}=(\hat{I}+\hat{\sigma}_z\cos\theta+\hat{\sigma}_x\sin\theta)$ ，其中，$\hat{\sigma}_x$ 、$\hat{\sigma}_y$ 和 $\hat{\sigma}_z$ 为泡利算符 $\hat{\boldsymbol{\sigma}}$ 的三分量。
9. 设 λ 为常数，$\boldsymbol{n}=(\sin\theta\cos\varphi,\sin\theta\sin\varphi,\cos\theta)$ 为任意方向的单位矢量，试证明 $\mathrm{e}^{\mathrm{i}\lambda\hat{\boldsymbol{\sigma}}\cdot\boldsymbol{n}}\hat{\boldsymbol{\sigma}}\mathrm{e}^{-\mathrm{i}\lambda\hat{\boldsymbol{\sigma}}\cdot\boldsymbol{n}}=\boldsymbol{n}(\hat{\boldsymbol{\sigma}}\cdot\boldsymbol{n})+\boldsymbol{n}\times\hat{\boldsymbol{\sigma}}\sin(2\lambda)+(\boldsymbol{n}\times\hat{\boldsymbol{\sigma}})\times\boldsymbol{n}\cos(2\lambda)$ ，其中，$\hat{\boldsymbol{\sigma}}$ 为泡利算符。
10. 一个本征跃迁频率为 ω_0 的二能级原子与光场频率为 ω 的单模经典光场相互作用，描述该系统的哈密顿量为 $\hat{H}=\frac{1}{2}\hbar\omega_0\hat{\sigma}_z-\hbar\varepsilon(\mathrm{e}^{-\mathrm{i}\omega t}\hat{\sigma}_+ +\mathrm{e}^{\mathrm{i}\omega t}\hat{\sigma}_-)$, 其中，$\hat{\sigma}_z$

为原子反转算符，$\hat{\sigma}_+ = |e\rangle\langle g|$ 和 $\hat{\sigma}_- = |g\rangle\langle e|$；$\varepsilon$ 为原子与经典光场的耦合系数。试分别求出变换到相互作用绘景和旋转参考系中的哈密顿量。

11. 设两个力学变量算符为 $\hat{U}$ 和 $\hat{V}$，在体系处于由波函数 $|\psi(q,t)\rangle$ 所描述的状态时，这些力学变量的不确定度定义为 $\Delta U = \sqrt{\langle \hat{U}^2\rangle - \langle \hat{U}\rangle^2}$，$\Delta V = \sqrt{\langle \hat{V}^2\rangle - \langle \hat{V}\rangle^2}$，试证明海森伯不确定关系 $\Delta U \cdot \Delta V \geqslant \frac{\hbar}{2}|\langle \hat{W}\rangle|$ 成立，其中，算符 $\hat{W}$ 满足 $[\hat{U},\hat{V}] = \mathrm{i}\hbar\hat{W}$。
12. 无论初始态是纯态还是混合态，经过显含时间薛定谔方程的演化，证明冯·诺依曼熵是守恒量。
13. 考虑一个二能级原子系统，其中 30%处于状态 $|\psi_1\rangle = \frac{1}{\sqrt{2}}(|u_a\rangle \mathrm{e}^{-\mathrm{i}\omega_a t} + |u_b\rangle \mathrm{e}^{-\mathrm{i}\omega_b t})$，50%处于状态 $|\psi_2\rangle = \frac{1}{\sqrt{10}}\left(|u_a\rangle \mathrm{e}^{-\mathrm{i}\omega_a t} - 3|u_b\rangle \mathrm{e}^{-\mathrm{i}\omega_b t}\right)$，20%处于状态 $|\psi_3\rangle = |u_b\rangle \mathrm{e}^{-\mathrm{i}\omega_b t}$。①求以本征函数 $|u_a\rangle$ 和 $|u_b\rangle$ 为基矢时系统的密度算符 $\hat{\boldsymbol{\rho}}$；②求系统处于态 $|\psi_1\rangle$ 的概率；③证明 $\hat{\boldsymbol{\rho}}^2 \neq \hat{\boldsymbol{\rho}}$。
14. 求下列矩阵的约化密度矩阵：

$$\hat{\boldsymbol{\rho}}_{AB} = \begin{bmatrix} \rho_{11} & 0 & 0 & \rho_{14} \\ 0 & \rho_{22} & \rho_{23} & 0 \\ 0 & \rho_{32} & \rho_{33} & 0 \\ \rho_{41} & 0 & 0 & \rho_{44} \end{bmatrix}$$

15. 对于由两个子系统组成的复合量子系统，求以下量子态的施密特分解：① $|\psi\rangle_{AB} = \frac{1}{\sqrt{2}}(|00\rangle + |11\rangle)_{AB}$；② $|\psi\rangle_{AB} = \frac{1}{2}(|00\rangle + |01\rangle + |10\rangle + |11\rangle)_{AB}$；③ $|\psi\rangle_{AB} = \frac{1}{\sqrt{3}}(|00\rangle + |01\rangle + |10\rangle)_{AB}$；④ $|\psi\rangle_{AB} = \frac{1}{\sqrt{2}}|0\rangle_A\left(\frac{1}{2}|0\rangle_B + \frac{\sqrt{3}}{2}|1\rangle_B\right) + \frac{1}{\sqrt{2}}|1\rangle_A\left(\frac{\sqrt{3}}{2}|0\rangle_B + \frac{1}{2}|1\rangle_B\right)$。
16. 设 $\hat{\boldsymbol{\rho}}_A = \frac{1}{2}(1 + \hat{\boldsymbol{\sigma}} \cdot \boldsymbol{n}_A)$，$\hat{\boldsymbol{\rho}}_B = \frac{1}{2}(1 + \hat{\boldsymbol{\sigma}} \cdot \boldsymbol{n}_B)$，其中 $\boldsymbol{n} = (\sin\theta\cos\varphi, \sin\theta\sin\varphi, \cos\theta)$ 是 (θ,φ) 方向的单位矢量，$\hat{\boldsymbol{\sigma}}$ 为泡利算符，试证明 $\mathrm{Tr}(\hat{\boldsymbol{\rho}}_A\hat{\boldsymbol{\rho}}_B) = \frac{1}{2}(1 + \boldsymbol{n}_A \cdot \boldsymbol{n}_B)$。
17. 通常对系统密度算符的子系统求迹可得到一个混合态密度算符。对于系统状态 $|\psi(t)\rangle = \cos(gt\sqrt{n+1})|e,n\rangle + \sin(gt\sqrt{n+1})|g,n+1\rangle$，分别计算粒子数态的约化密度算符和原子的约化密度算符，对原子态求迹后何时为纯态？

参考文献

[1] 郭光灿, 周祥发. 量子光学. 北京: 科学出版社, 2022.
[2] 张智明. 量子光学. 北京: 科学出版社, 2015.
[3] 彭金生, 李高翔. 近代量子光学导论. 北京: 科学出版社, 1996.
[4] 曾谨言. 量子力学: 卷Ⅱ. 北京: 科学出版社, 2006.
[5] 张永德. 量子信息物理原理. 北京: 科学出版社, 2006.
[6] 喀兴林. 高等量子力学. 2 版. 北京: 高等教育出版社, 2001.
[7] 闫学群. 高等量子力学. 北京: 电子工业出版社, 2020.
[8] 戴宏毅. 约化密度矩阵及其在量子信息处理中的应用. 大学物理, 2010, 29(2): 31-33, 36.
[9] 李承祖, 黄明球, 陈平形, 等. 量子通信和量子计算. 长沙: 国防科技大学出版社，2000.
[10] Scully M O, Zubairy M S. Quantum Optics. Cambridge: Cambridge University Press, 1997.
[11] Gerry C C, Knight P. Introductory Quantum Optics. Cambridge: Cambridge University Press, 2005.
[12] Meystre P, Sargent Ⅲ M. Elements of Quantum Optics. 4th ed. Berlin: Springer, 2007.
[13] 钱伯初，曾谨言. 量子力学习题精选与剖析. 3 版. 北京: 科学出版社, 2008.

第 2 章　光场的量子化

由于经典光场不能全面描述光场的波粒二象性，为了刻画光的本质特征，充分描述光场的波粒二象性，全面研究光场与物质相互作用系统的量子特性，必须将光场进行量子化。实现光场的量子化，是量子光学的重要基础。

在量子力学中，力学量用算符表示，量子态用态矢量描述。光场的量子化[1-19]，就是要实现从经典物理到量子力学的过渡，采用算符对表示光场的物理量(如电场强度 $\boldsymbol{E}$ 、磁感应强度 $\boldsymbol{B}$ 、总能量 H 等)进行描述，采用态矢量或密度算符对光场的状态进行表示。具体是根据麦克斯韦(Maxwell)方程组，求解满足边界条件的电磁场物理量 $\boldsymbol{E}$ 、$\boldsymbol{B}$ 和 H，与谐振子的量子化相类比，将电磁场进行量子化。量子化电磁场会明显反映出其粒子性，与电磁场相应的粒子是光子，由于光子的质量为零，所以关于电磁场和光子的理论不存在非相对论情况。

本章介绍的光场的量子化包括光场物理量的算符表示以及光场的量子态。2.1 节以谐振腔为例讨论单模电磁场(如电场强度 $\boldsymbol{E}$ 、磁感应强度 $\boldsymbol{B}$ 、总能量 H 等)的算符表示，以实现单模光场的量子化，2.2 节将其推广到自由空间中的多模光场情况，2.3 节～2.6 节分别着重讨论描述光场态矢量的光子数态、光场的相位态、光场相干态、热光场态及其相应的物理性质。

2.1　单模光场的量子化

本节将从麦克斯韦方程组出发，求出谐振腔中电磁场的驻波模式解，然后与谐振子的量子化相类比，把描述电磁场的物理量用湮没算符 $\hat{a}$ 和产生算符 $\hat{a}^{\dagger}$ 表示，实现单模光场的量子化。

真空无源场的麦克斯韦方程组为

$$\nabla\times\boldsymbol{E}=-\frac{\partial\boldsymbol{B}}{\partial t}\tag{2.1.1}$$

$$\nabla\times\boldsymbol{B}=\mu_0\varepsilon_0\frac{\partial\boldsymbol{E}}{\partial t}\tag{2.1.2}$$

$$\nabla\cdot\boldsymbol{E}=0\tag{2.1.3}$$

$$\nabla\cdot\boldsymbol{B}=0\tag{2.1.4}$$

式中，μ_0 和 ε_0 分别为真空磁导率和介电常数，$c=1/\sqrt{\mu_0\varepsilon_0}$ 为真空中的光速。

根据式(2.1.1)和式(2.1.2)，可以得出真空腔中电磁场的波动方程为

$$\nabla^2\boldsymbol{E}-\frac{1}{c^2}\frac{\partial^2\boldsymbol{E}}{\partial t^2}=0 \tag{2.1.5}$$

其中用到 $\nabla\times(\nabla\times\boldsymbol{E})=\nabla(\nabla\cdot\boldsymbol{E})-\nabla^2\boldsymbol{E}$。

设一维谐振腔中的电磁场为单模场，沿 z 轴方向传播，腔长为 L，如图 2.1.1 所示。电场的振动方向沿 x 轴，并假设辐射场在 xy 平面上的变化很缓慢，忽略 $\dfrac{\partial^2 E_x}{\partial x^2}$、$\dfrac{\partial^2 E_x}{\partial y^2}$ 项，则方程(2.1.5)可化简为

$$\frac{\partial^2 E_x}{\partial z^2}-\frac{1}{c^2}\frac{\partial^2 E_x}{\partial t^2}=0 \tag{2.1.6}$$

则电场强度 E_x 可用正则驻波模展开为

$$E_x(z,t)=Nq(t)\sin(kz) \tag{2.1.7}$$

式中，$q(t)$ 为光场的时间部分，具有长度量纲；$\sin(kz)$ 为光场的空间部分；N 为待定系数。

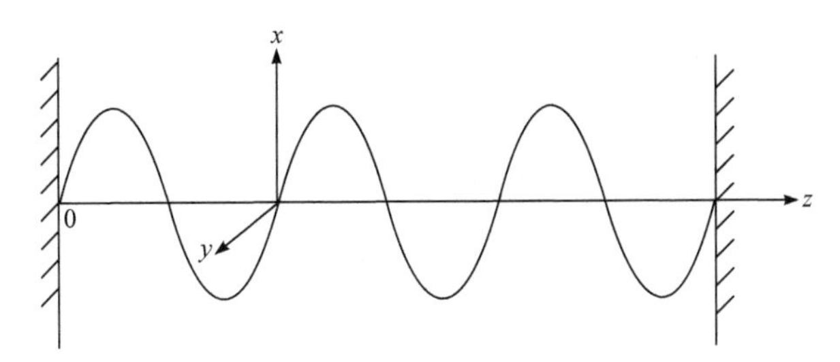

图 2.1.1　一维谐振腔中的电磁场

由于电磁波是横波，所以电场强度 $\boldsymbol{E}$ 的振动方向沿 x 轴方向，磁感应强度 $\boldsymbol{B}$ 的振动方向沿 y 轴方向。又由于磁感应强度 $\boldsymbol{B}$ 的横向变化比较缓慢，即 $\partial B_y/\partial y \ll \partial B_y/\partial z$，$\partial B_y/\partial x \ll \partial B_y/\partial z$，将式(2.1.7)代入式(2.1.2)，可得

$$-\frac{\partial B_y}{\partial z}=N\mu_0\varepsilon_0\dot{q}(t)\sin(kz) \tag{2.1.8}$$

对式(2.1.8)积分可得

$$B_y=\frac{N\mu_0\varepsilon_0\dot{q}(t)\cos(kz)}{k} \tag{2.1.9}$$

光腔体积内的电磁场能量为

$$H=\frac{1}{2}\iiint\left(\varepsilon_0 E_x^2+\frac{1}{\mu_0}B_y^2\right)\mathrm{d}x\mathrm{d}y\mathrm{d}z \tag{2.1.10}$$

根据驻波条件 $\sin(kL)=0$，可得 $k=\dfrac{n\pi}{L}$，对式(2.1.10)积分可得

$$H=\frac{\varepsilon_0 VN^2}{4m\omega^2}\left(m\omega^2q^2+m\dot{q}^2\right)=\frac{1}{2}\left(m\omega^2q^2+\frac{p^2}{m}\right) \tag{2.1.11}$$

式中，取 $\dfrac{\varepsilon_0 VN^2}{2m\omega^2}=1$，即 $N=\sqrt{\dfrac{2m\omega^2}{\varepsilon_0 V}}$； $p=m\dot{q}$ 具有动量量纲。

由式(2.1.11)可知，电磁场的能量正好与一个质量为 m 、频率为 ω 的经典谐振子的能量相同，因此可以将一个模式的电磁场等效为一个具有相同频率的简谐振子，从而使电磁场量子化。由此得到单模电磁场的哈密顿量算符为

$$\hat{H}=\frac{1}{2}\left(m\omega^2\hat{q}^2+\frac{\hat{p}^2}{m}\right) \tag{2.1.12}$$

式中，$\hat{q}$ 和 $\hat{p}$ 分别为该简谐振子相应的位置算符和动量算符，满足下列对易关系：

$$[\hat{q},\hat{p}]=\mathrm{i}\hbar,\quad [\hat{q},\hat{q}]=[\hat{p},\hat{p}]=0 \tag{2.1.13}$$

与简谐振子的量子化过程一样，通过对 $\hat{q}$ 和 $\hat{p}$ 进行正则变换，引入湮没算符 $\hat{a}$ 和产生算符 $\hat{a}^\dagger$，分别为

$$\hat{a}=\frac{1}{\sqrt{2m\hbar\omega}}(m\omega\hat{q}+\mathrm{i}\hat{p}) \tag{2.1.14}$$

$$\hat{a}^\dagger=\frac{1}{\sqrt{2m\hbar\omega}}(m\omega\hat{q}-\mathrm{i}\hat{p}) \tag{2.1.15}$$

可得

$$[\hat{a},\hat{a}^\dagger]=1,\quad [\hat{a},\hat{a}]=[\hat{a}^\dagger,\hat{a}^\dagger]=0 \tag{2.1.16}$$

$$\hat{q}=\sqrt{\frac{\hbar}{2m\omega}}(\hat{a}^\dagger+\hat{a}) \tag{2.1.17}$$

$$\hat{p}=\mathrm{i}\sqrt{\frac{m\hbar\omega}{2}}(\hat{a}^\dagger-\hat{a}) \tag{2.1.18}$$

电场算符、磁感应强度算符和总能量算符都可用 $\hat{a}$ 和 $\hat{a}^\dagger$ 来表示，分别为

$$\hat{E}_x=\sqrt{\frac{\hbar\omega}{\varepsilon_0 V}}(\hat{a}^\dagger+\hat{a})\sin(kz) \tag{2.1.19}$$

$$\hat{B}_y=\mathrm{i}\sqrt{\frac{\hbar\omega}{\varepsilon_0 V}}\frac{1}{c}(\hat{a}^\dagger-\hat{a})\cos(kz) \tag{2.1.20}$$

$$\hat{H} = \hbar\omega\left(\hat{a}^{\dagger}\hat{a} + \frac{1}{2}\right) \tag{2.1.21}$$

式中，$\sqrt{\dfrac{\hbar\omega}{\varepsilon_0 V}}$ 具有电场量纲，相当于每个光子的电场，对于一个确定模和腔体，$\sqrt{\dfrac{\hbar\omega}{\varepsilon_0 V}}$ 为常数；$\hat{a}^{\dagger}\hat{a}$ 为光子数算符；$\hbar\omega$ 为一个光子的能量。

2.2　多模光场的量子化

本节首先从麦克斯韦方程组出发，在自由空间中求电磁场的行波模式解，然后与谐振子的量子化相类比，实现多模电磁场的量子化[1-7,13-17]。

引入电磁场的矢势 $\boldsymbol{A}$ 和标势 $\boldsymbol{\Phi}$：

$$\boldsymbol{B} = \nabla \times \boldsymbol{A} \tag{2.2.1}$$

$$\boldsymbol{E} = -\frac{\partial \boldsymbol{A}}{\partial t} - \nabla \boldsymbol{\Phi} \tag{2.2.2}$$

选择库仑(Coulomb)规范：$\nabla \cdot \boldsymbol{A} = 0$，$\boldsymbol{\Phi} = 0$，则得

$$\boldsymbol{E} = -\frac{\partial \boldsymbol{A}}{\partial t} \tag{2.2.3}$$

这样就把电场强度 $\boldsymbol{E}$、磁感应强度 $\boldsymbol{B}$ 与矢势 $\boldsymbol{A}$ 联系起来。

将式(2.2.1)和式(2.2.3)代入麦克斯韦方程组中的式(2.1.2)，化简后可得

$$\nabla^2 \boldsymbol{A} = \frac{1}{c^2}\frac{\partial^2}{\partial t^2}\boldsymbol{A} \tag{2.2.4}$$

该方程的解将根据边界条件确定，既适用于谐振腔壁边界按简正模展开，又适用于自由空间按平面行波模展开。

对于在自由空间传播的电磁场，可考虑一个大而有限的立方体(边长为 L)中的电磁场，将该矢势展开为平面行波的叠加态，即

$$\boldsymbol{A}(\boldsymbol{r},t) = \sum_{\boldsymbol{k}}\sum_{s=1}^{2}\boldsymbol{e}_{\boldsymbol{k},s}[A_{\boldsymbol{k},s}(t)\mathrm{e}^{\mathrm{i}\boldsymbol{k}\cdot\boldsymbol{r}} + A_{\boldsymbol{k},s}^{*}(t)\mathrm{e}^{-\mathrm{i}\boldsymbol{k}\cdot\boldsymbol{r}}] \tag{2.2.5}$$

式中，$A_{\boldsymbol{k},s}(t)$ 和 $A_{\boldsymbol{k},s}^{*}(t)$ 为场的复振幅；$\boldsymbol{e}_{\boldsymbol{k},s}$ 为光的偏振方向；$\boldsymbol{k}$ 为波矢，反映波的传播方向。

对 $\boldsymbol{k}$ 求和表示一系列正整数的波矢数之和，波矢由周期性边界条件确定，为

$$\boldsymbol{k} = \frac{2\pi}{L}(n_x\boldsymbol{e}_x + n_y\boldsymbol{e}_y + n_z\boldsymbol{e}_z) \tag{2.2.6}$$

式中，(n_x, n_y, n_z)为正整数。

s只能取两个值，对s求和表示两种独立的偏振求和，这两个偏振必须是正交的，即

$$\boldsymbol{e}_{\boldsymbol{k},s} \cdot \boldsymbol{e}_{\boldsymbol{k},s'} = \delta_{ss'} \tag{2.2.7}$$

将式(2.2.5)代入式(2.2.4)，可得展开系数$A_{\boldsymbol{k},s}(t)$满足的方程为

$$\frac{\mathrm{d}^2 A_{\boldsymbol{k},s}(t)}{\mathrm{d}t^2} + \omega_k^2 A_{\boldsymbol{k},s}(t) = 0 \tag{2.2.8}$$

其解为

$$A_{\boldsymbol{k},s}(t) = A_{\boldsymbol{k},s}(0)\mathrm{e}^{-\mathrm{i}\omega_k t} \equiv A_{\boldsymbol{k},s}\mathrm{e}^{-\mathrm{i}\omega_k t} \tag{2.2.9}$$

由于矢势$\boldsymbol{A}(\boldsymbol{r},t)$满足库仑规范，所以有

$$0 = \nabla \cdot \boldsymbol{A}(\boldsymbol{r},t) = \sum_{\boldsymbol{k},s}[\boldsymbol{k}\cdot\boldsymbol{e}_{\boldsymbol{k},s}A_{\boldsymbol{k},s}(t)\mathrm{e}^{\mathrm{i}\boldsymbol{k}\cdot\boldsymbol{r}} - \boldsymbol{k}\cdot\boldsymbol{e}_{\boldsymbol{k},s}A_{\boldsymbol{k},s}^*(t)\mathrm{e}^{-\mathrm{i}\boldsymbol{k}\cdot\boldsymbol{r}}] \tag{2.2.10}$$

从而得到电磁波横波条件为

$$\boldsymbol{k} \cdot \boldsymbol{e}_{\boldsymbol{k},s} = 0 \tag{2.2.11}$$

由此可知，辐射的偏振方向与电磁波的传播方向垂直。对应于每个$\boldsymbol{k}$，总有两个独立的偏振状态在垂直于$\boldsymbol{k}$的平面上，而且彼此互相垂直，即

$$\boldsymbol{e}_{\boldsymbol{k}1} \times \boldsymbol{e}_{\boldsymbol{k}2} = \frac{\boldsymbol{k}}{|\boldsymbol{k}|} = \boldsymbol{\kappa} \tag{2.2.12}$$

把式(2.2.9)代入式(2.2.5)，矢势可表示为

$$\boldsymbol{A}(\boldsymbol{r},t) = \sum_{\boldsymbol{k},s}\boldsymbol{e}_{\boldsymbol{k},s}[A_{\boldsymbol{k},s}\mathrm{e}^{\mathrm{i}(\boldsymbol{k}\cdot\boldsymbol{r}-\omega_k t)} + A_{\boldsymbol{k},s}^*\mathrm{e}^{-\mathrm{i}(\boldsymbol{k}\cdot\boldsymbol{r}-\omega_k t)}] \tag{2.2.13}$$

把式(2.2.13)分别代入式(2.2.3)和式(2.2.1)，可得电场强度和磁感应强度分别为

$$\boldsymbol{E}(\boldsymbol{r},t) = \mathrm{i}\sum_{\boldsymbol{k},s}\omega_k\boldsymbol{e}_{\boldsymbol{k},s}[A_{\boldsymbol{k},s}\mathrm{e}^{\mathrm{i}(\boldsymbol{k}\cdot\boldsymbol{r}-\omega_k t)} - A_{\boldsymbol{k},s}^*\mathrm{e}^{-\mathrm{i}(\boldsymbol{k}\cdot\boldsymbol{r}-\omega_k t)}] \tag{2.2.14}$$

$$\boldsymbol{B}(\boldsymbol{r},t) = \frac{\mathrm{i}}{c}\sum_{\boldsymbol{k},s}\omega_k(\boldsymbol{\kappa}\times\boldsymbol{e}_{\boldsymbol{k},s})[A_{\boldsymbol{k},s}\mathrm{e}^{\mathrm{i}(\boldsymbol{k}\cdot\boldsymbol{r}-\omega_k t)} - A_{\boldsymbol{k},s}^*\mathrm{e}^{-\mathrm{i}(\boldsymbol{k}\cdot\boldsymbol{r}-\omega_k t)}] \tag{2.2.15}$$

电磁场的总能量为

$$H = \frac{1}{2}\iiint\left(\varepsilon_0\boldsymbol{E}\cdot\boldsymbol{E} + \frac{\boldsymbol{B}\cdot\boldsymbol{B}}{\mu_0}\right)\mathrm{d}V \tag{2.2.16}$$

由一维周期性边界条件可知

$$\int_0^L \mathrm{e}^{\pm\mathrm{i}k_x x}\mathrm{d}x = \begin{cases} L, & k_x = 0 \\ 0, & k_x \neq 0 \end{cases} \tag{2.2.17}$$

则在三维情况下，有

$$\int_0^L\int_0^L\int_0^L \mathrm{e}^{\pm\mathrm{i}(\boldsymbol{k}\pm\boldsymbol{k}')\cdot\boldsymbol{r}}\mathrm{d}V=\delta_{\boldsymbol{k},\mp\boldsymbol{k}'}V \tag{2.2.18}$$

因此，电场的总能量可计算为

$$\frac{1}{2}\iiint\varepsilon_0\boldsymbol{E}\cdot\boldsymbol{E}\,\mathrm{d}V=\varepsilon_0 V\sum_{\boldsymbol{k},s}\omega_k^2 A_{\boldsymbol{k},s}A_{\boldsymbol{k},s}^*-R \tag{2.2.19}$$

式中

$$R=\frac{1}{2}\varepsilon_0 V\sum_{\boldsymbol{k}}\sum_{ss'}\omega_k^2\boldsymbol{e}_{\boldsymbol{k},s}\cdot\boldsymbol{e}_{\boldsymbol{k},s'}[A_{\boldsymbol{k},s}(t)A_{-\boldsymbol{k},s'}(t)+A_{\boldsymbol{k},s}^*(t)A_{-\boldsymbol{k},s'}^*(t)] \tag{2.2.20}$$

同理可得磁场的总能量为

$$\frac{1}{2}\iiint\frac{\boldsymbol{B}\cdot\boldsymbol{B}}{\mu_0}\mathrm{d}V=\varepsilon_0 V\sum_{\boldsymbol{k},s}\omega_k^2 A_{\boldsymbol{k},s}(t)A_{\boldsymbol{k},s}^*(t)+R \tag{2.2.21}$$

式(2.2.21)中用到矢量恒等式，即

$$(\boldsymbol{A}\times\boldsymbol{B})\cdot(\boldsymbol{C}\times\boldsymbol{D})=(\boldsymbol{A}\cdot\boldsymbol{C})(\boldsymbol{B}\cdot\boldsymbol{D})-(\boldsymbol{A}\cdot\boldsymbol{D})(\boldsymbol{B}\cdot\boldsymbol{C}) \tag{2.2.22}$$

计算出

$$(\boldsymbol{\kappa}\times\boldsymbol{e}_{\boldsymbol{k},s})\cdot(\boldsymbol{\kappa}\times\boldsymbol{e}_{\boldsymbol{k},s'})=\delta_{ss'} \tag{2.2.23}$$

$$(\boldsymbol{\kappa}\times\boldsymbol{e}_{\boldsymbol{k},s})\cdot(-\boldsymbol{\kappa}\times\boldsymbol{e}_{-\boldsymbol{k},s'})=-\boldsymbol{e}_{\boldsymbol{k},s}\cdot\boldsymbol{e}_{-\boldsymbol{k},s'} \tag{2.2.24}$$

把式(2.2.19)和式(2.2.21)代入式(2.2.16)，可得电磁场的总能量为

$$H=2\varepsilon_0 V\sum_{\boldsymbol{k},s}\omega_k^2 A_{\boldsymbol{k},s}(t)A_{\boldsymbol{k},s}^*(t)=2\varepsilon_0 V\sum_{\boldsymbol{k},s}\omega_k^2 A_{\boldsymbol{k},s}A_{\boldsymbol{k},s}^* \tag{2.2.25}$$

为了量子化电磁场，需要通过变换，引入正则坐标和正则动量：

$$A_{\boldsymbol{k},s}=\frac{1}{2\omega_k\sqrt{\varepsilon_0 V}}(\omega_k\hat{q}_{\boldsymbol{k},s}+\mathrm{i}\,\hat{p}_{\boldsymbol{k},s}) \tag{2.2.26}$$

$$A_{\boldsymbol{k},s}^*=\frac{1}{2\omega_k\sqrt{\varepsilon_0 V}}(\omega_k\hat{q}_{\boldsymbol{k},s}-\mathrm{i}\,\hat{p}_{\boldsymbol{k},s}) \tag{2.2.27}$$

把式(2.2.26)和式(2.2.27)代入式(2.2.25)，可得电磁场的总能量为

$$H=\frac{1}{2}\sum_{\boldsymbol{k},s}(\omega_k^2\hat{q}_{\boldsymbol{k},s}^2+\hat{p}_{\boldsymbol{k},s}^2) \tag{2.2.28}$$

可见，电磁场的总能量与经典谐振子的能量表达式类似。辐射场可等价为大量经典谐振子的集合，它的每一个模式正好与一个单位质量的频率为 ω_k 的简谐振子相同。

由于经典辐射场可以看作无穷多个独立的谐振子，按照与简谐振子相同的量子化方法，将正则坐标和动量看作算符，并满足对易关系，即

$$[\hat{q}_{\boldsymbol{k},s}, \hat{p}_{\boldsymbol{k}',s'}] = \mathrm{i}\hbar\delta_{\boldsymbol{k}\boldsymbol{k}'}\delta_{ss'} \tag{2.2.29}$$

$$[\hat{q}_{\boldsymbol{k},s}, \hat{q}_{\boldsymbol{k}',s'}] = 0 = [\hat{p}_{\boldsymbol{k},s}, \hat{p}_{\boldsymbol{k}',s'}] \tag{2.2.30}$$

与谐振子量子化过程相似，定义湮没算符 $\hat{a}_{\boldsymbol{k},s}$ 和产生算符 $\hat{a}_{\boldsymbol{k},s}^{\dagger}$ 分别为

$$\hat{a}_{\boldsymbol{k},s} = \frac{1}{\sqrt{2\hbar\omega_k}}(\omega_k\hat{q}_{\boldsymbol{k},s} + \mathrm{i}\hat{p}_{\boldsymbol{k},s}) \tag{2.2.31}$$

$$\hat{a}_{\boldsymbol{k},s}^{\dagger} = \frac{1}{\sqrt{2\hbar\omega_k}}(\omega_k\hat{q}_{\boldsymbol{k},s} - \mathrm{i}\hat{p}_{\boldsymbol{k},s}) \tag{2.2.32}$$

它们遵从玻色子对易关系，即

$$[\hat{a}_{\boldsymbol{k},s}, \hat{a}_{\boldsymbol{k}',s'}^{\dagger}] = \hat{I}\delta_{\boldsymbol{k}\boldsymbol{k}'}\delta_{ss'} \tag{2.2.33}$$

$$[\hat{a}_{\boldsymbol{k},s}, \hat{a}_{\boldsymbol{k}',s'}] = 0 = [\hat{a}_{\boldsymbol{k},s}^{\dagger}, \hat{a}_{\boldsymbol{k}',s'}^{\dagger}] \tag{2.2.34}$$

正则坐标算符 $\hat{q}_{\boldsymbol{k},s}$ 和正则动量算符 $\hat{p}_{\boldsymbol{k},s}$ 分别表示为

$$\hat{q}_{\boldsymbol{k},s} = \sqrt{\frac{\hbar}{2\omega_k}}(\hat{a}_{\boldsymbol{k},s}^{\dagger} + \hat{a}_{\boldsymbol{k},s}) \tag{2.2.35}$$

$$\hat{p}_{\boldsymbol{k},s} = \mathrm{i}\sqrt{\frac{\hbar\omega_k}{2}}(\hat{a}_{\boldsymbol{k},s}^{\dagger} - \hat{a}_{\boldsymbol{k},s}) \tag{2.2.36}$$

将式(2.2.35)和式(2.2.36)代入式(2.2.28)，可得用谐振子湮没算符和产生算符表示的电磁场哈密顿量算符为

$$\hat{H} = \sum_{\boldsymbol{k},s}\hbar\omega_k\left(\hat{a}_{\boldsymbol{k},s}^{\dagger}\hat{a}_{\boldsymbol{k},s} + \frac{1}{2}\right) \tag{2.2.37}$$

在量子化过程中，将 $\hat{q}_{\boldsymbol{k},s}$ 和 $\hat{p}_{\boldsymbol{k},s}$ 看作算符，式(2.2.26)和式(2.2.27)中的 $A_{\boldsymbol{k},s}$ 和 $A_{\boldsymbol{k},s}^{*}$ 也都是算符，分别表示为

$$\hat{A}_{\boldsymbol{k},s} = \left(\frac{\hbar}{2\omega_k\varepsilon_0 V}\right)^{1/2}\hat{a}_{\boldsymbol{k},s}, \quad \hat{A}_{\boldsymbol{k},s}^{\dagger} = \left(\frac{\hbar}{2\omega_k\varepsilon_0 V}\right)^{1/2}\hat{a}_{\boldsymbol{k},s}^{\dagger} \tag{2.2.38}$$

因此电磁场矢势的算符可以表示为

$$\hat{\boldsymbol{A}}(\boldsymbol{r},t) = \sum_{\boldsymbol{k},s}\left(\frac{\hbar}{2\omega_k\varepsilon_0 V}\right)^{1/2}\boldsymbol{e}_{\boldsymbol{k},s}\left[\hat{a}_{\boldsymbol{k},s}\mathrm{e}^{\mathrm{i}(\boldsymbol{k}\cdot\boldsymbol{r}-\omega_k t)} + \hat{a}_{\boldsymbol{k},s}^{\dagger}\mathrm{e}^{-\mathrm{i}(\boldsymbol{k}\cdot\boldsymbol{r}-\omega_k t)}\right] \tag{2.2.39}$$

相应地，用 $\hat{a}_{\boldsymbol{k},s}$ 和 $\hat{a}_{\boldsymbol{k},s}^{\dagger}$ 表示的电磁场算符形式分别为

$$\hat{\boldsymbol{E}}(\boldsymbol{r},t)=\mathrm{i}\sum_{\boldsymbol{k},s}\left(\frac{\hbar\omega_k}{2\varepsilon_0 V}\right)^{1/2}\boldsymbol{e}_{\boldsymbol{k},s}\left[\hat{a}_{\boldsymbol{k},s}\mathrm{e}^{\mathrm{i}(\boldsymbol{k}\cdot\boldsymbol{r}-\omega_k t)}-\hat{a}_{\boldsymbol{k},s}^{\dagger}\mathrm{e}^{-\mathrm{i}(\boldsymbol{k}\cdot\boldsymbol{r}-\omega_k t)}\right] \tag{2.2.40}$$

$$\hat{\boldsymbol{B}}(\boldsymbol{r},t)=\frac{\mathrm{i}}{c}\sum_{\boldsymbol{k},s}(\boldsymbol{\kappa}\times\boldsymbol{e}_{\boldsymbol{k},s})\left(\frac{\hbar\omega_k}{2\varepsilon_0 V}\right)^{1/2}\left[\hat{a}_{\boldsymbol{k},s}\mathrm{e}^{\mathrm{i}(\boldsymbol{k}\cdot\boldsymbol{r}-\omega_k t)}-\hat{a}_{\boldsymbol{k},s}^{\dagger}\mathrm{e}^{-\mathrm{i}(\boldsymbol{k}\cdot\boldsymbol{r}-\omega_k t)}\right] \tag{2.2.41}$$

式中，$\boldsymbol{\kappa}=\boldsymbol{k}/|\boldsymbol{k}|$。

有时将电场强度算符 $\hat{\boldsymbol{E}}(\boldsymbol{r},t)$ 分解为正频部分和负频部分，即

$$\hat{\boldsymbol{E}}(\boldsymbol{r},t)=\hat{\boldsymbol{E}}^{(+)}(\boldsymbol{r},t)+\hat{\boldsymbol{E}}^{(-)}(\boldsymbol{r},t) \tag{2.2.42}$$

式中

$$\hat{\boldsymbol{E}}^{(+)}(\boldsymbol{r},t)=\mathrm{i}\sum_{\boldsymbol{k},s}\left(\frac{\hbar\omega_k}{2\varepsilon_0 V}\right)^{1/2}\boldsymbol{e}_{\boldsymbol{k},s}\hat{a}_{\boldsymbol{k},s}\mathrm{e}^{\mathrm{i}(\boldsymbol{k}\cdot\boldsymbol{r}-\omega_k t)} \tag{2.2.43}$$

$$\hat{\boldsymbol{E}}^{(-)}(\boldsymbol{r},t)=[\hat{\boldsymbol{E}}^{(+)}(\boldsymbol{r},t)]^{\dagger} \tag{2.2.44}$$

正频部分 $\hat{\boldsymbol{E}}^{(+)}(\boldsymbol{r},t)$ 包含所有频率按 $\mathrm{e}^{-\mathrm{i}\omega_k t}$ 振荡的项($\omega_k>0$)，$\hat{\boldsymbol{E}}^{(+)}(\boldsymbol{r},t)\propto\hat{a}_{\boldsymbol{k},s}$ 与湮没算符有关，而负频部分 $\hat{\boldsymbol{E}}^{(-)}(\boldsymbol{r},t)\propto\hat{a}_{\boldsymbol{k},s}^{\dagger}$ 与产生算符有关。电场强度算符的这种分解，在量子光学的理论研究与实际应用中具有重要意义。

对于单模平面行波场，电场强度算符 $\hat{\boldsymbol{E}}(\boldsymbol{r},t)$ 为

$$\hat{\boldsymbol{E}}(\boldsymbol{r},t)=\mathrm{i}\left(\frac{\hbar\omega}{2\varepsilon_0 V}\right)^{1/2}\boldsymbol{e}_x\left[\hat{a}\mathrm{e}^{\mathrm{i}(\boldsymbol{k}\cdot\boldsymbol{r}-\omega t)}-\hat{a}^{\dagger}\mathrm{e}^{-\mathrm{i}(\boldsymbol{k}\cdot\boldsymbol{r}-\omega t)}\right] \tag{2.2.45}$$

2.3 光 子 数 态

光子数态在量子光学中具有重要作用，光场的量子态大都用光子数态来展开。光子数态，简称数态，也称为粒子数态或 Fock 态，它所描述的电磁场是奇异的，是光场的非经典场态。本节将介绍光场的光子数态及光子数态光场的性质，引入光场的 Mandel 参数 Q，并对多模光子数态光场进行介绍。

2.3.1 单模光子数态

光子数态是光子数算符 $\hat{n}=\hat{a}^{\dagger}\hat{a}$ 的本征态，用 $|n\rangle$ 表示。光子数算符 $\hat{n}$ 的本征方程为

$$\hat{n}|n\rangle=n|n\rangle \tag{2.3.1}$$

由于 $\hat{n}$ 是厄米算符，所以本征值 n 必为实数。很容易看出，光子数态 $|n\rangle$ 也是频率为 ω 的单模光场哈密顿量(2.1.21) $\hat{H}=\hbar\omega\left(\hat{a}^{\dagger}\hat{a}+\dfrac{1}{2}\right)$ 的本征态，其能量本征值

为 $E_n=\hbar\omega(n+1/2)$，即

$$\hat{H}\,|n\rangle=\hbar\omega\left(\hat{a}^{\dagger}\hat{a}+\frac{1}{2}\right)|n\rangle=E_n\,|n\rangle \tag{2.3.2}$$

利用对易关系 $[\hat{a},\hat{a}^{\dagger}]=1$，可得 $[\hat{H},\hat{a}^{\dagger}]=\hbar\omega[\hat{a}^{\dagger}\hat{a},\hat{a}^{\dagger}]=\hbar\omega\hat{a}^{\dagger}$，则有

$$\hat{H}\hat{a}^{\dagger}|n\rangle=(\hat{a}^{\dagger}\hat{H}+\hbar\omega\hat{a}^{\dagger})|n\rangle=(E_n+\hbar\omega)\hat{a}^{\dagger}|n\rangle \tag{2.3.3}$$

由此可知，将算符 $\hat{a}^{\dagger}$ 作用于光子数态 $|n\rangle$，可得本征态为 $\hat{a}^{\dagger}|n\rangle$ 的本征方程，其能量本征值为 $E_n+\hbar\omega$，比光子数态 $|n\rangle$ 的能量本征值 E_n 增加了 $\hbar\omega$，因此称算符 $\hat{a}^{\dagger}$ 为产生算符。

同理，利用 $[\hat{H},\hat{a}]=\hbar\omega[\hat{a}^{\dagger}\hat{a},\hat{a}]=-\hbar\omega\hat{a}$，可有

$$\hat{H}\hat{a}\,|n\rangle=\hat{a}\hat{H}\,|n\rangle-\hbar\omega\hat{a}\,|n\rangle=(E_n-\hbar\omega)\hat{a}\,|n\rangle \tag{2.3.4}$$

$$\hat{H}(\hat{a}^n|n\rangle)=(E_n-n\hbar\omega)(\hat{a}^n|n\rangle) \tag{2.3.5}$$

可见，将算符 $\hat{a}$ 作用于光子数态 $|n\rangle$，可得到本征态为 $\hat{a}|n\rangle$ 的本征方程，其能量本征值为 $E_n-\hbar\omega$，这比光子数态 $|n\rangle$ 的能量本征值 E_n 减少了一个 $\hbar\omega$；将算符 $\hat{a}$ 重复作用于光子数态 $|n\rangle$ 达 n 次，可得到本征态为 $\hat{a}^n|n\rangle$ 的本征方程，其能量本征值为 $E_n-n\hbar\omega$，减少了 $n\hbar\omega$。由于算符 $\hat{a}$ 每作用于光子数态 $|n\rangle$ 一次将减少一个光子，所以称算符 $\hat{a}$ 为湮没算符。重复使用湮没算符 $\hat{a}$，就得到光子数 $n=0$ 的真空态 $|0\rangle$，即 $\hat{a}|0\rangle=0$，其本征能量 $E_0=\hbar\omega/2$ 达到最低，称为零点能量。这种单模腔中没有光子的场所具有的零点能 $\hbar\omega/2$ 是量子化光场与经典光场的显著区别。场的零点起伏或真空涨落在量子力学中引起可观察效应，例如，引起氢原子能级 $2P_{1/2}-2S_{1/2}$ 的兰姆移位，其原因是零点起伏与电子相互作用导致 $2P_{1/2}$ 态电子的自发辐射。此外，零点起伏还在激光器、参量放大器、衰减器等引起自发辐射，这是量子噪声的来源。图 2.3.1 给出单模光场量子化后的各能级及其湮没和产生光子的跃迁过程。

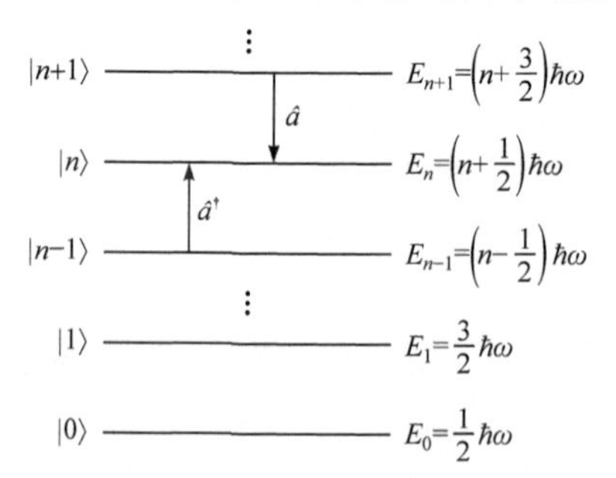

图 2.3.1　单模光场量子化后的各能级及其湮没和产生光子的跃迁过程

光子湮没算符 $\hat{a}$ 和产生算符 $\hat{a}^{\dagger}$ 并非厄米算符，即 $\hat{a}\neq\hat{a}^{\dagger}$，它们二者并不表示可观察力学量。但它们的某些组合可构成厄米算符，如由 $\hat{a}$ 和 $\hat{a}^{\dagger}$ 组成的电场算符

$\hat{E}$ 、光子数算符 $\hat{n}$ 和哈密顿量算符 $\hat{H}$ 均是厄米算符。

容易证明，湮没算符 $\hat{a}$ 和产生算符 $\hat{a}^\dagger$ 满足

$$\hat{a}\,|n\rangle = \sqrt{n}\,|n-1\rangle \tag{2.3.6}$$

$$\hat{a}^\dagger\,|n\rangle = \sqrt{n+1}\,|n+1\rangle \tag{2.3.7}$$

这表明光子湮没算符 $\hat{a}$ 是使一个具有 n 个光子的数态 $|n\rangle$ 转化为具有 $n-1$ 个光子的数态 $|n-1\rangle$；而产生算符 $\hat{a}^\dagger$ 是将具有 n 个光子的数态 $|n\rangle$ 转化为具有 $n+1$ 个光子的数态 $|n+1\rangle$ 。

由式(2.3.6)和式(2.3.7)可得

$$\langle m|\hat{a}|n\rangle = \sqrt{n}\,\delta_{m,n-1} \tag{2.3.8}$$

$$\langle m|\,\hat{a}^\dagger|n\rangle = \sqrt{n+1}\,\delta_{m,n+1} \tag{2.3.9}$$

重复使用 $\hat{a}^\dagger$ 作用于真空态 $|0\rangle$ ，可得

$$|n\rangle = \frac{(\hat{a}^\dagger)^n}{\sqrt{n!}}\,|0\rangle \tag{2.3.10}$$

这表明产生算符 $\hat{a}^\dagger$ 将真空态 $|0\rangle$ 作用 n 次，可得到具有 n 个光子的本征态 $|n\rangle$ 。

因为光子数算符 $\hat{n}$ 和哈密顿量算符 $\hat{H}$ 均是厄米算符，所以光子数态 $|n\rangle$ 构成正交、归一、完备集，即

$$\langle m|n\rangle = \delta_{mn} \tag{2.3.11}$$

$$\sum_n |n\rangle\langle n| = \hat{I} \tag{2.3.12}$$

电磁场的任意量子态 $|\psi\rangle$ 可以用光子数态 $|n\rangle$ 表象展开为

$$|\psi\rangle = \sum_n |n\rangle\langle n|\psi\rangle = \sum_n c_n\,|n\rangle \tag{2.3.13}$$

式中， $c_n = \langle n|\psi\rangle$ 为量子态 $|\psi\rangle$ 在光子数态 $|n\rangle$ 中的投影，即概率幅，而在该数态中的光子数概率分布函数为

$$p_n = |c_n|^2 = |\langle n|\psi\rangle|^2 \tag{2.3.14}$$

2.3.2　光场的 Mandel 参数 Q

为了区分不同的光子数分布，引入光场的 Mandel 参数 Q ：

$$Q = \frac{\langle(\Delta\hat{n})^2\rangle - \langle\hat{n}\rangle}{\langle\hat{n}\rangle} \tag{2.3.15}$$

式中， $\langle(\Delta\hat{n})^2\rangle = \langle\hat{n}^2\rangle - \langle\hat{n}\rangle^2$ 为光子数涨落、起伏或方差，为表示方便，也写为 $(\Delta n)^2 = (\Delta\hat{n})^2 = \langle(\Delta\hat{n})^2\rangle$ 形式。当 Q 值分别大于 0、等于 0 和小于 0 时，该光场量子态的光子数分布分别满足超泊松分布、泊松分布和亚泊松分布。亚泊松光场是

量子光场特有的非经典现象之一。

对于光子数态 $|n\rangle$，容易求出 $\langle(\Delta\hat{n})^2\rangle = 0$，$Q = -1 < 0$。故单模光子数态光场的光子数分布满足亚泊松分布。满足亚泊松分布的光子数态光场是量子光场的一种非经典效应，没有经典类比和对应。亚泊松分布光场要比具有相同平均光子数的泊松分布光场更窄。

2.3.3　光场的量子涨落

对于单模驻波光场，有

$$\hat{E}_x(z,t) = \sqrt{\frac{\hbar\omega}{\varepsilon_0 V}}(\hat{a}^\dagger + \hat{a})\sin(kz) \tag{2.3.16}$$

$$\langle\hat{E}_x\rangle = \langle n|\hat{E}_x(z,t)|n\rangle = 0 \tag{2.3.17}$$

$$\langle\hat{E}_x^2\rangle = \langle n|\hat{E}_x^2(z,t)|n\rangle = \frac{2\hbar\omega}{\varepsilon_0 V}\left(n+\frac{1}{2}\right)\sin^2(kz) \tag{2.3.18}$$

光信号噪声的电场涨落(即方差)的表达式为

$$(\Delta\hat{E}_x)^2 = \langle\hat{E}_x^2\rangle - \langle\hat{E}_x\rangle^2 = \frac{2\hbar\omega}{\varepsilon_0 V}\left(n+\frac{1}{2}\right)\sin^2(kz) \tag{2.3.19}$$

其标准偏差，即均方根偏差为

$$\Delta\hat{E}_x = \sqrt{\frac{2\hbar\omega}{\varepsilon_0 V}}\left(n+\frac{1}{2}\right)^{1/2}|\sin(kz)| \tag{2.3.20}$$

由于 $\overline{\sin^2(kz)} = \frac{1}{2}$，所以方差表达式(2.3.19)为

$$(\Delta\hat{E}_x)^2 = \frac{\hbar\omega}{\varepsilon_0 V}\left(n+\frac{1}{2}\right) \tag{2.3.21}$$

对于真空态 $|0\rangle$，对应的真空涨落 $\frac{\hbar\omega}{2\varepsilon_0 V}$ 也不为零。

此外，式(2.3.17)表明，由于 $\langle\hat{E}_x\rangle$ 恒等于零，所以利用光子数态 $|n\rangle$ 描述的光场，光子数完全确定，相位却变得完全不确定和不规则，即光子数态光场只能揭示光的粒子性，而不能反映光场的波动性。

2.3.4　光场的正交分量算符

引入两个正交分量算符 $\hat{X}_1$ 和 $\hat{X}_2$，分别为

$$\hat{X}_1 = \frac{1}{2}(\hat{a} + \hat{a}^\dagger) \tag{2.3.22}$$

$$\hat{X}_2 = \frac{1}{2\mathrm{i}}(\hat{a} - \hat{a}^\dagger) \tag{2.3.23}$$

对于单模平面行波场，式(2.2.45)可转化为

$$\hat{\boldsymbol{E}}(\boldsymbol{r},t)=\left(\frac{2\hbar\omega}{\varepsilon_0 V}\right)^{1/2}\boldsymbol{e}_x[\hat{X}_1\sin(\omega t-\boldsymbol{k}\cdot\boldsymbol{r})-\hat{X}_2\cos(\omega t-\boldsymbol{k}\cdot\boldsymbol{r})] \tag{2.3.24}$$

可见算符 $\hat{X}_1$ 和 $\hat{X}_2$ 是描述光场的两个相位正交的振幅算符，满足对易关系：

$$[\hat{X}_1,\hat{X}_2]=\frac{\mathrm{i}}{2} \tag{2.3.25}$$

按照海森伯不确定性原理，两正交分量算符 $\hat{X}_1$ 和 $\hat{X}_2$ 的量子涨落满足

$$(\Delta\hat{X}_1)^2(\Delta\hat{X}_2)^2\geqslant\frac{1}{16} \tag{2.3.26}$$

式中

$$(\Delta\hat{X}_i)^2=\langle\hat{X}_i^2\rangle-\langle\hat{X}_i\rangle^2,\quad i=1,2 \tag{2.3.27}$$

使式(2.3.26)等号成立的态称为最小不确定态，即

$$\Delta\hat{X}_1\Delta\hat{X}_2=\frac{1}{4} \tag{2.3.28}$$

对于光子数态 $|n\rangle$，可以得出两正交分量算符 $\hat{X}_1$ 和 $\hat{X}_2$ 的平均值和方差分别为

$$\langle\hat{X}_1\rangle=\langle\hat{X}_2\rangle=0 \tag{2.3.29}$$

$$\langle\hat{X}_1^2\rangle=\frac{1}{4}(2n+1)=\langle\hat{X}_2^2\rangle \tag{2.3.30}$$

$$(\Delta\hat{X}_1)^2=(\Delta\hat{X}_2)^2=\frac{1}{4}(2n+1) \tag{2.3.31}$$

$$\Delta\hat{X}_1\Delta\hat{X}_2=\frac{1}{4}(2n+1) \tag{2.3.32}$$

当 $n=0$ 时，光场处于真空态 $|0\rangle$，有

$$\Delta\hat{X}_1=\Delta\hat{X}_2=\frac{1}{2},\quad \Delta\hat{X}_1\Delta\hat{X}_2=\frac{1}{4} \tag{2.3.33}$$

由此可知，光子数态 $|n\rangle$ 不是最小不确定态，而真空态 $|0\rangle$ 属于最小不确定态。

2.3.5 多模光子数态光场的量子化

对于第 j 模的单模光场，其本征态用光子数态 $|n_j\rangle$ 进行描述，其本征值方程为

$$\hat{H}_j|n_j\rangle=\hbar\omega_j\left(n_j+\frac{1}{2}\right)|n_j\rangle \tag{2.3.34}$$

则多模光场的总能量本征值为

$$E = \sum_j E_j = \sum_j \hbar\omega_j \left(n_j + \frac{1}{2}\right) \tag{2.3.35}$$

若在多模光场中，第 1 模有 n_1 个光子，第 2 模有 n_2 个光子，…，第 j 模有 n_j 个光子，则多模光场光子数态的本征态表示为

$$|\{n_j\}\rangle = |n_1\rangle|n_2\rangle\cdots|n_j\rangle\cdots = |n_1, n_2, \cdots, n_j, \cdots\rangle \tag{2.3.36}$$

当多模光场的总哈密顿量作用到该多模光子数态光场的本征态时，有

$$\hat{H}|n_1, n_2, \cdots, n_j, \cdots\rangle = \sum_j \hbar\omega_j \left(n_j + \frac{1}{2}\right)|n_1, n_2, \cdots, n_j, \cdots\rangle \tag{2.3.37}$$

在这种多模光子数态中，第 j 模的算符只与它相对应的模内光子数态 $|n_j\rangle$ 作用，即

$$\hat{a}_j|n_1, n_2, \cdots, n_j, \cdots\rangle = \sqrt{n_j}\,|n_1, n_2, \cdots, n_j - 1, \cdots\rangle \tag{2.3.38}$$

$$\hat{a}_j^\dagger|n_1, n_2, \cdots, n_j, \cdots\rangle = \sqrt{n_j + 1}\,|n_1, n_2, \cdots, n_j + 1, \cdots\rangle \tag{2.3.39}$$

总的任意多模光子数态光场可按该多模场本征态表象展开，为

$$\begin{aligned}|\psi\rangle &= \sum_{n_1}\sum_{n_2}\cdots\sum_{n_j}\cdots C_{n_1, n_2, \cdots, n_j, \cdots}|n_1, n_2, \cdots, n_j, \cdots\rangle \\ &= \sum_{\{n_j\}} C_{\{n_j\}}|\{n_j\}\rangle\end{aligned} \tag{2.3.40}$$

式中，系数 $C_{n_1, n_2, \cdots, n_j, \cdots}$ 表示概率幅，而 $\left|C_{n_1, n_2, \cdots, n_j, \cdots}\right|^2$ 表示在第 1 模找到 n_1 个光子，第 2 模找到 n_2 个光子，…，第 j 模找到 n_j 个光子的概率。

2.4　光场的相位态

相位是衡量量子相干性、实现量子操控的重要物理量，相位算符是量子光学中一个极为重要的算符，相位和相位算符在量子物理中起重要作用。然而，学者对怎样定义量子力学中的相位算符进行了数十年的尝试。早在 20 世纪 20 年代，狄拉克就试图解决这个问题，但其讨论的相位算符会导致一个具有缺陷的结论。

由前所述，湮没算符 $\hat{a}$ 和产生算符 $\hat{a}^\dagger$ 分别对应光场算符的正频分量和负频分量，而没有考虑光场的相位。由式(2.3.17)可知，利用光子数态 $|n\rangle$ 描述的单模光场，光场的平均值恒等于零，其原因在于光子数完全确定时相位变得完全不确定，光子数态只能揭示光的粒子性，而不能反映光场的波动性。相位与光子数是一对正则共轭的可观测物理量。

本节将介绍光场相位态发展过程中指数算符和相位算符的定义以及相位态的性质[1-14, 16,17]。

2.4.1　指数算符和相位算符

在经典电磁场中，常把复数写成实振幅和相位因子的乘积。与此类似，也可以将算符 $\hat{a}$ 和 $\hat{a}^\dagger$ 写成振幅和相位因子的乘积。Susskind 和 Glogower[8]于 1964 年通过下列具有 $\mathrm{e}^{\mathrm{i}\hat{\varphi}}$ 和 $\mathrm{e}^{-\mathrm{i}\hat{\varphi}}$ 形式的关系式定义了指数算符，即

$$\hat{a} = (\hat{n}+1)^{1/2}\mathrm{e}^{\mathrm{i}\hat{\varphi}} \tag{2.4.1}$$

$$\hat{a}^\dagger = \mathrm{e}^{-\mathrm{i}\hat{\varphi}}(\hat{n}+1)^{1/2} \tag{2.4.2}$$

式中，$\hat{n}=\hat{a}^\dagger\hat{a}$ 为光子数算符。

根据式(2.4.1)和式(2.4.2)，可将算符 $\mathrm{e}^{\pm\mathrm{i}\hat{\varphi}}$ 表示为

$$\mathrm{e}^{\mathrm{i}\hat{\varphi}} = (\hat{n}+1)^{-1/2}\hat{a}\ ,\quad \mathrm{e}^{-\mathrm{i}\hat{\varphi}} = \hat{a}^\dagger(\hat{n}+1)^{-1/2} \tag{2.4.3}$$

根据光子数算符 $\hat{n}$、湮没算符 $\hat{a}$、产生算符 $\hat{a}^\dagger$ 的性质，将指数算符 $\mathrm{e}^{\pm\mathrm{i}\hat{\varphi}}$ 分别作用于光子数态 $|n\rangle$，可得

$$\begin{aligned}\mathrm{e}^{\mathrm{i}\hat{\varphi}}|n\rangle &= (\hat{n}+1)^{-1/2}\hat{a}|n\rangle = (\hat{n}+1)^{-1/2}n^{1/2}|n-1\rangle \\ &= \begin{cases}|n-1\rangle, n\neq 0\\ 0, \quad\ \ n=0\end{cases}\end{aligned} \tag{2.4.4}$$

$$\mathrm{e}^{-\mathrm{i}\hat{\varphi}}|n\rangle = \hat{a}^\dagger(\hat{n}+1)^{-1/2}|n\rangle = |n+1\rangle \tag{2.4.5}$$

从而在光子数态 $|n\rangle$ 的表象中，可将指数算符 $\mathrm{e}^{\pm\mathrm{i}\hat{\varphi}}$ 展开为

$$\mathrm{e}^{\mathrm{i}\hat{\varphi}} = \sum_n |n\rangle\langle n+1|\ ,\quad \mathrm{e}^{-\mathrm{i}\hat{\varphi}} = \sum_n |n+1\rangle\langle n| \tag{2.4.6}$$

进而可得

$$\mathrm{e}^{\mathrm{i}\hat{\varphi}}\mathrm{e}^{-\mathrm{i}\hat{\varphi}} = \hat{I}\ ,\quad \mathrm{e}^{-\mathrm{i}\hat{\varphi}}\mathrm{e}^{\mathrm{i}\hat{\varphi}} = \hat{I} - |0\rangle\langle 0| \tag{2.4.7}$$

$$[\mathrm{e}^{\mathrm{i}\hat{\varphi}}, \mathrm{e}^{-\mathrm{i}\hat{\varphi}}] = |0\rangle\langle 0| \tag{2.4.8}$$

可见，指数算符 $\mathrm{e}^{\pm\mathrm{i}\hat{\varphi}}$ 不是幺正算符。或者说，两个指数算符 $\mathrm{e}^{\pm\mathrm{i}\hat{\varphi}}$ 的矩阵元分别为

$$\langle n-1|\mathrm{e}^{\mathrm{i}\hat{\varphi}}|n\rangle = 1\ ,\quad \langle n+1|\mathrm{e}^{-\mathrm{i}\hat{\varphi}}|n\rangle = 1 \tag{2.4.9}$$

它们不满足以下关系式：

$$\langle i|\hat{Q}|j\rangle = \langle j|\hat{Q}|i\rangle^* \tag{2.4.10}$$

所以这两个指数算符 $\mathrm{e}^{\pm\mathrm{i}\hat{\varphi}}$ 不是厄米算符，不能代表光场的可观测量，它们不能作为相位算符。但是，可以借助这一对算符 $\mathrm{e}^{\mathrm{i}\hat{\varphi}}$ 和 $\mathrm{e}^{-\mathrm{i}\hat{\varphi}}$ 的组合来定义另一对厄米相位算符。

为避免算符厄米性的问题，将相位算符与可观测量相对应，Susskind 和 Glogower[8]引入 $\cos\hat{\varphi}$ 和 $\sin\hat{\varphi}$ 函数作为相位算符，分别为

$$\cos\hat{\varphi}=\frac{1}{2}(\mathrm{e}^{\mathrm{i}\hat{\varphi}}+\mathrm{e}^{-\mathrm{i}\hat{\varphi}}) \tag{2.4.11}$$

$$\sin\hat{\varphi}=\frac{1}{2\mathrm{i}}(\mathrm{e}^{\mathrm{i}\hat{\varphi}}-\mathrm{e}^{-\mathrm{i}\hat{\varphi}}) \tag{2.4.12}$$

由式(2.4.9)可得，其中不为零的矩阵元为

$$\langle n-1|\cos\hat{\varphi}|n\rangle=\frac{1}{2},\ \langle n|\cos\hat{\varphi}|n-1\rangle=\frac{1}{2} \tag{2.4.13}$$

$$\langle n-1|\sin\hat{\varphi}|n\rangle=\frac{1}{2\mathrm{i}},\ \langle n|\sin\hat{\varphi}|n-1\rangle=-\frac{1}{2\mathrm{i}} \tag{2.4.14}$$

故有

$$\langle n-1|\cos\hat{\varphi}|n\rangle=\langle n|\cos\hat{\varphi}|n-1\rangle^{*} \tag{2.4.15}$$

$$\langle n-1|\sin\hat{\varphi}|n\rangle=\langle n|\sin\hat{\varphi}|n-1\rangle^{*} \tag{2.4.16}$$

可见，相位算符 $\cos\hat{\varphi}$ 和 $\sin\hat{\varphi}$ 是厄米算符，可用它们来刻画光场可观测量的特性。还可以证明相位算符满足对易关系，即

$$[\cos\hat{\varphi},\sin\hat{\varphi}]=\frac{\hat{a}^{\dagger}(\hat{n}+1)^{-1}\hat{a}-1}{2\mathrm{i}} \tag{2.4.17}$$

式(2.4.17)中不为零的矩阵元是下列基态矩阵元：

$$\langle 0|[\cos\hat{\varphi},\sin\hat{\varphi}]|0\rangle=-\frac{1}{2\mathrm{i}} \tag{2.4.18}$$

同时，还可证明

$$[\hat{n},\cos\hat{\varphi}]=-\mathrm{i}\sin\hat{\varphi} \tag{2.4.19}$$

$$[\hat{n},\sin\hat{\varphi}]=\mathrm{i}\cos\hat{\varphi} \tag{2.4.20}$$

上述对易关系表明，光子数算符 $\hat{n}$ 和相位算符 $\cos\hat{\varphi}$ 、$\sin\hat{\varphi}$ 不对易，量子化光场的振幅和相位不能同时确定，这些物理量的测量受海森伯不确定关系的支配。

根据海森伯不确定性原理，由式(2.4.19)和式(2.4.20)得到的不确定关系为

$$\Delta\hat{n}\cdot\Delta\cos\hat{\varphi}\geqslant\frac{1}{2}|\langle\sin\hat{\varphi}\rangle| \tag{2.4.21}$$

$$\Delta\hat{n}\cdot\Delta\sin\hat{\varphi}\geqslant\frac{1}{2}|\langle\cos\hat{\varphi}\rangle| \tag{2.4.22}$$

其中

$$\Delta\hat{X}_i=\sqrt{\langle\hat{X}_i^2\rangle-\langle\hat{X}_i\rangle^2} \tag{2.4.23}$$

式中，$\hat{X}_i(i=1,2,3)$ 分别表示光子数算符 $\hat{n}$、相位算符 $\cos\hat{\varphi}$ 和 $\sin\hat{\varphi}$。

在光子数态 $|n\rangle$ 下，光子数的不确定度为零，即 $\Delta n=0$，此时相位则是完全不确定的、随机的。相位算符的期望值为

$$\langle n|\cos\hat{\varphi}|n\rangle=\langle n|\sin\hat{\varphi}|n\rangle=0 \tag{2.4.24}$$

且有

$$\langle n|\cos^2\hat{\varphi}|n\rangle=\langle n|\sin^2\hat{\varphi}|n\rangle=\begin{cases}1/4, & n=0\\ 1/2, & n\neq 0\end{cases} \tag{2.4.25}$$

因此当 $n\neq 0$ 时，相位算符的不确定量为

$$\Delta\cos\varphi=\Delta\sin\varphi=\frac{1}{\sqrt{2}} \tag{2.4.26}$$

对于 $n\neq 0$ (除真空态 $|0\rangle$ 时 $n=0$ 外)，由量子力学的期望值的定义可知

$$\overline{\cos^2\varphi}=\langle n|\cos^2\hat{\varphi}|n\rangle=\frac{1}{2},\quad n\neq 0 \tag{2.4.27}$$

$$\overline{\sin^2\varphi}=\langle n|\sin^2\hat{\varphi}|n\rangle=\frac{1}{2},\quad n\neq 0 \tag{2.4.28}$$

这一结果正好与等概率分布在 0～2π的相位 φ 的计算结果相同，即

$$\frac{1}{2\pi}\int_0^{2\pi}\cos^2\varphi\mathrm{d}\varphi=\frac{1}{2}=\frac{1}{2\pi}\int_0^{2\pi}\sin^2\varphi\mathrm{d}\varphi \tag{2.4.29}$$

这表明对于光子数态 $|n\rangle$，系统的相位是完全随机的。

2.4.2　指数算符的本征态

指数算符 $\mathrm{e}^{\mathrm{i}\hat{\varphi}}$ 的本征态 $|\varphi\rangle$ 满足本征方程[1, 5-9, 12]，即

$$\mathrm{e}^{\mathrm{i}\hat{\varphi}}|\varphi\rangle=\mathrm{e}^{\mathrm{i}\varphi}|\varphi\rangle \tag{2.4.30}$$

式中

$$|\varphi\rangle=\frac{1}{\sqrt{2\pi}}\sum_{n=0}^{\infty}\mathrm{e}^{\mathrm{i}\hat{n}\varphi}|n\rangle \tag{2.4.31}$$

这些本征态 $|\varphi\rangle$ 既不正交，又不归一，因为 $|\varphi\rangle$ 和 $|\varphi'\rangle$ 的标量积不是 δ 函数 $\delta(\varphi-\varphi')$。

利用恒等式 $\int_0^{2\pi}\mathrm{e}^{\mathrm{i}(n-n')\varphi}\mathrm{d}\varphi=2\pi\delta_{nn'}$，则有

$$\int_0^{2\pi}|\varphi\rangle\langle\varphi|\mathrm{d}\varphi=1 \tag{2.4.32}$$

任意光场态总可以表示为光子数态 $|n\rangle$ 的叠加态，即

$$|\psi\rangle = \sum_{n=0}^{\infty} c_n |n\rangle \tag{2.4.33}$$

为使 $|\psi\rangle$ 归一化，系数 c_n 满足 $\sum_{n=0}^{\infty} |c_n|^2 = 1$。其相位分布函数 $P(\varphi)$ 为

$$P(\varphi) = |\langle\varphi|\psi\rangle|^2 = \frac{1}{2\pi}\left|\sum_{n=0}^{\infty} \mathrm{e}^{-\mathrm{i}n\varphi} c_n\right|^2 \tag{2.4.34}$$

式中，$P(\varphi)$ 是正的，并且是归一化的。

因为

$$P(\varphi) = |\langle\varphi|\psi\rangle|^2 = \langle\varphi|\psi\rangle\langle\psi|\varphi\rangle \tag{2.4.35}$$

所以对 $P(\varphi)$ 积分可得

$$\int_0^{2\pi} P(\varphi)\mathrm{d}\varphi = 1 \tag{2.4.36}$$

一般地，对于用密度算符 $\hat{\boldsymbol{\rho}}$ 描述的量子态，有

$$P(\varphi) = \langle\varphi|\hat{\boldsymbol{\rho}}|\varphi\rangle \tag{2.4.37}$$

这个分布可用来计算关于 φ 的任意函数 $f(\varphi)$ 的期望值，即

$$\langle f(\varphi)\rangle = \int_0^{2\pi} f(\varphi)P(\varphi)\mathrm{d}\varphi \tag{2.4.38}$$

对于光子数态 $|n\rangle$，式(2.4.33)中的系数 $c_n = 1$，故有

$$P(\varphi) = \frac{1}{2\pi} \tag{2.4.39}$$

这是一个均匀分布。可以求出该分布下 φ 的期望值为 π，φ^2 的期望值为 $4\pi^2/3$，则 φ 的均方根偏差为

$$\Delta\varphi = \sqrt{\langle\varphi^2\rangle - \langle\varphi\rangle^2} = \frac{\pi}{\sqrt{3}} \tag{2.4.40}$$

2.4.3　量子相位算符及其相位态

本节讨论相位算符的本征态[1-10, 13-17, 19]。由前所述，无穷维数情况下指数算符 $\mathrm{e}^{\pm\mathrm{i}\hat{\varphi}}$ 不是厄米算符，为避免算符的厄米性问题而引入的两个算符 $\cos\hat{\varphi}$ 和 $\sin\hat{\varphi}$ 彼此又是不对易的。也就是说，无穷维情况下任何一种状态形式都不可能同时成为相位算符 $\cos\hat{\varphi}$ 和 $\sin\hat{\varphi}$ 的本征态。然而式(2.4.18)表明，在无数的矩阵元中，只有矩阵元 $\langle 0|[\cos\hat{\varphi}, \sin\hat{\varphi}]|0\rangle = \mathrm{i}/2$ 不为零。既然无法定义无穷维数下理想的相位算符，那么是否能寻找有限维数情况下的相位算符呢?

Pegg 和 Barnett[9]定义了一种相位算符，既满足算符厄米性，又可避免无穷维数带来的困惑。当系统的维数增大为无穷大时，该相位算符可以很好地刻画系统状态的相位情况。

定义一个正交完备的光场相位态 $|\varphi_m\rangle$，它是所有光子数态 $|n\rangle$ 的线性叠加，每个光子数态 $|n\rangle$ 经由相位因子 $\mathrm{e}^{\mathrm{i}\hat{n}\varphi_m}$ 加权而成，即

$$|\varphi_m\rangle = (s+1)^{-1/2}\sum_{n=0}^{s}\mathrm{e}^{\mathrm{i}\hat{n}\varphi_m}|n\rangle \tag{2.4.41}$$

式中，φ_m 在 0～2π等间距分布，值为

$$\varphi_m = \varphi_0 + 2m\pi/(s+1), \quad m = 0,1,\cdots,s \tag{2.4.42}$$

式中，φ_0 为参考相位；$s+1$ 为单模光场光子数态矢集 $\{|n\rangle\}$ 张开的希尔伯特空间的维数，当 $s\to\infty$ 时，就可得到系统相位的精确值。

可以证明 $|\varphi_m\rangle$ 满足正交归一和完备性关系，即

$$\langle\varphi_m|\varphi_{m'}\rangle = \delta_{mm'} \tag{2.4.43}$$

$$\sum_{m=0}^{s}|\varphi_m\rangle\langle\varphi_m| = \sum_{m=0}^{s}|n\rangle\langle n| = \hat{I}_{s+1} \tag{2.4.44}$$

根据相位基矢 $|\varphi_m\rangle$，量子相位算符 $\hat{\Phi}_\varphi$ 和指数相位算符 $\mathrm{e}^{\mathrm{i}\hat{\Phi}_\varphi}$ 可以分别定义为

$$\hat{\Phi}_\varphi = \sum_{m=0}^{s}\varphi_m|\varphi_m\rangle\langle\varphi_m| \tag{2.4.45}$$

$$\mathrm{e}^{\mathrm{i}\hat{\Phi}_\varphi} = \sum_{m=0}^{s}\mathrm{e}^{\mathrm{i}\varphi_m}|\varphi_m\rangle\langle\varphi_m| \tag{2.4.46}$$

可见，量子相位算符 $\hat{\Phi}_\varphi$ 是具有本征态 $|\varphi_m\rangle$ 且本征值为相位 φ_m 的厄米相位算符，相位态 $|\varphi_m\rangle$ 是量子相位算符 $\hat{\Phi}_\varphi$ 的本征态。

光子数态 $|n\rangle$ 与一个相位态 $|\varphi_m\rangle$ 的标量积为

$$\langle\varphi_m|n\rangle = (\langle n|\varphi_m\rangle)^* = (s+1)^{-1/2}\mathrm{e}^{-\mathrm{i}n\varphi_m} \tag{2.4.47}$$

由此就可以将光子数态 $|n\rangle$ 写成不同相位态 $|\varphi_m\rangle$ 的同权重叠加形式，即

$$|n\rangle = \sum_{n=0}^{s}\langle\varphi_m|n\rangle|\varphi_m\rangle = (s+1)^{-1/2}\sum_{n=0}^{s}\mathrm{e}^{-\mathrm{i}\hat{n}\varphi_m}|\varphi_m\rangle \tag{2.4.48}$$

任意光场态 $|\psi\rangle$ 总可表示为光子数态 $|n\rangle$ 的叠加态，即

$$|\psi\rangle = \sum_{n=0}^{s}c_n|n\rangle \tag{2.4.49}$$

式中，系数 c_n 满足 $\sum_{n=0}^{s}|c_n|^2 = 1$。

根据相位基矢，分立的相位角的概率分布函数为

$$P(\varphi_m)=\left|\langle\varphi_m|\psi\rangle\right|^2=\frac{1}{s+1}\left|\sum_{n=0}^{s}\exp\left[-\mathrm{i}\frac{nm2\pi}{s+1}\right]\langle n|\psi\rangle\right|^2$$
$$=\frac{1}{2\pi}\left|\sum_{n=0}^{s}c_n\exp\left[-\mathrm{i}\frac{nm2\pi}{s+1}\right]\right|^2\frac{2\pi}{s+1} \tag{2.4.50}$$

显然，$P(\varphi_m)$满足归一化条件$\sum\limits_{n=0}^{s}P(\varphi_m)=1$。当$s\to\infty$时，上述离散求和就可用积分形式表示。令$P(\varphi)\mathrm{d}\varphi=\dfrac{1}{2\pi}\left|\sum\limits_{n=0}^{\infty}c_n\mathrm{e}^{-\mathrm{i}n\varphi}\right|^2\mathrm{d}\varphi$，则连续的相位角的概率分布函数为

$$P(\varphi)=\lim_{s\to\infty}\left[\frac{s+1}{2\pi}P(\varphi_m)\right]=\frac{1}{2\pi}\left|\sum_{n=0}^{\infty}c_n\mathrm{e}^{-\mathrm{i}n\varphi}\right|^2 \tag{2.4.51}$$

式中，$\varphi=\lim\limits_{s\to\infty}2\pi m/(s+1)$。

$P(\varphi)$满足

$$\int_0^{2\pi}P(\varphi)\mathrm{d}\varphi=\frac{1}{2\pi}\int_0^{2\pi}\left|\sum_{n=0}^{\infty}c_n\mathrm{e}^{-\mathrm{i}n\varphi}\right|^2\mathrm{d}\varphi=1 \tag{2.4.52}$$

2.4.4 单模相位态的物理性质

对于单模光场的相位态$|\varphi\rangle$，当$s\to\infty$时，单模相位态的相位值完全确定，相位算符的不确定量为零，即

$$\Delta\cos\varphi=\Delta\sin\varphi=0 \tag{2.4.53}$$

因此，单模相位态中的相位完全确定，但其光子数是不确定的。算符$\hat{n}$和$\hat{n}^2$在单模相位态中的期望值为

$$\langle\varphi|\hat{n}|\varphi\rangle=\lim_{s\to\infty}(s+1)^{-1}\sum_{m=0}^{s}\sum_{n=0}^{s}\mathrm{e}^{\mathrm{i}(n-m)\varphi}\langle m|\hat{n}|n\rangle$$
$$=\lim_{s\to\infty}(s+1)^{-1}\sum_{n=0}^{s}n=\lim_{s\to\infty}\frac{1}{2}s \tag{2.4.54}$$

$$\langle\varphi|\hat{n}^2|\varphi\rangle=\lim_{s\to\infty}(s+1)^{-1}\sum_{n=0}^{s}n^2=\lim_{s\to\infty}\frac{1}{6}s(2s+1) \tag{2.4.55}$$

则有

$$\Delta n=\sqrt{\langle\hat{n}^2\rangle-\langle\hat{n}\rangle^2}=\lim_{s\to\infty}\sqrt{s(s+2)/12}\to\infty \tag{2.4.56}$$

光子数的不确定量与平均光子数之比为一个确定值，即

$$\frac{\Delta n}{\langle\varphi|\hat{n}|\varphi\rangle}=\frac{1}{\sqrt{3}} \tag{2.4.57}$$

对于单模驻波场(2.1.19)，在相位态 $|\varphi\rangle$ 中，电场算符 $\hat{E}$ 的期望值为

$$\begin{aligned}\langle\varphi|\hat{E}|\varphi\rangle &= \sqrt{\frac{\hbar\omega}{\varepsilon_0 V}}\sin(kz)\langle\varphi|(\hat{a}^\dagger+\hat{a})|\varphi\rangle \\ &= 2\sqrt{\frac{\hbar\omega}{\varepsilon_0 V}}\sin(kz)\cdot\cos\varphi\lim_{s\to\infty}(s+1)^{-1}\sum_{n=0}^{s-1}\sqrt{n+1}\end{aligned} \tag{2.4.58}$$

当 $s\to\infty$ 时，$\langle\varphi|\hat{E}|\varphi\rangle\to\infty$，因为求和是按 $s^{3/2}$ 发散的，所以电场的不确定量为无限大，但电场的频率 ω 和相位 φ 是固定的。

图 2.4.1 表示单模相位态 $|\varphi\rangle$ 的电场期望值在一个固定点随时间 t 的变化。它是无穷多个振幅不同但频率 ω 和相位 φ 固定的波的叠加。

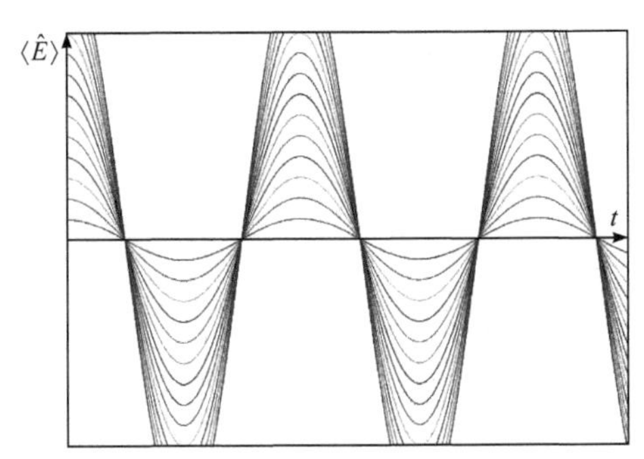

图 2.4.1　单模相位态 $|\varphi\rangle$ 的电场期望值在一个固定点随时间 t 的变化

上述结果说明，当光场处于单模相位态时，与处于单模光子数态的情况刚好相反，此时电磁场具有完全确定的相位，而具有完全不确定的光子数。由式(2.4.54)可以看出，当相位态 $|\varphi\rangle$ 光场下的 $\langle\varphi|\hat{n}|\varphi\rangle\to\infty$ 时，意味着单模相位态是能量趋于无限大的态。这个可能只有理论意义，能否通过实验加以实现尚需深入探讨。通过对上述单模相位态的讨论表明，量子化的电磁场的相位与光子数不可能同时确定。

2.5　相　干　态

现代意义上的量子相干态，是由 2005 年的诺贝尔物理学奖得主格劳伯(Glauber)在创立光场相干性的量子理论时在量子光学中引入的。在量子辐射场中，相干态是完全相干的量子光场态，也是一种最接近于经典极限的量子相干光场，在光场的经典理论和量子理论之间起着桥梁作用。

相干态不仅是量子光学中的重要概念，也是研究激光和量子信息学的重要理论基础，在物理学的多个学科领域获得了广泛应用，成为理论物理学中的一种有效方法与手段。

本节主要介绍单模相干态的两种定义，以及相干态的若干性质[1-6, 10-19]，而有关相干态的非正交性和超完备性等内容将在第 3 章讨论。

2.5.1 相干态的定义

本节首先介绍单模相干态的两种定义。

定义 2.5.1 对于单模光场，相干态是光子湮没算符 $\hat{a}$ 的本征态，用 $|\alpha\rangle$ 表示，其满足

$$\hat{a}|\alpha\rangle=\alpha|\alpha\rangle \tag{2.5.1}$$

由于 $\hat{a}$ 是非厄米算符，不是一个可直接观测的物理量，所以其本征值 α 为复数，可以写为 $\alpha=|\alpha|\mathrm{e}^{\mathrm{i}\theta}$。由 $\hat{a}|0\rangle=0$ 可知，真空态 $|0\rangle$ 也是相干态。

利用光子数态 $|n\rangle$ 的完备性 $\sum\limits_n|n\rangle\langle n|=\hat{I}$，可将相干态 $|\alpha\rangle$ 按光子数态 $|n\rangle$ 展开为

$$|\alpha\rangle=\sum_n|n\rangle\langle n|\alpha\rangle=\sum_n C_n(\alpha)|n\rangle \tag{2.5.2}$$

式中，$C_n(\alpha)=\langle n|\alpha\rangle$ 表示光子数态和相干态表象间的变换函数。

利用 $|n\rangle=\dfrac{(\hat{a}^\dagger)^n}{\sqrt{n!}}|0\rangle$，可得 $|n\rangle$ 与相干态 $|\alpha\rangle$ 的内积为

$$\langle n|\alpha\rangle=\frac{1}{\sqrt{n!}}\left\langle 0\left|\hat{a}^n\right|\alpha\right\rangle=\frac{\alpha^n}{\sqrt{n!}}\langle 0|\alpha\rangle \tag{2.5.3}$$

将式(2.5.3)的展开系数代入式(2.5.2)，则有

$$|\alpha\rangle=\langle 0|\alpha\rangle\sum_{n=0}^{\infty}\frac{\alpha^n}{\sqrt{n!}}|n\rangle \tag{2.5.4}$$

利用相干态的归一化条件

$$\begin{aligned}\langle\alpha|\alpha\rangle&=|\langle 0|\alpha\rangle|^2\sum_{m=0}^{\infty}\sum_{n=0}^{\infty}\frac{(\alpha^*)^m}{\sqrt{m!}}\frac{\alpha^n}{\sqrt{n!}}\langle m|n\rangle\\&=|\langle 0|\alpha\rangle|^2\sum_{n=0}^{\infty}\frac{|\alpha|^{2n}}{n!}=|\langle 0|\alpha\rangle|^2\mathrm{e}^{|\alpha|^2}=1\end{aligned}$$

可得

$$\langle 0|\alpha\rangle=\mathrm{e}^{-|\alpha|^2/2} \tag{2.5.5}$$

将式(2.5.5)代入式(2.5.4)，可得相干态的表达式为

$$|\alpha\rangle=\mathrm{e}^{-|\alpha|^2/2}\sum_{n=0}^{\infty}\frac{\alpha^n}{\sqrt{n!}}|n\rangle \tag{2.5.6}$$

定义 2.5.2　相干态是平移算符作用于真空态 $|0\rangle$ 产生的态，即

$$|\alpha\rangle = \hat{D}(\alpha)|0\rangle \tag{2.5.7}$$

式中，平移算符 $\hat{D}(\alpha)$ 定义为

$$\hat{D}(\alpha) = \exp(\alpha\hat{a}^{\dagger} - \alpha^{*}\hat{a}) \tag{2.5.8}$$

利用 BCH(Baker-Campbell-Hausdorff)定理展开式：

$$\mathrm{e}^{\hat{A}+\hat{B}} = \mathrm{e}^{\hat{A}}\mathrm{e}^{\hat{B}}\mathrm{e}^{-\frac{1}{2}[\hat{A},\hat{B}]} = \mathrm{e}^{\hat{B}}\mathrm{e}^{\hat{A}}\mathrm{e}^{\frac{1}{2}[\hat{A},\hat{B}]} \tag{2.5.9}$$

式中，两个非对易算符 $\hat{A}$ 和 $\hat{B}$ 满足 $[\hat{A},[\hat{A},\hat{B}]] = [\hat{B},[\hat{A},\hat{B}]] = 0$。

可把平移算符 $\hat{D}(\alpha)$ 写成

$$\hat{D}(\alpha) = \mathrm{e}^{-|\alpha|^2/2}\mathrm{e}^{\alpha\hat{a}^{\dagger}}\mathrm{e}^{-\alpha^{*}\hat{a}} \tag{2.5.10}$$

于是，有

$$\begin{aligned}\hat{D}(\alpha)|0\rangle &= \mathrm{e}^{-|\alpha|^2/2}\mathrm{e}^{\alpha\hat{a}^{\dagger}}\mathrm{e}^{-\alpha^{*}\hat{a}}|0\rangle \\ &= \mathrm{e}^{-|\alpha|^2/2}\sum_{n=0}^{\infty}\frac{\alpha^n}{n!}(\hat{a}^{\dagger})^n|0\rangle \\ &= \mathrm{e}^{-|\alpha|^2/2}\sum_{n=0}^{\infty}\frac{\alpha^n}{\sqrt{n!}}|n\rangle = |\alpha\rangle\end{aligned} \tag{2.5.11}$$

其中用到 $\mathrm{e}^{-\alpha^{*}\hat{a}}|0\rangle = |0\rangle$，$(\hat{a}^{\dagger})^n|0\rangle = \sqrt{n!}|n\rangle$。可见，相干态的定义式(2.5.7)与定义式(2.5.6)是等价的。

平移算符 $\hat{D}(\alpha)$ 是幺正算符，可以证明它具有下列一些重要性质：

$$\hat{D}^{\dagger}(\alpha) = \hat{D}^{-1}(\alpha) = \hat{D}(-\alpha) \tag{2.5.12}$$

$$\hat{D}^{\dagger}(\alpha)\hat{a}\hat{D}(\alpha) = \hat{a} + \alpha \tag{2.5.13}$$

$$\hat{D}^{\dagger}(\alpha)\hat{a}^{\dagger}\hat{D}(\alpha) = \hat{a}^{\dagger} + \alpha^{*} \tag{2.5.14}$$

$$\hat{D}^{\dagger}(\alpha)f(\hat{a},\hat{a}^{\dagger})\hat{D}(\alpha) = f(\hat{a}+\alpha,\hat{a}^{\dagger}+\alpha^{*}) \tag{2.5.15}$$

$$\hat{D}^{\dagger}(\alpha)\hat{D}(\beta)\hat{D}(\alpha) = \exp[\hat{D}^{\dagger}(\alpha)(\beta\hat{a}^{\dagger} - \beta^{*}\hat{a})\hat{D}(\alpha)] = \mathrm{e}^{\beta\alpha^{*}-\beta^{*}\alpha}\hat{D}(\beta) \tag{2.5.16}$$

$$\begin{aligned}\hat{D}(\alpha)\hat{D}(\beta) &= \hat{D}(\alpha+\beta)\exp\left[\frac{1}{2}(\alpha\beta^{*} - \alpha^{*}\beta)\right] \\ &= \hat{D}(\alpha+\beta)\exp[\mathrm{i}\,\mathrm{Im}(\alpha\beta^{*})]\end{aligned} \tag{2.5.17}$$

$$\mathrm{Tr}[\hat{D}(\alpha)] = \pi\delta^{(2)}(\alpha)\exp\left(-\frac{1}{2}|\alpha|^2\right) = \pi\delta(\alpha_{\mathrm{r}})\delta(\alpha_{\mathrm{i}})\exp\left(-\frac{1}{2}|\alpha|^2\right) \tag{2.5.18}$$

式中，复数 $\alpha = \alpha_{\mathrm{r}} + \mathrm{i}\alpha_{\mathrm{i}}$；$\delta^{(2)}(\alpha)$ 函数表示为

$$\delta^{(2)}(\alpha)=\frac{1}{\pi^2}\int \mathrm{d}^2\beta \exp(\alpha\beta^*-\alpha^*\beta) \tag{2.5.19}$$

上述性质的有些证明还需要用到算符展开定理：

$$\exp(x\hat{A})\hat{B}\exp(-x\hat{A})=\hat{B}+x[\hat{A},\hat{B}]+\frac{x^2}{2!}[\hat{A},[\hat{A},\hat{B}]]+\cdots \tag{2.5.20}$$

式中，算符 $\hat{A}$ 和 $\hat{B}$ 为非对易算符；x 为经典数。

由式(2.5.12)可以得出

$$\hat{D}^\dagger(\alpha)|\alpha\rangle=\hat{D}(-\alpha)|\alpha\rangle=|0\rangle \tag{2.5.21}$$

可见，算符 $\hat{D}(\alpha)$ 和 $\hat{D}^\dagger(\alpha)$ 可以看成相干态 $|\alpha\rangle$ 的产生算符和湮没算符。

2.5.2　相干态的光子数及涨落

在相干态 $|\alpha\rangle$ 下，算符 $\hat{n}$ 和 $\hat{n}^2$ 的期望值分别为

$$\langle\hat{n}\rangle=\langle\alpha|\hat{a}^\dagger\hat{a}|\alpha\rangle=|\alpha|^2 \tag{2.5.22}$$

$$\langle\hat{n}^2\rangle=|\alpha|^2\left(1+|\alpha|^2\right) \tag{2.5.23}$$

光子数的涨落为

$$(\Delta n)^2=\langle\hat{n}^2\rangle-\langle\hat{n}\rangle^2=|\alpha|^2=\langle\hat{n}\rangle \tag{2.5.24}$$

则光子数的均方根偏差和相对不确定度为

$$\Delta n=|\alpha|,\quad \frac{\Delta n}{\langle\hat{n}\rangle}=\frac{1}{\sqrt{\langle\hat{n}\rangle}} \tag{2.5.25}$$

由上述关系式可知，随着平均光子数 $|\alpha|^2$ 的增加，光子数的不确定量 $\Delta n=|\alpha|$ 也增大，而相对不确定量则随平均光子数的增加而减小，并反比于平均光子数的平方根。

2.5.3　相干态的光子数分布和 Mandel 参数 Q

在相干态 $|\alpha\rangle$ 下找到 n 个光子的概率为

$$P(n)=|\langle n|\alpha\rangle|^2=\frac{|\alpha|^{2n}\mathrm{e}^{-|\alpha|^2}}{n!}=\frac{\bar{n}^n\mathrm{e}^{-\bar{n}}}{n!} \tag{2.5.26}$$

这是一种平均光子数为 $\bar{n}=|\alpha|^2$ 的泊松分布，图 2.5.1 表示相干态中平均光子数 $\bar{n}=25$ 时的光子数分布。

为了区分不同的光子数分布形式，还可根据式(2.3.15)介绍的不同 Mandel 参数 Q 值，将光子数分布区分为超泊松分布、泊松分布和亚泊松分布，以此表征光

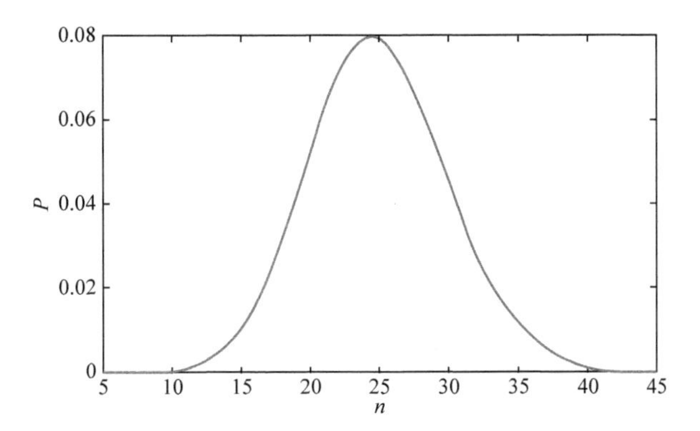

图 2.5.1　相干态中平均光子数 $\bar{n}=25$ 时的光子数分布

场量子态是否具有非经典效应。对于相干态光场，$\langle\hat{n}^2\rangle=\langle\hat{n}\rangle^2+\langle\hat{n}\rangle$，由式(2.3.15)可知，$Q=0$，相干态的光子数分布满足泊松分布，为相干态光场。

高于阈值运行的激光器，其光子数分布呈现泊松分布。利用泊松分布可以方便地描述单光子态。在量子信息处理中，将激光进行衰减所得的单光子态是概率性的单光子源。当平均光子数 $\bar{n}=0.01$ 时，光场将以 99%的概率处于真空态 $|0\rangle$，处于单光子态 $|1\rangle$ 和 $|2\rangle$ 的概率分别为 0.99%和 0.01%。泊松分布是介于经典光场与量子光场之间的光子数分布，是非经典光场的分水岭。

2.5.4　相干态是最小不确定关系态

位置算符 $\hat{q}$ 和动量算符 $\hat{p}$ 满足

$$\hat{q}=\sqrt{\frac{\hbar}{2m\omega}}(\hat{a}^\dagger+\hat{a}) \tag{2.5.27}$$

$$\hat{p}=\mathrm{i}\sqrt{\frac{m\hbar\omega}{2}}(\hat{a}^\dagger-\hat{a}) \tag{2.5.28}$$

显然 $[\hat{q},\hat{p}]=\mathrm{i}\hbar$，按照海森伯不确定性原理，有

$$\Delta q\Delta p\geqslant\frac{\hbar}{2} \tag{2.5.29}$$

当系统处于相干态 $|\alpha\rangle$ 时，有

$$\langle\hat{q}\rangle=\langle\alpha|\hat{q}|\alpha\rangle=\sqrt{\frac{\hbar}{2m\omega}}(\alpha^*+\alpha) \tag{2.5.30}$$

$$\langle\hat{p}\rangle=\langle\alpha|\hat{p}|\alpha\rangle=\mathrm{i}\sqrt{\frac{m\hbar\omega}{2}}(\alpha^*-\alpha) \tag{2.5.31}$$

$$\langle\hat{q}^2\rangle=\langle\alpha|\hat{q}^2|\alpha\rangle=\frac{\hbar}{2m\omega}(\alpha^{*2}+\alpha^2+2\alpha^*\alpha+1) \tag{2.5.32}$$

$$\langle \hat{p}^2 \rangle = -\frac{m\hbar\omega}{2}(\alpha^{*2} + \alpha^2 - 2\alpha^*\alpha - 1) \tag{2.5.33}$$

从而可得

$$(\Delta q)^2 = \langle \hat{q}^2 \rangle - \langle \hat{q} \rangle^2 = \frac{\hbar}{2m\omega} \tag{2.5.34}$$

$$(\Delta p)^2 = \langle \hat{p}^2 \rangle - \langle \hat{p} \rangle^2 = \frac{m\omega\hbar}{2} \tag{2.5.35}$$

相干态下的不确定关系为

$$\Delta q \Delta p = \frac{\hbar}{2} \tag{2.5.36}$$

这说明，相干态满足海森伯不确定性原理中的最小值，即相干态是一种最小不确定关系态，因而也是量子理论所容许的最接近量子噪声极限的量子态。

下面在相空间中讨论相干态的方差。对于非厄米算符 $\hat{a}$ 和 $\hat{a}^\dagger$，可引入两个正交分量的厄米算符 $\hat{X}_1$ 和 $\hat{X}_2$，分别为

$$\hat{X}_1 = \frac{1}{2}(\hat{a} + \hat{a}^\dagger) = \sqrt{\frac{m\omega}{2\hbar}}\hat{q}，\quad \hat{X}_2 = \frac{1}{2\mathrm{i}}(\hat{a} - \hat{a}^\dagger) = \frac{1}{\sqrt{2\hbar m\omega}}\hat{p} \tag{2.5.37}$$

可见两正交分量算符 $\hat{X}_1$ 和 $\hat{X}_2$ 分别对应电磁场的广义坐标和广义动量，它们满足对易关系，即

$$[\hat{X}_1, \hat{X}_2] = \frac{\mathrm{i}}{2} \tag{2.5.38}$$

根据海森伯不确定性原理，$\hat{X}_1$ 和 $\hat{X}_2$ 的量子涨落应满足

$$(\Delta\hat{X}_1)^2(\Delta\hat{X}_2)^2 \geqslant \frac{1}{16} \tag{2.5.39}$$

在相干态 $|\alpha\rangle$ 中，容易求出

$$\langle \hat{X}_1 \rangle = \frac{1}{2}(\alpha + \alpha^*) = \mathrm{Re}(\alpha)，\quad \langle \hat{X}_2 \rangle = \frac{1}{2\mathrm{i}}(\alpha - \alpha^*) = \mathrm{Im}(\alpha) \tag{2.5.40}$$

$$\langle \hat{X}_1^2 \rangle = \langle \hat{X}_1 \rangle^2 + \frac{1}{4}，\quad \langle \hat{X}_2^2 \rangle = \langle \hat{X}_2 \rangle^2 + \frac{1}{4} \tag{2.5.41}$$

从而可得

$$(\Delta X_1)^2 = \frac{1}{4} = (\Delta X_2)^2 \tag{2.5.42}$$

故有

$$\Delta X_1 = \Delta X_2 = \frac{1}{2}，\quad \Delta X_1 \Delta X_2 = \frac{1}{4} \tag{2.5.43}$$

可见，相干态也是厄米算符 $\hat{X}_1$ 和 $\hat{X}_2$ 的最小不确定态，两者的涨落相等，其量子涨落与相干态的本征值 α 无关，即任何相干态的量子涨落均相同。图 2.5.2 描述了相干态 $|\alpha\rangle$ 的相空间图像，其中 $\alpha=|\alpha|\mathrm{e}^{\mathrm{i}\theta}$。图中的阴影圆圈表示相干态的不确定度面积，其中心位置距离原点 $|\alpha|=\langle\hat{n}\rangle^{1/2}$。由于真空态是相干态的特例，所以相干态的量子涨落实质上也是真空涨落。用噪声的概念来解释，涨落越小，量子噪声越小，相干态又是量子噪声最小的量子态。因此，常将相干光的量子噪声涨落或方差称为散粒噪声基准。

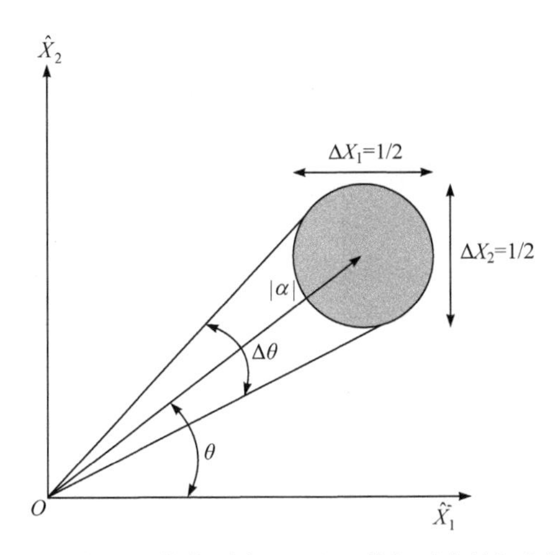

图 2.5.2　振幅和相位分别为 $|\alpha|$ 和 θ 的相干态的相空间图像

下面讨论相干态的相位分布[1, 10]。对于相干态 $|\alpha\rangle$，令 $\alpha=|\alpha|\mathrm{e}^{\mathrm{i}\theta}$，则其相位分布为

$$P(\varphi)=\left|\langle\varphi|\alpha\rangle\right|^2=\frac{1}{2\pi}\mathrm{e}^{-|\alpha|^2}\left|\sum_{n=0}^{\infty}\mathrm{e}^{-\mathrm{i}n(\varphi-\theta)}\frac{|\alpha|^n}{\sqrt{n!}}\right|^2 \tag{2.5.44}$$

当 $|\alpha|^2\gg 1$ 时，泊松分布可近似为高斯分布(见附录Ⅲ)，即

$$\mathrm{e}^{-|\alpha|^2}\frac{|\alpha|^{2n}}{n!}\approx\frac{1}{\sqrt{2\pi|\alpha|^2}}\exp\left[-\frac{(n-|\alpha|^2)^2}{2|\alpha|^2}\right] \tag{2.5.45}$$

因此，式(2.5.44)可近似求解为

$$P(\varphi)\approx\left(\frac{2|\alpha|^2}{\pi}\right)^{1/2}\exp\left[-2|\alpha|^2(\varphi-\theta)^2\right] \tag{2.5.46}$$

可见，相干态的相位分布是一个峰值在 $\varphi=\theta$ 时的高斯分布，分布的峰宽随平均光子数 $|\alpha|^2$ 的增大而变窄，如图 2.5.3 所示，其中 $\theta=0°$，$\bar{n}=|\alpha|^2$ 的取值为 2、5 和 12。

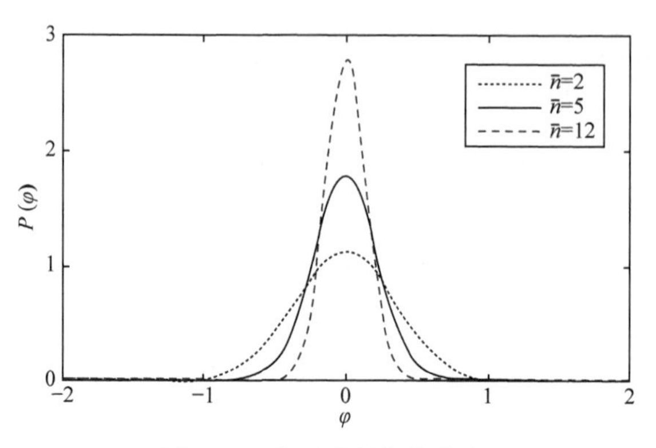

图 2.5.3　相干态的相位分布

2.6　热 光 场 态

黑体辐射是近代物理之本，是近代物理的摇篮。物理上对黑体辐射的研究成为量子物理开始的契机，对量子理论的发展具有重大影响。热光场态是诱导黑体辐射的量子态，也称为混合态或者混沌态。混合热光场包括单模热光场和多模热光场[1-7,11-17,19]。单模热光场可由黑体辐射腔内的电磁辐射与温度为 T 的腔壁处于热平衡时产生。

利用最大熵原理可以求解特殊场合下量子系统的密度算符，而混合态是根据最大熵原理定义的[3, 7, 13]。最大熵原理是基于归一化约束条件和期望值测量条件，应用拉格朗日乘子法使下列熵最大化：

$$S=-k_{\mathrm{B}}\mathrm{Tr}(\rho\ln\rho) \tag{2.6.1}$$

式中，ρ 为密度算符，归一化约束条件为

$$\mathrm{Tr}(\rho)=1 \tag{2.6.2}$$

若要知道系统的某些信息，还需对 ρ 附加一定的约束条件。例如，附加了已知测量一个频率为 ω 的单模热光场系统的平均能量，即

$$E=\mathrm{Tr}(\rho H) \tag{2.6.3}$$

根据变分原理，对式(2.6.1)求变分可得

$$\delta S=-k_{\mathrm{B}}\mathrm{Tr}\left[\frac{\partial}{\partial\rho}(\rho\ln\rho)\delta\rho\right]=-k_{\mathrm{B}}\mathrm{Tr}[(1+\ln\rho)\delta\rho] \tag{2.6.4}$$

对两约束条件(2.6.2)和(2.6.3)分别求变分可得

$$\mathrm{Tr}(\delta\rho)=0 \tag{2.6.5}$$

$$\mathrm{Tr}(H\delta\rho)=0 \tag{2.6.6}$$

引入待定系数 λ 和 β，把式(2.6.5)和式(2.6.6)插入式(2.6.4)，可得

$$\delta S=-k_{\mathrm{B}}\mathrm{Tr}[(1+\ln\rho+\lambda+\beta H)\delta\rho] \tag{2.6.7}$$

要使熵最大，必须使任意$\partial\rho$下$\delta S=0$，即

$$1+\ln\rho+\lambda+\beta H=0 \tag{2.6.8}$$

其方程的解为

$$\rho=\mathrm{e}^{-(1+\lambda)}\mathrm{e}^{-\beta H} \tag{2.6.9}$$

利用归一化约束条件$\mathrm{Tr}\rho=\mathrm{e}^{-(1+\lambda)}\mathrm{Tr}(\mathrm{e}^{\beta H})=1$，可得

$$\mathrm{e}^{1+\lambda}=\mathrm{Tr}(\mathrm{e}^{\beta H})\equiv Z \tag{2.6.10}$$

式中，Z称为配分函数；在统计物理中，$\beta=1/(k_{\mathrm{B}}T)$，$k_{\mathrm{B}}$为玻尔兹曼常量。

将式(2.6.10)代入式(2.6.9)，可得热平衡下单模热光场态的密度算符为

$$\hat{\boldsymbol{\rho}}=\frac{\exp[-\hat{H}/(k_{\mathrm{B}}T)]}{\mathrm{Tr}\{\exp[-\hat{H}/(k_{\mathrm{B}}T)]\}} \tag{2.6.11}$$

对于简谐振子哈密顿量$\hat{H}=\hbar\omega\left(\hat{a}^{\dagger}\hat{a}+\dfrac{1}{2}\right)$，其配分函数$Z$为

$$\begin{aligned}Z&=\mathrm{Tr}\{\exp[-\hat{H}/(k_{\mathrm{B}}T)]\}=\sum_{n=0}^{\infty}\langle n|\exp[-\hat{H}/(k_{\mathrm{B}}T)]|n\rangle\\&=\sum_{n=0}^{\infty}\exp[-E_n/(k_{\mathrm{B}}T)]=\exp[-\hbar\omega/(2k_{\mathrm{B}}T)]\sum_{n=0}^{\infty}\exp[-n\hbar\omega/(k_{\mathrm{B}}T)]\\&=\frac{\exp[-\hbar\omega/(2k_{\mathrm{B}}T)]}{1-\exp[-\hbar\omega/(k_{\mathrm{B}}T)]}\end{aligned} \tag{2.6.12}$$

式中，$E_n=\hbar\omega(n+1/2)$，且$\exp[-\hbar\omega/(k_{\mathrm{B}}T)]<1$。

显然，单模热光场态的光子数分布为其密度算符在光子数态的对角元，即

$$\begin{aligned}P_n&=\langle n|\hat{\boldsymbol{\rho}}|n\rangle=\frac{1}{Z}\exp\left(-\frac{E_n}{k_{\mathrm{B}}T}\right)\\&=\left[1-\exp\left(-\frac{\hbar\omega}{k_{\mathrm{B}}T}\right)\right]\exp\left(-\frac{n\hbar\omega}{k_{\mathrm{B}}T}\right)=(1-\mathrm{e}^{-x})\mathrm{e}^{-nx}\end{aligned} \tag{2.6.13}$$

式中，$x=\dfrac{\hbar\omega}{k_{\mathrm{B}}T}$；$P_n$属于玻色-爱因斯坦分布，并将具有这种统计特性的光场称为热光场。

此时，在光子数态表象下，可将单模热光场态的密度算符表示为

$$\begin{aligned}\hat{\boldsymbol{\rho}}&=\sum_{m=0}^{\infty}\sum_{n=0}^{\infty}|m\rangle\langle m|\hat{\boldsymbol{\rho}}|n\rangle\langle n|\\&=\frac{1}{Z}\sum_{n=0}^{\infty}\exp[-E_n/(k_{\mathrm{B}}T)]|n\rangle\langle n|\\&=\sum_{n=0}^{\infty}P_n|n\rangle\langle n|\end{aligned} \tag{2.6.14}$$

当 $m \neq n$ 时，$\rho_{mn} = \langle m|\hat{\boldsymbol{\rho}}|n\rangle = 0$，则无量子相干性。

热光场态的平均光子数可计算为

$$\begin{aligned}\overline{n} &= \mathrm{Tr}(\hat{n}\hat{\boldsymbol{\rho}}) = \sum_{n=0}^{\infty}\langle n|\hat{n}\hat{\boldsymbol{\rho}}|n\rangle = \sum_{n=0}^{\infty} nP_n \\ &= (1-\mathrm{e}^{-x})\sum_{n=0}^{\infty} n\mathrm{e}^{-nx} = (1-\mathrm{e}^{-x})\left(-\frac{\mathrm{d}}{\mathrm{d}x}\right)\sum_{n=0}^{\infty}\mathrm{e}^{-nx} \\ &= -(1-\mathrm{e}^{-x})\frac{\mathrm{d}}{\mathrm{d}x}\left(\frac{1}{1-\mathrm{e}^{-x}}\right) = \frac{1}{\mathrm{e}^{x}-1}\end{aligned} \tag{2.6.15}$$

于是有

$$\overline{n} = \frac{1}{\mathrm{e}^{\hbar\omega/(k_\mathrm{B}T)}-1} \approx \begin{cases}\dfrac{k_\mathrm{B}T}{\hbar\omega}, & \hbar\omega \ll k_\mathrm{B}T \\ \exp[-\hbar\omega/(k_\mathrm{B}T)], & \hbar\omega \gg k_\mathrm{B}T\end{cases} \tag{2.6.16}$$

可见，当腔体温度 T 一定时，ω 越大，$\overline{n}$ 越小；当 $T \to 0$ 时，$\overline{n} \to 0$。

由平均光子数关系式(2.6.15)可得

$$\mathrm{e}^{x} = \frac{\overline{n}+1}{\overline{n}} \tag{2.6.17}$$

将式(2.6.17)代入式(2.6.13)，可将单模热光场态的光子数分布表示为

$$P_n = \frac{\overline{n}^{n}}{(\overline{n}+1)^{n+1}} \tag{2.6.18}$$

从而单模热光场态的密度算符(2.6.14)可写为

$$\hat{\boldsymbol{\rho}} = \frac{1}{\overline{n}+1}\sum_{n=0}^{\infty}\frac{\overline{n}^{n}}{(\overline{n}+1)^{n}}|n\rangle\langle n| \tag{2.6.19}$$

将式(2.6.12)和式(2.6.17)代入式(2.6.11)，单模热光场态的密度算符又可表示为

$$\hat{\boldsymbol{\rho}} = (1-\mathrm{e}^{-x})\exp(-x\hat{a}^{\dagger}\hat{a}) = \frac{\overline{n}^{\hat{a}^{\dagger}\hat{a}}}{(\overline{n}+1)^{\hat{a}^{\dagger}\hat{a}+1}} \tag{2.6.20}$$

利用级数

$$\sum_{n=0}^{\infty} n^2 q^n = \frac{q(1+q)}{(1-q)^3}, \quad q<1 \tag{2.6.21}$$

可得

$$\begin{aligned}\langle\hat{n}^2\rangle &= \mathrm{Tr}(\hat{n}^2\hat{\boldsymbol{\rho}}) = \sum_{n=0}^{\infty} n^2 P_n \\ &= (1-\mathrm{e}^{-x})\sum_{n=0}^{\infty} n^2\mathrm{e}^{-nx} = \frac{\mathrm{e}^{x}+1}{(\mathrm{e}^{x}-1)^2} \\ &= 2\overline{n}^2 + \overline{n}\end{aligned} \tag{2.6.22}$$

则单模热光场的光子数涨落为

$$(\Delta n)^2 = \langle \hat{n}^2 \rangle - \langle \hat{n} \rangle^2 = \overline{n}(\overline{n}+1) \tag{2.6.23}$$

可见，$\hat{n}$ 的均方根偏差要比平均光子数 $\overline{n}$ 大。其均方根偏差为

$$\Delta n = (\overline{n}^2 + \overline{n})^{1/2} \approx \overline{n} + \frac{1}{2}, \quad \overline{n} \gg 1 \tag{2.6.24}$$

其相对偏差为

$$\frac{\Delta n}{\overline{n}} \approx \begin{cases} 1, & \overline{n} \gg 1 \\ 1/\sqrt{\overline{n}}, & \overline{n} \ll 1 \end{cases} \tag{2.6.25}$$

相应地，其 Mandel 参数 Q 为

$$Q = \frac{\langle (\Delta \hat{n})^2 \rangle - \langle \hat{n} \rangle}{\langle \hat{n} \rangle} = \overline{n} > 0 \tag{2.6.26}$$

故在单模热光场中，其光子数分布满足超泊松分布。

单模热光场态的二阶相干度表示为

$$g^{(2)}(\tau) = \frac{\langle \hat{a}^\dagger \hat{a}^\dagger \hat{a} \hat{a} \rangle}{\langle \hat{a}^\dagger \hat{a} \rangle^2} = 1 + \frac{\langle (\Delta \hat{n})^2 \rangle - \langle \hat{n} \rangle}{\langle \hat{n} \rangle^2} = 2 > 1 \tag{2.6.27}$$

即在单模热光场中，光子呈现出聚束效应，光子倾向于成群地到达探测器。

关于单模热光场态的正交分量算符 $\hat{X}_1$ 和 $\hat{X}_2$ 的涨落。由于

$$\begin{aligned} \langle \hat{a} \rangle &= \mathrm{Tr}(\hat{\boldsymbol{\rho}} \hat{a}) = (1 - \mathrm{e}^{-x}) \sum_{n=0}^{\infty} \langle n | \mathrm{e}^{-x \hat{a}^\dagger \hat{a}} \hat{a} | n \rangle \\ &= (1 - \mathrm{e}^{-x}) \sum_{n=0}^{\infty} \mathrm{e}^{-xn} \sqrt{n} \langle n | n-1 \rangle = 0 \end{aligned} \tag{2.6.28}$$

同理可得 $\langle \hat{a}^2 \rangle = 0$。因此

$$\langle \hat{X}_1 \rangle = \mathrm{Tr}\left[\hat{\boldsymbol{\rho}} \frac{1}{2} (\hat{a} + \hat{a}^\dagger) \right] = 0 = \langle \hat{X}_2 \rangle \tag{2.6.29}$$

$$\langle \hat{X}_1^2 \rangle = \mathrm{Tr}(\hat{\boldsymbol{\rho}} \hat{X}_1^2) = \frac{1}{4}(1 + 2\overline{n}) = \langle \hat{X}_2^2 \rangle \tag{2.6.30}$$

在单模热光场中，其正交分量的光子数涨落为

$$(\Delta \hat{X}_1)^2 = (\Delta \hat{X}_2)^2 = \frac{1}{4}(1 + 2\overline{n}) > \frac{1}{4} \tag{2.6.31}$$

结合第 5 章压缩态的定义，单模热光场不会出现压缩效应，其量子涨落即量子噪声要高于相干态情况下单模激光的噪声，其平均光子数 $\overline{n}$ 越大，量子噪声越大。

综上所述，单模热光场态只呈现出超泊松分布和聚束效应，不出现亚泊松分布、反聚束效应和压缩效应，即不具有任何非经典效应。

下面讨论热平衡状态下多模热光场的情况。与单模热光场相类似，多模热光场的密度算符是其中各单模热光场密度算符的直积，表示为

$$\hat{\boldsymbol{\rho}}=\sum_{\{n_k\}}P_{\{n_k\}}|\{n_k\}\rangle\langle\{n_k\}| \tag{2.6.32}$$

式中

$$P_{\{n_k\}}=\prod_k\frac{\overline{n}_k^{\,n_k}}{(\overline{n}_k+1)^{n_k+1}} \tag{2.6.33}$$

$$\sum_{\{n_k\}}=\sum_{n_1}\sum_{n_2}\cdots \tag{2.6.34}$$

可以证明其平衡光子数为

$$\overline{n}=\sum_k\overline{n}_k=\sum_k[\mathrm{e}^{\hbar\omega_k/(k_{\mathrm{B}}T)}-1]^{-1} \tag{2.6.35}$$

2.7 小　　结

光场的量子化是用算符来描述表示光场的物理量，将光场的状态采用态矢量或密度算符来表示。

1. 单模光场的量子化

对于单模驻波场，电场强度算符、磁感应强度算符和总能量算符分别为

$$\hat{E}_x=\sqrt{\frac{\hbar\omega}{\varepsilon_0V}}(\hat{a}^\dagger+\hat{a})\sin(kz)$$

$$\hat{B}_y=\mathrm{i}\sqrt{\frac{\hbar\omega}{\varepsilon_0V}}\frac{1}{c}(\hat{a}^\dagger-\hat{a})\cos(kz)$$

$$\hat{H}=\hbar\omega\left(\hat{a}^\dagger\hat{a}+\frac{1}{2}\right)$$

2. 多模光场的量子化

对于多模行波场，电磁场矢势、磁感应强度算符分别由式(2.2.39)和式(2.2.41)表示，电场强度、电磁场总能量算符分别表示为

$$\hat{\boldsymbol{E}}(\boldsymbol{r},t)=\mathrm{i}\sum_{\boldsymbol{k},s}\left(\frac{\hbar\omega_k}{2\varepsilon_0V}\right)^{1/2}\boldsymbol{e}_{\boldsymbol{k},s}\left[\hat{a}_{\boldsymbol{k},s}\mathrm{e}^{\mathrm{i}(\boldsymbol{k}\cdot\boldsymbol{r}-\omega_kt)}-\hat{a}_{\boldsymbol{k},s}^\dagger\mathrm{e}^{-\mathrm{i}(\boldsymbol{k}\cdot\boldsymbol{r}-\omega_kt)}\right]$$

$$\hat{H}=\sum_{\boldsymbol{k},s}\hbar\omega_k\left(\hat{a}_{\boldsymbol{k},s}^{\dagger}\hat{a}_{\boldsymbol{k},s}+\frac{1}{2}\right)$$

有时将电场强度算符 $\hat{\boldsymbol{E}}(\boldsymbol{r},t)$ 分解为正频部分和负频部分，即

$$\hat{\boldsymbol{E}}(\boldsymbol{r},t)=\hat{\boldsymbol{E}}^{(+)}(\boldsymbol{r},t)+\hat{\boldsymbol{E}}^{(-)}(\boldsymbol{r},t)$$

式中，$\hat{\boldsymbol{E}}^{(+)}(\boldsymbol{r},t)=\mathrm{i}\sum_{\boldsymbol{k},s}\left(\frac{\hbar\omega_k}{2\varepsilon_0V}\right)^{1/2}\boldsymbol{e}_{\boldsymbol{k},s}\hat{a}_{\boldsymbol{k},s}\mathrm{e}^{\mathrm{i}(\boldsymbol{k}\cdot\boldsymbol{r}-\omega_k t)}\propto\hat{a}_{\boldsymbol{k},s}$；$\hat{\boldsymbol{E}}^{(-)}(\boldsymbol{r},t)=[\hat{\boldsymbol{E}}^{(+)}(\boldsymbol{r},t)]^{\dagger}\propto\hat{a}_{\boldsymbol{k},s}^{\dagger}$。

3. 光子数态 $|n\rangle$

光子数态 $|n\rangle$ 是光子数算符 $\hat{n}=\hat{a}^{\dagger}\hat{a}$ 和单模哈密顿量算符 $\hat{H}$ 共同的本征态。算符 $\hat{a}$ 、$\hat{a}^{\dagger}$ 满足对易关系 $[\hat{a},\hat{a}^{\dagger}]=1$，它们对光子数态 $|n\rangle$ 的作用分别为

$$\hat{a}\,|n\rangle=\sqrt{n}|n-1\rangle，\quad \hat{a}^{\dagger}\,|n\rangle=\sqrt{n+1}|n+1\rangle$$

光子数态 $|n\rangle$ 构成正交归一完备集，即

$$\langle m|n\rangle=\delta_{mn}，\quad \sum_n|n\rangle\langle n|=\hat{I}$$

光场的任意量子态 $|\psi\rangle$ 在光子数态 $|n\rangle$ 表象中展开为

$$|\psi\rangle=\sum_n|n\rangle\langle n|\psi\rangle=\sum_n c_n|n\rangle,\quad c_n=\langle n|\psi\rangle$$

其光子数的概率分布函数为

$$p_n=\left|c_n\right|^2=\left|\langle n|\psi\rangle\right|^2$$

Mandel 参数 Q 为

$$Q=\frac{\langle(\Delta\hat{n})^2\rangle-\langle\hat{n}\rangle}{\langle\hat{n}\rangle}\begin{cases}>0, & \text{超泊松分布}\\ =0, & \text{泊松分布}\\ <0, & \text{亚泊松分布}\end{cases}$$

对于光子数态 $|n\rangle$，$(\Delta\hat{n})^2=0$，$Q=-1<0$，满足亚泊松分布，这是一种非经典效应。

光场的两个正交分量算符 $\hat{X}_1$ 和 $\hat{X}_2$ 分别为

$$\hat{X}_1=\frac{1}{2}(\hat{a}+\hat{a}^{\dagger})，\quad \hat{X}_2=\frac{1}{2\mathrm{i}}(\hat{a}-\hat{a}^{\dagger})$$

满足对易关系，即

$$[\hat{X}_1,\hat{X}_2]=\frac{\mathrm{i}}{2}$$

在光子数态 $|n\rangle$ 下，有

$$\Delta\hat{X}_1\Delta\hat{X}_2 = \frac{1}{4}(2n+1)$$

光子数态 $|n\rangle$ 不满足最小不确定态，而真空态 $|0\rangle$ 属于最小不确定态，$\Delta X_1 = \Delta X_2 = \frac{1}{2}$。

4. 光场的相位态

指数算符分别为

$$\mathrm{e}^{\mathrm{i}\hat{\varphi}} = (\hat{n}+1)^{-1/2}\hat{a}\,,\quad \mathrm{e}^{-\mathrm{i}\hat{\varphi}} = \hat{a}^{\dagger}(\hat{n}+1)^{-1/2}$$

算符 $\mathrm{e}^{\pm\mathrm{i}\hat{\varphi}}$ 作用于光子数态 $|n\rangle$，即

$$\mathrm{e}^{\mathrm{i}\hat{\varphi}}|n\rangle = \begin{cases} |n-1\rangle, & n\neq 0 \\ 0, & n=0 \end{cases},\quad \mathrm{e}^{-\mathrm{i}\hat{\varphi}}|n\rangle = |n+1\rangle$$

由于 $[\mathrm{e}^{\mathrm{i}\hat{\varphi}}, \mathrm{e}^{-\mathrm{i}\hat{\varphi}}] = |0\rangle\langle 0|$，所以指数算符 $\mathrm{e}^{\pm\mathrm{i}\hat{\varphi}}$ 不是厄米算符。

引入一对厄米算符 $\cos\hat{\varphi}$ 和 $\sin\hat{\varphi}$，分别为

$$\cos\hat{\varphi} = \frac{1}{2}(\mathrm{e}^{\mathrm{i}\hat{\varphi}} + \mathrm{e}^{-\mathrm{i}\hat{\varphi}}),\quad \sin\hat{\varphi} = \frac{1}{2\mathrm{i}}(\mathrm{e}^{\mathrm{i}\hat{\varphi}} - \mathrm{e}^{-\mathrm{i}\hat{\varphi}})$$

其满足

$$[\cos\hat{\varphi}, \sin\hat{\varphi}] = \frac{\hat{a}^{\dagger}(\hat{n}+1)^{-1}\hat{a}-1}{2\mathrm{i}},\quad \langle 0|[\cos\hat{\varphi}, \sin\hat{\varphi}]|0\rangle = -\frac{1}{2\mathrm{i}}$$

$$[\hat{n}, \cos\hat{\varphi}] = -\mathrm{i}\sin\hat{\varphi},\quad [\hat{n}, \sin\hat{\varphi}] = \mathrm{i}\cos\hat{\varphi}$$

即光子数算符 $\hat{n}$ 和相位算符 $\cos\hat{\varphi}$、$\sin\hat{\varphi}$ 不对易，量子化场的振幅和相位不能同时确定。

指数算符 $\mathrm{e}^{\mathrm{i}\hat{\varphi}}$ 的本征态 $|\varphi\rangle$ 为

$$|\varphi\rangle = \frac{1}{\sqrt{2\pi}}\sum_{n=0}^{\infty}\mathrm{e}^{\mathrm{i}\hat{n}\varphi}|n\rangle\,,\quad \int_0^{2\pi}|\varphi\rangle\langle\varphi|\mathrm{d}\varphi = 1$$

满足本征方程为

$$\mathrm{e}^{\mathrm{i}\hat{\varphi}}|\varphi\rangle = \mathrm{e}^{\mathrm{i}\varphi}|\varphi\rangle$$

任意光场态可表示为数态 $|n\rangle$ 的叠加态，即

$$|\psi\rangle = \sum_{n=0}^{\infty}c_n|n\rangle\,,\quad \sum_{n=0}^{\infty}|c_n|^2 = 1$$

其相位分布函数 $P(\varphi)$ 为

$$P(\varphi)=|\langle\varphi|\psi\rangle|^2=\frac{1}{2\pi}\left|\sum_{n=0}^{\infty}\mathrm{e}^{-\mathrm{i}n\varphi}c_n\right|^2$$

对于用密度算符 $\hat{\boldsymbol{\rho}}$ 描述的量子态，有

$$P(\varphi)=\langle\varphi|\hat{\boldsymbol{\rho}}|\varphi\rangle$$

一个正交完备的光场相位态 $|\varphi_m\rangle$ 定义为

$$|\varphi_m\rangle=(s+1)^{-1/2}\sum_{n=0}^{s}\mathrm{e}^{\mathrm{i}\hat{n}\varphi_m}|n\rangle$$

式中，$\varphi_m=\varphi_0+2m\pi/(s+1)$，$m=0,1,\cdots,s$。

$|\varphi_m\rangle$ 满足正交归一和完备性关系，即

$$\langle\varphi_m|\varphi_{m'}\rangle=\delta_{mm'},\quad \sum_{m=0}^{s}|\varphi_m\rangle\langle\varphi_m|=\sum_{m=0}^{s}|n\rangle\langle n|=\hat{I}_{s+1}$$

根据相位基矢 $|\varphi_m\rangle$，量子相位算符 $\hat{\varPhi}_\varphi$ 和指数相位算符 $\mathrm{e}^{\mathrm{i}\hat{\varPhi}_\varphi}$ 分别定义为

$$\hat{\varPhi}_\varphi=\sum_{m=0}^{s}\varphi_m|\varphi_m\rangle\langle\varphi_m|,\quad \mathrm{e}^{\mathrm{i}\hat{\varPhi}_\varphi}=\sum_{m=0}^{s}\mathrm{e}^{\mathrm{i}\varphi_m}|\varphi_m\rangle\langle\varphi_m|$$

5. 相干态 $|\alpha\rangle$

相干态 $|\alpha\rangle$ 是光子湮没算符 $\hat{a}$ 的本征态(对单模光场)，即

$$|\alpha\rangle=\mathrm{e}^{-|\alpha|^2/2}\sum_{n=0}^{\infty}\frac{\alpha^n}{\sqrt{n!}}|n\rangle$$

相干态是平移算符作用于真空态 $|0\rangle$ 而产生的态，即

$$|\alpha\rangle=\hat{D}(\alpha)|0\rangle=\exp(\alpha\hat{a}^\dagger-\alpha^*\hat{a})|0\rangle$$

相干态是一种最小不确定关系态，为

$$\Delta q\Delta p=\frac{\hbar}{2}$$

相干态是两个正交分量算符 $\hat{X}_1$ 和 $\hat{X}_2$ 的最小不确定态，其不确定度满足

$$\Delta X_1=\Delta X_2=\frac{1}{2},\quad \Delta X_1\Delta X_2=\frac{1}{4}$$

相干态的平均光子数、光子数涨落、相对不确定度分别为

$$\bar{n}=\langle\hat{n}\rangle=|\alpha|^2,\quad (\Delta n)^2=\langle\hat{n}^2\rangle-\langle\hat{n}\rangle^2=|\alpha|^2=\langle\hat{n}\rangle,\quad \frac{\Delta n}{\langle\hat{n}\rangle}=\frac{1}{\sqrt{\bar{n}}}$$

光子数分布为

$$P(n)=\frac{\overline{n}^{n}\mathrm{e}^{-\overline{n}}}{n!},\quad \text{泊松分布}$$

相干态的相位分布为

$$P(\varphi)\approx\left(\frac{2|\alpha|^{2}}{\pi}\right)^{1/2}\exp\left[-2|\alpha|^{2}(\varphi-\theta)^{2}\right],\quad \text{高斯分布}$$

6. 热光场态

单模热光场态的密度算符形式为

$$\hat{\boldsymbol{\rho}}=\left[1-\exp\left(-\frac{\hbar\omega}{k_{\mathrm{B}}T}\right)\right]\sum_{n=0}^{\infty}\exp\left(-\frac{n\hbar\omega}{k_{\mathrm{B}}T}\right)|n\rangle\langle n|$$

$$\hat{\boldsymbol{\rho}}=\frac{1}{\overline{n}+1}\sum_{n=0}^{\infty}\frac{\overline{n}^{n}}{(\overline{n}+1)^{n}}|n\rangle\langle n|$$

$$\hat{\boldsymbol{\rho}}=(1-\mathrm{e}^{-x})\exp(-x\hat{a}^{\dagger}\hat{a})=\frac{\overline{n}^{\hat{a}^{\dagger}\hat{a}}}{(\overline{n}+1)^{\hat{a}^{\dagger}\hat{a}+1}},\quad x=\hbar\omega/(k_{\mathrm{B}}T)$$

其光子数分布为

$$P_{n}=(1-\mathrm{e}^{-x})\mathrm{e}^{-nx}=\frac{\overline{n}^{n}}{(\overline{n}+1)^{n+1}},\quad \text{玻色-爱因斯坦分布}$$

单模热光场态的平均光子数及涨落为

$$\overline{n}=\mathrm{Tr}(\hat{n}\hat{\boldsymbol{\rho}})=\frac{1}{\mathrm{e}^{\hbar\omega/(k_{\mathrm{B}}T)}-1},\quad \langle\hat{n}^{2}\rangle=\mathrm{Tr}(\hat{n}^{2}\hat{\boldsymbol{\rho}})=2\overline{n}^{2}+\overline{n}$$

$$(\Delta n)^{2}=\langle\hat{n}^{2}\rangle-\langle\hat{n}\rangle^{2}=\overline{n}(\overline{n}+1)$$

其 Mandel 参数 Q 为

$$Q=\frac{\langle(\Delta\hat{n})^{2}\rangle-\langle\hat{n}\rangle}{\langle\hat{n}\rangle}=\overline{n}>0,\quad \text{超泊松分布}$$

单模热光场态的二阶相干度为

$$g^{(2)}(\tau)=\frac{\langle\hat{a}^{\dagger}\hat{a}^{\dagger}\hat{a}\hat{a}\rangle}{\langle\hat{a}^{\dagger}\hat{a}\rangle^{2}}=1+\frac{\langle(\Delta\hat{n})^{2}\rangle-\langle\hat{n}\rangle}{\langle\hat{n}\rangle^{2}}=2>1,\quad \text{光子呈现出聚束效应}$$

其正交分量算符 $\hat{X}_1$ 和 $\hat{X}_2$ 的涨落为

$$(\Delta\hat{X}_{1})^{2}=(\Delta\hat{X}_{2})^{2}=\frac{1}{4}(1+2\overline{n})>\frac{1}{4},\quad \text{不出现压缩效应}$$

单模热光场态既不呈现亚泊松分布，也不出现压缩效应、反聚束效应，即不具有任何非经典效应。

2.8 习　题

1. 对于量子态 $|\psi\rangle=\frac{1}{\sqrt{2}}(|n\rangle+\mathrm{e}^{-\mathrm{i}\omega t}|n+1\rangle)$，证明光场为 $\hat{E}(z,t)=E_0(\hat{a}^\dagger+\hat{a})\sin(kz)$ 的均方差为 $\Delta\hat{E}=E_0\sqrt{n+1}[1+\sin^2(\omega t)]^{1/2}\sin(kz)$。

2. 假设单模谐振腔场在 $t=0$ 时刻处于状态 $|\psi\rangle=\frac{1}{\sqrt{2}}(|n\rangle+\mathrm{e}^{-\mathrm{i}\varphi}|n+1\rangle)$，其中，$\varphi$ 为相位。试计算腔场处于 $t>0$ 时的状态，并以此求出光场 $\hat{E}(z,t)=E_0(\hat{a}^\dagger+\hat{a})\sin(kz)$ 在该态中的均方差。

3. 对于量子态 $|\psi\rangle=\frac{1}{\sqrt{1+\varepsilon^2}}(|0\rangle+\varepsilon|1\rangle)$，其中，$\varepsilon$ 为复数。

   (1) 分别计算方差 $\langle\Delta\hat{q}^2\rangle$ 和 $\langle\Delta\hat{p}^2\rangle$。

   (2) 分别计算正交分量算符 $\hat{X}_1$ 和 $\hat{X}_2$ 在该态下的方差。

   (3) 对于态 $|\psi\rangle=\frac{1}{\sqrt{1+\varepsilon^2}}(|0\rangle+\varepsilon|2\rangle)$，重复以上计算过程。

4. 在单模光子数态 $|n\rangle$ 光场中，求期望值 $\langle n|\hat{E}^4|n\rangle$，其中 $\hat{E}$ 为单模平面行波场电场强度算符值 $\hat{E}(\boldsymbol{r},t)=\mathrm{i}\sqrt{\frac{\hbar\omega}{2\varepsilon_0 V}}\left[\hat{a}\mathrm{e}^{\mathrm{i}(\boldsymbol{k}\cdot\boldsymbol{r}-\omega t)}-\hat{a}^\dagger\mathrm{e}^{-\mathrm{i}(\boldsymbol{k}\cdot\boldsymbol{r}-\omega t)}\right]$。

5. 试求算符 $\hat{Q}=\sum_{i,j,k,l}\hat{a}_i^\dagger\hat{a}_j^\dagger\hat{a}_k\hat{a}_l\ (i,j,k,l=1,2)$ 作用于一个双模数态 $|n_1,n_2\rangle$ 光场的期望值。

6. 许多过程涉及从量子光场态中吸收单光子，吸收光子的过程可以表示为湮没算符的作用。对于任意光场态 $|\psi\rangle$，从中吸收单光子后形成的态为 $|\psi'\rangle=\hat{a}|\psi\rangle$，试将其进行归一化。比较光场态 $|\psi\rangle$ 的平均光子数 $\bar{n}$ 和态 $|\psi'\rangle$ 的平均光子数 $\bar{n}'$，能否得到 $\bar{n}'=\bar{n}-1$？

7. 对于真空态 $|0\rangle$ 和 10 个光子数态 $|10\rangle$ 所形成的叠加态 $|\psi\rangle=(|0\rangle+|10\rangle)/\sqrt{2}$，试计算该态的平均光子数。接着假设从中吸收了一个单光子，再计算其平均光子数。与习题 6 比较，你的计算结果合理吗？

8. 试证明 $[\hat{n},\mathrm{e}^{\mathrm{i}\hat{\varphi}}]=-\mathrm{e}^{\mathrm{i}\hat{\varphi}}$，$[\hat{n},\mathrm{e}^{-\mathrm{i}\hat{\varphi}}]=\mathrm{e}^{-\mathrm{i}\hat{\varphi}}$，并讨论算符 $\hat{n}$ 与 $\hat{\varphi}$ 之间的对易关系，其不确定关系 $\Delta\hat{n}\Delta\hat{\varphi}\geqslant 1/2$ 是否处处成立，为什么？

9. 证明光场相位态 $|\varphi_m\rangle=(s+1)^{-1/2}\sum_{n=0}^{s}\mathrm{e}^{\mathrm{i}\hat{n}\varphi_m}|n\rangle$ 是正交归一的，即满足 $\langle\varphi_m|\varphi_{m'}\rangle=\delta_{mm'}$。

10. 试求在相位态$|\varphi_m\rangle$中找到n个光子的概率，并求位置$\hat{q}=\sqrt{\dfrac{\hbar}{2m\omega}}(\hat{a}^\dagger+\hat{a})$在相位态$|\varphi_m\rangle$中的期望值$\langle\varphi_m|\hat{q}|\varphi_m\rangle$。

11. 试证明相位态$|\varphi\rangle=(s+1)^{-1/2}\sum\limits_{n=0}^{s}\mathrm{e}^{\mathrm{i}\hat{n}\varphi}|n\rangle$，在$s\to\infty$即光子数趋向于无穷大时，$|\varphi\rangle$是相位算符$\cos\hat{\varphi}$和$\sin\hat{\varphi}$的共同本征态，$\hat{\varphi}$具有可观测到的相位角的含义。

12. 对于多模湮没、产生算符表达式$\hat{d}=\sum\limits_k(\alpha_k\hat{a}_k+\beta_k\hat{a}_k^\dagger)$，证明$\langle\{n_k\}|\hat{d}^\dagger\hat{d}|\{n_k\}\rangle=\sum\limits_k\left[|\alpha_k|^2n_k+|\beta_k|^2(n_k+1)\right]$，以说明对于任意量子态，有$\langle\hat{d}^\dagger\hat{d}\rangle\geqslant0$。

13. 试证明$\hat{a}^\dagger|\alpha\rangle=\left(\dfrac{1}{2}\alpha^*+\dfrac{\partial}{\partial\alpha}\right)|\alpha\rangle$，为何光子的产生算符$\hat{a}^\dagger$没有可归一化的本征态?

14. 试证明产生算符和湮没算符在相干态表象中的函数形式分别为$\hat{a}^\dagger=\alpha^*$、$\hat{a}=\dfrac{1}{2}\alpha+\dfrac{\partial}{\partial\alpha^*}$，即在相干态表象中，产生算符是一个常数算符，而湮没算符是一个微分算符。

15. 试证明相干态下的积分$\int\alpha^k|\alpha\rangle\mathrm{d}^2\alpha=0$，$k=1,2,\cdots$。

16. 对于量子态$|\psi\rangle=\sum\limits_n c_n|n\rangle$，试证明算符$(\hat{a}^\dagger)^r\hat{a}^r$在该量子态中的期望值可表示为

$$
\begin{aligned}
\langle\psi|(\hat{a}^\dagger)^r\hat{a}^r|\psi\rangle&=\sum_n n(n-1)(n-2)\cdots(n-r+1)p_n\\
&=\langle\hat{n}(\hat{n}-1)(\hat{n}-2)\cdots(\hat{n}-r+1)\rangle
\end{aligned}
$$

式中，p_n为光子数的概率分布。

(1) 对于相干态$|\alpha\rangle$，试计算其阶乘矩的期望值$\langle\hat{n}(\hat{n}-1)(\hat{n}-2)\cdots(\hat{n}-r+1)\rangle$。

(2) 对于单模热光场态，试证明其阶乘矩为$\langle\hat{n}(\hat{n}-1)(\hat{n}-2)\cdots(\hat{n}-r+1)\rangle=r!\bar{n}^r$，其中，$\bar{n}$为单模热光场的平均光子数。

17. 试求算符$\cos\hat{\varphi}$在相干态$|\alpha\rangle$下的期望值和方差。

18. 借助相空间图像，对于平均光子数为$\bar{n}=|\alpha|^2$的相干态，①试证明其相位的不确定度为$\Delta\theta=1/(2\sqrt{\bar{n}})$，$\bar{n}\gg1$；②得出光子数和相位的不确定度满足关系$\Delta n\Delta\theta=1/2$。

19. 试证明相干态的相位分布近似为$P(\varphi)\approx\left(\dfrac{2|\alpha|^2}{\pi}\right)^{1/2}\exp\left[-2|\alpha|^2(\varphi-\theta)^2\right]$。

20. 对于一个单模热光场，证明平移算符$\hat{D}(\alpha)$的期望值为$\langle\hat{D}(\alpha)\rangle=$

$\exp\left[-|\alpha|^2\left(\langle\hat{n}\rangle+\frac{1}{2}\right)\right]$，其中 $\langle\hat{n}\rangle$ 为单模热光场的平均光子数。

21. 对于下列三种单模辐射场，分别计算它们的光子数分布函数 $p(m)$：

(1) 数态的叠加态 $|\psi\rangle=(|0\rangle-\mathrm{i}|10\rangle)/\sqrt{2}$。

(2) 密度算符 $\hat{\rho}=\sum_{n=0}^{\infty}\frac{\mathrm{e}^{-\kappa}\kappa^n}{n!}|n\rangle\langle n|$，其中，$\kappa$ 为实数。

(3) 湮没一个光子的单模热光场 $\hat{\rho}'=\frac{\hat{a}\hat{\rho}\hat{a}^\dagger}{\mathrm{Tr}(\hat{a}\hat{\rho}\hat{a}^\dagger)}$，其中，$\hat{\rho}=\frac{1}{\bar{n}+1}\sum_{n=0}^{\infty}\frac{\bar{n}^n}{\bar{n}+1}|n\rangle\langle n|$ 为单模热光场的密度算符，$\bar{n}$ 为单模热光场的平均光子数。

试通过计算判断，(1)、(2)和(3)中辐射场的光子数分布是泊松分布、亚泊松分布还是超泊松分布。

22. 试推导单模热光场中黑体辐射的普朗克公式，并画出不同温度下黑体辐射能量随频率的分布曲线。

23. 试证明单模热光场的密度算符满足 $\mathrm{Tr}(\hat{\rho}^2)=\frac{1}{1+2\bar{n}}$，其中，$\bar{n}$ 为单模热光场的平均光子数。当 $\bar{n}=0$(对应真空态)时，$\mathrm{Tr}(\hat{\rho}^2)=1$，这与纯态情况 $\mathrm{Tr}(\hat{\rho})=1$ 和 $\hat{\rho}^2=\hat{\rho}$ 一致。

参 考 文 献

[1] Gerry C C, Knight P. Introductory Quantum Optics. Cambridge: Cambridge University Press, 2005.

[2] Scully M O, Zubairy M S. Quantum Optics. Cambridge: Cambridge University Press, 1997.

[3] Meystre P, Sargent Ⅲ M. Elements of Quantum Optics. 4th ed. Berlin: Springer, 2007.

[4] Walls D F, Milburn G J. Quantum Optics. 2nd ed. Berlin: Springer, 2008.

[5] Loudon R. The Quantum Theory of Light. 3rd ed. Oxford: Oxford University Press, 2000.

[6] Mandel L, Wolf E. Optical Coherent and Quantum Optics. Cambridge: Cambridge University Press, 1995.

[7] Haus H A. Electromagnetic Noise and Quantum Optical Measurements. 2nd ed. Berlin: Springer, 2011.

[8] Susskind L, Glogower J. Quantum mechanical phase and time operator. Physics, 1964, 1: 49-61.

[9] Pegg D T, Barnett S M. Phase properties of the quantized single-mode electromagnetic field. Physical Review A, 1989, 39(4): 1665-1675.

[10] Barnett S M, Pegg D T. On the hermitian optical phase operator. Journal of Modern Optics, 1989, 36(1): 7-19.

[11] Glauber R J. The quantum theory of optical coherence. Physical Review, 1963, 130(6): 2529-2539.

[12] Glauber R J. Coherent and incoherent states of the radiation field. Physical Review, 1963, 131(6): 2766-2788.
[13] 郭光灿. 量子光学. 北京: 高等教育出版社, 1990.
[14] 郭光灿, 周祥发. 量子光学. 北京: 科学出版社, 2022.
[15] 张智明. 量子光学. 北京: 科学出版社, 2015.
[16] 彭金生, 李高翔. 近代量子光学导论. 北京: 科学出版社, 1996.
[17] 李福利. 高等激光物理学. 2 版. 北京: 高等教育出版社, 2006.
[18] 林强, 叶兴浩. 现代光学基础与前沿. 北京: 科学出版社, 2010.
[19] 谭维翰. 量子光学导论. 2 版. 北京: 科学出版社, 2012.

第 3 章　相干态表象及其准概率分布函数

相干态是量子理论的自然语言，它和数态都是刻画光场状态的两种基矢。第 2 章提到，相干态既是一种最接近经典极限的量子态，又是具有重要量子特征的量子态。不同本征值的相干态不具备正交性和超完备性，利用相干态可以构成连续的相干态表象，从而可将希尔伯特空间中的任意态矢和算符在相干态表象中展开，这为人们提供了一种将量子理论的算符运算过渡到普通函数积分运算的有效方法，在物理学的几乎所有相关领域均具有重要应用[1-16]。本章将讨论相干态表象及其准概率分布函数。

首先从单模相干态的定义出发，推导出坐标表象中的波函数和相干态的时间演化；然后分析相干态的非正交性和超完备性，从而可对希尔伯特空间中的任意态矢量和算符按相干态表象展开；最后详细讨论相干态表象中的三种准概率分布函数($P(\alpha)$ 函数、$Q(\alpha)$ 函数和 Wigner 函数)及其相应的特征函数，导出各种实用的运算公式。

3.1　坐标表象中的相干态和相干态的时间演化

前面求出了光子数态中的相干态形式，现在讨论坐标表象中的相干态波函数形式。对谐振子而言，有

$$\hat{a}=\frac{1}{\sqrt{2m\omega\hbar}}(m\omega\hat{q}+\mathrm{i}\hat{p}) \tag{3.1.1}$$

根据相干态定义，可得

$$\hat{a}|\alpha\rangle=\frac{1}{\sqrt{2m\omega\hbar}}(m\omega\hat{q}+\mathrm{i}\hat{p})|\alpha\rangle=\alpha|\alpha\rangle \tag{3.1.2}$$

在坐标表象完备基矢 $\{|q\rangle\}$ 下，用左矢 $\langle q|$ 左乘式(3.1.2)两边可得

$$\langle q|\left(m\omega q+\hbar\frac{\mathrm{d}}{\mathrm{d}q}\right)|\alpha\rangle=\sqrt{2m\omega\hbar}\,\alpha\langle q|\alpha\rangle \tag{3.1.3}$$

或

$$\frac{\mathrm{d}\langle q|\alpha\rangle}{\langle q|\alpha\rangle}=\left(\sqrt{\frac{2m\omega}{\hbar}}\alpha-\frac{m\omega}{\hbar}q\right)\mathrm{d}q \tag{3.1.4}$$

积分后可得

$$\langle q|\alpha\rangle = N\exp\left(-\frac{m\omega}{2\hbar}q^2+\sqrt{\frac{2m\omega}{\hbar}}\alpha q\right) \tag{3.1.5}$$

式中，N为归一化积分常数。

由归一化条件

$$\int_{-\infty}^{\infty}|\langle q\,|\,\alpha\rangle|^2\mathrm{d}q=1 \tag{3.1.6}$$

并利用积分公式$\int_{-\infty}^{\infty}\mathrm{e}^{-a^2z^2+bz}\mathrm{d}z=\frac{\sqrt{\pi}}{a}\mathrm{e}^{b^2/(4a^2)}$，可得

$$N=\left(\frac{m\omega}{\pi\hbar}\right)^{1/4}\exp\left[-\frac{1}{4}(\alpha+\alpha^*)^2+\mathrm{i}\varphi'\right] \tag{3.1.7}$$

式中，φ'为任意实相位，一般情况下取$\varphi'=0$。

于是，有

$$\begin{aligned}\langle q|\alpha\rangle &= \left(\frac{m\omega}{\pi\hbar}\right)^{1/4}\mathrm{e}^{\mathrm{i}\varphi'}\exp\left[-\frac{m\omega}{2\hbar}q^2+\sqrt{\frac{2m\omega}{\hbar}}\alpha q-\frac{1}{4}(\alpha+\alpha^*)^2\right]\\ &=\left(\frac{m\omega}{\pi\hbar}\right)^{1/4}\mathrm{e}^{\mathrm{i}\varphi'}\exp\left[-\frac{m\omega(q-\overline{q})^2}{2\hbar}+\mathrm{i}\frac{\overline{p}}{\hbar}q\right]\end{aligned} \tag{3.1.8}$$

式中，$\overline{q}=\sqrt{\frac{\hbar}{2m\omega}}(\alpha^*+\alpha)=\sqrt{\frac{2\hbar}{m\omega}}|\alpha|\cos\varphi$；$\overline{p}=\mathrm{i}\sqrt{\frac{m\hbar\omega}{2}}(\alpha^*-\alpha)=\sqrt{2m\hbar\omega}|\alpha|\sin\varphi$；$\alpha=|\alpha|\mathrm{e}^{\mathrm{i}\varphi}$。

若选取相位φ'使得N满足

$$N=\left(\frac{m\omega}{\pi\hbar}\right)^{1/4}\exp\left[-\frac{1}{2}(\alpha^2+|\alpha|^2)\right] \tag{3.1.9}$$

则坐标表象中的相干态波函数可表示为

$$\begin{aligned}\langle q|\alpha\rangle &= \left(\frac{m\omega}{\pi\hbar}\right)^{1/4}\exp\left(-\frac{m\omega}{2\hbar}q^2+\sqrt{\frac{2m\omega}{\hbar}}\alpha q-\frac{1}{2}|\alpha|^2-\frac{1}{2}\alpha^2\right)\\ &=\left(\frac{m\omega}{\pi\hbar}\right)^{1/4}\exp\left[-\left(\sqrt{\frac{m\omega}{2\hbar}}q-\alpha\right)^2+\frac{1}{2}(\alpha^2-|\alpha|^2)\right]\end{aligned} \tag{3.1.10}$$

于是，形如式(3.1.8)的相干态的概率分布呈现高斯型谱分布，即

$$P(q)=|\langle q|\alpha\rangle|^2=\frac{1}{\sqrt{2\pi}\,\Delta q}\exp\left[-\frac{(q-\overline{q})^2}{2(\Delta q)^2}\right] \tag{3.1.11}$$

式中，$\Delta q=\sqrt{\frac{\hbar}{2m\omega}}$。

相干态在随时间演化时，其波包的中心在谐振子势阱中来回振荡，而波包形状保持不变，即相干态中的相干体现在时间演化过程中，相干态波包形状聚而不散。这种行为与经典谐振子非常类似，这也是相干态被称为最接近经典态的原因。

现在考虑相干态的时间演化。对于初始处于相干态的单模光场，系统的哈密顿量为

$$\hat{H}=\hbar\omega\left(\hat{a}^{\dagger}\hat{a}+\frac{1}{2}\right) \tag{3.1.12}$$

根据薛定谔方程

$$\mathrm{i}\hbar\frac{\partial|\alpha(t)\rangle}{\partial t}=\hat{H}|\alpha(t)\rangle \tag{3.1.13}$$

可以求出相干态随时间的演化为

$$\begin{aligned}|\alpha(t)\rangle&=\exp(-\mathrm{i}\hat{H}t/\hbar)|\alpha\rangle=\mathrm{e}^{-\mathrm{i}\omega t/2}\mathrm{e}^{-\mathrm{i}\omega nt}|\alpha\rangle\\&=\mathrm{e}^{-\mathrm{i}\omega t/2}\left|\alpha\mathrm{e}^{-\mathrm{i}\omega t}\right\rangle\end{aligned} \tag{3.1.14}$$

可见，初始为相干态的光场，在自由光场的演化下仍然保持相干态，其复振幅在相平面上的时间轨迹是一个圆。将式(3.1.14)代入式(3.1.8)，可得相干态相应的时间演化波函数为

$$\langle q|\alpha(t)\rangle=\left(\frac{m\omega}{\pi\hbar}\right)^{1/4}\exp\left[-\frac{m\omega}{2\hbar}(q-q_0)^2+\mathrm{i}\frac{p_0}{\hbar}q\right] \tag{3.1.15}$$

式中，$q_0=\sqrt{\frac{2\hbar}{m\omega}}|\alpha|\cos(\varphi-\omega t)$；$p_0=\sqrt{2m\hbar\omega}|\alpha|\sin(\varphi-\omega t)$。其高斯型形状仍然未随时间变化，满足

$$P(q)=\frac{1}{\sqrt{2\pi}\Delta q}\exp\left[-\frac{(q-q_0)^2}{2(\Delta q)^2}\right] \tag{3.1.16}$$

同理，还可推导出动量表象中相干态的态矢量为

$$\begin{aligned}\langle p|\alpha\rangle&=\left(\frac{1}{\pi m\omega\hbar}\right)^{1/4}\mathrm{e}^{\mathrm{i}\varphi'}\exp\left[-\frac{1}{2m\omega\hbar}p^2-\mathrm{i}\sqrt{\frac{2}{m\omega\hbar}}\alpha p+\frac{1}{4}(\alpha-\alpha^*)^2\right]\\&=\frac{1}{[2\pi(\Delta p)^2]^{1/4}}\mathrm{e}^{\mathrm{i}\varphi'}\exp\left[-\frac{(p-\overline{p})^2}{4(\Delta p)^2}-\mathrm{i}\frac{\overline{q}}{\hbar}p\right]\end{aligned} \tag{3.1.17}$$

若选取合适相位φ'，则在动量表象中的态矢量还可表示为

$$\langle p|\alpha\rangle=\left(\frac{1}{\pi m\omega\hbar}\right)^{1/4}\exp\left(-\frac{1}{2m\omega\hbar}p^2-\mathrm{i}\sqrt{\frac{2}{m\omega\hbar}}\alpha p-\frac{|\alpha|^2}{2}+\frac{\alpha^2}{2}\right) \tag{3.1.18}$$

在动量空间中，相干态(3.1.17)的概率分布仍为高斯分布，即

$$|\langle p|\alpha\rangle|^2=\frac{1}{\sqrt{2\pi}\,\Delta p}\exp\left[-\frac{(p-\overline{p})^2}{2(\Delta p)^2}\right] \tag{3.1.19}$$

式中，$\Delta p=\sqrt{m\omega\hbar/2}$ 。

3.2　相干态表象

3.2.1　不同的相干态不具备正交性

对于两个不同的相干态 $|\alpha\rangle$ 和 $|\beta\rangle$ ，由相干态(2.5.6)及其共轭式可得

$$\begin{aligned}\langle\beta|\alpha\rangle&=\exp\left[-\frac{1}{2}(|\alpha|^2+|\beta|^2)\right]\sum_{m=0}^{\infty}\sum_{n=0}^{\infty}\frac{(\beta^*)^m}{\sqrt{m!}}\frac{\alpha^n}{\sqrt{n!}}\langle m|n\rangle\\&=\exp\left[-\frac{1}{2}(|\alpha|^2+|\beta|^2)\right]\sum_{n=0}^{\infty}\frac{(\beta^*\alpha)^n}{n!}\\&=\exp\left[-\frac{1}{2}(|\alpha|^2+|\beta|^2)+\beta^*\alpha\right]\end{aligned} \tag{3.2.1}$$

则

$$\begin{aligned}|\langle\beta|\alpha\rangle|^2&=\exp[-(|\alpha|^2+|\beta|^2)+\beta^*\alpha+\alpha^*\beta]\\&=\exp(-|\alpha-\beta|^2)\neq 0\end{aligned} \tag{3.2.2}$$

可见，不同本征值的相干态不具有正交性。相干态的非正交性(3.2.1)具有非常重要而广泛的应用。只有当$|\alpha-\beta|\gg 1$时，$|\langle\beta|\alpha\rangle|\to 0$ ，两相干态才趋于正交。

3.2.2　相干态的完备性关系

尽管两个不同的相干态非正交，但相干态构成了一个希尔伯特空间的完备集(或超完备的希尔伯特空间)，从而构成一个表象或函数基。

相干态的完备性关系为

$$\frac{1}{\pi}\int|\alpha\rangle\langle\alpha|\mathrm{d}^2\alpha=\hat{I} \tag{3.2.3}$$

式中，α 为复数，积分遍及整个二维复平面；$\hat{I}$ 为单位算符。

证明　因为 α 是复数，设 $\alpha=|\alpha|\mathrm{e}^{\mathrm{i}\theta}=r\mathrm{e}^{\mathrm{i}\theta}$ ，$\mathrm{d}^2\alpha=\mathrm{d}\,\mathrm{Re}(\alpha)\mathrm{d}\,\mathrm{Im}(\alpha)=r\mathrm{d}r\mathrm{d}\theta$ ，则

$$\frac{1}{\pi}\int|\alpha\rangle\langle\alpha|\mathrm{d}^2\alpha=\frac{1}{\pi}\int_0^{\infty}r\mathrm{d}r\int_0^{2\pi}\mathrm{d}\theta\,\mathrm{e}^{-|\alpha|^2}\sum_{m,n}\frac{\alpha^m(\alpha^*)^n}{\sqrt{m!n!}}|m\rangle\langle n|$$

$$
\begin{aligned}
&=\frac{1}{\pi}\sum_{m,n}\frac{|m\rangle\langle n|}{\sqrt{m!n!}}\int_0^{\infty}\mathrm{e}^{-r^2}r^{m+n+1}\mathrm{d}r\int_0^{2\pi}\mathrm{e}^{\mathrm{i}(m-n)\theta}\mathrm{d}\theta\\
&=\sum_{n}\frac{|n\rangle\langle n|}{\sqrt{n!n!}}\int_0^{\infty}\mathrm{e}^{-r^2}r^{2n}\mathrm{d}r^2\\
&=\sum_{n}\frac{|n\rangle\langle n|}{n!}\int_0^{\infty}\mathrm{e}^{-y}y^n\mathrm{d}y\\
&=\sum_{n}|n\rangle\langle n|=\hat{I}
\end{aligned}
$$

其中用到积分公式$\int_0^{2\pi}\mathrm{e}^{\mathrm{i}(m-n)\theta}\mathrm{d}\theta=2\pi\delta_{mn}$；$\int_0^{\infty}\mathrm{e}^{-y}y^n\mathrm{d}y=n!$。

由于相干态满足

$$\int|\alpha\rangle\langle\alpha|\mathrm{d}^2\alpha=\pi>1 \tag{3.2.4}$$

所以说相干态具有超完备性。利用相干态的完备性关系，可以在相干态表象中展开希尔伯特空间中的任意态矢量和算符，并且该展开并不唯一。

3.2.3　态矢量和算符在相干态表象中的展开

利用相干态的完备性关系式(3.2.3)，可以将任意态矢量和算符在相干态表象中展开[1-6, 10-14]。

1. 态矢量在相干态表象中的展开

对于态矢量$|\psi\rangle$，其在相干态表象展开为

$$|\psi\rangle=\int\frac{\mathrm{d}^2\alpha}{\pi}|\alpha\rangle\langle\alpha|\psi\rangle \tag{3.2.5}$$

若态矢量$|\psi\rangle$自身是相干态$|\beta\rangle$，则有

$$
\begin{aligned}
|\beta\rangle&=\int\frac{\mathrm{d}^2\alpha}{\pi}|\alpha\rangle\langle\alpha|\beta\rangle\\
&=\int\frac{\mathrm{d}^2\alpha}{\pi}|\alpha\rangle\exp\left[-\frac{1}{2}(|\alpha|^2+|\beta|^2)+\alpha^*\beta\right]
\end{aligned}
\tag{3.2.6}
$$

这说明相干态不是线性独立的，相干态可向所有的相干态完备基展开，且该展开并不唯一。$|\alpha\rangle$和$|\psi\rangle$都可在光子数表象中展开为

$$|\alpha\rangle=\mathrm{e}^{-|\alpha|^2/2}\sum_{n=0}^{\infty}\frac{\alpha^n}{\sqrt{n!}}|n\rangle \tag{3.2.7}$$

$$|\psi\rangle=\sum_{m=0}^{\infty}|m\rangle\langle m|\psi\rangle=\sum_{m=0}^{\infty}\psi_m|m\rangle \tag{3.2.8}$$

式中，$\psi_m=\langle m|\psi\rangle$为$|\psi\rangle$按数态$|m\rangle$的展开系数。

将式(3.2.7)和式(3.2.8)代入式(3.2.5)可得

$$
\begin{aligned}
|\psi\rangle &= \frac{1}{\pi}\int|\alpha\rangle\sum_{m=0}^{\infty}\sum_{n=0}^{\infty}\mathrm{e}^{-\frac{1}{2}|\alpha|^2}\frac{(\alpha^*)^n}{\sqrt{n!}}\langle n|m\rangle\psi_m\mathrm{d}^2\alpha \\
&= \frac{1}{\pi}\int|\alpha\rangle\sum_{n=0}^{\infty}\mathrm{e}^{-\frac{1}{2}|\alpha|^2}\frac{(\alpha^*)^n}{\sqrt{n!}}\psi_n\mathrm{d}^2\alpha \\
&= \frac{1}{\pi}\int|\alpha\rangle\mathrm{e}^{-\frac{1}{2}|\alpha|^2}\psi(\alpha^*)\mathrm{d}^2\alpha
\end{aligned}
\tag{3.2.9}
$$

式中

$$
\psi(\alpha^*) = \sum_{n=0}^{\infty}\frac{(\alpha^*)^n}{\sqrt{n!}}\langle n|\psi\rangle \tag{3.2.10}
$$

若$|\psi\rangle$是光子数态，$|\psi\rangle=|n\rangle$，则有

$$
\psi_n(\alpha^*) = \frac{(\alpha^*)^n}{\sqrt{n!}} \tag{3.2.11}
$$

于是，式(3.2.9)可简化为

$$
|n\rangle = \frac{1}{\pi}\int\mathrm{e}^{-\frac{1}{2}|\alpha|^2}\frac{(\alpha^*)^n}{\sqrt{n!}}|\alpha\rangle\mathrm{d}^2\alpha \tag{3.2.12}
$$

2. 算符在相干态表象中的展开

设算符$\hat{F}$是$\hat{a}$和$\hat{a}^\dagger$的函数，$\hat{F}=\hat{F}(\hat{a}^\dagger,\hat{a})$。在数态下，算符$\hat{F}$可展开为

$$
\hat{F} = \sum_m\sum_n|m\rangle\langle m|\hat{F}|n\rangle\langle n| = \sum_m\sum_n|m\rangle F_{mn}\langle n| \tag{3.2.13}
$$

式中，$F_{mn}=\langle m|\hat{F}|n\rangle$。

利用相干态的完备性关系，算符$\hat{F}$在相干态表象中可展开为

$$
\hat{F} = \frac{1}{\pi^2}\int\mathrm{d}^2\beta\int\mathrm{d}^2\alpha|\beta\rangle\langle\beta|\hat{F}|\alpha\rangle\langle\alpha| \tag{3.2.14}
$$

式中

$$
\langle\beta|\hat{F}|\alpha\rangle = \sum_m\sum_n F_{mn}\langle\beta|m\rangle\langle n|\alpha\rangle = \mathrm{e}^{-(|\beta|^2+|\alpha|^2)/2}F(\beta^*,\alpha) \tag{3.2.15}
$$

$$
F(\beta^*,\alpha) = \sum_m\sum_n F_{mn}\frac{(\beta^*)^m\alpha^n}{\sqrt{m!n!}} \tag{3.2.16}
$$

因此

$$
\hat{F} = \frac{1}{\pi^2}\int\mathrm{d}^2\beta\int\mathrm{d}^2\alpha\exp\left[-\frac{1}{2}(|\beta|^2+|\alpha|^2)\right]F(\beta^*,\alpha)|\beta\rangle\langle\alpha| \tag{3.2.17}
$$

现在假设算符$\hat{F}$是厄米算符，其本征态为$|\lambda\rangle$，则有

$$\hat{F}=\sum_{\lambda}\lambda|\lambda\rangle\langle\lambda| \tag{3.2.18}$$

于是

$$\langle m|\hat{F}|n\rangle=\sum_{\lambda}\lambda\langle m|\lambda\rangle\langle\lambda|n\rangle \tag{3.2.19}$$

但是

$$\left|\langle m|\hat{F}|n\rangle\right|\leqslant\sum_{\lambda}\lambda\left|\langle m|\lambda\rangle\langle\lambda|n\rangle\right|\leqslant\sum_{\lambda}\lambda=\mathrm{Tr}(\hat{F}) \tag{3.2.20}$$

这说明$\left|\langle m|\hat{F}|n\rangle\right|$有上限，函数$F(\beta^*,\alpha)$是$\beta^*$和$\alpha$的整函数。

算符$\hat{F}$在相干态表象中的对角元完全由其算符自身确定。由式(3.2.15)和式(3.2.16)可知

$$\langle\alpha|\hat{F}|\alpha\rangle\mathrm{e}^{\alpha^*\alpha}=\sum_{m}\sum_{n}\frac{(\alpha^*)^m\alpha^n}{\sqrt{m!n!}}\langle m|\hat{F}|n\rangle \tag{3.2.21}$$

若把α和α^*当成独立变量，则有

$$\langle m|\hat{F}|n\rangle=\frac{1}{\sqrt{m!n!}}\left[\frac{\partial^{n+m}(\langle\alpha|\hat{F}|\alpha\rangle\mathrm{e}^{\alpha^*\alpha})}{\partial\alpha^{*m}\partial\alpha^n}\right]\Bigg|_{\substack{\alpha^*=0\\ \alpha=0}} \tag{3.2.22}$$

因此，从相干态基下算符$\hat{F}$的对角矩阵元能获得算符在数态基下的所有矩阵元。

3.3　相干态表象中的各种准概率分布函数

相干态是非厄米湮没算符的本征态，由相干态的集合构成的表象是非正交和超完备的，相干态的这些性质显然与由厄米算符本征态构成的正交完备的希尔伯特空间不同。相干态表象属于连续变量表象，将密度算符用相干态表象展开，引入准概率分布(quasi-probability distribution，QPD)函数，可以将量子理论中力学量期望值的积分变换为普通的c-数函数的积分，把量子光学中的算符方程变换为准概率分布函数的微分方程，可大大简化其运算，利用准概率分布函数还可以很好地表征和区分不同性质的量子态，研究和讨论经典-量子的对应[1-16]。

光场量子态的准概率分布函数是指其光场量子态或密度算符在相干态$|\alpha\rangle$表象中的表示，即在光场相空间中的表示。相空间是指复数α空间。准概率分布函数是量子相空间理论中最重要的组成部分，既是量子相空间的基础理论，又是实际应用中的最主要工具之一。

在相干态表象中，有三种常见的准概率分布函数：$P(\alpha)$函数、$Q(\alpha)$函数和

Wigner 函数，也称为密度算符的三种不同相空间表示(P- 表示、Q- 表示和 W- 表示)，它们分别对应正规序排列算符、反正规序排列算符和对称序排列算符。对于由 $\hat{a}^\dagger$ 的 m 次幂和 $\hat{a}$ 的 n 次幂的乘积构成的算符，正规序排列算符是指所有的光子产生算符 $\hat{a}^\dagger$ 均排列在湮没算符 $\hat{a}$ 的左边，即形如 $(\hat{a}^\dagger)^m\hat{a}^n$ 形式；反正规序排列算符是所有产生算符 $\hat{a}^\dagger$ 均排列在湮没算符 $\hat{a}$ 的右边，即形如 $\hat{a}^n(\hat{a}^\dagger)^m$ 形式。

3.3.1　$P(\alpha)$ 函数

在光子数态表象中，光场密度算符 $\hat{\rho}$ 可展开为

$$\hat{\rho}=\sum_m\sum_n|m\rangle\langle m|\hat{\rho}|n\rangle\langle n|=\sum_m\sum_n\rho_{mn}|m\rangle\langle n| \tag{3.3.1}$$

式中，$\rho_{mn}=\langle m|\hat{\rho}|n\rangle$。其对角元 $P_n=\rho_{nn}$ 就是光场中出现 n 个光子的概率。

利用相干态的完备性关系，可将光场密度算符 $\hat{\rho}$ 在相干态表象展开为

$$\begin{aligned}\hat{\rho}&=\frac{1}{\pi}\int\mathrm{d}^2\alpha|\alpha\rangle\langle\alpha|\hat{\rho}\frac{1}{\pi}\int\mathrm{d}^2\beta|\beta\rangle\langle\beta|\\&=\frac{1}{\pi^2}\iint\mathrm{d}^2\alpha\mathrm{d}^2\beta|\alpha\rangle\langle\beta|\langle\alpha|\hat{\rho}|\beta\rangle\end{aligned} \tag{3.3.2}$$

$$\begin{aligned}\langle\alpha|\hat{\rho}|\beta\rangle&=\sum_m\sum_n\langle\alpha|m\rangle\langle m|\hat{\rho}|n\rangle\langle n|\beta\rangle\\&=\sum_m\sum_n\rho_{mn}\frac{(\alpha^*)^m\beta^n}{\sqrt{m!n!}}\mathrm{e}^{-(|\beta|^2+|\alpha|^2)/2}\\&=R(\alpha^*,\beta)\mathrm{e}^{-(|\beta|^2+|\alpha|^2)/2}\end{aligned} \tag{3.3.3}$$

$$R(\alpha^*,\beta)=\sum_m\sum_n\rho_{mn}\frac{(\alpha^*)^m\beta^n}{\sqrt{m!n!}} \tag{3.3.4}$$

于是式(3.3.2)可表示为

$$\hat{\rho}=\frac{1}{\pi^2}\iint\mathrm{d}^2\alpha\mathrm{d}^2\beta R(\alpha^*,\beta)\mathrm{e}^{-(|\beta|^2+|\alpha|^2)/2}|\alpha\rangle\langle\beta| \tag{3.3.5}$$

上述密度算符 $\hat{\rho}$ 的表达式是最常见的形式，可用来表征任意光场量子态。但在实际应用中，密度算符 $\hat{\rho}$ 常按光场相干态表象的对角项 $|\alpha\rangle\langle\alpha|$ 展开，而不按 $|\alpha\rangle\langle\beta|$ 展开，即

$$\hat{\rho}=\int P(\alpha)|\alpha\rangle\langle\alpha|\mathrm{d}^2\alpha \tag{3.3.6}$$

式中，$P(\alpha)$ 为一种权重函数，常称为 P- 表示或格劳伯-苏达善(Glauber-Sudarshan) P-表示。

本质上，P- 表示把一个光场的密度算符 $\hat{\rho}$ 表示为光场相干态密度算符 $|\alpha\rangle\langle\alpha|$ 的统计叠加，而 $P(\alpha)$ 起到分布权重函数的作用。由于 $\hat{\rho}$ 是厄米算符，$P(\alpha)$ 必然为实函数。

$P(\alpha)$ 函数满足归一化条件，即

$$\begin{aligned}\mathrm{Tr}(\hat{\boldsymbol{\rho}}) &= \mathrm{Tr}\left(\int P(\alpha)|\alpha\rangle\langle\alpha|\mathrm{d}^2\alpha\right) = \int\sum_n P(\alpha)\langle n|\alpha\rangle\langle\alpha|n\rangle\mathrm{d}^2\alpha \\ &= \int P(\alpha)\sum_n\langle\alpha|n\rangle\langle n|\alpha\rangle\mathrm{d}^2\alpha \\ &= \int P(\alpha)\langle\alpha|\alpha\rangle\mathrm{d}^2\alpha = \int P(\alpha)\mathrm{d}^2\alpha = 1\end{aligned}\tag{3.3.7}$$

从 $P(\alpha)$ 满足归一化条件来看，$P(\alpha)$ 函数具有概率密度性质，类似于经典统计力学中的概率分布函数。对于相空间中的一些光场量子态，其 $P(\alpha)$ 函数可出现负值或者奇异性，因此 $P(\alpha)$ 函数称为准概率分布函数。通常把 $P(\alpha)$ 函数具有负值或者非常奇异的量子态称为非经典态，这与统计力学中的概率分布函数值总是不小于零不同。

1. $P(\alpha)$ 函数的定义

怎样从一个光场量子态的密度算符 $\hat{\boldsymbol{\rho}}$ 计算准概率分布函数 $P(\alpha)$，通常有两种方法。

方法 3.3.1　根据算符的 δ 函数定义来计算。

根据正规序排列算符的 δ 函数的定义

$$\delta(\alpha^* - \hat{a}^\dagger)\delta(\alpha - \hat{a}) = \frac{1}{\pi^2}\int \mathrm{e}^{-\beta(\alpha^* - \hat{a}^\dagger)}\mathrm{e}^{\beta^*(\alpha - \hat{a})}\,\mathrm{d}^2\beta \tag{3.3.8}$$

及其性质

$$(\hat{a}^\dagger)^m\hat{a}^n = \int(\alpha^*)^m\alpha^n\,\delta(\alpha^* - \hat{a}^\dagger)\delta(\alpha - \hat{a})\mathrm{d}^2\alpha \tag{3.3.9}$$

对于具有下列形式的正规序排列算符：

$$\hat{F}_N(\hat{a}^\dagger, \hat{a}) = \sum_{m,n}C_{mn}\hat{a}^{\dagger m}\hat{a}^n \tag{3.3.10}$$

其期望值可表示为

$$\begin{aligned}\langle\hat{F}_N(\hat{a}^\dagger, \hat{a})\rangle &= \mathrm{Tr}\left(\sum_{m,n}C_{mn}\,\hat{a}^{\dagger m}\,\hat{a}^n\,\hat{\boldsymbol{\rho}}\right) \\ &= \mathrm{Tr}\left\{\sum_{m,n}C_{mn}\int\mathrm{d}^2\alpha\,[\alpha^{*m}\alpha^n\,\delta(\alpha^* - \hat{a}^\dagger)\delta(\alpha - \hat{a})\hat{\boldsymbol{\rho}}]\right\} \\ &= \int\mathrm{d}^2\alpha\sum_{m,n}C_{mn}\,\alpha^{*m}\alpha^n\,\mathrm{Tr}[\delta(\alpha^* - \hat{a}^\dagger)\delta(\alpha - \hat{a})\hat{\boldsymbol{\rho}}] \\ &= \int\mathrm{d}^2\alpha F_N(\alpha^*, \alpha)\mathrm{Tr}[\delta(\alpha^* - \hat{a}^\dagger)\delta(\alpha - \hat{a})\hat{\boldsymbol{\rho}}] \\ &= \int\mathrm{d}^2\alpha\,F_N(\alpha^*, \alpha)P(\alpha)\end{aligned}\tag{3.3.11}$$

式中

$$P(\alpha)=\mathrm{Tr}[\delta(\alpha^*-\hat{a}^\dagger)\delta(\alpha-\hat{a})\hat{\boldsymbol{\rho}}] \tag{3.3.12}$$

$$F_N(\alpha^*,\alpha)=\sum_{m,n}C_{mn}\alpha^{*m}\alpha^n \tag{3.3.13}$$

式(3.3.12)就是所求的准概率分布 $P(\alpha)$ 函数，而关系式(3.3.13)为式(3.3.10)中正规序排列算符 $\hat{F}_N(\hat{a}^\dagger,\hat{a})$ 的经典函数，它是先通过 $[\hat{a},\hat{a}^\dagger]=1$ 把所有算符转化为正规序排列算符，再将算符 $\hat{a}$ 和 $\hat{a}^\dagger$ 分别替换成复数 α 和 α^* 而得到的。

由式(3.3.11)可知，$P(\alpha)$ 函数可用于计算正规序排列算符 $\hat{F}_N(\hat{a}^\dagger,\hat{a})$ 的期望值，它是进行代换 $\hat{a}\to\alpha$ 、$\hat{a}^\dagger\to\alpha^*$ 并以 $P(\alpha)$ 函数为权重的平均值。

方法 3.3.2 通过傅里叶变换来计算。

对 $\hat{\boldsymbol{\rho}}=\int P(\alpha)|\alpha\rangle\langle\alpha|\mathrm{d}^2\alpha$ 两边进行相干态的左乘 $\langle -u|$ 和右乘 $|u\rangle$，可得

$$\begin{aligned}\langle -u|\hat{\boldsymbol{\rho}}|u\rangle&=\int P(\alpha)\langle -u|\alpha\rangle\langle\alpha|u\rangle\mathrm{d}^2\alpha\\&=\mathrm{e}^{-|u|^2}\int P(\alpha)\mathrm{e}^{-|\alpha|^2}\mathrm{e}^{\alpha^*u-\alpha u^*}\mathrm{d}^2\alpha\end{aligned} \tag{3.3.14}$$

令 $\alpha=\alpha_\mathrm{r}+\mathrm{i}\alpha_\mathrm{i}$ 、$u=u_\mathrm{r}+\mathrm{i}u_\mathrm{i}$，则 $\alpha^*u-\alpha u^*=2\mathrm{i}(u_\mathrm{r}\alpha_\mathrm{i}-\alpha_\mathrm{r}u_\mathrm{i})$，在复数空间的二维傅里叶变换为

$$g(u)=\int f(\alpha)\mathrm{e}^{\alpha^*u-\alpha u^*}\mathrm{d}^2\alpha \tag{3.3.15}$$

$$f(\alpha)=\frac{1}{\pi^2}\int g(u)\mathrm{e}^{u^*\alpha-u\alpha^*}\mathrm{d}^2u \tag{3.3.16}$$

式中

$$g(u)=\mathrm{e}^{|u|^2}\langle -u|\hat{\boldsymbol{\rho}}|u\rangle,\quad f(\alpha)=P(\alpha)\mathrm{e}^{-|\alpha|^2} \tag{3.3.17}$$

再利用式(3.3.16)，可得 $P(\alpha)$ 的表达式为

$$P(\alpha)=\frac{\mathrm{e}^{|\alpha|^2}}{\pi^2}\int\mathrm{e}^{|u|^2}\langle -u|\hat{\boldsymbol{\rho}}|u\rangle\mathrm{e}^{\alpha u^*-\alpha^*u}\mathrm{d}^2u \tag{3.3.18}$$

式中，$|u\rangle$ 为相干态；$\langle -u|$ 为相干态 $|-u\rangle$ 的左矢。要注意这个积分的收敛性，因为当 $u\to\infty$ 时，$\mathrm{e}^{|u|^2}\to\infty$ 。

若已知某光场量子态的密度算符 $\hat{\boldsymbol{\rho}}$，则利用式(3.3.12)或式(3.3.18)可求出该量子态的 $P(\alpha)$ 函数。

2. 不同光场量子态的 $P(\alpha)$ 函数计算

例 3.3.1 相干态光场的 $P(\alpha)$ 函数。

对于相干态 $|\beta\rangle$ 光场，其密度算符 $\hat{\boldsymbol{\rho}}=|\beta\rangle\langle\beta|$，将其代入式(3.3.12)可得

$$\begin{aligned}P(\alpha)&=\mathrm{Tr}[\delta(\alpha^*-\hat{a}^\dagger)\delta(\alpha-\hat{a})\hat{\boldsymbol{\rho}}]\\&=\mathrm{Tr}[\delta(\alpha^*-\hat{a}^\dagger)\delta(\alpha-\hat{a})|\beta\rangle\langle\beta|]\\&=\langle\beta|\delta(\alpha^*-\hat{a}^\dagger)\delta(\alpha-\hat{a})|\beta\rangle\\&=\delta(\alpha^*-\beta^*)\delta(\alpha-\beta)\\&=\delta^{(2)}(\alpha-\beta)\end{aligned}\tag{3.3.19}$$

因此相干态 $|\beta\rangle$ 的 $P(\alpha)$ 函数为复变量二维 $\delta^{(2)}(\alpha-\beta)$ 函数(详见附录Ⅱ)。

同样地，利用式(3.3.18)，也可得到相干态 $|\beta\rangle$ 下与式(3.3.19)相同的 $P(\alpha)$ 函数。

例 3.3.2　光子数态的 $P(\alpha)$ 函数。

对于光子数态 $|n\rangle$，其密度算符 $\hat{\boldsymbol{\rho}}=|n\rangle\langle n|$，则有

$$\langle -u|\hat{\boldsymbol{\rho}}|u\rangle=\langle -u|n\rangle\langle n|u\rangle=\mathrm{e}^{-|u|^2}\frac{(-u^*u)^n}{n!}\tag{3.3.20}$$

将其代入式(3.3.18)，可得

$$\begin{aligned}P(\alpha)&=\frac{\mathrm{e}^{|\alpha|^2}}{\pi^2 n!}\int(-u^*u)^n\mathrm{e}^{u^*\alpha-u\alpha^*}\mathrm{d}^2u\\&=\frac{\mathrm{e}^{|\alpha|^2}}{n!}\frac{\partial^{2n}}{\partial\alpha^n\partial\alpha^{*n}}\frac{1}{\pi^2}\int\mathrm{e}^{u^*\alpha-u\alpha^*}\mathrm{d}^2u\\&=\frac{\mathrm{e}^{|\alpha|^2}}{n!}\frac{\partial^{2n}}{\partial\alpha^n\partial\alpha^{*n}}\delta^{(2)}(\alpha)\end{aligned}\tag{3.3.21}$$

即数态的 $P(\alpha)$ 函数为二维 $\delta^{(2)}(\alpha)$ 函数的高阶导数，要比二维 $\delta^{(2)}(\alpha)$ 函数具有更强的奇异性。它只有在积分符号下才有意义，例如，对于函数 $F(\alpha,\alpha^*)$，有

$$\int F(\alpha,\alpha^*)\frac{\partial^{2n}}{\partial\alpha^n\partial\alpha^{*n}}\delta^{(2)}(\alpha)\mathrm{d}^2\alpha=\left[\frac{\partial^{2n}F(\alpha,\alpha^*)}{\partial\alpha^n\partial\alpha^{*n}}\right]\Bigg|_{\alpha^*=0,\alpha=0}\tag{3.3.22}$$

由于式(3.3.21)在 $n>0$ 时不存在 P-表示，因此光子数态是一种非经典态。

例 3.3.3　热光场态的 $P(\alpha)$ 函数。

对于单模热光场态，其密度算符为

$$\hat{\boldsymbol{\rho}}=\sum_n P_n|n\rangle\langle n|=\sum_n\frac{\overline{n}^n}{(\overline{n}+1)^{n+1}}|n\rangle\langle n|$$

将其代入式(3.3.18)，可得

$$P(\alpha)=\frac{1}{\pi\overline{n}}\mathrm{e}^{-|\alpha|^2/\overline{n}}\tag{3.3.23}$$

可见，单模热光场态的 $P(\alpha)$ 函数是以坐标原点为中心(平均值为零)、实部和虚部的方差均为 $\bar{n}/2$ 的高斯分布，完全具有统计物理中概率分布函数的性质(即非负性、有限性和归一性)。因此，从 $P(\alpha)$ 函数的性质来说，热光场态属于经典态。

3. $P(\alpha)$ 函数的用途

$P(\alpha)$ 函数既可用来计算关联函数和正规序排列算符的期望值，又可把一个光场的密度算符方程转化为 $P(\alpha)$ 函数的微分方程，将算符平均值简化为经典平均值进行计算，这使 $P(\alpha)$ 在量子光学中获得了广泛应用[1-16]。

例 3.3.4　对热光场态，试利用其 P- 表示，计算正规序排列算符 $(\hat{a}^\dagger\hat{a})^2$ 在热光场态下的期望值。

解　算符 $(\hat{a}^\dagger\hat{a})^2$ 的正规序排列形式为 $(\hat{a}^\dagger\hat{a})^2=\hat{a}^{\dagger 2}\hat{a}^2+\hat{a}^\dagger\hat{a}$ 。

令 $\alpha=x+\mathrm{i}y=r\mathrm{e}^{\mathrm{i}\theta}$ ，则 $\mathrm{d}^2\alpha=\mathrm{d}x\mathrm{d}y=r\mathrm{d}r\mathrm{d}\theta$ ，故有

$$\begin{aligned}\langle(\hat{a}^\dagger\hat{a})^2\rangle&=\mathrm{Tr}(\hat{a}^{\dagger 2}\hat{a}^2\hat{\boldsymbol{\rho}}+\hat{a}^\dagger\hat{a}\hat{\boldsymbol{\rho}})\\&=\int\mathrm{d}^2\alpha\frac{1}{\pi\bar{n}}\mathrm{e}^{-|\alpha|^2/\bar{n}}(\alpha^{*2}\alpha^2+\alpha^*\alpha)\\&=\frac{1}{\pi\bar{n}}\int_0^{2\pi}\mathrm{d}\theta\int_0^\infty\mathrm{e}^{-r^2/\bar{n}}(r^4+r^2)r\mathrm{d}r\\&=\frac{1}{\bar{n}}\int_0^\infty\mathrm{e}^{-r^2/\bar{n}}(r^4+r^2)\mathrm{d}r^2\\&=\frac{1}{\bar{n}}\int_0^\infty\mathrm{e}^{-x/\bar{n}}(x^2+x)\mathrm{d}x\\&=2\bar{n}^2+\bar{n}\end{aligned}$$

式中， $\bar{n}=\dfrac{1}{\mathrm{e}^{\hbar\omega/(k_\mathrm{B}T)}-1}$ 为热光场的平均光子数，计算中用到了积分公式 $\displaystyle\int_0^\infty x^n\mathrm{e}^{-bx}\mathrm{d}x=\frac{n!}{b^{n+1}}$ 。

3.3.2　$Q(\alpha)$ 函数

1. $Q(\alpha)$ 函数的定义

反正规序排列算符，是指所有的光子产生算符 $\hat{a}^\dagger$ 均排列在湮没算符 $\hat{a}$ 的右边，它具有下列算符的排列形式：

$$\hat{F}_A(\hat{a},\hat{a}^\dagger)=\sum_{m,n}C_{mn}^{(A)}\hat{a}^m\hat{a}^{\dagger n}\tag{3.3.24}$$

此时反正规序排列算符 $\hat{F}_A(\hat{a},\hat{a}^\dagger)$ 的期望值为

$$\begin{aligned}\langle\hat{F}_A(\hat{a},\hat{a}^\dagger)\rangle&=\mathrm{Tr}[\hat{F}_A(\hat{a},\hat{a}^\dagger)\hat{\boldsymbol{\rho}}]=\mathrm{Tr}\left[\sum_{m,n}C_{mn}^{(A)}\hat{a}^m(\hat{a}^\dagger)^n\hat{\boldsymbol{\rho}}\right]\\&=\sum_{m,n}C_{mn}^{(A)}\mathrm{Tr}\left[\frac{1}{\pi}\int\hat{a}^m|\alpha\rangle\langle\alpha|(\hat{a}^\dagger)^n\hat{\boldsymbol{\rho}}\,\mathrm{d}^2\alpha\right]\\&=\sum_{m,n}C_{mn}^{(A)}\frac{1}{\pi}\int\alpha^m(\alpha^*)^n\langle\alpha|\hat{\boldsymbol{\rho}}|\alpha\rangle\mathrm{d}^2\alpha\\&=\int Q(\alpha)F_A(\alpha,\alpha^*)\mathrm{d}^2\alpha\end{aligned}\tag{3.3.25}$$

式中，$F_A(\alpha,\alpha^*)$为反正规序排列算符(3.3.24)换算后的经典函数，其值为

$$F_A(\alpha,\alpha^*)=\sum_{m,n}C_{mn}^{(A)}\alpha^m(\alpha^*)^n\tag{3.3.26}$$

而

$$Q(\alpha)=\frac{1}{\pi}\langle\alpha|\hat{\boldsymbol{\rho}}|\alpha\rangle\tag{3.3.27}$$

通常称为$Q(\alpha)$函数或Q-表示，也称 Husimi 函数。显然，密度算符在相干态的期望值$\langle\alpha|\hat{\boldsymbol{\rho}}|\alpha\rangle$起着相空间概率分布的作用。

推导式(3.3.25)时，在第 2 行利用了完备性关系，即

$$\frac{1}{\pi}\int|\alpha\rangle\langle\alpha|\mathrm{d}^2\alpha=\hat{I}$$

显然$Q(\alpha)$函数与$P(\alpha)$函数不同，$Q(\alpha)$函数具有与经典统计力学中的概率分布函数完全相同的性质，即非负性、有限性及归一性。对于任意量子态，均有

$$\int Q(\alpha)\mathrm{d}^2\alpha=\frac{1}{\pi}\int\langle\alpha|\hat{\boldsymbol{\rho}}|\alpha\rangle\mathrm{d}^2\alpha=\mathrm{Tr}\left(\frac{1}{\pi}\int|\alpha\rangle\langle\alpha|\mathrm{d}^2\alpha\,\hat{\boldsymbol{\rho}}\right)=\mathrm{Tr}(\hat{\boldsymbol{\rho}})=1\tag{3.3.28}$$

将混合态密度算符

$$\hat{\boldsymbol{\rho}}=\sum_i p_i|\psi_i\rangle\langle\psi_i|,\quad\sum_i p_i=1\tag{3.3.29}$$

代入式(3.3.27)，可得

$$Q(\alpha)=\frac{1}{\pi}\sum_i p_i|\langle\psi_i|\alpha\rangle|^2\tag{3.3.30}$$

因$|\langle\psi_i|\alpha\rangle|^2\ll1$，故有

$$0\leqslant Q(\alpha)\leqslant\frac{1}{\pi}\tag{3.3.31}$$

将式(3.3.6)的$\hat{\boldsymbol{\rho}}$代入式(3.3.27)，可得$Q(\alpha)$函数与P-表示的关系为

$$Q(\alpha)=\frac{1}{\pi}\int P(\beta)\mathrm{e}^{-|\alpha-\beta|^2}\,\mathrm{d}^2\beta \tag{3.3.32}$$

同样地，反正规序排列算符中 $Q(\alpha)$ 函数的等价形式可以表示为

$$Q(\alpha)=\mathrm{Tr}[\hat{\boldsymbol{\rho}}\delta(\alpha-\hat{a})\delta(\alpha^*-\hat{a}^\dagger)] \tag{3.3.33}$$

式中

$$\delta(\alpha-\hat{a})\delta(\alpha^*-\hat{a}^\dagger)=\frac{1}{\pi^2}\int\exp[\beta^*(\alpha-\hat{a})]\exp[-\beta(\alpha^*-\hat{a}^\dagger)]\mathrm{d}^2\beta \tag{3.3.34}$$

为反正规序排列算符的 δ 函数。

2. $Q(\alpha)$ 函数的用途

$Q(\alpha)$ 函数可用于计算反正规序排列算符函数的期望值[1-16]。当根据式(3.3.25)计算反正规序排列算符 $\hat{F}_A(\hat{a},\hat{a}^\dagger)$ 的期望值时，需要求出光场的 $Q(\alpha)$ 函数以及该反正规序排列算符 $\hat{F}_A(\hat{a},\hat{a}^\dagger)$ 所对应的经典函数。算符的经典函数 $F_A(\alpha,\alpha^*)$ 是先通过 $[\hat{a},\hat{a}^\dagger]=1$ 把所有算符转化为反正规序排列算符，再将算符 $\hat{a}$ 和 $\hat{a}^\dagger$ 分别替换成复数 α 和 α^* 得到的。

下面讨论不同光场量子态的 $Q(\alpha)$ 函数及反正规序排列算符函数的期望值计算。

例 3.3.5 相干态的 $Q(\alpha)$ 函数。

对于相干态 $|\beta\rangle$，其密度算符 $\hat{\boldsymbol{\rho}}=|\beta\rangle\langle\beta|$，将其代入式(3.3.27)可得

$$Q(\alpha)=\frac{1}{\pi}\mathrm{e}^{-|\alpha-\beta|^2} \tag{3.3.35}$$

相干态 $|\beta\rangle$ 的 $Q(\alpha)$ 函数如图 3.3.1 所示，其中 $\beta=3+2\mathrm{i}$。

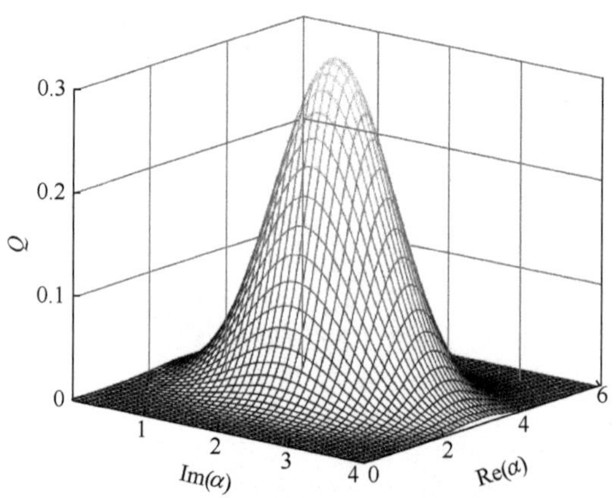

图 3.3.1 相干态 $|\beta\rangle$ 的 $Q(\alpha)$ 函数

例 3.3.6 根据光子数态 $|n\rangle$ 的 $Q(\alpha)$ 函数，试计算算符 $\hat{a}^\dagger\hat{a}$ 在光子数态 $|n\rangle$ 下的

期望值。

解　对于光子数态 $|n\rangle$，其密度算符 $\hat{\boldsymbol{\rho}}=|n\rangle\langle n|$，由式(3.3.27)可得

$$Q(\alpha)=\frac{\mathrm{e}^{-|\alpha|^2}}{\pi}\frac{|\alpha|^{2n}}{n!} \tag{3.3.36}$$

算符 $\hat{a}^\dagger\hat{a}$ 排列成反正规序的形式为 $\hat{a}^\dagger\hat{a}=\hat{a}\hat{a}^\dagger-1$。

$$\begin{aligned}\langle\hat{a}^\dagger\hat{a}\rangle&=\mathrm{Tr}[(\hat{a}\hat{a}^\dagger-1)\hat{\boldsymbol{\rho}}]=\int\mathrm{d}^2\alpha\frac{\mathrm{e}^{-|\alpha|^2}}{\pi}\frac{|\alpha|^{2n}}{n!}(\alpha\alpha^*-1)\\&=\frac{1}{\pi n!}\int_0^{2\pi}\mathrm{d}\theta\int_0^\infty\mathrm{e}^{-r^2}r^{2n}(r^2-1)r\,\mathrm{d}r\\&=\frac{1}{n!}\int_0^\infty\mathrm{e}^{-r^2}(r^{2(n+1)}-r^{2n})\mathrm{d}r^2\\&=\frac{1}{n!}\int_0^\infty\mathrm{e}^{-x}(x^{n+1}-x^n)\mathrm{d}x\\&=n\end{aligned}$$

例 3.3.7　试计算热光场态的 $Q(\alpha)$ 函数，并利用反正规序排列算符计算算符 $\hat{n}^2$ 在热光场态下的期望值。

解　对于单模热光场态，其密度算符 $\hat{\boldsymbol{\rho}}=\sum\limits_n\frac{\overline{n}^n}{(\overline{n}+1)^{n+1}}|n\rangle\langle n|$，将其代入式(3.3.27)可得

$$Q(\alpha)=\frac{1}{\pi(\overline{n}+1)}\mathrm{e}^{-|\alpha|^2/(\overline{n}+1)} \tag{3.3.37}$$

这是一个以坐标原点为中心、实部和虚部的方差均为 $(\overline{n}+1)/2$ 的高斯函数。图 3.3.2 表示平均光子数 $\overline{n}=6$ 的热光场态的 $Q(\alpha)$ 函数。

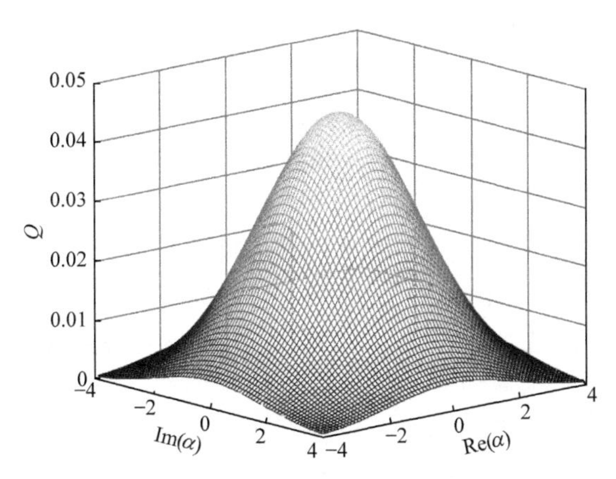

图 3.3.2　平均光子数 $\overline{n}=6$ 的热光场态的 $Q(\alpha)$ 函数

算符 $\hat{n}^2$ 的反正规序排列为 $(\hat{a}^\dagger\hat{a})^2=\hat{a}^2\hat{a}^{\dagger 2}-3\hat{a}\hat{a}^\dagger+1$。令复数 $\alpha=re^{i\theta}$，$d^2\alpha=r\,dr d\theta$，则算符 $\hat{n}^2$ 的期望值为

$$\begin{aligned}\langle\hat{n}^2\rangle&=\mathrm{Tr}(\hat{a}^2\hat{a}^{\dagger 2}\hat{\boldsymbol{\rho}}-3\hat{a}\hat{a}^\dagger\hat{\boldsymbol{\rho}}+\hat{\boldsymbol{\rho}})\\&=\int d^2\alpha\frac{1}{\pi(\bar{n}+1)}e^{-|\alpha|^2/(\bar{n}+1)}(\alpha^2\alpha^{*2}-3\alpha\alpha^*+1)\\&=\frac{1}{\pi(\bar{n}+1)}\int_0^{2\pi}d\theta\int_0^{\infty}e^{-r^2/(\bar{n}+1)}(r^4-3r^2+1)r\,dr\\&=\frac{1}{\bar{n}+1}\int_0^{\infty}e^{-r^2/(\bar{n}+1)}(r^4-3r^2+1)dr^2\\&=\frac{1}{\bar{n}+1}\int_0^{\infty}e^{-x/(\bar{n}+1)}(x^2-3x+1)dx\\&=2\bar{n}^2+\bar{n}\end{aligned}$$

式中，$\bar{n}=\dfrac{1}{e^{\hbar\omega/(k_B T)}-1}$ 为热光场的平均光子数，计算中用到了公式 $\int_0^{\infty}dx x^n e^{-bx}=\dfrac{n!}{b^{n+1}}$。

3.3.3 Wigner 函数

Wigner 函数，也称为 Wigner 分布函数或 W 函数，是由 1963 年的诺贝尔物理学奖得主维格纳于 1932 年为了对热力学体系做量子修正而首次引入相空间中的准概率分布函数，之后逐渐形成量子相空间理论，且广泛应用于物理学的各个分支，包括统计物理、核物理、原子与分子物理、量子光学以及量子混沌等。近年来，Wigner 函数越来越多地应用于量子光学、量子信息和量子计算领域，用以研究量子态层析、量子纠缠的保真度和叠加态的量子特性等。

Wigner 函数作为最常用的量子相空间分布函数，不仅是一种有效的计算工具，也是强有力的理论分析工具，对其进行研究具有实际意义。对于一些在坐标表象或动量表象中令人疑惑的问题，采用 Wigner 函数表示后，确实具有简单且物理内涵丰富的特点。

在量子力学中，由波函数或密度算符表示的量子态包含了体系的全部信息，而对量子态的测量大多采用测量与波函数或密度算符等价的 Wigner 函数。计算和测量量子态的 Wigner 函数对研究量子态的演化过程及量子态的操控具有重要意义。

1. Wigner 函数的定义

Wigner 函数是相空间中的一种准概率分布函数[1-5, 10-16]。在坐标与动量空间中，一维 Wigner 函数在坐标表象中积分时的定义为

$$
\begin{aligned}
W(q,p) &= \frac{1}{2\pi\hbar}\int_{-\infty}^{\infty}\left\langle q+\frac{1}{2}q'\right|\hat{\rho}\left|q-\frac{1}{2}q'\right\rangle \mathrm{e}^{\mathrm{i}pq'/\hbar}\mathrm{d}q' \\
&= \frac{1}{2\pi\hbar}\int_{-\infty}^{\infty}\left\langle q+\frac{1}{2}q'\middle|\psi\right\rangle\left\langle\psi\middle|q-\frac{1}{2}q'\right\rangle \mathrm{e}^{\mathrm{i}pq'/\hbar}\mathrm{d}q' \\
&= \frac{1}{2\pi\hbar}\int_{-\infty}^{\infty}\psi^{*}\left(q-\frac{1}{2}q'\right)\psi\left(q+\frac{1}{2}q'\right)\mathrm{e}^{\mathrm{i}pq'/\hbar}\mathrm{d}q' \\
&= \frac{1}{\pi\hbar}\int_{-\infty}^{\infty}\langle q+q'|\hat{\rho}|q-q'\rangle \mathrm{e}^{\mathrm{i}2pq'/\hbar}\mathrm{d}q'
\end{aligned} \tag{3.3.38}
$$

式中，$\left|q\pm\frac{1}{2}q'\right\rangle$为坐标算符的本征态矢量；$\psi\left(q+\frac{1}{2}q'\right)=\left\langle q+\frac{1}{2}q'\middle|\psi\right\rangle$为量子态$|\psi\rangle$在坐标表象中的波函数。

在动量表象中，$W(q,p)$的表示形式(见附录Ⅳ)为

$$
\begin{aligned}
W(q,p) &= \frac{1}{2\pi\hbar}\int_{-\infty}^{\infty}\left\langle p+\frac{1}{2}p'\right|\hat{\rho}\left|p-\frac{1}{2}p'\right\rangle \mathrm{e}^{-\mathrm{i}p'q/\hbar}\mathrm{d}p' \\
&= \frac{1}{2\pi\hbar}\int_{-\infty}^{\infty}\left\langle p+\frac{1}{2}p'\middle|\varphi\right\rangle\left\langle\varphi\middle|p-\frac{1}{2}p'\right\rangle \mathrm{e}^{-\mathrm{i}p'q/\hbar}\mathrm{d}p' \\
&= \frac{1}{2\pi\hbar}\int_{-\infty}^{\infty}\varphi^{*}\left(p-\frac{1}{2}p'\right)\varphi\left(p+\frac{1}{2}p'\right)\mathrm{e}^{-\mathrm{i}p'q/\hbar}\mathrm{d}p' \\
&= \frac{1}{\pi\hbar}\int_{-\infty}^{\infty}\langle p+p'|\hat{\rho}|p-p'\rangle \mathrm{e}^{-\mathrm{i}2p'q/\hbar}\mathrm{d}p'
\end{aligned} \tag{3.3.39}
$$

式中，$\varphi(p)$为量子态$|\psi\rangle$在动量表象中的态矢量，$\varphi(p)$与$\psi(q)$互为傅里叶变换，即

$$
\psi(q)=\frac{1}{\sqrt{2\pi\hbar}}\int_{-\infty}^{\infty}\varphi(p)\mathrm{e}^{\mathrm{i}pq/\hbar}\mathrm{d}p \tag{3.3.40}
$$

$$
\varphi(p)=\frac{1}{\sqrt{2\pi\hbar}}\int_{-\infty}^{\infty}\psi(q)\mathrm{e}^{-\mathrm{i}pq/\hbar}\mathrm{d}q \tag{3.3.41}
$$

2. Wigner 函数的性质

(1) $W(q,p)$是相空间中的实函数，即

$$
W^{*}(q,p)=W(q,p) \tag{3.3.42}
$$

这可在式(3.3.38)中令$q'=-q''$获证。

(2) $W(q,p)$具有准概率分布的含义，即

$$
\int_{-\infty}^{\infty}W(q,p)\mathrm{d}p=|\psi(q)|^{2} \tag{3.3.43}
$$

$$
\int_{-\infty}^{\infty}W(q,p)\mathrm{d}q=|\varphi(p)|^{2} \tag{3.3.44}
$$

将式(3.3.38)对动量积分，可得

$$\begin{aligned}\int_{-\infty}^{\infty} W(q,p)\mathrm{d}p &= \int_{-\infty}^{\infty}\mathrm{d}q'\psi^*\left(q-\frac{1}{2}q'\right)\psi\left(q+\frac{1}{2}q'\right)\frac{1}{2\pi\hbar}\int_{-\infty}^{\infty}\mathrm{e}^{\mathrm{i}pq'/\hbar}\mathrm{d}p \\ &= \int_{-\infty}^{\infty}\mathrm{d}q'\psi^*\left(q-\frac{1}{2}q'\right)\psi\left(q+\frac{1}{2}q'\right)\delta(q') \\ &= |\psi(q)|^2\end{aligned} \tag{3.3.45}$$

同样，对式(3.3.39)进行坐标q积分，则可证明式(3.3.44)。

(3) 由于$W(q,p)$既可取正值，也可取负值，所以它不是经典物理中粒子在同一时刻坐标和动量都确定的概率密度，这是违背不确定性原理的。然而可以证明，准经典态的$W(q,p)\geqslant 0$。

(4) Wigner 函数$W(q,p)$可用于计算算符$\hat{f}(\hat{q},\hat{p})$的期望值，即

$$\begin{aligned}\langle \hat{f}(\hat{q},\hat{p})\rangle &= \iint \mathrm{d}q\,\mathrm{d}p W(q,p)f(q,p) \\ &= \int \psi^*(q)f\left(q,-\mathrm{i}\hbar\frac{\partial}{\partial q}\right)\psi(q)\mathrm{d}q \\ &= \int \varphi^*(p)f\left(\mathrm{i}\hbar\frac{\partial}{\partial q},p\right)\varphi(p)\mathrm{d}p\end{aligned} \tag{3.3.46}$$

特别地，后面将要讨论的另一种 Wigner 函数形式$W(\alpha)$(即W-表示)可用于计算对称序排列算符或外尔(Weyl)序算符函数$\{\hat{F}(\hat{a}^\dagger,\hat{a})\}_S$的期望值，即

$$\langle\{\hat{F}(\hat{a}^\dagger,\hat{a})\}_S\rangle = \int \{F(\alpha^*,\alpha)\}_S W(\alpha^*,\alpha)\mathrm{d}^2\alpha \tag{3.3.47}$$

式中，$\{F(\alpha^*,\alpha)\}_S$为经典函数，可通过把算符$\{\hat{F}(\hat{a}^\dagger,\hat{a})\}_S$中的算符$\hat{a}^\dagger$、$\hat{a}$变换为实数得到。

由此可知，在量子态的 Wigner 函数$W(\alpha^*,\alpha)$确定后，将对称序排列算符$\{\hat{F}(\hat{a}^\dagger,\hat{a})\}_S$变换为经典函数$\{F(\alpha^*,\alpha)\}_S$，然后对式(3.3.47)进行积分，就可求得算符$\{\hat{F}(\hat{a}^\dagger,\hat{a})\}_S$在该量子态中的期望值。

若对称序排列算符$\{\hat{a}^\dagger\hat{a}\}_S$、$\{(\hat{a}^\dagger)^2\hat{a}\}_S$等的排列分别为

$$\{\hat{a}^\dagger\hat{a}\}_S = \frac{1}{2}(\hat{a}^\dagger\hat{a}+\hat{a}\hat{a}^\dagger)$$

$$\{\hat{a}^{\dagger 2}\hat{a}\}_S = \frac{1}{3}(\hat{a}^{\dagger 2}\hat{a}+\hat{a}^\dagger\hat{a}\hat{a}^\dagger+\hat{a}\hat{a}^{\dagger 2})$$

$$\{\hat{p}\hat{q}\}_S = \frac{1}{2}(\hat{p}\hat{q}+\hat{q}\hat{p})$$

$$\{\hat{p}\hat{q}^2\}_S = \frac{1}{3}(\hat{p}\hat{q}^2+\hat{q}\hat{p}\hat{q}+\hat{q}^2\hat{p})$$

则式(3.3.47)中的Wigner函数$W(\alpha^*,\alpha)$可通过后面要介绍的对称序排列特征函数求出。

3. Wigner 函数的计算

例 3.3.8　求谐振子相干态的 Wigner 函数。

利用谐振子相干态在坐标表象中的表达式(3.1.10)，可得

$$\left\langle q+\frac{1}{2}q'\middle|\alpha\right\rangle=\left(\frac{m\omega}{\pi\hbar}\right)^{1/4}\exp\left[-\frac{m\omega}{2\hbar}\left(q+\frac{1}{2}q'\right)^2+\sqrt{\frac{2m\omega}{\hbar}}\alpha\left(q+\frac{1}{2}q'\right)-\frac{|\alpha|^2}{2}-\frac{\alpha^2}{2}\right]$$

$$\left\langle\alpha\middle|q-\frac{1}{2}q'\right\rangle=\left(\frac{m\omega}{\pi\hbar}\right)^{1/4}\exp\left[-\frac{m\omega}{2\hbar}\left(q-\frac{1}{2}q'\right)^2+\sqrt{\frac{2m\omega}{\hbar}}\alpha^*\left(q-\frac{1}{2}q'\right)-\frac{|\alpha|^2}{2}-\frac{\alpha^{*2}}{2}\right]$$

将其代入式(3.3.38)，可以求出谐振子相干态的 Wigner 函数为

$$\begin{aligned}W(q,p)&=\frac{1}{2\pi\hbar}\int_{-\infty}^{\infty}\mathrm{d}q'\left\langle q+\frac{1}{2}q'\middle|\alpha\right\rangle\left\langle\alpha\middle|q-\frac{1}{2}q'\right\rangle\mathrm{e}^{\mathrm{i}pq'/\hbar}\\&=\frac{1}{2\pi\hbar}\sqrt{\frac{m\omega}{\pi\hbar}}\exp\left[-\left(\sqrt{\frac{m\omega}{\hbar}}q-\frac{\alpha+\alpha^*}{\sqrt{2}}\right)^2\right]\\&\quad\cdot\int_{-\infty}^{\infty}\mathrm{d}q'\exp\left\{-\frac{m\omega}{4\hbar}q'^2+\left[\frac{\mathrm{i}p}{\hbar}+\sqrt{\frac{m\omega}{2\hbar}}(\alpha-\alpha^*)\right]q'\right\}\\&=\frac{1}{\pi\hbar}\exp\left[-\left(\sqrt{\frac{m\omega}{\hbar}}q-\frac{\alpha+\alpha^*}{\sqrt{2}}\right)^2-\left(\sqrt{\frac{\hbar}{m\omega}}p+\frac{\alpha-\alpha^*}{\mathrm{i}\sqrt{2}}\right)^2\right]\end{aligned}\tag{3.3.48}$$

其中用到定积分公式$\int_{-\infty}^{\infty}\mathrm{e}^{-a^2x^2+bx}\mathrm{d}x=\frac{\sqrt{\pi}}{a}\mathrm{e}^{b^2/(4a^2)}$，$a>0$。

若取自然单位$m=\omega=\hbar=1$，则式(3.3.48)为

$$\begin{aligned}W(q,p)&=\frac{1}{\pi}\exp\left[-\left(q-\frac{\alpha+\alpha^*}{\sqrt{2}}\right)^2-\left(p+\frac{\alpha-\alpha^*}{\mathrm{i}\sqrt{2}}\right)^2\right]\\&=\frac{1}{\pi}\exp\left[-\left(q-\sqrt{2}\,\mathrm{Re}(\alpha)\right)^2-\left(p+\sqrt{2}\,\mathrm{Im}(\alpha)\right)^2\right]\end{aligned}\tag{3.3.49}$$

3.4　特 征 函 数

首先来看经典特征函数。经典随机变量x的任意函数的期望值为

$$\langle F(x)\rangle=\int F(x)p(x)\mathrm{d}x\tag{3.4.1}$$

式中，$p(x)$为经典随机变量x的概率密度，满足

$$\int p(x)\mathrm{d}x = 1\ ,\quad 0 \leqslant p(x) \leqslant 1 \tag{3.4.2}$$

则随机变量 x 的 n 阶矩为

$$\langle x^n \rangle = \int p(x) x^n \mathrm{d}x \tag{3.4.3}$$

引入特征函数：

$$\begin{aligned} C(k) &= \langle \mathrm{e}^{\mathrm{i}kx} \rangle = \int \mathrm{e}^{\mathrm{i}kx} p(x)\mathrm{d}x \\ &= \sum_n \frac{(\mathrm{i}k)^n}{n!} \langle x^n \rangle \end{aligned} \tag{3.4.4}$$

显然，经典概率密度 $p(x)$ 正好是特征函数的傅里叶变换，即

$$p(x) = \frac{1}{2\pi} \int \mathrm{e}^{-\mathrm{i}kx} C(k)\mathrm{d}k \tag{3.4.5}$$

则随机变量 x 的 n 阶矩为

$$\langle x^n \rangle = \left. \frac{\mathrm{d}^n C(k)}{\mathrm{d}(\mathrm{i}k)^n} \right|_{k=0} \tag{3.4.6}$$

式(3.4.4)～式(3.4.6)就是特征函数 $C(k)$ 、概率分布函数 $p(x)$ 、n 阶矩之间的关系。

3.4.1 量子光学的三种特征函数

首先来看用相干态湮没算符、产生算符的形式来刻画的对称序排列 Wigner 特征函数[1-7, 10-16]。利用关系式

$$\langle q | p \rangle = \frac{1}{\sqrt{2\pi\hbar}} \mathrm{e}^{\mathrm{i}pq/\hbar} \tag{3.4.7a}$$

$$\mathrm{e}^{\pm \mathrm{i}\hat{p}\tau/\hbar} | q \rangle = | q \mp \tau \rangle \tag{3.4.7b}$$

$$\mathrm{e}^{\mathrm{i}(y\hat{q}+x\hat{p})} = \mathrm{e}^{\mathrm{i}y\hat{q}} \mathrm{e}^{\mathrm{i}x\hat{p}} \mathrm{e}^{\mathrm{i}\hbar xy/2} = \mathrm{e}^{\mathrm{i}x\hat{p}} \mathrm{e}^{\mathrm{i}y\hat{q}} \mathrm{e}^{-\mathrm{i}\hbar xy/2} \tag{3.4.7c}$$

可将式(3.3.38)的 Wigner 函数改写为

$$\begin{aligned} W(q,p) &= \frac{1}{2\pi} \int_{-\infty}^{\infty} \left\langle q + \frac{1}{2}\hbar x \middle| \hat{\boldsymbol{\rho}} \middle| q - \frac{1}{2}\hbar x \right\rangle \mathrm{e}^{\mathrm{i}px} \mathrm{d}x \\ &= \frac{1}{2\pi} \int_{-\infty}^{\infty} \int_{-\infty}^{\infty} \left\langle q' + \frac{1}{2}\hbar x \middle| \hat{\boldsymbol{\rho}} \middle| q' - \frac{1}{2}\hbar x \right\rangle \delta(q - q') \mathrm{e}^{\mathrm{i}px} \mathrm{d}q' \mathrm{d}x \\ &= \frac{1}{(2\pi)^2} \int_{-\infty}^{\infty} \int_{-\infty}^{\infty} \int_{-\infty}^{\infty} \left\langle q' + \frac{1}{2}\hbar x \middle| \mathrm{e}^{\mathrm{i}y\hat{q}} \hat{\boldsymbol{\rho}} \middle| q' - \frac{1}{2}\hbar x \right\rangle \mathrm{e}^{\mathrm{i}y(q - \hbar x/2)} \mathrm{e}^{\mathrm{i}px} \mathrm{d}q' \mathrm{d}x \mathrm{d}y \\ &= \frac{1}{(2\pi)^2} \int_{-\infty}^{\infty} \int_{-\infty}^{\infty} \int_{-\infty}^{\infty} \langle q' | \mathrm{e}^{\mathrm{i}x\hat{p}/2} \mathrm{e}^{\mathrm{i}y\hat{q}} \hat{\boldsymbol{\rho}} \mathrm{e}^{\mathrm{i}x\hat{p}/2} \mathrm{e}^{-\mathrm{i}\hbar xy/2} | q' \rangle \mathrm{e}^{\mathrm{i}(yq + xp)} \mathrm{d}x \mathrm{d}y \mathrm{d}q' \\ &= \frac{1}{(2\pi)^2} \int_{-\infty}^{\infty} \int_{-\infty}^{\infty} \mathrm{Tr}[\hat{\boldsymbol{\rho}} \mathrm{e}^{\mathrm{i}(y\hat{q}+x\hat{p})}] \mathrm{e}^{\mathrm{i}(yq+xp)} \mathrm{d}x \mathrm{d}y \end{aligned} \tag{3.4.8}$$

$$C(x,y)=\mathrm{Tr}[\hat{\rho}\mathrm{e}^{\mathrm{i}(y\hat{q}+x\hat{p})}] \tag{3.4.9}$$

为对称序排列 Wigner 特征函数。由此可知，Wigner 函数$W(q,p)$是其对称序排列特征函数(3.4.9)的傅里叶变换。

由于

$$\hat{q}=\sqrt{\frac{\hbar}{2\omega}}(\hat{a}^{\dagger}+\hat{a}),\quad \hat{p}=\mathrm{i}\sqrt{\frac{\hbar\omega}{2}}(\hat{a}^{\dagger}-\hat{a}) \tag{3.4.10}$$

所以特征函数(3.4.9)又可表示为

$$C(x,y)=\mathrm{Tr}[\hat{\rho}\mathrm{e}^{\mathrm{i}(y\hat{q}+x\hat{p})}]=\mathrm{Tr}[\hat{\rho}\mathrm{e}^{\mathrm{i}(\eta\hat{a}^{\dagger}+\eta^{*}\hat{a})}]=C_S(\eta,\eta^{*}) \tag{3.4.11}$$

式中

$$\eta=\frac{1}{\sqrt{2}}\left(y\sqrt{\hbar/\omega}+\mathrm{i}x\sqrt{\hbar\omega}\right) \tag{3.4.12}$$

相应地，以位置、动量算符形式表示的 Wigner 函数和以相干态湮没算符和产生算符形式表示的 Wigner 函数之间的关系为

$$W(q,p)=\frac{1}{2\hbar}W(\alpha,\alpha^{*}) \tag{3.4.13}$$

式中

$$W(\alpha,\alpha^{*})=\frac{1}{\pi^2}\iint C_S(\eta,\eta^{*})\mathrm{e}^{-\mathrm{i}(\eta\alpha^{*}+\eta^{*}\alpha)}\,\mathrm{d}^2\eta \tag{3.4.14}$$

$$\mathrm{d}^2\eta=\mathrm{d}\eta_r\mathrm{d}\eta_i=\frac{\hbar}{2}\mathrm{d}x\mathrm{d}y \tag{3.4.15}$$

可见，特征函数$C_S(\eta,\eta^{*})$可看作 Wigner 函数$W(\alpha,\alpha^{*})$的傅里叶逆变换，即

$$C_S(\eta,\eta^{*})=\iint W(\alpha,\alpha^{*})\mathrm{e}^{\mathrm{i}(\eta\alpha^{*}+\eta^{*}\alpha)}\,\mathrm{d}^2\alpha \tag{3.4.16}$$

令$\lambda=\mathrm{i}\eta$，则 Wigner 函数(3.4.14)和对称序排列特征函数(3.4.16)可分别表示为

$$W(\alpha,\alpha^{*})=\frac{1}{\pi^2}\iint C_S(\lambda,\lambda^{*})\mathrm{e}^{\alpha\lambda^{*}-\alpha^{*}\lambda}\,\mathrm{d}^2\lambda \tag{3.4.17}$$

$$C_S(\lambda,\lambda^{*})=\mathrm{Tr}(\hat{\rho}\mathrm{e}^{\lambda\hat{a}^{\dagger}-\lambda^{*}\hat{a}})=\mathrm{Tr}[\hat{\rho}\hat{D}(\lambda)] \tag{3.4.18}$$

可见，对称序排列特征函数$C_S(\lambda)$或$C_S(\eta,\eta^{*})$是 Wigner 函数$W(\alpha)$的傅里叶变换，而 Wigner 函数$W(\alpha)$是$C_S(\lambda)$或$C_S(\eta,\eta^{*})$的傅里叶逆变换(为书写方便，所有特征函数和分布函数的括号中有时仅写λ和α)。Wigner 函数必定存在，但不一定正定。

除了经常使用对称序排列特征函数$C_S(\lambda)$外，还经常用到正规序排列特征函数和反正规序排列特征函数，分别为

$$C_N(\lambda)=\mathrm{Tr}(\hat{\rho}\,\mathrm{e}^{\lambda\hat{a}^{\dagger}}\mathrm{e}^{-\lambda^{*}\hat{a}}) \tag{3.4.19}$$

$$C_A(\lambda) = \mathrm{Tr}(\hat{\boldsymbol{\rho}} \mathrm{e}^{-\lambda^* \hat{a}} \mathrm{e}^{\lambda \hat{a}^\dagger}) \tag{3.4.20}$$

利用 BCH 算符公式 $\mathrm{e}^{\hat{A}+\hat{B}} = \mathrm{e}^{\hat{A}}\mathrm{e}^{\hat{B}}\mathrm{e}^{-\frac{1}{2}[\hat{A},\hat{B}]} = \mathrm{e}^{\hat{B}}\mathrm{e}^{\hat{A}}\mathrm{e}^{\frac{1}{2}[\hat{A},\hat{B}]}$，可得这三种特征函数之间的关系为

$$C_S(\lambda) = C_N(\lambda)\mathrm{e}^{-\frac{1}{2}|\lambda|^2} = C_A(\lambda)\mathrm{e}^{\frac{1}{2}|\lambda|^2} \tag{3.4.21}$$

将它们统一写成下列 s 参量的函数形式，即

$$C(\lambda, s) = \mathrm{Tr}\left[\hat{\boldsymbol{\rho}} \exp\left(\lambda \hat{a}^\dagger - \lambda^* \hat{a} + \frac{s}{2}|\lambda|^2\right)\right] \tag{3.4.22}$$

则有 $C(\lambda,0) = C_S(\lambda)$、$C(\lambda,1) = C_N(\lambda)$ 和 $C(\lambda,-1) = C_A(\lambda)$。

除了上述对称序排列特征函数 $C_S(\lambda)$ 或 $C_S(\eta,\eta^*)$ 与 Wigner 函数 $W(\alpha)$ 互为傅里叶变换外，在正规序排列和反正规序排列中也存在互为傅里叶变换的情况。

在正规序排列中，其特征函数 $C_N(\lambda)$ 可写为

$$\begin{aligned} C_N(\lambda) &= \mathrm{Tr}(\hat{\boldsymbol{\rho}}\, \mathrm{e}^{\lambda \hat{a}^\dagger} \mathrm{e}^{-\lambda^* \hat{a}}) \\ &= \int P(\alpha) \langle \alpha | \mathrm{e}^{\lambda \hat{a}^\dagger} \mathrm{e}^{-\lambda^* \hat{a}} | \alpha \rangle \, \mathrm{d}^2\alpha \\ &= \int P(\alpha) \mathrm{e}^{\lambda \alpha^* - \lambda^* \alpha} \, \mathrm{d}^2\alpha \end{aligned} \tag{3.4.23}$$

把复数 λ 和 α 分为实部和虚部，可以发现式(3.4.23)的 $C_N(\lambda)$ 是 $P(\alpha)$ 的二维傅里叶变换，而 $P(\alpha)$ 是 $C_N(\lambda)$ 的二维傅里叶逆变换，即

$$P(\alpha) = \frac{1}{\pi^2} \int C_N(\lambda) \mathrm{e}^{\alpha\lambda^* - \alpha^*\lambda} \mathrm{d}^2\lambda \tag{3.4.24}$$

$P(\alpha)$ 存在的判据是正规序排列特征函数 $C_N(\lambda)$ 存在傅里叶变换，即 $C_N(\lambda)$ 在复平面上收敛。

类似地，反正规序排列特征函数 $C_A(\lambda)$ 可以写为

$$\begin{aligned} C_A(\lambda) &= \mathrm{Tr}(\hat{\boldsymbol{\rho}}\, \mathrm{e}^{-\lambda^* \hat{a}} \mathrm{e}^{\lambda \hat{a}^\dagger}) = \mathrm{Tr}(\mathrm{e}^{\lambda \hat{a}^\dagger} \hat{\boldsymbol{\rho}} \mathrm{e}^{-\lambda^* \hat{a}}) \\ &= \frac{1}{\pi} \int \langle \alpha | \mathrm{e}^{\lambda \hat{a}^\dagger} \hat{\boldsymbol{\rho}}\, \mathrm{e}^{-\lambda^* \hat{a}} | \alpha \rangle \, \mathrm{d}^2\alpha \\ &= \int Q(\alpha) \mathrm{e}^{\lambda \alpha^* - \lambda^* \alpha} \, \mathrm{d}^2\alpha \end{aligned} \tag{3.4.25}$$

即 $C_A(\lambda)$ 正是 $Q(\alpha)$ 函数的二维傅里叶变换，$Q(\alpha)$ 为 $C_A(\lambda)$ 的二维傅里叶逆变换，即

$$Q(\alpha) = \frac{1}{\pi^2} \int C_A(\lambda) \mathrm{e}^{\alpha\lambda^* - \alpha^*\lambda} \mathrm{d}^2\lambda \tag{3.4.26}$$

3.4.2　各种排序算符的期望值计算

根据这些特征函数 $C_N(\lambda)$、$C_A(\lambda)$ 和 $C_S(\lambda)$，就可计算正规序排列算符、反正规序排列算符和对称序排列算符的期望值，分别表示为

$$\langle \hat{a}^{\dagger m}\hat{a}^{n}\rangle = \mathrm{Tr}(\hat{\boldsymbol{\rho}}\hat{a}^{\dagger m}\hat{a}^{n}) = \frac{\partial^{m+n}}{\partial\lambda^{m}\partial(-\lambda^{*})^{n}}C_{N}(\lambda)\Big|_{\lambda=\lambda^{*}=0} \tag{3.4.27}$$

$$\langle \hat{a}^{m}\hat{a}^{\dagger n}\rangle = \mathrm{Tr}(\hat{\boldsymbol{\rho}}\hat{a}^{m}\hat{a}^{\dagger n}) = \frac{\partial^{m+n}}{\partial\lambda^{n}\partial(-\lambda^{*})^{m}}C_{A}(\lambda)\Big|_{\lambda=\lambda^{*}=0} \tag{3.4.28}$$

$$\langle \{\hat{a}^{\dagger m}\hat{a}^{n}\}_{S}\rangle = \mathrm{Tr}[\hat{\boldsymbol{\rho}}\{\hat{a}^{\dagger m}\hat{a}^{n}\}_{S}] = \frac{\partial^{m+n}}{\partial\lambda^{m}\partial(-\lambda^{*})^{n}}C_{S}(\lambda)\Big|_{\lambda=\lambda^{*}=0} \tag{3.4.29}$$

式中，$\lambda = \mathrm{i}\eta$。

下面具体讨论对称序排列算符的期望值问题[2]。

根据式(3.4.29)，可得湮没算符 $\hat{a}$ 和产生算符 $\hat{a}^{\dagger}$ 的平均值分别为

$$\langle \hat{a}\rangle = \left[\frac{\partial}{\partial(\mathrm{i}\eta^{*})} + \frac{\eta}{2\mathrm{i}}\right]C_{S}(\eta,\ \eta^{*})\Big|_{\eta=\eta^{*}=0} \tag{3.4.30}$$

$$\langle \hat{a}^{\dagger}\rangle = \left[\frac{\partial}{\partial(\mathrm{i}\eta)} + \frac{\eta^{*}}{2\mathrm{i}}\right]C_{S}(\eta,\eta^{*})\Big|_{\eta=\eta^{*}=0} \tag{3.4.31}$$

则算符 $\hat{F}(\hat{a}^{\dagger},\hat{a}) = \sum\limits_{m,n} c_{m,n}\hat{a}^{\dagger m}\hat{a}^{n}$ 在对称序排列中的期望值可表示为

$$\begin{aligned}\langle \hat{F}_{S}(\hat{a}^{\dagger},\hat{a})\rangle &= \sum_{m,n} c_{m,n}\left[\frac{\partial}{\partial(\mathrm{i}\eta)} + \frac{\eta^{*}}{2\mathrm{i}}\right]^{m}\left[\frac{\partial}{\partial(\mathrm{i}\eta^{*})} + \frac{\eta}{2\mathrm{i}}\right]^{n} C_{S}(\eta,\eta^{*})\Big|_{\eta=\eta^{*}=0} \\ &= \iint \mathrm{d}^{2}\alpha F_{S}(\alpha,\alpha^{*})W(\alpha,\alpha^{*})\end{aligned} \tag{3.4.32}$$

式中

$$F_{S}(\alpha,\alpha^{*}) = \sum_{m,n} c_{m,n}\left[\frac{\partial}{\partial(\mathrm{i}\eta)} + \frac{\eta^{*}}{2\mathrm{i}}\right]^{m}\left[\frac{\partial}{\partial(\mathrm{i}\eta^{*})} + \frac{\eta}{2\mathrm{i}}\right]^{n} \mathrm{e}^{\mathrm{i}\eta^{*}\alpha+\mathrm{i}\eta\alpha^{*}}\Big|_{\eta=\eta^{*}=0} \tag{3.4.33}$$

例如，算符 $\hat{F}(\hat{a}^{\dagger},\hat{a}) = \hat{a}^{\dagger}\hat{a}$ 的对称序排列经典函数可表示为

$$\begin{aligned}F_{S}(\alpha^{*},\alpha) &= \left[\frac{\partial}{\partial(\mathrm{i}\eta)} + \frac{\eta^{*}}{2\mathrm{i}}\right]\left[\frac{\partial}{\partial(\mathrm{i}\eta^{*})} + \frac{\eta}{2\mathrm{i}}\right]\mathrm{e}^{\mathrm{i}\eta^{*}\alpha+\mathrm{i}\eta\alpha^{*}}\Big|_{\eta=\eta^{*}=0} \\ &= \left[\frac{\partial}{\partial(\mathrm{i}\eta)} + \frac{\eta^{*}}{2\mathrm{i}}\right]\left(\alpha + \frac{\eta}{2\mathrm{i}}\right)\mathrm{e}^{\mathrm{i}\eta^{*}\alpha+\mathrm{i}\eta\alpha^{*}}\Big|_{\eta=\eta^{*}=0} \\ &= \alpha^{*}\alpha - \frac{1}{2}\end{aligned} \tag{3.4.34}$$

3.4.3 常见的 Wigner 函数的计算

例 3.4.1　求 Wigner 函数 $W(\alpha)$ 与函数 P-表示的关系。

解　利用 $C_{S}(\lambda) = \mathrm{Tr}\left(\hat{\boldsymbol{\rho}}\mathrm{e}^{\lambda\hat{a}^{\dagger}}\mathrm{e}^{-\lambda^{*}\hat{a}}\mathrm{e}^{-\frac{1}{2}|\lambda|^{2}}\right)$，可将 Wigner 函数(3.4.17)表示为

$$\begin{aligned}W(\alpha)&=\frac{1}{\pi^2}\int C_S(\lambda)\mathrm{e}^{\lambda^*\alpha-\lambda\alpha^*}\mathrm{d}^2\lambda\\&=\frac{1}{\pi^2}\int \mathrm{Tr}\left[\hat{\boldsymbol{\rho}}\,\mathrm{e}^{\lambda(\hat{a}^\dagger-\alpha^*)}\mathrm{e}^{-\lambda^*(\hat{a}-\alpha)}\right]\mathrm{e}^{-\frac{1}{2}|\lambda|^2}\mathrm{d}^2\lambda\\&=\frac{1}{\pi^2}\int P(\beta)\mathrm{e}^{\lambda(\beta^*-\alpha^*)-\lambda^*(\beta-\alpha)-\frac{1}{2}|\lambda|^2}\mathrm{d}^2\lambda\mathrm{d}^2\beta\end{aligned}\tag{3.4.35}$$

式中，$\hat{\boldsymbol{\rho}}=\int P(\beta)|\beta\rangle\langle\beta|\mathrm{d}^2\beta$。

利用复变量的积分公式$\int \mathrm{e}^{-\varepsilon|\eta|^2+\mu\eta+\nu\eta^*}\mathrm{d}^2\eta=\frac{\pi}{\varepsilon}\mathrm{e}^{\mu\nu/\varepsilon}$ ($\varepsilon>0$)，可得

$$W(\alpha)=\frac{2}{\pi}\int P(\beta)\mathrm{e}^{-2|\alpha-\beta|^2}\mathrm{d}^2\beta\tag{3.4.36}$$

即 Wigner 函数$W(\alpha)$是P-表示的高斯卷积。这与$Q(\alpha)$函数和P-表示的关系式(3.3.32)不同，它们满足$Q(\alpha)=\frac{1}{\pi}\int P(\beta)\mathrm{e}^{-|\alpha-\beta|^2}\mathrm{d}^2\beta$。

例 3.4.2　求热光场态的 Wigner 函数。

解　对于热光场态，$P(\beta)=\frac{1}{\pi\overline{n}}\mathrm{e}^{-|\beta|^2/\overline{n}}$，将$P(\beta)$代入式(3.4.36)，可得热光场态的 Wigner 函数为

$$\begin{aligned}W(\alpha)&=\frac{2}{\pi^2\overline{n}}\int \mathrm{e}^{-|\beta|^2/\overline{n}}\mathrm{e}^{-2|\beta-\alpha|^2}\mathrm{d}^2\beta\\&=\frac{2}{\pi^2\overline{n}}\mathrm{e}^{-2|\alpha|^2}\int \mathrm{e}^{-|\beta|^2\frac{2\overline{n}+1}{\overline{n}}+2\beta\alpha^*+2\beta^*\alpha}\mathrm{d}^2\beta\\&=\frac{1}{\pi(\overline{n}+1/2)}\exp\left[-|\alpha|^2/(\overline{n}+1/2)\right]\end{aligned}\tag{3.4.37}$$

例 3.4.3　证明相干态$|\beta\rangle$的 Wigner 函数为$W(\alpha)=\frac{2}{\pi}\mathrm{e}^{-2|\alpha-\beta|^2}$，这是一个以$\beta$为中心、实部和虚部的方差均是$1/4$的高斯函数。

证明　方法 1：对于相干态$|\beta\rangle$，其特征函数为

$$\begin{aligned}C_S(\lambda)&=\mathrm{Tr}(\hat{\boldsymbol{\rho}}\mathrm{e}^{\lambda\hat{a}^\dagger-\lambda^*\hat{a}})=\mathrm{Tr}(|\beta\rangle\langle\beta|\mathrm{e}^{\lambda\hat{a}^\dagger}\mathrm{e}^{-\lambda^*\hat{a}}\mathrm{e}^{-\lambda\lambda^*/2})\\&=\mathrm{e}^{-\lambda\lambda^*/2}\langle\beta|\mathrm{e}^{\lambda\hat{a}^\dagger}\mathrm{e}^{-\lambda^*\hat{a}}|\beta\rangle\\&=\mathrm{e}^{-\frac{1}{2}|\lambda|^2+\beta^*\lambda-\beta\lambda^*}\end{aligned}\tag{3.4.38}$$

则该相干态的 Wigner 函数为

$$W(\alpha)=\frac{1}{\pi^2}\int \mathrm{d}^2\lambda C_S(\lambda)\mathrm{e}^{\alpha\lambda^*-\alpha^*\lambda}$$

$$
\begin{aligned}
&=\frac{1}{\pi^2}\int \mathrm{d}^2\lambda\, \mathrm{e}^{-\frac{1}{2}|\lambda|^2+\beta^*\lambda-\beta\lambda^*}\mathrm{e}^{\alpha\lambda^*-\alpha^*\lambda} \\
&=\frac{1}{\pi^2}\int \mathrm{e}^{-\frac{1}{2}|\lambda|^2-(\alpha^*-\beta^*)\lambda+(\alpha-\beta)\lambda^*}\,\mathrm{d}^2\lambda \\
&=\frac{2}{\pi}\mathrm{e}^{-2|\alpha-\beta|^2}
\end{aligned}
\tag{3.4.39}
$$

可见，相干态 $|\beta\rangle$ 的 Wigner 函数是一个以 β 为中心、实部和虚部的方差均是 $1/4$ 的高斯函数。

方法 2：对于相干态 $|\beta\rangle$，其 P-表示为 $P(\gamma)=\delta^{(2)}(\gamma-\beta)$，将其代入式(3.4.36)可得

$$
\begin{aligned}
W(\alpha)&=\frac{2}{\pi}\int P(\gamma)\mathrm{e}^{-2|\alpha-\gamma|^2}\,\mathrm{d}^2\gamma \\
&=\frac{2}{\pi}\int \delta^{(2)}(\gamma-\beta)\mathrm{e}^{-2|\alpha-\gamma|^2}\,\mathrm{d}^2\gamma \\
&=\frac{2}{\pi}\mathrm{e}^{-2|\alpha-\beta|^2}
\end{aligned}
\tag{3.4.40}
$$

所得结果与式(3.4.39)一致。

例 3.4.4　对光子数态 $|n\rangle$，可证明其 Wigner 函数为

$$
W(\alpha)=\frac{2}{\pi}(-1)^n\mathrm{e}^{-2|\alpha|^2}L_n(4|\alpha|^2) \tag{3.4.41}
$$

式中，$L_n(x)$ 表示 n 阶拉盖尔多项式，$L_n(x)=\sum\limits_{m=0}^{n}C_n^m\dfrac{(-x)^m}{m!}$。

需要指出的是，光子数态 $|n\rangle$ 的 Wigner 函数可以为负值，这说明 Wigner 函数不是真正意义上的概率分布函数，同时也表明光子数态是一种非经典态。图 3.4.1

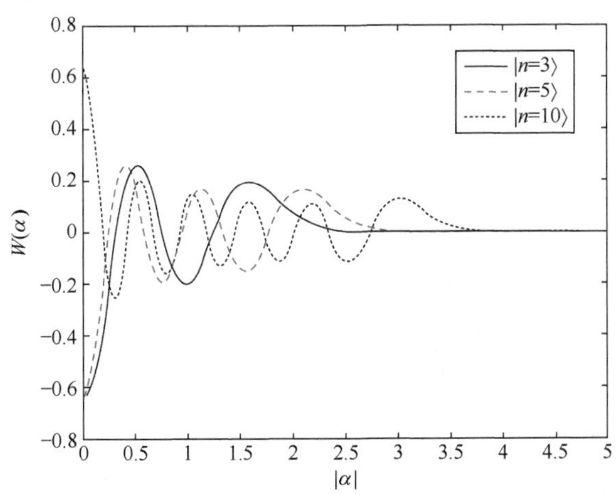

图 3.4.1　光子数态分别为 $|3\rangle$、$|5\rangle$ 和 $|10\rangle$ 时的 Wigner 函数

表示光子数态分别为$|3\rangle$、$|5\rangle$和$|10\rangle$时的 Wigner 函数，其中横坐标取$|\alpha|$($\alpha=x+\mathrm{i}y$)。由该图可以看到，由于$L_n(x)$具有n个零点，所以相对应的 Wigner 函数呈现为随$|\alpha|$振荡的特性。

3.5 小　结

1. 坐标表象中的波函数和相干态的时间演化

坐标表象中的波函数为

$$\langle q|\alpha\rangle=\left(\frac{m\omega}{\pi\hbar}\right)^{1/4}\exp\left(-\frac{m\omega}{2\hbar}q^2+\sqrt{\frac{2m\omega}{\hbar}}\alpha q-\frac{1}{2}|\alpha|^2-\frac{1}{2}\alpha^2\right)$$

相干态的时间演化为

$$|\alpha(t)\rangle=\mathrm{e}^{-\mathrm{i}\omega t/2}\left|\alpha\mathrm{e}^{-\mathrm{i}\omega t}\right\rangle$$

动量表象中相干态的态矢量为

$$\langle p|\alpha\rangle=\left(\frac{1}{\pi m\omega\hbar}\right)^{1/4}\exp\left(-\frac{1}{2m\omega\hbar}p^2-\mathrm{i}\sqrt{\frac{2}{m\omega\hbar}}\alpha p-\frac{|\alpha|^2}{2}+\frac{\alpha^2}{2}\right)$$

2. 相干态表象

不同本征值的相干态不具备正交性，即

$$|\langle\beta|\alpha\rangle|^2=\exp(-|\alpha-\beta|^2)\neq 0$$

相干态的完备性关系为

$$\frac{1}{\pi}\int|\alpha\rangle\langle\alpha|\mathrm{d}^2\alpha=\hat{I}$$

任意态矢量和算符在相干态表象中可展开为

$$|\beta\rangle=\int\frac{\mathrm{d}^2\alpha}{\pi}|\alpha\rangle\langle\alpha|\beta\rangle=\int\frac{\mathrm{d}^2\alpha}{\pi}|\alpha\rangle\exp\left[-\frac{1}{2}(|\alpha|^2+|\beta|^2)+\alpha^*\beta\right]$$

$$\hat{F}=\frac{1}{\pi^2}\int\mathrm{d}^2\beta\int\mathrm{d}^2\alpha\exp\left[-\frac{1}{2}(|\beta|^2+|\alpha|^2)\right]F(\beta^*,\alpha)|\beta\rangle\langle\alpha|$$

式中，$F(\beta^*,\alpha)=\sum\limits_m\sum\limits_n F_{mn}\dfrac{(\beta^*)^m\alpha^n}{\sqrt{m!n!}}$。

3. 准概率分布函数

(1) 三种常见的准概率分布函数为$P(\alpha)$函数、$Q(\alpha)$函数和 Wigner 函数，它们分别对应正规序排列算符、反正规序排列算符和对称序排列算符。

密度算符 $\hat{\rho}$ 常按光场相干态表象的对角项 $|\alpha\rangle\langle\alpha|$ 展开，即

$$\hat{\rho}=\int P(\alpha)|\alpha\rangle\langle\alpha|\mathrm{d}^2\alpha$$

将 $P(\alpha)$ 为负值或非常奇异的量子态称为非经典态。Wigner 函数是非奇异的，且它随量子态的变化比 $Q(\alpha)$ 函数灵敏，可以较好地区分不同的量子态。

(2) 准概率分布函数的计算。

① 由公式直接计算。

$P(\alpha)$ 函数为

$$P(\alpha)=\frac{\mathrm{e}^{|\alpha|^2}}{\pi^2}\int \mathrm{e}^{|u|^2}\langle -u|\hat{\rho}|u\rangle \mathrm{e}^{\alpha u^*-\alpha^* u}\mathrm{d}^2 u\,,\quad P(\alpha)=\mathrm{Tr}[\delta(\alpha^*-\hat{a}^\dagger)\delta(\alpha-\hat{a})\hat{\rho}]$$

$Q(\alpha)$ 函数为

$$Q(\alpha)=\frac{1}{\pi}\langle\alpha|\hat{\rho}|\alpha\rangle\,,\quad Q(\alpha)=\mathrm{Tr}[\hat{\rho}\delta(\alpha-\hat{a})\delta(\alpha^*-\hat{a}^\dagger)]$$

Wigner 函数为

$$W(q,p)=\frac{1}{2\pi\hbar}\int_{-\infty}^{\infty}\left\langle q+\frac{1}{2}q'\middle|\hat{\rho}\middle|q-\frac{1}{2}q'\right\rangle \mathrm{e}^{\mathrm{i}pq'/\hbar}\mathrm{d}q'\,,\quad \text{坐标表象中的积分形式}$$

$$W(q,p)=\frac{1}{2\pi\hbar}\int_{-\infty}^{\infty}\left\langle p+\frac{1}{2}p'\middle|\hat{\rho}\middle|p-\frac{1}{2}p'\right\rangle \mathrm{e}^{-\mathrm{i}p'q/\hbar}\mathrm{d}p'\,,\quad \text{动量表象中的积分形式}$$

② 利用特征函数进行计算。

$$P(\alpha)=\frac{1}{\pi^2}\int C_N(\lambda)\mathrm{e}^{\alpha\lambda^*-\alpha^*\lambda}\mathrm{d}^2\lambda\,,\quad C_N(\lambda)=\mathrm{Tr}(\hat{\rho}\,\mathrm{e}^{\lambda\hat{a}^\dagger}\mathrm{e}^{-\lambda^*\hat{a}})\,,\quad \text{正规序排列}$$

$$Q(\alpha)=\frac{1}{\pi^2}\int C_A(\lambda)\mathrm{e}^{\alpha\lambda^*-\alpha^*\lambda}\mathrm{d}^2\lambda\,,\quad C_A(\lambda)=\mathrm{Tr}(\hat{\rho}\mathrm{e}^{-\lambda^*\hat{a}}\mathrm{e}^{\lambda\hat{a}^\dagger})\,,\quad \text{反正规序排列}$$

$$W(\alpha)=\frac{1}{\pi^2}\int C_S(\lambda)\mathrm{e}^{\alpha\lambda^*-\alpha^*\lambda}\mathrm{d}^2\lambda\,,\quad C_S(\lambda)=\mathrm{Tr}(\hat{\rho}\mathrm{e}^{\lambda\hat{a}^\dagger-\lambda^*\hat{a}})\,,\quad \text{对称序排列}$$

(3) 光场中常见量子态的准概率分布函数。

① 光子数态的 $P(\alpha)$ 函数、$Q(\alpha)$ 函数和 Wigner 函数分别为

$$P(\alpha)=\frac{\mathrm{e}^{|\alpha|^2}}{n!}\frac{\partial^{2n}}{\partial\alpha^n\partial\alpha^{*n}}\delta^{(2)}(\alpha)$$

$$Q(\alpha)=\frac{\mathrm{e}^{-|\alpha|^2}}{\pi}\frac{|\alpha|^{2n}}{n!}$$

$$W(\alpha)=\frac{2}{\pi}(-1)^n\mathrm{e}^{-2|\alpha|^2}L_n(4|\alpha|^2)$$

② 相干态的 $P(\alpha)$ 函数、$Q(\alpha)$ 函数和 Wigner 函数分别为

$$P(\alpha)=\delta^{(2)}(\alpha-\beta)$$

$$Q(\alpha)=\frac{1}{\pi}\mathrm{e}^{-|\alpha-\beta|^2}$$

$$W(\alpha)=\frac{2}{\pi}\mathrm{e}^{-2|\alpha-\beta|^2}$$

③ 热光场态的 $P(\alpha)$ 函数、$Q(\alpha)$ 函数和 Wigner 函数分别为

$$P(\alpha)=\frac{1}{\pi\bar{n}}\mathrm{e}^{-|\alpha|^2/\bar{n}}$$

$$Q(\alpha)=\frac{1}{\pi(\bar{n}+1)}\mathrm{e}^{-|\alpha|^2/(\bar{n}+1)}$$

$$W(\alpha)=\frac{1}{\pi(\bar{n}+1/2)}\exp\left(-\frac{|\alpha|^2}{\bar{n}+1/2}\right)$$

4. 准概率分布函数的应用

$P(\alpha)$ 函数、$Q(\alpha)$ 函数和 Wigner 函数可用来分别计算正规序排列算符、反正规序排列算符和对称序排列算符的期望值。

(1) 对于正规序排列算符 $\hat{F}_N(\hat{a}^\dagger,\hat{a})=\sum\limits_{m,n}C_{mn}\hat{a}^{\dagger m}\hat{a}^n$，其期望值为

$$\langle\hat{F}_N(\hat{a}^\dagger,\hat{a})\rangle=\int\mathrm{d}^2\alpha F_N(\alpha^*,\alpha)P(\alpha)\text{，}\quad F_N(\alpha^*,\alpha)=\sum_{m,n}C_{mn}\alpha^{*m}\alpha^n$$

(2) 对于反正规序排列算符 $\hat{F}_A(\hat{a},\hat{a}^\dagger)=\sum\limits_{m,n}C_{mn}^{(A)}\hat{a}^m\hat{a}^{\dagger n}$，其期望值为

$$\langle\hat{F}_A(\hat{a},\hat{a}^\dagger)\rangle=\int Q(\alpha)F_A(\alpha,\alpha^*)\mathrm{d}^2\alpha\text{，}\quad F_A(\alpha,\alpha^*)=\sum_{m,n}C_{mn}^{(A)}\alpha^m(\alpha^*)^n$$

(3) 对于对称序排列算符 $\{\hat{F}(\hat{a}^\dagger,\hat{a})\}_S$，其期望值为

$$\langle\{\hat{F}(\hat{a}^\dagger,\hat{a})\}_S\rangle=\int\{F(\alpha^*,\alpha)\}_S W(\alpha^*,\alpha)\mathrm{d}^2\alpha\text{，}\quad \{F(\alpha^*,\alpha)\}_S\ \text{为经典函数}$$

3.6 习　　题

1. 证明恒等式：① $|\alpha\rangle\langle\alpha|\hat{a}=\left(\alpha+\frac{\partial}{\partial\alpha^*}\right)|\alpha\rangle\langle\alpha|$，$\hat{a}^\dagger|\alpha\rangle\langle\alpha|=\left(\alpha^*+\frac{\partial}{\partial\alpha}\right)|\alpha\rangle\langle\alpha|$；

② $|\alpha\rangle\langle\alpha|\hat{a}^m=\left(\alpha+\frac{\partial}{\partial\alpha^*}\right)^m|\alpha\rangle\langle\alpha|$，$(\hat{a}^\dagger)^m|\alpha\rangle\langle\alpha|=\left(\alpha^*+\frac{\partial}{\partial\alpha}\right)^m|\alpha\rangle\langle\alpha|$。

2. 设两个力学量算符 $\hat{A}$ 和 $\hat{B}$ 是厄米性的，满足对易关系 $[\hat{A},\hat{B}]=\mathrm{i}\hat{C}$，其中 $\hat{C}$ 为常数或厄米算符。它们相应的海森伯不确定关系为 $(\Delta\hat{A})^2(\Delta\hat{B})^2\geqslant\frac{1}{4}\langle\hat{C}\rangle^2$，试证明当等号成立时，所对应的态矢量 $|\psi\rangle$ 为相干态。
3. 分别求出光子数态 $|n\rangle$ 和相干态 $|\alpha\rangle$ 在坐标表象中的表示式，并证明相干态的时间演化波函数还可表示为 $|\psi_\alpha(q,t)\rangle=\langle q|\alpha(t)\rangle=\left(\frac{m\omega}{\pi\hbar}\right)^{1/4}\mathrm{e}^{-|\alpha|^2/2}\mathrm{e}^{\xi^2/2}\mathrm{e}^{-(\xi-\alpha\mathrm{e}^{-\mathrm{i}\omega t}/\sqrt{2})^2}$。
4. 试推导出动量表象中相干态的态矢量(3.1.17)，即

$$\langle p|\alpha\rangle=\left(\frac{1}{\pi m\omega\hbar}\right)^{1/4}\mathrm{e}^{\mathrm{i}\varphi'}\exp\left[-\frac{1}{2m\omega\hbar}p^2-\mathrm{i}\sqrt{\frac{2}{m\omega\hbar}}\alpha p+\frac{1}{4}(\alpha-\alpha^*)^2\right]$$
$$=\frac{1}{[2\pi(\Delta p)^2]^{1/4}}\mathrm{e}^{\mathrm{i}\varphi'}\exp\left[-\frac{(p-\overline{p})^2}{4(\Delta p)^2}-\mathrm{i}\frac{\overline{q}}{\hbar}p\right]$$

5. 利用 $P(\alpha)$ 函数的计算公式，计算光场相干态 $|\beta\rangle$ 的 $P(\alpha)$ 函数。
6. 试证明算符 $\mathrm{e}^{\theta\hat{a}^\dagger\hat{a}}$ 的正规序排列的展开形式为 $\mathrm{e}^{\theta\hat{a}^\dagger\hat{a}}=\sum_{m=0}^{\infty}\frac{(\mathrm{e}^\theta-1)^m}{m!}\hat{a}^{\dagger m}\hat{a}^m$，反正规序排列的展开形式为 $\mathrm{e}^{\theta\hat{a}^\dagger\hat{a}}=\mathrm{e}^{-\theta}\sum_{m=0}^{\infty}\frac{(1-\mathrm{e}^{-\theta})^m}{m!}\hat{a}^m\hat{a}^{\dagger m}$。
7. 分别求解和画出热光场态(3.4.37)(令平均光子数 $\overline{n}$ 分别为 2、5、8)、相干态(3.4.39)(分别取 $|\alpha=2+2\mathrm{i}\rangle$、$|\alpha=2+3\mathrm{i}\rangle$、$|\alpha=3+3\mathrm{i}\rangle$)的 Wigner 函数分布。
8. 对于光子数态 $|n\rangle$，试证明其 Wigner 函数为 $W(\alpha)=\frac{2}{\pi}(-1)^nL_n(4|\alpha|^2)\mathrm{e}^{-2|\alpha|^2}$。其中，$L_n(x)$ 是拉盖尔多项式。编程画出光子数态分别为 $|2\rangle$、$|5\rangle$ 和 $|8\rangle$ 时的 Wigner 函数分布。
9. 试分别计算纯数态 $\hat{\boldsymbol{\rho}}=|1\rangle\langle1|$ 和混合态 $\hat{\boldsymbol{\rho}}=\varepsilon|1\rangle\langle1|+(1-\varepsilon)|0\rangle\langle0|$ 的 Wigner 函数，其中 $0<\varepsilon<1$，并确定由该 $\hat{\boldsymbol{\rho}}$ 刻画的态是否为经典的。
10. 对于相干态 $|\beta\rangle$ 和 $|-\beta\rangle$，其叠加态为 $(|\beta\rangle+|-\beta\rangle)/\sqrt{2}$。①证明该叠加态在 $|\beta|^2\gg1$ 时是归一化的；②计算该叠加态的光子数概率分布；③计算其 $Q(\alpha)$ 函数和 Wigner 函数，并画出它们的三维图像，该叠加态是经典的吗？
11. 对于实参数 x、y 以及坐标算符 $\hat{q}$ 和动量算符 $\hat{p}$，证明 $\mathrm{e}^{\mathrm{i}(y\hat{q}+x\hat{p})}=\mathrm{e}^{\mathrm{i}x\hat{p}/2}\mathrm{e}^{\mathrm{i}y\hat{q}}\mathrm{e}^{\mathrm{i}x\hat{p}/2}$。
12. 对于相干态 $|\alpha\rangle$，取 $\alpha=\frac{1}{2}(X_1+\mathrm{i}X_2)$，试证明其 Wigner 函数可表示为 $W(x_1,x_2)=\frac{1}{2\pi}\exp\left[-\frac{1}{2}(x_1'^2+x_2'^2)\right]$，其中 $x_i'=x_i-X_i$。

13. 试证明压缩态的 Wigner 函数为 $W(x_1,x_2)=\dfrac{1}{2\pi}\exp\left[-\dfrac{1}{2}(x_1'^2\mathrm{e}^{2r}+x_2'^2\mathrm{e}^{-2r})\right]$。

14. 令 Wigner 函数形式 $W(q,p)=\dfrac{1}{2\pi}\int_{-\infty}^{\infty}\left\langle q-\tfrac{1}{2}\hbar x\right|\hat{\rho}\left|q+\tfrac{1}{2}\hbar x\right\rangle \mathrm{e}^{\mathrm{i}px}\mathrm{d}x$。①证明它可以等价为 $W(q,p)=\dfrac{1}{(2\pi)^2}\int_{-\infty}^{\infty}\int_{-\infty}^{\infty}C(x,y)\mathrm{e}^{\mathrm{i}(yq+xp)}\mathrm{d}x\mathrm{d}y$，其中 $C(x,y)=\mathrm{Tr}[\hat{\rho}\mathrm{e}^{-\mathrm{i}(y\hat{q}+x\hat{p})}]$ 为对称序排列 Wigner 特征函数；②证明该特征函数可表示为 $C(\eta,\eta^*)=\mathrm{Tr}[\hat{\rho}\mathrm{e}^{-\mathrm{i}(\eta\hat{a}^\dagger+\eta^*\hat{a})}]=\mathrm{Tr}(\hat{\rho}\mathrm{e}^{\lambda\hat{a}^\dagger-\lambda^*\hat{a}})$，其中，$\eta=\dfrac{1}{\sqrt{2}}\left(y\sqrt{\hbar/\omega}+\mathrm{i}x\sqrt{\hbar\omega}\right)$，$\lambda=-\mathrm{i}\eta$。

15. 试证明算符 $\hat{a}^{\dagger 2}\hat{a}$ 的对称序排列算符的经典函数可表示为 $F_S(a^*,\hat{a})=\alpha^{*2}\alpha-\alpha^*$。

16. 证明 $\dfrac{1}{2}\langle\hat{a}^\dagger\hat{a}+\hat{a}\hat{a}^\dagger\rangle=\iint W(\alpha)|\alpha|^2\mathrm{d}^2\alpha$，其中，$W(\alpha)$ 是 Wigner 分布函数。

17. 根据 $P(\alpha)=\dfrac{n!}{2\pi r(2n)!}\mathrm{e}^{r^2}\left(-\dfrac{\partial}{\partial r}\right)^{2n}\delta(r)$，其中，$\alpha=|\alpha|\mathrm{e}^{\mathrm{i}\varphi}=r\mathrm{e}^{\mathrm{i}\varphi}$，证明光子数态 $\hat{\rho}=|n\rangle\langle n|$。

18. 试证明 Wigner 函数 $W(\alpha)$ 与 $Q(\alpha)$ 函数满足如下关系：$W(\alpha)=\exp\left(-\dfrac{1}{2}\dfrac{\partial^2}{\partial\alpha\partial\alpha^*}\right)Q(\alpha)$。

19. 对于量子态 $|\psi\rangle$，试证明 Wigner 函数可写为 $W(\alpha)=\dfrac{2}{\pi}\sum_{n=0}^{\infty}(-1)^n\langle\psi|\hat{D}(\alpha)|n\rangle\langle n|\hat{D}^\dagger(\alpha)|\psi\rangle$。

参考文献

[1] Gerry C, Knight P. Introductory Quantum Optics. Cambridge: Cambridge University Press, 2005.
[2] Scully M O, Zubairy M S. Quantum Optics. Cambridge: Cambridge University Press, 1997.
[3] Walls D F, Milburn G J. Quantum Optics. 2nd ed. Berlin: Springer, 2008.
[4] Meystre P, Sargent Ⅲ M. Elements of Quantum Optics. 4th ed. Berlin: Springer, 2007.
[5] Mandel L, Wolf E. Optical Coherent and Quantum Optics. Cambridge: Cambridge University Press, 1995.
[6] Glauber R J. The quantum theory of optical coherence. Physical Review, 1963, 130(6): 2529-2539.
[7] Glauber R J. Coherent and incoherent states of the radiation field. Physical Review, 1963, 131(6): 2766-2788.
[8] Mehta C L. Diagonal coherent-state representation of quantum operators. Physical Review Letters, 1965, 18(18): 752-754.
[9] Mehta C L, Sudarshan E C G. Relation between quantum and semiclassical description of optical

coherence. Physical Review, 1965, 138(1): B274-B280.
[10] 郭光灿, 周祥发. 量子光学. 北京: 科学出版社, 2022.
[11] 郭光灿. 量子光学. 北京: 高等教育出版社, 1990.
[12] 张智明. 量子光学. 北京: 科学出版社, 2015.
[13] 彭金生, 李高翔. 近代量子光学导论. 北京: 科学出版社, 1996.
[14] Schleich W P. Quantum Optics in Phase Space. Berlin: Wiley-VCH Press, 2001.
[15] Gardiner C W, Zoller P. Quantum Noise: A Handbook of Markovian and Non-Markovian Quantum Stochastic Methods with Applications to Quantum Optics. Berlin: Springer Science & Business Media, 2004.
[16] Carrison J C, Chiao R Y. Quantum Optics. Oxford: Oxford University Press, 2008.

第 4 章　光场的相干性及其干涉理论

光场的相干性是光场的重要性质之一。但在经典光学中，杨氏双缝干涉实验仅局限于光场的一阶相干性。1956 年，汉伯里 · 布朗(Hanbury Brown)和特维斯(Twiss)完成了光场的强度干涉实验(即 HBT 实验)，也称为汉伯里 · 布朗及特维斯效应，开启了光场的高阶相干性研究。此后，人们对其进行系统的研究，衍生出了现代量子光学的诸多关键概念，促进了量子光学的建立和发展，使得人们对光场的高阶相干性有了本质的理解。

本章将介绍光场的相干性及其干涉理论[1-16]。首先讨论光场相干性的经典理论，分析光场的经典一阶相干性、二阶相干性和高阶相干性；然后介绍光场相干性的量子理论，着重探讨光场的量子一阶相干性、量子二阶相干性和量子高阶相干性，并引入光子反聚束效应这一重要的物理概念；接着详细讨论光学分束器的量子描述及其对电磁场量子态的变换；最后分析杨氏双缝干涉的一阶关联和三阶强度关联。

4.1　光场的经典一阶相干性

在经典理论中，光场的相干性表现为光场的时间相干性和空间相干性，下面分别进行讨论。

4.1.1　光场的经典一阶相关函数

本节从杨氏双缝干涉实验出发来介绍光场的经典一阶相关函数[1-5, 13-16]。图 4.1.1 表示杨氏双缝干涉实验示意图。S_1 屏上两个空间位置分别为 P_1 和 P_2，杨氏双缝干涉实验中两个小孔的坐标分别为 $\boldsymbol{r}_1$ 和 $\boldsymbol{r}_2$；s_1 和 s_2 为上下小孔到探测器的光程。

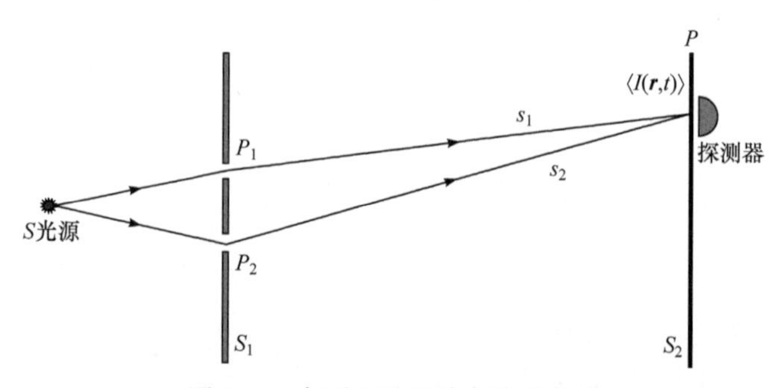

图 4.1.1　杨氏双缝干涉实验示意图

设 $\boldsymbol{E}_1(\boldsymbol{r},t)$ 和 $\boldsymbol{E}_2(\boldsymbol{r},t)$ 分别是从干涉上下两个小孔 $\boldsymbol{r}_1$ 和 $\boldsymbol{r}_2$ 处传播到观测屏 S_2 上时空点 $(\boldsymbol{r},t)$ 的光场，则在观测屏 S_2 上任意时空点 $(\boldsymbol{r},t)$ 的光场振幅 $\boldsymbol{E}(\boldsymbol{r},t)$ 为通过上述两个干涉小孔的光场的叠加，即

$$\boldsymbol{E}(\boldsymbol{r},t)=K_1\boldsymbol{E}_1(\boldsymbol{r},t)+K_2\boldsymbol{E}_2(\boldsymbol{r},t) \tag{4.1.1}$$

式中，K_1 和 K_2 为分别依赖针孔大小和路径 s_1 与 s_2 的几何因子。

为方便起见，假设两个光场的偏振方向相同，从而常将光场写为标量。

通常把 $E_1(\boldsymbol{r},t)$ 和 $E_2(\boldsymbol{r},t)$ 分别表示为在先前时刻 t_1 通过小孔 $\boldsymbol{r}_1$ 的光场 $E(\boldsymbol{r}_1,t)$ 和在先前时刻 t_2 通过小孔 $\boldsymbol{r}_2$ 的光场 $E(\boldsymbol{r}_2,t)$

$$\begin{aligned}E_i(\boldsymbol{r},t)&=E[(\boldsymbol{r}_i+\boldsymbol{r}-\boldsymbol{r}_i),t]=E(\boldsymbol{r}_i,t-s_i/c)\\&\equiv E(\boldsymbol{r}_i,t_i)\end{aligned} \tag{4.1.2}$$

式中，$t_i=t-s_i/c\ (i=1,2)$，s_1 和 s_2 为上下小孔到探测器的光程。

在实际探测中，光电探测器的响应时间较慢，目前最快的响应时间约为 $10^{-10}\mathrm{s}$，而光场的频率范围为 $10^{14}\sim10^{15}\,\mathrm{Hz}$，因此置于观测屏 S_2 上的光子探测器响应跟不上光场的振荡，无法测量随时间迅速变化的光场 $E(\boldsymbol{r},t)$，只能测量光场信号强度 $E^*(\boldsymbol{r},t)E(\boldsymbol{r},t)$ 的平均值。假设上述时间平均是静态的，即与时间轴的起源无关，在各态历经假设下，其时间平均将等于系综平均。由式(4.1.1)可得

$$\begin{aligned}\langle I(\boldsymbol{r},t)\rangle&=\langle E^*(\boldsymbol{r},t)E(\boldsymbol{r},t)\rangle=\langle|K_1E(\boldsymbol{r}_1,t_1)+K_2E(\boldsymbol{r}_2,t_2)|^2\rangle\\&=|K_1|^2\langle|E(\boldsymbol{r}_1,t_1)|^2\rangle+|K_2|^2\langle|E(\boldsymbol{r}_2,t_2)|^2\rangle+2\mathrm{Re}[K_1^*K_2\langle E^*(\boldsymbol{r}_1,t_1)E(\boldsymbol{r}_2,t_2)\rangle]\\&=\langle I_1(\boldsymbol{r}_1,t_1)\rangle+\langle I_2(\boldsymbol{r}_2,t_2)\rangle+2\mathrm{Re}[K_1^*K_2\langle E^*(\boldsymbol{r}_1,t_1)E(\boldsymbol{r}_2,t_2)\rangle]\end{aligned} \tag{4.1.3}$$

式中，右边第一、二项是 S_1 屏上分别只有狭缝 P_1 和 P_2 时，光场通过狭缝到达 P 处的光强，即

$$\langle I_i(\boldsymbol{r}_i,t_i)\rangle=|K_i|^2\langle|E(\boldsymbol{r}_i,t_i)|^2\rangle,\quad i=1,2 \tag{4.1.4}$$

式(4.1.3)右边的第三项属于交叉项，是引起观测屏上干涉效应的来源。

引入光场的经典一阶相关函数或者关联函数：

$$\Gamma^{(1)}(\boldsymbol{r}_1,t_1;\boldsymbol{r}_2,t_2)=\langle E^*(\boldsymbol{r}_1,t_1)E(\boldsymbol{r}_2,t_2)\rangle \tag{4.1.5}$$

则式(4.1.3)中的 $\langle E^*(\boldsymbol{r}_1,t_1)E(\boldsymbol{r}_1,t_1)\rangle$ 和 $\langle E^*(\boldsymbol{r}_2,t_2)E(\boldsymbol{r}_2,t_2)\rangle$ 称为经典一阶自相关函数。

对式(4.1.5)进行归一化，即可定义光场的经典一阶相干度为

$$\gamma^{(1)}(\boldsymbol{r}_1,t_1;\boldsymbol{r}_2,t_2)=\frac{\langle E^*(\boldsymbol{r}_1,t_1)E(\boldsymbol{r}_2,t_2)\rangle}{\sqrt{\langle|E(\boldsymbol{r}_1,t_1)|^2\rangle\langle|E(\boldsymbol{r}_2,t_2)|^2\rangle}} \tag{4.1.6}$$

令 $K_i=|K_i|\mathrm{e}^{\mathrm{i}\psi_i}\ (i=1,2)$，$\gamma^{(1)}(\boldsymbol{r}_1,t_1;\boldsymbol{r}_2,t_2)=|\gamma^{(1)}(\boldsymbol{r}_1,t_1;\boldsymbol{r}_2,t_2)|\mathrm{e}^{\mathrm{i}\varphi_{12}}$，则可将式(4.1.3)

改写为

$$\langle I(\boldsymbol{r},t)\rangle = \langle I_1\rangle + \langle I_2\rangle + 2\sqrt{\langle I_1\rangle\langle I_2\rangle}\left|\gamma^{(1)}(\boldsymbol{r}_1,t_1;\boldsymbol{r}_2,t_2)\right|\cos\varphi \tag{4.1.7}$$

式中，$\varphi = \varphi_{12} - (\psi_1 - \psi_2)$。

引入干涉条纹的可见度，即

$$V = \frac{\langle I\rangle_{\max} - \langle I\rangle_{\min}}{\langle I\rangle_{\max} + \langle I\rangle_{\min}} \tag{4.1.8}$$

由式(4.1.7)可得，干涉条纹的强度极值分别为

$$\langle I\rangle_{\max} = \langle I_1\rangle + \langle I_2\rangle + 2\sqrt{\langle I_1\rangle\langle I_2\rangle}\left|\gamma^{(1)}(\boldsymbol{r}_1,t_1;\boldsymbol{r}_2,t_2)\right| \tag{4.1.9a}$$

$$\langle I\rangle_{\min} = \langle I_1\rangle + \langle I_2\rangle - 2\sqrt{\langle I_1\rangle\langle I_2\rangle}\left|\gamma^{(1)}(\boldsymbol{r}_1,t_1;\boldsymbol{r}_2,t_2)\right| \tag{4.1.9b}$$

将式(4.1.9a)和式(4.1.9b)代入式(4.1.8)，干涉条纹的可见度(4.1.8)可转化为

$$V = \frac{2\sqrt{\langle I_1\rangle\langle I_2\rangle}\left|\gamma^{(1)}(\boldsymbol{r}_1,t_1;\boldsymbol{r}_2,t_2)\right|}{\langle I_1\rangle + \langle I_2\rangle} \tag{4.1.10}$$

在优化设计干涉仪时，使$\langle I_1\rangle = \langle I_2\rangle = I_0/2$，干涉条纹的可见度等于经典一阶相干度的绝对值，即$V = \left|\gamma^{(1)}(\boldsymbol{r}_1,t_1;\boldsymbol{r}_2,t_2)\right|$。此时，观测屏上光强的期望值为

$$\langle I(\boldsymbol{r},t)\rangle = I_0(1 + V\cos\varphi) \tag{4.1.11}$$

当$\left|\gamma^{(1)}(\boldsymbol{r}_1,t_1;\boldsymbol{r}_2,t_2)\right| \neq 0$时，将会产生干涉条纹。对$\left|\gamma^{(1)}(\boldsymbol{r}_1,t_1;\boldsymbol{r}_2,t_2)\right|$的大小来说，一阶相干性可分为三种情况：

$$\begin{cases} \left|\gamma^{(1)}(\boldsymbol{r}_1,t_1;\boldsymbol{r}_2,t_2)\right| = 1, & \text{完全相干光} \\ 0 < \left|\gamma^{(1)}(\boldsymbol{r}_1,t_1;\boldsymbol{r}_2,t_2)\right| < 1, & \text{部分相干光} \\ \left|\gamma^{(1)}(\boldsymbol{r}_1,t_1;\boldsymbol{r}_2,t_2)\right| = 0, & \text{完全不相干光} \end{cases} \tag{4.1.12}$$

4.1.2 一阶时间相干性

设一束相干单色平面光场沿 z 方向传播，为

$$E(z,t) = E_0 \mathrm{e}^{\mathrm{i}(kz-\omega t)} \tag{4.1.13}$$

则其经典一阶时间相关函数为

$$\langle E^*(z,t)E(z,t+\tau)\rangle = E_0^2 \mathrm{e}^{-\mathrm{i}\omega\tau} \tag{4.1.14}$$

从而可得

$$\gamma^{(1)}(z,t;z,t+\tau) = \gamma^{(1)}(\tau) = \mathrm{e}^{-\mathrm{i}\omega\tau} \tag{4.1.15}$$

因此$\left|\gamma^{(1)}(\tau)\right| = 1$，单色平面光具有完全时间相干性。

准相干单色平面光场[1]为

$$E(z,t)=E_0\mathrm{e}^{\mathrm{i}(kz-\omega t)}\mathrm{e}^{\mathrm{i}\phi(t)} \tag{4.1.16}$$

式中，相位 $\phi(t)$ 为范围在 $(0, 2\pi)$ 的随机阶跃函数(图 4.1.2)，在一定周期 τ_0 内为常数，τ_0 为相干时间。

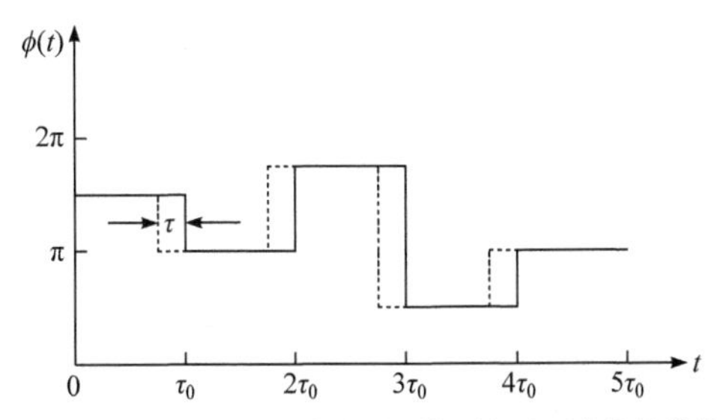

(a) $\phi(t)$(实线)和 $\phi(t)-\phi(t+\tau)$(虚线)随时间随机阶跃变化的随机相位

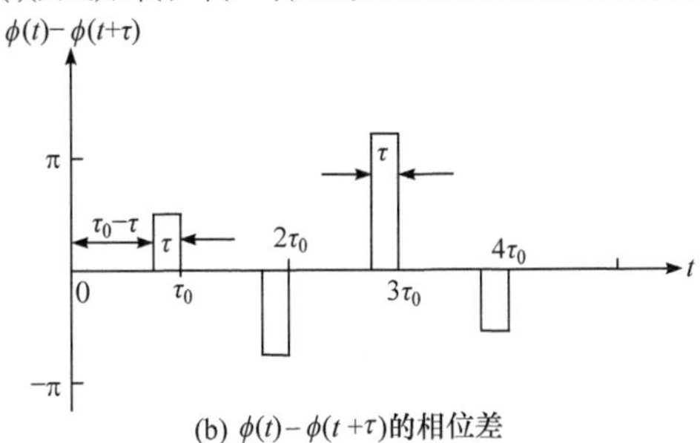

(b) $\phi(t)-\phi(t+\tau)$的相位差

图 4.1.2　随机阶跃函数

其一阶时间相关函数为

$$\langle E^*(z,t)E(z,t+\tau)\rangle=E_0^2\mathrm{e}^{-\mathrm{i}\omega\tau}\langle\mathrm{e}^{\mathrm{i}[\phi(t+\tau)-\phi(t)]}\rangle \tag{4.1.17}$$

从而可得

$$\gamma^{(1)}(\tau)=\mathrm{e}^{-\mathrm{i}\omega\tau}\lim_{T\to\infty}\frac{1}{T}\int_0^T\mathrm{e}^{\mathrm{i}[\phi(t+\tau)-\phi(t)]}\mathrm{d}t \tag{4.1.18}$$

当 $\tau<\tau_0$ 时，有

$$\phi(t)-\phi(t+\tau)=\begin{cases}0, & 0<t<\tau_0-\tau\\ \varDelta, & \tau_0-\tau<t<\tau_0\end{cases} \tag{4.1.19}$$

式中，$\varDelta$ 为范围在 $(-2\pi,2\pi)$ 的随机数。

在后续的相干时间间隔内也会出现同样的情况。对第一个相干时间间隔 τ_0 进行积分，可得

$$\begin{aligned}\frac{1}{\tau_0}\int_0^{\tau_0}\mathrm{e}^{\mathrm{i}[\phi(t+\tau)-\phi(t)]}\mathrm{d}t&=\frac{1}{\tau_0}\left(\int_0^{\tau_0-\tau}\mathrm{d}t+\int_{\tau_0-\tau}^{\tau_0}\mathrm{e}^{-\mathrm{i}\varDelta}\,\mathrm{d}t\right)\\&=\frac{\tau_0-\tau}{\tau_0}+\frac{\tau}{\tau_0}\mathrm{e}^{-\mathrm{i}\varDelta}\end{aligned} \tag{4.1.20}$$

整个积分的平均值则为

$$\lim_{T\to\infty}\frac{1}{T}\int_0^T \mathrm{e}^{\mathrm{i}[\phi(t+\tau)-\phi(t)]}\mathrm{d}t=\frac{\tau_0-\tau}{\tau_0} \tag{4.1.21}$$

因此

$$\gamma^{(1)}(\tau)=\begin{cases}\left(1-\dfrac{\tau}{\tau_0}\right)\mathrm{e}^{-\mathrm{i}\omega\tau}, & \tau<\tau_0\\ 0, & \tau\geqslant\tau_0\end{cases} \tag{4.1.22}$$

其绝对值为

$$\left|\gamma^{(1)}(\tau)\right|=\begin{cases}1-\dfrac{\tau}{\tau_0}, & \tau<\tau_0\\ 0, & \tau\geqslant\tau_0\end{cases} \tag{4.1.23}$$

可见，若$\tau\geqslant\tau_0$即时间延迟τ比相干时间τ_0长，则没有相干性。

4.2 光场的经典高阶相干性

光场的一阶相干度是光场幅度之间的关联，描述了不同时空点光场的相位相关程度，它只能区分不同光场的光谱性质，并不能描述不同时空点光强的关联，也不能区分具有不同光子统计性质的光场，因此对光场一阶相干度的讨论并不足以全面揭示光场的相干性质，对光场相干性质的进一步揭示需要讨论光场的高阶相干性。下面首先介绍光场的经典二阶相干性和N阶相干性，然后讨论 HBT 实验中光场的二阶相关函数。

4.2.1 光场的经典二阶相干性和 *N* 阶相干性

一般地，经典二阶相关函数是描述两个时空点$(\boldsymbol{r}_1,t_1)$和$(\boldsymbol{r}_2,t_2)$处的光强关联。其归一化后的经典二阶相关函数称为光场的二阶相干度。经典二阶相关函数和二阶相干度分别定义为

$$\begin{aligned}\Gamma^{(2)}(\boldsymbol{r}_1,t_1;\boldsymbol{r}_2,t_2)&=\langle I(\boldsymbol{r}_1,t_1)I(\boldsymbol{r}_2,t_2)\rangle\\&=\langle E^*(\boldsymbol{r}_1,t_1)E^*(\boldsymbol{r}_2,t_2)E(\boldsymbol{r}_2,t_2)E(\boldsymbol{r}_1,t_1)\rangle\end{aligned} \tag{4.2.1}$$

$$\begin{aligned}\gamma^{(2)}(\boldsymbol{r}_1,t_1;\boldsymbol{r}_2,t_2)&=\frac{\langle I(\boldsymbol{r}_1,t_1)I(\boldsymbol{r}_2,t_2)\rangle}{\langle I(\boldsymbol{r}_1,t_1)\rangle\langle I(\boldsymbol{r}_2,t_2)\rangle}\\&=\frac{\langle E^*(\boldsymbol{r}_1,t_1)E^*(\boldsymbol{r}_2,t_2)E(\boldsymbol{r}_2,t_2)E(\boldsymbol{r}_1,t_1)\rangle}{\langle|E(\boldsymbol{r}_1,t_1)|^2\rangle\langle|E(\boldsymbol{r}_2,t_2)|^2\rangle}\end{aligned} \tag{4.2.2}$$

当经典二阶相关函数可因式分解为 $\Gamma^{(2)}(\boldsymbol{r}_1,t_1;\boldsymbol{r}_2,t_2)=\langle I(\boldsymbol{r}_1,t_1)\rangle\langle I(\boldsymbol{r}_2,t_2)\rangle=\Gamma^{(1)}(\boldsymbol{r}_1,t_1;\boldsymbol{r}_1,t_1)\Gamma^{(1)}(\boldsymbol{r}_2,t_2;\boldsymbol{r}_2,t_2)$ 时，光场满足 $\gamma^{(2)}(\boldsymbol{r}_1,t_1;\boldsymbol{r}_2,t_2)=1$ 和 $\left|\gamma^{(1)}(\boldsymbol{r}_1,t_1;\boldsymbol{r}_2,t_2)\right|=1$，说明两个光场 $I(\boldsymbol{r}_1,t_1)$ 和 $I(\boldsymbol{r}_2,t_2)$ 彼此独立，没有关联，称为二阶相干光场。不可因式分解，即 $\Gamma^{(2)}(\boldsymbol{r}_1,t_1;\boldsymbol{r}_2,t_2)\neq\langle I(\boldsymbol{r}_1,t_1)\rangle\langle I(\boldsymbol{r}_2,t_2)\rangle$ 时，光场分别对应二阶正关联 $\gamma^{(2)}(\boldsymbol{r}_1,t_1;\boldsymbol{r}_2,t_2)>1$ 和二阶反关联 $\gamma^{(2)}(\boldsymbol{r}_1,t_1;\boldsymbol{r}_2,t_2)<1$。

当 $N>2$ 时，光场的 N 阶相关函数定义为

$$\begin{aligned}\Gamma^{(N)}(\boldsymbol{r}_1,t_1;\boldsymbol{r}_2,t_2;\cdots;\boldsymbol{r}_N,t_N)&=\langle I(\boldsymbol{r}_1,t_1)I(\boldsymbol{r}_2,t_2)\cdots I(\boldsymbol{r}_N,t_N)\rangle\\&=\langle E^*(\boldsymbol{r}_1,t_1)E^*(\boldsymbol{r}_2,t_2)\cdots E^*(\boldsymbol{r}_N,t_N)E(\boldsymbol{r}_N,t_N)\cdots E(\boldsymbol{r}_2,t_2)E(\boldsymbol{r}_1,t_1)\rangle\end{aligned}\tag{4.2.3}$$

光场的 N 阶相干度定义为

$$\begin{aligned}\gamma^{(N)}(\boldsymbol{r}_1,t_1;\boldsymbol{r}_2,t_2;\cdots;\boldsymbol{r}_N,t_N)&=\frac{\langle I(\boldsymbol{r}_1,t_1)I(\boldsymbol{r}_2,t_2)\cdots I(\boldsymbol{r}_N,t_N)\rangle}{\langle I(\boldsymbol{r}_1,t_1)\rangle\langle I(\boldsymbol{r}_2,t_2)\rangle\cdots\langle I(\boldsymbol{r}_N,t_N)\rangle}\\&=\frac{\langle E^*(\boldsymbol{r}_1,t_1)E^*(\boldsymbol{r}_2,t_2)\cdots E^*(\boldsymbol{r}_N,t_N)E(\boldsymbol{r}_N,t_N)\cdots E(\boldsymbol{r}_2,t_2)E(\boldsymbol{r}_1,t_1)\rangle}{\langle E^*(\boldsymbol{r}_1,t_1)E(\boldsymbol{r}_1,t_1)\rangle\langle E^*(\boldsymbol{r}_2,t_2)E(\boldsymbol{r}_2,t_2)\rangle\cdots\langle E^*(\boldsymbol{r}_N,t_N)E(\boldsymbol{r}_N,t_N)\rangle}\end{aligned}\tag{4.2.4}$$

由于相干态光场的 N 阶相关函数可因式分解为 N 个独立的一阶自相关函数，所以相干光的 N 阶相干度为

$$\gamma_{\text{coh}}^{(N)}(\boldsymbol{r}_1,t_1;\boldsymbol{r}_2,t_2;\cdots;\boldsymbol{r}_N,t_N)=1\tag{4.2.5}$$

4.2.2　Hanbury Brown-Twiss 实验

在杨氏双缝干涉实验中，经典一阶相关函数 $\Gamma^{(1)}(\boldsymbol{r}_1,t_1;\boldsymbol{r}_2,t_2)$ 和一阶相干度 $\gamma^{(1)}(\boldsymbol{r}_1,t_1;\boldsymbol{r}_2,t_2)$ 不是在两时空点 $(\boldsymbol{r}_1,t_1)$ 和 $(\boldsymbol{r}_2,t_2)$ 直接测得的，而是由时空坐标 $(\boldsymbol{r}_1,t_1)$ 和 $(\boldsymbol{r}_2,t_2)$ 处的光场 $E(\boldsymbol{r}_1,t_1)$ 和 $E(\boldsymbol{r}_2,t_2)$ 在时空坐标 $(\boldsymbol{r},t)$ 处叠加，通过一个光探测器在空间坐标 $\boldsymbol{r}$ 和延迟的时间坐标 t 进行测量得到的。

经典二阶相关函数和二阶相干度是由两个光探测器分别置于两时空点 $(\boldsymbol{r}_1,t_1)$ 和 $(\boldsymbol{r}_2,t_2)$ 并通过符合电路直接测得的。图 4.2.1 表示一个测量光的二阶相关函数以及二阶相干度的 HBT 实验示意图，其于 20 世纪 50 年代首先被 Hanbury Brown 和 Twiss 实验实现[1-5, 13-16]。该实验装置使用置于双缝后面的两个独立光探测器对发生在时空坐标 $(\boldsymbol{r}_1,t_1)$ 和 $(\boldsymbol{r}_2,t_2)$ 处的两个不同事件进行符合测量。此时，实验实际测量的是同时或是在延迟时间内的符合计数率，即只有延迟时间 t 小于入射光的相干时间 τ_c，进入两探测器的光子才被关联实验统计。

符合计数率将正比于两个时空点光强关联的时间平均或系综平均，即经典二阶相关函数：

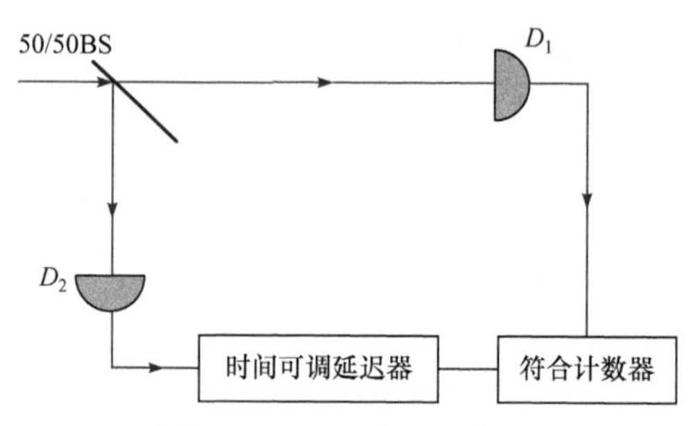

图 4.2.1　HBT 实验示意图

$$\Gamma^{(2)}(t,t+\tau)=\langle I(t)I(t+\tau)\rangle \tag{4.2.6}$$

式中，$I(t)$ 和 $I(t+\tau)$ 分别为两个探测器上的瞬时光强。

假设光场是稳恒的，则经典二阶相干度为

$$\gamma^{(2)}(\tau)=\frac{\langle I(t)I(t+\tau)\rangle}{\langle I(t)\rangle\langle I(t+\tau)\rangle}=\frac{\langle E^*(t)E^*(t+\tau)E(t+\tau)E(t)\rangle}{\langle |E(t)|^2\rangle\langle |E(t+\tau)|^2\rangle} \tag{4.2.7}$$

当 $\tau=0$ 时，式(4.2.7)将成为

$$\gamma^{(2)}(0)=\frac{\langle I^2(t)\rangle}{\langle I(t)\rangle^2} \tag{4.2.8}$$

测量一系列时间点 $t_1,t_2,\cdots,t_N$ 的光强值，其光强平均值为

$$\langle I(t)\rangle=\frac{I(t_1)+I(t_2)+\cdots+I(t_N)}{N} \tag{4.2.9}$$

$$\langle I^2(t)\rangle=\frac{I^2(t_1)+I^2(t_2)+\cdots+I^2(t_N)}{N} \tag{4.2.10}$$

只考虑在时间点 t_1 和 t_2 的两次测量，利用柯西-施瓦茨不等式，可得

$$[I(t_1)I(t_2)]^2\leqslant I^2(t_1)I^2(t_2) \tag{4.2.11}$$

从而有

$$\langle I(t)\rangle^2\leqslant\langle I^2(t)\rangle \tag{4.2.12}$$

因此

$$\gamma^{(2)}(0)\geqslant 1 \tag{4.2.13}$$

同样，利用柯西-施瓦茨不等式：

$$\begin{aligned}&[I(t_1)I(t_1+\tau)+\cdots+I(t_N)I(t_N+\tau)]^2\\ \leqslant&[I^2(t_1)+\cdots+I^2(t_N)][I^2(t_1+\tau)+\cdots+I^2(t_N+\tau)]\end{aligned} \tag{4.2.14}$$

对于一系列光强值测量，可得到关系式：

$$\langle I(t)I(t+\tau)\rangle\leqslant\langle I^2(t)\rangle \tag{4.2.15}$$

由式(4.2.7)可知，当延迟时间$\tau \neq 0$时，光强的二阶相干度满足

$$\gamma^{(2)}(\tau) \leqslant \gamma^{(2)}(0) \tag{4.2.16}$$

对于大量独立辐射构成的混合光源，可以证明二阶相干度与一阶相干度满足

$$\gamma^{(2)}(\tau) = 1 + \left|\gamma^{(1)}(\tau)\right|^2 \tag{4.2.17}$$

由于一阶相干度满足$0 \leqslant \left|\gamma^{(1)}(\boldsymbol{r}_1,t_1;\boldsymbol{r}_2,t_2)\right| \leqslant 1$，所以混合光源的二阶相干度为

$$1 \leqslant \gamma^{(2)}(\boldsymbol{r}_1,t_1;\boldsymbol{r}_2,t_2) \leqslant 2 \tag{4.2.18}$$

可见，对于经典光场，$\gamma^{(2)}(\tau)$总是大于或等于 1。

4.3　光场相干性的量子理论

4.3.1　光子的探测过程和量子一阶相干性

对光的探测过程是探测器原子吸收光子并发射光电子的过程，其原理是光电效应，光场的量子特性通过光电效应的量子性体现[1-7, 13-16]。

当光场量子化时，电场算符可以分解成正频部分$\hat{\boldsymbol{E}}^{(+)}(\boldsymbol{r},t)$和负频部分$\hat{\boldsymbol{E}}^{(-)}(\boldsymbol{r},t)$。在光的吸收和探测过程中，光子发生湮没，只有场的正频部分起作用，从而导致探测过程在$\hat{\boldsymbol{E}}^{(+)}(\boldsymbol{r},t)$和$\hat{\boldsymbol{E}}^{(-)}(\boldsymbol{r},t)$之间引入不对称性，实际探测的光场对应于正频部分算符$\hat{\boldsymbol{E}}^{(+)}(\boldsymbol{r},t)$，而不是整个场算符。这就是光测量的量子理论和经典理论的根本区别，对光场的量子统计特性进行研究均以此为出发点。

从微观意义上讲，理想的光探测器尺寸非常小，其灵敏度不依赖光子的频率，在受到光子激发后，由基态跃迁到有很宽频率响应的激发态。单个原子可以选为理想的光探测器。忽略原子受激辐射过程的影响，可以认为作为探测器的原子总是处于基态。对入射光场来说，它只发生吸收光子的过程，而不发射与入射光频率相同和传播方向一致的光子。

在电偶极近似情况下，单原子探测器与某时空点$(\boldsymbol{r},t)$处量子化光场的相互作用哈密顿量可表示为

$$\hat{V} = -\hat{\boldsymbol{D}} \cdot \hat{\boldsymbol{E}}(\boldsymbol{r},t) \tag{4.3.1}$$

式中，$\hat{\boldsymbol{D}}$为原子电偶极矩算符，$\hat{\boldsymbol{E}}(\boldsymbol{r},t)$为时空点$(\boldsymbol{r},t)$处的电场强度算符，可表示为

$$\hat{\boldsymbol{E}}(\boldsymbol{r},t) = \hat{\boldsymbol{E}}^{(+)}(\boldsymbol{r},t) + \hat{\boldsymbol{E}}^{(-)}(\boldsymbol{r},t) \tag{4.3.2}$$

其中

$$\hat{\boldsymbol{E}}^{(+)}(\boldsymbol{r},t) = \mathrm{i}\sum_{\boldsymbol{k},s}\left(\frac{\hbar\omega_k}{2\varepsilon_0 V}\right)^{1/2} \boldsymbol{e}_{\boldsymbol{k},s}\hat{a}_{\boldsymbol{k},s}\mathrm{e}^{\mathrm{i}(\boldsymbol{k}\cdot\boldsymbol{r}-\omega_k t)} \tag{4.3.3}$$

$$\hat{\boldsymbol{E}}^{(-)}(\boldsymbol{r},t)=[\hat{\boldsymbol{E}}^{(+)}(\boldsymbol{r},t)]^{\dagger} \tag{4.3.4}$$

当原子从入射光场中吸收一个光子由基态$|g\rangle$跃迁到某个激发态$|e\rangle$时，光场从初态$|i\rangle$跃迁到终态$|f\rangle$。根据量子力学的微扰理论，在一级近似情况下，单位时间原子的跃迁概率正比于跃迁矩阵元，即

$$\left|\langle e|\hat{\boldsymbol{D}}(\boldsymbol{r},t)|g\rangle\right|^2\left|\langle f|\hat{\boldsymbol{E}}^{(+)}(\boldsymbol{r},t)|i\rangle\right|^2 \tag{4.3.5}$$

实际上，研究人员通常只关注探测器的终态，而对光场的终态不感兴趣，所有可能的各种终态都对总计数率有贡献，因此需要将式(4.3.5)对所有可能的光场终态$|f\rangle$求和。故单位时间光场从初态$|i\rangle$跃迁到所有终态$|f\rangle$的总跃迁概率正比于

$$\begin{aligned}\sum_f\left|\langle f|\hat{\boldsymbol{E}}^{(+)}(\boldsymbol{r},t)|i\rangle\right|^2&=\sum_f\langle i|\hat{\boldsymbol{E}}^{(-)}(\boldsymbol{r},t)|f\rangle\langle f|\hat{\boldsymbol{E}}^{(+)}(\boldsymbol{r},t)|i\rangle\\&=\langle i|\hat{\boldsymbol{E}}^{(-)}(\boldsymbol{r},t)\hat{\boldsymbol{E}}^{(+)}(\boldsymbol{r},t)|i\rangle\end{aligned} \tag{4.3.6}$$

式中，利用到完备性关系

$$\sum_f|f\rangle\langle f|=\hat{I} \tag{4.3.7}$$

式(4.3.6)表明，跃迁概率正比于算符关联$\hat{\boldsymbol{E}}^{(-)}(\boldsymbol{r},t)\hat{\boldsymbol{E}}^{(+)}(\boldsymbol{r},t)$在光场初态$|i\rangle$处于纯态时的期望值。当光场初态处于混合态$\hat{\boldsymbol{\rho}}=\sum_i P_i|i\rangle\langle i|$时，式(4.3.6)可表示为

$$\begin{aligned}\sum_i P_i\langle i|\hat{\boldsymbol{E}}^{(-)}(\boldsymbol{r},t)\hat{\boldsymbol{E}}^{(+)}(\boldsymbol{r},t)|i\rangle&=\mathrm{Tr}[\hat{\boldsymbol{\rho}}\,\hat{\boldsymbol{E}}^{(-)}(\boldsymbol{r},t)\hat{\boldsymbol{E}}^{(+)}(\boldsymbol{r},t)]\\&=\langle\hat{\boldsymbol{E}}^{(-)}(\boldsymbol{r},t)\hat{\boldsymbol{E}}^{(+)}(\boldsymbol{r},t)\rangle\end{aligned} \tag{4.3.8}$$

为方便起见，略去矢量记号，将$\hat{\boldsymbol{E}}(\boldsymbol{r},t)$写为$\hat{E}(\boldsymbol{r},t)$。

根据上述关系式，可以定义不同时空点$(\boldsymbol{r}_1,t_1)$、$(\boldsymbol{r}_2,t_2)$处的量子一阶相关函数为

$$\begin{aligned}G^{(1)}(\boldsymbol{r}_1,t_1;\boldsymbol{r}_2,t_2)&=\langle\hat{E}^{(-)}(\boldsymbol{r}_1,t_1)\hat{E}^{(+)}(\boldsymbol{r}_2,t_2)\rangle\\&=\mathrm{Tr}[\hat{\boldsymbol{\rho}}\hat{E}^{(-)}(\boldsymbol{r}_1,t_1)\hat{E}^{(+)}(\boldsymbol{r}_2,t_2)]\end{aligned} \tag{4.3.9a}$$

$$\begin{aligned}G^{(1)}(\boldsymbol{r}_2,t_2;\boldsymbol{r}_1,t_1)&=\langle\hat{E}^{(-)}(\boldsymbol{r}_2,t_2)\hat{E}^{(+)}(\boldsymbol{r}_1,t_1)\rangle\\&=[G^{(1)}(\boldsymbol{r}_1,t_1;\boldsymbol{r}_2,t_2)]^*\end{aligned} \tag{4.3.9b}$$

相应地，对式(4.3.9a)和式(4.3.9b)进行归一化，光场量子一阶相干度定义为

$$\begin{aligned}g^{(1)}(\boldsymbol{r}_1,t_1;\boldsymbol{r}_2,t_2)&=\frac{\langle\hat{E}^{(-)}(\boldsymbol{r}_1,t_1)\hat{E}^{(+)}(\boldsymbol{r}_2,t_2)\rangle}{[\langle\hat{E}^{(-)}(\boldsymbol{r}_1,t_1)\hat{E}^{(+)}(\boldsymbol{r}_1,t_1)\rangle\langle\hat{E}^{(-)}(\boldsymbol{r}_2,t_2)\hat{E}^{(+)}(\boldsymbol{r}_2,t_2)\rangle]^{1/2}}\\&=\frac{G^{(1)}(\boldsymbol{r}_1,t_1;\boldsymbol{r}_2,t_2)}{[G^{(1)}(\boldsymbol{r}_1,t_1;\boldsymbol{r}_1,t_1)G^{(1)}(\boldsymbol{r}_2,t_2;\boldsymbol{r}_2,t_2)]^{1/2}}\end{aligned} \tag{4.3.10}$$

一般地，$G^{(1)}(\boldsymbol{r}_1,t_1;\boldsymbol{r}_2,t_2)$满足柯西-施瓦茨不等式，即

$$\left|G^{(1)}(\boldsymbol{r}_1,t_1;\boldsymbol{r}_2,t_2)\right|^2 \leqslant \left|G^{(1)}(\boldsymbol{r}_1,t_1;\boldsymbol{r}_1,t_1)G^{(1)}(\boldsymbol{r}_2,t_2;\boldsymbol{r}_2,t_2)\right| \tag{4.3.11}$$

因此有

$$0 \leqslant \left|g^{(1)}(\boldsymbol{r}_1,t_1;\boldsymbol{r}_2,t_2)\right| \leqslant 1 \tag{4.3.12}$$

与经典情况相类似，根据$\left|g^{(1)}(\boldsymbol{r}_1,t_1;\boldsymbol{r}_2,t_2)\right|$的大小，将量子一阶相干性分为

$$\begin{cases} \left|g^{(1)}(\boldsymbol{r}_1,t_1;\boldsymbol{r}_2,t_2)\right| = 1, & \text{完全相干光} \\ 0 < \left|g^{(1)}(\boldsymbol{r}_1,t_1;\boldsymbol{r}_2,t_2)\right| < 1, & \text{部分相干光} \\ \left|g^{(1)}(\boldsymbol{r}_1,t_1;\boldsymbol{r}_2,t_2)\right| = 0, & \text{完全不相干光} \end{cases} \tag{4.3.13}$$

由式(4.3.10)可知，当$t_1 = t_2$时，表示空间相干性；当$r_1 = r_2$时，表示时间相干性。影响光场一阶相干度的因素不仅包括通过两时空点时空间分离的远近和时间延迟的长短，而且包括光场的量子状态。

4.3.2　量子二阶相干性和 *N* 阶相干性

结合光场的量子一阶相关函数和经典二阶相关函数，可以得到量子二阶相关函数[1-5, 13-16]。根据光电探测的量子理论，符合计数器是对在时空点$(\boldsymbol{r}_1,t_1)$和$(\boldsymbol{r}_2,t_2)$处观测到两个光子的联合探测事件的概率进行度量，其正比于光场在时空点$(\boldsymbol{r}_1,t_1)$和$(\boldsymbol{r}_2,t_2)$各湮没一个光子而从初态$|i\rangle$跃迁到终态$|f\rangle$的概率。

$$\left|\langle f|\hat{E}^{(+)}(\boldsymbol{r}_2,t_2)\hat{E}^{(+)}(\boldsymbol{r}_1,t_1)|i\rangle\right|^2 \tag{4.3.14}$$

对光场的所有终态$|f\rangle$求和，可得

$$\sum_f \left|\langle f|\hat{E}^{(+)}(\boldsymbol{r}_2,t_2)\hat{E}^{(+)}(\boldsymbol{r}_1,t_1)|i\rangle\right|^2 = \langle i|\hat{E}^{(-)}(\boldsymbol{r}_1,t_1)\hat{E}^{(-)}(\boldsymbol{r}_2,t_2)\hat{E}^{(+)}(\boldsymbol{r}_2,t_2)\hat{E}^{(+)}(\boldsymbol{r}_1,t_1)|i\rangle \tag{4.3.15}$$

将光场从纯态$|i\rangle$推广到混合态$\hat{\boldsymbol{\rho}}$，定义光场的量子二阶相关函数或量子二阶关联函数为

$$\begin{aligned} G^{(2)}(\boldsymbol{r}_1,t_1;\boldsymbol{r}_2,t_2) &= \langle \hat{E}^{(-)}(\boldsymbol{r}_1,t_1)\hat{E}^{(-)}(\boldsymbol{r}_2,t_2)\hat{E}^{(+)}(\boldsymbol{r}_2,t_2)\hat{E}^{(+)}(\boldsymbol{r}_1,t_1)\rangle \\ &= \mathrm{Tr}[\hat{\boldsymbol{\rho}}\hat{E}^{(-)}(\boldsymbol{r}_1,t_1)\hat{E}^{(-)}(\boldsymbol{r}_2,t_2)\hat{E}^{(+)}(\boldsymbol{r}_2,t_2)\hat{E}^{(+)}(\boldsymbol{r}_1,t_1)] \end{aligned} \tag{4.3.16}$$

则光场的量子二阶相干度为

$$\begin{aligned} g^{(2)}(\boldsymbol{r}_1,t_1;\boldsymbol{r}_2,t_2) &= \frac{G^{(2)}(\boldsymbol{r}_1,t_1;\boldsymbol{r}_2,t_2)}{G^{(1)}(\boldsymbol{r}_1,t_1;\boldsymbol{r}_1,t_1)G^{(1)}(\boldsymbol{r}_2,t_2;\boldsymbol{r}_2,t_2)} \\ &= \frac{\mathrm{Tr}[\hat{\boldsymbol{\rho}}\hat{E}^{(-)}(\boldsymbol{r}_1,t_1)\hat{E}^{(-)}(\boldsymbol{r}_2,t_2)\hat{E}^{(+)}(\boldsymbol{r}_2,t_2)\hat{E}^{(+)}(\boldsymbol{r}_1,t_1)]}{\mathrm{Tr}[\hat{\boldsymbol{\rho}}\hat{E}^{(-)}(\boldsymbol{r}_1,t_1)\hat{E}^{(+)}(\boldsymbol{r}_1,t_1)]\mathrm{Tr}[\hat{\boldsymbol{\rho}}\hat{E}^{(-)}(\boldsymbol{r}_2,t_2)\hat{E}^{(+)}(\boldsymbol{r}_2,t_2)]} \end{aligned} \tag{4.3.17}$$

若量子光场同时满足$\left|g^{(1)}(\boldsymbol{r}_1,t_1;\boldsymbol{r}_2,t_2)\right|=1$和$g^{(2)}(\boldsymbol{r}_1,t_1;\boldsymbol{r}_2,t_2)=1$，则称该光场为量子二阶相干光场。由式(4.3.17)可知，量子二阶相干光场成立的充要条件为

$$G^{(2)}(\boldsymbol{r}_1,t_1;\boldsymbol{r}_2,t_2)=G^{(1)}(\boldsymbol{r}_1,t_1;\boldsymbol{r}_1,t_1)G^{(1)}(\boldsymbol{r}_2,t_2;\boldsymbol{r}_2,t_2) \tag{4.3.18}$$

即量子二阶相关函数可分解为两个时空点的一阶自相关函数的乘积。

对于空间固定的某位置点，其二阶相干度$g^{(2)}$仅与时间延迟$\tau=t_2-t_1$有关，可以简化为

$$g^{(2)}(\tau)=\frac{\langle\hat{E}^{(-)}(t)\hat{E}^{(-)}(t+\tau)\hat{E}^{(+)}(t+\tau)\hat{E}^{(+)}(t)\rangle}{\langle\hat{E}^{(-)}(t)\hat{E}^{(+)}(t)\rangle\langle\hat{E}^{(-)}(t+\tau)\hat{E}^{(+)}(t+\tau)\rangle} \tag{4.3.19}$$

现在将量子二阶相干性推广到N阶。量子光学中光场的量子N阶相关函数定义为

$$\begin{aligned}&G^{(N)}(\boldsymbol{r}_1,t_1;\boldsymbol{r}_2,t_2;\cdots;\boldsymbol{r}_N,t_N)\\&=\langle\hat{E}^{(-)}(\boldsymbol{r}_1,t_1)\hat{E}^{(-)}(\boldsymbol{r}_2,t_2)\cdots\hat{E}^{(-)}(\boldsymbol{r}_N,t_N)\hat{E}^{(+)}(\boldsymbol{r}_N,t_N)\cdots\hat{E}^{(+)}(\boldsymbol{r}_2,t_2)\hat{E}^{(+)}(\boldsymbol{r}_1,t_1)\rangle\end{aligned} \tag{4.3.20}$$

则光场的量子N阶相干度为

$$g^{(N)}(\boldsymbol{r}_1,t_1;\boldsymbol{r}_2,t_2;\cdots;\boldsymbol{r}_N,t_N)=\frac{G^{(N)}(\boldsymbol{r}_1,t_1;\boldsymbol{r}_2,t_2;\cdots;\boldsymbol{r}_N,t_N)}{G^{(1)}(\boldsymbol{r}_1,t_1;\boldsymbol{r}_1,t_1)G^{(1)}(\boldsymbol{r}_2,t_2;\boldsymbol{r}_2,t_2)\cdots G^{(1)}(\boldsymbol{r}_N,t_N;\boldsymbol{r}_N,t_N)} \tag{4.3.21}$$

将所有满足

$$\left|g^{(N)}(\boldsymbol{r}_1,t_1;\boldsymbol{r}_2,t_2;\cdots;\boldsymbol{r}_N,t_N)\right|=1,\quad N\geqslant 1 \tag{4.3.22}$$

的光场，称为N阶相干光场。当$N\to\infty$时，式(4.3.22)仍然成立，则称该各阶光场是完全相干的。由式(4.3.21)可知，N阶相干光场成立的充要条件为

$$G^{(N)}(\boldsymbol{r}_1,t_1;\boldsymbol{r}_2,t_2;\cdots;\boldsymbol{r}_N,t_N)=G^{(1)}(\boldsymbol{r}_1,t_1;\boldsymbol{r}_1,t_1)G^{(1)}(\boldsymbol{r}_2,t_2;\boldsymbol{r}_2,t_2)\cdots G^{(1)}(\boldsymbol{r}_N,t_N;\boldsymbol{r}_N,t_N) \tag{4.3.23}$$

即各高阶相关函数均可分解为各时空点的一阶自相关函数的乘积。相干态光场满足式(4.3.23)，因此是完全相干的。

4.3.3 光子的聚束效应和反聚束效应

现在讨论关于量子一阶相干性和二阶相干性的例子。

对于以波矢$\boldsymbol{k}$传播的单模平面行波场，该电场算符的正频部分为

$$\hat{E}^{(+)}(\boldsymbol{r},t)=\mathrm{i}E_0\hat{a}\,\mathrm{e}^{\mathrm{i}(\boldsymbol{k}\cdot\boldsymbol{r}-\omega t)} \tag{4.3.24}$$

式中，$E_0=\left(\dfrac{\hbar\omega}{2\varepsilon_0 V}\right)^{1/2}$，$V$为量子化体积。

试分别计算单模光子数态$|n\rangle$、单模相干态$|\alpha\rangle$和单模热光场态下的量子一阶相干度和二阶相干度。

当光场处于单模光子数态$|n\rangle$时，有

$$\begin{aligned}G^{(1)}(\boldsymbol{r}_1,t_1;\boldsymbol{r}_2,t_2)&=\langle\hat{E}^{(-)}(\boldsymbol{r}_1,t_1)\hat{E}^{(+)}(\boldsymbol{r}_2,t_2)\rangle\\&=\left\langle n\right|\hat{E}^{(-)}(\boldsymbol{r}_1,t_1)\hat{E}^{(+)}(\boldsymbol{r}_2,t_2)\left|n\right\rangle\\&=E_0^2 n\exp\{\mathrm{i}[\boldsymbol{k}\cdot(\boldsymbol{r}_2-\boldsymbol{r}_1)-\omega(t_2-t_1)]\}\end{aligned}\tag{4.3.25}$$

$$G^{(1)}(\boldsymbol{r}_1,t_1;\boldsymbol{r}_1,t_1)=G^{(1)}(\boldsymbol{r}_2,t_2;\boldsymbol{r}_2,t_2)=E_0^2 n\tag{4.3.26}$$

其一阶相干度为

$$g^{(1)}(\boldsymbol{r}_1,t_1;\boldsymbol{r}_2,t_2)=\exp\{\mathrm{i}[\boldsymbol{k}\cdot(\boldsymbol{r}_2-\boldsymbol{r}_1)-\omega(t_2-t_1)]\}\tag{4.3.27}$$

$$\left|g^{(1)}(\boldsymbol{r}_1,t_1;\boldsymbol{r}_2,t_2)\right|=1\tag{4.3.28}$$

其二阶相干度为

$$g^{(2)}(\tau)=\frac{\langle\hat{a}^\dagger\hat{a}^\dagger\hat{a}\hat{a}\rangle}{\langle\hat{a}^\dagger\hat{a}\rangle^2}=\frac{\langle\hat{n}(\hat{n}-1)\rangle}{\langle\hat{n}\rangle^2}=1+\frac{\langle(\Delta\hat{n})^2\rangle-\langle\hat{n}\rangle}{\langle\hat{n}\rangle^2}\tag{4.3.29}$$

此时$g^{(2)}(\tau)$与τ无关。在单模光子数态$|n\rangle$下，可得

$$g^{(2)}(\tau)=\begin{cases}0, & n=0,1\\ 1-\dfrac{1}{n}, & n\geqslant 2\end{cases}\tag{4.3.30}$$

即对于单模光子数态，$g^{(2)}(\tau)<1$。

同样，可以求出光场处于单模相干态$|\alpha\rangle$下，量子一阶相干度和二阶相干度分别为

$$g^{(1)}(\boldsymbol{r}_1,t_1;\boldsymbol{r}_2,t_2)=\exp\{\mathrm{i}[\boldsymbol{k}\cdot(\boldsymbol{r}_2-\boldsymbol{r}_1)-\omega(t_2-t_1)]\}\tag{4.3.31}$$

$$\left|g^{(1)}(\boldsymbol{r}_1,t_1;\boldsymbol{r}_2,t_2)\right|=1\tag{4.3.32}$$

$$g^{(2)}(\tau)=1\tag{4.3.33}$$

对于由下列密度算符描述的单模热光场态：

$$\hat{\boldsymbol{\rho}}=\frac{1}{\overline{n}+1}\sum_{n=0}^{\infty}\frac{\overline{n}^n}{(\overline{n}+1)^n}\left|n\right\rangle\left\langle n\right|\tag{4.3.34}$$

可以求出

$$\begin{aligned}G^{(1)}(\boldsymbol{r}_1,t_1;\boldsymbol{r}_2,t_2)&=\mathrm{Tr}[\hat{\boldsymbol{\rho}}\hat{E}^{(-)}(\boldsymbol{r}_1,t_1)\hat{E}^{(+)}(\boldsymbol{r}_2,t_2)]\\&=E_0^2\overline{n}\exp\{\mathrm{i}[\boldsymbol{k}\cdot(\boldsymbol{r}_2-\boldsymbol{r}_1)-\omega(t_2-t_1)]\}\end{aligned}\tag{4.3.35}$$

$$G^{(1)}(\boldsymbol{r}_1,t_1;\boldsymbol{r}_1,t_1)=G^{(1)}(\boldsymbol{r}_2,t_2;\boldsymbol{r}_2,t_2)=E_0^2\overline{n}\tag{4.3.36}$$

式中，$\bar{n}$ 为热光场态中光子数的平均值。

因此，其量子一阶相干度为

$$g^{(1)}(\boldsymbol{r}_1,t_1;\boldsymbol{r}_2,t_2)=\exp\{\mathrm{i}[\boldsymbol{k}\cdot(\boldsymbol{r}_2-\boldsymbol{r}_1)-\omega(t_2-t_1)]\} \tag{4.3.37}$$

$$\left|g^{(1)}(\boldsymbol{r}_1,t_1;\boldsymbol{r}_2,t_2)\right|=1 \tag{4.3.38}$$

结合 2.6 节热光场态的分析，根据式(2.6.23)，可得

$$(\Delta n)^2=\langle\hat{n}^2\rangle-\langle\hat{n}\rangle^2=\bar{n}(\bar{n}+1) \tag{4.3.39}$$

故单模热光场态的二阶相干度为

$$g^{(2)}(\tau)=2 \tag{4.3.40}$$

由此可知，当单模量子光场分别处于单模光子数态$|n\rangle$、单模相干态$|\alpha\rangle$和单模热光场态时，均具有相同的一阶相干性和不同的二阶相干性。也就是说，只利用一阶相干度不能区分具有不同性质的量子态，要区分具有不同光子统计性质的光场，必须使用光场的量子二阶或高阶相干性。因此，利用光场的量子二阶相干性可以区分不同光子统计性质的光子数态、相干态和热光场态。表 4.3.1 列出了经典光场与非经典光场的统计特性。

表 4.3.1 经典光场与非经典光场的统计特性

光场类型	二阶相干度	是否有聚束特性	统计分布
热光场态	$g^{(2)}(0)>1$	聚束效应	超泊松分布
相干态	$g^{(2)}(0)=1$	无聚束效应和反聚束效应(随机)	泊松分布
光子数态	$0\leqslant g^{(2)}(0)<1$	反聚束效应	亚泊松分布

相干态光场既是一阶相干光场$\left|g^{(1)}\right|=1$，又是二阶相干光场$g^{(2)}(0)=1$，其光子数分布服从泊松分布，光子随机到达探测器。将光场的二阶相干度$g^{(2)}(0)>1$且有$g^{(2)}(\tau)<g^{(2)}(0)$的光场态称为光子聚束效应，光子趋向于成群地到达探测器。将满足$0\leqslant g^{(2)}(0)<1$且有$g^{(2)}(\tau)>g^{(2)}(0)$的光场态称为光子反聚束效应，光子趋向于时间上等间隔到达探测器。由于$g^{(2)}(0)<1$超过了光场的经典二阶相干度范围($1<\gamma^{(2)}(0)<\infty$)，所以把光子的反聚束效应看作一种非经典现象[1-5, 13-16]。

对于单模光场，$g^{(2)}(0)<1$对应$\langle(\Delta\hat{n})^2\rangle<\langle\hat{n}\rangle$，表明对单模光场而言，光场光子的反聚束效应对应光子数的亚泊松分布。

光子的反聚束效应是最先在实验室中观测到的光场的非经典效应，这一现象是 1976 年由 Kimble 等在原子的共振荧光实验中观察到的。

4.3.4 多模量子化热光场分析

对于多模热光场态，因每个模式彼此独立，可求出其一阶相干度为

$$g^{(1)}(\tau)=\frac{\sum_k \overline{n}_k\omega_k \exp(-\mathrm{i}\omega_k\tau)}{\sum_k \overline{n}_k\omega_k} \tag{4.3.41}$$

式中，$\tau=t_2-t_1-(z_2-z_1)/c$。

由式(4.3.41)可知，要计算出 $g^{(1)}(\tau)$，就需要知道光场的频谱分布[5, 13, 16]。对于均匀加宽的热光场，其光束光强满足洛伦兹分布，即

$$\overline{n}_k\omega_k=\frac{\gamma/\pi}{(\omega_k-\omega_0)^2+\gamma^2} \tag{4.3.42}$$

式中，ω_0 为谱线的中心频率；γ 为谱线的半高宽。

对于光场为连续谱的情况，可将式(4.3.41)中的求和变换为一维积分，即

$$\sum_k \rightarrow \int_0^\infty \frac{L}{\pi}\mathrm{d}k=\int_0^\infty \frac{L}{\pi c}\mathrm{d}\omega_k \tag{4.3.43}$$

从而可得洛伦兹型谱热光源的一阶相干度为

$$g^{(1)}(\tau)=\int_0^\infty \frac{(\gamma/\pi)\mathrm{e}^{-\mathrm{i}\omega_k\tau}}{(\omega_k-\omega_0)^2+\gamma^2}\mathrm{d}\omega_k \tag{4.3.44}$$

在光束线宽很窄的条件下，通过积分可得

$$g^{(1)}(\tau)=\exp(-\mathrm{i}\omega_0\tau-\gamma|\tau|)=\exp(-\mathrm{i}\omega_0\tau-|\tau|/\tau_\mathrm{c}) \tag{4.3.45}$$

对于非均匀加宽的热光源，同样可以导出满足高斯型谱分布的一阶相干度为

$$g^{(1)}(\tau)=\exp\left(-\mathrm{i}\omega_0\tau-\frac{1}{2}\delta^2\tau^2\right) \tag{4.3.46}$$

对于多模热光场，根据一阶相干度和二阶相干度的计算公式，可以导出其二阶相干度与一阶相干度的关系为

$$g^{(2)}(\tau)=1+\left|g^{(1)}(\tau)\right|^2 \tag{4.3.47}$$

相应地，洛伦兹型和高斯型谱分布光场的二阶相干度分别为

$$g^{(2)}(\tau)=1+\exp(-2\gamma|\tau|)=1+\exp(-2|\tau|/\tau_\mathrm{c}) \tag{4.3.48}$$

$$g^{(2)}(\tau)=1+\exp(-\delta^2\tau^2) \tag{4.3.49}$$

图 4.3.1 和图 4.3.2 分别表示经典多模热光场的一阶相干度和二阶相干度的变化曲线，并且取洛伦兹型和高斯型热光场分布中的参数 γ 和 δ 为 1。比较可以看到，无论是洛伦兹型还是高斯型热光场，在 τ 很小时，热光场均可近似为一阶相干光场。但无论如何，这类多模热光场不能同时满足条件 $\left|g^{(1)}(\tau)\right|=1$ 和 $\left|g^{(2)}(\tau)\right|=1$，不可能是二阶相干光场。这是热光源与完全相干光源的本质区别。

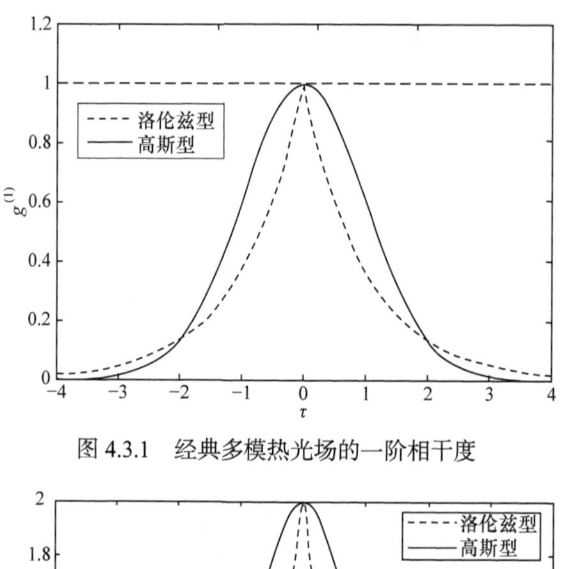

图 4.3.1　经典多模热光场的一阶相干度

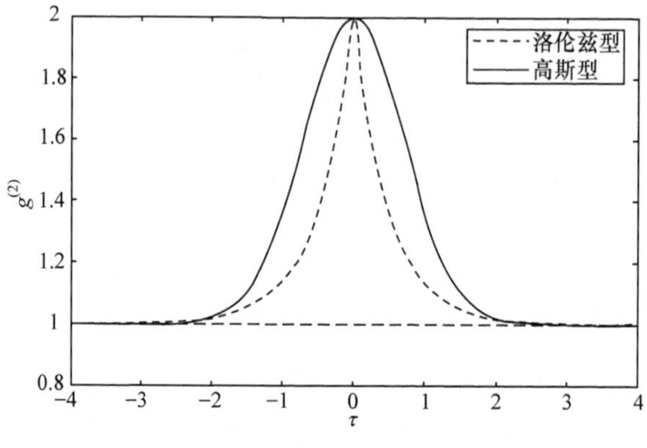

图 4.3.2　经典多模热光场的二阶相干度

4.4　分束器的量子力学描述及其对光场量子态的变换

在量子光学实验中，时常会用到分束器及其对电磁场量子态的变换，分束器是将一束光分成两束光或多束光的光学装置，是大多数干涉仪的关键器件，已被应用于量子理论、量子光学、量子信息科学、光纤通信等许多领域。下面详细讨论分束器在全量子力学框架下的描述及其对电磁场量子态的变换[1-6, 9-11, 13, 14, 17]。

4.4.1　光学分束器

光学分束器示意图如图 4.4.1 所示，设光学分束器 BS 输入端口 1 和 2 的玻色湮没算符为 $\hat{a}_1$ 和 $\hat{a}_2$，而相应输出端口的玻色湮没算符为 $\hat{b}_1$ 和 $\hat{b}_2$，相应的输入输出模式变换关系为

$$\begin{bmatrix}\hat{b}_1\\ \hat{b}_2\end{bmatrix}=\boldsymbol{B}\begin{bmatrix}\hat{a}_1\\ \hat{a}_2\end{bmatrix}=\begin{bmatrix}B_{11} & B_{12}\\ B_{21} & B_{22}\end{bmatrix}\begin{bmatrix}\hat{a}_1\\ \hat{a}_2\end{bmatrix} \tag{4.4.1}$$

式中，$\boldsymbol{B}$ 是 2×2 的无损分束器变换矩阵，其矩阵元可写为振幅和相位的形式，即

$$B_{ij}=\left|B_{ij}\right|\mathrm{e}^{\mathrm{i}\phi_{ij}}\ ,\quad i,j=1,2 \tag{4.4.2}$$

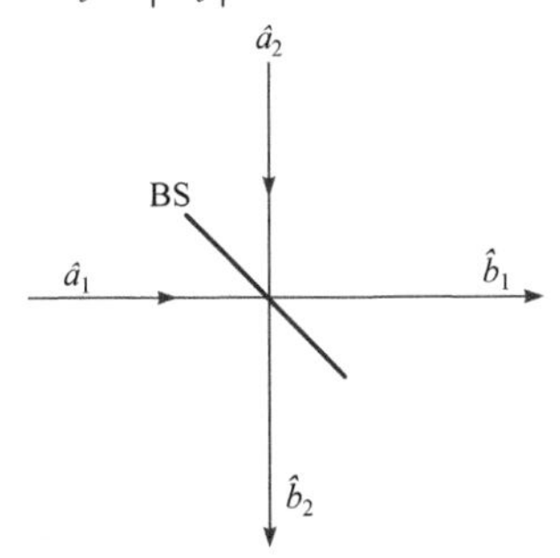

图 4.4.1　光学分束器示意图

光学分束器输出端口的玻色算符的对易关系满足

$$[\hat{b}_i,\hat{b}_j^\dagger]=\hat{b}_i\hat{b}_j^\dagger-\hat{b}_j^\dagger\hat{b}_i=\delta_{ij} \tag{4.4.3}$$

将式(4.4.1)代入式(4.4.3)，可得

$$\left|B_{11}\right|^2+\left|B_{12}\right|^2=1 \tag{4.4.4a}$$

$$\left|B_{21}\right|^2+\left|B_{22}\right|^2=1 \tag{4.4.4b}$$

$$B_{11}B_{21}^*+B_{12}B_{22}^*=0 \tag{4.4.4c}$$

将式(4.4.2)代入式(4.4.4c)，可得

$$\left|B_{11}\right|\left|B_{21}\right|=\left|B_{12}\right|\left|B_{22}\right| \tag{4.4.5a}$$

$$\phi_{11}-\phi_{12}=\phi_{21}-\phi_{22}\pm\pi \tag{4.4.5b}$$

比较式(4.4.5a)和式(4.4.4a)、式(4.4.4b)，可以将它们表示成光学分束器的透射率和反射率，即

$$\left|B_{11}\right|^2=\left|B_{22}\right|^2=t\equiv\cos^2\theta \tag{4.4.6a}$$

$$\left|B_{12}\right|^2=\left|B_{21}\right|^2=r\equiv\sin^2\theta \tag{4.4.6b}$$

它们均由角度参数 θ 决定($0\leqslant\theta\leqslant\pi/2$)。

令

$$\phi_t\equiv\frac{1}{2}(\phi_{11}-\phi_{22}) \tag{4.4.7a}$$

$$\phi_r\equiv\frac{1}{2}(\phi_{12}-\phi_{21}\mp\pi) \tag{4.4.7b}$$

$$\phi_0\equiv\frac{1}{2}(\phi_{11}+\phi_{22}) \tag{4.4.7c}$$

光学分束器变换矩阵的一般形式为

$$\boldsymbol{B}=\mathrm{e}^{\mathrm{i}\phi_0}\begin{bmatrix}\cos\theta\,\mathrm{e}^{\mathrm{i}\phi_t} & \sin\theta\,\mathrm{e}^{\mathrm{i}\phi_r}\\ -\sin\theta\,\mathrm{e}^{-\mathrm{i}\phi_r} & \cos\theta\,\mathrm{e}^{-\mathrm{i}\phi_t}\end{bmatrix}\tag{4.4.8}$$

令 $\theta=\frac{1}{2}\Theta$，$\phi_t=\frac{1}{2}(\varPsi+\varPhi)$，$\phi_r=\frac{1}{2}(\varPsi-\varPhi)$，$\phi_0=\frac{1}{2}\varLambda$，式(4.4.8)可表示为

$$\boldsymbol{B}=\mathrm{e}^{\mathrm{i}\varLambda/2}\begin{bmatrix}\cos\left(\frac{\Theta}{2}\right)\mathrm{e}^{\mathrm{i}(\varPsi+\varPhi)/2} & \sin\left(\frac{\Theta}{2}\right)\mathrm{e}^{\mathrm{i}(\varPsi-\varPhi)/2}\\ -\sin\left(\frac{\Theta}{2}\right)\mathrm{e}^{-\mathrm{i}(\varPsi-\varPhi)/2} & \cos\left(\frac{\Theta}{2}\right)\mathrm{e}^{-\mathrm{i}(\varPsi+\varPhi)/2}\end{bmatrix}\tag{4.4.9}$$

通过变换，式(4.4.9)还可写为

$$\boldsymbol{B}=\mathrm{e}^{\mathrm{i}\varLambda/2}\begin{bmatrix}\mathrm{e}^{\mathrm{i}\varPsi/2} & 0\\ 0 & \mathrm{e}^{-\mathrm{i}\varPsi/2}\end{bmatrix}\begin{bmatrix}\cos\left(\frac{\Theta}{2}\right) & \sin\left(\frac{\Theta}{2}\right)\\ -\sin\left(\frac{\Theta}{2}\right) & \cos\left(\frac{\Theta}{2}\right)\end{bmatrix}\begin{bmatrix}\mathrm{e}^{\mathrm{i}\varPhi/2} & 0\\ 0 & \mathrm{e}^{-\mathrm{i}\varPhi/2}\end{bmatrix}\tag{4.4.10}$$

可见，对于任意四端口光学分束器，其操作可分为三个步骤：首先改变输入模式的相位，然后通过旋转耦合两输入模，最后改变输出模相位。

由于变换矩阵 $\boldsymbol{B}$ 是幺正的，且系统的量子态在整个操作过程中不发生变化，所以可以认为方程(4.4.10)是光学分束器在海森伯绘景中的表示。

对于无损耗的理想光学分束器，不仅要求满足式(4.4.4a)和式(4.4.4b)的透射率和反射率之和为 1，而且光通过光学分束器时总能量守恒，即通过光学分束器时两输出端模的光子数之和等于两输入端模的光子数之和：

$$\hat{b}_1^\dagger\hat{b}_1+\hat{b}_2^\dagger\hat{b}_2=\hat{a}_1^\dagger\hat{a}_1+\hat{a}_2^\dagger\hat{a}_2\tag{4.4.11}$$

4.4.2　对称分束器

由式(4.4.8)可知，当 $\phi_0=\phi_t=0$、$\phi_r=\pi/2$ 时，分束器变换矩阵可写为

$$\boldsymbol{B}(\theta)=\begin{bmatrix}\cos\theta & \mathrm{i}\sin\theta\\ \mathrm{i}\sin\theta & \cos\theta\end{bmatrix}=\mathrm{e}^{\mathrm{i}\theta\hat{\sigma}_x}\tag{4.4.12}$$

由此可知，$\boldsymbol{B}(\theta)$ 满足幺正变换。

由式(4.4.6)或式(4.4.12)可知，当 $\theta=\pi/4$ 时，透射率和反射率相等。当入射到分束器上的入射光能量有一半透射分束器、另一半被分束器反射时，把这种分束器称为对称分束器，即 50∶50 分束器。分束器的透射系数和反射系数的相位与构成分束器的材料有关，导致对称分束器的形式多种多样。

由式(4.4.8)可知，当 $\phi_0=\phi_t=\phi_r=0$ 时，$\boldsymbol{B}=\frac{1}{\sqrt{2}}\begin{bmatrix}1 & 1\\ -1 & 1\end{bmatrix}$，入射端口模1的光经过

分束器后，相位改变π，产生半波损失，分束器输出端口与输入端口的算符关系为

$$\begin{bmatrix}\hat{b}_1\\\hat{b}_2\end{bmatrix}=\frac{1}{\sqrt{2}}\begin{bmatrix}1 & 1\\-1 & 1\end{bmatrix}\begin{bmatrix}\hat{a}_1\\\hat{a}_2\end{bmatrix}\tag{4.4.13}$$

当 $\phi_0=\phi_t=0$、$\phi_r=\pi$ 时，$\boldsymbol{B}=\frac{1}{\sqrt{2}}\begin{bmatrix}1 & -1\\1 & 1\end{bmatrix}$，入射端口模 2 的光经过分束器表面后，产生半波损失，输出端口与输入端口的算符关系为

$$\begin{bmatrix}\hat{b}_1\\\hat{b}_2\end{bmatrix}=\frac{1}{\sqrt{2}}\begin{bmatrix}1 & -1\\1 & 1\end{bmatrix}\begin{bmatrix}\hat{a}_1\\\hat{a}_2\end{bmatrix}\tag{4.4.14}$$

当 $\phi_0=\phi_t=0$、$\phi_r=\pi/2$ 时，$\boldsymbol{B}=\frac{1}{\sqrt{2}}\begin{bmatrix}1 & \mathrm{i}\\\mathrm{i} & 1\end{bmatrix}=\mathrm{e}^{\mathrm{i}\frac{\pi}{4}\hat{\boldsymbol{\sigma}}_x}$，入射两端口的光束经过分束器上下表面后，相位均改变 $\pi/2$，输出端口与输入端口的算符关系为

$$\begin{bmatrix}\hat{b}_1\\\hat{b}_2\end{bmatrix}=\frac{1}{\sqrt{2}}\begin{bmatrix}1 & \mathrm{i}\\\mathrm{i} & 1\end{bmatrix}\begin{bmatrix}\hat{a}_1\\\hat{a}_2\end{bmatrix}\tag{4.4.15}$$

在量子力学分束器模型中，分束器总是一个具有四个端口的仪器，其中两个输入端可以是两条入射光通过分束器，也可以只有一条入射光束，对于这种情况，必须将无入射光束的输入端光场状态当作真空态 $|0\rangle$ 来处理，这与经典描述具有明显区别。

4.4.3 模式变换关系和分束器对态矢量的哈密顿量算符描述

当光束入射到分束器时，通常有两种方法求解出射场某力学量算符的期望值。一种是采用海森伯绘景，找出输出端与输入端之间动力学变量的关系，用输出端的力学量来计算。另一种是采用薛定谔绘景，找出输出端与输入端之间光场量子态的联系，用输出端量子态来求解。

在薛定谔绘景中，量子态演化为

$$|\psi\rangle_{\text{out}}=\hat{U}|\psi\rangle_{\text{in}}\tag{4.4.16}$$

若用密度算符描述，则为

$$\hat{\boldsymbol{\rho}}_{\text{out}}=\hat{U}\hat{\boldsymbol{\rho}}_{\text{in}}\hat{U}^{\dagger}\tag{4.4.17}$$

式中，$\hat{U}$ 是幺正算符。

由于力学量的期望值不随绘景改变，输出模 $\hat{b}_1$、$\hat{b}_2$ 与输入模 $\hat{a}_1$、$\hat{a}_2$ 之间的变换必须是幺正的，所以有

$$\begin{bmatrix}\hat{b}_1\\\hat{b}_2\end{bmatrix}=\boldsymbol{B}(\theta)\begin{bmatrix}\hat{a}_1\\\hat{a}_2\end{bmatrix}=\hat{U}^{\dagger}(\theta)\begin{bmatrix}\hat{a}_1\\\hat{a}_2\end{bmatrix}\hat{U}(\theta)\tag{4.4.18}$$

式中

$$\hat{b}_1 = \hat{U}^\dagger \hat{a}_1 \hat{U} = \hat{a}_1 \cos\theta + \mathrm{i}\hat{a}_2 \sin\theta \tag{4.4.19a}$$

$$\hat{b}_2 = \hat{U}^\dagger \hat{a}_2 \hat{U} = \hat{a}_2 \cos\theta + \mathrm{i}\hat{a}_1 \sin\theta \tag{4.4.19b}$$

满足上述关系的幺正算符为

$$\hat{U}(\theta) = \exp\left[\mathrm{i}\theta(\hat{a}_1^\dagger \hat{a}_2 + \hat{a}_2^\dagger \hat{a}_1)\right] \tag{4.4.20}$$

这个变换构成了分束器的海森伯绘景变换。

对于$\theta = \pi/4$的对称变换，有

$$\hat{U}(\pi/4) = \exp\left[\mathrm{i}\frac{\pi}{4}(\hat{a}_1^\dagger \hat{a}_2 + \hat{a}_1 \hat{a}_2^\dagger)\right] \tag{4.4.21}$$

根据角动量 Jordan-Schwinger 表象，分束器算符在玻色算符中可表示为

$$\hat{L}_1 = \frac{1}{2}(\hat{a}_1^\dagger \hat{a}_2 + \hat{a}_2^\dagger \hat{a}_1) \tag{4.4.22a}$$

$$\hat{L}_2 = \frac{1}{2\mathrm{i}}(\hat{a}_1^\dagger \hat{a}_2 - \hat{a}_2^\dagger \hat{a}_1) \tag{4.4.22b}$$

$$\hat{L}_3 = \frac{1}{2}(\hat{a}_1^\dagger \hat{a}_1 - \hat{a}_2^\dagger \hat{a}_2) \tag{4.4.22c}$$

$$\hat{L}_0 = \frac{1}{2}(\hat{a}_1^\dagger \hat{a}_1 + \hat{a}_2^\dagger \hat{a}_2) \tag{4.4.22d}$$

可以证明，$\hat{L}_1$、$\hat{L}_2$、$\hat{L}_3$满足角动量分量之间的对易关系$[\hat{L}_i, \hat{L}_j] = \mathrm{i}\varepsilon_{ijk}\hat{L}_k$，其中，$\varepsilon_{ijk}$为完全反对称张量。算符$\hat{L}_0$与其他算符$\hat{L}_k (k = 1, 2, 3)$相对易，且总角动量算符为$\hat{L}^2 = \hat{L}_1^2 + \hat{L}_2^2 + \hat{L}_3^2 = \hat{L}_0(\hat{L}_0 + 1)$。

对于任意实数Λ和Θ，可以得到下列变换：

$$\mathrm{e}^{-\mathrm{i}\Lambda\hat{L}_0}\begin{bmatrix}\hat{a}_1\\ \hat{a}_2\end{bmatrix}\mathrm{e}^{\mathrm{i}\Lambda\hat{L}_0} = \mathrm{e}^{\mathrm{i}\Lambda\hat{L}_0}\begin{bmatrix}\hat{a}_1\\ \hat{a}_2\end{bmatrix} \tag{4.4.23}$$

$$\mathrm{e}^{-\mathrm{i}\Theta\hat{L}_2}\begin{bmatrix}\hat{a}_1\\ \hat{a}_2\end{bmatrix}\mathrm{e}^{\mathrm{i}\Theta\hat{L}_2} = \begin{bmatrix}\cos\left(\dfrac{\Theta}{2}\right) & \sin\left(\dfrac{\Theta}{2}\right)\\ -\sin\left(\dfrac{\Theta}{2}\right) & \cos\left(\dfrac{\Theta}{2}\right)\end{bmatrix}\begin{bmatrix}\hat{a}_1\\ \hat{a}_2\end{bmatrix} \tag{4.4.24}$$

对于任意实数Φ和Ψ，可以得到下列变换：

$$\mathrm{e}^{-\mathrm{i}\Phi\hat{L}_3}\begin{bmatrix}\hat{a}_1\\ \hat{a}_2\end{bmatrix}\mathrm{e}^{\mathrm{i}\Phi\hat{L}_3} = \begin{bmatrix}\mathrm{e}^{\mathrm{i}\Phi/2} & 0\\ 0 & \mathrm{e}^{-\mathrm{i}\Phi/2}\end{bmatrix}\begin{bmatrix}\hat{a}_1\\ \hat{a}_2\end{bmatrix} \tag{4.4.25}$$

可见，由$\hat{L}_3$描述的分束器对入射光算符仅产生相位的移动，其作用就像相移器中的相移算符。相移算符是由放置在某一光场模上的相移器产生的，设该光场的产生算符和湮没算符分别为$\hat{a}^\dagger$和$\hat{a}$，则相移算符表示为

$$\hat{P}(\Phi)=\exp(\mathrm{i}\Phi\hat{a}^\dagger\hat{a}) \tag{4.4.26}$$

因此，由 $\hat{L}_3$ 描述的分束器，可以用放置在两输入模上的相移器替代。

根据上述三种变换式(4.4.23)～式(4.4.25)，可以把分束器变换矩阵 $\boldsymbol{B}$ 的表示式(4.4.10)变换为

$$\boldsymbol{B}(\Phi,\Theta,\Psi)=\mathrm{e}^{-\mathrm{i}\Phi\hat{L}_3}\mathrm{e}^{-\mathrm{i}\Theta\hat{L}_2}\mathrm{e}^{-\mathrm{i}\Psi\hat{L}_3}\mathrm{e}^{-\mathrm{i}\Lambda\hat{L}_0} \tag{4.4.27}$$

从角动量的角度看，分束器对输入态的作用可大体分为使态矢量分别绕 $\hat{L}_1$、$\hat{L}_2$ 和 $\hat{L}_3$ 方向旋转三种情况。令 $\hat{L}_1$、$\hat{L}_2$ 和 $\hat{L}_3$ 分别为角动量的 x、y 和 z 分量，则绕 x、y 和 z 轴的旋转操作为

$$\hat{U}_x(\alpha)=\exp\left[-\mathrm{i}\frac{\alpha}{2}(\hat{a}_1^\dagger\hat{a}_2+\hat{a}_2^\dagger\hat{a}_1)\right] \tag{4.4.28a}$$

$$\hat{U}_y(\beta)=\exp\left[-\frac{\beta}{2}(\hat{a}_1^\dagger\hat{a}_2-\hat{a}_2^\dagger\hat{a}_1)\right] \tag{4.4.28b}$$

$$\hat{U}_z(\gamma)=\exp\left[-\mathrm{i}\frac{\gamma}{2}(\hat{a}_1^\dagger\hat{a}_1-\hat{a}_2^\dagger\hat{a}_2)\right] \tag{4.4.28c}$$

由于 $\hat{L}_3$ 的旋转变换与相移器等效，$\hat{L}_3$ 对态矢量的影响可归结为相移器的作用，可以认为分束器只使态矢量绕 $\hat{L}_1$ 或 $\hat{L}_2$ 旋转。

实际上，分束器对态矢量的动力学行为可以用哈密顿量算符描述[6]，即

$$\hat{H}=\hbar(M_{12}\hat{a}_1^\dagger\hat{a}_2+M_{21}\hat{a}_1\hat{a}_2^\dagger) \tag{4.4.29}$$

式中，$M_{12}=M_{21}^*$。

哈密顿量是厄米性的，因此 $M_{12}=M\mathrm{e}^{\mathrm{i}\varphi}$，$M_{21}=M\mathrm{e}^{-\mathrm{i}\varphi}$，$M$ 为实数，式(4.4.29)忽略了零点能量。当 $\varphi=\pi$ 时，分束器对态矢量的影响过渡到可用幺正变换(4.4.20)来描述。

4.4.4 对称分束器对光场量子态的变换

分束器对入射光场量子态的变换通常有两种方法[1, 9, 10, 13, 14, 17]。

方法 4.4.1 直接通过哈密顿量(4.4.29)或幺正变换(4.4.20)求出。例如，单光子从分束器端口 a_1 入射，其输入态用模式 a_1 和 a_2 上的光子数表示为 $|1,0\rangle=\hat{a}_1^\dagger|0,0\rangle$，其输出态可表示为

$$\begin{aligned}|1,0\rangle_{\text{out}}&\to\hat{U}(\theta)|1,0\rangle=\hat{U}(\theta)\hat{a}_1^\dagger\hat{U}^\dagger(\theta)\hat{U}(\theta)|0,0\rangle\\&=\hat{U}(\theta)\hat{a}_1^\dagger\hat{U}^\dagger(\theta)|0,0\rangle=(\hat{a}_1^\dagger\cos\theta+\mathrm{i}\hat{a}_2^\dagger\sin\theta)|0,0\rangle\\&=\cos\theta|1,0\rangle+\mathrm{i}\sin\theta|0,1\rangle\end{aligned} \tag{4.4.30}$$

式中，$\hat{U}(\theta)\hat{a}_1^\dagger\hat{U}^\dagger(\theta)=\hat{a}_1^\dagger\cos\theta+\mathrm{i}\hat{a}_2^\dagger\sin\theta$；$\hat{U}(\theta)|0,0\rangle=|0,0\rangle$，$\hat{U}(\theta)$ 由幺正变换

(4.4.20)确定。对于$\theta=\pi/4$的对称分束器，反射光束和透射光束将处于单光子态和真空态的最大纠缠态$(|1\rangle|0\rangle+\mathrm{i}|0\rangle|1\rangle)/\sqrt{2}$。

方法 4.4.2 针对具体分束器，可按下列步骤计算。

对于相位均改变$\pi/2$的对称分束器(4.4.15)，有

$$\hat{b}_1=\frac{1}{\sqrt{2}}(\hat{a}_1+\mathrm{i}\hat{a}_2)\,,\quad \hat{b}_2=\frac{1}{\sqrt{2}}(\mathrm{i}\hat{a}_1+\hat{a}_2) \tag{4.4.31}$$

从而可得

$$\hat{a}_1=\frac{1}{\sqrt{2}}(\hat{b}_1-\mathrm{i}\hat{b}_2)\,,\quad \hat{a}_2=\frac{1}{\sqrt{2}}(-\mathrm{i}\hat{b}_1+\hat{b}_2) \tag{4.4.32}$$

利用$|n\rangle=\frac{1}{\sqrt{n!}}(\hat{a}^\dagger)^n|0\rangle$可得下列关系式。

(1) 当入射态为$|N\rangle_1|N\rangle_2$时，量子态的变换过程为

$$\begin{aligned}|N\rangle_1|N\rangle_2&=\frac{1}{\sqrt{N!}}\left(\hat{a}_1^\dagger\right)^N\frac{1}{\sqrt{N!}}\left(\hat{a}_2^\dagger\right)^N|0\rangle_1|0\rangle_2\to\frac{\mathrm{i}^N}{2^N N!}\left(\hat{b}_1^{\dagger 2}+\hat{b}_2^{\dagger 2}\right)^N|0\rangle_1|0\rangle_2\\&=\frac{\mathrm{i}^N}{2^N N!}\sum_{k=0}^{N}\frac{N!}{k!(N-k)!}\sqrt{(2k)!(2N-2k)!}\,|2k\rangle|2N-2k\rangle\end{aligned} \tag{4.4.33}$$

(2) 当入射态为$|n\rangle_1|0\rangle_2$时，经分束器变换后，相应的输出态可表示为

$$\begin{aligned}|n\rangle_1|0\rangle_2&=\frac{1}{\sqrt{n!}}(\hat{a}_1^\dagger)^n|0\rangle_1|0\rangle_2\\&\to\frac{1}{\sqrt{n!}}\frac{1}{(2)^{n/2}}(\hat{b}_1^\dagger+\mathrm{i}\hat{b}_2^\dagger)^n|0\rangle|0\rangle\\&=\frac{1}{(2)^{n/2}}\sum_{n_{b_1}=0}^{n}\mathrm{i}^{n-n_{b_1}}\left[\frac{n!}{n_{b_1}!(n-n_{b_1})!}\right]^{1/2}|n_{b_1}\rangle|n-n_{b_1}\rangle\end{aligned} \tag{4.4.34}$$

(3) 对于入射态为单光子的情况，即入射态为$|1\rangle_1|0\rangle_2$，系统的输出态为

$$\begin{aligned}|1\rangle_1|0\rangle_2&\to\frac{1}{\sqrt{2}}(\hat{b}_1^\dagger+\mathrm{i}\hat{b}_2^\dagger)|0\rangle|0\rangle\\&=\frac{1}{\sqrt{2}}(|1\rangle|0\rangle+\mathrm{i}|0\rangle|1\rangle)\end{aligned} \tag{4.4.35}$$

即反射光束和透射光束将处于单光子态和真空态的纠缠态。

(4) 若入射态为$|2\rangle_1|0\rangle_2$，则变换后的输出态为

$$\begin{aligned}|2\rangle_1|0\rangle_2&=\frac{1}{2\sqrt{2}}(\hat{b}_1^\dagger+\mathrm{i}\hat{b}_2^\dagger)^2|0\rangle_1|0\rangle_2\\&\to\frac{1}{2}(|2\rangle|0\rangle-|0\rangle|2\rangle+\mathrm{i}\sqrt{2}|1\rangle|1\rangle)\end{aligned} \tag{4.4.36}$$

即两出射光束也处于纠缠态。

(5) 当入射态为 $|1\rangle_1|1\rangle_2$ 时，变换后的输出态为

$$
\begin{aligned}
|1\rangle_1|1\rangle_2 &\rightarrow \frac{1}{\sqrt{2}}(\hat{b}_1^\dagger + \mathrm{i}\hat{b}_2^\dagger)\frac{1}{\sqrt{2}}(\mathrm{i}\hat{b}_1^\dagger + \hat{b}_2^\dagger)|0\rangle_1|0\rangle_2 \\
&= \frac{\mathrm{i}}{\sqrt{2}}\left(|2\rangle_1|0\rangle_2 + |0\rangle_1|2\rangle_2\right)
\end{aligned}
\tag{4.4.37}
$$

此时，反射光束和透射光束将处于双光子态 $|2\rangle$ 和真空态 $|0\rangle$ 的纠缠态。

(6) 当两入射光均处于相干态 $|\alpha\rangle_1|\beta\rangle_2$ 时，利用 $|\alpha\rangle = D(\alpha)|0\rangle$ 和 $|\beta\rangle = D(\beta)|0\rangle$，系统的输出态可表示为

$$
|\alpha\rangle_1|\beta\rangle_2 \rightarrow \left|(\alpha+\mathrm{i}\beta)/\sqrt{2}\right\rangle\left|(\beta+\mathrm{i}\alpha)/\sqrt{2}\right\rangle \tag{4.4.38}
$$

这说明，当两束入射光为相干态的直积态 $|\alpha\rangle_1|\beta\rangle_2$ 时，两束出射光也处于相干态的直积态，而不是纠缠态。同时，两光束的总平均光子数 $|\alpha|^2+|\beta|^2$ 在整个变换过程中保持不变。

4.5　杨氏双缝干涉的一阶强度关联和三阶强度关联分析

杨氏双缝干涉实验是量子力学中最基本、最著名、最奇特的实验，在量子力学中具有极高的地位，已广泛应用于量子干涉、量子成像和精密测量中。本节将讨论杨氏双缝干涉的一阶强度关联和三阶强度关联。

4.5.1　杨氏双缝干涉的一阶强度关联分析

本节仍以杨氏双缝干涉实验来说明光场的量子一阶相干性[1-5, 9, 13-16]。假设光源是单色的，双缝的孔径尺寸为光波波长量级，忽略衍射效应，两个狭缝可看成球面波的点源。探测器在坐标点 $(\boldsymbol{r},t)$ 探测到的光场来自每个小孔球面波光场的线性叠加，即

$$
E^{(+)}(\boldsymbol{r},t) = f(\boldsymbol{r})(\hat{a}_1\mathrm{e}^{\mathrm{i}ks_1} + \hat{a}_2\mathrm{e}^{\mathrm{i}ks_2})\mathrm{e}^{-\mathrm{i}\omega t} \tag{4.5.1}
$$

式中

$$
f(\boldsymbol{r}) = \mathrm{i}\left[\frac{\hbar\omega}{2\varepsilon_0(4\pi R)}\right]^{1/2}\frac{1}{r}\boldsymbol{e}_k \tag{4.5.2}
$$

R 为归一化体积的半径；s_1 和 s_2 分别为上下小孔到探测器的距离；$s_1 \approx s_2 = r = |\boldsymbol{r}|$；从每个狭缝孔中出来的光束的波矢值为 $k = |\boldsymbol{k}_1| = |\boldsymbol{k}_2|$；光场算符 $\hat{a}_1$ 和 $\hat{a}_2$ 分别为从孔 1 和孔 2 发射光子的湮没算符。因此，测量的光强为

$$
\begin{aligned}
\langle I(\boldsymbol{r},t)\rangle &= \langle \hat{E}^{(-)}(\boldsymbol{r},t)\hat{E}^{(+)}(\boldsymbol{r},t)\rangle \\
&= \mathrm{Tr}[\hat{\boldsymbol{\rho}}\hat{E}^{(-)}(\boldsymbol{r},t)\hat{E}^{(+)}(\boldsymbol{r},t)] \\
&= \left|f(\boldsymbol{r})\right|^2\left[\mathrm{Tr}(\hat{\boldsymbol{\rho}}\hat{a}_1^\dagger\hat{a}_1)+\mathrm{Tr}(\hat{\boldsymbol{\rho}}\hat{a}_2^\dagger\hat{a}_2)+2\left|\mathrm{Tr}(\hat{\boldsymbol{\rho}}\hat{a}_1^\dagger\hat{a}_2)\right|\cos\varPhi\right]
\end{aligned} \tag{4.5.3}
$$

式中

$$
\mathrm{Tr}(\hat{\boldsymbol{\rho}}\hat{a}_1^\dagger\hat{a}_2)=\left|\mathrm{Tr}(\hat{\boldsymbol{\rho}}\hat{a}_1^\dagger\hat{a}_2)\right|\mathrm{e}^{\mathrm{i}\phi} \tag{4.5.4}
$$

$$
\varPhi = k(s_1-s_2)+\phi \tag{4.5.5}
$$

当$\varPhi=2\pi m$ (m 为整数)时，干涉条纹的可见度最大。

入射到双缝的光束可近似为平面波，对应的算符为$\hat{a}$。设两孔缝的大小相等，把探测器放在每个孔缝的正后方，入射光子通过其中任何一个探测器的可能性相同，也就是说，像光通过分束器一样，一束入射光经过双缝变为两束出射光。在对光学分束器的量子描述中，还必须引入一个虚模$\hat{b}$，即必须使用两个入射光对分束器进行量子描述，才能满足光子产生算符和湮没算符之间的对易关系。设入射光束模为a、b，出射光束模为a_1、a_2，它们相应的玻色算符$\hat{a}$、$\hat{b}$和$\hat{a}_1$、$\hat{a}_2$的变换关系为

$$
\hat{a}=\frac{1}{\sqrt{2}}(\hat{a}_1+\hat{a}_2)，\quad \hat{b}=\frac{1}{\sqrt{2}}(\hat{a}_1-\hat{a}_2) \tag{4.5.6}
$$

这些算符满足对易关系$[\hat{a}_i,\hat{a}_j^\dagger]=\delta_{ij}\,(i,j=1,2)$，$[\hat{b},\hat{b}^\dagger]=1$。

设入射态为$|n\rangle_a|0\rangle_b$，则相应的输出态可表示为

$$
\begin{aligned}
|n\rangle_a|0\rangle_b &= \frac{1}{\sqrt{n!}}(\hat{a}^\dagger)^n|0\rangle_a|0\rangle_b \\
&\to \frac{1}{\sqrt{n!}}\frac{1}{(2)^{n/2}}(\hat{a}_1^\dagger+\hat{a}_2^\dagger)^n|0\rangle_1|0\rangle_2 \\
&= \frac{1}{(2)^{n/2}}\sum_{n_{a_1}=0}^{n}\sqrt{\frac{n!}{n_{a_1}!(n-n_{a_1})!}}\left|n_{a_1}\right\rangle\left|n-n_{a_1}\right\rangle
\end{aligned} \tag{4.5.7}
$$

设入射态为单光子情况，即入射态为$|1\rangle_a|0\rangle_b$，则相应的输出态为

$$
\begin{aligned}
|1\rangle_a|0\rangle_b &\to \frac{1}{\sqrt{2}}(\hat{a}_1^\dagger+\hat{a}_2^\dagger)|0\rangle_1|0\rangle_2 \\
&= \frac{1}{\sqrt{2}}(|1\rangle|0\rangle+|0\rangle|1\rangle)
\end{aligned} \tag{4.5.8}
$$

此时，杨氏双缝干涉实验的光强为

$$
\begin{aligned}
\langle I(\boldsymbol{r},t)\rangle &= |f(\boldsymbol{r})|^2\left(\frac{1}{2}\langle 1,0|\hat{a}_1^\dagger\hat{a}_1|1,0\rangle+\frac{1}{2}\langle 0,1|\hat{a}_2^\dagger\hat{a}_2|0,1\rangle+\langle 1,0|\,\hat{a}_1^\dagger\hat{a}_2\,|0,1\rangle\cos\varPhi\right) \\
&= |f(\boldsymbol{r})|^2(1+\cos\varPhi)
\end{aligned} \tag{4.5.9}
$$

设入射态为双光子情况，即入射态为 $|2\rangle_a|0\rangle_b$，则变换后的输出态可表示为

$$\begin{aligned}|2\rangle_a|0\rangle_b &= \frac{1}{2\sqrt{2}}(\hat{a}_1^\dagger + \hat{a}_2^\dagger)^2|0\rangle_a|0\rangle_b \\ &= \frac{1}{2}(|2,0\rangle + |0,2\rangle + \sqrt{2}|1,1\rangle)\end{aligned} \tag{4.5.10}$$

此时，杨氏双缝干涉实验的光强为

$$\langle I(\boldsymbol{r},t)\rangle = 2|f(\boldsymbol{r})|^2(1+\cos\Phi) \tag{4.5.11}$$

设入射态为 n 光子态情况，即入射态为 $|n\rangle_a|0\rangle_b$，则杨氏双缝干涉实验的光强为

$$\langle I(\boldsymbol{r},t)\rangle = n|f(\boldsymbol{r})|^2(1+\cos\Phi) \tag{4.5.12}$$

当一个入射光处于相干态而另一个入射光处于真空态，即入射态为 $|\alpha\rangle_a|0\rangle_b$ 时，利用 $|\alpha\rangle = D(\alpha)|0\rangle$ 可得变换后的输出态为

$$\begin{aligned}|\alpha\rangle_a|0\rangle_b &= D_a(\alpha)|0\rangle_a|0\rangle_b \\ &= \exp(\alpha\hat{a}^\dagger - \alpha^*\hat{a})|0\rangle_a|0\rangle_b \\ &\to \exp\left[\frac{\alpha}{\sqrt{2}}(\hat{a}_1^\dagger + \hat{a}_2^\dagger) - \frac{\alpha^*}{\sqrt{2}}(\hat{a}_1 + \hat{a}_2)\right]|0\rangle_1|0\rangle_2 \\ &= \left|\frac{\alpha}{\sqrt{2}}\right\rangle_1\left|\frac{\alpha}{\sqrt{2}}\right\rangle_2\end{aligned} \tag{4.5.13}$$

则杨氏双缝干涉实验的光强为

$$\langle I(\boldsymbol{r},t)\rangle = |\alpha|^2|f(\boldsymbol{r})|^2(1+\cos\Phi) \tag{4.5.14}$$

可见，一阶相干性都产生相同的干涉图案，总的光强受平均光子数的影响。

若两光场模 a_1 和 a_2 是真正独立的，处于直积态 $|n_1\rangle|n_2\rangle$，则不会产生干涉现象。

但若两光场模是由独立激光器产生的两个相干态，有

$$\langle I(\boldsymbol{r},t)\rangle = |f(\boldsymbol{r})|^2(|\alpha_1|^2 + |\alpha_2|^2 + 2|\alpha_1^*\alpha_2|\cos\Phi) \tag{4.5.15}$$

则能清楚地呈现干涉图案。激光发明几年后，两独立激光器所发射的光的干涉现象就被实验验证。

4.5.2　杨氏双缝干涉的三阶强度关联分析

杨氏双缝几何已被用于量子干涉和量子成像的许多实验中。图 4.5.1 表示具有三阶强度关联记录的杨氏双缝干涉实验示意图[12]。两光源 A 和 B 产生的辐射光被三个探测器 D_1、D_2 和 D_3 记录，每个探测器测量瞬时强度，由符合电路来记录三重光电符合计数。探测器的横向位移不会改变它们的光计数率，但会改变三重光

电符合计数率。这是测量三阶格劳伯强度关联函数的标准实验技术。经典点光源 A 和 B 具有相同的统计性、相同的平均强度和独立的涨落相位。

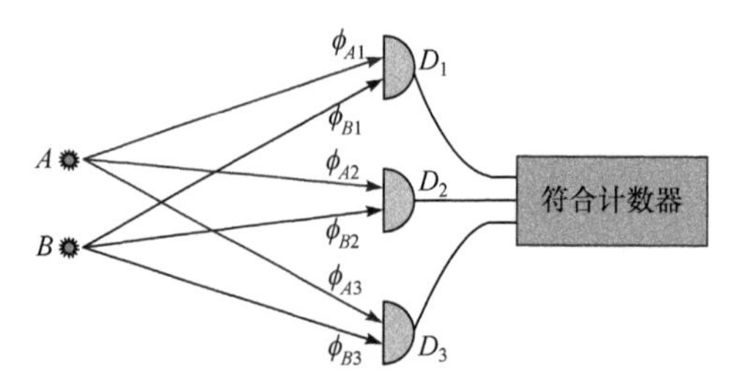

图 4.5.1　具有三阶强度关联记录的杨氏双缝干涉实验示意图

设两光源的光场分别表示为

$$E_A = E_{0A}\mathrm{e}^{-\mathrm{i}\omega t+\mathrm{i}\phi_A(t)}\,,\quad E_B = E_{0B}\mathrm{e}^{-\mathrm{i}\omega t+\mathrm{i}\phi_B(t)} \tag{4.5.16}$$

式中，E_{0A}、E_{0B} 为光场的慢变振幅；$\phi_A(t)$、$\phi_B(t)$ 为其起伏不定的相位。

此时探测器记录的瞬时强度为

$$\begin{aligned} I_n &= \left|E_A + E_B\right|^2 = \left|E_{0A}\right|^2 + \left|E_{0B}\right|^2 + E_{0A}E_{0B}^*\mathrm{e}^{\mathrm{i}(\phi_n+\varphi_{AB})} + E_{0B}E_{0A}^*\mathrm{e}^{-\mathrm{i}(\phi_n+\varphi_{AB})} \\ &= I_A + I_B + E_{In} + E_{In}^* \end{aligned} \tag{4.5.17}$$

式中，$I_{A(B)} = \left|E_{0A(B)}\right|^2$ 为光源 A、B 的光强；$\varphi_{AB} = \phi_A(t) - \phi_B(t)$ 为光源 A、B 之间的随机相位之差；$\phi_n = \phi_{An}(t) - \phi_{Bn}(t)$，$\phi_{Sn}(t)$ 为光源 S(S 取 A、B)在探测器 $n\,(n=1,2,3)$ 处的光辐射所累积的相位。

注意，ϕ_n 将决定在没有随机相位波动的情况下点 n 处的一阶干涉相位。此外，式(4.5.17)中的 E_{In} 表示光源 A、B 光强的交互项，具有如下关系：

$$E_{In}E_{In}^* = I_A I_B\,,\quad E_{Ii}E_{Ij}^* = I_A I_B \mathrm{e}^{\mathrm{i}(\phi_i-\phi_j)}\,,\quad \langle E_{In}^k\rangle = 0 \tag{4.5.18}$$

光源之间的随机相位差使得在远场区域无法形成稳定干涉图案，即

$$\langle I_n\rangle = \langle I_A\rangle + \langle I_B\rangle \tag{4.5.19}$$

独立的起伏不定的相位 $\phi_{A(B)}(t)$ 使得远场区域没有稳定的干涉图案。时间平均使式(4.5.17)的强度独立于相位 ϕ_n。因此，探测器的横向位移不会改变它们记录的光强。然而，根据式(4.5.17)，在点 $n\,(n=1,2,3)$ 的瞬时强度是关联或反关联取决于相位差。相应地，探测器的横向位移将改变强度关联函数。真正地，在点 $n\,(n=1,2,3)$ 时的三阶强度关联函数为

$$\begin{aligned} G_{123}^{(3)} &= \langle I_1 I_2 I_3\rangle \\ &= \langle I_A^3\rangle + \langle I_B^3\rangle + (\langle I_A^2\rangle\langle I_B\rangle + \langle I_B^2\rangle\langle I_A\rangle)[3 + 2(\cos\phi_{12} + \cos\phi_{23} + \cos\phi_{13})] \end{aligned} \tag{4.5.20}$$

式中，$\phi_{mn} \equiv \phi_m - \phi_n\,(m,n=1,2,3)$。这里，考虑到时间平均，所有包含相位的项

$\phi_{A(B)}(t)$都变为零。

可见，探测器的位移只影响相位ϕ_{nm}，不影响表达式(4.5.20)的三阶强度关联，仅依赖光源A、B的统计特性。这是因为假设源是点状的，由每个源引起的强度涨落不依赖点$n(n=1,2,3)$的横向坐标。

对于式(4.5.20)，其归一化的三阶相干度为

$$g_{123}^{(3)}=\frac{G_{123}^{(3)}}{\langle I_1\rangle\langle I_2\rangle\langle I_3\rangle} \tag{4.5.21}$$

式中，$\langle I_n\rangle=\langle I_A\rangle+\langle I_B\rangle$。

从而可以得到

$$g_{123}^{(3)}=\frac{g^{(3)}}{4}+\frac{g^{(2)}}{2}\left(\frac{3}{2}+\cos\phi_{12}+\cos\phi_{23}+\cos\phi_{13}\right) \tag{4.5.22}$$

式中，$g^{(2)}$和$g^{(3)}$分别是两个光源中每个光源的二阶相干度和三阶相干度。注意：并非所有相位都是独立的，$\phi_{13}=\phi_{12}-\phi_{23}$。

这个结果可以与下列量子二阶相干度(即 HBT 干涉的结果)进行比较：

$$g_{12}^{(2)}=\frac{g^{(2)}}{2}+\frac{1}{2}(1+\cos\phi_{12}) \tag{4.5.23}$$

对于上述三阶强度关联实验，还可以将它推广到 4 阶及其以上的强度关联干涉。

4.6 小　　结

1. 光场的经典相干性

1) 经典一阶相干性

经典一阶相关函数或一阶关联函数为

$$\Gamma^{(1)}(\boldsymbol{r}_1,t_1;\boldsymbol{r}_2,t_2)=\langle E^*(\boldsymbol{r}_1,t_1)E(\boldsymbol{r}_2,t_2)\rangle$$

经典一阶相干度为

$$\gamma^{(1)}(\boldsymbol{r}_1,t_1;\boldsymbol{r}_2,t_2)=\frac{\langle E^*(\boldsymbol{r}_1,t_1)E(\boldsymbol{r}_2,t_2)\rangle}{\sqrt{\langle|E(\boldsymbol{r}_1,t_1)|^2\rangle\langle|E(\boldsymbol{r}_2,t_2)|^2\rangle}}$$

2) 经典二阶相干性

经典二阶相关函数为

$$\Gamma^{(2)}(\boldsymbol{r}_1,t_1;\boldsymbol{r}_2,t_2)=\langle I(\boldsymbol{r}_1,t_1)I(\boldsymbol{r}_2,t_2)\rangle=\langle E^*(\boldsymbol{r}_1,t_1)E^*(\boldsymbol{r}_2,t_2)E(\boldsymbol{r}_2,t_2)E(\boldsymbol{r}_1,t_1)\rangle$$

经典二阶相干度为

$$\gamma^{(2)}(\boldsymbol{r}_1,t_1;\boldsymbol{r}_2,t_2)=\frac{\langle I(\boldsymbol{r}_1,t_1)I(\boldsymbol{r}_2,t_2)\rangle}{\langle I(\boldsymbol{r}_1,t_1)\rangle\langle I(\boldsymbol{r}_2,t_2)\rangle}=\frac{\langle E^*(\boldsymbol{r}_1,t_1)E^*(\boldsymbol{r}_2,t_2)E(\boldsymbol{r}_2,t_2)E(\boldsymbol{r}_1,t_1)\rangle}{\langle|E(\boldsymbol{r}_1,t_1)|^2\rangle\langle|E(\boldsymbol{r}_2,t_2)|^2\rangle}$$

3) 经典 N 阶相干性

经典 N 阶相关函数为

$$\begin{aligned}\Gamma^{(N)}(\boldsymbol{r}_1,t_1;\boldsymbol{r}_2,t_2;\cdots;\boldsymbol{r}_N,t_N) &= \langle I(\boldsymbol{r}_1,t_1)I(\boldsymbol{r}_2,t_2)\cdots I(\boldsymbol{r}_N,t_N)\rangle \\ &= \langle E^*(\boldsymbol{r}_1,t_1)E^*(\boldsymbol{r}_2,t_2)\cdots E^*(\boldsymbol{r}_N,t_N)E(\boldsymbol{r}_N,t_N)\cdots E(\boldsymbol{r}_2,t_2)E(\boldsymbol{r}_1,t_1)\rangle\end{aligned}$$

经典 N 阶相干度为

$$\gamma^{(N)}(\boldsymbol{r}_1,t_1;\boldsymbol{r}_2,t_2;\cdots;\boldsymbol{r}_N,t_N) = \frac{\langle I(\boldsymbol{r}_1,t_1)I(\boldsymbol{r}_2,t_2)\cdots I(\boldsymbol{r}_N,t_N)\rangle}{\langle I(\boldsymbol{r}_1,t_1)\rangle\langle I(\boldsymbol{r}_2,t_2)\rangle\cdots\langle I(\boldsymbol{r}_N,t_N)\rangle}$$

2. 光场的量子相干性

1) 量子一阶相干性

量子一阶相关函数为

$$G^{(1)}(\boldsymbol{r}_1,t_1;\boldsymbol{r}_2,t_2) = \langle \hat{E}^{(-)}(\boldsymbol{r}_1,t_1)\hat{E}^{(+)}(\boldsymbol{r}_2,t_2)\rangle = \mathrm{Tr}[\hat{\boldsymbol{\rho}}\hat{E}^{(-)}(\boldsymbol{r}_1,t_1)\hat{E}^{(+)}(\boldsymbol{r}_2,t_2)]$$

量子一阶相干度为

$$g^{(1)}(\boldsymbol{r}_1,t_1;\boldsymbol{r}_2,t_2) = \frac{\langle \hat{E}^{(-)}(\boldsymbol{r}_1,t_1)\hat{E}^{(+)}(\boldsymbol{r}_2,t_2)\rangle}{[\langle \hat{E}^{(-)}(\boldsymbol{r}_1,t_1)\hat{E}^{(+)}(\boldsymbol{r}_1,t_1)\rangle\langle \hat{E}^{(-)}(\boldsymbol{r}_2,t_2)\hat{E}^{(+)}(\boldsymbol{r}_2,t_2)\rangle]^{1/2}}$$

2) 量子二阶相干性

量子二阶相关函数为

$$\begin{aligned}G^{(2)}(\boldsymbol{r}_1,t_1;\boldsymbol{r}_2,t_2) &= \langle \hat{E}^{(-)}(\boldsymbol{r}_1,t_1)\hat{E}^{(-)}(\boldsymbol{r}_2,t_2)\hat{E}^{(+)}(\boldsymbol{r}_2,t_2)\hat{E}^{(+)}(\boldsymbol{r}_1,t_1)\rangle \\ &= \mathrm{Tr}[\hat{\boldsymbol{\rho}}\hat{E}^{(-)}(\boldsymbol{r}_1,t_1)\hat{E}^{(-)}(\boldsymbol{r}_2,t_2)\hat{E}^{(+)}(\boldsymbol{r}_2,t_2)\hat{E}^{(+)}(\boldsymbol{r}_1,t_1)]\end{aligned}$$

量子二阶相干度为

$$g^{(2)}(\boldsymbol{r}_1,t_1;\boldsymbol{r}_2,t_2) = \frac{G^{(2)}(\boldsymbol{r}_1,t_1;\boldsymbol{r}_2,t_2)}{G^{(1)}(\boldsymbol{r}_1,t_1;\boldsymbol{r}_1,t_1)G^{(1)}(\boldsymbol{r}_2,t_2;\boldsymbol{r}_2,t_2)}$$

对于空间固定点，$g^{(2)}$ 仅与时间延迟 $\tau = t_2 - t_1$ 有关，即

$$g^{(2)}(\tau) = \frac{\langle \hat{E}^{(-)}(t)\hat{E}^{(-)}(t+\tau)\hat{E}^{(+)}(t+\tau)\hat{E}^{(+)}(t)\rangle}{\langle \hat{E}^{(-)}(t)\hat{E}^{(+)}(t)\rangle\langle \hat{E}^{(-)}(t+\tau)\hat{E}^{(+)}(t+\tau)\rangle}$$

3) 量子 N 阶相干性

量子 N 阶相关函数为

$$\begin{aligned}&G^{(N)}(\boldsymbol{r}_1,t_1;\boldsymbol{r}_2,t_2;\cdots;\boldsymbol{r}_N,t_N) \\ &= \langle \hat{E}^{(-)}(\boldsymbol{r}_1,t_1)\hat{E}^{(-)}(\boldsymbol{r}_2,t_2)\cdots\hat{E}^{(-)}(\boldsymbol{r}_N,t_N)\hat{E}^{(+)}(\boldsymbol{r}_N,t_N)\cdots\hat{E}^{(+)}(\boldsymbol{r}_2,t_2)\hat{E}^{(+)}(\boldsymbol{r}_1,t_1)\rangle\end{aligned}$$

量子 N 阶相干度为

$$g^{(N)}(\boldsymbol{r}_1,t_1;\boldsymbol{r}_2,t_2;\cdots;\boldsymbol{r}_N,t_N) = \frac{G^{(N)}(\boldsymbol{r}_1,t_1;\boldsymbol{r}_2,t_2;\cdots;\boldsymbol{r}_N,t_N)}{G^{(1)}(\boldsymbol{r}_1,t_1;\boldsymbol{r}_1,t_1)G^{(1)}(\boldsymbol{r}_2,t_2;\boldsymbol{r}_2,t_2)\cdots G^{(1)}(\boldsymbol{r}_N,t_N;\boldsymbol{r}_N,t_N)}$$

4) 经典光场与非经典光场的区别

仅利用一阶相干度不能区分具有不同性质的量子态，只有使用光场的量子二阶相干度或高阶相干度，才能区分具有不同光子统计性质的光场。

光场的二阶相干度为

$$g^{(2)}(0)\begin{cases}>1, & \text{聚束效应}\\ =1, & \text{泊松分布}\\ <1, & \text{反聚束效应}\end{cases}$$

光子反聚束效应表明，光子趋向于时间上等间隔到达探测器，这是一种非经典效应。

5) 多模量子化热光场

$$g^{(1)}(\tau)=\exp(-\mathrm{i}\omega_0\tau-\gamma|\tau|)=\exp(-\mathrm{i}\omega_0\tau-|\tau|/\tau_c)\text{，洛伦兹型谱分布}$$

$$g^{(1)}(\tau)=\exp\left(-\mathrm{i}\omega_0\tau-\frac{1}{2}\delta^2\tau^2\right)\text{，高斯型谱分布}$$

$$g^{(2)}(\tau)=1+\exp(-2\gamma|\tau|)=1+\exp(-2|\tau|/\tau_c)\text{，洛伦兹型谱分布}$$

$$g^{(2)}(\tau)=1+\exp(-\delta^2\tau^2)\text{，高斯型谱分布}$$

多模热光场不能同时满足条件$\left|g^{(1)}(\tau)\right|=1$和$\left|g^{(2)}(\tau)\right|=1$，因此不是二阶相干光场，这与完全相干光源有本质区别。

3. 光学分束器的量子力学描述及其对电磁场量子态的变换

(1) 分束器输出端口的玻色湮没算符$\hat{b}_1$和$\hat{b}_2$与输入端口算符$\hat{a}_1$和$\hat{a}_2$的关系为

$$\begin{bmatrix}\hat{b}_1\\ \hat{b}_2\end{bmatrix}=\begin{bmatrix}B_{11} & B_{12}\\ B_{21} & B_{22}\end{bmatrix}\begin{bmatrix}\hat{a}_1\\ \hat{a}_2\end{bmatrix}$$

其中分束器的变换矩阵由式(4.4.8)～式(4.4.10)确定。

(2) 对称分束器。

入射端模1的光经分束器后，相位改变π产生半波损失时，分束器输出端与输入端的算符关系由式(4.4.13)确定；入射端模2的光经分束器后，产生半波损失时，输出端与输入端的算符关系由式(4.4.14)确定；入射两端的光束经分束器上下表面后，相位均改变$\pi/2$时，输出端与输入端的算符关系为

$$\begin{bmatrix}\hat{b}_1\\ \hat{b}_2\end{bmatrix}=\frac{1}{\sqrt{2}}\begin{bmatrix}1 & \mathrm{i}\\ \mathrm{i} & 1\end{bmatrix}\begin{bmatrix}\hat{a}_1\\ \hat{a}_2\end{bmatrix}$$

(3) 输出模$\hat{b}_1$、$\hat{b}_2$与输入模$\hat{a}_1$、$\hat{a}_2$之间的变换满足

$$\begin{bmatrix}\hat{b}_1\\ \hat{b}_2\end{bmatrix}=\boldsymbol{B}(\theta)\begin{bmatrix}\hat{a}_1\\ \hat{a}_2\end{bmatrix}=\hat{U}^\dagger(\theta)\begin{bmatrix}\hat{a}_1\\ \hat{a}_2\end{bmatrix}\hat{U}(\theta)$$

式中，$\boldsymbol{B}(\theta)=\begin{bmatrix}\cos\theta & \mathrm{i}\sin\theta\\ \mathrm{i}\sin\theta & \cos\theta\end{bmatrix}=\mathrm{e}^{\mathrm{i}\theta\hat{\sigma}_x}$；$\hat{U}(\theta)=\exp[\mathrm{i}\theta(\hat{a}_1^\dagger\hat{a}_2+\hat{a}_2^\dagger\hat{a}_1)]$。当$\theta=\pi/4$时，为对称变换。对称分束器对入射光场量子态的变换，通常有两种计算方法。

(4) 分束器对态矢量的动力学行为可用哈密顿量算符描述，即

$$\hat{H}=\hbar(M_{12}\hat{a}_1^\dagger\hat{a}_2+M_{21}\hat{a}_1\hat{a}_2^\dagger)$$

式中，$M_{12}=M\mathrm{e}^{\mathrm{i}\varphi}=M_{21}^*$，$M$ 为实数。当$\varphi=\pi$时，分束器对态矢量的影响过渡到可用幺正变换(4.4.20)描述。

4. 杨氏双缝干涉的一阶强度关联和三阶强度关联

(1) 当入射态为n光子态(即$|n\rangle_a|0\rangle_b$)情况时，杨氏双缝干涉的光强满足

$$\langle I(\boldsymbol{r},t)\rangle=n|f(\boldsymbol{r})|^2(1+\cos\Phi)$$

即一阶相干性都产生相同的干涉图案，总的光强受平均光子数的影响。

(2) 对于三阶强度关联的双缝干涉，其三阶相干度为

$$g_{123}^{(3)}=\frac{g^{(3)}}{4}+\frac{g^{(2)}}{2}\left(\frac{3}{2}+\cos\phi_{12}+\cos\phi_{23}+\cos\phi_{13}\right)$$

式中，$g^{(2)}$和$g^{(3)}$分别是两个光源中每个光源的二阶相干度和三阶相干度。

4.7 习　　题

1. 试证明单模热光场态是一阶相干的，但不具有二阶以及高阶相干。
2. 假设$|\alpha|$较大，试讨论两个相干态的叠加态或薛定谔猫态$|\psi\rangle=(|\alpha\rangle+|-\alpha\rangle)/\sqrt{2}$的相干性质，并与混合态$\hat{\boldsymbol{\rho}}=(|\alpha\rangle\langle\alpha|+|-\alpha\rangle\langle-\alpha|)/2$的结果进行比较。
3. 对于真空态$|0\rangle$和单光子态$|1\rangle$的光场叠加态$|\psi\rangle=a|0\rangle+b|1\rangle$，其中复系数$a$和$b$满足归一化$|a|^2+|b|^2=1$，探讨其相干性质，并将其与混合态$\hat{\boldsymbol{\rho}}=|a|^2|0\rangle\langle0|+|b|^2|1\rangle\langle1|$的结果进行比较。
4. 对于相位态$|\varphi\rangle=(s+1)^{-1/2}\sum_{n=0}^{s}\mathrm{e}^{\mathrm{i}\hat{n}\varphi}|n\rangle$，在$s\to\infty$即光子数趋向于无穷大时，试求其二阶相干度。
5. 证明式(4.4.22)中的算符$\hat{L}_1$、$\hat{L}_2$、$\hat{L}_3$满足角动量分量之间的对易关系：

$[\hat{L}_i,\hat{L}_j]=\mathrm{i}\varepsilon_{ijk}\hat{L}_k$，其中，$\varepsilon_{ijk}$ 为常用的完全反对称张量，并进一步证明算符 $\hat{L}_0$ 与算符 $\hat{L}_1$、$\hat{L}_2$、$\hat{L}_3$ 均对易。

6. 对于一般情况下的非对称分束器算符 $\hat{U}(\theta)=\exp\left[\mathrm{i}\theta(\hat{a}_1^\dagger\hat{a}_2+\hat{a}_2^\dagger\hat{a}_1)\right]$。①试计算算符的变换关系；②当分束器的两个端口分别有一个光子输入时，通过该非对称分束器算符后，试求其相应的输出态为 $|1\rangle_1|1\rangle_2\to\frac{\mathrm{i}}{\sqrt{2}}\sin(2\theta)(|2\rangle_1|0\rangle_2+|0\rangle_1|2\rangle_2)+\cos(2\theta)|1\rangle_1|1\rangle_2$。

7. 假设分束器变换算符为 $\hat{U}(\theta)=\exp(\mathrm{i}\theta\hat{L}_1)$，其中，$\hat{L}_1=\frac{1}{2}(\hat{a}_1^\dagger\hat{a}_2+\hat{a}_2^\dagger\hat{a}_1)$。当 $\theta=\pi/2$ 时，$\hat{U}(\theta)$ 即为对称分束器。当输入态为 $|\mathrm{in}\rangle=|0\rangle_1|N\rangle_2$ 时，试证明输出态为 $|\mathrm{out}\rangle=\left[1+\tan^2(\theta/2)\right]^{-N/2}\sum_{k=0}^{N}\sqrt{C_N^k}\left[\mathrm{i}\tan(\theta/2)\right]^k|k\rangle_3|N-k\rangle_4$。求出在模式 3 和模式 4 中分别找到 n 个以及 m 个光子的联合概率。输出态 $|\mathrm{out}\rangle$ 是纠缠态吗？如果是纠缠态，那么纠缠态如何随 θ 变化？

8. 考虑用变换算符 $\hat{U}(\theta)=\exp(\mathrm{i}\theta\hat{L}_2)$ 描述的分束器算符，其中，$\hat{L}_2=\frac{1}{2\mathrm{i}}(\hat{a}_1^\dagger\hat{a}_2-\hat{a}_2^\dagger\hat{a}_1)$。试分别计算一般情况下以及对称分束器情况下模式算符的变换关系。

9. 对于 $\hat{L}_1$ 型对称分束器(4.4.21)，假设输入态为 $|\mathrm{in}\rangle=|0\rangle_1\left(|\alpha\rangle_2+|-\alpha\rangle_2\right)/\sqrt{2}$，当 $|\alpha|$ 大到使得 $\langle-\alpha|\alpha\rangle\approx0$ 时，计算输出态并说明它是否为纠缠态。

10. 当两束入射光均处于相干态，即 $|\alpha\rangle_1\otimes|\beta\rangle_2$ 时，证明量子态的变换过程满足式(4.4.38)，即 $|\alpha\rangle_1|\beta\rangle_2\to\left|(\alpha+\mathrm{i}\beta)/\sqrt{2}\right\rangle\left|(\beta+\mathrm{i}\alpha)/\sqrt{2}\right\rangle$。

11. 证明入射量子态 $(|2\rangle|0\rangle-|0\rangle|2\rangle)/\sqrt{2}$ 通过分束器后出射量子态不发生变化。

12. 对于入射态为 n 光子态 $|n\rangle_a|0\rangle_b$ 的情况，试推导杨氏双缝干涉实验的干涉光强为式(4.5.12)，即 $\langle I(\boldsymbol{r},t)\rangle=n|f(\boldsymbol{r})|^2(1+\cos\varPhi)$。

13. 在入射光场为热光场态时，推导杨氏双缝干涉实验中干涉图样的关系式。

14. 假设两光源的光场由式(4.5.16)确定，证明其二阶相干度满足 $g_{12}^{(2)}=\frac{g^{(2)}}{2}+\frac{1}{2}(1+\cos\phi_{12})$。

15. 对于由式(4.5.16)确定的两光源，试详细证明其归一化的三阶相干度关系式(4.5.22)，即 $g_{123}^{(3)}=\frac{g^{(3)}}{4}+\frac{g^{(2)}}{2}\left(\frac{3}{2}+\cos\phi_{12}+\cos\phi_{23}+\cos\phi_{13}\right)$。其中，$g^{(2)}$ 和 $g^{(3)}$ 分别是两个光源中每个光源的二阶相干度和三阶相干度。

16. 对于一个光场态的密度算符为 $\hat{\boldsymbol{\rho}} = N(\hat{a}^\dagger)^m \mathrm{e}^{-\kappa\hat{a}^\dagger\hat{a}}\hat{a}^m$，其中 N 是归一化系数，且 $\kappa = \hbar\omega/(k_\mathrm{B}T)$。

① 证明：当 $\kappa\to\infty$ 时，它表示光子数态，当 $\kappa\to 0$ 时，它表示热光场态；

② 求出 $g^{(2)}(0)$，并证明当 $\bar{n} < \sqrt{m/(m+1)}$ 时，其光子统计为亚泊松分布，其中 $\bar{n} = (\mathrm{e}^\kappa - 1)^{-1}$。

17. 光电探测计数分布函数 P_m 与辐射场的光子数分布 $p(n) = \rho_{nn}$ 的关系为 $P_m = \sum_{n=m}^{\infty} C_n^m \eta^m (1-\eta)^{n-m}\rho_{nn}$，其中 η 为探测效率，$C_n^m = \dfrac{n!}{(n-m)!m!}$。试分别在数态、相干态和温度 T 时的单模热光场态下计算光电探测计数分布 P_m。

18. 分束器将入射模算符 $\hat{a}_i$、$\hat{b}_i$ 变换为出射模算符 $\hat{a}_0$、$\hat{b}_0$，它们满足 $\hat{a}_0 = \sqrt{\eta}\hat{a}_i - \mathrm{i}\sqrt{1-\eta}\hat{b}_i$、$\hat{b}_0 = \sqrt{\eta}\hat{b}_i - \mathrm{i}\sqrt{1-\eta}\hat{a}_i$。

① 证明该变换可以通过幺正算符 $\hat{U} = \exp[-\mathrm{i}\theta(\hat{a}_i^\dagger\hat{b}_i + \hat{a}_i\hat{b}_i^\dagger)]$ 产生，其中，$\eta = \cos^2\theta$。

② 若两入射光均处于相干态 $|\alpha_i\rangle\otimes|\beta_i\rangle$，证明其出射态也是下列形式的相干态：$\alpha_0 = \sqrt{\eta}\,\alpha_i - \mathrm{i}\sqrt{1-\eta}\,\beta_i$，$\beta_0 = \sqrt{\eta}\,\beta_i - \mathrm{i}\sqrt{1-\eta}\,\alpha_i$。

③ 若入射态为直积态 $|1\rangle\otimes|1\rangle$，出射态则为 $(2\eta-1)|1\rangle|1\rangle - \mathrm{i}\sqrt{2\eta(1-\eta)}(|2\rangle|0\rangle + |0\rangle|2\rangle)$，此时当 $\eta = 1/2$ 时，将不会出现符合项 $|1\rangle\otimes|1\rangle$。

19. 令 $m_n = \langle\hat{a}^{\dagger n}\hat{a}^n\rangle$ 为强度变量的 n 阶矩，对于定义的矩阵 $\boldsymbol{M} = \begin{bmatrix} 1 & m_1 & m_2 \\ m_1 & m_2 & m_3 \\ m_2 & m_3 & m_4 \end{bmatrix}$，试证明若 $P(\alpha)$ 满足经典分布，则 $\det(\boldsymbol{M})$ 必定是正定的。

20. 试证明分束器变换矩阵(4.4.10)可以表示为式(4.4.27)，即 $\boldsymbol{B}(\Phi,\Theta,\Psi) = \mathrm{e}^{-\mathrm{i}\Phi\hat{L}_3}\mathrm{e}^{-\mathrm{i}\Theta\hat{L}_2}\mathrm{e}^{-\mathrm{i}\Psi\hat{L}_3}\mathrm{e}^{-\mathrm{i}\Lambda\hat{L}_0}$。

参考文献

[1] Gerry C C, Knight P. Introductory Quantum Optics. Cambridge: Cambridge University Press, 2005.

[2] Scully M O, Zubairy M S. Quantum Optics. Cambridge: Cambridge University Press, 1997.

[3] Meystre P, Sargent Ⅲ M. Elements of Quantum Optics. 4th ed. Berlin: Springer, 2007.

[4] Walls D F, Milburn G J. Quantum Optics. 2nd ed. Berlin: Springer, 2008.

[5] Loudon R. The Quantum Theory of Light. 3rd ed. Oxford: Oxford University Press, 2000.

[6] Haus H A. Electromagnetic Noise and Quantum Optical Measurements. 2nd ed. Berlin: Springer, 2011.

[7] Glauber R J. The quantum theory of optical coherence. Physical Review, 1963, 130(6): 2529-2539.

[8] Glauber R J. Coherent and incoherent states of the radiation field. Physical Review, 1963, 131(6): 2766-2788.

[9] Gerry C C, Mimih J. The parity operator in quantum optical metrology. Contemporary Physics, 2010, 51(6): 497-511.

[10] Campos R A, Saleh B E A, Teich M C. Quantum-mechanical lossless beam splitter: SU(2) symmetry and photon statistics. Physical Review A, 1989, 40(3): 1371-1384.

[11] Leonhardt U. Quantum statistics of a lossless beam splitter: SU(2) symmetry in phase space. Physical Review A, 1993, 48(4): 3265-3277.

[12] Agafonov I N, Chekhova M V, Iskhakov T S, et al. High-visibility multiphoton interference of Hanbury Brown-Twiss type for classical light. Physical Review A, 2008,77(5): 053801.

[13] 郭光灿, 周祥发. 量子光学. 北京: 科学出版社, 2022.

[14] 张智明. 量子光学. 北京: 科学出版社, 2015.

[15] 彭金生, 李高翔. 近代量子光学导论. 北京: 科学出版社, 1996.

[16] 史砚华. 量子光学导论: 单光子和双光子物理. 徐平译. 北京: 高等教育出版社, 2016.

[17] Kim M S, Son W, Bužek V, et al. Entanglement by a beam splitter: Nonclassicality as a prerequisite for entanglement. Physical Review A, 2002, 65(3): 032323.

第 5 章　光场的压缩态

前面介绍了光场的量子化、相干态表象及其准概率分布函数、光场的相干性及其干涉理论，主要讨论了光场的量子统计性质和量子相干性质。实际上，光场的量子特性还体现在光场量子涨落的压缩特性上，压缩态具有与相干态不同的量子噪声特性。光场的压缩态是具有非经典特性的光场态，压缩光是非经典光，其非经典的压缩特性对揭示光场的物理本质有重要价值。同时，压缩光具有小于一般标准量子噪声极限的涨落，可以大大提高信噪比，有望在光通信、量子信息处理、精密测量、微弱信号检测、引力波探测等方面提高量子测量精度，具有重要应用。因此，压缩态的研究在量子光学以及物理学中具有重要的理论意义和应用价值[1-12]。

本章具体安排如下：5.1 节从海森伯不确定性原理出发，推导出光场压缩态定义，可将压缩态分为两类：一类为通常所说的满足海森伯最小不确定关系的普通理想压缩态，另一类是广义压缩态，本章主要讨论前一类满足海森伯最小不确定关系的普通理想压缩态；5.2 节着重讨论单模光场压缩态的两种定义及其性质；5.3 节给出双模压缩态的定义及其性质，详细分析双模压缩真空态及其纠缠特性；5.4 节介绍辐射场的高阶压缩；5.5 节则对压缩光的产生、检测以及双模压缩真空态的产生展开讨论。

5.1　光场的压缩态和不确定关系

考虑光场的两个厄米算符 $\hat{X}_1$、$\hat{X}_2$ 满足如下对易关系：

$$[\hat{X}_1, \hat{X}_2] = \mathrm{i}\hat{C} \tag{5.1.1}$$

根据海森伯不确定性原理，$\hat{X}_1$ 和 $\hat{X}_2$ 的量子涨落之积满足

$$(\Delta\hat{X}_1)^2(\Delta\hat{X}_2)^2 \geqslant \frac{1}{4}\left|\langle\hat{C}\rangle\right|^2 \tag{5.1.2}$$

式中

$$(\Delta\hat{X}_i)^2 = \langle\hat{X}_i^2\rangle - \langle\hat{X}_i\rangle^2\ ,\quad i = 1, 2 \tag{5.1.3}$$

若其中某个可观测量的不确定度满足

$$(\Delta\hat{X}_i)^2 < \frac{1}{2}\left|\langle\hat{C}\rangle\right|, \quad i=1\text{或}2 \tag{5.1.4}$$

则称该光场系统的态为压缩态。

根据关系式(5.1.2)～式(5.1.4)，可将光场压缩态分成两种类型。

压缩相干态：光场的两个正交分量算符 $\hat{X}_1$ 、$\hat{X}_2$ 的涨落之积在海森伯不确定关系中最小，即式(5.1.2)取“=”号，同时满足 $\Delta\hat{X}_1 \neq \Delta\hat{X}_2$，即 $\Delta\hat{X}_1$ 和 $\Delta\hat{X}_2$ 必定有一个满足关系式(5.1.4)，则称该光场态是压缩相干态。通常所说的压缩态是指满足海森伯最小不确定关系的普通理想压缩态，具有双光子相干态、平移压缩真空态等称谓，也就是说，它满足下列关系式：

$$\Delta\hat{X}_1\Delta\hat{X}_2=\frac{1}{2}\left|\langle\hat{C}\rangle\right|, \quad \Delta\hat{X}_1\neq\Delta\hat{X}_2 \tag{5.1.5}$$

广义压缩态：光场的两个正交分量算符 $\hat{X}_1$ 、$\hat{X}_2$ 的涨落之积，在式(5.1.2)中的海森伯不确定关系中取“>”号，即

$$(\Delta\hat{X}_1)^2(\Delta\hat{X}_2)^2 > \frac{1}{4}\left|\langle\hat{C}\rangle\right|^2 \tag{5.1.6}$$

同时还满足一个分量的不确定量小于量子噪声极限，相应的另一个分量的不确定量则大于量子噪声极限，即满足式(5.1.4)。

本章将要讨论的压缩态就是前一类满足海森伯最小不确定关系的压缩态。

对于单模平面行波场，电场强度算符 $\hat{E}(\boldsymbol{r},t)$ 为

$$\hat{E}(\boldsymbol{r},t)=\mathrm{i}\left(\frac{\hbar\omega}{2\varepsilon_0 V}\right)^{1/2}[\hat{a}\,\mathrm{e}^{\mathrm{i}(\boldsymbol{k}\cdot\boldsymbol{r}-\omega t)}-\hat{a}^{\dagger}\mathrm{e}^{-\mathrm{i}(\boldsymbol{k}\cdot\boldsymbol{r}-\omega t)}] \tag{5.1.7}$$

引入两个厄米算符 $\hat{X}_1$ 和 $\hat{X}_2$：

$$\hat{X}_1=\frac{1}{2}(\hat{a}+\hat{a}^{\dagger}) \tag{5.1.8}$$

$$\hat{X}_2=\frac{1}{2\mathrm{i}}(\hat{a}-\hat{a}^{\dagger}) \tag{5.1.9}$$

则

$$\hat{E}(\boldsymbol{r},t)=\sqrt{\frac{2\hbar\omega}{\varepsilon_0 V}}[\hat{X}_1\sin(\omega t-\boldsymbol{k}\cdot\boldsymbol{r})-\hat{X}_2\cos(\omega t-\boldsymbol{k}\cdot\boldsymbol{r})] \tag{5.1.10}$$

可见，算符 $\hat{X}_1$ 和 $\hat{X}_2$ 是描述光场的两个相位正交的振幅分量算符，满足对易关系式，即

$$[\hat{X}_1,\hat{X}_2]=\frac{\mathrm{i}}{2} \tag{5.1.11}$$

按照海森伯不确定性原理，$\hat{X}_1$ 和 $\hat{X}_2$ 的量子涨落之积应满足

$$(\Delta\hat{X}_1)^2(\Delta\hat{X}_2)^2 \geqslant \frac{1}{16} \tag{5.1.12}$$

如果使光场

$$(\Delta\hat{X}_i)^2 < \frac{1}{4}，\quad i=1\text{或}2 \tag{5.1.13}$$

就可得到光场的压缩态。同时它们还满足如下最小不确定关系：

$$\Delta\hat{X}_1\Delta\hat{X}_2 = \frac{1}{4} \tag{5.1.14}$$

就得到本章将要讨论的突破量子噪声极限的光场压缩态。该压缩态是一类最小不确定态，并在某一正交分量上的涨落小于真空涨落。图 5.1.1 给出了正交压缩中的光场压缩态特征曲线。光场相干态只是曲线 $\Delta\hat{X}_1\cdot\Delta\hat{X}_2=1/4$ 上 $\Delta\hat{X}_1=\Delta\hat{X}_2=1/2$ 的一个点，而最小不确定性压缩态为曲线 $\Delta\hat{X}_1\cdot\Delta\hat{X}_2=1/4$ 中除了相干态表示的该点外的整条曲线，而曲线右方的两个阴影区域代表广义压缩态。

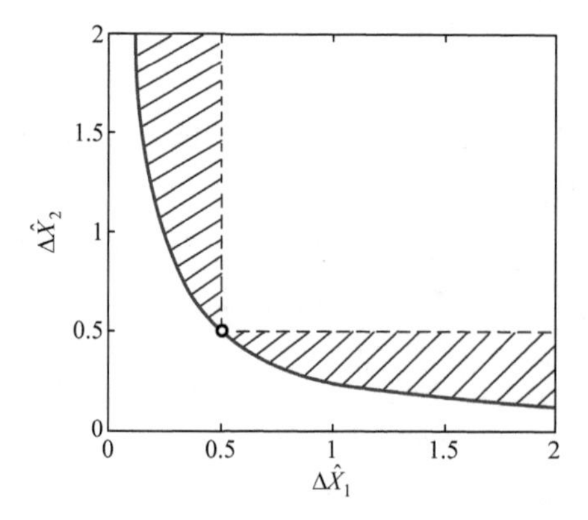

图 5.1.1　正交压缩中的光场压缩态特征曲线

5.2　单模光场的压缩态

定义单模压缩算符 $\hat{S}(\xi)$ 为

$$\hat{S}(\xi) = \exp\left(\frac{1}{2}\xi^*\hat{a}^2 - \frac{1}{2}\xi\hat{a}^{\dagger 2}\right) \tag{5.2.1}$$

式中，$\xi = r\mathrm{e}^{\mathrm{i}\theta}$ 为压缩参量，$r\,(0\leqslant r<\infty)$ 表示压缩强弱程度的压缩因子或压缩幅，$\theta\,(0\leqslant\theta\leqslant 2\pi)$ 表示压缩方向的压缩角。

于是，有

$$\hat{S}^\dagger(\xi) = \hat{S}^{-1}(\xi) = \hat{S}(-\xi) \tag{5.2.2}$$

利用算符展开定理

$$\mathrm{e}^{\hat{A}}\hat{B}\mathrm{e}^{-\hat{A}} = \hat{B} + [\hat{A},\hat{B}] + \frac{1}{2!}[\hat{A},[\hat{A},\hat{B}]] + \cdots \tag{5.2.3}$$

可得压缩算符的关系式为

$$\hat{S}^{\dagger}(\xi)\hat{a}\hat{S}(\xi) = \mu\hat{a} - \nu\hat{a}^{\dagger} \tag{5.2.4}$$

$$\hat{S}^{\dagger}(\xi)\hat{a}^{\dagger}\hat{S}(\xi) = \mu\hat{a}^{\dagger} - \nu^{*}\hat{a} \tag{5.2.5}$$

式中，$\mu = \cosh r$；$\nu = \mathrm{e}^{\mathrm{i}\theta}\sinh r$；$|\mu|^2 - |\nu|^2 = 1$。

5.2.1　单模压缩态的定义

利用平移算符 $\hat{D}(\alpha)$ 和压缩算符 $\hat{S}(\xi)$，可定义两种压缩态形式[1-7, 13-17]。

(1) 平移压缩真空态：先用压缩算符 $\hat{S}(\xi)$ 作用于真空态 $|0\rangle$ 得到压缩真空态，然后用平移算符 $\hat{D}(\alpha)$ 作用于压缩真空态，得到

$$|\alpha,\xi\rangle = \hat{D}(\alpha)\hat{S}(\xi)|0\rangle = \hat{D}(\alpha)|\xi\rangle \tag{5.2.6}$$

这是 1981 年首先由 Caves[6]给出的一种压缩态定义，称为平移压缩真空态。

(2) 双光子相干态：先用平移算符 $\hat{D}(\alpha)$ 作用于真空态 $|0\rangle$ 获取相干态，再用压缩算符 $\hat{S}(\xi)$ 作用于相干态，得到

$$|\alpha,\xi\rangle = \hat{S}(\xi)\hat{D}(\alpha)|0\rangle = \hat{S}(\xi)|\alpha\rangle \tag{5.2.7}$$

由于该压缩态是在相干态中通过湮没或产生两个光子的过程形成的，所以称该压缩态为双光子相干态，这是 1976 年最先由 Yuen[7]定义的。

用平移算符 $\hat{D}(\alpha)$ 和压缩算符 $\hat{S}(\xi)$ 定义的压缩态几何图像如图 5.2.1 所示。

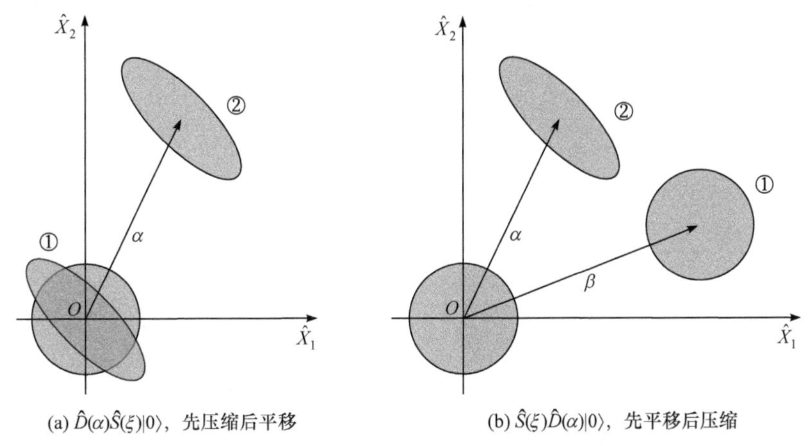

(a) $\hat{D}(\alpha)\hat{S}(\xi)|0\rangle$，先压缩后平移　　(b) $\hat{S}(\xi)\hat{D}(\alpha)|0\rangle$，先平移后压缩

图 5.2.1　用平移算符 $\hat{D}(\alpha)$ 和压缩算符 $\hat{S}(\xi)$ 定义的压缩态几何图像

压缩算符和平移算符互不对易，分别对应不同的物理过程，因此 $|\alpha,\xi\rangle = \hat{D}(\alpha)\hat{S}(\xi)|0\rangle \neq \hat{S}(\xi)\hat{D}(\alpha)|0\rangle$，但从本质上看，平移压缩真空态和双光子相

干态在一定条件下是等价的。这是因为可以对算符进行变换，即

$$|\alpha,\xi\rangle \equiv \hat{D}(\alpha)\hat{S}(\xi)|0\rangle = \hat{S}(\xi)\hat{D}(\beta)|0\rangle$$

由于

$$\hat{S}(\xi)\hat{S}^{\dagger}(\xi)\hat{D}(\alpha)\hat{S}(\xi) = \hat{S}(\xi)\hat{D}(\beta)$$

从而可得

$$\hat{D}(\beta) = \hat{S}^{\dagger}(\xi)\hat{D}(\alpha)\hat{S}(\xi) \tag{5.2.8}$$

式中

$$\beta = \mu\alpha + \nu\alpha^{*} \tag{5.2.9a}$$

即

$$\alpha = \mu\beta - \nu\beta^{*} \tag{5.2.9b}$$

可见，平移压缩真空态和双光子相干态这两种压缩态在一定条件下可呈现出相同的压缩效应。然而，这两种压缩光场呈现出光子反聚束效应的条件和程度是不同的。

当$\xi = 0$时，式(5.2.6)成为相干态，即

$$|\alpha,0\rangle = \hat{D}(\alpha)\hat{S}(0)|0\rangle = \hat{D}(\alpha)|0\rangle = |\alpha\rangle \tag{5.2.10}$$

当$\beta = 0$时，由式(5.2.9)可知$\alpha = 0$，式(5.2.7)变为压缩真空态，即

$$|0,\xi\rangle = \hat{S}(\xi)|0\rangle = |\xi\rangle \tag{5.2.11}$$

5.2.2 单模光场压缩态下算符的期望值和涨落

对于平移压缩真空态(5.2.6)，利用平移算符的性质(2.5.13)和(2.5.14)以及压缩算符的关系(5.2.4)和(5.2.5)，可以导出算符的期望值为

$$\begin{aligned}\langle\hat{a}\rangle &= \langle\alpha,\xi|\hat{a}|\alpha,\xi\rangle \\ &= \langle 0|\hat{S}^{\dagger}(\xi)\hat{D}^{\dagger}(\alpha)\hat{a}\hat{D}(\alpha)\hat{S}(\xi)|0\rangle \\ &= \langle 0|\hat{S}^{\dagger}(\xi)(\hat{a}+\alpha)\hat{S}(\xi)|0\rangle \\ &= \alpha\end{aligned} \tag{5.2.12}$$

$$\begin{aligned}\langle\hat{a}^{\dagger}\hat{a}\rangle &= \langle 0|\hat{S}^{\dagger}(\xi)\hat{D}^{\dagger}(\alpha)\hat{a}^{\dagger}\hat{a}\,\hat{D}(\alpha)\hat{S}(\xi)|0\rangle \\ &= \langle 0|\hat{S}^{\dagger}(\xi)\hat{D}^{\dagger}(\alpha)\hat{a}^{\dagger}\hat{D}(\alpha)\hat{D}^{\dagger}(\alpha)\hat{a}\,\hat{D}(\alpha)\hat{S}(\xi)|0\rangle \\ &= \langle 0|\hat{S}^{\dagger}(\xi)(\hat{a}^{\dagger}+\alpha^{*})(\hat{a}+\alpha)\hat{S}(\xi)|0\rangle \\ &= \alpha^{*}\alpha + \sinh^{2} r\end{aligned} \tag{5.2.13}$$

$$\begin{aligned}\langle\hat{a}^{2}\rangle &= \langle\alpha,\xi|\hat{a}^{2}|\alpha,\xi\rangle \\ &= \alpha^{2} - \mathrm{e}^{\mathrm{i}\theta}\sinh r\cosh r \\ &= \langle(\hat{a}^{\dagger})^{2}\rangle^{*}\end{aligned} \tag{5.2.14}$$

则描述光场的两正交分量算符 $\hat{X}_1$ 和 $\hat{X}_2$ 的期望值分别为

$$\langle\hat{X}_1\rangle=\frac{1}{2}(\alpha+\alpha^*)=\mathrm{Re}(\alpha) \tag{5.2.15}$$

$$\langle\hat{X}_2\rangle=\frac{1}{2\mathrm{i}}(\alpha-\alpha^*)=\mathrm{Im}(\alpha) \tag{5.2.16}$$

算符 $\hat{X}_1$ 和 $\hat{X}_2$ 的涨落分别为

$$\begin{aligned}(\Delta\hat{X}_1)^2&=\langle\hat{X}_1^2\rangle-\langle\hat{X}_1\rangle^2\\&=\frac{1}{4}\left(\mathrm{e}^{-2r}\cos^2\frac{\theta}{2}+\mathrm{e}^{2r}\sin^2\frac{\theta}{2}\right)\end{aligned} \tag{5.2.17}$$

$$(\Delta\hat{X}_2)^2=\frac{1}{4}\left(\mathrm{e}^{-2r}\sin^2\frac{\theta}{2}+\mathrm{e}^{2r}\cos^2\frac{\theta}{2}\right) \tag{5.2.18}$$

由式(5.2.17)可得，实现对光场 $\hat{X}_1$ 分量的压缩条件为

$$\cos\theta>\tanh r \tag{5.2.19}$$

当 $\theta=0$ 时，式(5.2.17)和式(5.2.18)分别为

$$(\Delta\hat{X}_1)^2=\frac{1}{4}\mathrm{e}^{-2r}<\frac{1}{4} \tag{5.2.20}$$

$$(\Delta\hat{X}_2)^2=\frac{1}{4}\mathrm{e}^{2r}>\frac{1}{4} \tag{5.2.21}$$

即对于式(5.2.6)的压缩光场，其 $\hat{X}_1$ 分量的量子噪声被压缩，同时 $\hat{X}_2$ 分量的量子噪声将被放大，$\hat{X}_1$ 分量的压缩程度 $(\Delta\hat{X}_1)^2$ 取决于压缩因子 r 的大小。

同样地，由式(5.2.18)可知，光场 $\hat{X}_2$ 分量的压缩条件为

$$\cos\theta<-\tanh r \tag{5.2.22}$$

当 $\theta=\pi$ 时，由式(5.2.17)和式(5.2.18)可得

$$(\Delta\hat{X}_1)^2=\frac{1}{4}\mathrm{e}^{2r}>\frac{1}{4} \tag{5.2.23}$$

$$(\Delta\hat{X}_2)^2=\frac{1}{4}\mathrm{e}^{-2r}<\frac{1}{4} \tag{5.2.24}$$

既压缩了光场 $\hat{X}_2$ 分量的量子噪声，又将放大 $\hat{X}_1$ 分量的量子噪声。

可见，在压缩态中，两光场正交分量的量子噪声是否被压缩，是由 θ 角决定的，压缩方向则由 θ 角的范围确定。不管是 $\theta=0$ 还是 $\theta=\pi$，总有

$$(\Delta\hat{X}_1)^2(\Delta\hat{X}_2)^2=\frac{1}{16} \tag{5.2.25}$$

因此当$\theta=0$或$\theta=\pi$时，处于压缩态的光场满足海森伯最小不确定关系。

总之，由式(5.2.17)和式(5.2.18)可知，光场的两个正交分量的量子涨落$(\Delta\hat{X}_1)^2$和$(\Delta\hat{X}_2)^2$满足的不确定关系为

$$(\Delta\hat{X}_1)^2(\Delta\hat{X}_2)^2=\frac{1}{16}[\sin^2\theta\cosh^2(2r)+\cos^2\theta] \tag{5.2.26}$$

只有当$\theta=0,\pi$时，光场才出现最小不确定度的压缩态。对于$\theta\neq 0,\pi$时的其他角度，光场并不出现最小不确定度的压缩态。

为了确保在任意角度θ的压缩光场中，其两正交分量算符的量子涨落满足最小不确定关系，需要引入另一对旋转正交分量算符$\hat{Y}_1$和$\hat{Y}_2$。

定义一个旋转$\theta/2$的两正交分量算符$\hat{Y}_1$和$\hat{Y}_2$为

$$\begin{bmatrix}\hat{Y}_1\\ \hat{Y}_2\end{bmatrix}=\begin{bmatrix}\cos(\theta/2) & \sin(\theta/2)\\ -\sin(\theta/2) & \cos(\theta/2)\end{bmatrix}\begin{bmatrix}\hat{X}_1\\ \hat{X}_2\end{bmatrix} \tag{5.2.27}$$

或者

$$\hat{Y}_1+\mathrm{i}\hat{Y}_2=(\hat{X}_1+\mathrm{i}\hat{X}_2)\mathrm{e}^{-\mathrm{i}\theta/2} \tag{5.2.28}$$

将式(5.1.8)和式(5.1.9)代入式(5.2.28)，可得

$$\hat{Y}_1+\mathrm{i}\hat{Y}_2=\hat{a}\mathrm{e}^{-\mathrm{i}\theta/2} \tag{5.2.29}$$

对式(5.2.29)取复共轭，可得

$$\hat{Y}_1-\mathrm{i}\hat{Y}_2=\hat{a}^\dagger\mathrm{e}^{\mathrm{i}\theta/2} \tag{5.2.30}$$

因此有

$$\hat{Y}_1=\frac{1}{2}(\hat{a}\mathrm{e}^{-\mathrm{i}\theta/2}+\hat{a}^\dagger\mathrm{e}^{\mathrm{i}\theta/2}) \tag{5.2.31}$$

$$\hat{Y}_2=\frac{1}{2\mathrm{i}}(\hat{a}\mathrm{e}^{-\mathrm{i}\theta/2}-\hat{a}^\dagger\mathrm{e}^{\mathrm{i}\theta/2}) \tag{5.2.32}$$

其涨落为

$$\begin{aligned}(\Delta\hat{Y}_1)^2&=\langle\hat{Y}_1^2\rangle-\langle\hat{Y}_1\rangle^2\\&=\frac{1}{4}\langle\hat{a}^2\mathrm{e}^{-\mathrm{i}\theta}+\hat{a}^{\dagger 2}\mathrm{e}^{\mathrm{i}\theta}+\hat{a}\hat{a}^\dagger+\hat{a}^\dagger\hat{a}\rangle-\frac{1}{4}\langle\hat{a}\mathrm{e}^{-\mathrm{i}\theta/2}+\hat{a}^\dagger\mathrm{e}^{\mathrm{i}\theta/2}\rangle^2\\&=\frac{1}{4}\mathrm{e}^{-2r}\end{aligned} \tag{5.2.33}$$

$$(\Delta\hat{Y}_2)^2=\langle\hat{Y}_2^2\rangle-\langle\hat{Y}_2\rangle^2=\frac{1}{4}\mathrm{e}^{2r} \tag{5.2.34}$$

$$\Delta\hat{Y}_1 \cdot \Delta\hat{Y}_2 = \frac{1}{4} \tag{5.2.35}$$

此时，对于任意方向，总能找到满足最小不确定关系的光场压缩态。图 5.2.2 表示一个复振幅平面上的误差圆被压缩成一个误差椭圆。椭圆的两个主轴分别沿着由 $\hat{X}_1$ 和 $\hat{X}_2$ 旋转角度 $\theta/2$ 得到的 $\hat{Y}_1$ 和 $\hat{Y}_2$ 方向。

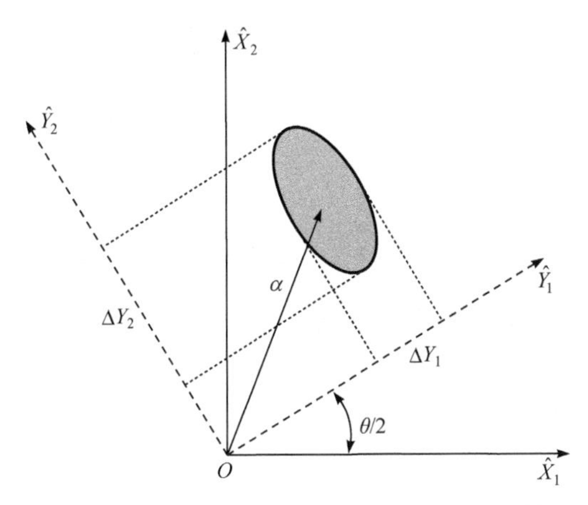

图 5.2.2　平移压缩真空态中旋转正交分量的涨落压缩

5.2.3　单模光场压缩态的本征方程

单模光场压缩态(5.2.6)，即平移压缩真空态满足的本征方程为

$$(\mu\hat{a} + \nu\hat{a}^\dagger)|\alpha,\xi\rangle = (\mu\alpha + \nu\alpha^*)|\alpha,\xi\rangle \tag{5.2.36}$$

式中，$\mu = \cosh r$；$\nu = e^{i\theta}\sinh r$。单模光场压缩态 $|\alpha,\xi\rangle$ 是算符 $\mu\hat{a}+\nu\hat{a}^\dagger$ 的本征态，其相应的本征值为 $\mu\alpha+\nu\alpha^*$。

证明　因为 $\hat{a}|0\rangle = 0$，而压缩算符 $\hat{S}(\xi)$ 是幺正的，所以有

$$\hat{a}\hat{S}^\dagger(\xi)\hat{S}(\xi)|0\rangle = 0$$

$$\hat{a}\hat{S}^\dagger(\xi)\hat{D}^\dagger(\alpha)\hat{D}(\alpha)\hat{S}(\xi)|0\rangle = 0$$

$$\hat{D}(\alpha)\hat{S}(\xi)\hat{a}\hat{S}^\dagger\hat{D}^\dagger(\alpha)\hat{D}(\alpha)\hat{S}(\xi)|0\rangle = \hat{D}(\alpha)\hat{S}(\xi)\hat{a}\,\hat{S}^\dagger(\xi)\hat{D}^\dagger(\alpha)|\alpha,\xi\rangle = 0$$

利用关系式

$$\hat{S}(\xi)\hat{a}\hat{S}^\dagger(\xi) = \mu\hat{a} + \nu\hat{a}^\dagger \tag{5.2.37}$$

可得

$$\hat{D}(\alpha)(\mu\hat{a} + \nu\hat{a}^\dagger)\hat{D}^\dagger(\alpha)|\alpha,\xi\rangle = 0$$

利用关系式 $\hat{D}(\alpha)\hat{a}\hat{D}^\dagger(\alpha) = \hat{a} - \alpha$ 和 $\hat{D}(\alpha)\hat{a}^\dagger\hat{D}^\dagger(\alpha) = \hat{a}^\dagger - \alpha^*$，可得

$$[\mu(\hat{a}-\alpha)+\nu(\hat{a}^{\dagger}-\alpha^{*})]|\alpha,\xi\rangle=0$$

所以

$$(\mu\hat{a}+\nu\hat{a}^{\dagger})|\alpha,\xi\rangle=(\mu\alpha+\nu\alpha^{*})|\alpha,\xi\rangle$$

证毕。

5.2.4 单模光场压缩态在数态表象中的表示形式及光子数分布

首先将单模光场压缩态(5.2.6)，即平移压缩真空态$|\alpha,\xi\rangle=\hat{D}(\alpha)\hat{S}(\xi)|0\rangle$在光子数态中展开为

$$|\alpha,\xi\rangle=\sum_{n=0}^{\infty}C_n|n\rangle \tag{5.2.38}$$

将式(5.2.38)代入本征值方程(5.2.36)，可得

$$\begin{aligned}\mu\sum_{n=1}^{\infty}C_n\sqrt{n}|n-1\rangle+\nu\sum_{n=0}^{\infty}C_n\sqrt{n+1}|n+1\rangle&=\sum_{n=0}^{\infty}\left(\mu\sqrt{n+1}C_{n+1}+\nu\sqrt{n}C_{n-1}\right)|n\rangle\\&=\sum_{n=0}^{\infty}\beta C_n|n\rangle\end{aligned} \tag{5.2.39}$$

式中，$\beta=\mu\alpha+\nu\alpha^{*}$。

由光子数态矢集的正交性可得

$$\mu\sqrt{n+1}C_{n+1}+\nu\sqrt{n}C_{n-1}=\beta C_n \tag{5.2.40}$$

进行变量代换，假设

$$C_n=\frac{N}{\sqrt{\mu}}\left(\frac{\nu}{2\mu}\right)^{n/2}f_n(x) \tag{5.2.41}$$

式中，$f_n(x)$为未知函数；N为归一化因子。

将式(5.2.41)代入式(5.2.40)可得

$$\sqrt{n+1}f_{n+1}(x)-2\beta(2\mu\nu)^{-1/2}f_n(x)+2\sqrt{n}f_{n-1}(x)=0 \tag{5.2.42}$$

令

$$f_n(x)=H_n(x)/\sqrt{n!}\,,\quad x=\beta\big/\sqrt{2\mu\nu} \tag{5.2.43}$$

则式(5.2.41)和式(5.2.42)可分别表示为

$$C_n=\frac{N}{\sqrt{n!\mu}}\left(\frac{\nu}{2\mu}\right)^{n/2}H_n(\beta\big/\sqrt{2\mu\nu}) \tag{5.2.44}$$

$$H_{n+1}(x)-2xH_n(x)+2nH_{n-1}(x)=0 \tag{5.2.45}$$

对于式(5.2.44)，由于$n=0$时，$H_0(\beta\big/\sqrt{2\mu\nu})=1$，所以有

$$C_0 = \frac{N}{\sqrt{\mu}} \tag{5.2.46}$$

注意到

$$\begin{aligned} C_0 &= \langle 0|\alpha,\xi\rangle = \langle 0|\hat{D}(\alpha)\hat{S}(\xi)|0\rangle \\ &= \langle 0|\hat{D}^\dagger(-\alpha)\hat{S}(\xi)|0\rangle \\ &= \langle -\alpha|\xi\rangle \end{aligned} \tag{5.2.47}$$

式中，$\langle -\alpha|\xi\rangle$ 是相干态 $|-\alpha\rangle$ 和压缩真空态 $|\xi\rangle = \hat{S}(\xi)|0\rangle$ 的内积。

可以证明，压缩真空态 $|\xi\rangle$ 在光子数态表象中可表示为

$$|\xi\rangle = \sum_{m=0}^{\infty} C_{2m}|2m\rangle \tag{5.2.48}$$

式中

$$C_{2m} = \frac{1}{\sqrt{\mu}}\left(-\frac{\nu}{2\mu}\right)^m \frac{\sqrt{(2m)!}}{m!} \tag{5.2.49}$$

因此，式(5.2.47)中的内积 $\langle -\alpha|\xi\rangle$ 可表示为

$$\langle -\alpha|\xi\rangle = \exp\left(-\frac{1}{2}|\alpha|^2\right)\sum_{m=0}^{\infty}\frac{(\alpha^*)^{2m}}{\sqrt{(2m)!}}C_{2m} \tag{5.2.50}$$

比较式(5.2.46)和式(5.2.47)，并将式(5.2.50)和式(5.2.49)代入可得

$$N = \sqrt{\mu}\langle -\alpha|\xi\rangle = \exp\left[-\frac{1}{2}|\alpha|^2 - \frac{\nu}{2\mu}(\alpha^*)^2\right] \tag{5.2.51}$$

将式(5.2.51)代入式(5.2.44)，则有

$$C_n = \frac{1}{\sqrt{n!\mu}}\exp\left[-\frac{1}{2}|\alpha|^2 - \frac{\nu}{2\mu}(\alpha^*)^2\right]\left(\frac{\nu}{2\mu}\right)^{n/2} H_n(\beta/\sqrt{2\mu\nu}) \tag{5.2.52}$$

因此平移压缩真空态 $|\alpha,\xi\rangle$ 的表达式为

$$|\alpha,\xi\rangle = \frac{1}{\sqrt{\mu}}\exp\left[-\frac{1}{2}|\alpha|^2 - \frac{\nu}{2\mu}(\alpha^*)^2\right]\sum_{n=0}^{\infty}\frac{1}{\sqrt{n!}}\left(\frac{\nu}{2\mu}\right)^{n/2} H_n\left(\beta/\sqrt{2\mu\nu}\right)|n\rangle \tag{5.2.53}$$

由此可知，压缩态的光子数分布函数为

$$\begin{aligned} P_n &= |\langle n|\alpha,\xi\rangle|^2 = |C_n|^2 \\ &= \frac{(\tanh r)^n}{2^n n!\cosh r}\exp\left\{-|\alpha|^2 - \frac{1}{2}\left[(\alpha^*)^2 e^{i\theta} + \alpha^2 e^{-i\theta}\right]\tanh r\right\}\left|H_n\left[\frac{\beta}{\sqrt{e^{i\theta}\sinh(2r)}}\right]\right|^2 \end{aligned} \tag{5.2.54}$$

式中，$H_n(x)$ 是以变量为 $x=\beta/\sqrt{\mathrm{e}^{\mathrm{i}\theta}\sinh(2r)}$ 的 n 次厄米多项式；β 的值为

$$\beta=\mu\alpha+\nu\alpha^*=\alpha\cosh r+\alpha^*\mathrm{e}^{\mathrm{i}\theta}\sinh r \tag{5.2.55}$$

由式(5.2.54)可知，与相干态情况下的泊松分布形式不同，压缩态具有与相干态不同的统计特性。图 5.2.3 表示压缩态在 $\phi-\theta/2$ 分别取 0 和 π/2 下的光子数概率分布，其中 ϕ 为 α 的相位，$\alpha=|\alpha|\mathrm{e}^{\mathrm{i}\phi}$，并把它与平均光子数相同的相干态光子数概率分布进行比较。由图 5.2.3 可以看到，当 $\phi-\theta/2=0$ 时，其光子数分布要比相干态的窄，呈现出另一种压缩形式(有时称为光子数压缩)，其光子数分布为亚泊松分布，这是一种非经典效应。当 $\phi-\theta/2=\pi/2$ 时，其光子数分布比相干态的宽，呈现出超泊松分布。

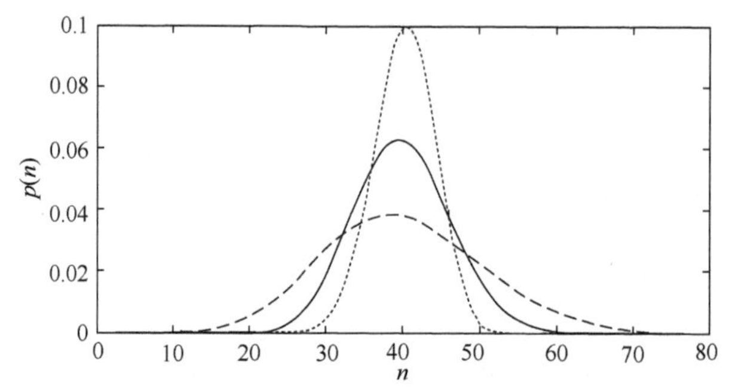

图 5.2.3　相同平均光子数下压缩态和相干态的光子数概率分布

实线对应相干态，满足 $|\alpha|^2=40$，点线和虚线分别对应 $\phi-\theta/2=0$ 和 $\pi/2$ 时的压缩态，$|\alpha|^2=40$ 和 $r=0.5$

5.2.5　压缩光的统计性质

1. 光子数的不确定度

以压缩态 $|\alpha,\xi\rangle$ 定义(5.2.6)导出算符的期望值为

$$\begin{aligned}\langle\hat{n}\rangle&=\langle 0|\hat{S}^\dagger(\xi)\hat{D}^\dagger(\alpha)\hat{a}^\dagger\hat{a}\hat{D}(\alpha)\hat{S}(\xi)|0\rangle\\&=|\alpha|^2+\sinh^2 r\end{aligned} \tag{5.2.56}$$

$$\langle\hat{n}^2\rangle=\left|\alpha\cosh r-\alpha^*\mathrm{e}^{\mathrm{i}\theta}\sinh r\right|^2+2\sinh^2 r\cosh^2 r+(|\alpha|^2+\sinh^2 r)^2 \tag{5.2.57}$$

压缩态下光子数的涨落为

$$\begin{aligned}\langle(\Delta\hat{n})^2\rangle&=\left|\alpha\cosh r-\alpha^*\mathrm{e}^{\mathrm{i}\theta}\sinh r\right|^2+2\sinh^2 r\cosh^2 r\\&=|\alpha|^2\left[\mathrm{e}^{-2r}\cos^2\left(\phi-\frac{1}{2}\theta\right)+\mathrm{e}^{2r}\sin^2\left(\phi-\frac{1}{2}\theta\right)\right]+2\sinh^2 r\cosh^2 r\end{aligned} \tag{5.2.58}$$

式中，$\alpha=|\alpha|\mathrm{e}^{\mathrm{i}\phi}$。

对于单模光场压缩态，其二阶相干度和 Mandel 参数 Q 分别为

$$g^{(2)}(0)=1+\frac{\langle(\Delta\hat{n})^2\rangle-\langle\hat{n}\rangle}{\langle\hat{n}\rangle^2} \tag{5.2.59}$$

$$Q=\frac{\langle(\Delta\hat{n})^2\rangle-\langle\hat{n}\rangle}{\langle\hat{n}\rangle} \tag{5.2.60}$$

(1) 压缩真空态($\alpha=0$)。

由式(5.2.56)和式(5.2.58)可得

$$\langle\hat{n}\rangle=\sinh^2 r \tag{5.2.61}$$

$$\langle(\Delta\hat{n})^2\rangle=2\sinh^2 r\cosh^2 r=2\langle\hat{n}\rangle(\langle\hat{n}\rangle+1) \tag{5.2.62}$$

$$g^{(2)}(0)=3+\frac{1}{\langle\hat{n}\rangle} \tag{5.2.63}$$

$$Q=2\langle\hat{n}\rangle+1 \tag{5.2.64}$$

故压缩真空态光呈现出聚束效应($g^{(2)}(0)>1$)和超泊松分布($Q>0$)。实际上，压缩光源产生的光就属于该压缩真空态光。

(2) 在压缩真空态光中加进强相干光。

在零拍探测中，为了探测压缩光的压缩度，将强的相干光叠加到被探测的压缩光中，导致$\langle\hat{n}\rangle=|\alpha|^2+\sinh^2 r$中$|\alpha|^2$的贡献远比$\sinh^2 r$大。

当$|\alpha|^2\gg e^{2r}$时，式(5.2.58)可转化为

$$\langle(\Delta\hat{n})^2\rangle=|\alpha|^2\left[e^{-2r}\cos^2\left(\phi-\frac{1}{2}\theta\right)+e^{2r}\sin^2\left(\phi-\frac{1}{2}\theta\right)\right] \tag{5.2.65}$$

相应的 Mandel 参数 Q 及其二阶相干度可表示为

$$\begin{aligned}Q&=(e^{-2r}-1)\cos^2\left(\phi-\frac{1}{2}\theta\right)+(e^{2r}-1)\sin^2\left(\phi-\frac{1}{2}\theta\right)\\&=|\alpha|^2[g^{(2)}(0)-1]\end{aligned} \tag{5.2.66}$$

可见，当$\cos(2\phi-\theta)>\tanh r$时，$Q<0,\ g^{(2)}(0)<1$，可同时实现亚泊松分布和反聚束效应。故在零拍探测中，加进去的相干光信号会改变压缩光的统计性质，使得压缩真空态光由聚束效应、超泊松分布转化为反聚束效应、亚泊松分布，具有非经典光场的性质。

由式(5.2.66)还可求出 Q 参数的极值，即

$$Q_{\min}=|\alpha|^2[g^{(2)}(0)-1]_{\min}=e^{-2r}-1,\quad \phi=\theta/2 \tag{5.2.67}$$

$$Q_{\max}=|\alpha|^2[g^{(2)}(0)-1]_{\max}=e^{2r}-1,\quad \phi-\theta/2=\pi/2 \tag{5.2.68}$$

此外，当$\phi=\theta/2$时，对于一定的$|\alpha|$和r，如$|\alpha|^2$很大和r较小，以致$\sinh r\approx 0$，

由式(5.2.56)和式(5.2.58)可得$\langle\hat{n}\rangle \approx |\alpha|^2$以及$\langle(\Delta\hat{n})^2\rangle \approx \langle\hat{n}\rangle \mathrm{e}^{-2r}$，于是有$\langle(\Delta\hat{n})^2\rangle < \langle\hat{n}\rangle$，它可呈现出振幅压缩。

2. 压缩光场的相位不确定度

压缩态$|\alpha,\xi\rangle$的相位角不确定量$\Delta\phi$通常由相位算符进行计算[16]。在$\langle(\Delta n)^2\rangle$添加了强相干光的关系式(5.2.65)中，从几何直觉即误差椭圆在原点的张角为α的相位ϕ的不确定量$\Delta\phi$是在与α矢量的垂直方向的误差在原点张角的 1/2，即

$$\Delta\phi = \frac{\langle(\Delta\hat{n})^2\rangle_V^{1/2}}{2\langle\hat{n}\rangle} = \frac{1}{2|\alpha|}\left[\mathrm{e}^{-2r}\cos^2\left(\phi - \frac{1}{2}\theta\right) + \mathrm{e}^{2r}\sin^2\left(\phi - \frac{1}{2}\theta\right)\right]^{1/2} \tag{5.2.69}$$

当ϕ取$\theta/2$、$(\theta+\pi)/2$时，由式(5.2.65)和式(5.2.69)可得

$$\langle(\Delta\hat{n})^2\rangle^{1/2}\Delta\phi \approx \frac{1}{2} \tag{5.2.70}$$

再看式(5.2.56)，有

$$\langle\hat{n}\rangle = |\alpha|^2 + \sinh^2 r = Y_1^2 + Y_2^2 + \sinh^2 r \tag{5.2.71}$$

要实现$r \to \infty$的理想压缩，平均光子数$\langle\hat{n}\rangle$及光能将无限大，这为理想压缩的实现增加了困难，即压缩程度越高，激光能量越大，故理想压缩是不可能实现的。由粒子数和相位的不确定关系式(5.2.69)可知，当$\left\langle(\Delta\hat{n})^2\right\rangle^{1/2}$很小时，$\Delta\phi$很大，可确保不确定性原理得到满足。因为增大相位噪声$\Delta\phi$并不需要增加激光能量，所以从这个意义上来说，粒子数压缩态也称为振幅压缩态，$\left\langle(\Delta\hat{n})^2\right\rangle$的减少不会受到正交分量压缩态的限制。

取$x = \sinh r$，当$\langle\hat{n}\rangle > x^2 \gg 1$时，由式(5.2.58)可得

$$\begin{aligned}\langle(\Delta\hat{n})^2\rangle &= \left(\langle\hat{n}\rangle - x^2\right)\left(\sqrt{1+x^2} - x\right)^2 + 2x^2(1+x^2)\\ &= \frac{\langle\hat{n}\rangle - x^2}{4x^2} + 2x^2(1+x^2)\end{aligned} \tag{5.2.72}$$

对式(5.2.72)求x^2的极值，可得

$$\langle(\Delta\hat{n})^2\rangle_{\min} \approx \langle\hat{n}\rangle^{2/3}, \quad \langle\hat{n}\rangle = 16x^6 \gg 1 \tag{5.2.73}$$

在$\langle\hat{n}\rangle$确定后，可以求出振幅压缩态下最佳的信噪比为

$$(\mathrm{SNR_S})_{\min} = \frac{\langle\hat{n}\rangle^2}{\langle(\Delta\hat{n})^2\rangle} = \langle\hat{n}\rangle^{4/3} \tag{5.2.74}$$

该信噪比要远远高于相干光场的信噪比 $\mathrm{SNR_C} = \langle\hat{n}\rangle$。

5.3　双模光场的压缩态

5.3.1　双模压缩态的定义

对于频率为 ω_+ 和 ω_- 的双模光场，双模压缩态也有两种定义[1-5,13-17]，分别为

$$\left|\alpha_+,\alpha_-,\xi\right\rangle = \hat{D}_+(\alpha_+)\hat{D}_-(\alpha_-)\hat{S}_{+-}(\xi)\left|0,0\right\rangle \tag{5.3.1}$$

$$\left|\beta_+,\beta_-,\xi\right\rangle = \hat{S}_{+-}(\xi)\hat{D}_+(\beta_+)\hat{D}_-(\beta_-)\left|0,0\right\rangle \tag{5.3.2}$$

式中，$\hat{D}_\pm(\alpha_\pm)$、$\hat{D}_\pm(\beta_\pm)$ 表示平移算符，分别为

$$\hat{D}_\pm(\alpha_\pm) = \exp(\alpha_\pm\hat{a}_\pm^\dagger - \alpha_\pm^*\hat{a}_\pm) \tag{5.3.3}$$

$$\hat{D}_\pm(\beta_\pm) = \exp(\beta_\pm\hat{a}_\pm^\dagger - \beta_\pm^*\hat{a}_\pm) \tag{5.3.4}$$

这里的 $\hat{a}_+$ ($\hat{a}_-$)和 $\hat{a}_+^\dagger$ ($\hat{a}_-^\dagger$)分别表示频率为 $\omega_\pm$ 的双模光场的湮没算符和产生算符，满足对易关系，即

$$[\hat{a}_\pm,\hat{a}_\pm^\dagger]=1\,,\quad [\hat{a}_\pm,\hat{a}_\mp]=[\hat{a}_\pm^\dagger,\hat{a}_\mp^\dagger]=[\hat{a}_\pm,\hat{a}_\mp^\dagger]=0 \tag{5.3.5}$$

双模压缩算符 $\hat{S}_{+-}(\xi)$ 表示为

$$\hat{S}_{+-}(\xi) = \exp(\xi^*\hat{a}_+\hat{a}_- - \xi\hat{a}_+^\dagger\hat{a}_-^\dagger) \tag{5.3.6}$$

式中，$\xi = r\mathrm{e}^{\mathrm{i}\theta}$ 为双模压缩参量，$0\leqslant r<\infty$，$0\leqslant\theta\leqslant 2\pi$。

与证明单模压缩算符的性质相似，利用算符展开定理(5.2.3)，同样可得双模压缩算符 $\hat{S}_{+-}(\xi)$ 的关系式为

$$\hat{S}_{+-}^\dagger(\xi) = \hat{S}_{+-}(-\xi) = \hat{S}_{+-}^{-1}(\xi) \tag{5.3.7}$$

$$\hat{S}_{+-}^\dagger(\xi)\hat{a}_\pm\hat{S}_{+-}(\xi) = \hat{a}_\pm\cosh r - \hat{a}_\mp^\dagger\mathrm{e}^{\mathrm{i}\theta}\sinh r \tag{5.3.8}$$

$$\hat{S}_{+-}^\dagger(\xi)\hat{a}_\pm^\dagger\hat{S}_{+-}(\xi) = \hat{a}_\pm^\dagger\cosh r - \hat{a}_\mp\mathrm{e}^{-\mathrm{i}\theta}\sinh r \tag{5.3.9}$$

$$\hat{S}_{+-}(\xi)\hat{a}_\pm\hat{S}_{+-}^\dagger(\xi) = \hat{a}_\pm\cosh r + \hat{a}_\mp^\dagger\mathrm{e}^{\mathrm{i}\theta}\sinh r \tag{5.3.10}$$

双模压缩态定义中的平移压缩真空态(5.3.1)，是先用双模压缩算符 $\hat{S}_{+-}(\xi)$ 作用于双模真空态得到双模压缩真空态，然后用平移算符 $\hat{D}_\pm(\alpha_\pm)$ 作用于双模压缩真空态得到。双模压缩相干态(5.3.2)，则是先用平移算符 $\hat{D}_\pm(\beta_\pm)$ 作用于双模真空态得到双模相干态 $\left|\alpha\right\rangle_+\left|\beta\right\rangle_-$，再用双模压缩算符 $\hat{S}_{+-}(\xi)$ 对双模相干态作用得到。双模压缩态的这两种定义式(5.3.1)和式(5.3.2)在一定条件下是等价的。

对于双模压缩光场，其两个正交分量算符 $\hat{X}_1$ 和 $\hat{X}_2$ 分别为

$$\hat{X}_1=\frac{1}{\sqrt[3]{2}}(\hat{a}_+ + \hat{a}_+^\dagger + \hat{a}_- + \hat{a}_-^\dagger) \tag{5.3.11}$$

$$\hat{X}_2=\frac{1}{\sqrt[3]{2}\mathrm{i}}(\hat{a}_+ - \hat{a}_+^\dagger + \hat{a}_- - \hat{a}_-^\dagger) \tag{5.3.12}$$

则 $\hat{X}_1$ 和 $\hat{X}_2$ 满足对易关系，即

$$[\hat{X}_1,\hat{X}_2]=\frac{\mathrm{i}}{2} \tag{5.3.13}$$

按照海森伯不确定性原理，$\hat{X}_1$ 和 $\hat{X}_2$ 的量子涨落满足

$$(\Delta\hat{X}_1)^2(\Delta\hat{X}_2)^2 \geqslant \frac{1}{16} \tag{5.3.14}$$

与单模光场类似，若双模光场正交算符的任一分量 $\hat{X}_i$ ($i=1$ 或 2)的量子涨落满足

$$(\Delta\hat{X}_i)^2 < \frac{1}{4}, \quad i=1 \text{或} 2 \tag{5.3.15}$$

则称该双模压缩光场的第 i 个分量的量子噪声被压缩。

对于式(5.3.1)所描述的双模压缩相干态，利用式(5.3.8)和式(5.3.9)可得相关算符的期望值为

$$\langle\hat{a}_\pm\rangle=\langle\alpha_+,\alpha_-,\xi|\hat{a}_\pm|\alpha_+,\alpha_-,\xi\rangle=\alpha_\pm \tag{5.3.16}$$

$$\langle\hat{a}_\pm\hat{a}_\pm\rangle=\alpha_\pm^2 \tag{5.3.17}$$

$$\langle\hat{a}_+\hat{a}_-\rangle=\langle\hat{a}_-\hat{a}_+\rangle=\alpha_+\alpha_- - \mathrm{e}^{\mathrm{i}\theta}\sinh r\cosh r \tag{5.3.18}$$

$$\langle\hat{a}_\pm^\dagger\hat{a}_\pm\rangle=|\alpha_\pm|^2+\sinh^2 r \tag{5.3.19}$$

$$\langle\hat{a}_+^\dagger\hat{a}_-\rangle=\alpha_+^*\alpha_- \tag{5.3.20}$$

$$\langle\hat{a}_-^\dagger\hat{a}_+\rangle=\alpha_-^*\alpha_+ \tag{5.3.21}$$

利用上述结果可得

$$(\Delta\hat{X}_1)^2=\langle\hat{X}_1^2\rangle-\langle\hat{X}_1\rangle^2=\frac{1}{4}\left(\mathrm{e}^{-2r}\cos^2\frac{\theta}{2}+\mathrm{e}^{2r}\sin^2\frac{\theta}{2}\right) \tag{5.3.22}$$

$$(\Delta\hat{X}_2)^2=\frac{1}{4}\left(\mathrm{e}^{-2r}\sin^2\frac{\theta}{2}+\mathrm{e}^{2r}\cos^2\frac{\theta}{2}\right) \tag{5.3.23}$$

可见，双模压缩光场的量子涨落与单模压缩光场的结果相同，并且 $\hat{X}_i$ 分量的量子涨落 $(\Delta\hat{X}_i)^2$ ($i=1, 2$)与 $\alpha_\pm$ 值无关，即与双模压缩光场的各分量的场振幅

值无关。

当$\theta=0$时，由式(5.3.22)和式(5.3.23)可得

$$(\Delta\hat{X}_1)^2=\frac{1}{4}\mathrm{e}^{-2r},\quad (\Delta\hat{X}_2)^2=\frac{1}{4}\mathrm{e}^{2r} \tag{5.3.24}$$

相应地

$$\Delta\hat{X}_1=\frac{1}{2}\mathrm{e}^{-r},\quad \Delta\hat{X}_2=\frac{1}{2}\mathrm{e}^{r} \tag{5.3.25}$$

$$\Delta\hat{X}_1\Delta\hat{X}_2=\frac{1}{4} \tag{5.3.26}$$

此时，正交算符$\hat{X}_1$的涨落得到压缩，而$\hat{X}_2$的涨落增大，双模压缩态满足海森伯最小不确定关系。

5.3.2　双模压缩真空态

现在讨论双模压缩真空态在光子数态表象中的表示及其光子数分布。在式(5.3.1)中，令$\alpha_+=\alpha_-=0$，则式(5.3.1)简化为双模压缩真空态，它由双模压缩算符$\hat{S}_{+-}(\xi)$作用到双模真空态$|0\rangle_+|0\rangle_-=|0,0\rangle$得到，即

$$|0,0,\xi\rangle=\hat{S}_{+-}(\xi)|0,0\rangle \tag{5.3.27}$$

由式(5.3.6)可知，双模压缩算符$\hat{S}_{+-}(\xi)$不能展开为两个单模压缩算符的直积，因此双模压缩真空态不能分解为两个单模压缩真空态的直积，是一种双模纠缠态，处于双模压缩真空态两场模之间的关联是非经典的。

双模压缩真空态$|0,0,\xi\rangle$在双模光子数态表象中可表示为

$$|0,0,\xi\rangle=\frac{1}{\cosh r}\sum_{n=0}^{\infty}\left(-\mathrm{e}^{\mathrm{i}\theta}\tanh r\right)^n|n,n\rangle \tag{5.3.28}$$

证明　按照先前的推导过程，有

$$\hat{a}_{\pm}|0,0\rangle=0 \tag{5.3.29}$$

对式(5.3.29)左乘$\hat{S}_{+-}(\xi)$，并利用双模压缩算符是幺正算符，可得

$$\hat{S}_{+-}(\xi)\hat{a}_{\pm}\hat{S}_{+-}^{\dagger}(\xi)\hat{S}_{+-}(\xi)|0,0\rangle=0 \tag{5.3.30}$$

利用式(5.3.10)和式(5.3.27)，可将式(5.3.30)转化为

$$\hat{S}_{+-}(\xi)\hat{a}_{\pm}\hat{S}_{+-}^{\dagger}(\xi)\hat{S}_{+-}(\xi)|0,0\rangle=(\mu\hat{a}_{\pm}+\nu\hat{a}_{\mp}^{\dagger})|0,0,\xi\rangle=0 \tag{5.3.31}$$

式中，$\mu=\cosh r$；$\nu=\mathrm{e}^{\mathrm{i}\theta}\sinh r$。

可见，双模压缩真空态$|0,0,\xi\rangle$是算符$\hat{b}_{\pm}=\mu\hat{a}_{\pm}+\nu\hat{a}_{\mp}^{\dagger}$对应本征值为零的本征态。

设双模压缩真空态$|0,0,\xi\rangle$在双模光子数态$|m\rangle_+|n\rangle_- = |m,n\rangle$中展开为

$$|0,0,\xi\rangle = \sum_{m,n} C_{m,n}|m,n\rangle \tag{5.3.32}$$

方便起见，下面仅考虑式(5.3.31)中的算符$\mu\hat{a}_+ + \nu\hat{a}_-^\dagger$。将式(5.3.32)代入式(5.3.31)可得

$$\begin{aligned}
0 &= (\mu\hat{a}_+ + \nu\hat{a}_-^\dagger)\sum_{m,n} C_{m,n}|m,n\rangle \\
&= \sum_{m,n} C_{m,n}\left(\mu\sqrt{m}|m-1,n\rangle + \nu\sqrt{n+1}|m,n+1\rangle\right) \\
&= \sum_{m,n}\left(C_{m+1,n}\mu\sqrt{m+1} + C_{m,n-1}\nu\sqrt{n}\right)|m,n\rangle
\end{aligned} \tag{5.3.33}$$

为使式(5.3.33)成立，必须要求

$$C_{m+1,n}\mu\sqrt{m+1} + C_{m,n-1}\nu\sqrt{n} = 0$$

即

$$C_{m+1,n} = -\frac{\nu\sqrt{n}}{\mu\sqrt{m+1}}C_{m,n-1} \tag{5.3.34a}$$

或者

$$C_{m,n} = -\frac{\nu\sqrt{n}}{\mu\sqrt{m}}C_{m-1,n-1} \tag{5.3.34b}$$

对于仅含双模真空态$|0,0\rangle$，式(5.3.34a)或式(5.3.34b)转化为$C_{n,n} = -\dfrac{\nu}{\mu}C_{n-1,n-1}$，因此有

$$C_{n,n} = \left(-\frac{\nu}{\mu}\right)^n C_{0,0} = C_{0,0}\left(-\mathrm{e}^{\mathrm{i}\theta}\tanh r\right)^n \tag{5.3.35}$$

根据归一化条件$\sum_n |C_{n,n}|^2 = 1$，可得

$$C_{0,0} = \frac{1}{\cosh r} \tag{5.3.36}$$

故表达式(5.3.28)得证。

双模压缩真空态不仅具有良好的模间纠缠特性，而且在两模光场之间存在强关联特征，式(5.3.28)的叠加态中只有配对的$|n,n\rangle$，每个模都是由具有相同光子数的双模光子数态矢集$\{|n,n\rangle\}$叠加的，并且每一基矢$|n,n\rangle$均有$2n$个光子。这也是这类态常被称为孪生光束的原因。

双模压缩真空态是一种双模纠缠态，其纠缠度可用冯 · 诺伊曼熵度量，即

$$S(r)=-\sum_n P_n\log_2 P_n=-\sum_n \frac{\tanh^{2n}r}{\cosh^2 r}\log_2\frac{\tanh^{2n}r}{\cosh^2 r} \tag{5.3.37}$$

双模压缩真空态的熵 $S(r)$ 随压缩因子 r 及配对光子数 n 的变化如图 5.3.1 所示。可见，双模压缩真空态的纠缠度与压缩因子 r 以及配对光子数 n 有关：一般均随压缩因子 r 的增大而变大，但达到一定程度后却随 r 的增大而变小直至为零；同时随光子数 n 的增大而增大，但达到一定程度后增大的效果不明显。

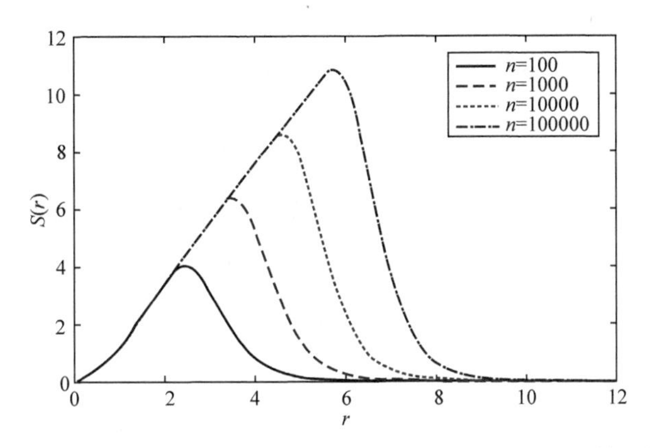

图 5.3.1 双模压缩真空态的熵 $S(r)$ 随压缩因子 r 及配对光子数 n 的变化

双模压缩真空态在光子数态表象中的光子数分布为

$$P_n=\left|C_{n,n}\right|^2=\frac{1}{\cosh^2 r}(\tanh r)^{2n} \tag{5.3.38}$$

而双模压缩真空态的密度算符为

$$\hat{\boldsymbol{\rho}}_{+-}=\left|0,0,\xi\right\rangle\left\langle 0,0,\xi\right| \tag{5.3.39}$$

则每个模的约化密度算符可表示为

$$\hat{\boldsymbol{\rho}}_{+}=\frac{1}{\cosh^2 r}\sum_{n=0}^{\infty}\tanh^{2n}r\left|n\right\rangle_{+\,+}\!\left\langle n\right| \tag{5.3.40}$$

$$\hat{\boldsymbol{\rho}}_{-}=\frac{1}{\cosh^2 r}\sum_{n=0}^{\infty}\tanh^{2n}r\left|n\right\rangle_{-\,-}\!\left\langle n\right| \tag{5.3.41}$$

因此在模 + 或模 − 中出现 n 个光子的概率为

$$P_n^{(i)}={}_i\left\langle n\right|\hat{\boldsymbol{\rho}}_i\left|n\right\rangle_i=\frac{\tanh^{2n}r}{\cosh^2 r},\quad i=+,- \tag{5.3.42}$$

由于 $\langle\hat{n}_+\rangle=\langle\hat{n}_-\rangle=\sinh^2 r$，所以式(5.3.42)可写为

$$P_n^{(i)} = \frac{\langle \hat{n}_i \rangle^n}{(1+\langle \hat{n}_i \rangle)^{n+1}} \tag{5.3.43}$$

在模 + 中出现 n_1 个光子和在模−中出现 n_2 个光子的概率为

$$P_{n_1,n_2} = \frac{\langle \hat{n} \rangle^n}{(1+\langle \hat{n} \rangle)^{n+1}} \delta_{n_1,n} \delta_{n_2,n} \tag{5.3.44}$$

在双模压缩真空态中，双模光场的光子数分布只有在 $n_+ = n_-$ 时才不为零，这说明双模光场的光子具有很强的关联。因此，双模压缩真空态的这些特点显然与双模热光场的光子数分布完全不同。

为了刻画双模光场之间的量子关联，引入下列线性关联系数：

$$J(\hat{n}_+, \hat{n}_-) = \frac{\langle \hat{n}_+ \hat{n}_- \rangle - \langle \hat{n}_+ \rangle \langle \hat{n}_- \rangle}{(\Delta \hat{n}_+)^2 (\Delta \hat{n}_-)^2} \tag{5.3.45}$$

由于双模光场之间的关联和对称性，双模光场在每个模的平均光子数相等，即

$$\langle \hat{n}_+ \rangle = \langle \hat{a}_+^\dagger \hat{a}_+ \rangle = \sinh^2 r, \quad \langle \hat{n}_- \rangle = \langle \hat{a}_-^\dagger \hat{a}_- \rangle = \sinh^2 r \tag{5.3.46}$$

$$(\Delta \hat{n}_+)^2 = \langle \hat{n}_+^2 \rangle - \langle \hat{n}_+ \rangle^2 = \sinh^2 r \cosh^2 r = (\Delta \hat{n}_-)^2 \tag{5.3.47}$$

显然有 $(\Delta \hat{n}_i)^2 > \langle \hat{n}_i \rangle$ $(i = +,-)$，所以在双模压缩真空态的两个模中，光子数呈现超泊松分布。

复合系统光子数算符 $\hat{n}_+ \pm \hat{n}_-$ 的方差为

$$\langle [\Delta(\hat{n}_+ \pm \hat{n}_-)]^2 \rangle = \langle (\Delta \hat{n}_+)^2 \rangle + \langle (\Delta \hat{n}_-)^2 \rangle \pm 2\,\mathrm{cov}(\hat{n}_+, \hat{n}_-) \tag{5.3.48}$$

其中，光子数协方差定义为

$$\mathrm{cov}(\hat{n}_+, \hat{n}_-) = \langle \hat{n}_+ \hat{n}_- \rangle - \langle \hat{n}_+ \rangle \langle \hat{n}_- \rangle \tag{5.3.49}$$

由于双模压缩真空态 $|0, 0, \xi\rangle$ 同样是光子数差算符 $\hat{n}_+ - \hat{n}_-$ 的本征态，且相应的本征值为零，即 $(\hat{n}_+ - \hat{n}_-)|0, 0, \xi\rangle = 0$，因此其方差也必然为零，即

$$\langle [\Delta(\hat{n}_+ \pm \hat{n}_-)]^2 \rangle = 0 \tag{5.3.50}$$

根据式(5.3.47)和式(5.3.48)可得

$$\mathrm{cov}(\hat{n}_+, \hat{n}_-) = \sinh^2 r \cosh^2 r \tag{5.3.51}$$

将式(5.3.47)和式(5.3.51)代入式(5.3.45)，可得

$$J(\hat{n}_+, \hat{n}_-) = 1 \tag{5.3.52}$$

线性关联系数达到最大值，说明双模光场之间具有很强的模间相关性。

5.4　辐射场的高阶压缩

由前面的讨论可知，若辐射场某正交分量的量子涨落小于相干态场(或真空

场)相应分量的涨落，则认为该辐射场某一正交分量的量子噪声被压缩。下面介绍辐射场的高阶压缩[1, 5, 8, 9, 13, 15-17]。

对于辐射场的两正交分量算符，有

$$\hat{E}_1 = \hat{E}^{(+)}\mathrm{e}^{-\mathrm{i}\varphi} + \hat{E}^{(-)}\mathrm{e}^{\mathrm{i}\varphi} \tag{5.4.1}$$

$$\hat{E}_2 = \hat{E}^{(+)}\mathrm{e}^{-\mathrm{i}(\varphi+\pi/2)} + \hat{E}^{(-)}\mathrm{e}^{\mathrm{i}(\varphi+\pi/2)} \tag{5.4.2}$$

式中，$\hat{E}^{(+)}$ 和 $\hat{E}^{(-)}$ 分别为辐射场的正频分量和负频分量，它们满足对易关系，即

$$[\hat{E}^{(+)}, \hat{E}^{(-)}] = C \tag{5.4.3}$$

则算符 $\hat{E}_1$ 、$\hat{E}_2$ 满足的对易关系和不确定关系分别为

$$[\hat{E}_1, \hat{E}_2] = 2\mathrm{i}C \tag{5.4.4}$$

$$\langle(\Delta\hat{E}_1)^2\rangle\langle(\Delta\hat{E}_2)^2\rangle \geqslant C^2 \tag{5.4.5}$$

式中，$\langle(\Delta\hat{E}_i)^2\rangle = \langle\hat{E}_i^{\,2}\rangle - \langle\hat{E}_i\rangle^2$ ($i=1,2$)。

若存在某相位角 φ 使得

$$\langle(\Delta\hat{E}_i)^2\rangle < C \tag{5.4.6}$$

则称该量子态光场的 $\hat{E}_i$ ($i=1$ 或 2) 分量为二阶压缩。

由式(5.4.2)可知，$\hat{E}_2$ 可看作 $\hat{E}_1$ 的特例。上述二阶压缩条件(5.4.6)也可写成正规序排列的形式，即

$$\langle:(\Delta\hat{E}_i)^2:\rangle = \langle(\Delta\hat{E}_i)^2\rangle - C < 0 \tag{5.4.7}$$

式中，“：：”表示光场的产生算符、湮没算符按正规序排列。式(5.4.7)说明压缩态下的 $\langle:(\Delta\hat{E}_i)^2:\rangle$ 是负的，相干态的 $\langle:(\Delta\hat{E}_i)^2:\rangle$ 等于零，而对经典描述的任何态是非负的。

现在将光场的二阶压缩推广到偶数 $2N$ 阶压缩。如果存在某相位角 φ 使得 $\langle(\Delta\hat{E}_1)^{2N}\rangle$ 小于完全相干态光场的相应量值 $\langle(\Delta\hat{E}_1)^{2N}\rangle_{\mathrm{coh}}$，则称该光场 $\hat{E}_1$ 分量的量子噪声被压缩到 $2N$ 阶 ($N=1,2,\cdots$)。虽然这种定义也可以推广到 $\Delta\hat{E}_1$ 的奇数 $2N+1$ 阶矩，但相干态的奇数阶矩 $\langle:(\Delta\hat{E}_1)^{2N+1}:\rangle = 0$。只有光场涨落 $\Delta\hat{E}_1$ 的偶数阶矩才能判断光场所处的态是否为非经典的。

为显示压缩态的非经典特性，可把该态 $\Delta\hat{E}_1$ 的偶数阶矩写成正规序排列的形式。根据算符展开定理，利用式(5.4.3)，可将式(5.4.1)写为

$$\exp(\chi\hat{E}_1) = \exp(\chi\hat{E}^{(-)}\mathrm{e}^{\mathrm{i}\varphi})\exp(\chi\hat{E}^{(+)}\mathrm{e}^{-\mathrm{i}\varphi})\exp(\chi^2 C/2) \tag{5.4.8}$$

式中，χ 为常数。

于是，可将指数算符 $\exp(\chi\Delta\hat{E}_1)$ 的期望值表示为

$$\langle\exp(\chi\Delta\hat{E}_1)\rangle = \langle:\exp(\chi\Delta\hat{E}_1):\rangle\exp(\chi^2 C/2) \tag{5.4.9}$$

将式(5.4.9)两边进行级数展开，并令等式两边χ的等幂项相等，则有

$$\begin{aligned}\langle(\Delta E_1)^{2N}\rangle &= \sum_{q=0}^{N}\frac{\langle:(\Delta E_1)^{2(N-q)}:\rangle}{(2N-2q)!q!}\left(\frac{C}{2}\right)^q(2N)! \\ &= \langle:(\Delta E_1)^{2N}:\rangle + \frac{2N(2N-1)}{1!}\frac{C}{2}\langle:(\Delta E_1)^{2(N-1)}:\rangle \\ &\quad + \frac{2N(2N-1)(2N-2)(2N-3)}{2!}\left(\frac{C}{2}\right)^2\langle:(\Delta E_1)^{2(N-2)}:\rangle \\ &\quad + \cdots + (2N-1)!!C^N\end{aligned} \tag{5.4.10}$$

对于相干态光场$\hat{E}_1$，所有正规序矩都为零，即$\langle:(\Delta\hat{E}_1)^N:\rangle = 0\ (N=1,2,\cdots)$。因此，相干态光场$\hat{E}_1$涨落的奇数阶矩为$\langle(\Delta\hat{E}_1)^{2N+1}\rangle_{\text{coh}}$，正交算符的奇数阶矩没有高阶压缩，而相干态光场的偶数阶矩为

$$\langle(\Delta\hat{E}_1)^{2N}\rangle_{\text{coh}} = (2N-1)!!C^N \tag{5.4.11}$$

由此可知，如果某光场存在某相位角φ使得

$$\langle(\Delta\hat{E}_1)^{2N} < (2N-1)!!C^N \tag{5.4.12}$$

则该光场$\hat{E}_1$分量的压缩为$2N$阶压缩，即如果存在某相位角φ使得

$$\langle:(\Delta\hat{E}_1)^{2N}:\rangle < 0 \tag{5.4.13}$$

那么光场$\hat{E}_1$分量就会有$2N$阶压缩。

作为不等式(5.4.12)或式(5.4.13)的特例，光场的二阶、四阶和六阶压缩条件分别为

$$\langle:(\Delta\hat{E}_1)^2:\rangle < 0 \tag{5.4.14}$$

$$\langle:(\Delta\hat{E}_1)^4:\rangle + 6C\langle:(\Delta\hat{E}_1)^2:\rangle < 0 \tag{5.4.15}$$

$$\langle:(\Delta\hat{E}_1)^6:\rangle + 15C\langle:(\Delta\hat{E}_1)^4:\rangle + 45C^2\langle:(\Delta\hat{E}_1)^2:\rangle < 0 \tag{5.4.16}$$

对于单模光场，在$\varphi = 0$时，由式(5.1.8)和式(5.4.1)可知，$\hat{E}_1$与$\hat{X}_1$的关系为

$$\hat{X}_1 = \hat{E}_1/2 \tag{5.4.17}$$

则四阶压缩条件简化为

$$\langle\hat{X}_1^4\rangle - 4\langle\hat{X}_1^3\rangle\langle\hat{X}_1\rangle + 4\langle\hat{X}_1^2\rangle\langle\hat{X}_1^2\rangle - 3\langle\hat{X}_1\rangle^4 < 3/16 \tag{5.4.18}$$

$2N$阶压缩度定义为

$$q_{2N} = \frac{\langle(\Delta\hat{E}_1)^{2N}\rangle - (2N-1)!!C^N}{(2N-1)!!C^N} \tag{5.4.19}$$

式中，$-1 \leqslant q < 0$。

5.5　压缩光的产生和探测

5.5.1　压缩光的产生

通常采用各种非线性光学设备通过某种参量转换产生正交压缩光[1-5,13-17]。描述简并参量下转换过程的哈密顿量为

$$\hat{H}=\hbar\omega\hat{a}^{\dagger}\hat{a}+\hbar\omega_{\mathrm{p}}\hat{b}^{\dagger}\hat{b}+\mathrm{i}\hbar\chi^{(2)}(\hat{a}^{2}\hat{b}^{\dagger}-\hat{a}^{\dagger 2}\hat{b}) \tag{5.5.1}$$

式中，$\hat{a}$ 和 $\hat{b}$ 分别为信号光场模和泵浦光场模的光子湮没算符；ω 和 ω_{p} 分别为信号场模和泵浦场模的频率；$\chi^{(2)}$ 为二阶非线性极化率。

一般来说，泵浦场是强相干光场，可进行经典处理，称为参量近似。假设泵浦场处于相干态 $|\beta\mathrm{e}^{-\mathrm{i}\omega_{\mathrm{p}}t}\rangle$，$\hat{b}\to\beta\mathrm{e}^{-\mathrm{i}\omega_{\mathrm{p}}t}$，经参量近似后，式(5.5.1)所描述的哈密顿量可表示为

$$\hat{H}=\hbar\omega\hat{a}^{\dagger}\hat{a}+\mathrm{i}\hbar\left(\eta^{*}\hat{a}^{2}\mathrm{e}^{\mathrm{i}\omega_{\mathrm{p}}t}-\eta\hat{a}^{\dagger 2}\mathrm{e}^{-\mathrm{i}\omega_{\mathrm{p}}t}\right) \tag{5.5.2}$$

式中，$\eta=\chi^{(2)}\beta$。

在相互作用绘景中，其相互作用哈密顿量可转化为

$$\hat{H}_{\mathrm{I}}=\mathrm{i}\hbar\left[\eta^{*}\hat{a}^{2}\mathrm{e}^{\mathrm{i}(\omega_{\mathrm{p}}-2\omega)t}-\eta\hat{a}^{\dagger 2}\mathrm{e}^{-\mathrm{i}(\omega_{\mathrm{p}}-2\omega)t}\right] \tag{5.5.3}$$

式(5.5.3)一般是显含时间的。当共振时，$\omega_{\mathrm{p}}=2\omega$，则可得到不显含时间的相互作用哈密顿量为

$$\hat{H}_{\mathrm{I}}=\mathrm{i}\hbar(\eta^{*}\hat{a}^{2}-\eta\hat{a}^{\dagger 2}) \tag{5.5.4}$$

其相应的演化算符为

$$\hat{U}(t)=\exp(-\mathrm{i}\hat{H}_{\mathrm{I}}t/\hbar)=\exp(\eta^{*}t\,\hat{a}^{2}-\eta\,t\hat{a}^{\dagger 2}) \tag{5.5.5}$$

取 $\xi=2\eta t=2\chi^{(2)}\beta t$，式(5.5.5)具有单模压缩算符的形式，即

$$\hat{U}(t)=\hat{S}(\xi)=\exp\left(\frac{1}{2}\xi^{*}\hat{a}^{2}-\frac{1}{2}\xi\hat{a}^{\dagger 2}\right) \tag{5.5.6}$$

当系统的初态为真空态 $|\psi(0)\rangle=|0\rangle$ 时，t 时刻系统将演化为单模压缩真空态，即

$$|\psi(t)\rangle=\hat{U}(t)|0\rangle=\hat{S}(\xi)|0\rangle \tag{5.5.7}$$

另一种产生压缩光的非线性过程称为简并四波混频，其中两个泵浦光子被转换为两个同频率的信号光子。描述简并四波混频过程的哈密顿量为

$$\hat{H}=\hbar\omega\hat{a}^{\dagger}\hat{a}+\hbar\omega_{\mathrm{p}}\hat{b}^{\dagger}\hat{b}+\mathrm{i}\hbar\chi^{(3)}(\hat{a}^{2}\hat{b}^{\dagger 2}-\hat{a}^{\dagger 2}\hat{b}^{2}) \tag{5.5.8}$$

式中，$\chi^{(3)}$ 为三阶非线性极化率。

再进行类似于上述简并参量下转换过程的讨论，即可得到式(5.5.4)中的参量

近似哈密顿量，此时 $\eta=\chi^{(3)}\beta$ 。

5.5.2　正交压缩光的探测

产生压缩光后，还必须有能力探测它。目前，人们已提出并实现了多种探测方案。这些探测方案的共同思想是，将压缩信号光与称为局域振荡光的强相干光场混合在一起。通常利用强度差的平衡零拍探测进行正交压缩光的探测。平衡零拍探测法探测正交压缩光的实验系统如图 5.5.1 所示，待测信号光场和强相干光场分别从 $\hat{a}$ 模和 $\hat{b}$ 模进入，右下方的盒子表示减法器，是测量两个光电流之差的关联器件。

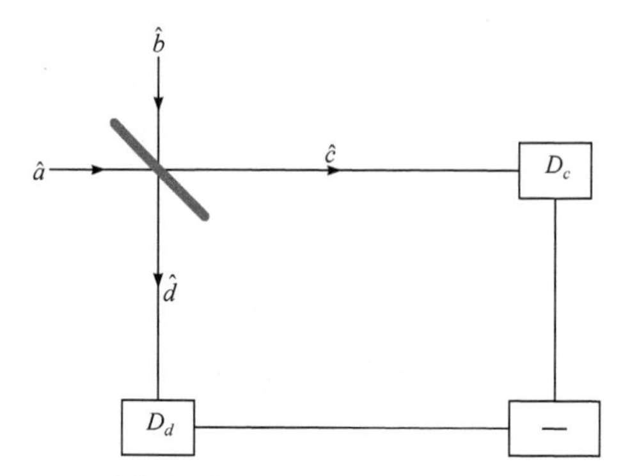

图 5.5.1　平衡零拍探测法探测正交压缩光的实验系统

假设输入压缩光信号和强相干局域振荡光的湮没算符分别为 $\hat{a}$ 和 $\hat{b}$ ，压缩光和强相干局域振荡光入射到半反半透分束器后，输出光的光子湮没算符分别为 $\hat{c}$ 和 $\hat{d}$ ，对于 50：50 对称分束器，输出算符与输入算符的关系为

$$\hat{c}=\frac{1}{\sqrt{2}}(\hat{a}+\mathrm{i}\hat{b}),\quad \hat{d}=\frac{1}{\sqrt{2}}(\hat{b}+\mathrm{i}\hat{a}) \tag{5.5.9}$$

在输出光束上探测器 D_c 和 D_d 测量到的光强或光子数分别为 $\hat{n}_c=\langle\hat{c}^\dagger\hat{c}\rangle$ 和 $\hat{n}_d=\langle\hat{d}^\dagger\hat{d}\rangle$ 。由探测器出来的电流或光子数经减法器输出差拍信号，其光强差或光子数算符之差为

$$\begin{aligned}\hat{n}_{cd}&=\hat{n}_c-\hat{n}_d\\&=\langle\hat{c}^\dagger\hat{c}-\hat{d}^\dagger\hat{d}\rangle\\&=\mathrm{i}\langle(\hat{a}^\dagger\hat{b}-\hat{b}^\dagger\hat{a})\rangle\end{aligned} \tag{5.5.10}$$

局域振荡光模 $\hat{b}$ 是强相干光 $|\beta\mathrm{e}^{-\mathrm{i}\omega t}\rangle$ ，可对其进行经典处理，使得 $\beta=|\beta|\mathrm{e}^{\mathrm{i}\varphi}$ ，$\hat{b}\to|\beta|\mathrm{e}^{\mathrm{i}\varphi}\mathrm{e}^{-\mathrm{i}\omega t}$ ，则有

$$
\begin{aligned}
\hat{n}_{cd} &= \mathrm{i}|\beta|\langle \hat{a}^{\dagger}\mathrm{e}^{\mathrm{i}\varphi}\mathrm{e}^{-\mathrm{i}\omega t} - \hat{a}\mathrm{e}^{-\mathrm{i}\varphi}\mathrm{e}^{\mathrm{i}\omega t}\rangle \\
&= |\beta|\langle \hat{a}_0^{\dagger}\mathrm{e}^{\mathrm{i}\theta} + \hat{a}_0\mathrm{e}^{-\mathrm{i}\theta}\rangle \\
&= 2|\beta|\langle \hat{Y}(\theta)\rangle
\end{aligned} \tag{5.5.11}
$$

式中，$\theta = \varphi + \pi/2$；$\hat{a}_0 = \hat{a}\mathrm{e}^{\mathrm{i}\omega t}$；$\hat{Y}(\theta)$ 为前面引入的压缩信号光的旋转正交分量算符:

$$
\hat{Y}(\theta) = \frac{1}{2}\left(\hat{a}_0\mathrm{e}^{-\mathrm{i}\theta/2} + \hat{a}_0^{\dagger}\mathrm{e}^{\mathrm{i}\theta/2}\right) \tag{5.5.12}
$$

式(5.5.11)说明，光子数经减法器输出的差拍探测信号正比于入射信号光的正交分量。

$$
\left\langle \hat{n}_{cd}^2 \right\rangle = 4|\beta|^2 \left\langle \hat{Y}^2(\theta) \right\rangle \tag{5.5.13}
$$

故在强相干局域振荡光极限下，输出光子数差算符的方差为

$$
\left\langle (\Delta\hat{n}_{cd})^2 \right\rangle = 4|\beta|^2 \left\langle (\Delta\hat{Y}(\theta))^2 \right\rangle \tag{5.5.14}
$$

因为压缩条件$\left\langle (\Delta\hat{Y}(\theta))^2 \right\rangle < \dfrac{1}{4}$，所以有

$$
\left\langle (\Delta\hat{n}_{cd})^2 \right\rangle < |\beta|^2 \tag{5.5.15}
$$

调节局域振荡光的相位角 φ，测量其方差$\left\langle (\Delta\hat{n}_{cd})^2 \right\rangle$，如果发现某个相位角 φ 的方差$\left\langle (\Delta\hat{n}_{cd})^2 \right\rangle < \dfrac{1}{4}$，则说明入射信号处于压缩态。

1985 年，美国贝尔实验室的斯鲁施尔研究小组[11]利用激光周期地激发钠原子，实验中采用钠蒸气中的四波混频首次实现压缩光，使压缩后的真空噪声下降。随后，Wu 等[12]利用光参量放大器取得了把压缩光噪声降低到所允许的散粒噪声水平之下达 63%的结果。后来，人们取得了更低的噪声水平。

5.5.3 双模压缩真空态的产生

通过参量驱动非线性介质可以在实验室制备双模压缩真空态光，描述该过程的哈密顿量为

$$
\hat{H} = \hbar\omega_a\hat{a}^{\dagger}\hat{a} + \hbar\omega_b\hat{b}^{\dagger}\hat{b} + \hbar\omega_{\mathrm{p}}\hat{p}^{\dagger}\hat{p} + \mathrm{i}\hbar\chi^{(2)}(\hat{a}\hat{b}\hat{p}^{\dagger} - \hat{a}^{\dagger}\hat{b}^{\dagger}\hat{p}) \tag{5.5.16}
$$

式中，ω_a 和 ω_b 分别为模 a 和模 b 的频率；$\hat{p}$ 和 ω_{p} 分别为泵浦光场的湮没算符和频率；$\chi^{(2)}$ 为二阶非线性极化率。

仍假设泵浦光场较强，不会耗尽光子的相干态 $|\gamma\mathrm{e}^{-\mathrm{i}\omega_{\mathrm{p}}t}\rangle$。对式(5.5.16)进行参量近似后，令 $\hat{p} \to \gamma\mathrm{e}^{-\mathrm{i}\omega_{\mathrm{p}}t}$，则其哈密顿量为

$$
\hat{H} = \hbar\omega_a\hat{a}^{\dagger}\hat{a} + \hbar\omega_b\hat{b}^{\dagger}\hat{b} + \mathrm{i}\hbar(\eta^{*}\mathrm{e}^{\mathrm{i}\omega_{\mathrm{p}}t}\hat{a}\hat{b} - \eta\mathrm{e}^{-\mathrm{i}\omega_{\mathrm{p}}t}\hat{a}^{\dagger}\hat{b}^{\dagger}) \tag{5.5.17}
$$

式中，$\eta = \chi^{(2)}\gamma$。

若将其变换到相互作用绘景中，则系统的相互作用哈密顿量为

$$\hat{H}_{\mathrm{I}}=\mathrm{i}\hbar[\eta^{*}\mathrm{e}^{\mathrm{i}(\omega_{\mathrm{p}}-\omega_{a}-\omega_{b})t}\hat{a}\hat{b}-\eta\mathrm{e}^{-\mathrm{i}(\omega_{\mathrm{p}}-\omega_{a}-\omega_{b})t}\hat{a}^{\dagger}\hat{b}^{\dagger}] \tag{5.5.18}$$

对于共振情况 $\omega_{\mathrm{p}}=\omega_a+\omega_b$，可得不显含时间的相互作用哈密顿量为

$$\hat{H}_{\mathrm{I}}=\mathrm{i}\hbar(\eta^{*}\hat{a}\hat{b}-\eta\hat{a}^{\dagger}\hat{b}^{\dagger}) \tag{5.5.19}$$

它描述了非简并参量下的转换过程，其中一个泵浦光子被转换成两个光子，模式 a、b 各一个。其相应的演化算符为

$$\hat{U}(t)=\exp(-\mathrm{i}\hat{H}_{\mathrm{I}}t/\hbar)=\exp(\xi^{*}\hat{a}\hat{b}-\xi\hat{a}^{\dagger}\hat{b}^{\dagger})=\hat{S}_{ab}(\xi) \tag{5.5.20}$$

式中，$\xi=\eta t=\chi^{(2)}\gamma t$。

当系统初态为双模真空态 $|\psi(0)\rangle=|0,0\rangle$ 时，任意 t 时刻系统将演化为双模压缩真空态：

$$|\psi(t)\rangle=\hat{U}(t)|0,0\rangle=\hat{S}_{ab}(\xi)|0,0\rangle=|0,0,\xi\rangle \tag{5.5.21}$$

通过非简并参量下转换过程产生的双模压缩真空态是纠缠态，因此它在实验中用来检验量子力学的基本原理，同时它在量子信息处理中具有重要的应用。

5.6 小　　结

1. 最小不确定关系压缩态

对于单模行波场，两正交分量算符满足最小不确定关系 $\Delta\hat{X}_1\Delta\hat{X}_2=\frac{1}{4}$，且 $\Delta\hat{X}_1\neq\Delta\hat{X}_2$（即 $\Delta\hat{X}_1$ 和 $\Delta\hat{X}_2$ 有一个小于 $\frac{1}{2}$）。

2. 单模光场的压缩态

单模压缩算符 $\hat{S}(\xi)$ 为

$$\hat{S}(\xi)=\exp\left(\frac{1}{2}\xi^{*}\hat{a}^{2}-\frac{1}{2}\xi\hat{a}^{\dagger 2}\right)$$

式中，$\xi=r\mathrm{e}^{\mathrm{i}\theta}$，$0\leqslant r<\infty$，$0\leqslant\theta\leqslant 2\pi$。

单模压缩态具有以下两种定义。

平移压缩真空态为

$$|\alpha,\xi\rangle=\hat{D}(\alpha)\hat{S}(\xi)|0\rangle=\hat{D}(\alpha)|\xi\rangle\text{，先压缩后平移}$$

双光子相干态为

$$|\beta,\xi\rangle=\hat{S}(\xi)\hat{D}(\beta)|0\rangle \text{，先平移后压缩}$$

这两种压缩态可呈现出相同压缩效应的条件为 $\beta=\alpha\cosh r+\alpha^{*}\mathrm{e}^{\mathrm{i}\theta}\sinh r$ 。

在平移压缩真空态，对于光场的两正交分量算符 $\hat{X}_1$ 和 $\hat{X}_2$ ，其涨落分别为

$$(\Delta\hat{X}_1)^2=\frac{1}{4}\left(\mathrm{e}^{-2r}\cos^2\frac{\theta}{2}+\mathrm{e}^{2r}\sin^2\frac{\theta}{2}\right)$$

$$(\Delta\hat{X}_2)^2=\frac{1}{4}\left(\mathrm{e}^{-2r}\sin^2\frac{\theta}{2}+\mathrm{e}^{2r}\cos^2\frac{\theta}{2}\right)$$

实现对光场 $\hat{X}_1$ 分量的压缩条件为 $\cos\theta>\tanh r$ ，或者实现对光场 $\hat{X}_2$ 分量的压缩条件为 $\cos\theta<-\tanh r$ 。

平移压缩真空态满足的本征方程为

$$(\mu\hat{a}+\nu\hat{a}^{\dagger})|\alpha,\xi\rangle=(\mu\alpha+\nu\alpha^{*})|\alpha,\xi\rangle$$

式中， $\mu=\cosh r$ ； $\nu=\mathrm{e}^{\mathrm{i}\theta}\sinh r$ 。

平移压缩真空态 $|\alpha,\xi\rangle$ 在数态表象中表示为

$$|\alpha,\xi\rangle=\frac{1}{\sqrt{\mu}}\exp\left(-\frac{1}{2}|\alpha|^2-\frac{\nu}{2\mu}\alpha^{*2}\right)\sum_{n=0}^{\infty}\frac{1}{\sqrt{n!}}\left(\frac{\nu}{2\mu}\right)^{n/2}H_n\left(\frac{\beta}{\sqrt{2\mu\nu}}\right)|n\rangle$$

压缩态的光子数分布函数为

$$\begin{aligned}P_n&=|\langle n|\alpha,\xi\rangle|^2\\&=\frac{(\tanh r)^n}{2^n n!\cosh r}\exp\left[-|\alpha|^2-\frac{1}{2}(\alpha^{*2}\mathrm{e}^{\mathrm{i}\theta}+\alpha^2\mathrm{e}^{-\mathrm{i}\theta})\tanh r\right]\left|H_n\left[\frac{\beta}{\sqrt{\mathrm{e}^{\mathrm{i}\theta}\sinh(2r)}}\right]\right|^2\end{aligned}$$

式中， $H_n(x)$ 是以变量为 $x=\beta\big/\sqrt{\mathrm{e}^{\mathrm{i}\theta}\sinh(2r)}$ 的 n 次厄米多项式； β 值为

$$\beta=\mu\alpha+\nu\alpha^{*}=\alpha\cosh r+\alpha^{*}\mathrm{e}^{\mathrm{i}\theta}\sinh r$$

与相干态情况下的泊松分布形式不同,压缩态具有与相干态不同的统计特性。

3. 双模光场的压缩态

双模压缩态定义为

$$|\alpha_+,\alpha_-,\xi\rangle=\hat{D}_+(\alpha_+)\hat{D}_-(\alpha_-)\hat{S}_{+-}(\xi)|0,0\rangle$$

$$|\beta_+,\beta_-,\xi\rangle=\hat{S}_{+-}(\xi)\hat{D}_+(\beta_+)\hat{D}_-(\beta_-)|0,0\rangle$$

式中，双模压缩算符 $\hat{S}_{+-}(\xi)$ 、平移算符 $\hat{D}_{\pm}(\alpha_{\pm})$ 和 $\hat{D}_{\pm}(\beta_{\pm})$ 分别为

$$\hat{S}_{+-}(\xi)=\exp(\xi^*\hat{a}_+\hat{a}_- - \xi^*\hat{a}_+^\dagger\hat{a}_-^\dagger)$$

$$\hat{D}_\pm(\alpha_\pm)=\exp(\hat{a}_\pm\hat{a}_\pm^\dagger - \hat{a}_\pm^*\hat{a}_\pm)$$

$$\hat{D}_\pm(\beta_\pm)=\exp(\beta_\pm\hat{a}_\pm^\dagger - \beta_\pm^*\hat{a}_\pm)$$

双模压缩真空态是一种双模纠缠态，在双模光子数态表象中表示为

$$|0,0,\xi\rangle=\frac{1}{\cosh r}\sum_{n=0}^{\infty}(-\mathrm{e}^{\mathrm{i}\theta}\tanh r)^n|n,n\rangle$$

其冯·诺伊曼熵表示为

$$S(r)=-\sum_n\frac{\tanh^{2n}r}{\cosh^2 r}\log_2\frac{\tanh^{2n}r}{\cosh^2 r}$$

该熵 $S(r)$随压缩参数 r 以及光子数 n 变化。

4. 辐射场的高阶压缩

设算符 $\hat{E}_1$、$\hat{E}_2$ 满足的对易关系和不确定关系为

$$[\hat{E}_1,\hat{E}_2]=2\mathrm{i}C\ ,\ \ \left\langle(\Delta\hat{E}_1)^2\right\rangle\left\langle(\Delta\hat{E}_2)^2\right\rangle\geqslant C^2$$

式中，$\left\langle(\Delta\hat{E}_i)^2\right\rangle=\left\langle\hat{E}_i^2\right\rangle-\left\langle\hat{E}_i\right\rangle^2$ ($i=1,2$)。

量子态光场的 $\hat{E}_i$ ($i=1$或2) 分量为二阶压缩的条件为

$$\langle:(\Delta\hat{E}_i)^2:\rangle=\langle(\Delta\hat{E}_i)^2\rangle-C<0$$

光场 $\hat{E}_1$ 分量为偶数 $2N$ 阶压缩的条件为

$$\langle(\Delta\hat{E}_1)^{2N}<(2N-1)!!C^N\ ,\quad \langle:(\Delta\hat{E}_1)^{2N}:\rangle<0$$

从而光场的二阶、四阶和六阶压缩条件分别为

$$\langle:(\Delta\hat{E}_1)^2:\rangle<0$$

$$\langle:(\Delta\hat{E}_1)^4:\rangle+6C\langle:(\Delta\hat{E}_1)^2:\rangle<0$$

$$\langle:(\Delta\hat{E}_1)^6:\rangle+15C\langle:(\Delta\hat{E}_1)^4:\rangle+45C^2\langle:(\Delta\hat{E}_1)^2:\rangle<0$$

5. 压缩光的产生、探测以及双模压缩真空态的产生

产生正交压缩光的两种方法：简并参量下的转换过程，简并四波混频的非线性过程。

产生双模压缩真空态的方法：非简并参量下的转换过程。

正交压缩光的探测方法：平衡零拍探测法。

5.7 习　　题

1. 对于薛定谔猫态 $|\psi\rangle = N\left(|\alpha\rangle + \mathrm{e}^{\mathrm{i}\phi}|-\alpha\rangle\right)$，其中，$N=[2(1+\mathrm{e}^{-2\alpha^2}\cos\phi)]^{-1/2}$ 为归一化系数，$\phi=0$ 时为偶相干态，$\phi=\pi$ 时为奇相干态，$\phi=\pi/2$ 时为 Yurke-Stoler 相干态。①试求出该归一化系数 N；②分别计算这三种量子态的正交压缩特性。
2. 对于描述光场的两正交分量算符 $\hat{X}_1$ 和 $\hat{X}_2$，试推导实现对光场 $\hat{X}_1$ 分量的压缩条件为 $\cos\theta > \tanh r$，或对光场 $\hat{X}_2$ 分量的压缩条件为 $\cos\theta < -\tanh r$。
3. 单模光场中不同光子数的叠加态可产生光场压缩态。①试从光场的两正交算符 $\hat{X}_1$ 和 $\hat{X}_2$ 讨论真空态 $|0\rangle$ 与单光子态 $|1\rangle$ 的叠加态 $|\psi\rangle = \alpha|0\rangle + \beta|1\rangle$ 产生压缩态的条件；②考虑真空态 $|0\rangle$ 与双光子态 $|2\rangle$ 的叠加态 $|\psi\rangle = \alpha|0\rangle + \beta|2\rangle$ 产生压缩态的条件。
4. 对于单模压缩算符 $\hat{S}(\xi) = \exp\left(\dfrac{1}{2}\xi^*\hat{a}^2 - \dfrac{1}{2}\xi\hat{a}^{\dagger 2}\right)$，其中，$\xi = r\mathrm{e}^{\mathrm{i}\theta}$ 为任意复数。试推导关系式：$\hat{S}^\dagger(\xi)\hat{a}\hat{S}(\xi) = \hat{a}\cosh r - \hat{a}^\dagger \mathrm{e}^{\mathrm{i}\theta}\sinh r$，$\hat{S}(\xi)\hat{a}\hat{S}^\dagger(\xi) = \hat{a}\cosh r + \hat{a}^\dagger \mathrm{e}^{\mathrm{i}\theta}\sinh r$。
5. 对于 $\hat{D}(\beta) = \hat{S}^\dagger(\xi)\hat{D}(\alpha)\hat{S}(\xi)$，证明 β 和 α 的关系为 $\beta = \mu\alpha + \nu\alpha^*$，其中，$\mu = \cosh r$，$\nu = \mathrm{e}^{\mathrm{i}\theta}\sinh r$。
6. 试证明单模压缩真空态 $|0,\xi\rangle$ 在光子数态表象中表示为 $|0,\xi\rangle = \sum\limits_{m=0}^{\infty} C_{2m}|2m\rangle$，其中，$C_{2m} = \dfrac{1}{\sqrt{\mu}}\left(-\dfrac{\nu}{2\mu}\right)^m \dfrac{\sqrt{(2m)!}}{m!}$，计算时需要用到关系式 $1+\sum\limits_{m=1}^{\infty} z^m \dfrac{(2m-1)!!}{(2m)!!} = (1-z)^{-1/2}$。
7. 试证明不同压缩真空态 $|0,\xi\rangle$ 之间的内积可表示为

$$\langle 0,\xi'|0,\xi\rangle = \left[\frac{\operatorname{sech} r \operatorname{sech} r'}{1-\mathrm{e}^{\mathrm{i}(\theta-\theta')}\tanh r \tanh r'}\right]^{1/2} = [\operatorname{sech}(r-r')]^{1/2},\quad \theta = \theta'$$

8. 对于谐振子的湮没算符 $\hat{a}$ 和产生算符 $\hat{a}^\dagger$ 的线性变换 $\hat{b} = \mu\hat{a} + \nu\hat{a}^\dagger$，$\hat{b}^\dagger = \mu^*\hat{a}^\dagger + \nu^*\hat{a}$，其中，参数 μ、ν 满足关系式 $|\mu|^2 - |\nu|^2 = 1$。证明：对于算符 $\hat{b}$ 的任意本征态 $|\beta\rangle_{\mathrm{g}}$（满足本征方程 $\hat{b}|\beta\rangle_{\mathrm{g}} = \beta|\beta\rangle_{\mathrm{g}}$），在 μ 和 ν 为实参数情况下有 $\Delta\hat{q}\cdot\Delta\hat{p} = \hbar/2$。

9. 将单模压缩算符定义为$\hat{S}_c=\exp\left[-\frac{\mathrm{i}\lambda}{2\hbar}(\hat{p}\hat{x}+\hat{x}\hat{p})\right]=\exp\left[-\frac{\lambda}{2}\left(1+2x\frac{\mathrm{d}}{\mathrm{d}x}\right)\right]$，其中取$c=\mathrm{e}^{\lambda}$。证明：①$\hat{S}_c\hat{x}\hat{S}_c^{-1}=\frac{\hat{x}}{c}$，$\hat{S}_c\hat{p}\hat{S}_c^{-1}=c\hat{p}$；②$\hat{S}_c\psi(x)=\frac{1}{\sqrt{c}}\psi\left(\frac{x}{c}\right)$。

10. 对于增加了一个光子的相干态$|\alpha,1\rangle=\frac{\hat{a}^{\dagger}}{\sqrt{1+|\alpha|^2}}|\alpha\rangle$，考虑该光场的两正交厄米算符$\hat{X}_1=\frac{1}{2}(\hat{a}+\hat{a}^{\dagger})$，$\hat{X}_2=\frac{1}{2\mathrm{i}}(\hat{a}-\hat{a}^{\dagger})$，它们分别对应该场复振幅的实部和虚部，证明相干态$|\alpha,1\rangle$在$|\alpha|^2>1$时为压缩态，设本题$\alpha$取为实数。

11. 对于单模平面行波场，引入正交相位分量算符$\hat{X}_1$和$\hat{X}_2$，其电场算符可描述为$\hat{E}(\boldsymbol{r},t)=\sqrt{\frac{2\hbar\omega}{\varepsilon_0 V}}\left[\hat{X}_1\sin(\omega t-\boldsymbol{k}\cdot\boldsymbol{r})-\hat{X}_2\cos(\omega t-\boldsymbol{k}\cdot\boldsymbol{r})\right]$，试证明对于最小不确定态，该电场的涨落可表示为$(\Delta E)^2=K[(\Delta\hat{X}_1)^2\sin^2(\omega t-\boldsymbol{k}\cdot\boldsymbol{r})+(\Delta\hat{X}_2)^2\cos^2\cdot(\omega t-\boldsymbol{k}\cdot\boldsymbol{r})]$，其中$K=2\hbar\omega/(\varepsilon_0 V)$，并分别在相干态$|\alpha=3\rangle$、初始振幅压缩态$|\alpha=3,\xi=1\rangle$和初始相位压缩态$|\alpha=3,\xi=-1\rangle$下，画出电场平均值及其涨落演化图。

12. 试证明平移压缩真空态$|\beta,\xi\rangle=\hat{D}(\beta)\hat{S}(\xi)|0\rangle$的$Q(\alpha)$函数为

$$
\begin{aligned}
Q(\alpha)&=\frac{1}{\pi}|\langle\alpha|\beta,\xi\rangle|^2\\
&=\frac{1}{\pi\mu}\exp\left\{-\left(|\alpha|^2+|\beta|^2\right)+\frac{\alpha^*\gamma+\alpha\gamma^*}{\mu}-\frac{1}{2}\left[\mathrm{e}^{\mathrm{i}\theta}\left(\alpha^{*2}+\beta^{*2}\right)+\mathrm{c.c}\right]\tanh r\right\}\\
&=\frac{1}{\pi\mu}\mathrm{e}^{-|\alpha-\beta|^2}\exp\left\{-\frac{1}{2}[\mathrm{e}^{\mathrm{i}\theta}(\alpha^*-\beta^*)^2+\mathrm{e}^{-\mathrm{i}\theta}(\alpha-\beta)^2]\tanh r\right\}
\end{aligned}
$$

式中，$\gamma=\mu\beta+\nu\beta^*$；$\mu=\cosh r$；$\nu=\mathrm{e}^{\mathrm{i}\theta}\sinh r$。

画出以$x=\mathrm{Re}(\alpha)$和$y=\mathrm{Im}(\alpha)$为变量的Q函数，压缩参数$\xi=1$，即$r=1$和$\theta=0$(压缩沿$\hat{X}_1$方向)，并分别取$\beta=0$、$\beta=2+\mathrm{i}$和$\beta=3+2\mathrm{i}$。

13. 对于压缩态$|\beta,r\rangle=\hat{D}(\beta)\hat{S}(r)|0\rangle$，$\xi=r\mathrm{e}^{\mathrm{i}\theta}$中取$\theta=0$，试证明实数表示的压缩态的$Q$函数为

$$
Q(x_1,x_2)=\frac{1}{4\pi\cosh r}\exp\left(-\frac{1}{2}\left\{\frac{[x_1-2\mathrm{Re}(\beta)]^2}{\mathrm{e}^{-2r}+1}+\frac{[x_2-2\mathrm{Im}(\beta)]^2}{\mathrm{e}^{2r}+1}\right\}\right)
$$

并分别画出$r=1$时$\beta=2$和$\beta=3+2\mathrm{i}$的Q函数。

14. 双模光场压缩态$|\alpha_+,\alpha_-,\xi\rangle=\hat{D}_+(\alpha_+)\hat{D}_-(\alpha_-)\hat{S}_{+-}(\xi)|0,0\rangle$，其中，$\hat{D}_{\pm}(\alpha_{\pm})=$

$\exp\left(\alpha_{\pm}\hat{a}_{\pm}^{\dagger}-\alpha_{\pm}^{*}\hat{a}_{\pm}\right)$ 和 $\hat{S}_{+-}(\xi)=\exp\left(\xi^{*}\hat{a}_{+}\hat{a}_{-}-\xi\hat{a}_{+}^{\dagger}\hat{a}_{-}^{\dagger}\right)$ 分别表示各模的平移算符和双模压缩算符，试证明该双模压缩态对两个单独模无压缩。

15. 对于单模光场，在 $\varphi=0$ 时，$\hat{E}_1$ 与 $\hat{X}_1$ 的关系为 $\hat{X}_1=\hat{E}_1/2$，证明四阶压缩条件可简化为 $\langle\hat{X}_1^4\rangle-4\langle\hat{X}_1^3\rangle\langle\hat{X}_1\rangle+4\langle\hat{X}_1^2\rangle\langle\hat{X}_1^2\rangle-3\langle\hat{X}_1\rangle^4<3/16$。

16. 对于振幅平方压缩算符 $\hat{Y}_1=\dfrac{1}{2}(\hat{a}^2+\hat{a}^{\dagger 2})$，$\hat{Y}_2=\dfrac{1}{2\mathrm{i}}(\hat{a}^2-\hat{a}^{\dagger 2})$。①求出算符 $\hat{Y}_1$ 和 $\hat{Y}_2$ 的对易关系；②计算 $\hat{Y}_1$ 和 $\hat{Y}_2$ 不确定度的乘积，并说明产生振幅平方压缩特性的条件；③讨论处于奇、偶薛定谔猫态、Yurke-Stoler 态光场能否产生振幅平方压缩。

17. 假设一单模光场处于光子数叠加态 $|\psi\rangle=\cos\theta|0\rangle+\mathrm{e}^{\mathrm{i}\varphi}\sin\theta|1\rangle$，试讨论该光场的二阶压缩以及振幅平方压缩效应。

18. 设初始时刻光场处于真空态 $|0\rangle$，二能级原子处于基态 $|g\rangle$ 和激发态 $|e\rangle$ 的叠加态 $\cos(\theta/2)|e\rangle+\mathrm{e}^{-\mathrm{i}\varphi}\sin(\theta/2)|g\rangle$。试模拟和分析共振情况下 J-C 模型动力学过程中光场产生的正交压缩情况。

19. 假设初始时刻原子处于激发态 $|e\rangle$，光场处于相干态 $|\alpha\rangle$。试模拟和分析共振情况下 J-C 模型动力学过程中是否具有正交压缩或光子数压缩。

参 考 文 献

[1] Gerry C C, Knight P. Introductory Quantum Optics. Cambridge: Cambridge University Press, 2005.

[2] Scully M O, Zubairy M S. Quantum Optics. Cambridge: Cambridge University Press, 1997.

[3] Walls D F, Milburn G J. Quantum Optics. 2nd ed. Berlin: Springer, 2008.

[4] Meystre P, Sargent Ⅲ M. Elements of Quantum Optics. 4th ed. Berlin: Springer, 2007.

[5] Mandel L, Wolf E. Optical Coherent and Quantum Optics. Cambridge: Cambridge University Press, 1995.

[6] Caves C M. Quantum-mechanical noise in an interferometer. Physical Review D, 1981, 23(8): 1693-1708.

[7] Yuen H P. Two-photon coherent states of the radiation field. Physical Review A, 1976, 13(6): 2226-2243.

[8] Hong C K, Mandel L. Higher-order squeezing of a quantum field. Physical Review Letters, 1985, 54(4): 323-325.

[9] Hong C K, Mandel L. Generation of higher-order squeezing of quantum electromagnetic fields. Physical Review A, 1985, 32(2): 974-982.

[10] Hillery M. Amplitude-squared squeezing of the electromagnetic field. Physical Review A, 1987, 36(8): 3796-3802.

[11] Slusher R E, Hollberg L W, Yurke B, et al. Observation of squeezed states generated by

four-wave mixing in an optical cavity. Physical Review Letters, 1985, 55(22): 2409-2412.
[12] Wu L A, Kimble H J, Hall J L, et al. Generation of squeezed states by parametric down conversion. Physical Review Letters, 1986, 57(20): 2520-2523.
[13] 彭金生, 李高翔. 近代量子光学导论. 北京: 科学出版社, 1996.
[14] 张智明. 量子光学. 北京: 科学出版社, 2015.
[15] 郭光灿. 量子光学. 北京: 高等教育出版社, 1990.
[16] 谭维翰. 量子光学导论. 2 版. 北京: 科学出版社, 2012.
[17] 李福利. 高等激光物理学. 2 版. 北京: 高等教育出版社, 2006.

第 6 章　经典光场与原子相互作用的半经典理论

光场与原子的相互作用是量子光学研究中的重要问题。在量子光学中，原子总是用量子力学来描述，光场则根据具体情况进行经典处理或量子力学处理[1-12]，从而出现刻画光场与物质相互作用的两种理论框架。

若光场进行经典处理，而物质原子采用量子力学处理，则对应的经典光场与原子相互作用的理论称为半经典理论；若光场与物质均采用量子力学处理，则描述量子光场与原子相互作用的理论称为全量子理论。

光场与原子的相互作用呈现各种非经典效应，在其中的某些物理效应中，光场可以看作一种调控量子系统的外加经典场，从而可以用半经典理论来描述。本章利用半经典理论深入讨论原子与经典光场间的相互作用，以及与经典光场相互作用时原子所呈现出的有趣的量子特性。首先介绍原子与光场的相互作用哈密顿量，该系统的相互作用哈密顿量不仅适用于经典场，而且适用于量子场。然后着重讨论二能级原子与单模经典电磁场相互作用的半经典理论，利用概率幅方法求解薛定谔方程，说明半经典理论在揭示原子特性时存在局限性。接着介绍二能级原子的密度矩阵方法及光学布洛赫方程。最后讨论三能级原子与经典双模电磁场的相互作用，以及与经典场作用时原子所呈现出的量子特性，如暗态及受激拉曼绝热过程、电磁感应透明、无反转激光等。

6.1　原子与光场的相互作用哈密顿量

原子与光场的相互作用本质上是原子中的束缚电子与电磁场的相互作用[1-6,10-13]。

假设一个质量为 m 、电荷为 e 的原子内的电子受到电磁场和库仑势 $V(\boldsymbol{r})$ 的相互作用，则描述该系统中电磁场和电子相互作用的哈密顿量为

$$\hat{H}(\boldsymbol{r},t)=\frac{1}{2m}[\hat{\boldsymbol{p}}-e\boldsymbol{A}(\boldsymbol{r},t)]^2+e\Phi(\boldsymbol{r},t)+V(\boldsymbol{r}) \tag{6.1.1}$$

式中，$\hat{\boldsymbol{p}}$ 为位置空间表象中电子的正则动量；$\boldsymbol{A}(\boldsymbol{r},t)$ 和 $\Phi(\boldsymbol{r},t)$ 分别为电磁场的矢势和标势；$V(\boldsymbol{r})$ 为原子的束缚势能；e 为电子电量，取正值。

因此电子的运动由薛定谔方程描述为

$$\mathrm{i}\hbar\frac{\partial\boldsymbol{\psi}(\boldsymbol{r},t)}{\partial t}=\hat{H}(\boldsymbol{r},t)\boldsymbol{\psi}(\boldsymbol{r},t) \tag{6.1.2}$$

现在考察一个电子被库仑势 $V(\boldsymbol{r})$ 束缚于力心或核 $\boldsymbol{r}_0$ 位置的问题。在光波频率

区(光波波长为 400～700nm)，光波波长要远大于典型原子线度$|\boldsymbol{r}|$范围，即原子的玻尔半径，此时矢势在原子范围内看作不变，称为电偶极近似。此时，矢势$\hat{\boldsymbol{A}}$可简化为

$$\begin{aligned}\boldsymbol{A}(\boldsymbol{r},t)&=\boldsymbol{A}(t)\mathrm{e}^{\mathrm{i}\boldsymbol{k}\cdot\boldsymbol{r}}=\boldsymbol{A}(t)\mathrm{e}^{\mathrm{i}\boldsymbol{k}\cdot(\boldsymbol{r}_0+\delta\boldsymbol{r})}=\boldsymbol{A}(t)\mathrm{e}^{\mathrm{i}\boldsymbol{k}\cdot\boldsymbol{r}_0}(1+\mathrm{i}\boldsymbol{k}\cdot\delta\boldsymbol{r}-\cdots)\\&\approx\boldsymbol{A}(t)\mathrm{e}^{\mathrm{i}\boldsymbol{k}\cdot\boldsymbol{r}_0}=\boldsymbol{A}(\boldsymbol{r}_0,t)\end{aligned}\tag{6.1.3}$$

因此其薛定谔方程(6.1.2)可变换为

$$\mathrm{i}\hbar\frac{\partial\boldsymbol{\psi}(\boldsymbol{r},t)}{\partial t}=\left\{-\frac{\hbar^2}{2m}\left[\nabla-\frac{\mathrm{i}}{\hbar}e\boldsymbol{A}(\boldsymbol{r}_0,t)\right]^2+V(\boldsymbol{r})\right\}\boldsymbol{\psi}(\boldsymbol{r},t)\tag{6.1.4}$$

式(6.1.4)中利用了库仑规范：标势$\varPhi(\boldsymbol{r},t)=0$和矢势$\boldsymbol{A}$满足横波条件$\nabla\cdot\boldsymbol{A}=0$。

为了简化方程(6.1.4)，令

$$\boldsymbol{\psi}(\boldsymbol{r},t)=\exp\left[\frac{\mathrm{i}e}{\hbar}\boldsymbol{A}(\boldsymbol{r}_0,t)\cdot\boldsymbol{r}\right]\chi(\boldsymbol{r},t)\tag{6.1.5}$$

将式(6.1.5)代入式(6.1.4)，可得

$$\mathrm{i}\hbar\left[\frac{\mathrm{i}e}{\hbar}\frac{\partial\boldsymbol{A}}{\partial t}\cdot\boldsymbol{r}\chi(\boldsymbol{r},t)+\frac{\partial\chi(\boldsymbol{r},t)}{\partial t}\right]\exp\left(\frac{\mathrm{i}e}{\hbar}\boldsymbol{A}\cdot\boldsymbol{r}\right)=\exp\left(\frac{\mathrm{i}e}{\hbar}\boldsymbol{A}\cdot\boldsymbol{r}\right)\left[\frac{\hat{\boldsymbol{p}}^2}{2m}+V(\boldsymbol{r})\right]\chi(\boldsymbol{r},t)\tag{6.1.6}$$

利用$\hat{\boldsymbol{E}}=-\dfrac{\partial\boldsymbol{A}}{\partial t}$，式(6.1.6)可简化为

$$\mathrm{i}\hbar\frac{\partial\chi(\boldsymbol{r},t)}{\partial t}=\left[\hat{H}_0-e\boldsymbol{r}\cdot\hat{\boldsymbol{E}}(\boldsymbol{r}_0,t)\right]\chi(\boldsymbol{r},t)\tag{6.1.7}$$

式中，$\hat{H}_0$为被原子束缚的电子在没有外场时的哈密顿量，即

$$\hat{H}_0=\frac{\hat{\boldsymbol{p}}^2}{2m}+V(\boldsymbol{r})\tag{6.1.8}$$

而式(6.1.7)中的物理量$-e\boldsymbol{r}$为原子的电偶极矩，一般情况下，它是一个算符，$\hat{\boldsymbol{d}}=-e\hat{\boldsymbol{r}}$，此时原子与电磁场的相互作用哈密顿量为

$$\hat{H}_1=-e\hat{\boldsymbol{r}}\cdot\hat{\boldsymbol{E}}(\boldsymbol{r}_0,t)=\hat{\boldsymbol{d}}\cdot\hat{\boldsymbol{E}}(\boldsymbol{r}_0,t)\tag{6.1.9}$$

总哈密顿量为

$$\hat{H}=\hat{H}_0+\hat{H}_1\tag{6.1.10}$$

原子与电磁场的相互作用哈密顿量还可表示为$\hat{\boldsymbol{p}}\cdot\hat{\boldsymbol{A}}$的形式，现在来讨论这一问题。

从矢势$\boldsymbol{A}$满足的横波条件$\nabla\cdot\boldsymbol{A}=0$可得，$[\hat{\boldsymbol{p}},\hat{\boldsymbol{A}}]=0$。若取库仑规范中$\varPhi(\boldsymbol{r},t)=0$，则式(6.1.1)中的总哈密顿量又可写为

$$\hat{H}=\hat{H}_0+\hat{H}_2\tag{6.1.11}$$

式中，$\hat{H}_0$由式(6.1.8)确定，在满足式(6.1.3)的电偶极近似条件下，有

$$\hat{H}_2 = -\frac{e}{m}\hat{\boldsymbol{p}}\cdot\hat{\boldsymbol{A}}(\boldsymbol{r}_0,t) + \frac{e^2}{2m}\hat{\boldsymbol{A}}^2(\boldsymbol{r}_0,t) \tag{6.1.12}$$

式(6.1.12)等号右边两项分别表示单光子和双光子过程中的哈密顿量，第二项含e^2，与第一项相比要小得多，再加上$\hat{\boldsymbol{A}}^2$对单光子过程和双光子过程的贡献均可忽略，因此有

$$\hat{H}_2 = -\frac{e}{m}\hat{\boldsymbol{p}}\cdot\hat{\boldsymbol{A}}(\boldsymbol{r}_0,t) \tag{6.1.13}$$

由式(6.1.9)和式(6.1.13)可知，描述原子与光场相互作用的两种哈密顿量$\hat{H}_1$和$\hat{H}_2$形式不同。实际上，$\hat{\boldsymbol{p}}\cdot\hat{\boldsymbol{A}}$和$\hat{\boldsymbol{d}}\cdot\hat{\boldsymbol{E}}$分别代表不同的规范变换，二者是等价的。

6.2　二能级原子与经典单模光场的相互作用

目前，还未给出相互作用光场的具体性质，也没有说明作用场是经典场还是量子场。因此，式(6.1.9)和式(6.1.13)对于经典场和量子场都成立。为了呈现与经典场或量子场作用后的原子行为的不同，本节先考虑二能级原子与经典光场的相互作用情况[1-7,10-13]。

6.2.1　二能级原子与经典单模光场相互作用的哈密顿量形式

假设经典电磁场的形式为

$$\boldsymbol{E}(t) = \boldsymbol{e}_0 E_0\cos(\omega t) = \boldsymbol{e}_0 E_0(\mathrm{e}^{\mathrm{i}\omega t} + \mathrm{e}^{-\mathrm{i}\omega t})/2 \tag{6.2.1}$$

式中，$\boldsymbol{e}_0$为电场的偏振方向；E_0和ω分别为单模场的振幅和圆频率。

设二能级原子的上下能态的两个态标记为$|e\rangle$和$|g\rangle$，如图 6.2.1 所示，它们分别是哈密顿量算符$\hat{H}_0$的本征矢，有

$$\hat{H}_0|e\rangle = E_e|e\rangle，\ \hat{H}_0|g\rangle = E_g|g\rangle \tag{6.2.2}$$

利用完备性关系$|e\rangle\langle e|+|g\rangle\langle g|=\hat{I}$以及态矢量$|e\rangle$、$|g\rangle$的正交归一性，可得二能级原子的自由哈密顿量为

$$\begin{aligned}\hat{H}_0 &= (|e\rangle\langle e|+|g\rangle\langle g|)\hat{H}_0(|e\rangle\langle e|+|g\rangle\langle g|)\\ &= E_e|e\rangle\langle e| + E_g|g\rangle\langle g|\\ &= \frac{1}{2}\hbar\omega_0\hat{\sigma}_z\end{aligned} \tag{6.2.3}$$

式中，$\hat{\sigma}_z = |e\rangle\langle e| - |g\rangle\langle g|$为原子布居差算符；$E_e - E_g = \hbar\omega_0$，若取$E_e + E_g = 0$，则有$E_e = -E_g = \hbar\omega_0/2$。

二能级原子的电偶极矩可表示为

$$\hat{\boldsymbol{d}} = \sum_{m,n}\langle m|\hat{\boldsymbol{d}}|n\rangle\hat{\sigma}_{mn} = \boldsymbol{d}_{eg}|e\rangle\langle g| + \boldsymbol{d}_{ge}|g\rangle\langle e| = \boldsymbol{d}_{eg}\hat{\sigma}_+ + \boldsymbol{d}_{ge}\hat{\sigma}_- \tag{6.2.4}$$

式中，$\boldsymbol{d}_{eg}=\boldsymbol{d}_{ge}^{*}=e\langle e|\hat{\boldsymbol{r}}|g\rangle$ 为原子的电偶极矩在状态 $|e\rangle$ 和 $|g\rangle$ 之间的跃迁矩阵元；$\hat{\sigma}_{+}=|e\rangle\langle g|=(\hat{\sigma}_{x}+\mathrm{i}\hat{\sigma}_{y})/2$ 和 $\hat{\sigma}_{-}=|g\rangle\langle e|=(\hat{\sigma}_{x}-\mathrm{i}\hat{\sigma}_{y})/2$ 分别为原子的上升算符和下降算符。

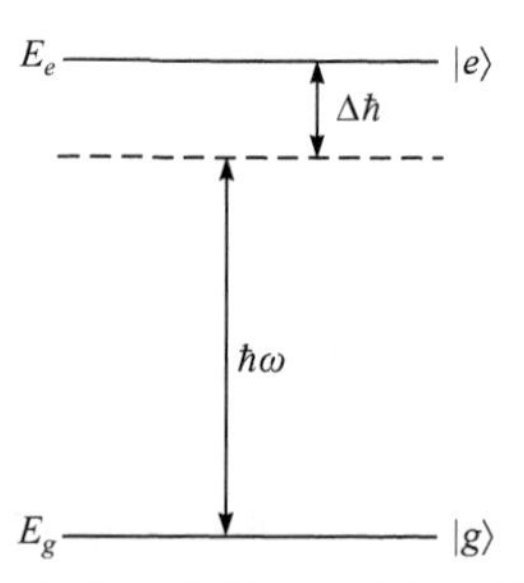

图 6.2.1　与光场作用的二能级原子能级图

泡利算符 $\hat{\sigma}_{\alpha}(\alpha=x,y,z)$ 和 $\hat{\sigma}_{\pm}$ 满足以下对易关系：

$$[\hat{\sigma}_{i},\hat{\sigma}_{j}]=2\mathrm{i}\hat{\sigma}_{k}\varepsilon_{ijk},\quad \{i,j,k\}=\{x,y,z\} \tag{6.2.5}$$

$$[\hat{\sigma}_{z},\hat{\sigma}_{\pm}]=\pm2\hat{\sigma}_{\pm} \tag{6.2.6}$$

$$[\hat{\sigma}_{+},\hat{\sigma}_{-}]=\hat{\sigma}_{z},\quad [\hat{\sigma}_{+},\hat{\sigma}_{-}]_{+}=1 \tag{6.2.7}$$

二能级原子与经典单模光场相互作用的哈密顿量为

$$\begin{aligned}\hat{V}&=-\hat{\boldsymbol{d}}\cdot\hat{\boldsymbol{E}}(t)=-(\boldsymbol{d}_{eg}\hat{\sigma}_{+}+\boldsymbol{d}_{ge}\hat{\sigma}_{-})\cdot\boldsymbol{e}_{0}E_{0}\cos(\omega t)\\&=-\hbar\Omega_{\mathrm{R}}(\hat{\sigma}_{+}\mathrm{e}^{-\mathrm{i}\varphi}+\hat{\sigma}_{-}\mathrm{e}^{\mathrm{i}\varphi})\cos(\omega t)\\&=-\frac{\hbar\Omega_{\mathrm{R}}}{2}(\hat{\sigma}_{+}\mathrm{e}^{-\mathrm{i}\varphi}+\hat{\sigma}_{-}\mathrm{e}^{\mathrm{i}\varphi})(\mathrm{e}^{\mathrm{i}\omega t}+\mathrm{e}^{-\mathrm{i}\omega t})\end{aligned} \tag{6.2.8}$$

式中，$\Omega_{\mathrm{R}}=|\boldsymbol{d}_{ge}|E_{0}/\hbar$ 为经典拉比(Rabi)频率，描述原子与光场之间的耦合强度；φ 为电偶极矩跃迁矩阵元的相位；$\boldsymbol{d}_{ge}=|\boldsymbol{d}_{ge}|\mathrm{e}^{\mathrm{i}\varphi}$。

二能级原子与经典单模电磁场相互作用的总哈密顿量为

$$\hat{H}=\hat{H}_{0}+\hat{V}=\frac{1}{2}\hbar\omega_{0}\hat{\sigma}_{z}-\hbar\Omega_{\mathrm{R}}(\hat{\sigma}_{+}\mathrm{e}^{-\mathrm{i}\varphi}+\hat{\sigma}_{-}\mathrm{e}^{\mathrm{i}\varphi})\cos(\omega t) \tag{6.2.9}$$

在实际问题中，一般是把上述系统中的相互作用哈密顿量 $\hat{V}$ 变换到相互作用绘景中或旋转参考系进行求解。

在相互作用绘景中的相互作用哈密顿量为

$$\hat{V}_{\mathrm{I}}=\hat{U}_{0}^{\dagger}\hat{V}\hat{U}_{0} \tag{6.2.10}$$

式中

$$\hat{U}_{0}=\exp\left(-\mathrm{i}\frac{\hat{H}_{0}t}{\hbar}\right)=\exp\left(-\mathrm{i}\frac{1}{2}\omega_{0}\hat{\sigma}_{z}t\right) \tag{6.2.11}$$

利用算符展开定理

$$\exp(x\hat{A})\hat{B}\exp(-x\hat{A}) = \hat{B} + x[\hat{A}, \hat{B}] + \frac{x^2}{2!}[\hat{A}, [\hat{A}, \hat{B}]] + \cdots \tag{6.2.12}$$

可得

$$\hat{U}_0^\dagger \hat{\sigma}_\pm \hat{U}_0 = \mathrm{e}^{\frac{1}{2}\mathrm{i}\omega_0\hat{\sigma}_z t}\hat{\sigma}_\pm \mathrm{e}^{-\frac{1}{2}\mathrm{i}\omega_0\hat{\sigma}_z t} = \hat{\sigma}_\pm \mathrm{e}^{\pm\mathrm{i}\omega_0 t} \tag{6.2.13}$$

因此，相互作用绘景中的相互作用哈密顿量$\hat{V}_\mathrm{I}$为

$$\begin{aligned}\hat{V}_\mathrm{I} &= \hat{U}_0^\dagger \hat{V}\hat{U}_0 \\ &= -\hbar\Omega_\mathrm{R}\left(\hat{\sigma}_+\mathrm{e}^{-\mathrm{i}\varphi}\mathrm{e}^{\mathrm{i}\omega_0 t} + \hat{\sigma}_-\mathrm{e}^{\mathrm{i}\varphi}\mathrm{e}^{-\mathrm{i}\omega_0 t}\right)\cos(\omega t) \\ &= -\frac{1}{2}\hbar\Omega_\mathrm{R}\left(\hat{\sigma}_+\mathrm{e}^{-\mathrm{i}\varphi}\mathrm{e}^{\mathrm{i}\omega_0 t} + \hat{\sigma}_-\mathrm{e}^{\mathrm{i}\varphi}\mathrm{e}^{-\mathrm{i}\omega_0 t}\right)\left(\mathrm{e}^{\mathrm{i}\omega t} + \mathrm{e}^{-\mathrm{i}\omega t}\right) \\ &= -\frac{1}{2}\hbar\Omega_\mathrm{R}\left\{\hat{\sigma}_+\mathrm{e}^{-\mathrm{i}\varphi}\left[\mathrm{e}^{\mathrm{i}(\omega_0+\omega)t} + \mathrm{e}^{\mathrm{i}(\omega_0-\omega)t}\right] + \hat{\sigma}_-\mathrm{e}^{\mathrm{i}\varphi}\left[\mathrm{e}^{-\mathrm{i}(\omega_0-\omega)t} + \mathrm{e}^{-\mathrm{i}(\omega_0+\omega)t}\right]\right\}\end{aligned} \tag{6.2.14}$$

对式(6.2.14)进行旋转波近似，略去高频快速振荡项$\pm(\omega_0+\omega)$中的时间因子(即能量非守恒部分)，可得

$$\hat{V}_\mathrm{I} = -\frac{1}{2}\hbar\Omega_\mathrm{R}\left[\hat{\sigma}_+\mathrm{e}^{\mathrm{i}(\varDelta t-\varphi)} + \hat{\sigma}_-\mathrm{e}^{-\mathrm{i}(\varDelta t-\varphi)}\right] \tag{6.2.15}$$

式中，$\varDelta = \omega_0 - \omega$为失谐量。

若选取幺正变换$\hat{U}(t) = \exp\left(-\mathrm{i}\frac{1}{2}\omega\hat{\sigma}_z t\right)$，则利用公式

$$\hat{H}' = -\mathrm{i}\hbar\hat{U}^\dagger\frac{\mathrm{d}\hat{U}}{\mathrm{d}t} + \hat{U}^\dagger\hat{H}\hat{U} \tag{6.2.16}$$

可将薛定谔绘景中的哈密顿量(6.2.9)变换到以光场频率旋转的参考系，进行旋转波近似后，可得

$$\hat{H}' = \frac{1}{2}\hbar\varDelta\hat{\sigma}_z - \frac{1}{2}\hbar\Omega_\mathrm{R}(\hat{\sigma}_+\mathrm{e}^{-\mathrm{i}\varphi} + \hat{\sigma}_-\mathrm{e}^{\mathrm{i}\varphi}) \tag{6.2.17}$$

6.2.2 薛定谔方程的求解

量子系统的状态演化由薛定谔方程或密度算符方程描述。在相互作用绘景中，求解薛定谔方程主要有概率幅方法、时间演化算符方法、密度矩阵方程方法、布洛赫方程方法、缀饰态方法等。概率幅方法是指将态矢量用本征矢展开，并代入薛定谔方程进行求解的一种方法。下面将详细讨论薛定谔方程的求解方法。

设二能级原子的初态为

$$|\psi(0)\rangle = c_e(0)|e\rangle + c_g(0)|g\rangle \tag{6.2.18}$$

则t时刻二能级原子的状态表示为

$$|\psi(t)\rangle = c_e(t)|e\rangle + c_g(t)|g\rangle \tag{6.2.19}$$

将式(6.2.15)和式(6.2.19)代入相互作用绘景中的薛定谔方程

$$\mathrm{i}\hbar\frac{\mathrm{d}|\psi(t)\rangle}{\mathrm{d}t}=\hat{V}_{\mathrm{I}}(t)|\psi(t)\rangle \tag{6.2.20}$$

可得

$$\frac{\mathrm{d}c_e(t)}{\mathrm{d}t}=\mathrm{i}\frac{1}{2}\Omega_{\mathrm{R}}\mathrm{e}^{\mathrm{i}(\Delta t-\varphi)}c_g(t) \tag{6.2.21}$$

$$\frac{\mathrm{d}c_g(t)}{\mathrm{d}t}=\mathrm{i}\frac{1}{2}\Omega_{\mathrm{R}}\mathrm{e}^{-\mathrm{i}(\Delta t-\varphi)}c_e(t) \tag{6.2.22}$$

对式(6.2.21)的两边求时间导数，并将式(6.2.22)代入其中可得

$$\frac{\mathrm{d}^2c_e}{\mathrm{d}t^2}-\mathrm{i}\Delta\frac{\mathrm{d}c_e}{\mathrm{d}t}+\frac{\Omega_{\mathrm{R}}^2}{4}c_e=0 \tag{6.2.23}$$

同理可得

$$\frac{\mathrm{d}^2c_g}{\mathrm{d}t^2}+\mathrm{i}\Delta\frac{\mathrm{d}c_g}{\mathrm{d}t}+\frac{\Omega_{\mathrm{R}}^2}{4}c_g=0 \tag{6.2.24}$$

式(6.2.23)的特征方程为

$$r^2-\mathrm{i}\Delta r+\frac{\Omega_{\mathrm{R}}^2}{4}=0 \tag{6.2.25}$$

它的两个根为

$$r_{\pm}=\frac{1}{2}(\Delta\pm\Omega)\mathrm{i} \tag{6.2.26}$$

式中，$\Omega=\sqrt{\Omega_{\mathrm{R}}^2+\Delta^2}$ 为拉比频率；$\Omega_{\mathrm{R}}=|\boldsymbol{d}_{ge}|E_0/\hbar$；$\Delta=\omega_0-\omega$ 为光场频率与原子能级耦合的失谐量。

于是，方程(6.2.23)的通解为

$$c_e(t)=a_1\mathrm{e}^{\mathrm{i}(\Delta+\Omega)t/2}+a_2\mathrm{e}^{\mathrm{i}(\Delta-\Omega)t/2}=(a_1\mathrm{e}^{\mathrm{i}\Omega t/2}+a_2\mathrm{e}^{-\mathrm{i}\Omega t/2})\mathrm{e}^{\mathrm{i}\Delta t/2} \tag{6.2.27}$$

式中，a_1、a_2 为积分常数，由初始条件确定。

根据初始条件(6.2.18)，可得

$$c_e(0)=a_1+a_2 \tag{6.2.28}$$

$$c_g(0)=\frac{1}{\Omega_{\mathrm{R}}\mathrm{e}^{-\mathrm{i}\varphi}}[(\Delta+\Omega)a_1+(\Delta-\Omega)a_2] \tag{6.2.29}$$

从而可以求出

$$a_1=\frac{1}{2\Omega}[(\Omega-\Delta)c_e(0)+\Omega_{\mathrm{R}}\mathrm{e}^{-\mathrm{i}\varphi}c_g(0)] \tag{6.2.30}$$

$$a_2=\frac{1}{2\Omega}[(\Omega+\Delta)c_e(0)-\Omega_{\mathrm{R}}\mathrm{e}^{-\mathrm{i}\varphi}c_g(0)] \tag{6.2.31}$$

同理可以求出式(6.2.24)的通解为

$$c_g(t)=(b_1\mathrm{e}^{\mathrm{i}\Omega t/2}+b_2\mathrm{e}^{-\mathrm{i}\Omega t/2})\mathrm{e}^{-\mathrm{i}\Delta t/2} \tag{6.2.32}$$

式中，积分常数 b_1 、 b_2 由初始条件确定，可以表示为

$$b_1 = \frac{1}{2\Omega}[(\Omega + \Delta)c_g(0) + \Omega_{\mathrm{R}}\mathrm{e}^{\mathrm{i}\varphi}c_e(0)] \tag{6.2.33}$$

$$b_2 = \frac{1}{2\Omega}[(\Omega - \Delta)c_g(0) - \Omega_{\mathrm{R}}\mathrm{e}^{\mathrm{i}\varphi}c_e(0)] \tag{6.2.34}$$

将 a_1 、 a_2 和 b_1 、 b_2 分别代入式(6.2.27)和式(6.2.32)，可得

$$c_e(t) = \left\{c_e(0)\left[\cos\left(\frac{1}{2}\Omega t\right) - \mathrm{i}\frac{\Delta}{\Omega}\sin\left(\frac{1}{2}\Omega t\right)\right] + \mathrm{i}\frac{\Omega_{\mathrm{R}}}{\Omega}c_g(0)\mathrm{e}^{-\mathrm{i}\varphi}\sin\left(\frac{1}{2}\Omega t\right)\right\}\mathrm{e}^{\mathrm{i}\Delta t/2} \tag{6.2.35}$$

$$c_g(t) = \left\{c_g(0)\left[\cos\left(\frac{1}{2}\Omega t\right) + \mathrm{i}\frac{\Delta}{\Omega}\sin\left(\frac{1}{2}\Omega t\right)\right] + \mathrm{i}\frac{\Omega_{\mathrm{R}}}{\Omega}c_e(0)\mathrm{e}^{\mathrm{i}\varphi}\sin\left(\frac{1}{2}\Omega t\right)\right\}\mathrm{e}^{-\mathrm{i}\Delta t/2} \tag{6.2.36}$$

只要知道初态 $c_e(0)$ 和 $c_g(0)$ ，便可求出 $|\psi(t)\rangle$ 。原子处于上能态 $|e\rangle$ 和下能态 $|g\rangle$ 的概率分别为

$$\begin{aligned} p_e(t) &= |c_e(t)|^2 \\ &= |c_e(0)|^2\left[\cos^2\left(\frac{1}{2}\Omega t\right) + \left(\frac{\Delta}{\Omega}\right)^2\sin^2\left(\frac{1}{2}\Omega t\right)\right] + \left(\frac{\Omega_{\mathrm{R}}}{\Omega}\right)^2|c_g(0)|^2\sin^2\left(\frac{1}{2}\Omega t\right) \end{aligned} \tag{6.2.37}$$

$$\begin{aligned} p_g(t) &= |c_g(t)|^2 \\ &= |c_g(0)|^2\left[\cos^2\left(\frac{1}{2}\Omega t\right) + \left(\frac{\Delta}{\Omega}\right)^2\sin^2\left(\frac{1}{2}\Omega t\right)\right] + \left(\frac{\Omega_{\mathrm{R}}}{\Omega}\right)^2|c_e(0)|^2\sin^2\left(\frac{1}{2}\Omega t\right) \end{aligned} \tag{6.2.38}$$

显然， $p_e(t) + p_g(t) = |c_e(t)|^2 + |c_g(t)|^2 = |c_e(0)|^2 + |c_g(0)|^2 = 1$ 。

原子的布居数反转为

$$\begin{aligned} W(t) &= \langle\psi(t)|\hat{\sigma}_z|\psi(t)\rangle \\ &= |c_e(t)|^2 - |c_g(t)|^2 \\ &= p_e(t) - p_g(t) \\ &= |c_e(0)|^2\left[\cos^2\left(\frac{1}{2}\Omega t\right) + \frac{\Delta^2 - \Omega_{\mathrm{R}}^2}{\Omega^2}\sin^2\left(\frac{1}{2}\Omega t\right)\right] \\ &\quad - |c_g(0)|^2\left[\cos^2\left(\frac{1}{2}\Omega t\right) + \frac{\Delta^2 - \Omega_{\mathrm{R}}^2}{\Omega^2}\sin^2\left(\frac{1}{2}\Omega t\right)\right] \end{aligned} \tag{6.2.39}$$

下面计算原子电偶极矩的期望值。在计算力学量算符的期望值时，应选取同一绘景中的算符和态矢量。在薛定谔绘景中，原子的电偶极矩算符为

$$\hat{\boldsymbol{d}} = \boldsymbol{d}_{eg}|e\rangle\langle g| + \boldsymbol{d}_{ge}|g\rangle\langle e| = \boldsymbol{d}_{eg}\hat{\sigma}_+ + \boldsymbol{d}_{ge}\hat{\sigma}_- \tag{6.2.40}$$

式中，$\boldsymbol{d}_{eg} = \boldsymbol{d}_{ge}^* = e\langle e|\hat{\boldsymbol{r}}|g\rangle$ 为电偶极矩的矩阵元，$\boldsymbol{d}_{eg} = |\boldsymbol{d}_{eg}|\mathrm{e}^{-\mathrm{i}\varphi}$，$\varphi$ 为该矩阵元的相位。

前面态矢量是在相互作用绘景中求出的，因此电偶极矩算符也应该变换到相互作用绘景中。由关系式(6.2.13)可知，在相互作用绘景中，原子的电偶极矩算符为

$$\hat{\boldsymbol{d}} = \boldsymbol{d}_{eg}\hat{\sigma}_+\mathrm{e}^{\mathrm{i}\omega_0 t} + \boldsymbol{d}_{ge}\hat{\sigma}_-\mathrm{e}^{-\mathrm{i}\omega_0 t} \tag{6.2.41}$$

由于 $\langle\psi(t)|\hat{\sigma}_+|\psi(t)\rangle = \langle\psi(t)|e\rangle\langle g|\psi(t)\rangle = c_e^*(t)c_g(t)$，所以原子的电偶极矩算符在态矢量 $|\psi(t)\rangle = c_e(t)|e\rangle + c_g(t)|g\rangle$ 中的期望值为

$$\begin{aligned}\langle\hat{\boldsymbol{d}}(t)\rangle &= \langle\psi(t)|(\boldsymbol{d}_{eg}\hat{\sigma}_+\mathrm{e}^{\mathrm{i}\omega_0 t} + \mathrm{h.c.})|\psi(t)\rangle \\ &= \boldsymbol{d}_{eg}\mathrm{e}^{\mathrm{i}\omega_0 t}c_e^*(t)c_g(t) + \mathrm{c.c.} \\ &= 2\,\mathrm{Re}\left[\boldsymbol{d}_{eg}\mathrm{e}^{\mathrm{i}\omega_0 t}c_e^*(t)c_g(t)\right]\end{aligned} \tag{6.2.42}$$

式中，c.c. 表示复数共轭。

6.2.3 结果讨论及半经典理论的局限性

假设原子初始处于上能态 $|e\rangle$，则 $c_e(0)=1$、$c_g(0)=0$，将其代入式(6.2.35)和式(6.2.36)可得

$$c_e(t) = \left[\cos\left(\frac{1}{2}\Omega t\right) - \mathrm{i}\frac{\Delta}{\Omega}\sin\left(\frac{1}{2}\Omega t\right)\right]\mathrm{e}^{\mathrm{i}\Delta t/2} \tag{6.2.43}$$

$$c_g(t) = \mathrm{i}\frac{\Omega_\mathrm{R}}{\Omega}\mathrm{e}^{-\mathrm{i}\Delta t/2}\mathrm{e}^{\mathrm{i}\varphi}\sin\left(\frac{1}{2}\Omega t\right) \tag{6.2.44}$$

从而原子处于上下能态的概率、布居数反转以及电偶极矩的期望值分别为

$$p_e(t) = \cos^2\left(\frac{1}{2}\Omega t\right) + \left(\frac{\Delta}{\Omega}\right)^2\sin^2\left(\frac{1}{2}\Omega t\right) \tag{6.2.45}$$

$$p_g(t) = \left(\frac{\Omega_\mathrm{R}}{\Omega}\right)^2\sin^2\left(\frac{1}{2}\Omega t\right) \tag{6.2.46}$$

$$W(t) = \cos^2\left(\frac{1}{2}\Omega t\right) + \frac{\Delta^2 - \Omega_\mathrm{R}^2}{\Omega^2}\sin^2\left(\frac{1}{2}\Omega t\right) \tag{6.2.47}$$

$$
\begin{aligned}
\left\langle \hat{\boldsymbol{d}}(t) \right\rangle &= 2\,\mathrm{Re}\left[\boldsymbol{d}_{eg} \mathrm{e}^{\mathrm{i}\omega_0 t} c_e^*(t) c_g(t) \right] \\
&= 2\,\mathrm{Re}\left\{ \mathrm{i}\frac{\Omega_{\mathrm{R}}}{\Omega} \boldsymbol{d}_{eg} \mathrm{e}^{\mathrm{i}\varphi} \mathrm{e}^{\mathrm{i}\omega t} \left[\cos\left(\frac{1}{2}\Omega t\right) + \mathrm{i}\frac{\Delta}{\Omega} \sin\left(\frac{1}{2}\Omega t\right) \right] \sin\left(\frac{1}{2}\Omega t\right) \right\} \\
&= 2\,\mathrm{Re}\left\{ \mathrm{i}\frac{\Omega_{\mathrm{R}}}{\Omega} \left|\boldsymbol{d}_{eg}\right| \mathrm{e}^{\mathrm{i}\omega t} \left[\cos\left(\frac{1}{2}\Omega t\right) + \mathrm{i}\frac{\Delta}{\Omega} \sin\left(\frac{1}{2}\Omega t\right) \right] \sin\left(\frac{1}{2}\Omega t\right) \right\}
\end{aligned} \tag{6.2.48}
$$

在共振情况下，$\Delta = 0$、$\Omega = \Omega_{\mathrm{R}}$，原子处于上下能态的概率、布居数反转以及电偶极矩的期望值分别为

$$
p_e(t) = \cos^2\left(\frac{1}{2}\Omega_{\mathrm{R}} t\right) = \frac{1}{2}[1 + \cos(\Omega_{\mathrm{R}} t)] \tag{6.2.49}
$$

$$
p_g(t) = \sin^2\left(\frac{1}{2}\Omega_{\mathrm{R}} t\right) = \frac{1}{2}[1 - \cos(\Omega_{\mathrm{R}} t)] \tag{6.2.50}
$$

$$
W(t) = \cos^2\left(\frac{1}{2}\Omega_{\mathrm{R}} t\right) - \sin^2\left(\frac{1}{2}\Omega_{\mathrm{R}} t\right) = \cos(\Omega_{\mathrm{R}} t) \tag{6.2.51}
$$

$$
\left\langle \hat{\boldsymbol{d}}(t) \right\rangle = \mathrm{Re}\left[\mathrm{i}\left|\boldsymbol{d}_{eg}\right| \mathrm{e}^{\mathrm{i}\omega t} \sin(\Omega_{\mathrm{R}} t) \right] \tag{6.2.52}
$$

可见，共振时原子以频率 Ω_{R} 在上下两能态之间做简谐振动，称为经典拉比振荡，Ω_{R} 称为共振时的拉比频率。由 $\Omega_{\mathrm{R}} = \left|\boldsymbol{d}_{ge}\right| E_0 / \hbar$ 可知，Ω_{R} 值正比于经典电场振幅和二能级原子间的电偶极矩阵元的乘积，描述了原子与经典光场之间的耦合强度。

将初始条件 $c_e(0) = 1$、$c_g(0) = 0$ 和共振条件 $\Delta = 0$ 代入式(6.2.35)和式(6.2.36)，可得

$$
c_e(t) = \cos\left(\frac{1}{2}\Omega_{\mathrm{R}} t\right), \quad c_g(t) = \mathrm{i}\mathrm{e}^{\mathrm{i}\varphi} \sin\left(\frac{1}{2}\Omega_{\mathrm{R}} t\right) \tag{6.2.53}
$$

$$
|\psi(t)\rangle = \cos\left(\frac{1}{2}\Omega_{\mathrm{R}} t\right)|e\rangle + \mathrm{i}\mathrm{e}^{\mathrm{i}\varphi} \sin\left(\frac{1}{2}\Omega_{\mathrm{R}} t\right)|g\rangle \tag{6.2.54}
$$

为便于讨论，取 $\varphi = 0$，则式(6.2.54)变换为

$$
|\psi(t)\rangle = \cos\left(\frac{1}{2}\Omega_{\mathrm{R}} t\right)|e\rangle + \mathrm{i}\sin\left(\frac{1}{2}\Omega_{\mathrm{R}} t\right)|g\rangle \tag{6.2.55}
$$

当 $\Omega_{\mathrm{R}} t = \pi/2$ 时(称为 $\pi/2$ 脉冲)，式(6.2.55)表示为

$$
\left|\psi\left(\frac{\pi}{2\Omega_{\mathrm{R}}}\right)\right\rangle = \frac{1}{\sqrt{2}}(|e\rangle + \mathrm{i}|g\rangle) \tag{6.2.56}
$$

当 $\Omega_{\mathrm{R}}t=\pi$ 时(称为 π 脉冲)，有

$$\left|\psi\left(\frac{\pi}{\Omega_{\mathrm{R}}}\right)\right\rangle=\mathrm{i}|g\rangle \tag{6.2.57}$$

当 $\Omega_{\mathrm{R}}t=2\pi$ 时(称为 2π 脉冲)，有

$$\left|\psi\left(\frac{2\pi}{\Omega_{\mathrm{R}}}\right)\right\rangle=-|e\rangle \tag{6.2.58}$$

由此可知，初始处于上能态的原子，在任意 t 时刻，将处于式(6.2.55)所描述的上下能态的叠加态。通过 π/2 脉冲或者 π 脉冲，使原子的布居数发生改变不仅是核磁共振实验中操控自旋态的标准过程，而且成为量子光学实验中操控原子或离子状态的标准方法。这些方法在纠缠态制备、量子逻辑门的实现等方面有重要作用。

令 $E_0=0$，即对于电磁场为真空态的情况，$\Omega_{\mathrm{R}}=0$，由式(6.2.49)～式(6.2.51)可知，$p_e(t)=1$、$p_g(t)=0$、$W(t)=1$。这就是说，原子将会永远稳定地处于上能态或激发态。显然，这是一个不切实际的结果，因为处于激发态的原子，会受到真空场的作用自发地衰减到基态。这说明，半经典理论在揭示与光场作用的原子行为特性时存在局限性。要想对原子特性进行全面、准确的刻画，就必须使用全量子理论。

6.3 二能级原子的密度矩阵方法及光学布洛赫方程

6.3.1 二能级原子的密度矩阵描述

二能级原子的态矢量为

$$|\psi(t)\rangle=c_e(t)|e\rangle+c_g(t)|g\rangle \tag{6.3.1}$$

则描述该态矢量 $|\psi\rangle$ 的密度算符 $\hat{\boldsymbol{\rho}}$ 的矩阵形式表示为

$$\hat{\boldsymbol{\rho}}=|\psi(t)\rangle\langle\psi(t)|=\begin{bmatrix}\rho_{ee} & \rho_{eg}\\ \rho_{ge} & \rho_{gg}\end{bmatrix} \tag{6.3.2}$$

其密度矩阵元分别为

$$\rho_{ee}=\langle e|\psi(t)\rangle\langle\psi(t)|e\rangle=c_e(t)c_e^*(t) \tag{6.3.3}$$

$$\rho_{eg}=\langle e|\psi(t)\rangle\langle\psi(t)|g\rangle=c_e(t)c_g^*(t) \tag{6.3.4}$$

$$\rho_{ge}=\langle g|\psi(t)\rangle\langle\psi(t)|e\rangle=c_g(t)c_e^*(t)=\rho_{eg}^* \tag{6.3.5}$$

$$\rho_{gg} = \langle g|\psi(t)\rangle\langle\psi(t)|g\rangle = c_g(t)c_g^*(t) \tag{6.3.6}$$

这是密度矩阵元与概率幅的关系。可见，密度矩阵的对角元表示原子处于上下能态 $|e\rangle$ 和 $|g\rangle$ 的布居概率，非对角元则与原子的电偶极矩有关。由于宇称守恒的要求，电偶极矩算符的对角元为零，所以有

$$e\hat{\boldsymbol{r}} = \begin{bmatrix} 0 & er_{eg} \\ er_{ge} & 0 \end{bmatrix} \tag{6.3.7}$$

电偶极矩算符的平均值为

$$\begin{aligned}\langle e\hat{\boldsymbol{r}}\rangle &= \mathrm{Tr}(\hat{\boldsymbol{\rho}}e\hat{\boldsymbol{r}}) = e(\rho_{eg}r_{ge} + \rho_{ge}r_{eg}) \\ &= d_{ge}\rho_{eg} + d_{eg}\rho_{ge}\end{aligned} \tag{6.3.8}$$

因此密度矩阵元的物理意义为：$\rho_{ee} = c_e(t)c_e^*(t)$ 为原子处于上能态的概率；$\rho_{gg} = c_g(t)c_g^*(t)$ 为原子处于下能态的概率；$\rho_{eg} = c_e(t)c_g^*(t) = \rho_{ge}^*$，与复电偶极矩成正比，决定着原子的极化。根据 ρ_{ee} 和 ρ_{gg} 的定义，$\rho_{ee} + \rho_{gg} = 1$，即上下能态的总概率等于1。

6.3.2　二能级原子的密度矩阵元方程及光学布洛赫方程

密度矩阵元的时间演化方程可直接由密度算符方程得出[1,5,10-13]。6.2.2 节用最基本的概率幅方法得出的二能级原子态矢量是在相互作用绘景中求解的，因此相互作用绘景中的密度算符方程为

$$\frac{\mathrm{d}\hat{\boldsymbol{\rho}}_{\mathrm{I}}(t)}{\mathrm{d}t} = \frac{1}{\mathrm{i}\hbar}[\hat{H}_{\mathrm{I}}', \hat{\boldsymbol{\rho}}_{\mathrm{I}}(t)] \tag{6.3.9}$$

为便于讨论，略去 $\hat{\boldsymbol{\rho}}_{\mathrm{I}}$ 和 $\hat{H}_{\mathrm{I}}'$ 的下标，$\hat{H}'$ 表示相互作用绘景中的相互作用哈密顿量，即

$$\hat{H}' = \hat{V}_{\mathrm{I}} = -\frac{1}{2}\hbar\Omega_{\mathrm{R}}\left[\hat{\sigma}_+\mathrm{e}^{\mathrm{i}(\Delta t-\varphi)} + \hat{\sigma}_-\mathrm{e}^{-\mathrm{i}(\Delta t-\varphi)}\right] \tag{6.3.10}$$

其矩阵形式为

$$\hat{\boldsymbol{H}}' = \begin{bmatrix} H_{ee}' & H_{eg}' \\ H_{ge}' & H_{gg}' \end{bmatrix} = -\frac{1}{2}\hbar\Omega_{\mathrm{R}}\begin{bmatrix} 0 & \mathrm{e}^{\mathrm{i}(\Delta t-\varphi)} \\ \mathrm{e}^{-\mathrm{i}(\Delta t-\varphi)} & 0 \end{bmatrix} \tag{6.3.11}$$

则式(6.3.9)的密度矩阵元方程为

$$\frac{\mathrm{d}\rho_{jk}}{\mathrm{d}t} = \frac{1}{\mathrm{i}\hbar}\sum_l (H_{jl}'\rho_{lk} - \rho_{jl}H_{lk}') \tag{6.3.12}$$

将式(6.3.2)和式(6.3.11)代入式(6.3.12)可得

$$\begin{aligned}\frac{\mathrm{d}\rho_{ee}}{\mathrm{d}t}&=\frac{1}{\mathrm{i}\hbar}\sum_{l}(H'_{el}\rho_{le}-\rho_{el}H'_{le})\\&=\frac{1}{\mathrm{i}\hbar}(H'_{ee}\rho_{ee}-\rho_{ee}H'_{ee}+H'_{eg}\rho_{ge}-\rho_{eg}H'_{ge})\\&=\mathrm{i}\frac{1}{2}\varOmega_{\mathrm{R}}[\mathrm{e}^{\mathrm{i}(\varDelta t-\varphi)}\rho_{ge}-\mathrm{e}^{-\mathrm{i}(\varDelta t-\varphi)}\rho_{eg}]\\&=-\frac{\mathrm{d}\rho_{gg}}{\mathrm{d}t}\end{aligned}\tag{6.3.13}$$

$$\frac{\mathrm{d}\rho_{eg}}{\mathrm{d}t}=-\mathrm{i}\frac{1}{2}\varOmega_{\mathrm{R}}\mathrm{e}^{\mathrm{i}(\varDelta t-\varphi)}(\rho_{ee}-\rho_{gg})\tag{6.3.14}$$

$$\frac{\mathrm{d}\rho_{ge}}{\mathrm{d}t}=\frac{\mathrm{d}\rho_{eg}^{*}}{\mathrm{d}t}=\mathrm{i}\frac{1}{2}\varOmega_{\mathrm{R}}\mathrm{e}^{-\mathrm{i}(\varDelta t-\varphi)}(\rho_{ee}-\rho_{gg})\tag{6.3.15}$$

式(6.3.13)～式(6.3.15)称为二能级原子的密度矩阵元方程，它们与布洛赫导出的描述振荡磁场中自旋运动的方程相似。密度矩阵元的时间演化方程还可由下列概率幅方程求出，即

$$\frac{\mathrm{d}\rho_{ij}(t)}{\mathrm{d}t}=\frac{\mathrm{d}}{\mathrm{d}t}[c_i(t)c_j^{*}(t)]=\frac{\mathrm{d}c_i(t)}{\mathrm{d}t}c_j^{*}(t)+c_i(t)\frac{\mathrm{d}c_j^{*}(t)}{\mathrm{d}t}\tag{6.3.16}$$

式中，$i,j=e,g$ 。

将式(6.2.43)和式(6.2.44)代入式(6.3.16)，可得

$$\begin{aligned}\frac{\mathrm{d}\rho_{ee}(t)}{\mathrm{d}t}&=-\frac{\mathrm{d}\rho_{gg}(t)}{\mathrm{d}t}\\&=\mathrm{i}\frac{1}{2}\varOmega_{\mathrm{R}}[\mathrm{e}^{\mathrm{i}(\varDelta t-\varphi)}\rho_{ge}-\mathrm{e}^{-\mathrm{i}(\varDelta t-\varphi)}\rho_{eg}]\end{aligned}\tag{6.3.17}$$

$$\frac{\mathrm{d}\rho_{eg}(t)}{\mathrm{d}t}=\frac{\mathrm{d}\rho_{ge}^{*}(t)}{\mathrm{d}t}=-\mathrm{i}\frac{1}{2}\varOmega_{\mathrm{R}}\mathrm{e}^{\mathrm{i}(\varDelta t-\varphi)}(\rho_{ee}-\rho_{gg})\tag{6.3.18}$$

可见，由上述两种方法导出的密度矩阵元方程完全一致。

引入布洛赫矢量：

$$\boldsymbol{R}=R_1\boldsymbol{e}_1+R_2\boldsymbol{e}_2+R_3\boldsymbol{e}_3\tag{6.3.19}$$

式中，$\boldsymbol{e}_1$、$\boldsymbol{e}_2$ 和 $\boldsymbol{e}_3$ 表示相互垂直的单位矢量；$R_i\,(i=1,2,3)$的值为

$$R_1=\langle\hat{\boldsymbol{\sigma}}_x\rangle=\mathrm{Tr}(\hat{\boldsymbol{\sigma}}_x\hat{\boldsymbol{\rho}})=\rho_{eg}+\rho_{ge}\tag{6.3.20a}$$

$$R_2=\langle\hat{\boldsymbol{\sigma}}_y\rangle=\mathrm{Tr}(\hat{\boldsymbol{\sigma}}_y\hat{\boldsymbol{\rho}})=\mathrm{i}(\rho_{eg}-\rho_{ge})\tag{6.3.20b}$$

$$R_3=\langle\hat{\boldsymbol{\sigma}}_z\rangle=\mathrm{Tr}(\hat{\boldsymbol{\sigma}}_z\hat{\boldsymbol{\rho}})=\rho_{ee}-\rho_{gg}\tag{6.3.20c}$$

于是光学布洛赫矢量的演化方程为

$$\frac{\mathrm{d}R_1}{\mathrm{d}t}=R_3\varOmega_{\mathrm{R}}\sin(\varDelta t-\varphi) \tag{6.3.21a}$$

$$\frac{\mathrm{d}R_2}{\mathrm{d}t}=R_3\varOmega_{\mathrm{R}}\cos(\varDelta t-\varphi) \tag{6.3.21b}$$

$$\frac{\mathrm{d}R_3}{\mathrm{d}t}=-\varOmega_{\mathrm{R}}[R_1\sin(\varDelta t-\varphi)+R_2\cos(\varDelta t-\varphi)] \tag{6.3.21c}$$

取 $Q_1=-\varOmega_{\mathrm{R}}\cos(\varDelta t-\varphi)$、$Q_2=\varOmega_{\mathrm{R}}\sin(\varDelta t-\varphi)$、$Q_3=0$，则光学布洛赫方程(6.3.21)可表示为

$$\frac{\mathrm{d}\boldsymbol{R}}{\mathrm{d}t}=\boldsymbol{Q}\times\boldsymbol{R} \tag{6.3.22}$$

下面求二能级原子的密度矩阵元方程(6.3.17)和(6.3.18)的解。令

$$\tilde{\rho}_{ge}=\mathrm{e}^{\mathrm{i}(\varDelta t-\varphi)}\rho_{ge}\text{，}\quad\tilde{\rho}_{eg}=\mathrm{e}^{-\mathrm{i}(\varDelta t-\varphi)}\rho_{eg} \tag{6.3.23}$$

则密度矩阵元方程(6.3.17)和(6.3.18)将变换为

$$\frac{\mathrm{d}\tilde{\rho}_{ee}(t)}{\mathrm{d}t}=-\frac{\mathrm{d}\tilde{\rho}_{gg}(t)}{\mathrm{d}t}=\mathrm{i}\frac{1}{2}\varOmega_{\mathrm{R}}(\tilde{\rho}_{ge}-\tilde{\rho}_{eg}) \tag{6.3.24}$$

$$\frac{\mathrm{d}\tilde{\rho}_{eg}(t)}{\mathrm{d}t}=\frac{\mathrm{d}\tilde{\rho}_{ge}^{*}(t)}{\mathrm{d}t}=-\mathrm{i}\frac{1}{2}\varOmega_{\mathrm{R}}(\tilde{\rho}_{ee}-\tilde{\rho}_{gg})-\mathrm{i}\varDelta\tilde{\rho}_{eg} \tag{6.3.25}$$

式中，$\tilde{\rho}_{ii}(t)=\rho_{ii}(t)$。

取该方程下列形式的解[3]：

$$\tilde{\rho}_{ij}(t)=\tilde{\rho}_{ij}(0)\mathrm{e}^{\lambda t} \tag{6.3.26}$$

将其代入方程(6.3.24)和(6.3.25)后，可得

$$\begin{bmatrix} -\lambda & 0 & -\frac{1}{2}\mathrm{i}\varOmega_{\mathrm{R}} & \frac{1}{2}\mathrm{i}\varOmega_{\mathrm{R}} \\ 0 & -\lambda & \frac{1}{2}\mathrm{i}\varOmega_{\mathrm{R}} & -\frac{1}{2}\mathrm{i}\varOmega_{\mathrm{R}} \\ \frac{1}{2}\mathrm{i}\varOmega_{\mathrm{R}} & -\frac{1}{2}\mathrm{i}\varOmega_{\mathrm{R}} & \lambda+\mathrm{i}\varDelta & 0 \\ -\frac{1}{2}\mathrm{i}\varOmega_{\mathrm{R}} & \frac{1}{2}\mathrm{i}\varOmega_{\mathrm{R}} & 0 & \mathrm{i}\varDelta-\lambda \end{bmatrix}\begin{bmatrix}\tilde{\rho}_{ee}(0)\\ \tilde{\rho}_{gg}(0)\\ \tilde{\rho}_{eg}(0)\\ \tilde{\rho}_{ge}(0)\end{bmatrix}=0 \tag{6.3.27}$$

从上述 4×4 系数矩阵可得出 λ 的方程为

$$\lambda^2(\lambda^2+\varDelta^2+\varOmega_{\mathrm{R}}^2)=0 \tag{6.3.28}$$

故方程的解为

$$\lambda_1=0\text{，}\quad\lambda_2=\mathrm{i}\varOmega\text{，}\quad\lambda_3=-\mathrm{i}\varOmega \tag{6.3.29}$$

式中，$\Omega=\sqrt{\Delta^2+\Omega_{\mathrm{R}}^2}=\sqrt{(\omega_0-\omega)^2+\Omega_{\mathrm{R}}^2}$。

因此，密度矩阵元的一般解为

$$\tilde{\rho}_{ij}(t)=\tilde{\rho}_{ij}^{(1)}+\tilde{\rho}_{ij}^{(2)}\exp(\mathrm{i}\Omega t)+\tilde{\rho}_{ij}^{(3)}\exp(-\mathrm{i}\Omega t) \tag{6.3.30}$$

式(6.3.30)中系数值由所给问题中的密度矩阵元的初始值确定。

若初始条件为

$$\tilde{\rho}_{ee}(0)=0\,,\quad \tilde{\rho}_{ge}(0)=0 \tag{6.3.31}$$

则可以证明，方程(6.3.24)和(6.3.25)的解(即式(6.3.30))可具体表示为

$$\tilde{\rho}_{ee}(t)=\left(\frac{\Omega_{\mathrm{R}}}{\Omega}\right)^2\sin^2\left(\frac{1}{2}\Omega t\right) \tag{6.3.32}$$

$$\tilde{\rho}_{ge}(t)=\frac{\Omega_{\mathrm{R}}}{\Omega^2}\sin\left(\frac{1}{2}\Omega t\right)\left[-\Delta\sin\left(\frac{1}{2}\Omega t\right)+\mathrm{i}\Omega\cos\left(\frac{1}{2}\Omega t\right)\right] \tag{6.3.33}$$

当$\Delta=0$时，式(6.3.30)或者式(6.3.32)、式(6.3.33)将简化为

$$\tilde{\rho}_{ee}(t)=\sin^2\left(\frac{1}{2}\Omega_{\mathrm{R}}t\right),\quad \tilde{\rho}_{ge}(t)=\mathrm{i}\sin\left(\frac{1}{2}\Omega_{\mathrm{R}}t\right)\cos\left(\frac{1}{2}\Omega_{\mathrm{R}}t\right) \tag{6.3.34}$$

6.3.3　耗散情况下的密度矩阵元方程

当考虑实际的原子能级衰减时，需要对密度矩阵元方程进行修正。令原子上下能态的衰减系数为$\gamma_i\,(i=e,g)$，则其密度矩阵元方程为

$$\frac{\mathrm{d}\rho_{ii}}{\mathrm{d}t}=-\gamma_i\rho_{ii}+\mathrm{n.d.}\,,\quad i=e,g \tag{6.3.35}$$

式中，n.d.是指相应的非衰减项。

由于$\rho_{ij}=c_i(t)c_j^*(t)$，从形式上分析，在概率幅方程中引入耗散时，则为

$$\frac{\mathrm{d}c_i(t)}{\mathrm{d}t}=-\frac{\gamma_i}{2}c_i(t)+\mathrm{n.d.}\,,\quad \frac{\mathrm{d}c_i^*(t)}{\mathrm{d}t}=-\frac{\gamma_i}{2}c_i^*(t)+\mathrm{n.d.} \tag{6.3.36}$$

而$\frac{\mathrm{d}}{\mathrm{d}t}[c_i(t)c_j^*(t)]=\frac{\mathrm{d}c_i(t)}{\mathrm{d}t}c_j^*(t)+c_i(t)\frac{\mathrm{d}c_j^*(t)}{\mathrm{d}t}$，故考虑原子衰减时，密度矩阵元方程(6.3.35)的具体表示形式为

$$\frac{\mathrm{d}\rho_{ee}}{\mathrm{d}t}=-\gamma_e c_e(t)c_e^*(t)+\mathrm{n.d.} \tag{6.3.37}$$

$$\frac{\mathrm{d}\rho_{gg}}{\mathrm{d}t}=-\gamma_g c_g(t)c_g^*(t)+\mathrm{n.d.} \tag{6.3.38}$$

$$\begin{aligned}\frac{\mathrm{d}\rho_{eg}}{\mathrm{d}t}&=\dot{c}_e(t)c_g^*(t)+c_e(t)\dot{c}_g^*(t)+\text{n.d.}\\&=-\frac{\gamma_e}{2}c_e(t)c_g^*(t)-\frac{\gamma_g}{2}c_e(t)c_g^*(t)+\text{n.d.}\\&=-\gamma_{eg}\rho_{eg}+\text{n.d.}\end{aligned}\tag{6.3.39}$$

式中，$\gamma_{eg}=\frac{1}{2}(\gamma_e+\gamma_g)$，$\gamma_e$和$\gamma_g$均为实数。

原子的衰减导致原子的电偶极矩的衰减,从而使辐射的谱线具有一定的展宽。当考虑原子能级衰减时，可以将原子的密度算符方程写成矩阵形式

$$\frac{\mathrm{d}\hat{\boldsymbol{\rho}}}{\mathrm{d}t}=\frac{1}{\mathrm{i}\hbar}[\hat{\boldsymbol{H}},\hat{\boldsymbol{\rho}}]-\frac{1}{2}\{\boldsymbol{\Gamma},\hat{\boldsymbol{\rho}}\}\tag{6.3.40}$$

式中，$\{\boldsymbol{\Gamma},\hat{\boldsymbol{\rho}}\}=\boldsymbol{\Gamma}\hat{\boldsymbol{\rho}}+\hat{\boldsymbol{\rho}}\boldsymbol{\Gamma}$，而$\boldsymbol{\Gamma}$是一个弛豫矩阵，即

$$\langle n|\boldsymbol{\Gamma}|m\rangle=\gamma_n\delta_{nm}\tag{6.3.41}$$

因此，密度算符方程(6.3.40)的密度矩阵元表示为

$$\frac{\mathrm{d}\rho_{jk}}{\mathrm{d}t}=-\frac{\mathrm{i}}{\hbar}\sum_l(H_{jl}\rho_{lk}-\rho_{jl}H_{lk})-\frac{1}{2}\sum_l(\Gamma_{jl}\rho_{lk}+\rho_{jl}\Gamma_{lk})\tag{6.3.42}$$

将式(6.2.9)代入式(6.3.42)，可得到耗散情况下的密度矩阵元方程为

$$\frac{\mathrm{d}\rho_{ee}}{\mathrm{d}t}=-\gamma_e\rho_{ee}+\mathrm{i}\frac{V_{ge}}{\hbar}\rho_{eg}-\mathrm{i}\frac{V_{eg}}{\hbar}\rho_{ge}\tag{6.3.43}$$

$$\frac{\mathrm{d}\rho_{gg}}{\mathrm{d}t}=-\gamma_g\rho_{gg}-\mathrm{i}\frac{V_{ge}}{\hbar}\rho_{eg}+\mathrm{i}\frac{V_{eg}}{\hbar}\rho_{ge}\tag{6.3.44}$$

$$\frac{\mathrm{d}\rho_{eg}}{\mathrm{d}t}=-(\mathrm{i}\omega_0+\gamma_{eg})\rho_{eg}-\mathrm{i}\frac{V_{eg}}{\hbar}(\rho_{ee}-\rho_{gg})\tag{6.3.45}$$

式中，$V_{eg}=-\hbar\Omega_{\mathrm{R}}\mathrm{e}^{-\mathrm{i}\varphi}\cos(\omega t)$；$V_{ge}=V_{eg}^*=-\hbar\Omega_{\mathrm{R}}\mathrm{e}^{\mathrm{i}\varphi}\cos(\omega t)$。

对于实际存在耗散的原子能级，通常二能级系统的耗散可唯象地分为两种：

(1) 原子上下能态的布居数受环境影响而产生非相干的改变，对应系统密度矩阵对角元的耗散，$\gamma_e=\frac{1}{T_e}$、$\gamma_g=\frac{1}{T_g}$，T_e、T_g分别为原子处于上下能态的寿命，$T_1=\frac{1}{2}(T_e+T_g)$称为纵向弛豫时间。

(2) 密度矩阵非对角元的衰减描述了原子不同能级之间的相干性受环境影响而产生衰减，对应系统密度矩阵非对角元的退相干，用$\gamma_\perp$表示为

$$\gamma_\perp = \gamma_{eg} + \gamma_c = \frac{1}{2}(\gamma_e + \gamma_g) + \gamma_c \tag{6.3.46}$$

式中，γ_c表示系统的相位信息混乱导致的退相干速率，即原子碰撞对相位的影响。于是，横向弛豫时间T_2(退相位时间)表示为

$$\gamma_\perp = \frac{1}{T_2} = \frac{1}{T_1} + \gamma_c \tag{6.3.47}$$

由于$\gamma_c > 0$，所以有$T_2 \leqslant T_1$。这说明，非对角元的弛豫(即横向弛豫)时间要快于对角元的弛豫(即纵向弛豫)时间。

在考虑实际存在的上述耗散因素后，系统密度矩阵元的演化方程(6.3.43)～(6.3.45)将改写为

$$\frac{\mathrm{d}\rho_{ee}}{\mathrm{d}t} = -\gamma_e\rho_{ee} + \mathrm{i}\Omega_\mathrm{R}\rho_{eg}\mathrm{e}^{\mathrm{i}\varphi}\cos(\omega t) - \mathrm{i}\Omega_\mathrm{R}\rho_{ge}\mathrm{e}^{-\mathrm{i}\varphi}\cos(\omega t) \tag{6.3.48}$$

$$\frac{\mathrm{d}\rho_{gg}}{\mathrm{d}t} = -\gamma_g\rho_{gg} - \mathrm{i}\Omega_\mathrm{R}\rho_{eg}\mathrm{e}^{\mathrm{i}\varphi}\cos(\omega t) + \mathrm{i}\Omega_\mathrm{R}\rho_{ge}\mathrm{e}^{-\mathrm{i}\varphi}\cos(\omega t) \tag{6.3.49}$$

$$\frac{\mathrm{d}\rho_{eg}}{\mathrm{d}t} = -(\mathrm{i}\omega_0 + \gamma_\perp)\rho_{eg} - \mathrm{i}(\rho_{ee} - \rho_{gg})\Omega_\mathrm{R}\mathrm{e}^{-\mathrm{i}\varphi}\cos(\omega t) \tag{6.3.50}$$

引入

$$R_1 = \rho_{eg}\mathrm{e}^{\mathrm{i}\omega t} + \mathrm{c.c.} \tag{6.3.51}$$

$$R_2 = \mathrm{i}\rho_{eg}\mathrm{e}^{\mathrm{i}\omega t} + \mathrm{c.c.} \tag{6.3.52}$$

$$R_3 = \rho_{ee} - \rho_{gg} \tag{6.3.53}$$

则布洛赫矢量为

$$\boldsymbol{R} = R_1\boldsymbol{e}_1 + R_2\boldsymbol{e}_2 + R_3\boldsymbol{e}_3 = \mathrm{Tr}(\hat{\boldsymbol{\rho}}_\mathrm{I}\hat{\boldsymbol{\sigma}}) \tag{6.3.54}$$

式中，e_1、e_2和e_3表示相互垂直的单位矢量；$\hat{\boldsymbol{\rho}}_\mathrm{I}$表示相互作用绘景中的密度算符，其矩阵形式表示为

$$\hat{\boldsymbol{\rho}}_\mathrm{I} = \begin{bmatrix} \rho_{ee} & \rho_{eg}\mathrm{e}^{\mathrm{i}\omega t} \\ \rho_{eg}\mathrm{e}^{-\mathrm{i}\omega t} & \rho_{gg} \end{bmatrix} \tag{6.3.55}$$

在旋转波近似下，$V_{eg} = -\hbar\Omega_\mathrm{R}\mathrm{e}^{-\mathrm{i}\omega t}/2$，并取$\varphi = 0$，利用方程(6.3.48)～(6.3.50)可将方程(6.3.51)～(6.3.53)转化为

$$\dot{R}_1 = -\frac{1}{T_2}R_1 - \varDelta R_2 \tag{6.3.56}$$

$$\dot{R}_2 = -\frac{1}{T_2}R_2 + \varDelta R_1 + \Omega_\mathrm{R}R_3 \tag{6.3.57}$$

$$\dot{R}_3 = -\frac{1}{T_1}(R_3 + 1) - \Omega_\mathrm{R}R_2 \tag{6.3.58}$$

式中，$\Delta=\omega_0-\omega$。

此时，相对应的光学布洛赫方程为

$$\frac{\mathrm{d}}{\mathrm{d}t}\boldsymbol{R}=-\begin{bmatrix} R_1/T_2 \\ R_2/T_2 \\ (R_3+1)/T_1 \end{bmatrix}+\boldsymbol{Q}\times\boldsymbol{R} \tag{6.3.59}$$

式中，$\boldsymbol{Q}=-\Omega_{\mathrm{R}}\boldsymbol{e}_1+\Delta\boldsymbol{e}_3$。

光学布洛赫方程具有广泛的应用，是研究瞬态相干光学过程的基础。

6.4　三能级原子与经典双模光场的相互作用

光场与原子相互作用是与介质原子的内部能级密切相关的，不同的原子能级结构可以导致不同类型的作用模式。寻找不同的原子能级结构，实现各种光束性质的调控，揭示原子所呈现出的各种量子特性，是实现原子与光场相互作用研究中的重要问题。

三能级原子与双模光场的相互作用可以产生非常丰富的非经典物理效应，具有许多重要应用。其相互作用形式通常分为Λ型、V 型和Ξ 型三类，如图 6.4.1 所示。本节和 6.5 节、6.6 节将讨论Λ型三能级原子与经典双模电磁场相互作用时原子所呈现出来的暗态及受激拉曼绝热过程、电磁感应透明、无反转激光等量子特性[1,5,7-12]。

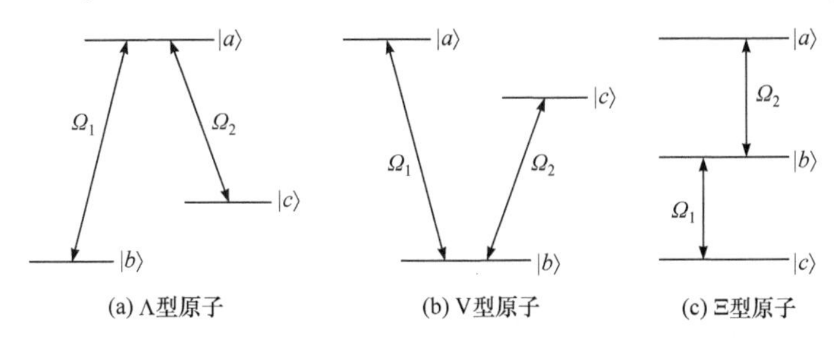

图 6.4.1　三能级原子与双模光场的相互作用

6.4.1　三能级原子与经典双模光场相互作用的哈密顿量形式

Λ型三能级原子与经典双模光场相互作用的系统哈密顿量为

$$\hat{H}=\hat{H}_0+\hat{V} \tag{6.4.1}$$

式中，$\hat{H}_0$ 和 $\hat{V}$ 分别为Λ型原子的自由哈密顿量和旋转波近似下的相互作用哈密顿量，即

$$\hat{H}_0=\sum_{k=a,b,c}\hbar\omega_k|k\rangle\langle k|=\hbar\omega_a|a\rangle\langle a|+\hbar\omega_b|b\rangle\langle b|+\hbar\omega_c|c\rangle\langle c| \tag{6.4.2}$$

$$\hat{V} = -\frac{\hbar}{2}[\Omega_{\rm p}{\rm e}^{-{\rm i}(\omega_{\rm p}t+\varphi_1)}|a\rangle\langle b| + \Omega_{\rm d}{\rm e}^{-{\rm i}(\omega_{\rm d}t+\varphi_2)}|a\rangle\langle c| + {\rm h.c.}] \tag{6.4.3}$$

式中，$\Omega_{\rm p} = |\boldsymbol{d}_{ba}|E_{\rm p}^{(0)}/\hbar$ 和 $\Omega_{\rm d} = |\boldsymbol{d}_{ca}|E_{\rm d}^{(0)}/\hbar$ 分别为探测光和驱动控制光与相应原子耦合的拉比频率，其相对应的激光频率分别为 $\omega_{\rm p}$ 和 $\omega_{\rm d}$。在图 6.4.2 所示的Λ型三能级原子与经典双模光场相互作用系统中，$\Omega_{\rm p}$ 表示弱的探测光场(probe laser)或者信号光场，而 $\Omega_{\rm d}$ 表示强驱动光场或者控制光场、耦合光场、泵浦光(pump laser)等。

选择幺正变换为

$$\hat{U}(t) = \exp\{-{\rm i}[(\omega_{\rm b}+\omega_{\rm p})t|a\rangle\langle a| + \omega_{\rm b}t|b\rangle\langle b| + (\omega_{\rm b}+\omega_{\rm p}-\omega_{\rm d})t|c\rangle\langle c|]\} \tag{6.4.4}$$

利用哈密顿量算符的绘景变换公式

$$\hat{H}_{\rm I} = -{\rm i}\hbar\hat{U}^\dagger\frac{{\rm d}\hat{U}}{{\rm d}t} + \hat{U}^\dagger\hat{H}\hat{U} \tag{6.4.5}$$

可将薛定谔绘景中的哈密顿量(6.4.1)变换到相互作用绘景中的哈密顿量，即

$$\hat{H}_{\rm I} = \hbar\Delta_{\rm p}|a\rangle\langle a| + \hbar(\Delta_{\rm p}-\Delta_{\rm d})|c\rangle\langle c| - \frac{\hbar}{2}(\Omega_{\rm p}{\rm e}^{-{\rm i}\varphi_1}|a\rangle\langle b| + \Omega_{\rm d}{\rm e}^{-{\rm i}\varphi_2}|a\rangle\langle c| + {\rm h.c.}) \tag{6.4.6}$$

式中，$\Delta_{\rm p} = \omega_{ab} - \omega_{\rm p} = \omega_a - \omega_b - \omega_{\rm p}$ 为探测光与原子能级 $|a\rangle \leftrightarrow |b\rangle$ 之间跃迁的频率失谐量；$\Delta_{\rm d} = \omega_{ac} - \omega_{\rm d} = \omega_a - \omega_c - \omega_{\rm d}$ 为驱动控制光与能级 $|a\rangle \leftrightarrow |c\rangle$ 之间跃迁的频率失谐量；$\Delta_{\rm p} - \Delta_{\rm d}$ 为双光子失谐量。

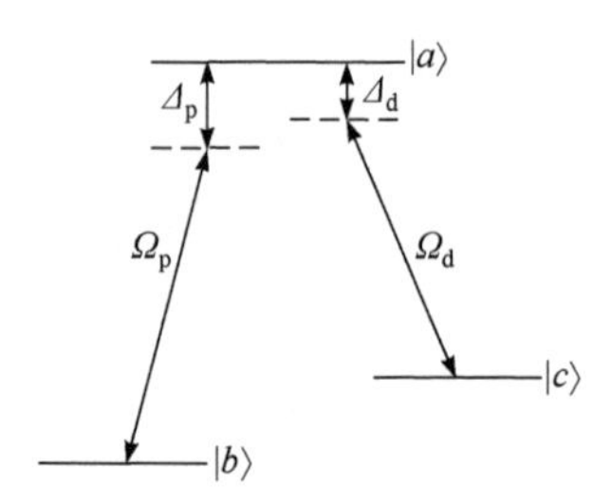

图 6.4.2 Λ型三能级原子与经典双模光场的相互作用

6.4.2 暗态及受激拉曼绝热演化

简单起见，取 $\varphi_1 = \varphi_2 = 0$，则式(6.4.6)的矩阵形式可表示为

$$\hat{\boldsymbol{H}}_{\rm I} = \frac{\hbar}{2}\begin{bmatrix} 2\Delta_{\rm p} & -\Omega_{\rm p} & -\Omega_{\rm d} \\ -\Omega_{\rm p} & 0 & 0 \\ -\Omega_{\rm d} & 0 & 2(\Delta_{\rm p}-\Delta_{\rm d}) \end{bmatrix} \tag{6.4.7}$$

对于双光子共振情况 $\Delta_{\rm p} = \Delta_{\rm d} = \Delta$，方程(6.4.7)中 $\hat{\boldsymbol{H}}_{\rm I}$ 的三个本征值及其所对应的本征态为

$$E_0 = 0\,,\quad E_{\pm} = \frac{1}{2}\hbar\left(\Delta \pm \sqrt{\Delta^2 + \Omega_{\rm p}^2 + \Omega_{\rm d}^2}\right) \tag{6.4.8}$$

$$|\psi_0\rangle = \cos\theta|b\rangle - \sin\theta|c\rangle = \frac{\Omega_{\rm d}}{\sqrt{\Omega_{\rm p}^2 + \Omega_{\rm d}^2}}|b\rangle - \frac{\Omega_{\rm p}}{\sqrt{\Omega_{\rm p}^2 + \Omega_{\rm d}^2}}|c\rangle \tag{6.4.9}$$

$$|\psi_+\rangle = \cos\phi|a\rangle + \sin\phi(\sin\theta|b\rangle + \cos\theta|c\rangle) \tag{6.4.10}$$

$$|\psi_-\rangle = -\sin\phi|a\rangle + \cos\phi(\sin\theta|b\rangle + \cos\theta|c\rangle) \tag{6.4.11}$$

式中，时变 θ 称为混合角(mixing angles)。

$$\tan\theta = \frac{\Omega_{\rm p}}{\Omega_{\rm d}}\,,\quad \sin\theta = \frac{\Omega_{\rm p}}{\Omega}\,,\quad \cos\theta = \frac{\Omega_{\rm d}}{\Omega} \tag{6.4.12}$$

$$\tan(2\phi) = \frac{\sqrt{\Omega_{\rm p}^2 + \Omega_{\rm d}^2}}{\Delta} \tag{6.4.13}$$

当探测光场共振，即 $\Delta = 0$ 时，$\phi = \pi/4$，可定义明态(bright state)为

$$|B\rangle = \frac{\Omega_{\rm p}}{\sqrt{\Omega_{\rm p}^2 + \Omega_{\rm d}^2}}|b\rangle + \frac{\Omega_{\rm d}}{\sqrt{\Omega_{\rm p}^2 + \Omega_{\rm d}^2}}|c\rangle \tag{6.4.14}$$

此时，式(6.4.10)和式(6.4.11)的态可表示为

$$\begin{aligned}|\psi_\pm\rangle &= \frac{1}{\sqrt{2}}\left(\frac{\Omega_{\rm p}}{\sqrt{\Omega_{\rm p}^2 + \Omega_{\rm d}^2}}|b\rangle + \frac{\Omega_{\rm d}}{\sqrt{\Omega_{\rm p}^2 + \Omega_{\rm d}^2}}|c\rangle \pm |a\rangle\right) \\ &= \frac{1}{\sqrt{2}}(|B\rangle \pm |a\rangle)\end{aligned} \tag{6.4.15}$$

由于在 $|\psi_\pm\rangle$ 中上能态激发态 $|a\rangle$ 布居数占到 50%，所以将系统制备到该态上很难。若考虑该激发态 $|a\rangle$ 的自发辐射，因 $|\psi_+\rangle$ 和 $|\psi_-\rangle$ 都有激发态 $|a\rangle$ 的分量，故 $|\psi_+\rangle$ 和 $|\psi_-\rangle$ 的布居数会因自发辐射而不断降低。式(6.4.9)中的 $|\psi_0\rangle$ 称为暗态(dark state)，它是通过求解瞬时本征方程得到的不随时间变化的解。这个看似简单的结论至关重要，具有重要应用。暗态具有两个特征：

(1) 暗态是由两个下能态的相干叠加态组成的，不含激发态 $|a\rangle$ 分量，与激发态没有相互作用，不受激发态自发辐射的影响，非常稳定。

(2) 暗态对应的哈密顿量本征值为零，其本征态不受探测光 p 和驱动控制光 d 的影响，路径的实现只需满足初始条件以及绝热近似的调整足够缓慢，而对具体的细节并不敏感，故暗态又称为相干布居捕获(coherent population trapping, CPT)或者捕获态(trapping state)、囚禁态。

为了确保暗态的形成，通常对光场进行无限缓慢的绝热演化。这其中一个有趣的现象是违反直觉的脉冲序列，称为受激拉曼绝热过程。若初始时刻 t_i 原子处于暗

态$|\psi_0(t_i)\rangle = |b\rangle$，则此时混合角$\theta(t_i)=0$，只施加控制光(即$\Omega_\mathrm{p}=0$和$\Omega_\mathrm{d}\neq 0$)。缓慢调节$\Omega_\mathrm{p}$和$\Omega_\mathrm{d}$使得$\Omega_\mathrm{p}$增大、$\Omega_\mathrm{d}$减小，当在某个时刻$t_f$的$\theta(t_f)=\pi/2$时，原子态将演化到$|\psi_0(t_f)\rangle = -|c\rangle$上。也就是说，若调节$\Omega_\mathrm{p}$和$\Omega_\mathrm{d}$的过程足够缓慢，在时间间隔$t_i \leqslant t \leqslant t_f$内，使原子态一直处于暗态$|\psi_0\rangle$，则能将原子的布居数从初态$|b\rangle$转移到终态$|c\rangle$，而不会转移到上能激发态$|a\rangle$，从而可避免上能激发态的自发辐射影响，这个过程称为相干布居数转移，如图6.4.3所示。只有当相互作用随时间变化得无限缓慢(即绝热变化)时，才能保证系统始终处于初始的瞬时本征态。因此，相干布居数转移也称为绝热布居数转移，即当激光拉比频率可连续调节时，可实现受激拉曼绝热过程。因此，当探测光处于这种情况的介质中传播时，不会出现吸收情况，可实现无吸收色散。6.5节将讨论的电磁感应透明现象就是在此基础上提出的。

该绝热演化条件要求$\dot{\theta}$远小于系统的能级差，即

$$\frac{\mathrm{d}\theta}{\mathrm{d}t} \ll |E_\pm - E_0| \tag{6.4.16}$$

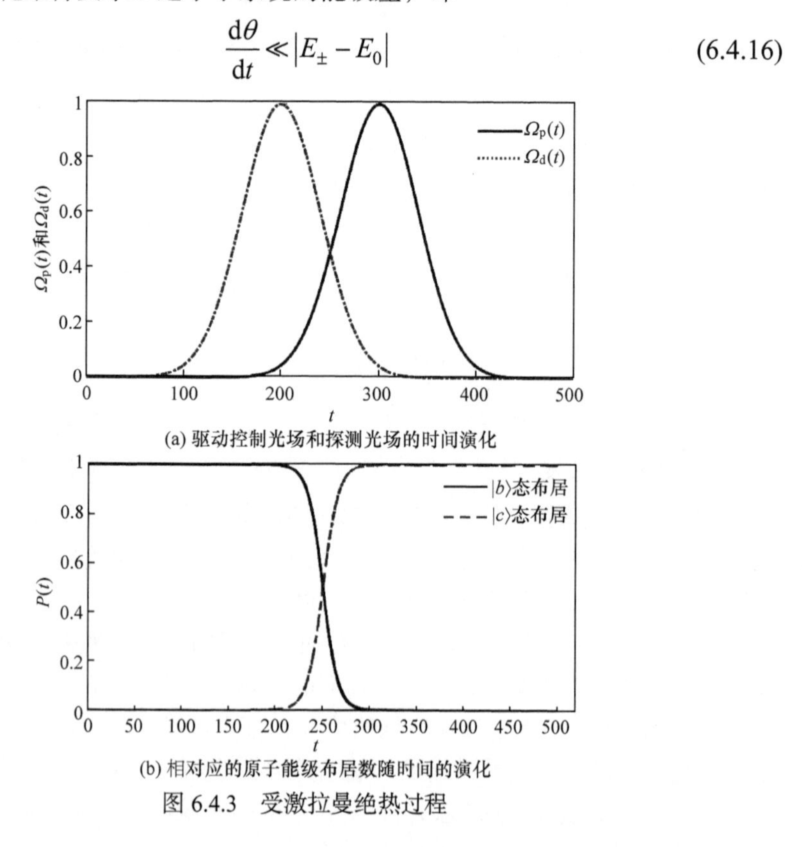

(a) 驱动控制光场和探测光场的时间演化

(b) 相对应的原子能级布居数随时间的演化

图6.4.3　受激拉曼绝热过程

6.5　电磁感应透明

电磁感应透明(electromagnetically induced transparency, EIT)[1,5,7-11]是用两束光

(强耦合光和弱探测光)同时照射到由三能级(或多能级)原子组成的介质，使其中的弱探测光在与原子跃迁共振时，能够通过原子介质而不被介质吸收和反射，呈现透明现象。这种共振频率的探测激光所发生的透明现象是由另一束强耦合激光作用引起的。EIT 是一种典型的量子相干效应，强耦合光影响了吸收介质的色散性质，从而使介质对弱探测光的吸收减少甚至完全透明。利用激光场来控制和改变介质的色散性质，具有重要应用。

6.5.1　三能级原子与经典双模光场相互作用的密度矩阵元方程

下面仍以 Λ 型三能级原子与经典双模光场相互作用模型为例来说明电磁感应透明情况。该系统的哈密顿量仍为方程(6.4.1)～(6.4.3)。

在电磁感应透明情况下，人们感兴趣的是强驱动场对弱探测场的色散和吸收的影响。对式(6.4.3)的相互作用哈密顿量进行下列代换：

$$\Omega_{\mathrm{p}}\mathrm{e}^{-\mathrm{i}(\omega_{\mathrm{p}}t+\varphi_1)} \to \frac{d_{ab}\varepsilon}{\hbar}\mathrm{e}^{-\mathrm{i}\nu t},\quad \Omega_{\mathrm{d}}\mathrm{e}^{-\mathrm{i}(\omega_{\mathrm{d}}t+\varphi_2)} \to \Omega_{\mathrm{d}}\mathrm{e}^{-\mathrm{i}(\nu_{\mathrm{d}}t+\varphi_{\mathrm{d}})} \tag{6.5.1}$$

则式(6.4.3)将转化为

$$\hat{V} = -\frac{\hbar}{2}\left[\frac{d_{ab}\varepsilon}{\hbar}\mathrm{e}^{-\mathrm{i}\nu t}\left|a\right\rangle\left\langle b\right| + \Omega_{\mathrm{d}}\mathrm{e}^{-\mathrm{i}(\nu_{\mathrm{d}}t+\varphi_{\mathrm{d}})}\left|a\right\rangle\left\langle c\right| + \mathrm{h.c.}\right] \tag{6.5.2}$$

式中，d_{ab} 为电偶极矩在原子能级 $|a\rangle$ 和 $|c\rangle$ 之间的矩阵元；ε 和 ν 分别为探测场的振幅和频率；Ω_{d} 为耦合驱动场与原子能级 $|a\rangle$ 和 $|c\rangle$ 之间跃迁耦合的频率；ν_{d} 和 φ_{d} 分别为耦合驱动场的频率和电偶极矩相位。

此时，系统的哈密顿量(6.4.1)的矩阵形式可表示为

$$\hat{\boldsymbol{H}} = \begin{bmatrix} \hbar\omega_a & -\dfrac{d_{ab}\varepsilon}{2}\mathrm{e}^{-\mathrm{i}\nu t} & -\dfrac{\hbar\Omega_{\mathrm{d}}}{2}\mathrm{e}^{-\mathrm{i}(\nu_{\mathrm{d}}t+\varphi_{\mathrm{d}})} \\ -\dfrac{d_{ab}\varepsilon}{2}\mathrm{e}^{\mathrm{i}\nu t} & \hbar\omega_b & 0 \\ -\dfrac{\hbar\Omega_{\mathrm{d}}}{2}\mathrm{e}^{\mathrm{i}(\nu_{\mathrm{d}}t+\varphi_{\mathrm{d}})} & 0 & \hbar\omega_c \end{bmatrix} \tag{6.5.3}$$

当考虑原子能级衰减时，原子的密度算符方程写成矩阵形式

$$\frac{\mathrm{d}\hat{\boldsymbol{\rho}}}{\mathrm{d}t} = \frac{1}{\mathrm{i}\hbar}[\hat{\boldsymbol{H}},\hat{\boldsymbol{\rho}}] - \frac{1}{2}\{\boldsymbol{\Gamma},\hat{\boldsymbol{\rho}}\} \tag{6.5.4}$$

式中，$\{\boldsymbol{\Gamma},\hat{\boldsymbol{\rho}}\} = \boldsymbol{\Gamma}\hat{\boldsymbol{\rho}} + \hat{\boldsymbol{\rho}}\boldsymbol{\Gamma}$，$\Gamma$ 满足 $\left\langle n\right|\boldsymbol{\Gamma}\left|m\right\rangle = \gamma_n\delta_{nm}$。

该密度矩阵元方程可表示为

$$\frac{\mathrm{d}\rho_{jk}}{\mathrm{d}t} = -\frac{\mathrm{i}}{\hbar}\sum_l(H_{jl}\rho_{lk} - \rho_{jl}H_{lk}) - \frac{1}{2}\sum_l(\Gamma_{jl}\rho_{lk} + \rho_{jl}\Gamma_{lk}) \tag{6.5.5}$$

将式(6.5.3)代入式(6.5.5)，可得

$$\frac{d\rho_{ab}}{dt} = -(i\omega_{ab} + \gamma_{ab})\rho_{ab} - i\frac{d_{ab}\varepsilon}{2\hbar}e^{-i\nu t}(\rho_{aa} - \rho_{bb}) + i\frac{\Omega_d}{2}e^{-i(\nu_d t + \varphi_d)}\rho_{cb} \tag{6.5.6}$$

$$\frac{d\rho_{cb}}{dt} = -(i\omega_{cb} + \gamma_{cb})\rho_{cb} - i\frac{d_{ab}\varepsilon}{2\hbar}e^{-i\nu t}\rho_{ca} + i\frac{\Omega_d}{2}e^{i(\nu_d t + \varphi_d)}\rho_{ab} \tag{6.5.7}$$

$$\frac{d\rho_{ac}}{dt} = -(i\omega_{ac} + \gamma_{ac})\rho_{ac} - i\frac{\Omega_d}{2}e^{-i(\nu_d t + \varphi_d)}(\rho_{aa} - \rho_{cc}) + i\frac{d_{ab}\varepsilon}{2\hbar}e^{-i\nu t}\rho_{bc} \tag{6.5.8}$$

式中，$\gamma_{ab} = (\gamma_{aa} + \gamma_{bb})/2$ 和 $\gamma_{ac} = (\gamma_{aa} + \gamma_{cc})/2$ 表示纵向弛豫率，γ_{bb} 和 γ_{cc} 分别表示由于自发辐射布居数从能级 $|a\rangle$ 到能级 $|b\rangle$ 和 $|c\rangle$ 转移的横向弛豫率。忽略两个下能态的衰减，该 Λ 型三能级构成封闭系统，满足 $\rho_{aa} + \rho_{bb} + \rho_{cc} = 1$。

6.5.2 电磁感应透明分析

由于探测光场的色散和吸收是由 $\rho_{ab}^{(1)}$ 决定的，在计算极化时，只需将探测光场 ε 保留到最低阶，而耦合能级 $|a\rangle$ 和 $|c\rangle$ 的相干光场很强，需要保持 Ω_d 到所有阶，从而式(6.5.7)中右边的第二项远小于第三项。

设原子初始时刻处于基态 $|b\rangle$，则初态为

$$\rho_{bb}^{(0)} = 1, \quad \rho_{aa}^{(0)} = \rho_{cc}^{(0)} = \rho_{ca}^{(0)} = 0 \tag{6.5.9}$$

将式(6.5.9)代入式(6.5.6)和式(6.5.7)，并进行以下变换：

$$\rho_{ab} = \tilde{\rho}_{ab}e^{-i\nu t}, \quad \rho_{cb} = \tilde{\rho}_{cb}e^{-i(\nu - \omega_{ac})t} \tag{6.5.10}$$

可得

$$\frac{d\tilde{\rho}_{ab}}{dt} = -(\gamma_{ab} + i\Delta)\tilde{\rho}_{ab} + i\frac{d_{ab}\varepsilon}{2\hbar} + i\frac{\Omega_d}{2}e^{-i\varphi_d}\tilde{\rho}_{cb} \tag{6.5.11}$$

$$\frac{d\tilde{\rho}_{cb}}{dt} = -(\gamma_{cb} + i\Delta)\tilde{\rho}_{cb} + i\frac{\Omega_d}{2}e^{i\varphi_d}\tilde{\rho}_{ab} \tag{6.5.12}$$

式中，$\omega_{ac} = \nu_d$，表示驱动控制光场的频率与原子态 $|a\rangle \leftrightarrow |c\rangle$ 之间的原子跃迁频率共振；$\Delta = \omega_{ab} - \nu$，表示探测光场与原子态 $|a\rangle \leftrightarrow |b\rangle$ 之间原子跃迁频率的失谐量。

方程(6.5.11)和(6.5.12)在 $\frac{d\tilde{\rho}_{ab}}{dt} = \frac{d\tilde{\rho}_{cb}}{dt} = 0$ 时的稳态解为

$$\tilde{\rho}_{ab} = \frac{id_{ab}\varepsilon(\gamma_{cb} + i\Delta)}{2\hbar[(\gamma_{ab} + i\Delta)(\gamma_{cb} + i\Delta) + \Omega_d^2/4]} \tag{6.5.13}$$

事实上，方程(6.5.11)和(6.5.12)可以转化为下列矩阵形式来求解，即

$$\frac{d\boldsymbol{R}}{dt} = -M\boldsymbol{R} + \boldsymbol{A} \tag{6.5.14}$$

式中

$$\boldsymbol{R}=\begin{bmatrix}\tilde{\rho}_{ab}\\ \tilde{\rho}_{cb}\end{bmatrix},\quad \boldsymbol{M}=\begin{bmatrix}\mathrm{i}\varDelta+\gamma_{ab} & -\mathrm{i}\dfrac{\varOmega_{\mathrm{d}}}{2}\mathrm{e}^{-\mathrm{i}\varphi_{\mathrm{d}}}\\ -\mathrm{i}\dfrac{\varOmega_{\mathrm{d}}}{2}\mathrm{e}^{\mathrm{i}\varphi_{\mathrm{d}}} & \mathrm{i}\varDelta+\gamma_{cb}\end{bmatrix},\quad \boldsymbol{A}=\begin{bmatrix}\mathrm{i}\dfrac{d_{ab}\varepsilon}{2\hbar}\\ 0\end{bmatrix} \tag{6.5.15}$$

对式(6.5.14)积分可得

$$\boldsymbol{R}(t)=\int_{-\infty}^{t}\mathrm{e}^{-\boldsymbol{M}(t-t')}\boldsymbol{A}\mathrm{d}t'=\boldsymbol{M}^{-1}\boldsymbol{A} \tag{6.5.16}$$

从而得到与式(6.5.13)一致的结果，即

$$\rho_{ab}=\frac{\mathrm{i}d_{ab}\varepsilon(\gamma_{cb}+\mathrm{i}\varDelta)}{2\hbar[(\gamma_{ab}+\mathrm{i}\varDelta)(\gamma_{cb}+\mathrm{i}\varDelta)+\varOmega_{\mathrm{d}}^{2}/4]}\mathrm{e}^{-\mathrm{i}\nu t} \tag{6.5.17}$$

根据原子的复极化强度定义 $P=2N_{\mathrm{A}}d_{ab}\rho_{ab}\mathrm{e}^{\mathrm{i}\nu t}$ ，以及复极化强度与电场的关系 $P=\varepsilon_0\chi\varepsilon$ ，可得原子的复极化率 χ 为

$$\chi=\frac{2N_{\mathrm{A}}d_{ab}\rho_{ab}\mathrm{e}^{\mathrm{i}\nu t}}{\varepsilon_0\varepsilon}=\frac{N_{\mathrm{A}}\left|d_{ab}\right|^2}{\hbar\varepsilon_0}\frac{\mathrm{i}\gamma_{cb}-\varDelta}{[(\gamma_{ab}+\mathrm{i}\varDelta)(\gamma_{cb}+\mathrm{i}\varDelta)+\varOmega_{\mathrm{d}}^{2}/4]} \tag{6.5.18}$$

式中， N_{A} 为介质的原子数密度。

令 $\chi=\chi_{\mathrm{R}}+\mathrm{i}\chi_{\mathrm{I}}$ ，则原子复极化率的实部 χ_{R} 和虚部 χ_{I} 分别为

$$\chi_{\mathrm{R}}=\frac{N_{\mathrm{A}}\left|d_{ab}\right|^2\varDelta}{\hbar\varepsilon_0 Z}\left[\gamma_{cb}(\gamma_{ab}+\gamma_{cb})+(\varDelta^2-\gamma_{ab}\gamma_{cb}-\varOmega_{\mathrm{d}}^2/4)\right] \tag{6.5.19}$$

$$\chi_{\mathrm{I}}=\frac{N_{\mathrm{A}}\left|d_{ab}\right|^2}{\hbar\varepsilon_0 Z}\left[\varDelta^2(\gamma_{ab}+\gamma_{cb})-\gamma_{cb}(\varDelta^2-\gamma_{ab}\gamma_{cb}-\varOmega_{\mathrm{d}}^2/4)\right] \tag{6.5.20}$$

式中， $Z\equiv(\varDelta^2-\gamma_{ab}\gamma_{cb}-\varOmega_{\mathrm{d}}^2/4)^2+\varDelta^2(\gamma_{ab}+\gamma_{cb})^2$ ； χ_{R} 和 χ_{I} 分别与探测光场的色散和吸收相联系。

图 6.5.1 表示电磁感应透明中三能级原子介质复极化率的实部 χ_{R} 和虚部 χ_{I} 随失谐量 $\varDelta$ (以 γ_{ab} 为单位)的变化情况，其中复极化率的单位为 $\dfrac{N_{\mathrm{A}}\left|d_{ab}\right|^2}{\hbar\varepsilon_0\gamma_{ab}}$ ，其他参数取为 $\varOmega_{\mathrm{d}}=2\gamma_{ab}$ ， $\gamma_{cb}=10^{-4}\gamma_{ab}$ ， $\gamma_{ab}\gg\gamma_{cb}$ 。可见，当信号光与原子共振($\varDelta=0$)时，复极化率的实部 $\chi_{\mathrm{R}}=0$ 和虚部 $\chi_{\mathrm{I}}\approx0$ ，表现出介质的吸收几乎为零和介质的折射率近似为1(折射率 $n\approx(1+\chi_{\mathrm{R}})^{1/2}$)，说明介质对信号光已完全透明。当 $\varDelta=0$ 时， $\chi_{\mathrm{R}}=0$ ， $\chi_{\mathrm{I}}\propto\gamma_{cb}$ 。因为 γ_{cb} 表示电偶极禁戒跃迁的衰减率，其值一般很小，从而 χ_{I} 也很小，吸收很少。三能级原子中出现的这种量子干涉彻底改变了介质的宏观光学性质，具有极为重要的应用。

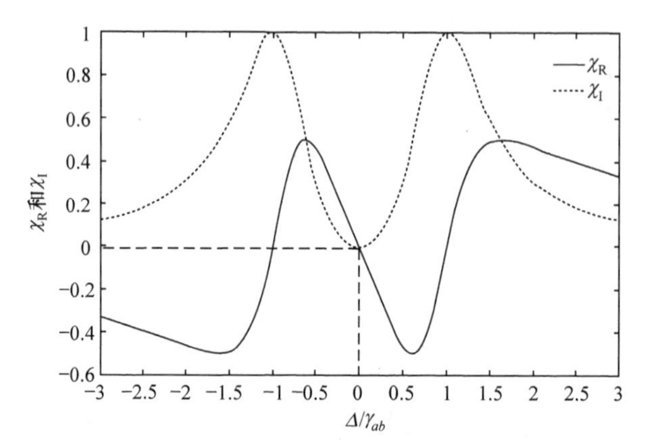

图 6.5.1　电磁感应透明中三能级原子介质复极化率的实部和虚部随失谐量的变化情况

6.6　无粒子数反转激光

无粒子数反转激光[1,8-11]是近年来国际上激光物理领域重要而活跃的研究热点之一，不仅具有重要的理论价值，而且具有广阔的应用前景。

传统激光器产生激光的条件是：上能态布居数大于下能态布居数，实现布居数反转。其原因是，在传统激光器中，发射和吸收同时存在，只有实现了布居数反转，发射速率大于吸收速率，才能产生光放大。利用三能级系统中的量子相干和干涉效应可消除吸收，产生的激光可不需要布居数反转，这种产生激光的方式称为无粒子数反转激光。

6.6.1　三能级原子与经典双模光场相互作用的哈密顿量形式

Λ 型三能级原子与双模经典电磁场相互作用系统的哈密顿量为

$$\hat{H} = \hat{H}_0 + \hat{V} \tag{6.6.1}$$

式中，$\hat{H}_0$ 和 $\hat{V}$ 分别为 Λ 型三能级原子的自由哈密顿量和旋转波近似下的相互作用哈密顿量，即

$$\hat{H}_0 = \hbar\omega_a |a\rangle\langle a| + \hbar\omega_b |b\rangle\langle b| + \hbar\omega_c |c\rangle\langle c| \tag{6.6.2}$$

$$\hat{V} = -\frac{\hbar}{2}[\Omega_1 \mathrm{e}^{-\mathrm{i}(\omega_1 t+\varphi_1)} |a\rangle\langle b| + \Omega_2 \mathrm{e}^{-\mathrm{i}(\omega_2 t+\varphi_2)} |a\rangle\langle c| + \mathrm{h.c.}] \tag{6.6.3}$$

则相互作用绘景中的相互作用哈密顿量变换为

$$\hat{V}_\mathrm{I} = -\frac{\hbar}{2}[\Omega_1 \mathrm{e}^{\mathrm{i}(\Delta_1 t-\varphi_1)} |a\rangle\langle b| + \Omega_2 \mathrm{e}^{\mathrm{i}(\Delta_2 t-\varphi_2)} |a\rangle\langle c| + \mathrm{h.c.}] \tag{6.6.4}$$

式中，$\varOmega_1 = |\boldsymbol{d}_{ba}| E_1^{(0)}/\hbar$；$\varOmega_2 = |\boldsymbol{d}_{ca}| E_2^{(0)}/\hbar$；$\varDelta_1 = \omega_{ab} - \omega_1 = \omega_a - \omega_b - \omega_1$ 为光场频率 ω_1 与原子能级 $|a\rangle \leftrightarrow |b\rangle$ 之间跃迁频率的失谐量；$\varDelta_2 = \omega_{ac} - \omega_2 = \omega_a - \omega_c - \omega_2$ 为光场频率 ω_2 与原子能级 $|a\rangle \leftrightarrow |c\rangle$ 之间跃迁频率的失谐量。

在 $\varDelta_1 = \varDelta_2 = 0$ 共振时，式(6.6.4)将简化为

$$\hat{V}_\mathrm{I} = -\frac{\hbar}{2}(\varOmega_1 \mathrm{e}^{-\mathrm{i}\varphi_1} |a\rangle\langle b| + \varOmega_2 \mathrm{e}^{-\mathrm{i}\varphi_2} |a\rangle\langle c| + \mathrm{h.c.}) \tag{6.6.5}$$

6.6.2　薛定谔方程的求解

设原子的初态为

$$|\psi(0)\rangle = c_a(0)|a\rangle + c_b(0)|b\rangle + c_c(0)|c\rangle \tag{6.6.6}$$

则 t 时刻的原子态将演化为

$$|\psi(t)\rangle = c_a(t)|a\rangle + c_b(t)|b\rangle + c_c(t)|c\rangle \tag{6.6.7}$$

将式(6.6.5)和式(6.6.7)代入相互作用绘景中的薛定谔方程：

$$\mathrm{i}\hbar \frac{\mathrm{d}|\psi(t)\rangle}{\mathrm{d}t} = \hat{V}_\mathrm{I}(t)|\psi(t)\rangle \tag{6.6.8}$$

可得概率幅方程为

$$\frac{\mathrm{d}c_a(t)}{\mathrm{d}t} = \mathrm{i}\frac{1}{2}[\varOmega_1 \mathrm{e}^{-\mathrm{i}\varphi_1} c_b(t) + \varOmega_2 \mathrm{e}^{-\mathrm{i}\varphi_2} c_c(t)] \tag{6.6.9}$$

$$\frac{\mathrm{d}c_b(t)}{\mathrm{d}t} = \mathrm{i}\frac{1}{2}\varOmega_1 \mathrm{e}^{\mathrm{i}\varphi_1} c_a(t) \tag{6.6.10}$$

$$\frac{\mathrm{d}c_c(t)}{\mathrm{d}t} = \mathrm{i}\frac{1}{2}\varOmega_2 \mathrm{e}^{\mathrm{i}\varphi_2} c_a(t) \tag{6.6.11}$$

上述方程(6.6.9)～(6.6.11)的解为

$$c_a(t) = c_a(0)\cos\left(\frac{1}{2}\varOmega t\right) + \frac{\mathrm{i}}{\varOmega}\left[c_b(0)\varOmega_1 \mathrm{e}^{-\mathrm{i}\varphi_1} + c_c(0)\varOmega_2 \mathrm{e}^{-\mathrm{i}\varphi_2}\right]\sin\left(\frac{1}{2}\varOmega t\right) \tag{6.6.12}$$

$$\begin{aligned} c_b(t) = {} & \mathrm{i}c_a(0)\frac{\varOmega_1}{\varOmega}\mathrm{e}^{\mathrm{i}\varphi_1}\sin\left(\frac{1}{2}\varOmega t\right) + c_b(0)\frac{1}{\varOmega^2}\left[\varOmega_2^2 + \varOmega_1^2\cos\left(\frac{1}{2}\varOmega t\right)\right] \\ & - c_c(0)\frac{2\varOmega_1\varOmega_2}{\varOmega^2}\mathrm{e}^{\mathrm{i}(\varphi_1-\varphi_2)}\sin^2\left(\frac{1}{4}\varOmega t\right) \end{aligned} \tag{6.6.13}$$

$$\begin{aligned} c_c(t) = {} & \mathrm{i}c_a(0)\frac{\varOmega_2}{\varOmega}\mathrm{e}^{\mathrm{i}\varphi_2}\sin\left(\frac{1}{2}\varOmega t\right) - c_b(0)\frac{2\varOmega_1\varOmega_2}{\varOmega^2}\mathrm{e}^{-\mathrm{i}(\varphi_1-\varphi_2)}\sin^2\left(\frac{1}{4}\varOmega t\right) \\ & + c_c(0)\frac{1}{\varOmega^2}\left[\varOmega_1^2 + \varOmega_2^2\cos\left(\frac{1}{2}\varOmega t\right)\right] \end{aligned} \tag{6.6.14}$$

式中，$\Omega=\sqrt{\Omega_1^2+\Omega_2^2}$。

6.6.3　无粒子数反转激光分析

设原子初态为

$$|\psi(0)\rangle=\cos\frac{\theta}{2}|b\rangle+\sin\frac{\theta}{2}\mathrm{e}^{-\mathrm{i}\phi}|c\rangle \tag{6.6.15}$$

即取 $c_a(0)=0$、$c_b(0)=\cos\frac{\theta}{2}$、$c_c(0)=\sin\frac{\theta}{2}\mathrm{e}^{-\mathrm{i}\phi}$，由式(6.5.12)～式(6.5.14)可得

$$c_a(t)=\frac{\mathrm{i}}{\Omega}\left[\Omega_1\cos\frac{\theta}{2}+\Omega_2\mathrm{e}^{\mathrm{i}(\varphi_1-\varphi_2-\phi)}\sin\frac{\theta}{2}\right]\mathrm{e}^{-\mathrm{i}\varphi_1}\sin\left(\frac{1}{2}\Omega t\right) \tag{6.6.16}$$

$$c_b(t)=\frac{1}{\Omega^2}\left[\Omega_2^2+\Omega_1^2\cos\left(\frac{1}{2}\Omega t\right)\right]\cos\frac{\theta}{2}-\frac{2\Omega_1\Omega_2}{\Omega^2}\mathrm{e}^{\mathrm{i}(\varphi_1-\varphi_2-\phi)}\sin^2\left(\frac{1}{4}\Omega t\right)\sin\frac{\theta}{2} \tag{6.6.17}$$

$$c_c(t)=\left\{-\frac{2\Omega_1\Omega_2}{\Omega^2}\mathrm{e}^{-\mathrm{i}(\varphi_1-\varphi_2-\phi)}\sin^2\left(\frac{1}{4}\Omega t\right)\cos\frac{\theta}{2}+\frac{1}{\Omega^2}\left[\Omega_1^2+\Omega_2^2\cos\left(\frac{1}{2}\Omega t\right)\right]\sin\frac{\theta}{2}\right\}\mathrm{e}^{-\mathrm{i}\phi} \tag{6.6.18}$$

当满足下列条件时：

$$\Omega_1=\Omega_2,\quad \theta=\pi/2,\quad \varphi_1-\varphi_2-\phi=\pm\pi \tag{6.6.19}$$

由式(6.6.16)～式(6.6.18)可得

$$c_a(t)=0,\quad c_b(t)=\frac{1}{\sqrt{2}},\quad c_c(t)=\frac{1}{\sqrt{2}}\mathrm{e}^{-\mathrm{i}\phi} \tag{6.6.20}$$

则任意 t 时刻的原子状态为

$$|\psi(t)\rangle=\frac{1}{\sqrt{2}}|b\rangle+\frac{1}{\sqrt{2}}\mathrm{e}^{-\mathrm{i}\phi}|c\rangle \tag{6.6.21}$$

又由式(6.6.15)可知，$\theta=\pi/2$ 时的原子初态为

$$|\psi(0)\rangle=\frac{1}{\sqrt{2}}|b\rangle+\frac{1}{\sqrt{2}}\mathrm{e}^{-\mathrm{i}\phi}|c\rangle \tag{6.6.22}$$

由此可知，当满足条件(6.6.19)时，虽然有外加光场作用，但因为两个跃迁通道之间存在相消干涉，初始处于两个下能态的相干叠加态(6.6.22)的原子将始终处于该囚禁态(trapping state)，而不会吸收光场能量跃迁到激发态 $|a\rangle$。

当原子初始处于激发态 $|a\rangle$ 时，由式(6.6.6)可知，$c_a(0)=1$、$c_b(0)=0$、$c_c(0)=0$，则方程组(6.6.12)～(6.6.14)的解为

$$c_a(t) = \cos\left(\frac{\Omega t}{2}\right) \tag{6.6.23}$$

$$c_b(t) = \mathrm{i}\frac{\Omega_1 \mathrm{e}^{\mathrm{i}\varphi_1}}{\Omega}\sin\left(\frac{\Omega t}{2}\right) \tag{6.6.24}$$

$$c_c(t) = \mathrm{i}\frac{\Omega_2 \mathrm{e}^{\mathrm{i}\varphi_2}}{\Omega}\sin\left(\frac{\Omega t}{2}\right) \tag{6.6.25}$$

原子的发射概率为

$$P_{\text{emission}} = \left|c_b(t)\right|^2 + \left|c_c(t)\right|^2 = \sin^2\left(\frac{\Omega t}{2}\right) \tag{6.6.26}$$

当 $\Omega t \ll 1$ 时，有

$$P_{\text{emission}} \approx \left(\frac{\Omega t}{2}\right)^2 \propto \Omega^2 t^2 \tag{6.6.27}$$

假设初始 N_{b+c} 个原子均处于两个下能态的相干叠加态，则有 N_a 个原子处于上能态 $|a\rangle$ 。只要满足式(6.6.19)的条件 $\Omega_1 = \Omega_2$ 、$\theta = \pi/2$ 和 $\varphi_1 - \varphi_2 - \phi = \pm\pi$ ，该 N_{b+c} 个原子就将处于由式(6.6.22)描述的囚禁态而不吸收光场能量，处于上能态的 N_a 个原子将向光场发射能量，从而出现即使无布居数反转 $N_a < N_{b+c}$ ，也能产生光放大。也就是说，处于囚禁态的原子始终处于囚禁态，不吸收光场能量，不向上能态 $|a\rangle$ 跃迁；而处于上能态的原子 $|a\rangle$ 则有一定概率向下能态 $|b\rangle$ 和 $|c\rangle$ 跃迁，并向外界辐射能量。无反转激光放大，即只存在粒子从上能态 $|a\rangle$ 到下能态 $|b\rangle$ 和 $|c\rangle$ 的跃迁过程，并向外放出光子，实现光放大，而没有下能态 $|b\rangle$ 和 $|c\rangle$ 向上能态 $|a\rangle$ 的跃迁过程，这是由于两个下能级态被囚禁。如果将原子放在谐振腔中，则可得到无粒子数反转激光。

因此，开展无粒子数反转激光的物理机制研究，对建立多能级(如四能级)无反转激光模型，进行无粒子数反转激光放大有重要作用。

6.7　小　　结

在光场与原子相互作用过程中，量子系统的状态演化(即动力学过程)由薛定谔方程或密度算符方程描述。通常，求解薛定谔方程的步骤如下：

(1) 根据具体的相互作用系统模型，写出 S- 绘景中的哈密顿量 $\hat{H} = \hat{H}_0 + \hat{V}$ 。

(2) 将 S- 绘景中的相互作用哈密顿量 $\hat{V}$ 变换到 I- 绘景 $\hat{V}_{\mathrm{I}}$ 或旋转参考系 $\hat{H}_{\mathrm{R}}$ 。

(3) 利用概率幅方法、时间演化算符方法、密度矩阵方程方法、布洛赫方程方法等求解薛定谔方程，求出态矢量 $|\psi(t)\rangle$ 或密度算符 $\hat{\rho}(t)$ 。

(4) 根据$|\psi(t)\rangle$或$\hat{\rho}(t)$就可以分析和讨论系统的动力学演化性质，如概率分布、布居数反转、期望值等。

1. 原子与光场相互作用的哈密顿量

原子与光场相互作用的总哈密顿量为

$$\hat{H}=\hat{H}_0+\hat{V}$$

式中，$\hat{H}_0$为原子的自由哈密顿量；$\hat{V}$为原子与光场的相互作用哈密顿量，具有两种表示形式，分别为

$$\hat{V}=-e\hat{\boldsymbol{r}}\cdot\hat{\boldsymbol{E}}(\boldsymbol{r}_0,t)=\hat{\boldsymbol{d}}\cdot\hat{\boldsymbol{E}}(\boldsymbol{r}_0,t)\,,\quad \hat{V}=-\frac{e}{m}\hat{\boldsymbol{p}}\cdot\hat{\boldsymbol{A}}(\boldsymbol{r}_0,t)$$

它们对经典光场和量子光场都成立。

2. 二能级原子与经典单模光场的相互作用

二能级原子与经典单模光场相互作用系统的总哈密顿量为

$$\hat{H}=\hat{H}_0+\hat{V}=\frac{1}{2}\hbar\omega_0\hat{\sigma}_z-\hbar\Omega_{\mathrm{R}}(\hat{\sigma}_+\mathrm{e}^{-\mathrm{i}\varphi}+\hat{\sigma}_-\mathrm{e}^{\mathrm{i}\varphi})\cos(\omega t)$$

在旋转波近似下，I-绘景中的相互作用哈密顿量$\hat{V}_{\mathrm{I}}$为

$$\hat{V}_{\mathrm{I}}=-\frac{1}{2}\hbar\Omega_{\mathrm{R}}[\hat{\sigma}_+\mathrm{e}^{\mathrm{i}(\Delta t-\varphi)}+\hat{\sigma}_-\mathrm{e}^{-\mathrm{i}(\Delta t-\varphi)}]$$

式中，$\Delta=\omega_0-\omega$。

利用概率幅方法解出了I-绘景中的薛定谔方程，得出二能级原子与经典单模光场作用时原子处于上下能态的概率、原子的布居数、原子电偶极矩的期望值，在经典光场作用下原子的布居数差呈余弦振荡，同时还表明半经典理论在揭示与光场作用的原子行为特性时存在局限性。

3. 二能级原子的密度矩阵元及光学布洛赫方程

二能级原子的密度矩阵元方程为

$$\frac{\mathrm{d}\rho_{ee}(t)}{\mathrm{d}t}=-\frac{\mathrm{d}\rho_{gg}(t)}{\mathrm{d}t}=\mathrm{i}\frac{1}{2}\Omega_{\mathrm{R}}[\mathrm{e}^{\mathrm{i}(\Delta t-\varphi)}\rho_{ge}-\mathrm{e}^{-\mathrm{i}(\Delta t-\varphi)}\rho_{eg}]$$

$$\frac{\mathrm{d}\rho_{eg}(t)}{\mathrm{d}t}=\frac{\mathrm{d}\rho_{ge}^*(t)}{\mathrm{d}t}=-\mathrm{i}\frac{1}{2}\Omega_{\mathrm{R}}\mathrm{e}^{\mathrm{i}(\Delta t-\varphi)}(\rho_{ee}-\rho_{gg})$$

光学布洛赫方程为

$$\frac{\mathrm{d}\boldsymbol{R}}{\mathrm{d}t}=\boldsymbol{Q}\times\boldsymbol{R}$$

式中，$\boldsymbol{R}=R_1\boldsymbol{e}_1+R_2\boldsymbol{e}_2+R_3\boldsymbol{e}_3$；$Q_1=-\Omega_{\mathrm{R}}\cos(\Delta t-\varphi)$，$Q_2=\Omega_{\mathrm{R}}\sin(\Delta t-\varphi)$，$Q_3=0$。考虑耗散情况后系统密度矩阵元的演化方程将由式(6.3.48)～式(6.3.50)确定。

4. 三能级原子与经典双模光场相互作用实现暗态及受激拉曼绝热演化

Λ 型三能级原子与经典双模光场相互作用系统的总哈密顿量为

$$\hat{H}=\hat{H}_0+\hat{V}$$

$$\hat{H}_0=\hbar\omega_a|a\rangle\langle a|+\hbar\omega_b|b\rangle\langle b|+\hbar\omega_c|c\rangle\langle c|$$

$$\hat{V}=-\frac{\hbar}{2}\left[\Omega_{\mathrm{p}}\mathrm{e}^{-\mathrm{i}(\omega_{\mathrm{p}}t+\varphi_1)}|a\rangle\langle b|+\Omega_{\mathrm{d}}\mathrm{e}^{-\mathrm{i}(\omega_{\mathrm{d}}t+\varphi_2)}|a\rangle\langle c|+\mathrm{h.c.}\right]$$

I-绘景中的相互作用哈密顿量为

$$\hat{H}_{\mathrm{I}}=\hbar\Delta_{\mathrm{p}}|a\rangle\langle a|+\hbar(\Delta_{\mathrm{p}}-\Delta_{\mathrm{d}})|c\rangle\langle c|-\frac{\hbar}{2}\left(\Omega_{\mathrm{p}}\mathrm{e}^{-\mathrm{i}\varphi_1}|a\rangle\langle b|+\Omega_{\mathrm{d}}\mathrm{e}^{-\mathrm{i}\varphi_2}|a\rangle\langle c|+\mathrm{h.c.}\right)$$

在双光子共振情况下，$\hat{H}_{\mathrm{I}}$ 的三个本征值及其所对应的本征态为

$$E_0=0\text{，}\quad E_{\pm}=\frac{1}{2}\hbar\left(\Delta\pm\sqrt{\Delta^2+\Omega_{\mathrm{p}}^2+\Omega_{\mathrm{d}}^2}\right)$$

$$|\psi_0\rangle=\cos\theta|b\rangle-\sin\theta|c\rangle=\frac{\Omega_{\mathrm{d}}}{\sqrt{\Omega_{\mathrm{p}}^2+\Omega_{\mathrm{d}}^2}}|b\rangle-\frac{\Omega_{\mathrm{p}}}{\sqrt{\Omega_{\mathrm{p}}^2+\Omega_{\mathrm{d}}^2}}|c\rangle$$

$$|\psi_+\rangle=\cos\phi|a\rangle+\sin\phi(\sin\theta|b\rangle+\cos\theta|c\rangle)$$

$$|\psi_-\rangle=-\sin\phi|a\rangle+\cos\phi(\sin\theta|b\rangle+\cos\theta|c\rangle)$$

本征值 $E_0=0$ 所对应的本征态 $|\psi_0\rangle$ 称为暗态，它与激发态 $|a\rangle$ 无关，暗态非常稳定，具有重要应用。对光场进行缓慢的绝热演化，可实现受激拉曼绝热过程。

5. 三能级原子与经典双模光场相互作用实现电磁感应透明

通过求解 Λ 型三能级原子与经典双模光场作用的密度矩阵元方程，得出三能级原子介质极化率的实部和虚部随失谐量的变化，即电磁感应透明的吸收和色散现象，这是一种典型的量子相干效应。利用激光场来控制和改变介质的色散性质，具有重要应用。

6. 三能级原子与经典双模光场相互作用实现无粒子数反转激光

根据 Λ 型三能级原子与经典双模光场共振作用时的相互作用哈密顿量，利用概率幅方法求解薛定谔方程，得出态矢量 $|\psi(t)\rangle$。在一定条件下，两个下能态 $|b\rangle$ 和 $|c\rangle$ 被囚禁，没有向上能态 $|a\rangle$ 跃迁，只存在粒子从上能态 $|a\rangle$ 跃迁到下能态 $|b\rangle$ 和 $|c\rangle$，并向外放出光子进行光放大，从而可不需要布居数反转产生激光，实现无粒子数反

转激光。

6.8 习　题

1. 对于波函数为 $\boldsymbol{\psi}(\boldsymbol{r},t)=c_{211}\boldsymbol{u}_{211}(\boldsymbol{r})\mathrm{e}^{-\mathrm{i}\omega_{211}t}+c_{100}\boldsymbol{u}_{100}(\boldsymbol{r})\mathrm{e}^{-\mathrm{i}\omega_{100}t}$ 的二能级原子系统，计算其电偶极矩 $e\hat{\boldsymbol{r}}$ 的期望值。
2. 使用旋转参考系中的哈密顿量 $\hat{H}'=\frac{1}{2}\hbar\Delta\hat{\sigma}_z-\frac{1}{2}\hbar\Omega_{\mathrm{R}}(\hat{\sigma}_+\mathrm{e}^{-\mathrm{i}\varphi}+\hat{\sigma}_-\mathrm{e}^{\mathrm{i}\varphi})$，求解薛定谔方程。
3. 在旋转波近似下，考虑一个二能级原子与经典单模光场相互作用的半经典拉比模型：①取二能级原子的态矢量为 $|\psi(t)\rangle=c_e(t)\mathrm{e}^{-\mathrm{i}\omega_e t}|e\rangle+c_g(t)\mathrm{e}^{-\mathrm{i}\omega_g t}|g\rangle$，求出它的动力学解；②分别讨论原子初始处于上能态 $|e\rangle$ 和下能态 $|g\rangle$ 时，所得的动力学解；③在共振情况下，二能级原子的态矢量可表示为 $|\psi(t)\rangle=\cos\left(\frac{1}{2}\Omega_{\mathrm{R}}t\right)|e\rangle+\mathrm{i}\mathrm{e}^{\mathrm{i}\varphi}\sin\left(\frac{1}{2}\Omega_{\mathrm{R}}t\right)|g\rangle$。
4. 设原子初始处于上能态 $|e\rangle$，利用第 3 题中的半经典拉比模型的求解结果：①求出原子布居数反转；②计算共振条件下原子电偶极矩算符 $\hat{d}=d(\hat{\sigma}_+\mathrm{e}^{-\mathrm{i}\varphi}+\hat{\sigma}_-\mathrm{e}^{\mathrm{i}\varphi})$ 的期望值。
5. 一个本征跃迁频率为 ω_0 的二能级原子，在外加经典场驱动下，与频率为 ω 的腔场相互作用，描述该系统的哈密顿量为

$$\hat{H}=\frac{1}{2}\hbar\omega_0\hat{\sigma}_z+\hbar\omega\hat{a}^\dagger\hat{a}+\hbar g(\hat{a}^\dagger\hat{\sigma}_-+\hat{a}\hat{\sigma}_+)+\hbar\varepsilon(\hat{\sigma}_+\mathrm{e}^{-\mathrm{i}\omega_{\mathrm{d}}t}+\hat{\sigma}_-\mathrm{e}^{\mathrm{i}\omega_{\mathrm{d}}t})$$

   式中，$\hat{a}^\dagger$ 和 $\hat{a}$ 分别为腔场的产生算符和湮没算符；$\hat{\sigma}_z$ 为原子反转算符，$\hat{\sigma}_+=|e\rangle\langle g|$ 和 $\hat{\sigma}_-=|g\rangle\langle e|$；$g$ 为原子与量子化光场的耦合强度；ω_{d} 为经典微波驱动场的频率；ε 为原子与经典驱动场的耦合系数。试求出从旋转参考系消除显含时间的相位因子，把哈密顿量简化成容易处理的形式。
6. 在满足式(6.3.31)的初始条件 $\tilde{\rho}_{ee}(0)=0$ 和 $\tilde{\rho}_{ge}(0)=0$ 下，试证明方程(6.3.24)和(6.3.25)的解可用关系式(6.3.32)和(6.3.33)来表示。
7. 当 $T_1=T_2\to\infty$ 时，求光学 Bloch 方程 $\frac{\mathrm{d}}{\mathrm{d}t}\boldsymbol{R}=\boldsymbol{\Omega}\times\boldsymbol{R}$ 的解，其中 $\boldsymbol{\Omega}=-\Omega_{\mathrm{R}}\boldsymbol{e}_1+\Delta\boldsymbol{e}_3$，$\Delta=\omega_0-\omega$，并给出这个解的物理解释。
8. 当原子的能级寿命有限时，可以加入唯象的衰减项进行描述，在共振情况下，式(6.2.21)和式(6.2.22)的相应方程表示为

$$\frac{\mathrm{d}c_e(t)}{\mathrm{d}t}=-\frac{\gamma}{2}c_e(t)+\mathrm{i}\frac{1}{2}\Omega_{\mathrm{R}}\mathrm{e}^{-\mathrm{i}\varphi}c_g(t)$$

$$\frac{\mathrm{d}c_g(t)}{\mathrm{d}t}=-\frac{\gamma}{2}c_g(t)+\mathrm{i}\frac{1}{2}\Omega_{\mathrm{R}}\mathrm{e}^{\mathrm{i}\varphi}c_e(t)$$

式中，γ 为衰减率。对于初态处于上能态 $|e\rangle$ 的原子，证明任意 t 时刻的布居数反转为 $W(t)=\mathrm{e}^{-\gamma t}\cos(\Omega_{\mathrm{R}}t)$ 。

9. 当考虑原子能级衰减时，可以在式(6.2.21)和式(6.2.22)中唯象地引入衰减项，取 $\varphi=0$ ，其相应方程表示为

$$\frac{\mathrm{d}c_e(t)}{\mathrm{d}t}=-\frac{\gamma_e}{2}c_e(t)+\mathrm{i}\frac{1}{2}\Omega_{\mathrm{R}}\mathrm{e}^{\mathrm{i}\Delta t}c_g(t)$$

$$\frac{\mathrm{d}c_g(t)}{\mathrm{d}t}=-\frac{\gamma_g}{2}c_g(t)+\mathrm{i}\frac{1}{2}\Omega_{\mathrm{R}}\mathrm{e}^{-\mathrm{i}\Delta t}c_e(t)$$

试求解其概率振幅方程，其拉比振荡频率为 $\Omega=\sqrt{\left(\Delta-\frac{\mathrm{i}}{2}\gamma\right)^2+\Omega_{\mathrm{R}}^2}$ ，其中，$\Delta=\omega_0-\omega$ ； $\gamma=\gamma_e-\gamma_g$ ，并分别得出原子初始处于下能态 $|g\rangle$ 和上能态 $|e\rangle$ 时二能级原子的态矢量。

10. 设一个二能级原子具有能级差为 $E_a-E_b=\hbar\omega_{ab}$ 的两个态 $|a\rangle$ 和 $|b\rangle$ 。初始时刻，原子处于下能态 $|b\rangle$ ，并受到电磁场 $E=E_0\cos(\omega t)$ 的作用。若 $\omega=\omega_{ab}$ ，计算经过时间 t 后，原子处于上能态 $|a\rangle$ 的概率；若 ω 只是近似等于 ω_{ab} ，这与上面情况有何本质区别，并重新计算上述概率。

11. 试推导 Λ 型三能级原子与经典双模光场相互作用时，变换到 I- 绘景中的相互作用哈密顿量(6.4.6)，即 $\hat{H}_{\mathrm{I}}=\hbar\Delta_{\mathrm{p}}|a\rangle\langle a|+\hbar(\Delta_{\mathrm{p}}-\Delta_{\mathrm{d}})|c\rangle\langle c|-\frac{\hbar}{2}\left(\Omega_{\mathrm{p}}\mathrm{e}^{-\mathrm{i}\varphi_1}|a\rangle\langle b|+\Omega_{\mathrm{d}}\mathrm{e}^{-\mathrm{i}\varphi_2}|a\rangle\langle c|+\mathrm{h.c.}\right)$。

12. 根据相互作用绘景中 Λ 型原子与经典双模光场的相互作用哈密顿量(6.4.6)，导出概率幅方法的薛定谔方程，讨论其电磁感应透明现象。

13. 考虑三能级原子与一个频率为 ω 的经典场相互作用，允许 $|a\rangle\to|b\rangle$ 和 $|b\rangle\to|c\rangle$ 能级跃迁，而 $|a\rangle\to|c\rangle$ 能级跃迁是禁戒的，假设 $\omega_a-\omega_b=\omega_b-\omega_c=\omega$ ，初始时原子处于能级 $|c\rangle$ ，求旋转波近似下原子处于能级 $|a\rangle$ 和能级 $|c\rangle$ 时的概率。

14. 试讨论利用多能级原子中的量子相干和干涉效应，可获得大折射率，同时使吸收很小甚至为零。

15. 在非旋转波近似下，写出三能级原子与经典双模光场相互作用系统的密度矩阵元方程。

参 考 文 献

[1] Scully M O, Zubairy M S. Quantum Optics. Cambridge: Cambridge University Press, 1997.

[2] Gerry C C, Knight P. Introductory Quantum Optics. Cambridge: Cambridge University Press, 2005.

[3] Loudon R. The Quantum Theory of Light. 3rd ed. Oxford: Oxford University Press, 2000.

[4] Walls D F, Milburn G J. Quantum Optics. 2nd ed. Berlin: Springer, 2008.

[5] Meystre P, Sargent Ⅲ M. Elements of Quantum Optics. 4th ed. Berlin: Springer, 2007.

[6] Vedral V. Modern Foundations of Quantum Optics. London: Imperial College Press, 2005.

[7] Grynberg G, Aspect A, Fabre C. An Introduction to Quantum Optics: From the Semi-classical Approach to Quantized Light. Cambridge: Cambridge University Press, 2010.

[8] Fleischhauer M, Imamoglu A, Marangos J P. Electromagnetically induced transparency: Optics in coherent media. Reviews of Modern Physics, 2005, 77: 633-673.

[9] MacRae A J. Double electromagnetically induced transparency. Calgary: University of Calgary, 2008.

[10] 郭光灿, 周祥发. 量子光学. 北京: 科学出版社, 2022.

[11] 张智明. 量子光学. 北京: 科学出版社, 2015.

[12] 彭金生, 李高翔. 近代量子光学导论. 北京: 科学出版社, 1996.

[13] 沃尔夫冈 · 戴姆特瑞德. 激光光谱学: 基础理论. 姬扬译. 北京: 科学出版社, 2017.

第 7 章　量子光场与原子相互作用的全量子理论

第 6 章采用半经典理论处理了原子与经典光场的相互作用情况。半经典理论在揭示原子的特性时存在局限性，为精确刻画原子与光场的相互作用及其所呈现出的奇妙量子特性，提升量子操控能力和开发各种新颖的量子技术，就必须使用全量子理论。目前，全量子理论已在许多领域得到广泛应用。

本章利用全量子理论描述量子光场与原子间的相互作用及其所呈现出的量子现象。内容包括：详细讨论怎样利用量子理论处理电子或原子，将电子波场进行量子化，引入厄米算符来描述电子的状态(7.1 节)；推导量子光场与电子波场相互作用的哈密顿量形式(7.2 节)；分析二能级原子与量子单模光场相互作用的 J-C 模型，并用概率幅方法进行求解，得出原子的布居数反转呈现出周期性坍缩-恢复(collapse and revival)的量子现象(7.3 节)；利用海森伯算符方法求解 J-C 模型(7.4 节)；利用缀饰态方法求解 J-C 模型(7.5 节)；深入讨论大失谐条件下系统的有效哈密顿量及其应用(7.6 节)；利用全量子理论详细分析自发辐射、受激辐射和受激吸收过程(7.7 节)；介绍二能级原子之间自发辐射的 Weisskopf-Wigner 理论(7.8 节)。

7.1　电子波场的量子化

电子波场函数 $\boldsymbol{\psi}(\boldsymbol{r},t)$ 可以展开为一组完备的波函数的线性叠加，即

$$\boldsymbol{\psi}(\boldsymbol{r},t)=\sum_j \hat{b}_j(t)\boldsymbol{\phi}_j(\boldsymbol{r}) \tag{7.1.1}$$

$$\hat{b}_j(t)=\hat{b}_j \mathrm{e}^{-\mathrm{i}E_j t/\hbar} \tag{7.1.2}$$

式中，$\boldsymbol{\phi}_j(\boldsymbol{r})$ 为满足定态薛定谔方程的本征态，即

$$\hat{H}\boldsymbol{\phi}_j(\boldsymbol{r})=E_j\boldsymbol{\phi}_j(\boldsymbol{r}) \tag{7.1.3}$$

式中，$\hat{H}=-\frac{\hbar^2}{2m}\nabla^2+V(\boldsymbol{r})$。

对式(7.1.1)求厄米共轭，可得

$$\boldsymbol{\psi}^\dagger(\boldsymbol{r},t)=\sum_j \hat{b}_j^\dagger(t)\boldsymbol{\phi}_j^*(\boldsymbol{r}) \tag{7.1.4}$$

这里，$\boldsymbol{\phi}_j(\boldsymbol{r})$ 满足正交归一化关系，即

$$\int \boldsymbol{\phi}_i^*(\boldsymbol{r})\boldsymbol{\phi}_j(\boldsymbol{r})\mathrm{d}^3\boldsymbol{r} = \delta_{ij} \tag{7.1.5}$$

电子波场量子化的能量算符平均值为

$$\begin{aligned}\hat{H} &= \int \boldsymbol{\psi}^\dagger(\boldsymbol{r},t)\hat{H}\boldsymbol{\psi}(\boldsymbol{r},t)\mathrm{d}^3\boldsymbol{r} \\ &= \sum_{ij}\int \hat{b}_i^\dagger(t)\boldsymbol{\phi}_i^*(\boldsymbol{r})\hat{H}\hat{b}_j(t)\,\boldsymbol{\phi}_j(\boldsymbol{r})\mathrm{d}^3\boldsymbol{r} \\ &= \sum_{ij}\hat{b}_i^\dagger(t)\hat{b}_j(t)\int \boldsymbol{\phi}_i^*(\boldsymbol{r})E_j\boldsymbol{\phi}_j(\boldsymbol{r})\mathrm{d}^3\boldsymbol{r} \\ &= \sum_j E_j\hat{b}_j^\dagger(t)\hat{b}_j(t) \\ &= \sum_j E_j\hat{b}_j^\dagger\hat{b}_j\end{aligned} \tag{7.1.6}$$

可见，能量算符的平均值与时间 t 无关。式(7.1.6)中算符 $\hat{b}_j^\dagger\hat{b}_j$ 为处于第 j 能级上的电子占有数算符，而 $\hat{b}_j^\dagger$ 和 $\hat{b}_j$ 分别为电子在能级 j 上的产生算符和湮没算符。

根据算符的海森伯运动方程，可得

$$\frac{\mathrm{d}\hat{b}_j(\mathrm{t})}{\mathrm{d}t} = \frac{1}{\mathrm{i}\hbar}[\hat{b}_j(t),\hat{H}] = \frac{\mathrm{i}}{\hbar}\left[\sum_i E_i\hat{b}_i^\dagger\hat{b}_i,\ \hat{b}_j\mathrm{e}^{-\mathrm{i}E_jt/\hbar}\right] \tag{7.1.7}$$

再对式(7.1.2)两边求导数，可得

$$\frac{\mathrm{d}\hat{b}_j(t)}{\mathrm{d}t} = -\frac{\mathrm{i}}{\hbar}E_j\hat{b}_j\mathrm{e}^{-\mathrm{i}E_jt/\hbar} \tag{7.1.8}$$

因为式(7.1.7)和式(7.1.8)是相等的，所以有

$$-E_j\hat{b}_j = \sum_i E_i(\hat{b}_i^\dagger\hat{b}_i\hat{b}_j - \hat{b}_j\hat{b}_i^\dagger\hat{b}_i) \tag{7.1.9}$$

方程(7.1.9)的解为

$$[\hat{b}_i,\hat{b}_j]_\pm = \hat{b}_i\hat{b}_j \pm \hat{b}_j\hat{b}_i = 0 \tag{7.1.10}$$

$$[\hat{b}_i,\hat{b}_j^\dagger]_\pm = \hat{b}_i\hat{b}_j^\dagger \pm \hat{b}_j^\dagger\hat{b}_i = \delta_{ij} \tag{7.1.11}$$

式中，当取“+”号时，表示粒子服从费米统计，对应费米子，称其为反对易关系；当取“−”号时，对应玻色子，满足对易关系。

下面讨论满足反对易关系 $[\hat{b}_i,\hat{b}_j^\dagger]_+ = \hat{b}_i\hat{b}_j^\dagger + \hat{b}_j^\dagger\hat{b}_i = \delta_{ij}$ 的费米子是否服从泡利不相容原理。引入费米子真空态 $|0\rangle$，$\hat{b}_j|0\rangle = 0$。

由 $[\hat{b}_i,\hat{b}_j]_+ = [\hat{b}_i^\dagger,\hat{b}_j^\dagger]_+ = 0$ 可知，$\hat{b}^2 = \hat{b}^{\dagger 2} = 0$，设粒子数算符为 $\hat{N} = \hat{b}^\dagger\hat{b}$，则有

$$\hat{N}^2 = \hat{b}^\dagger\hat{b}\hat{b}^\dagger\hat{b} = \hat{b}^\dagger(1-\hat{b}^\dagger\hat{b})\hat{b} = \hat{b}^\dagger\hat{b} = \hat{N} \tag{7.1.12}$$

设 $\hat{N}$ 的本征值为 n，则有

$$\hat{N}^2|n\rangle = \hat{N}|n\rangle \tag{7.1.13}$$

$$n^2|n\rangle = n|n\rangle \tag{7.1.14}$$

故可得

$$n^2 = n\,,\quad n = 0,1 \tag{7.1.15}$$

即 $\hat{N}$ 的本征值只有 0 和 1，说明同一状态中最多只能有一个费米子，遵从泡利不相容原理。还可以得出费米子算符的其他关系，即

$$[\hat{b},\hat{N}] = \hat{b}\,,\quad [\hat{b}^\dagger,\hat{N}] = -\hat{b}^\dagger \tag{7.1.16}$$

$$\hat{b}|n\rangle = n|1-n\rangle\,,\quad \hat{b}^\dagger|n\rangle = (1-n)|1-n\rangle \tag{7.1.17}$$

式中，$n = 0,1$。

7.2　量子光场与电子波场相互作用的哈密顿量形式

假设一个质量为 m、电荷为 e 的原子内的电子受到电磁场和库仑势 $V(\boldsymbol{r})$ 的相互作用，描述该系统中电磁场和电子相互作用的哈密顿量为

$$\hat{H}(\boldsymbol{r},t) = \frac{1}{2m}[\hat{\boldsymbol{p}} - e\hat{\boldsymbol{A}}(\boldsymbol{r},t)]^2 + V(\boldsymbol{r}) + \hat{H}_{\mathrm{F}} \tag{7.2.1}$$

式中，$\hat{\boldsymbol{A}}(\boldsymbol{r},t)$ 为由式(2.2.39)确定的电磁场矢势；e 为电子电量，取正值；$\hat{\boldsymbol{p}}$ 为电子的正则动量；$\hat{H}_{\mathrm{F}}$ 为自由辐射场的哈密顿量，$\hat{H}_{\mathrm{F}} = \sum\limits_k \hbar\omega_k \hat{a}_k^\dagger \hat{a}_k$。

在电子波场量子化后，在占有数表象中，哈密顿量(7.2.1)便转换成相应的哈密顿量算符，即

$$\hat{H} = \hat{H}_{\mathrm{el}} + \hat{H}_{\mathrm{Int}} + \hat{H}_{\mathrm{F}} \tag{7.2.2}$$

式中，$\hat{H}_{\mathrm{el}}$ 用于描述电子运动部分，由式(7.2.3)确定，即

$$\hat{H}_{\mathrm{el}} = \sum_i E_i \hat{b}_i^\dagger \hat{b}_i \tag{7.2.3}$$

引入原子态的产生算符 $\hat{b}_i^\dagger$ 和湮没算符 $\hat{b}_j$，即

$$\hat{\sigma}_{ij} = |i\rangle\langle j| = \hat{b}_i^\dagger \hat{b}_j \tag{7.2.4}$$

那么可将式(7.2.3)变换为

$$\hat{H}_{\mathrm{el}} = \sum_i E_i \hat{b}_i^\dagger \hat{b}_i = \hbar\omega_2 \hat{b}_2^\dagger \hat{b}_2 + \hbar\omega_1 \hat{b}_1^\dagger \hat{b}_1 \tag{7.2.5}$$

令 $\omega_2 - \omega_1 = \omega_0$，并选取能量零点 $\hbar(\omega_2 + \omega_1)/2 = 0$，则 $\hbar\omega_2 = -\hbar\omega_1 = \hbar\omega_0/2$，故描述电子运动或原子运动的哈密顿量算符 $\hat{H}_{\text{el}}$ 表示为

$$\hat{H}_{\text{el}} = \frac{\hbar\omega_0}{2}(\hat{b}_2^\dagger \hat{b}_2 - \hat{b}_1^\dagger \hat{b}_1) = \frac{\hbar\omega_0}{2}(|2\rangle\langle 2| - |1\rangle\langle 1|) = \frac{\hbar\omega_0 \hat{\sigma}_z}{2} \tag{7.2.6}$$

有了原子算符，那么描述任何原子行为的算符(如原子的电偶极矩、核外电子的动量 $\hat{\boldsymbol{p}}$ 以及位置 $\boldsymbol{r}$ 等)均可用原子算符进行描述，即

$$\hat{G} = \sum_{i,j} \langle i|\hat{G}|j\rangle \hat{\sigma}_{ij} \tag{7.2.7}$$

显然，原子算符 $\hat{\sigma}_{ij}$ 满足对易关系：

$$[\hat{\sigma}_{ij}, \hat{\sigma}_{kl}] = \delta_{jk}\hat{\sigma}_{il} - \delta_{il}\hat{\sigma}_{kj} \tag{7.2.8}$$

对于二能级原子，只有上能态或激发态 $|e\rangle$ (或 $|+\rangle$、$|2\rangle$)和下能态或基态 $|g\rangle$ (或 $|-\rangle$、$|1\rangle$)，取 $|2\rangle \to \begin{bmatrix} 1 \\ 0 \end{bmatrix}$，$|1\rangle \to \begin{bmatrix} 0 \\ 1 \end{bmatrix}$，原子算符 $\hat{\sigma}_{ij}$ 可写成如下矩阵形式：

$$\hat{\boldsymbol{\sigma}}_{22} = \begin{bmatrix} 1 & 0 \\ 0 & 0 \end{bmatrix}, \quad \hat{\boldsymbol{\sigma}}_{11} = \begin{bmatrix} 0 & 0 \\ 0 & 1 \end{bmatrix}, \quad \hat{\boldsymbol{\sigma}}_{21} = \begin{bmatrix} 0 & 1 \\ 0 & 0 \end{bmatrix}, \quad \hat{\boldsymbol{\sigma}}_{12} = \begin{bmatrix} 0 & 0 \\ 1 & 0 \end{bmatrix} \tag{7.2.9}$$

原子的上升算符和下降算符分别为

$$\hat{\sigma}_+ = |e\rangle\langle g|, \quad \hat{\sigma}_- = |g\rangle\langle e| \tag{7.2.10}$$

原子升降算符 $\hat{\sigma}_\pm$ 和泡利算符 $\hat{\sigma}_\alpha (\alpha = x, y, z)$ 具有如下对易关系：

$$[\hat{\sigma}_z, \hat{\sigma}_\pm] = \pm 2\hat{\sigma}_\pm \tag{7.2.11}$$

$$[\hat{\sigma}_+, \hat{\sigma}_-] = \hat{\sigma}_z, \quad [\hat{\sigma}_+, \hat{\sigma}_-]_+ = 1 \tag{7.2.12}$$

$$[\hat{\sigma}_i, \hat{\sigma}_j] = 2\mathrm{i}\hat{\sigma}_k \varepsilon_{ijk}, \quad \{i, j, k\} = \{x, y, z\} \tag{7.2.13}$$

在式(7.2.2)中，$\hat{H}_{\text{Int}}$ 表示描述电子与光场的相互作用能量，为

$$\hat{H}_{\text{Int}} = \int \boldsymbol{\Psi}^\dagger(\boldsymbol{r}) \left\{ -\frac{e}{2m}[\hat{\boldsymbol{A}}(\boldsymbol{r}) \cdot \hat{\boldsymbol{p}} + \hat{\boldsymbol{p}} \cdot \hat{\boldsymbol{A}}(\boldsymbol{r})] + \frac{e^2}{2m}[\hat{\boldsymbol{A}}(\boldsymbol{r})]^2 \right\} \boldsymbol{\Psi}(\boldsymbol{r}) \mathrm{d}^3\boldsymbol{r} \tag{7.2.14}$$

式(7.2.14)第二项含 e^2，与第一项相比要小得多，再加上 $\hat{\boldsymbol{A}}^2$ 对单光子过程甚至对双光子过程的贡献均可忽略。因此，只有在光场很强时，即在非线性光学中，$\hat{\boldsymbol{A}}^2$ 项才变得重要而不可忽略，从而主要的相互作用能量 $\hat{H}_{\text{Int}}$ 表示为

$$\hat{H}_{\text{Int}} = \int \boldsymbol{\Psi}^\dagger(\boldsymbol{r}) \left\{ -\frac{e}{2m}[\hat{\boldsymbol{A}}(\boldsymbol{r}) \cdot \hat{\boldsymbol{p}} + \hat{\boldsymbol{p}} \cdot \hat{\boldsymbol{A}}(\boldsymbol{r})] \right\} \boldsymbol{\Psi}(\boldsymbol{r}) \mathrm{d}^3\boldsymbol{r} \tag{7.2.15}$$

现在进行电偶极近似(dipole approximation)。在光波频率区(光波波长为 400～

700nm)，光波波长要远大于典型原子线度$|\boldsymbol{r}|$范围(即原子的玻尔半径)，矢势$\hat{\boldsymbol{A}}$中的因子$\mathrm{e}^{\mathrm{i}\boldsymbol{k}\cdot\boldsymbol{r}}$在光波波长区变化，而原子波函数$\boldsymbol{\phi}_n(\boldsymbol{r})$在玻尔半径内变化。因此，与原子波函数相比，矢势$\hat{\boldsymbol{A}}$随空间坐标的变化要缓慢得多，故在对式(7.2.15)进行积分时，可将$\hat{\boldsymbol{A}}$选取在原子中心位置$\boldsymbol{r}_0$，其因子$\mathrm{e}^{\mathrm{i}\boldsymbol{k}\cdot\boldsymbol{r}}$可以用$\mathrm{e}^{\mathrm{i}\boldsymbol{k}\cdot\boldsymbol{r}_0}$代替，从而可移到积分号外面，即

$$\begin{aligned}\mathrm{e}^{\mathrm{i}\boldsymbol{k}\cdot\boldsymbol{r}} &= \mathrm{e}^{\mathrm{i}\boldsymbol{k}\cdot(\boldsymbol{r}_0+\delta\boldsymbol{r})} = \mathrm{e}^{\mathrm{i}\boldsymbol{k}\cdot\boldsymbol{r}_0}(1+\mathrm{i}\boldsymbol{k}\cdot\delta\boldsymbol{r}-\cdots)\\ &\approx \mathrm{e}^{\mathrm{i}\boldsymbol{k}\cdot\boldsymbol{r}_0}\end{aligned} \tag{7.2.16}$$

于是，电磁场矢势表示为

$$\hat{\boldsymbol{A}}(\boldsymbol{r}_0)=\sum_{n,\nu}e_{n,\nu}\sqrt{\frac{\hbar}{2\varepsilon_0\omega_n V}}(\hat{a}_{n,\nu}\mathrm{e}^{\mathrm{i}\boldsymbol{k}_n\cdot\boldsymbol{r}_0}+\hat{a}_{n,\nu}^{\dagger}\mathrm{e}^{-\mathrm{i}\boldsymbol{k}_n\cdot\boldsymbol{r}_0}) \tag{7.2.17}$$

将式(7.2.17)代入式(7.2.15)，可得

$$\hat{H}_{\mathrm{Int}}=\hbar\sum_{\boldsymbol{k},n,m}(g_{\boldsymbol{k},n,m}\hat{a}_k+g_{\boldsymbol{k},n,m}^{*}\hat{a}_k^{\dagger})\hat{b}_n^{\dagger}\hat{b}_m \tag{7.2.18}$$

式中，$g_{k,n,m}$为相互作用耦合系数：

$$g_{\boldsymbol{k},n,m}=-\frac{e}{m}\left(\frac{1}{2\varepsilon_0\hbar\omega_k V}\right)^{1/2}\mathrm{e}^{\mathrm{i}\boldsymbol{k}\cdot\boldsymbol{r}_0}\int\boldsymbol{\phi}_n^{*}(\boldsymbol{r})\,\hat{\boldsymbol{p}}\,\boldsymbol{\phi}_m(\boldsymbol{r})\mathrm{d}^3\boldsymbol{r} \tag{7.2.19}$$

在海森伯绘景中，动量算符$\hat{\boldsymbol{p}}$可表示为

$$\hat{\boldsymbol{p}}=m\frac{\mathrm{d}\hat{\boldsymbol{r}}}{\mathrm{d}t}=\frac{m}{\mathrm{i}\hbar}[\hat{\boldsymbol{r}},\hat{H}_{\mathrm{el}}] \tag{7.2.20}$$

于是式(7.2.19)中的矩阵元$e\int\boldsymbol{\phi}_n^{*}(\boldsymbol{r})\hat{\boldsymbol{p}}\boldsymbol{\phi}_m(\boldsymbol{r})\mathrm{d}^3\boldsymbol{r}$可转化为电偶极矩阵元：

$$\begin{aligned}e\int\boldsymbol{\phi}_n^{*}(\boldsymbol{r})\hat{\boldsymbol{p}}\boldsymbol{\phi}_m(\boldsymbol{r})\mathrm{d}^3\boldsymbol{r}&=\frac{em}{\mathrm{i}\hbar}\int\boldsymbol{\phi}_n^{*}(\boldsymbol{r})[\hat{\boldsymbol{r}},\hat{H}_{\mathrm{el}}]\boldsymbol{\phi}_m(\boldsymbol{r})\mathrm{d}^3\boldsymbol{r}\\&=\frac{\mathrm{i}m}{\hbar}(E_n-E_m)\int\boldsymbol{\phi}_n^{*}(\boldsymbol{r})(e\hat{\boldsymbol{r}})\boldsymbol{\phi}_m(\boldsymbol{r})\mathrm{d}^3\boldsymbol{r}\\&=\mathrm{i}m\omega_{nm}\int\boldsymbol{\phi}_n^{*}(\boldsymbol{r})(e\hat{\boldsymbol{r}})\boldsymbol{\phi}_m(\boldsymbol{r})\mathrm{d}^3\boldsymbol{r}\end{aligned} \tag{7.2.21}$$

式中，$\int\boldsymbol{\phi}_n^{*}(\boldsymbol{r})(e\hat{\boldsymbol{r}})\boldsymbol{\phi}_m(\boldsymbol{r})\mathrm{d}^3\boldsymbol{r}$为原子的电偶极矩阵元，一般为复数。

因此，式(7.2.19)的相互作用耦合常数[3]为

$$g_{\boldsymbol{k}}=-\mathrm{i}\left(\frac{1}{2\varepsilon_0\hbar\omega_k V}\right)^{1/2}\omega_{21}\mu_{21}\mathrm{e}^{\mathrm{i}\boldsymbol{k}\cdot\boldsymbol{r}_0} \tag{7.2.22}$$

式中，$\hbar\omega_{21}=E_2-E_1$，$\mu_{21}=\langle\phi_2(\boldsymbol{r})|e\boldsymbol{r}|\phi_1(\boldsymbol{r})\rangle$为原子从下能态$|1\rangle$跃迁到上能态$|2\rangle$的

电偶极矩。

相互作用哈密顿量(7.2.18)则转化为

$$\hat{H}_{\text{Int}} = \hbar\sum_{k}(g_k \hat{a}_k \hat{b}_2^\dagger \hat{b}_1 + g_k^* \hat{a}_k^\dagger \hat{b}_1^\dagger \hat{b}_2 + g_k^* \hat{a}_k^\dagger \hat{b}_2^\dagger \hat{b}_1 + g_k \hat{a}_k \hat{b}_1^\dagger \hat{b}_2) \tag{7.2.23}$$

式(7.2.23)右边第一项 $\hat{a}_k \hat{b}_2^\dagger \hat{b}_1$ 反映原子从下能态跃迁到上能态，同时从光场中吸收一个光子；第二项 $\hat{a}_k^\dagger \hat{b}_1^\dagger \hat{b}_2$ 表示原子从上能态跃迁到下能态，并产生一个光子的过程；第三项 $\hat{a}_k^\dagger \hat{b}_2^\dagger \hat{b}_1$ 描述了原子从下能态跃迁到上能态，同时放出一个光子；第四项 $\hat{a}_k \hat{b}_1^\dagger \hat{b}_2$ 对应着原子从上能态跃迁到下能态并吸收一个光子的作用过程。前两项对应的跃迁过程，系统能量保持守恒，系统总能量变化 $\Delta E \approx 0$，由时间-能量不确定关系可知，跃迁过程可以产生稳定的实光子。后两项对应的跃迁过程导致系统能量不守恒，产生的光子寿命很短，常称为虚光子(virtual photon)。在式(7.2.23)中略去不保持系统能量守恒项，称为旋转波近似(rotating wave approximation, RWA)[1-12,17]。相互作用哈密顿量(7.2.23)在量子光学、激光物理以及量子信息学中具有广泛的应用。

根据原子算符即赝自旋算符表象描述二能级系统的算符代数，即

$$\hat{\sigma}_z = \hat{b}_2^\dagger \hat{b}_2 - \hat{b}_1^\dagger \hat{b}_1 \tag{7.2.24}$$

$$\hat{\sigma}_x = \hat{b}_2^\dagger \hat{b}_1 + \hat{b}_1^\dagger \hat{b}_2 \tag{7.2.25}$$

$$\hat{\sigma}_y = -\mathrm{i}(\hat{b}_2^\dagger \hat{b}_1 - \hat{b}_1^\dagger \hat{b}_2) \tag{7.2.26}$$

$$\hat{\sigma}_+ = \hat{b}_2^\dagger \hat{b}_1 \tag{7.2.27}$$

$$\hat{\sigma}_- = \hat{b}_1^\dagger \hat{b}_2 \tag{7.2.28}$$

赝自旋算符 $\hat{\boldsymbol{S}}$ 与泡利算符 $\hat{\boldsymbol{\sigma}}$ 的关系为

$$\hat{\boldsymbol{S}} = \frac{\hbar}{2}\hat{\boldsymbol{\sigma}} \tag{7.2.29}$$

在电偶极近似和旋转波近似下，描述二能级原子与多模光场相互作用的总哈密顿量为

$$\hat{H} = \frac{\hbar\omega_0 \hat{\sigma}_z}{2} + \sum_{k}\hbar\omega_k \hat{a}_k^\dagger \hat{a}_k + \hbar\sum_{k}(g_k \hat{a}_k \hat{\sigma}_+ + \text{h.c.}) \tag{7.2.30}$$

7.3　二能级原子与量子单模光场相互作用的 J-C 模型

J-C 模型是旋转波近似下描述量子单模光场与单个二能级原子相互作用的一个理论模型，也是刻画原子与光场相互作用最基本、最简单的理论模型[1-12,17]。

围绕着J-C模型，人们已开展了大量富有成效的理论与实验研究，并进行了各种形式的推广。在原子方面，可从一个二能级原子推广到多能级原子或多个原子情况，也可从天然原子推广到超导、量子点等人工原子。在作用光场方面，不仅采用经典光场描述，而且使用量子化光场处理，从而出现刻画光场与原子相互作用的半经典理论和全量子理论，并考虑光场的各种量子态，同时从单模光场推广到多模光场。在原子与光场的耦合方式中，将从单光子推广到多光子跃迁等情况。当相互作用的耦合强度变强时，甚至从旋转波近似推广到非旋转波近似下的拉比模型。同时，J-C模型是一种可精确求解的模型，并给出一系列非经典效应，且被实验证实。下面讨论一个二能级原子与量子单模光场相互作用的J-C模型及其所呈现出的非经典效应。

7.3.1　二能级原子与量子单模光场相互作用的哈密顿量形式

由式(7.2.30)可知，在旋转波近似下，一个二能级原子与量子单模光场相互作用的总哈密顿量为

$$\hat{H} = \hat{H}_0 + \hat{V} \tag{7.3.1}$$

式中

$$\hat{H}_0 = \frac{1}{2}\hbar\omega_0\hat{\sigma}_z + \hbar\omega\hat{a}^\dagger\hat{a} \tag{7.3.2}$$

$$\hat{V} = \hbar g(\hat{a}\hat{\sigma}_+ + \hat{a}^\dagger\hat{\sigma}_-) \tag{7.3.3}$$

在相互作用绘景中，相互作用哈密顿量为

$$\hat{V}_\mathrm{I} = \mathrm{e}^{\mathrm{i}\hat{H}_0 t/\hbar}\hat{V}\mathrm{e}^{-\mathrm{i}\hat{H}_0 t/\hbar} \tag{7.3.4}$$

利用算符展开定理

$$\exp(x\hat{A})\hat{B}\exp(-x\hat{A}) = \hat{B} + x[\hat{A},\hat{B}] + \frac{x^2}{2!}[\hat{A},[\hat{A},\hat{B}]] + \cdots \tag{7.3.5}$$

可得

$$\mathrm{e}^{\mathrm{i}\omega\hat{a}^\dagger\hat{a}t}\hat{a}\,\mathrm{e}^{-\mathrm{i}\omega\hat{a}^\dagger\hat{a}t} = \hat{a}\,\mathrm{e}^{-\mathrm{i}\omega t},\quad \mathrm{e}^{\mathrm{i}\omega\hat{a}^\dagger\hat{a}t}\hat{a}^\dagger\mathrm{e}^{-\mathrm{i}\omega\hat{a}^\dagger\hat{a}t} = \hat{a}^\dagger\mathrm{e}^{\mathrm{i}\omega t} \tag{7.3.6}$$

$$\mathrm{e}^{\mathrm{i}\omega_0\hat{\sigma}_z t/2}\hat{\sigma}_\pm\mathrm{e}^{-\mathrm{i}\omega_0\hat{\sigma}_z t/2} = \hat{\sigma}_\pm\mathrm{e}^{\pm\mathrm{i}\omega_0 t} \tag{7.3.7}$$

将式(7.3.3)、式(7.3.6)和式(7.3.7)代入式(7.3.4)，可得

$$\hat{V}_\mathrm{I} = \hbar g(\hat{a}\hat{\sigma}_+\mathrm{e}^{\mathrm{i}\Delta t} + \hat{a}^\dagger\hat{\sigma}_-\mathrm{e}^{-\mathrm{i}\Delta t}) \tag{7.3.8}$$

式中，$\Delta = \omega_0 - \omega$ 为光场与原子能级耦合的失谐量。

同样，可以将薛定谔绘景中的系统哈密顿量(7.3.1)变换到以光场频率旋转的参考系。取幺正变换 $\hat{U} = \exp\left[-\mathrm{i}\omega\left(\hat{a}^\dagger\hat{a} + \frac{1}{2}\hat{\sigma}_z\right)t\right]$，利用公式

$$\hat{H}' = -\mathrm{i}\hbar\hat{U}^{\dagger}\frac{\mathrm{d}\hat{U}}{\mathrm{d}t} + \hat{U}^{\dagger}\hat{H}\hat{U} \tag{7.3.9}$$

可得旋转参考系的哈密顿量为

$$\hat{H}' = \frac{1}{2}\hbar\Delta\hat{\sigma}_z + \hbar g(\hat{a}\hat{\sigma}_+ + \hat{a}^{\dagger}\hat{\sigma}_-) \tag{7.3.10}$$

7.3.2 薛定谔方程的求解

有多种方法可以求解薛定谔方程，如概率幅方法、缀饰态方法、时间演化算符方法、密度矩阵方法、海森伯绘景中的布洛赫方程等。本节仍采用概率幅方法求解薛定谔方程。设原子-光场系统的初态为

$$|\psi(0)\rangle = \sum_n [c_{e,n}(0)|e,n\rangle + c_{g,n+1}(0)|g,n+1\rangle] \tag{7.3.11}$$

则 t 时刻系统的状态为

$$|\psi(t)\rangle = \sum_n [c_{e,n}(t)|e,n\rangle + c_{g,n+1}(t)|g,n+1\rangle] \tag{7.3.12}$$

将式(7.3.8)和式(7.3.12)代入相互作用绘景中的薛定谔方程：

$$\mathrm{i}\hbar\frac{\mathrm{d}|\psi(t)\rangle}{\mathrm{d}t} = \hat{V}_{\mathrm{I}}(t)|\psi(t)\rangle \tag{7.3.13}$$

可以导出

$$\frac{\mathrm{d}c_{e,n}}{\mathrm{d}t} = -\mathrm{i}g\sqrt{n+1}\,\mathrm{e}^{\mathrm{i}\Delta t}c_{g,\,n+1} \tag{7.3.14}$$

$$\frac{\mathrm{d}c_{g,n+1}}{\mathrm{d}t} = -\mathrm{i}g\sqrt{n+1}\,\mathrm{e}^{-\mathrm{i}\Delta t}c_{e,n} \tag{7.3.15}$$

方程(7.3.14)和(7.3.15)的解为

$$c_{e,n}(t) = \left\{c_{e,n}(0)\left[\cos\left(\frac{1}{2}\Omega_n t\right) - \mathrm{i}\frac{\Delta}{\Omega_n}\sin\left(\frac{1}{2}\Omega_n t\right)\right] - \mathrm{i}\frac{2g\sqrt{n+1}}{\Omega_n}c_{g,n+1}(0)\sin\left(\frac{1}{2}\Omega_n t\right)\right\}\mathrm{e}^{\mathrm{i}\Delta t/2} \tag{7.3.16}$$

$$c_{g,n+1}(t) = \left\{c_{g,n+1}(0)\left[\cos\left(\frac{1}{2}\Omega_n t\right) + \mathrm{i}\frac{\Delta}{\Omega_n}\sin\left(\frac{1}{2}\Omega_n t\right)\right] - \mathrm{i}\frac{2g\sqrt{n+1}}{\Omega_n}c_{e,n}(0)\sin\left(\frac{1}{2}\Omega_n t\right)\right\}\mathrm{e}^{-\mathrm{i}\Delta t/2} \tag{7.3.17}$$

式中，$\Delta = \omega_0 - \omega$ 为失谐量；Ω_n 为拉比频率，表示为

$$\Omega_n = \sqrt{\Delta^2 + 4g^2(n+1)} \tag{7.3.18}$$

只要知道初态的 $c_{e,n}(0)$、$c_{g,n+1}(0)$ 以及 $c_{g,0}(0)$，便可求出 $|\psi(t)\rangle$。

7.3.3 结果讨论及原子的坍缩-恢复现象

原子初始处于激发态$|e\rangle$，光场处于数态的叠加态$\sum_n c_n(0)|n\rangle$，则式(7.3.11)中的初态系数为

$$c_{e,n}(0)=c_n(0)\,,\quad c_{g,n+1}(0)=0$$

将其代入式(7.3.16)和式(7.3.17)，可得

$$c_{e,n}(t)=c_n(0)\left[\cos\left(\frac{1}{2}\Omega_n t\right)-\mathrm{i}\frac{\Delta}{\Omega_n}\sin\left(\frac{1}{2}\Omega_n t\right)\right]\mathrm{e}^{\mathrm{i}\Delta t/2} \tag{7.3.19}$$

$$c_{g,n+1}(t)=-\mathrm{i}\frac{2g\sqrt{n+1}}{\Omega_n}c_n(0)\sin\left(\frac{1}{2}\Omega_n t\right)\mathrm{e}^{-\mathrm{i}\Delta t/2} \tag{7.3.20}$$

系统处于状态$|e,n\rangle$和状态$|g,n+1\rangle$的概率分别为

$$\begin{aligned}p_{e,n}(t)&=\left|c_{e,n}(t)\right|^2\\&=\left|c_n(0)\right|^2\left[\cos^2\left(\frac{1}{2}\Omega_n t\right)+\left(\frac{\Delta}{\Omega_n}\right)^2\sin^2\left(\frac{1}{2}\Omega_n t\right)\right]\end{aligned} \tag{7.3.21}$$

$$p_{g,n+1}(t)=\left|c_{g,n+1}(t)\right|^2=\left|c_n(0)\right|^2\frac{4g^2(n+1)}{\Omega_n^2}\sin^2\left(\frac{1}{2}\Omega_n t\right) \tag{7.3.22}$$

式中，$\left|c_n(0)\right|^2=\rho_{nn}(0)$为$t=0$时刻光场具有$n$个光子的概率。

原子的布居数反转为

$$\begin{aligned}W(t)&=\sum_n\left[\left|c_{e,n}(t)\right|^2-\left|c_{g,n+1}(t)\right|^2\right]\\&=\sum_n\left|c_n(0)\right|^2\left\{\left[\cos^2\left(\frac{1}{2}\Omega_n t\right)+\left(\frac{\Delta}{\Omega_n}\right)^2\sin^2\left(\frac{1}{2}\Omega_n t\right)\right]-\frac{4g^2(n+1)}{\Omega_n^2}\sin^2\left(\frac{1}{2}\Omega_n t\right)\right\}\\&=\sum_n\rho_{nn}(0)\left[\left(\frac{\Delta}{\Omega_n}\right)^2+\frac{4g^2(n+1)}{\Omega_n^2}\cos(\Omega_n t)\right]\end{aligned} \tag{7.3.23}$$

对于初始处于真空态的光场，$\rho_{nn}(0)=\delta_{n0}$，原子的布居数反转为

$$W(t)=\frac{1}{\Delta^2+4g^2}\left[\Delta^2+4g^2\cos\left(\sqrt{\Delta^2+4g^2}\;t\right)\right] \tag{7.3.24}$$

即原子和光场系统在能态$|e,n\rangle$和$|g,n+1\rangle$之间做拉比振荡。共振时，布居数反转(7.3.24)则为$W(t)=\cos(2gt)$，这与用半经典理论得出的结果完全不同。

对于初始处于相干态的光场，有

$$\rho_{nn}(0)=\frac{\bar{n}^n e^{-\bar{n}}}{n!} \tag{7.3.25}$$

图 7.3.1 显示了共振条件下初始相干态光场中平均光子数为 $\bar{n}=|\alpha|^2=9$ 时原子布居数反转的动力学演化。

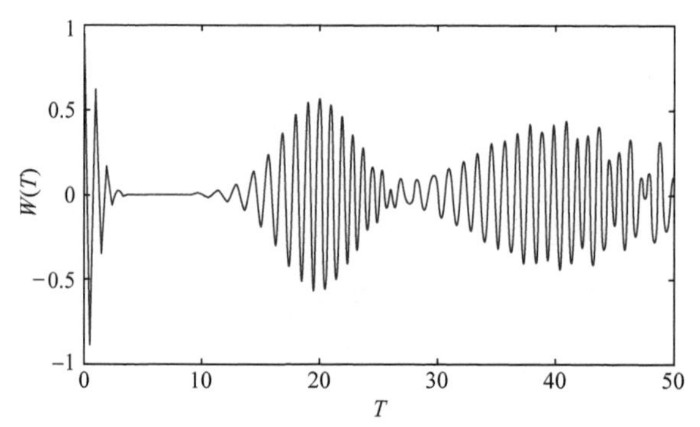

图 7.3.1　共振时初始相干态光场中原子布居数反转的动力学演化 $(\bar{n}=9,\ T=gt)$

由式(7.3.23)和图 7.3.1 可知，对于初始相干态光场，$W(t)$ 是由无穷多个带权重 $\bar{n}^n e^{-\bar{n}}/n!$ 的以拉比频率 Ω_n 进行余弦振荡的叠加，结果使得原子的布居数反转呈现周期性坍缩-恢复现象(也称为崩塌-复苏现象)，显示光场的量子特性。把 $W(t)$ 随时间做振荡幅度锐减的快速振荡现象称为坍缩或崩塌。经过一定时间，振荡幅度从零逐渐增大的现象称为恢复。

下面确定当平均光子数 $\bar{n}\gg 1$ 时，拉比振荡的周期时间 t_{R}、坍缩时间 t_{col} 与恢复时间 t_{rev}。拉比振荡的周期时间 t_{R} 可以根据光子数 $n=\bar{n}$ 时拉比频率的倒数确定，即

$$t_{\mathrm{R}}\sim\frac{1}{\Omega_n}=\frac{1}{\sqrt{\Delta^2+4g^2\bar{n}}} \tag{7.3.26}$$

对于初始为相干态光场，均方根偏差 $\Delta n=\sqrt{\bar{n}}$。因对 $W(t)$ 起主要影响的是 n 值取 $\bar{n}-\sqrt{\bar{n}}<n<\bar{n}+\sqrt{\bar{n}}$ 的振荡，故坍缩时间 t_{col} 可以从下列条件进行估算：

$$(\Omega_{\bar{n}+\sqrt{\bar{n}}}-\Omega_{\bar{n}-\sqrt{\bar{n}}})t_{\mathrm{col}}\sim 1 \tag{7.3.27}$$

当 $\bar{n}\gg 1$ 时，$\bar{n}\gg\sqrt{\bar{n}}$，且有

$$\Omega_{\bar{n}\pm\sqrt{\bar{n}}}=\left[\Delta^2+4g^2\left(\bar{n}\pm\sqrt{\bar{n}}\right)\right]^{1/2}$$

$$t_{\mathrm{col}}\sim\frac{1}{\Omega_{\bar{n}+\sqrt{\bar{n}}}-\Omega_{\bar{n}-\sqrt{\bar{n}}}}=\frac{1}{2g}\left(1+\frac{\Delta^2}{4g^2\bar{n}}\right)^{1/2} \tag{7.3.28}$$

共振时，坍缩时间 $t_{\mathrm{col}}\sim\dfrac{1}{2g}$，与平均光子数 $\bar{n}$ 无关。

恢复时间 t_{rev} 与两个复苏现象之间的时间有关。在方程(7.3.23)中，相邻的两个振荡信号的相位差 $\Omega_n t$ 为 2π 的整数倍时将出现恢复现象。由 $(\Omega_{\bar{n}}-\Omega_{\bar{n}-1})t_{\text{rev}}=2\pi$ 可得

$$
\begin{aligned}
t_{\text{rev}} &= \frac{2\pi}{\Omega_{\bar{n}}-\Omega_{\bar{n}-1}} \\
&\approx \frac{2\pi\sqrt{\bar{n}}}{g}\left(1+\frac{\Delta^2}{4g^2\bar{n}}\right)^{1/2}
\end{aligned} \tag{7.3.29}
$$

共振时，恢复时间 $t_{\text{rev}}\sim\dfrac{2\pi\sqrt{\bar{n}}}{g}$，仅与平均光子数 $\bar{n}$ 有关。

假设初始时刻原子处于激发态 $|e\rangle$，光场处于光子数态 $|n\rangle$，系统的初态为 $|\psi(0)\rangle=|e,n\rangle$，在共振情况(失谐量 $\Delta=0$)下，式(7.3.19)和式(7.3.20)可分别简化为 $c_{e,n}(t)=\cos\left(\dfrac{1}{2}\Omega_n t\right)$ 和 $c_{g,n+1}(t)=-\mathrm{i}\sin\left(\dfrac{1}{2}\Omega_n t\right)$，从而可得 t 时刻的系统态为

$$
|\psi(t)\rangle=\cos\left(\frac{1}{2}\Omega_n t\right)|e,n\rangle-\mathrm{i}\sin\left(\frac{1}{2}\Omega_n t\right)|g,n+1\rangle \tag{7.3.30}
$$

式中，$\Omega_n=2g\sqrt{n+1}$ 为量子拉比频率。

选取 $\Omega_n t=2gt\sqrt{n+1}=\pi/2$ (称为量子 $\pi/2$ 脉冲或 $\pi/2$ 拉比旋转)，式(7.3.30)中的系统态为

$$
|\psi(\pi/2)\rangle=\frac{1}{\sqrt{2}}(|e,n\rangle-\mathrm{i}|g,n+1\rangle) \tag{7.3.31}
$$

即系统处于最大纠缠态。

初始原子处于激发态 $|e\rangle$，初始光场处于相干态 $\sum\limits_n c_n(0)|n\rangle$，其中 $c_n(0)=\mathrm{e}^{-\frac{1}{2}|\alpha|^2}\alpha^n/\sqrt{n!}$，在共振情况(失谐量 $\Delta=0$)下，系统处于量子态 $|e,n\rangle$ 和 $|g,n+1\rangle$ 的概率分别为

$$
p_{e,n}(t)=\sum_n|c_n(0)|^2\cos^2\left(\frac{1}{2}\Omega_n t\right) \tag{7.3.32}
$$

$$
p_{g,n+1}(t)=\sum_n|c_n(0)|^2\sin^2\left(\frac{1}{2}\Omega_n t\right) \tag{7.3.33}
$$

原子的布居数反转为

$$
\begin{aligned}
W(t) &= p_{e,n}(t)-p_{g,n+1}(t)=\sum_n|c_n(0)|^2\cos\left(2gt\sqrt{n+1}\right) \\
&= \sum_n\frac{\bar{n}^n\mathrm{e}^{-\bar{n}}}{n!}\cos\left(2g\sqrt{n+1}\,t\right)
\end{aligned} \tag{7.3.34}
$$

从图 7.3.1 可以看出，$W(t)$ 首先做振荡幅度锐减的快速振荡，此后在一个较长时间内保持为零，随后振荡幅度又逐渐增大，然后逐步减小；随着时间的增加，每次恢复的幅度值越来越小。

7.3.4 大失谐条件下问题的简化

在 $\Delta \gg 2g\sqrt{n+1}$ 时的大失谐条件下，式(7.3.18)的拉比频率 Ω_n 可转化为

$$\Omega_n = \Delta\sqrt{1+\frac{4g^2(n+1)}{\Delta^2}} \approx \Delta + \frac{2g^2(n+1)}{\Delta} \tag{7.3.35}$$

则概率幅方程(7.3.16)和(7.3.17)可以简化为

$$\begin{aligned} c_{e,n}(t) &\approx \left[\cos\left(\frac{1}{2}\Omega_n t\right) - \mathrm{i}\sin\left(\frac{1}{2}\Omega_n t\right)\right]\mathrm{e}^{\mathrm{i}\Delta t/2}c_{e,n}(0) \\ &= \mathrm{e}^{\mathrm{i}(\Delta-\Omega_n)t/2}c_{e,n}(0) = \exp\left[-\frac{\mathrm{i}g^2(n+1)t}{\Delta}\right]c_{e,n}(0) \end{aligned} \tag{7.3.36}$$

$$c_{g,n+1}(t) \approx \mathrm{e}^{-\mathrm{i}(\Delta-\Omega_n)t/2}c_{g,n+1}(0) = \exp\left[\mathrm{i}\frac{g^2(n+1)t}{\Delta}\right]c_{g,n+1}(0) \tag{7.3.37}$$

即大失谐可阻止原子跃迁，能使原子保持在初态。因为

$$\frac{2g\sqrt{n+1}}{\Omega_n} = \frac{2g\sqrt{n+1}}{\Delta\sqrt{1+4g^2(n+1)/\Delta^2}} < \frac{2g\sqrt{n+1}}{\Delta} \ll 1 \tag{7.3.38}$$

将式(7.3.36)和式(7.3.37)代入式(7.3.12)，可得任意 t 时刻系统的态矢量为

$$\begin{aligned} |\psi(t)\rangle = \sum_{n=0}^{\infty}&\left\{\exp\left[-\frac{\mathrm{i}g^2(n+1)t}{\Delta}\right]c_{e,n}(0)|e,n\rangle + \exp\left[\frac{\mathrm{i}g^2(n+1)t}{\Delta}\right]c_{g,n+1}(0)|g,n+1\rangle\right\} \\ &+ c_{g,0}(0)|g,0\rangle \end{aligned} \tag{7.3.39}$$

即

$$|\psi(t)\rangle = \sum_{n=0}^{\infty}\left\{\exp\left[-\frac{\mathrm{i}g^2(n+1)t}{\Delta}\right]c_{e,n}(0)|e,n\rangle + \exp\left(\frac{\mathrm{i}g^2nt}{\Delta}\right)c_{g,n}(0)|g,n\rangle\right\} \tag{7.3.40}$$

由于 $\hat{\sigma}_+\hat{\sigma}_-|e\rangle = |e\rangle$、$\hat{\sigma}_+\hat{\sigma}_-|g\rangle = 0$，所以有

$$\mathrm{e}^{\mathrm{i}\Theta\hat{\sigma}_z\hat{a}^\dagger\hat{a}}|e,n\rangle = \mathrm{e}^{\mathrm{i}\Theta n}|e,n\rangle, \quad \mathrm{e}^{\mathrm{i}\Theta\hat{\sigma}_z\hat{a}^\dagger\hat{a}}|g,n\rangle = \mathrm{e}^{-\mathrm{i}\Theta n}|g,n\rangle \tag{7.3.41}$$

故式(7.3.40)可转化为

$$|\psi(t)\rangle = \exp\left[-\frac{\mathrm{i}g^2t}{\Delta}(\hat{a}^\dagger\hat{a}\hat{\sigma}_z + \hat{\sigma}_+\hat{\sigma}_-)\right]\sum_{n=0}^{\infty}\left[c_{e,n}(0)|e,n\rangle + c_{g,n}(0)|g,n\rangle\right] \tag{7.3.42}$$

即

$$|\psi(t)\rangle = \exp\left(-\frac{\mathrm{i}}{\hbar}\hat{H}_{\mathrm{e}}t\right)\sum_{n=0}^{\infty}[c_{e,n}(0)|e,n\rangle + c_{g,n}(0)|g,n\rangle] \tag{7.3.43}$$

式中，$\hat{H}_{\mathrm{e}}$ 为相互作用绘景中的相互作用有效哈密顿量，即

$$\hat{H}_{\mathrm{e}} = \frac{\hbar g^2}{\Delta}(\hat{a}^{\dagger}\hat{a}\hat{\sigma}_z + \hat{\sigma}_+\hat{\sigma}_-) \tag{7.3.44}$$

对于满足大失谐条件的系统，可通过求解系统的相互作用有效哈密顿量的方法，提取系统中的重要物理内容，可以大大简化相应的计算过程，方便问题的求解。这个问题将于 7.6 节进行详细讨论。

7.4　海森伯算符方法

本节将利用海森伯算符方法求解 J-C 模型[1]。

在旋转波近似下，一个二能级原子与量子单模光场相互作用的哈密顿量为

$$\hat{H} = \frac{1}{2}\hbar\omega_0\hat{\sigma}_z + \hbar\omega\hat{a}^{\dagger}\hat{a} + \hbar g(\hat{a}\hat{\sigma}_+ + \hat{a}^{\dagger}\hat{\sigma}_-) \tag{7.4.1}$$

在海森伯绘景中，算符 $\hat{a}$ 、$\hat{\sigma}_-$ 和 $\hat{\sigma}_z$ 的演化方程为

$$\frac{\mathrm{d}\hat{a}}{\mathrm{d}t} = \frac{1}{\mathrm{i}\hbar}[\hat{a},\hat{H}] = -\mathrm{i}\omega\hat{a} - \mathrm{i}g\hat{\sigma}_- \tag{7.4.2}$$

$$\frac{\mathrm{d}\hat{\sigma}_-}{\mathrm{d}t} = -\mathrm{i}\omega_0\hat{\sigma}_- + \mathrm{i}g\hat{\sigma}_z\hat{a} \tag{7.4.3}$$

$$\frac{\mathrm{d}\hat{\sigma}_z}{\mathrm{d}t} = 2\mathrm{i}g(\hat{a}^{\dagger}\hat{\sigma}_- - \hat{\sigma}_+\hat{a}) \tag{7.4.4}$$

为了便于求解这些方程，定义原子-光场系统总激发算符 $\hat{N}$ 和交换常数算符 $\hat{C}$ 分别为

$$\hat{N} = \hat{a}^{\dagger}\hat{\sigma} + \hat{\sigma}_+\hat{\sigma}_- \tag{7.4.5}$$

$$\hat{C} = \frac{1}{2}\Delta\hat{\sigma}_z + g(\hat{\sigma}_+\hat{a} + \hat{a}^{\dagger}\hat{\sigma}_-) \tag{7.4.6}$$

即 $\hat{N}$ 、$\hat{C}$ 和 $\hat{H}$ 满足 $[\hat{N},\hat{H}] = [\hat{C},\hat{H}] = 0$ 。

由式(7.4.3)可得，原子下降算符 $\hat{\sigma}_-$ 满足

$$\begin{aligned}\ddot{\hat{\sigma}}_- &= -\mathrm{i}\omega_0\dot{\hat{\sigma}}_- + \mathrm{i}g(\dot{\hat{\sigma}}_z\hat{a} + \hat{\sigma}_z\dot{\hat{a}}) \\ &= -\mathrm{i}\omega_0\dot{\hat{\sigma}}_- - 2g^2(\hat{a}^{\dagger}\hat{\sigma}_-\hat{a} - \hat{\sigma}_+\hat{a}^2) + \omega g\hat{\sigma}_z\hat{a} - g^2\hat{\sigma}_-\end{aligned} \tag{7.4.7}$$

容易证明

$$g^2(\hat{a}^\dagger\hat{\sigma}_-\hat{a}-\hat{\sigma}_+\hat{a}^2)=-\mathrm{i}\left(\frac{\Delta}{2}+\hat{C}\right)\dot{\hat{\sigma}}_-+\left(\omega\hat{C}-\frac{1}{2}\Delta^2+\frac{1}{2}\omega_0\Delta\right)\hat{\sigma}_- \tag{7.4.8}$$

$$g\hat{\sigma}_z\hat{a}=-\mathrm{i}\dot{\hat{\sigma}}_-+\omega_0\hat{\sigma}_- \tag{7.4.9}$$

将式(7.4.8)和式(7.4.9)代入式(7.4.7)，可得

$$\frac{\mathrm{d}^2\hat{\sigma}_-}{\mathrm{d}t^2}+2\mathrm{i}(\omega-\hat{C})\frac{\mathrm{d}\hat{\sigma}_-}{\mathrm{d}t}+(2\omega\hat{C}-\omega^2+g^2)\hat{\sigma}_-=0 \tag{7.4.10}$$

同理可得光子湮没算符 $\hat{a}$ 满足

$$\frac{\mathrm{d}^2\hat{a}}{\mathrm{d}t^2}+2\mathrm{i}(\omega-\hat{C})\frac{\mathrm{d}\hat{a}}{\mathrm{d}t}+(2\omega\hat{C}-\omega^2+g^2)\hat{a}=0 \tag{7.4.11}$$

利用泡利算符和原子算符的特性，即

$$\hat{\sigma}_+\hat{\sigma}_-+\hat{\sigma}_-\hat{\sigma}_+=1,\quad \hat{\sigma}_z\hat{\sigma}_+=\hat{\sigma}_+=-\hat{\sigma}_+\hat{\sigma}_z,\quad \hat{\sigma}_z\hat{\sigma}_-=-\hat{\sigma}_-=-\hat{\sigma}_-\hat{\sigma}_z$$

由式(7.4.6)可得

$$\hat{C}^2=\frac{1}{4}\Delta^2+g^2\hat{N} \tag{7.4.12}$$

$$g\hat{\sigma}_z\hat{a}=2\hat{C}\hat{\sigma}_-+\Delta\hat{\sigma}_--g\hat{a} \tag{7.4.13}$$

则算符方程(7.4.10)和(7.4.11)的解为

$$\hat{\sigma}_-(t)=\mathrm{e}^{-\mathrm{i}\omega t}\mathrm{e}^{\mathrm{i}\hat{C}t}\left\{\left[\cos(\hat{\kappa}t)+\mathrm{i}\hat{C}\frac{\sin(\hat{\kappa}t)}{\hat{\kappa}}\right]\hat{\sigma}_-(0)-\mathrm{i}g\frac{\sin(\hat{\kappa}t)}{\hat{\kappa}}\hat{a}(0)\right\} \tag{7.4.14}$$

$$\hat{a}(t)=\mathrm{e}^{-\mathrm{i}\omega t}\mathrm{e}^{\mathrm{i}\hat{C}t}\left\{\left[\cos(\hat{\kappa}t)-\mathrm{i}\hat{C}\frac{\sin(\hat{\kappa}t)}{\hat{\kappa}}\right]\hat{a}(0)-\mathrm{i}g\frac{\sin(\hat{\kappa}t)}{\hat{\kappa}}\hat{\sigma}_-(0)\right\} \tag{7.4.15}$$

式中，$\hat{\kappa}$ 为常数算符：

$$\hat{\kappa}=\sqrt{\Delta^2/4+g^2(\hat{N}+1)} \tag{7.4.16}$$

与交换常数算符 $\hat{C}$ 对易，即 $[\hat{C},\hat{\kappa}]=0$。

方程(7.4.14)和(7.4.15)为海森伯绘景中涉及的二能级原子与单模光场相互作用问题提供了一个完全解，可用来计算所有感兴趣的物理量，研究光场的谱特性。当初始时刻原子处于激发态 $|e\rangle$ 和光场处于相干态 $|\alpha\rangle$ 时，方程(7.3.23)中的布居数反转也可由式(7.4.14)得到，即

$$W(t)=\langle e,\alpha|\hat{\sigma}_z(t)|e,\alpha\rangle=2\langle e,\alpha|\hat{\sigma}_+(t)\hat{\sigma}_-(t)|e,\alpha\rangle-1 \tag{7.4.17}$$

此外，利用海森伯绘景还可直接计算关联函数。由式(7.4.14)可得，关联函数的期望值可表示为

$$
\begin{aligned}
&\langle e,\alpha|\hat{\sigma}_+(t)\hat{\sigma}_-(t+\tau)|e,\alpha\rangle \\
&= \mathrm{e}^{-\mathrm{i}\omega\tau-|\alpha|^2}\sum_{n=0}^{\infty}\frac{|\alpha|^{2n}}{n!}\frac{1}{4\varOmega_n^2}\left[\cos\left(\frac{1}{2}\varOmega_{n-1}\tau\right)-\frac{\mathrm{i}\varDelta}{\varOmega_{n-1}}\sin\left(\frac{1}{2}\varOmega_{n-1}\tau\right)\right] \\
&\quad\times\left\{(\varOmega_n+\varDelta)^2\mathrm{e}^{-\mathrm{i}\varOmega_n\tau/2}+(\varOmega_n-\varDelta)^2\mathrm{e}^{\mathrm{i}\varOmega_n\tau/2}+8g^2(n+1)\cos\left[\frac{1}{2}\varOmega_n(\tau+2t)\right]\right\}
\end{aligned}
\tag{7.4.18}
$$

式中，$\varOmega_n=\sqrt{\varDelta^2+4g^2(n+1)}$。

7.5 缀饰态方法

求解 J-C 模型的动力学方法有许多，前面分别利用概率幅方法和海森伯算符方法讨论了 J-C 模型及其求解，本节将利用缀饰态方法来讨论该问题[1-12]。缀饰态方法不仅可以精确地求出光场与原子相互作用时系统哈密顿量的本征态，而且是处理强光场作用的一种有效方法。

7.5.1 缀饰态原子的本征态和本征能量

在旋转波近似下，单个二能级原子与量子单模光场作用系统的哈密顿量为

$$\hat{H}=\frac{1}{2}\hbar\omega_0\hat{\sigma}_z+\hbar\omega\hat{a}^{\dagger}\hat{a}+\hbar g(\hat{a}\hat{\sigma}_++\hat{a}^{\dagger}\hat{\sigma}_-) \tag{7.5.1}$$

$$\hat{H}_0=\frac{1}{2}\hbar\omega_0\hat{\sigma}_z+\hbar\omega\hat{a}^{\dagger}\hat{a} \tag{7.5.2}$$

$$\hat{V}=\hbar g(\hat{a}\hat{\sigma}_++\hat{a}^{\dagger}\hat{\sigma}_-) \tag{7.5.3}$$

其中相互作用哈密顿量 $\hat{V}$ 仅引起下列子空间的跃迁，即

$$|e,n\rangle\leftrightarrow|g,n+1\rangle \tag{7.5.4}$$

$\hat{H}_0$ 的本征态 $|e,n\rangle$ 和 $|g,n+1\rangle$ 称为 J-C 模型的裸态(bare states)，是原子态和单模光场态的直积态。容易得出，$\hat{H}_0$ 的两个本征值分别为 $E_{e,n}=\left(n+\frac{1}{2}\right)\hbar\omega+\frac{1}{2}\hbar\varDelta$ 和 $E_{g,n+1}=\left(n+\frac{1}{2}\right)\hbar\omega-\frac{1}{2}\hbar\varDelta$，两个本征值之差为 $E_{e,n}-E_{g,n+1}=\hbar\varDelta$，$\varDelta=\omega_0-\omega$ 为失谐量。

在 2×2 子空间 $\{|e,n\rangle,|g,n+1\rangle\}$ 中，系统的哈密顿量 $\hat{H}$ 写成矩阵形式即为

$$\hat{\boldsymbol{H}}=\hbar\begin{bmatrix} n\omega+\frac{1}{2}\omega_0 & g\sqrt{n+1} \\ g\sqrt{n+1} & (n+1)\omega-\frac{1}{2}\omega_0 \end{bmatrix} \tag{7.5.5}$$

该矩阵的两个能量本征值为

$$E_{\pm,n}=\left(n+\frac{1}{2}\right)\hbar\omega\pm\frac{1}{2}\hbar\Omega_n \tag{7.5.6}$$

式中，$\Omega_n=\sqrt{\Delta^2+4g^2(n+1)}$ 为拉比频率。

因此，$\hat{H}$ 的两能级间隔为 $E_{+,n}-E_{-,n}=\hbar\Omega_n=\hbar\sqrt{\Delta^2+4g^2(n+1)}$，这要比裸态原子的能级间隔 $\hbar\Delta$ 大。

与两本征值相应的两个本征态分别为

$$|+,n\rangle=\cos\theta_n\,|e,n\rangle+\sin\theta_n\,|g,n+1\rangle \tag{7.5.7}$$

$$|-,n\rangle=-\sin\theta_n\,|e,n\rangle+\cos\theta_n\,|g,n+1\rangle \tag{7.5.8}$$

式中

$$\sin\theta_n=\sqrt{\frac{\Omega_n-\Delta}{2\Omega_n}},\quad \cos\theta_n=\sqrt{\frac{\Omega_n+\Delta}{2\Omega_n}} \tag{7.5.9}$$

总哈密顿量 $\hat{H}$ 的本征态 $|\pm,n\rangle$ 称为缀饰态(dressed states)，是原子态和单模光场态的纠缠态。如图 7.5.1 所示，能量 $E_{e,n}=\frac{1}{2}\hbar\omega_0+n\hbar\omega=\left(n+\frac{1}{2}\right)\hbar\omega+\frac{1}{2}\hbar\Delta$ 和 $E_{g,n+1}=-\frac{1}{2}\hbar\omega_0+(n+1)\hbar\omega=\left(n+\frac{1}{2}\right)\hbar\omega-\frac{1}{2}\hbar\Delta$ 分别对应裸态 $|e,n\rangle$ 和 $|g,n+1\rangle$，原子与光场的相互作用使能级分裂为缀饰态。从裸态分裂成缀饰态是一类交流斯塔克效应。对于基态，$\hat{H}$ 的本征能量为 $E_{g,0}=-\frac{1}{2}\hbar\omega_0$，与之相应的本征态为 $|g,0\rangle$。因此，在缀饰态以及基态构成一个无限的希尔伯特空间，其完备性关系为

$$\sum_{n=0}^{\infty}(|+,n\rangle\langle+,n|+|-,n\rangle\langle-,n|)+|g,0\rangle\langle g,0|=\hat{I} \tag{7.5.10}$$

在共振情况(失谐量 $\Delta=0$)下，$\hat{H}_0$ 的两个本征态(即裸态)是简并的，能量相等，均为 $\left(n+\frac{1}{2}\right)\hbar\omega$，而 $\hat{H}$ 的两个本征态(即缀饰态) $|\pm,n\rangle$ 是非简并的，能级分裂仍然存在。此时，缀饰态与裸态的关系简化为

$$|+,n\rangle=\frac{1}{\sqrt{2}}(|e,n\rangle+|g,n+1\rangle) \tag{7.5.11}$$

$$|-,n\rangle=\frac{1}{\sqrt{2}}(-|e,n\rangle+|g,n+1\rangle) \tag{7.5.12}$$

两能级间隔为 $E_{+,n}-E_{-,n}=2g\hbar\sqrt{n+1}$。

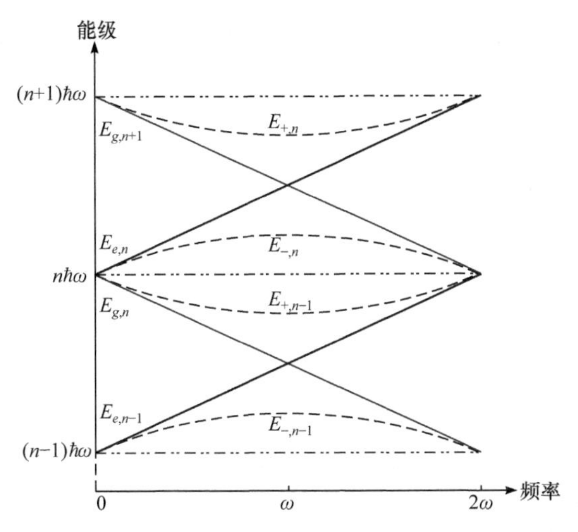

图 7.5.1　原子与量子化光场作用导致的能级分裂

由关系式(7.5.7)和式(7.5.8)可得，缀饰态表象与裸态表象之间的关系可以表示成矩阵形式，即

$$\begin{bmatrix} |+,n\rangle \\ |-,n\rangle \end{bmatrix} = \boldsymbol{T} \begin{bmatrix} |e,n\rangle \\ |g,n+1\rangle \end{bmatrix} \tag{7.5.13}$$

式中，$\boldsymbol{T}$ 为旋转矩阵：

$$\boldsymbol{T} = \begin{bmatrix} \cos\theta_n & \sin\theta_n \\ -\sin\theta_n & \cos\theta_n \end{bmatrix} \tag{7.5.14}$$

它可以通过矩阵乘积 $\boldsymbol{T}\hat{\boldsymbol{H}}\boldsymbol{T}^{-1}$ 将哈密顿量 $\hat{\boldsymbol{H}}$ 对角化。变换矩阵 $\boldsymbol{T}$ 可以在缀饰态基矢与裸态基矢之间变换算符和态矢量。特别地，它联系着缀饰态原子和裸态原子之间的概率幅，即

$$\begin{bmatrix} c_{+,n}(t) \\ c_{-,n}(t) \end{bmatrix} = \boldsymbol{T} \begin{bmatrix} c_{e,n}(t) \\ c_{g,n+1}(t) \end{bmatrix} \tag{7.5.15}$$

变换矩阵 $\boldsymbol{T}$ 及其逆矩阵 $\boldsymbol{T}^{-1}$ 满足

$$\boldsymbol{T} = \begin{bmatrix} c & s \\ -s & c \end{bmatrix}, \quad \boldsymbol{T}^{-1} = \begin{bmatrix} c & -s \\ s & c \end{bmatrix} \tag{7.5.16}$$

式中，$c = \cos\theta_n$；$s = \sin\theta_n$。

7.5.2　缀饰态之间允许的跃迁

本节讨论缀饰态之间允许的跃迁。要找出缀饰态之间允许的自发辐射跃迁，就必须确定原子电偶极矩在哪些缀饰态之间具有非零矩阵元。原子电偶极矩算符

$\hat{D}$ 不作用到光场态上，因此 $\hat{D}$ 在未耦合的裸态基矢下只能耦合相邻的两个能级状态 $|e,n\rangle$ 和 $|g,n+1\rangle$，即 $\hat{D}$ 的非零矩阵元为

$$\langle e,n|\hat{D}|g,n\rangle = \langle e|\hat{D}|g\rangle = d \tag{7.5.17}$$

原子偶极矩算符 $\hat{D}$ 在缀饰态之间的矩阵元为

$$d_{ij} = \langle i,n|\hat{D}|j,n-1\rangle \tag{7.5.18}$$

对应各种允许的频率跃迁的矩阵元为

$$d_{++} = -d_{--} = d\sin\theta\cos\theta \tag{7.5.19a}$$

$$d_{+-} = d\cos^2\theta\,,\quad d_{-+} = -d\sin^2\theta \tag{7.5.19b}$$

为书写方便，这里忽略 θ 的下标 n 或 $n-1$。图 7.5.2 表示系统未耦合的裸态(左边)和缀饰态(右边)之间允许的自发辐射跃迁。

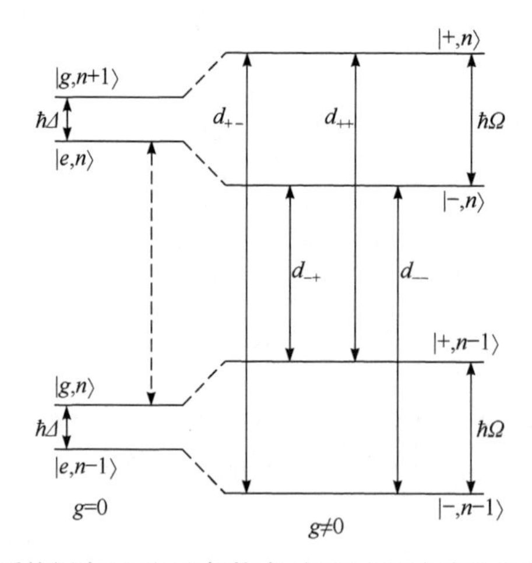

图 7.5.2　系统裸态(左边)和缀饰态(右边)之间允许的自发辐射跃迁

7.5.3　缀饰态的时间演化

在哈密顿量(7.5.1)的作用下，缀饰态满足含时薛定谔方程，其一般解为

$$\begin{aligned}|\psi(t)\rangle &= \exp(-\mathrm{i}\hat{H}t/\hbar)|\psi(0)\rangle \\ &= \sum_{n}\sum_{j=+,-} \mathrm{e}^{-\mathrm{i}E_{jn}t/\hbar}|j,n\rangle\langle j,n|\psi(0)\rangle + \mathrm{e}^{-\mathrm{i}E_{g,0}t/\hbar}|g,0\rangle\langle g,0|\psi(0)\rangle\end{aligned} \tag{7.5.20}$$

式(7.5.20)中第 2 行插入了缀饰态基矢表示的完备性关系。态矢量 $|\psi(t)\rangle$ 在缀饰态表象中可展开为

$$
\begin{aligned}
|\psi(t)\rangle &= \sum_n \left[c_{+,n}(t)\left|+,n\right\rangle + c_{-,n}(t)\left|-,n\right\rangle \right] + c_{g,0}(t)\left|g,0\right\rangle \\
&= \sum_n \left[\mathrm{e}^{-\mathrm{i}E_{+,n}t/\hbar} c_{+,n}(0)\left|+,n\right\rangle + \mathrm{e}^{-\mathrm{i}E_{-,n}/\hbar} c_{-,n}(0)\left|-,n\right\rangle \right] + \mathrm{e}^{-\mathrm{i}E_{g,0}t/\hbar} c_{g,0}(0)\left|g,0\right\rangle
\end{aligned} \tag{7.5.21}
$$

式中

$$
\begin{bmatrix} c_{+,n}(t) \\ c_{-,n}(t) \end{bmatrix} = \begin{bmatrix} \exp(-\mathrm{i}E_{+,n}t/\hbar) & 0 \\ 0 & \exp(-\mathrm{i}E_{-,n}t/\hbar) \end{bmatrix} \begin{bmatrix} c_{+,n}(0) \\ c_{-,n}(0) \end{bmatrix} = \boldsymbol{T}' \begin{bmatrix} c_{+,n}(0) \\ c_{-,n}(0) \end{bmatrix} \tag{7.5.22}
$$

$\boldsymbol{T}'$ 为缀饰态原子的自由演化矩阵，即

$$
\boldsymbol{T}' = \begin{bmatrix} \exp(-\mathrm{i}E_{+,n}t/\hbar) & 0 \\ 0 & \exp(-\mathrm{i}E_{-,n}t/\hbar) \end{bmatrix} \tag{7.5.23}
$$

设缀饰态原子的态矢量 $|\psi(t)\rangle$ 在裸态表象中的展开系数为 $c_{e,n}(t)$ 和 $c_{g,n+1}(t)$，由式(7.5.15)和式(7.5.22)可得

$$
\begin{aligned}
\begin{bmatrix} c_{e,n}(t) \\ c_{g,n+1}(t) \end{bmatrix} &= \boldsymbol{T}^{-1} \begin{bmatrix} c_{+,n}(t) \\ c_{-,n}(t) \end{bmatrix} = \boldsymbol{T}^{-1}\boldsymbol{T}' \begin{bmatrix} c_{+,n}(0) \\ c_{-,n}(0) \end{bmatrix} \\
&= \boldsymbol{T}^{-1}\boldsymbol{T}'\boldsymbol{T}\boldsymbol{T}^{-1} \begin{bmatrix} c_{+,n}(0) \\ c_{-,n}(0) \end{bmatrix} = \boldsymbol{T}^{-1}\boldsymbol{T}'\boldsymbol{T} \begin{bmatrix} c_{e,n}(0) \\ c_{g,n+1}(0) \end{bmatrix}
\end{aligned} \tag{7.5.24}
$$

式中，$\left|c_{+,n}(t)\right|^2$ 和 $\left|c_{-,n}(t)\right|^2$ 表示缀饰态原子分别处于 $|+,n\rangle$ 和 $|-,n\rangle$ 的概率；$\left|c_{e,n}(t)\right|^2$ 和 $\left|c_{g,n+1}(t)\right|^2$ 表示系统分别处于态 $|e,n\rangle$ 和 $|g,n+1\rangle$ 的概率。

设原子初始处于激发态 $|e\rangle$，光场处于数态的叠加态 $\sum_n c_n(0)|n\rangle$，则原子-光场系统的初态为

$$
|\psi(0)\rangle = \sum_n c_n(0)|e,n\rangle \tag{7.5.25}
$$

此时，式(7.5.21)中的 $c_{g,0}(0) = \left\langle g,0 \middle| \psi(0) \right\rangle = 0$。根据式(7.5.7)和式(7.5.8)，用缀饰态 $|\pm,n\rangle$ 描述的态 $|e,n\rangle$ 可表示为

$$
|e,n\rangle = \cos\theta_n |+,n\rangle - \sin\theta_n |-,n\rangle \tag{7.5.26}
$$

故系统初态为

$$
|\psi(0)\rangle = \sum_n c_n(0)(\cos\theta_n |+,n\rangle - \sin\theta_n |-,n\rangle) \tag{7.5.27}
$$

则 t 时刻系统的态矢量为

$$
\begin{aligned}
|\psi(t)\rangle &= \exp(-\mathrm{i}\hat{H}t/\hbar)|\psi(0)\rangle \\
&= \sum_n c_n(0)\left[\cos\theta_n |+,n\rangle \exp(-\mathrm{i}E_{+,n}t/\hbar) - \sin\theta_n |-,n\rangle \exp(-\mathrm{i}E_{-,n}t/\hbar) \right]
\end{aligned} \tag{7.5.28}
$$

这样就可求出缀饰态原子处于 $|+,n\rangle$ 和 $|-,n\rangle$ 的概率，或者系统处于态 $|e,n\rangle$ 和 $|g,n+1\rangle$ 的概率。

将缀饰态的表达式(7.5.7)和式(7.5.8)代入式(7.5.28)，可得到用裸态 $|e,n\rangle$ 和 $|g,n+1\rangle$ 表示的系统态矢量为

$$|\psi(t)\rangle=\sum_n[c_{e,n}(t)|e,n\rangle+c_{g,n+1}(t)\,|g,n+1\rangle] \tag{7.5.29}$$

这与用概率幅方法得到的结果相同。

本节介绍的单个二能级原子与单光子耦合的光场缀饰态，同样可以推广到双光子或多光子跃迁过程的缀饰态情况。

7.6 大失谐条件下系统的有效哈密顿量及其应用

在原子与光场相互作用时，会出现大失谐情况，此时原子与光场的失谐量将远大于原子与光场的耦合强度 $\Delta\gg g$ (即 $\Delta\gg 2g\sqrt{n+1}$)。当出现大失谐时，系统的哈密顿量可以分为两部分：包含失谐量 Δ 在内的代表哈密顿量的主要部分和包含系统相互作用的耦合部分。对于满足大失谐条件的系统，可以通过求解系统的相互作用有效哈密顿量的方法，提取系统中的重要物理过程，可以大大简化相应的计算过程，同时可以方便求解和加深对问题的理解。

目前，求解系统有效哈密顿量的方法有多种[2,6,7,9,11-16]，前面已利用概率幅方法讨论了大失谐条件下 J-C 模型系统的相互作用有效哈密顿量，还可以直接对系统动力学演化进行展开，进而得出其等效相互作用形式[2,6,7,9,11,15](见附录V)。本节将介绍处理有效哈密顿量问题的正则变换(Schrieffer-Wolff 变换)方法和矩阵元方法。

7.6.1 求解系统有效哈密顿量的方法

假设相互作用系统的哈密顿量可表示为

$$\hat{H}=\hat{H}_0+\xi\hat{V} \tag{7.6.1}$$

式中，$\hat{H}_0$ 为系统哈密顿量 $\hat{H}$ 的主要部分；$\hat{V}$ 为系统相互作用部分；ξ 为小量。

正则变换的要点是寻找算符 $\hat{S}$，使得系统变换后的哈密顿量为

$$\begin{aligned}\hat{H}_{\text{eff}}&=\mathrm{e}^{\xi\hat{S}}\hat{H}\,\mathrm{e}^{-\xi\hat{S}}=\hat{H}+\xi[\hat{S},\hat{H}]+\frac{1}{2}\xi^2[\hat{S},[\hat{S},\hat{H}]]+O(\xi^3)\\&=\hat{H}_0+\xi(\hat{V}+[\hat{S},\hat{H}_0])+\xi^2[\hat{S},\hat{V}]+\frac{1}{2}\xi^2[\hat{S},[\hat{S},\hat{H}_0]]+O(\xi^3)\end{aligned} \tag{7.6.2}$$

若选择的算符 $\hat{S}$ 满足

$$[\hat{H}_0,\hat{S}]=\hat{V} \tag{7.6.3}$$

则变换后的有效哈密顿量为

$$\hat{H}_{\text{eff}}\cong\hat{H}_0+\frac{1}{2}\xi^2[\hat{S},\hat{V}] \tag{7.6.4}$$

这种变换后的 $\hat{H}_{\text{eff}}$ 对应于原 $\hat{H}$ 中的二阶过程，其要点是确定满足关系式 $[\hat{H}_0,\hat{S}]=\hat{V}$ 的 $\hat{S}$。通常，有两种方法来确定 $\hat{S}$。

方法 7.6.1　确定 $\hat{S}$ 的矩阵元方法。$\hat{H}_0$ 满足本征值方程 $\hat{H}_0|i\rangle=E_i|i\rangle$，式中 $|i\rangle$ 为原子本征态。对于式(7.6.3)，有

$$\langle m|[\hat{H}_0,\hat{S}]|n\rangle=\langle m|\hat{V}|n\rangle \tag{7.6.5}$$

由此可得

$$S_{mn}=\langle m|\hat{S}|n\rangle=\frac{\langle m|\hat{V}|n\rangle}{E_m-E_n} \tag{7.6.6}$$

对 S_{mn} 进行求和，可得

$$\hat{S}=\sum_{m\neq n}\frac{\langle m|\hat{V}|n\rangle}{E_m-E_n}|m\rangle\langle n| \tag{7.6.7}$$

将式(7.6.7)代入式(7.6.4)并取 $\xi=1$，可求出系统总的有效哈密顿量。

方法 7.6.2　直接求出 $\hat{S}$。要确定满足关系式 $[\hat{H}_0,\hat{S}]=\hat{V}$ 的 $\hat{S}$，先计算对易关系 $[\hat{H}_0,\hat{V}]=c\hat{A}$（$c$ 为常数），再令 $\hat{S}=x\hat{A}$，将 $\hat{S}=x\hat{A}$ 代入式(7.6.3)求出 x，就可确定系统的总有效哈密顿量。

7.6.2　求解系统有效哈密顿量的具体实例

(1) 在大失谐条件下，推导一个二能级原子与量子单模光场相互作用的有效哈密顿量。

在旋转波近似下，描述该系统的哈密顿量为

$$\hat{H}=\frac{1}{2}\hbar\omega_0\hat{\sigma}_z+\hbar\omega\hat{a}^\dagger\hat{a}+\hbar g(\hat{a}\hat{\sigma}_++\hat{a}^\dagger\hat{\sigma}_-) \tag{7.6.8}$$

选取 $\hat{U}=\exp\left[-\mathrm{i}\omega\left(\hat{a}^\dagger\hat{a}+\frac{1}{2}\hat{\sigma}_z\right)t\right]$，利用式(7.3.9)，可得旋转参考系的哈密顿量为

$$\hat{H}'=\frac{1}{2}\hbar\Delta\hat{\sigma}_z+\hbar g(\hat{a}\hat{\sigma}_++\hat{a}^\dagger\hat{\sigma}_-) \tag{7.6.9}$$

若取 $\hat{H}_0=\frac{1}{2}\hbar\Delta\hat{\sigma}_z$、$\hat{V}=\hbar g(\hat{a}\hat{\sigma}_++\hat{a}^\dagger\hat{\sigma}_-)$，将其代入式(7.6.7)，则 $\hat{S}$ 将表示为

$$\begin{aligned}\hat{S} &= \sum_{m\neq n}\frac{\langle m|\hat{V}|n\rangle}{E_m - E_n}|m\rangle\langle n| \\ &= \frac{\langle e|[\hbar g(\hat{a}\hat{\sigma}_+ + \hat{a}^\dagger\hat{\sigma}_-)]|g\rangle}{E_e - E_g}|e\rangle\langle g| + \frac{\langle g|[\hbar g(\hat{a}\hat{\sigma}_+ + \hat{a}^\dagger\hat{\sigma}_-)]|e\rangle}{E_g - E_e}|g\rangle\langle e| \\ &= \frac{g}{\Delta}(\hat{a}|e\rangle\langle g| - \hat{a}^\dagger|g\rangle\langle e|) \\ &= \frac{g}{\Delta}(\hat{a}\hat{\sigma}_+ - \hat{a}^\dagger\hat{\sigma}_-)\end{aligned} \tag{7.6.10}$$

式中，旋转参考系中原子跃迁频率满足 $E_e - E_g = \hbar\Delta$ 。将 $\hat{S}$ 代入式(7.6.4)并取 $\xi = 1$，可得旋转参考系中式(7.6.9)的总有效哈密顿量为

$$\begin{aligned}\hat{H}'_{\text{eff}} &\cong \hat{H}_0 + \frac{1}{2}[\hat{S},\hat{V}] = \frac{1}{2}\hbar\Delta\hat{\sigma}_z + \frac{1}{2}\left[\frac{g}{\Delta}(\hat{a}\hat{\sigma}_+ - \hat{a}^\dagger\hat{\sigma}_-), \hbar g(\hat{a}\hat{\sigma}_+ + \hat{a}^\dagger\hat{\sigma}_-)\right] \\ &= \frac{1}{2}\hbar\Delta\hat{\sigma}_z + \frac{\hbar g^2}{2\Delta}[\hat{a}\hat{\sigma}_+ - \hat{a}^\dagger\hat{\sigma}_-, \hat{a}\hat{\sigma}_+ + \hat{a}^\dagger\hat{\sigma}_-] \\ &= \frac{1}{2}\hbar\Delta\hat{\sigma}_z + \frac{\hbar g^2}{\Delta}(\hat{a}^\dagger\hat{a}\hat{\sigma}_z + \hat{\sigma}_+\hat{\sigma}_-)\end{aligned} \tag{7.6.11}$$

式(7.6.11)中第二项为系统的相互作用有效哈密顿量，即

$$\hat{H}_{\text{e}} = \frac{\hbar g^2}{\Delta}(\hat{a}^\dagger\hat{a}\,\hat{\sigma}_z + \hat{\sigma}_+\hat{\sigma}_-) \tag{7.6.12}$$

在薛定谔绘景中，系统的总有效哈密顿量为

$$\begin{aligned}\hat{H}_{\text{eff}} &= \hbar\omega\left(\hat{a}^\dagger\hat{a} + \frac{1}{2}\hat{\sigma}_z\right) + \frac{1}{2}\hbar\Delta\hat{\sigma}_z + \frac{\hbar g^2}{\Delta}(\hat{a}^\dagger\hat{a}\hat{\sigma}_z + \hat{\sigma}_+\hat{\sigma}_-) \\ &= \frac{1}{2}\hbar\omega_0\hat{\sigma}_z + \hbar\omega\hat{a}^\dagger\hat{a} + \frac{\hbar g^2}{\Delta}(\hat{a}^\dagger\hat{a}\hat{\sigma}_z + \hat{\sigma}_+\hat{\sigma}_-)\end{aligned} \tag{7.6.13}$$

具体计算时将根据需要进行选取。

(2) 大失谐条件下，推导两个谐振子耦合系统的有效哈密顿量。

在旋转波近似下，描述两个谐振子耦合系统的哈密顿量可表示为

$$\hat{H} = \hbar\omega_a\hat{a}^\dagger\hat{a} + \hbar\omega_b\hat{b}^\dagger\hat{b} + \hbar g(\hat{a}^\dagger\hat{b} + \hat{b}^\dagger\hat{a}) \tag{7.6.14}$$

式中，ω_a 和 ω_b 为两个谐振子的频率。

设 $\omega_a > \omega_b$ ，令 $\hat{H}_0 = \hbar\omega_a\hat{a}^\dagger\hat{a} + \hbar\omega_a\hat{b}^\dagger\hat{b}$ ，则在旋转参考系中，系统的哈密顿量为

$$\hat{H}' = -\hbar\varDelta\hat{b}^\dagger\hat{b} + \hbar g(\hat{a}^\dagger\hat{b} + \hat{b}^\dagger\hat{a}) \tag{7.6.15}$$

式中，$\varDelta = \omega_a - \omega_b$。

取 $\hat{H}_0' = -\hbar\varDelta\hat{b}^\dagger\hat{b}$、$V = \hbar g(\hat{a}^\dagger\hat{b} + \hat{b}^\dagger\hat{a})$，容易计算出对易关系 $[\hat{H}_0', \hat{V}] = c(\hat{a}^\dagger\hat{b} - \hat{b}^\dagger\hat{a})$，其中，$c = \hbar^2\varDelta g$ 为常数。令 $\hat{S} = x(\hat{a}^\dagger\hat{b} - \hat{b}^\dagger\hat{a})$，将其代入方程 $[\hat{H}_0', \hat{S}] = \hat{V}$ 可得

$$[-\hbar\varDelta\hat{b}^\dagger\hat{b}, x(\hat{a}^\dagger\hat{b} - \hat{b}^\dagger\hat{a})] = \hbar g(\hat{a}^\dagger\hat{b} + \hat{b}^\dagger\hat{a}) \tag{7.6.16}$$

解之可得

$$x = \frac{g}{\varDelta} \tag{7.6.17}$$

故

$$\hat{S} = \frac{g}{\varDelta}(\hat{a}^\dagger\hat{b} - \hat{b}^\dagger\hat{a}) \tag{7.6.18}$$

将 $\hat{S}$ 代入式(7.6.4)并取 $\xi = 1$，可求出旋转参考系中式(7.6.15)中的总有效哈密顿量为

$$\begin{aligned}\hat{H}'_{\text{eff}} &= -\hbar\varDelta\hat{b}^\dagger\hat{b} + \frac{1}{2}\left[\frac{g}{\varDelta}(\hat{a}^\dagger\hat{b} - \hat{b}^\dagger\hat{a}), \hbar g(\hat{a}^\dagger\hat{b} + \hat{b}^\dagger\hat{a})\right] \\ &= -\hbar\varDelta\hat{b}^\dagger\hat{b} + \frac{\hbar g^2}{\varDelta}(\hat{a}^\dagger\hat{a} - \hat{b}^\dagger\hat{b})\end{aligned} \tag{7.6.19}$$

式(7.6.19)中第二项为系统的相互作用有效哈密顿量，即

$$\hat{H}_{\text{e}} = \frac{\hbar g^2}{\varDelta}(\hat{a}^\dagger\hat{a} - \hat{b}^\dagger\hat{b}) \tag{7.6.20}$$

在薛定谔绘景中，系统的总有效哈密顿量为

$$\begin{aligned}\hat{H}_{\text{eff}} = \hat{H}_0 + \hat{H}'_{\text{eff}} &= \hbar\omega_a\hat{a}^\dagger\hat{a} + \hbar\omega_a\hat{b}^\dagger\hat{b} - \hbar\varDelta\hat{b}^\dagger\hat{b} + \frac{\hbar g^2}{\varDelta}(\hat{a}^\dagger\hat{a} - \hat{b}^\dagger\hat{b}) \\ &= \hbar\omega_a\hat{a}^\dagger\hat{a} + \hbar\omega_b\hat{b}^\dagger\hat{b} + \frac{\hbar g^2}{\varDelta}(\hat{a}^\dagger\hat{a} - \hat{b}^\dagger\hat{b}) \\ &= \hbar\left(\omega_a + \frac{g^2}{\varDelta}\right)\hat{a}^\dagger\hat{a} + \hbar\left(\omega_b - \frac{g^2}{\varDelta}\right)\hat{b}^\dagger\hat{b}\end{aligned} \tag{7.6.21}$$

7.6.3　大失谐条件下有效哈密顿量的应用及纠缠态的制备

在旋转波近似和大失谐条件下，一个二能级原子与量子单模光场耦合系统的相互作用有效哈密顿量由式(7.6.12)确定，可以表示为

$$\hat{H}_{\mathrm{e}} = \hbar\chi(\hat{a}^{\dagger}\hat{a}\hat{\sigma}_z + \hat{\sigma}_+\hat{\sigma}_-) = \hbar\chi[(\hat{a}^{\dagger}\hat{a}+1)|e\rangle\langle e| - \hat{a}^{\dagger}\hat{a})|g\rangle\langle g|] \tag{7.6.22}$$

式中，$\chi = g^2 / \varDelta$。

相应的时间演化算符则为

$$\hat{U}(t) = \exp(-\mathrm{i}\hat{H}_{\mathrm{e}} t / \hbar) \tag{7.6.23}$$

当原子和光场系统初始处于量子态$|\psi(0)\rangle = |g,n\rangle$时，任意$t$时刻的状态为

$$|\psi(t)\rangle = \hat{U}(t)|\psi(0)\rangle = \exp(-\mathrm{i}\hat{H}_{\mathrm{e}} t/\hbar)|g,n\rangle = \mathrm{e}^{\mathrm{i}n\chi t}|g,n\rangle \tag{7.6.24}$$

当系统初始处于$|\psi(0)\rangle = |e,n\rangle$时，任意$t$时刻的状态为

$$|\psi(t)\rangle = \exp(-\mathrm{i}\hat{H}_{\mathrm{e}} t / \hbar)|e,n\rangle = \mathrm{e}^{-\mathrm{i}(n+1)\chi t}|e,n\rangle \tag{7.6.25}$$

上述结果表明，当初始处于数态光场$|n\rangle$时，系统在演化过程中将保持其初态不变，只是出现了一个不能测量的相位因子。

对于光场初始为相干态$|\alpha\rangle$的情况，当系统初始处于量子态$|\psi(0)\rangle = |e,\alpha\rangle$时，任意$t$时刻的状态为

$$\begin{aligned}|\psi(t)\rangle &= \exp(-\mathrm{i}\hat{H}_{\mathrm{e}} t / \hbar)|e,\alpha\rangle \\ &= \exp(-\mathrm{i}\hat{H}_{\mathrm{e}} t / \hbar)|e\rangle \mathrm{e}^{-|\alpha|^2/2}\sum_{n=0}^{\infty}\frac{\alpha^n}{\sqrt{n!}}|n\rangle \\ &= |e\rangle \mathrm{e}^{-|\alpha|^2/2}\sum_{n=0}^{\infty}\frac{\alpha^n}{\sqrt{n!}}\mathrm{e}^{-\mathrm{i}(n+1)\chi t}|n\rangle \\ &= \mathrm{e}^{-\mathrm{i}\chi t}|e\rangle|\alpha\mathrm{e}^{-\mathrm{i}\chi t}\rangle\end{aligned} \tag{7.6.26}$$

当系统初始处于$|\psi(0)\rangle = |g,\alpha\rangle$时，有

$$|\psi(t)\rangle = \exp(-\mathrm{i}\hat{H}_{\mathrm{e}} t / \hbar)|g,\alpha\rangle = |g\rangle|\alpha\mathrm{e}^{\mathrm{i}\chi t}\rangle \tag{7.6.27}$$

可见，相干态振幅在相空间中均旋转了χt，转动方向取决于原子初态。

现在假设光场初始处于相干态$|\alpha\rangle$，而原子初始处于叠加态$(|g\rangle + \mathrm{e}^{\mathrm{i}\varphi}|e\rangle)/\sqrt{2}$，则任意$t$时刻的系统状态为

$$|\psi(t)\rangle = \frac{1}{\sqrt{2}}\left[|g\rangle|\alpha\mathrm{e}^{\mathrm{i}\chi t}\rangle + \mathrm{e}^{-\mathrm{i}(\chi t-\varphi)}|e\rangle|\alpha\mathrm{e}^{-\mathrm{i}\chi t}\rangle\right] \tag{7.6.28}$$

这通常是原子与光场的纠缠态。若选取$\chi t = \pi/2$，则有

$$|\psi[\pi/(2\chi)]\rangle = \frac{1}{\sqrt{2}}(|g\rangle|\mathrm{i}\alpha\rangle - \mathrm{i}\mathrm{e}^{\mathrm{i}\varphi}|e\rangle|-\mathrm{i}\alpha\rangle) \tag{7.6.29}$$

式(7.6.29)中的两个光场相干态$|\mathrm{i}\alpha\rangle$和$|-\mathrm{i}\alpha\rangle$在相空间分开了180°，这是最大限度区分开的相干态。

量子纠缠是量子力学的重要特征，不仅可用于检验量子力学基础，证明贝尔不等式，而且是量子信息学的核心资源，在量子通信、量子计算、量子精密测量等方面具有重要的应用前景，可以确保在信息传输安全、提高计算能力、提升测量精度等方面突破经典信息极限，从而受到国内外学术界和各国政府的普遍关注。

7.7　自发辐射、受激辐射和受激吸收

半经典理论不能解释处于激发态的原子为何会自发跃迁到下能态同时辐射出光子。应用全量子理论，处理光场与原子的相互作用就可以精确地描述该现象。本节将应用全量子理论描述包含各种多模场情况下的自发辐射、受激辐射和受激吸收三种跃迁过程[1,4,7,8]。

在旋转波近似下，相互作用绘景中二能级原子与多模光场作用时的相互作用哈密顿量为

$$\hat{V}_{\mathrm{I}} = \hbar\sum_{\lambda}[g_{\lambda}\hat{b}_2^{\dagger}\hat{b}_1\hat{a}_{\lambda}\mathrm{e}^{-\mathrm{i}(\omega_{\lambda}-\omega_0)t} + g_{\lambda}^{*}\hat{b}_1^{\dagger}\hat{b}_2\hat{a}_{\lambda}^{\dagger}\mathrm{e}^{\mathrm{i}(\omega_{\lambda}-\omega_0)t}] \tag{7.7.1}$$

则相互作用绘景中薛定谔方程 $\mathrm{i}\hbar\dfrac{\mathrm{d}|\psi(t)\rangle}{\mathrm{d}t} = \hat{V}_{\mathrm{I}}(t)|\psi(t)\rangle$ 的解为

$$|\psi(t)\rangle = |\psi(0)\rangle - \frac{\mathrm{i}}{\hbar}\int_0^t \hat{V}_{\mathrm{I}}(\tau)|\psi(\tau)\rangle\mathrm{d}\tau \tag{7.7.2}$$

式中，$|\psi(0)\rangle$ 为初始时刻的态矢量。

利用显含时间微扰方法来求解上述方程，则其一级微扰近似解为

$$|\psi^{(1)}(t)\rangle = |\psi(0)\rangle - \frac{\mathrm{i}}{\hbar}\int_0^t \hat{V}_{\mathrm{I}}(\tau)|\psi(0)\rangle\mathrm{d}\tau \tag{7.7.3}$$

7.7.1　自发辐射

对于自发辐射，初始时刻原子上能态有一个粒子即电子，光场中无光子，系统初态表示为 $|\psi(0)\rangle = \hat{b}_2^{\dagger}|0\rangle$。将式(7.7.1)代入式(7.7.3)，可得

$$|\psi^{(1)}(t)\rangle = \hat{b}_2^{\dagger}|0\rangle - \mathrm{i}\int_0^t\sum_{\lambda}\Big[g_{\lambda}\hat{b}_2^{\dagger}\hat{b}_1\hat{a}_{\lambda}\hat{b}_2^{\dagger}\mathrm{e}^{-\mathrm{i}(\omega_{\lambda}-\omega_0)\tau}|0\rangle + g_{\lambda}^{*}\hat{b}_1^{\dagger}\hat{b}_2\hat{a}_{\lambda}^{\dagger}\hat{b}_2^{\dagger}\mathrm{e}^{\mathrm{i}(\omega_{\lambda}-\omega_0)\tau}|0\rangle\Big]\mathrm{d}\tau \tag{7.7.4}$$

因光场算符 $\hat{a}$ 与电子算符 $\hat{b}$ 对易，式(7.7.4)积分中的第一项为

$$\hat{b}_2^{\dagger}\hat{b}_1\hat{a}_{\lambda}\hat{b}_2^{\dagger}|0\rangle = \hat{b}_2^{\dagger}\hat{b}_1\hat{b}_2^{\dagger}\hat{a}_{\lambda}|0\rangle = 0 \tag{7.7.5}$$

式(7.7.4)积分中的第二项为

$$\begin{aligned}\hat{b}_1^\dagger \hat{b}_2 \hat{a}_\lambda^\dagger \hat{b}_2^\dagger |0\rangle &= \hat{b}_1^\dagger \hat{b}_2 \hat{b}_2^\dagger \hat{a}_\lambda^\dagger |0\rangle \\ &= \hat{b}_1^\dagger (1-\hat{b}_2^\dagger \hat{b}_2)\hat{a}_\lambda^\dagger |0\rangle = \hat{b}_1^\dagger \hat{a}_\lambda^\dagger |0\rangle\end{aligned} \tag{7.7.6}$$

故式(7.7.4)可转化为

$$\begin{aligned}|\psi^{(1)}(t)\rangle &= \hat{b}_2^\dagger|0\rangle - \mathrm{i}\sum_\lambda \int_0^t g_\lambda^* \mathrm{e}^{\mathrm{i}(\omega_\lambda-\omega_0)\tau} \hat{b}_1^\dagger \hat{a}_\lambda^\dagger |0\rangle \mathrm{d}\tau \\ &= \hat{b}_2^\dagger|0\rangle + \sum_\lambda g_\lambda^* \frac{1}{\omega_\lambda-\omega_0}[1-\mathrm{e}^{\mathrm{i}(\omega_\lambda-\omega_0)t}]\hat{b}_1^\dagger \hat{a}_\lambda^\dagger|0\rangle\end{aligned} \tag{7.7.7}$$

式中，右边第一项 $\hat{b}_2^\dagger|0\rangle$ 表示系统初态，光子数为零，原子在上能态(即在上能态产生一个电子)；第二项 $\hat{b}_1^\dagger \hat{a}_\lambda^\dagger|0\rangle$ 表示原子下能态有一个粒子(即电子处于下能态)，光场的第 λ 模有一个光子。

任意时刻 t 光子处于第 λ 模而电子处于下能态的概率为

$$\left|\frac{g_\lambda}{\omega_\lambda-\omega_0}\right|^2 \left|1-\mathrm{e}^{\mathrm{i}(\omega_\lambda-\omega_0)t}\right|^2 \tag{7.7.8}$$

自发辐射将产生多模场连续谱，因此出现自发辐射的总概率为

$$\sum_\lambda \left|\frac{g_\lambda}{\omega_\lambda-\omega_0}\right|^2 \left|1-\mathrm{e}^{\mathrm{i}(\omega_\lambda-\omega_0)t}\right|^2 \tag{7.7.9}$$

将式(7.7.9)对时间求导数，得到单位时间的跃迁概率 P 为

$$P=\sum_\lambda 2|g_\lambda|^2 \frac{\sin(\omega_\lambda-\omega_0)t}{\omega_\lambda-\omega_0} \tag{7.7.10}$$

根据 δ 函数的定义 $\lim\limits_{t\to\infty}\dfrac{\sin(\omega t)}{\omega}=\pi\delta(\omega)$，有

$$P=2\pi\sum_\lambda |g_\lambda|^2 \delta(\omega_\lambda-\omega_0) \tag{7.7.11}$$

式(7.7.11)表示原子向光场的不同模式(不同偏振态和传播方向)自发地辐射同一频率 ω_0 的电磁波。

7.7.2 受激辐射

受激辐射是处于上能态或激发态的原子受到外加光场作用所发生的辐射跃迁。因此，系统初态是上能态有一个原子，第 λ_0 模光场有 n 个光子，即

$$|\psi(0)\rangle = \hat{b}_2^\dagger \frac{1}{\sqrt{n!}}(\hat{a}_{\lambda_0}^\dagger)^n|0\rangle \tag{7.7.12}$$

将式(7.7.1)和式(7.7.12)代入式(7.7.3)，可得

$$
\begin{aligned}
\hat{b}_1^\dagger \hat{b}_2 \hat{a}_\lambda^\dagger \left|\psi^{(1)}(0)\right\rangle &= \hat{b}_1^\dagger \hat{b}_2 \hat{a}_\lambda^\dagger \hat{b}_2^\dagger \frac{1}{\sqrt{n!}}(\hat{a}_{\lambda_0}^\dagger)^n|0\rangle = \frac{1}{\sqrt{n!}}\hat{a}_\lambda^\dagger(\hat{a}_{\lambda_0}^\dagger)^n \hat{b}_1^\dagger \hat{b}_2 \hat{b}_2^\dagger|0\rangle \\
&= \frac{1}{\sqrt{n!}}\hat{a}_\lambda^\dagger(\hat{a}_{\lambda_0}^\dagger)^n \hat{b}_1^\dagger(1-\hat{b}_2^\dagger \hat{b}_2)|0\rangle = \frac{1}{\sqrt{n!}}\hat{a}_\lambda^\dagger(\hat{a}_{\lambda_0}^\dagger)^n \hat{b}_1^\dagger|0\rangle \qquad (7.7.13)\\
&= \begin{cases} \dfrac{1}{\sqrt{n!}}\hat{b}_1^\dagger(\hat{a}_{\lambda_0}^\dagger)^n \hat{a}_\lambda^\dagger|0\rangle, & \lambda \neq \lambda_0 \\ \dfrac{1}{\sqrt{n!}}(\hat{a}_{\lambda_0}^\dagger)^{n+1}\hat{b}_1^\dagger|0\rangle, & \lambda = \lambda_0 \end{cases}
\end{aligned}
$$

上述最后两个关系式分别表明，第 λ_0 模的激发光，出现 $\lambda \neq \lambda_0$ 模的产生光，属于自发辐射；第 λ_0 模的激发光，出现第 λ_0 模的产生光，属于受激辐射。

当 $\lambda \neq \lambda_0$ 时，自发辐射概率将由式(7.7.11)给出，为

$$
P = 2\pi \sum_{\lambda \neq \lambda_0} |g_\lambda|^2 \delta(\omega_\lambda - \omega_0) \tag{7.7.14}
$$

当 $\lambda = \lambda_0$ 时，对于系统初态为 $|e\rangle|n_{\lambda_0}\rangle$，末态为 $|g\rangle|n_{\lambda_0}+1\rangle$，由式(7.7.1)可知，其单位时间的跃迁概率为

$$
\begin{aligned}
\left|\langle n_{\lambda_0}+1|\langle g|\hat{V}_\mathrm{I}|e\rangle|n_{\lambda_0}\rangle\right|^2 &= 2\pi\left|g_{\lambda_0}\right|^2\left|\langle n_{\lambda_0}+1|\langle g|\hat{a}_{\lambda_0}^\dagger \hat{b}_1^\dagger \hat{b}_2|e\rangle|n_{\lambda_0}\rangle\right|^2 \delta(\omega_\lambda - \omega_0) \\
&= 2\pi(n_{\lambda_0}+1)\left|g_{\lambda_0}\right|^2 \delta(\omega_\lambda - \omega_0)
\end{aligned} \tag{7.7.15}
$$

式中，$(n_{\lambda_0}+1)$ 中与光场光子数 n_{λ_0} 有关的部分表示受激辐射，而 $(n_{\lambda_0}+1)$ 中的“1”与光场无关的部分则属于第 λ_0 模内的自发辐射。

综合式(7.7.14)和式(7.7.15)，可得单位时间的总跃迁概率 P 为

$$
\begin{aligned}
P &= 2\pi \sum_{\lambda \neq \lambda_0} |g_\lambda|^2 \delta(\omega_\lambda - \omega_0) + 2\pi(n_{\lambda_0}+1)\left|g_{\lambda_0}\right|^2 \delta(\omega_\lambda - \omega_0) \\
&= 2\pi \sum_{\lambda} |g_\lambda|^2 \delta(\omega_\lambda - \omega_0) + 2\pi n_{\lambda_0}\left|g_{\lambda_0}\right|^2 \delta(\omega_\lambda - \omega_0)
\end{aligned} \tag{7.7.16}
$$

式中，右边第一项表示发生自发辐射的概率，与光子数 n 无关；第二项表示受激辐射，表明原子跃迁到模式 λ_0 的概率正比于该光场模式的光子数 n，也就是说正比于光场的强度，用 P_sr 表示为

$$
P_\mathrm{sr} = 2\pi n_{\lambda_0}\left|g_{\lambda_0}\right|^2 \delta(\omega_\lambda - \omega_0) \tag{7.7.17}
$$

7.7.3　受激吸收

受激吸收是指处于下能态的原子吸收外场光子而跃迁到上能态，其系统初态为

$$|\psi(0)\rangle = \hat{b}_1^\dagger \frac{1}{\sqrt{n!}}(\hat{a}_{\lambda_0}^\dagger)^n|0\rangle \tag{7.7.18}$$

将式(7.7.1)和式(7.7.18)代入式(7.7.3)，考虑到

$$\hat{b}_1^\dagger \hat{b}_2 \hat{a}_\lambda^\dagger |\psi(0)\rangle = \hat{b}_1^\dagger \hat{b}_2 \hat{a}_\lambda^\dagger \hat{b}_1^\dagger |0\rangle = 0 \tag{7.7.19}$$

$$\begin{aligned}\hat{b}_2^\dagger \hat{b}_1 \hat{a}_\lambda |\psi(0)\rangle &= \hat{b}_2^\dagger \hat{b}_1 \hat{a}_\lambda \hat{b}_1^\dagger \frac{1}{\sqrt{n!}}(\hat{a}_{\lambda_0}^\dagger)^n|0\rangle \\ &= \hat{b}_2^\dagger \hat{b}_1 \hat{b}_1^\dagger \frac{1}{\sqrt{n!}}\hat{a}_\lambda(\hat{a}_{\lambda_0}^\dagger)^n|0\rangle \\ &= \frac{1}{\sqrt{n!}}\hat{b}_2^\dagger \hat{b}_1 \hat{b}_1^\dagger\left[(\hat{a}_{\lambda_0}^\dagger)^n \hat{a}_\lambda + n(\hat{a}_{\lambda_0}^\dagger)^n\right]|0\rangle \\ &= \frac{\sqrt{n}}{\sqrt{(n-1)!}}\hat{b}_2^\dagger \hat{b}_1 \hat{b}_1^\dagger(\hat{a}_{\lambda_0}^\dagger)^{n-1}|0\rangle \\ &= \sqrt{n}\,\hat{b}_2^\dagger \frac{(\hat{a}_{\lambda_0}^\dagger)^{n-1}}{\sqrt{(n-1)!}}|0\rangle\end{aligned} \tag{7.7.20}$$

则单位时间内受激吸收的总跃迁概率为

$$P_{\text{abs}} = 2\pi n_{\lambda_0}\left|g_{\lambda_0}\right|^2 \delta(\omega_\lambda - \omega_0) \tag{7.7.21}$$

此式表明，受激吸收的跃迁概率与已有光子数 n_{λ_0} 成正比。

利用全量子理论研究自发辐射、受激辐射和受激吸收所得结论与 1905 年爱因斯坦的研究情况完全一致，这是激光理论的基础。

7.8　二能级原子之间自发辐射的 Weisskopf-Wigner 理论

在二能级原子与单模光场相互作用的 J-C 模型中，自发辐射呈现周期性振荡的形式，这是因为该模型只考虑了原子与一个场模相互作用而交换能量，系统在 $|e,0\rangle \leftrightarrow |g,1\rangle$ 之间发生拉比振荡。一个原子由激发态跃迁到基态是有寿命的，不可能永远做上下跃迁。原子在自由空间的自发辐射呈指数衰减形式，导致原子的激发态有一定的寿命，这是因为在自由空间中存在许多光场模式，需要考虑原子与多模场的相互作用[1,4,7,9]。

对于自由空间的多模场，采用下列行波形式：

$$\hat{\boldsymbol{E}}(\boldsymbol{r},t) = \sum_\lambda \boldsymbol{e}_\lambda E_\lambda^{(r)}[\hat{a}_\lambda \mathrm{e}^{-\mathrm{i}(\omega_\lambda t - \boldsymbol{k}_\lambda\cdot\boldsymbol{r})} + \hat{a}_\lambda^\dagger \mathrm{e}^{\mathrm{i}(\omega_\lambda t - \boldsymbol{k}_\lambda\cdot\boldsymbol{r})}] \tag{7.8.1}$$

式中，$E_\lambda^{(r)} = \sqrt{\dfrac{\hbar\omega_\lambda}{2V\varepsilon_0}}$ 。

在电偶极近似下，原子与光场的相互作用哈密顿量为

$$\hat{V} = -\hat{\boldsymbol{d}} \cdot \hat{\boldsymbol{E}} = -\boldsymbol{d}_{eg}(\hat{\sigma}_+ + \hat{\sigma}_-)\sum_{\lambda} \boldsymbol{e}_{\lambda} E_{\lambda}^{(r)}[\hat{a}_{\lambda}\mathrm{e}^{-\mathrm{i}(\omega_{\lambda}t - \boldsymbol{k}_{\lambda}\cdot\boldsymbol{r})} + \mathrm{h.c.}] \tag{7.8.2}$$

在相互作用绘景中，相互作用哈密顿量(7.8.2)将变换为

$$\begin{aligned} \hat{V}_{\mathrm{I}} &= -\boldsymbol{d}_{eg}(\hat{\sigma}_+\mathrm{e}^{\mathrm{i}\omega_0 t} + \hat{\sigma}_-\mathrm{e}^{-\mathrm{i}\omega_0 t})\sum_{\lambda} \boldsymbol{e}_{\lambda} E_{\lambda}^{(r)}[\hat{a}_{\lambda}\mathrm{e}^{-\mathrm{i}(\omega_{\lambda}t - \boldsymbol{k}_{\lambda}\cdot\boldsymbol{r}_0)} + \mathrm{h.c.}] \\ &= -\sum_{\lambda} \boldsymbol{d}_{eg}\cdot\boldsymbol{e}_{\lambda} E_{\lambda}^{(r)}(\hat{\sigma}_+\mathrm{e}^{\mathrm{i}\omega_0 t} + \hat{\sigma}_-\mathrm{e}^{-\mathrm{i}\omega_0 t})[\hat{a}_{\lambda}\mathrm{e}^{-\mathrm{i}(\omega_{\lambda}t - \boldsymbol{k}_{\lambda}\cdot\boldsymbol{r}_0)} + \mathrm{h.c.}] \end{aligned} \tag{7.8.3}$$

在旋转波近似下，相互作用绘景中二能级原子与连续模光场系统的相互作用哈密顿量为

$$\hat{V}_{\mathrm{I}} = \hbar\sum_{\lambda}[g_{\lambda}(\boldsymbol{r}_0)\hat{\sigma}_+\hat{a}_{\lambda}\mathrm{e}^{\mathrm{i}(\omega_0-\omega_{\lambda})t} + g_{\lambda}^{*}(\boldsymbol{r}_0)\hat{\sigma}_-\hat{a}_{\lambda}^{\dagger}\mathrm{e}^{-\mathrm{i}(\omega_0-\omega_{\lambda})t}] \tag{7.8.4}$$

式中，$g_{\lambda}(\boldsymbol{r}_0) = -\dfrac{\boldsymbol{d}_{eg}\cdot\boldsymbol{e}_{\lambda}}{\hbar}E_{\lambda}^{(r)}\mathrm{e}^{\mathrm{i}\boldsymbol{k}_{\lambda}\cdot\boldsymbol{r}_0}$，$\boldsymbol{r}_0$ 为原子位置。

设初始时刻 $t=0$，原子处于激发态 $|e\rangle$，所有光场模均处于真空态 $|0\rangle$，其初始条件可写为 $c_e(0)=1$、$c_{g,\lambda}(0)=0$。t 时刻原子和光场系统的态矢量可表示为

$$|\psi(t)\rangle = c_e(t)|e,0\rangle + \sum_{\lambda} c_{g,\lambda}(t)|g,1_{\lambda}\rangle \tag{7.8.5}$$

将式(7.8.4)和式(7.8.5)代入相互作用绘景中的薛定谔方程：

$$\mathrm{i}\hbar\frac{\mathrm{d}|\Psi(t)\rangle}{\mathrm{d}t} = \hat{V}_{\mathrm{I}}(t)|\Psi(t)\rangle \tag{7.8.6}$$

可得概率幅 $c_e(t)$ 和 $c_{g,\lambda}(t)$ 所满足的方程为

$$\frac{\mathrm{d}}{\mathrm{d}t}c_e(t) = -\mathrm{i}\sum_{\lambda} g_{\lambda}(\boldsymbol{r}_0)\mathrm{e}^{\mathrm{i}(\omega_0-\omega_{\lambda})t}c_{g,\lambda}(t) \tag{7.8.7}$$

$$\frac{\mathrm{d}}{\mathrm{d}t}c_{g,\lambda}(t) = -\mathrm{i}g_{\lambda}^{*}(\boldsymbol{r}_0)\mathrm{e}^{-\mathrm{i}(\omega_0-\omega_{\lambda})t}c_e(t) \tag{7.8.8}$$

对方程(7.8.8)进行积分，可得

$$\begin{aligned} c_{g,\lambda}(t) &= c_{g,\lambda}(0) - \mathrm{i}g_{\lambda}^{*}(\boldsymbol{r}_0)\int_0^t \mathrm{d}t'\mathrm{e}^{-\mathrm{i}(\omega_0-\omega_{\lambda})t'}c_e(t') \\ &= -\mathrm{i}g_{\lambda}^{*}(\boldsymbol{r}_0)\int_0^t \mathrm{d}t'\mathrm{e}^{-\mathrm{i}(\omega_0-\omega_{\lambda})t'}c_e(t') \end{aligned} \tag{7.8.9}$$

将 $c_{g,\lambda}(t)$ 代入式(7.8.7)，可得

$$\frac{\mathrm{d}c_e(t)}{\mathrm{d}t} = -\sum_{\lambda}|g_{\lambda}(\boldsymbol{r}_0)|^2\int_0^t \mathrm{d}t'\mathrm{e}^{\mathrm{i}(\omega_0-\omega_{\lambda})(t-t')}c_e(t') \tag{7.8.10}$$

这样就得到一个精确的线性微积分方程。为了求解此方程，进行 Weisskopf-

Wigner 近似。

(1) 假设光场模在频率空间密集连续，将式(7.8.10)对光场模 λ 的求和转化为积分。

因在波矢 $\boldsymbol{k}_\lambda$ 空间体元 d^3k_λ 中所包含的模数为 $2\dfrac{V}{(2\pi)^3}\mathrm{d}^3k_\lambda$，故有

$$\begin{aligned}\sum_\lambda \to 2\frac{V}{(2\pi)^3}\iiint \mathrm{d}^3k_\lambda &= 2\frac{V}{(2\pi)^3}\int_0^{2\pi}\mathrm{d}\varphi\int_0^{\pi}\sin\theta\mathrm{d}\theta\int_0^{\infty}k_\lambda^2\mathrm{d}k_\lambda \\ &= 2\frac{V}{(2\pi c)^3}\int_0^{2\pi}\mathrm{d}\varphi\int_0^{\pi}\sin\theta\mathrm{d}\theta\int_0^{\infty}\omega_\lambda^2\mathrm{d}\omega_\lambda\end{aligned} \tag{7.8.11}$$

式中，$k_\lambda=\omega_\lambda/c$。

又因为

$$g_\lambda(\boldsymbol{r}_0)=-\frac{\boldsymbol{d}_{eg}\cdot\boldsymbol{e}_\lambda}{\hbar}E_\lambda^{(r)}\mathrm{e}^{\mathrm{i}\boldsymbol{k}_\lambda\cdot\boldsymbol{r}_0}=-\frac{d_{eg}\cos\theta}{\hbar}\sqrt{\frac{\hbar\omega_\lambda}{2V\varepsilon_0}}\,\mathrm{e}^{\mathrm{i}\boldsymbol{k}_\lambda\cdot\boldsymbol{r}_0} \tag{7.8.12}$$

所以有

$$\left|g_\lambda(\boldsymbol{r}_0)\right|^2=\frac{\omega_\lambda d_{eg}^2\cos^2\theta}{2\varepsilon_0\hbar V} \tag{7.8.13}$$

对式(7.8.10)的 θ 、φ 进行积分，可得

$$\begin{aligned}\frac{\mathrm{d}}{\mathrm{d}t}c_e(t) &= -2\frac{V}{(2\pi c)^3}\int_0^{2\pi}\mathrm{d}\varphi\int_0^{\pi}\mathrm{d}\theta\sin\theta\int_0^{\infty}\omega_\lambda^2\mathrm{d}\omega_\lambda\frac{\omega_\lambda d_{eg}^2\cos^2\theta}{2V\varepsilon_0\hbar}\int_0^t\mathrm{d}t'\mathrm{e}^{\mathrm{i}(\omega_0-\omega_\lambda)(t-t')}c_e(t') \\ &= -\frac{d_{eg}^2}{\varepsilon_0\hbar(2\pi c)^3}\int_0^{2\pi}\mathrm{d}\varphi\int_0^{\pi}\mathrm{d}\theta\sin\theta\cos^2\theta\int_0^{\infty}\omega_\lambda^3\mathrm{d}\omega_\lambda\int_0^t\mathrm{d}t'\mathrm{e}^{\mathrm{i}(\omega_0-\omega_\lambda)(t-t')}c_e(t') \\ &= -\frac{2d_{eg}^2}{3\varepsilon_0\hbar(2\pi)^2c^3}\int_0^{\infty}\omega_\lambda^3\mathrm{d}\omega_\lambda\int_0^t\mathrm{d}t'\mathrm{e}^{\mathrm{i}(\omega_0-\omega_\lambda)(t-t')}c_e(t') \\ &= -\frac{2d_{eg}^2}{3\varepsilon_0\hbar(2\pi)^2c^3}\int_0^t\mathrm{d}t'c_e(t')\int_0^{\infty}\omega_\lambda^3\mathrm{e}^{\mathrm{i}(\omega_0-\omega_\lambda)(t-t')}\mathrm{d}\omega_\lambda\end{aligned} \tag{7.8.14}$$

(2) 在原子发射光谱中，光的强度在原子跃迁频率 ω_0 附近，同时 ω_λ 在 ω_0 附近很小的区域内变化，所以在积分时进行近似，用 ω_0 来替换 ω_λ，并把对频率 ω_λ 的积分下限从 $-\omega_0$ 扩展到 $-\infty$。因此，式(7.8.14)对频率 ω_λ 的积分部分为

$$\begin{aligned}\int_0^{\infty}\omega_\lambda^3\mathrm{e}^{\mathrm{i}(\omega_0-\omega_\lambda)(t-t')}\mathrm{d}\omega_\lambda &\approx \omega_0^3\int_{-\omega_0}^{\infty}\mathrm{e}^{-\mathrm{i}\omega_\lambda(t-t')}\mathrm{d}\omega_\lambda\to\omega_0^3\int_{-\infty}^{\infty}\mathrm{e}^{-\mathrm{i}\omega_\lambda(t-t')}\mathrm{d}\omega_\lambda \\ &= \omega_0^3 2\pi\delta(t-t')\end{aligned} \tag{7.8.15}$$

将式(7.8.15)代入式(7.8.14)，可得

$$\begin{aligned}\frac{\mathrm{d}}{\mathrm{d}t}c_e(t)&=-\frac{2d_{eg}^2\omega_0^3}{3\varepsilon_0\hbar c^3(2\pi)^2}\int_0^t\mathrm{d}t'c_e(t')2\pi\delta(t-t')\\&=-\frac{d_{eg}^2\omega_0^3}{3\pi\varepsilon_0\hbar c^3}\int_0^t\mathrm{d}t'c_e(t')\delta(t-t')\\&=-\frac{\Gamma}{2}c_e(t)\end{aligned}\tag{7.8.16}$$

式中，Γ 为原子的衰减常数，即自发辐射速率：

$$\Gamma=\frac{\omega_0^3d_{eg}^2}{3\pi\varepsilon_0\hbar c^3}=\frac{1}{4\pi\varepsilon_0}\frac{4\omega_0^3d_{eg}^2}{3\hbar c^3}\tag{7.8.17}$$

式(7.8.17)表明，自发辐射速率 Γ 与频率的 3 次方 ω_0^3 成正比，也与 d_{eg}^2 成正比。这就是传统激光器很难获得高频激光的原因之一，因为要使传统激光器产生激光，需要受激辐射速率远大于自发辐射速率。当 $d_{eg}=0$ 时，$\Gamma=0$ (偶极禁戒)。

方程(7.8.16)的解为

$$c_e(t)=c_e(0)\mathrm{e}^{-\Gamma t/2}=\mathrm{e}^{-\Gamma t/2}\tag{7.8.18}$$

原子处于激发态 $|e\rangle$ 的概率为

$$P_e(t)=|c_e(t)|^2=\mathrm{e}^{-\Gamma t}\tag{7.8.19}$$

这表明，通过 Weisskopf-Wigner 近似可得到一个合理的原子衰减理论，即处于激发态的原子以指数形式按时间衰减，其原子寿命为 $1/\Gamma$ 。

现在求辐射光场的态矢量。将式(7.8.18)代入式(7.8.9)，可得

$$\begin{aligned}c_{g,\lambda}(t)&=-\mathrm{i}g_\lambda^*(\boldsymbol{r}_0)\int_0^t\mathrm{d}t'\mathrm{e}^{-\mathrm{i}(\omega_0-\omega_\lambda)t'}\mathrm{e}^{-\Gamma t'/2}\\&=-\mathrm{i}g_\lambda^*(\boldsymbol{r}_0)\frac{1-\mathrm{e}^{-[\mathrm{i}(\omega_0-\omega_\lambda)+\Gamma/2]t}}{\mathrm{i}(\omega_0-\omega_\lambda)+\Gamma/2}\\&=g_\lambda^*(\boldsymbol{r}_0)\frac{1-\mathrm{e}^{\mathrm{i}(\omega_\lambda-\omega_0)t-\Gamma t/2}}{\omega_\lambda-\omega_0+\mathrm{i}\Gamma/2}\end{aligned}\tag{7.8.20}$$

因此，由式(7.8.5)可得系统总的态矢量为

$$|\psi(t)\rangle=\mathrm{e}^{-\Gamma t/2}|e,0\rangle+|g\rangle\sum_\lambda g_\lambda^*(\boldsymbol{r}_0)\frac{1-\mathrm{e}^{\mathrm{i}(\omega_\lambda-\omega_0)t-\Gamma t/2}}{\omega_\lambda-\omega_0+\mathrm{i}\Gamma/2}|1_\lambda\rangle\tag{7.8.21}$$

当 $\Gamma t\gg1$ 时，有

$$\begin{aligned}|\psi(t)\rangle\to|\psi(\infty)\rangle&=\sum_\lambda c_{g,\lambda}(\infty)|g,1_\lambda\rangle\\&=|g\rangle\sum_\lambda\frac{g_\lambda^*(\boldsymbol{r}_0)}{\omega_\lambda-\omega_0+\mathrm{i}\Gamma/2}|1_\lambda\rangle\equiv|g\rangle|\gamma_0\rangle\end{aligned}\tag{7.8.22}$$

式中

$$|\gamma_0\rangle \equiv \sum_{\lambda} c_{g,\lambda}(\infty)|1_\lambda\rangle = \sum_{\lambda} \frac{g_\lambda^*(\boldsymbol{r}_0)}{\omega_\lambda - \omega_0 + \mathrm{i}\Gamma/2}|1_\lambda\rangle \tag{7.8.23}$$

即 $|\gamma_0\rangle$ 为长时间极限下辐射光场的态矢量，由不同光场模式 λ 的单光子态线性叠加而成，$|\gamma_0\rangle$ 中的下标“0”是指该态与处于位置 $\boldsymbol{r}_0$ 时的原子相对应。

原子从激发态 $|e\rangle$ 跃迁到基态 $|g\rangle$，向光场模 λ 发射一个光子的概率为

$$P_{g,\lambda} = |c_{g,\lambda}(\infty)|^2 = \frac{|g_\lambda(\boldsymbol{r}_0)|^2}{(\omega_\lambda - \omega_0)^2 + (\Gamma/2)^2} \tag{7.8.24}$$

这也是辐射光场的强度与频率的关系。由式(7.8.24)可知，失谐量越大，发射概率越小。

7.9 小　　结

1. 电子波场的量子化

当电子波场量子化时，能量算符为

$$\hat{H} = \sum_j E_j \hat{b}_j^\dagger(t)\hat{b}_j(t) = \sum_j E_j \hat{b}_j^\dagger \hat{b}_j$$

即能量算符与时间 t 无关。其中，算符 $\hat{b}_j^\dagger \hat{b}_j$ 为处于第 j 能级上的电子占有数算符，而 $\hat{b}_j^\dagger$ 和 $\hat{b}_j$ 分别为电子在能级 j 上的产生算符和湮没算符。

2. 量子光场与电子波场相互作用的哈密顿量形式

在电偶极近似和旋转波近似条件下，描述二能级原子与多模光场相互作用的总哈密顿量为

$$\hat{H} = \frac{\hbar\omega_0\hat{\sigma}_z}{2} + \sum_k \hbar\omega_k \hat{a}_k^\dagger \hat{a}_k + \hbar\sum_k (g_k \hat{a}_k \hat{\sigma}_+ + \text{h.c.})$$

3. 二能级原子与量子单模光场相互作用的 J-C 模型

J-C 模型是量子光学中刻画原子与光场相互作用最基本、最简单的理论模型。在旋转波近似下，一个二能级原子与量子单模光场相互作用的哈密顿量为

$$\hat{H} = \hat{H}_0 + \hat{V}$$

$$\hat{H}_0 = \frac{1}{2}\hbar\omega_0\hat{\sigma}_z + \hbar\omega\hat{a}^\dagger\hat{a}\text{，}\quad \hat{V} = \hbar g(\hat{a}\hat{\sigma}_+ + \hat{a}^\dagger\hat{\sigma}_-)$$

在 I- 绘景中，相互作用哈密顿量为

$$\hat{V}_{\mathrm{I}} = \hbar g(\hat{a}\hat{\sigma}_{+}\mathrm{e}^{\mathrm{i}\Delta t} + \hat{a}^{\dagger}\hat{\sigma}_{-}\mathrm{e}^{-\mathrm{i}\Delta t})$$

采用概率幅方法求解 I- 绘景中的薛定谔方程，得出二能级原子与量子单模光场作用时原子处于上下能态的概率、原子的布居数反转。当系统初态处于 $\sum_{n} C_n(0)|e,n\rangle$ 时，原子的布居数反转为

$$W(t) = \sum_{n} \rho_{nn}(0)\left[\left(\frac{\Delta}{\Omega_n}\right)^2 + \frac{4g^2(n+1)}{\Omega_n^2}\cos(\Omega_n t)\right]$$

在 $\Delta = 0$ 共振时，对于初始相干态光场，$W(t)$ 将处于不同量子拉比频率 Ω_n 进行余弦振荡的加权求和，结果表明在量子光场作用下原子的布居数反转呈现周期性坍缩-恢复现象，显示光场的量子特性。同时，本章还讨论了系统中原子与光场的纠缠以及大失谐条件下系统的相互作用有效哈密顿量。

4. 海森伯算符方法求解 J-C 模型

利用海森伯算符方法得出了原子下降算符和光子湮没算符满足的方程及其解 (7.4.14)和(7.4.15)，这些解可用来计算所有感兴趣的物理量，研究光场的谱特性。

5. 缀饰态方法求解 J-C 模型

在子空间 $\{|e,n\rangle, |g,n+1\rangle\}$ 下，作用系统的总哈密顿量 $\hat{H}$ 的矩阵形式为

$$\hat{\boldsymbol{H}} = \hbar\begin{bmatrix} n\omega + \frac{1}{2}\omega_0 & g\sqrt{n+1} \\ g\sqrt{n+1} & (n+1)\omega - \frac{1}{2}\omega_0 \end{bmatrix}$$

该矩阵 $\hat{\boldsymbol{H}}$ 的两个能量本征值为

$$E_{\pm,n} = \left(n + \frac{1}{2}\right)\hbar\omega \pm \frac{1}{2}\hbar\Omega_n$$

相应的两个本征态则为

$$|+,n\rangle = \cos\theta_n\,|e,n\rangle + \sin\theta_n\,|g,n+1\rangle$$
$$|-,n\rangle = -\sin\theta_n\,|e,n\rangle + \cos\theta_n\,|g,n+1\rangle$$

总哈密顿量 $\hat{H}$ 的本征态 $|\pm,n\rangle$ 称为缀饰态，是原子态和单模光场态的纠缠态。缀饰态表象 $|\pm,n\rangle$ 与裸态表象之间的关系为

$$\begin{bmatrix} |+,n\rangle \\ |-,n\rangle \end{bmatrix} = \boldsymbol{T}\begin{bmatrix} |e,n\rangle \\ |g,n+1\rangle \end{bmatrix}, \quad \boldsymbol{T} = \begin{bmatrix} \cos\theta_n & \sin\theta_n \\ -\sin\theta_n & \cos\theta_n \end{bmatrix}$$

它可以通过矩阵乘积 $\boldsymbol{T}\hat{\boldsymbol{H}}\boldsymbol{T}^{-1}$ 将哈密顿量 $\hat{\boldsymbol{H}}$ 对角化；还可在缀饰态基矢与裸态基矢

之间变换算符和态矢量，并联系缀饰态原子和裸态原子之间的概率幅，即

$$\begin{bmatrix} c_{+,n}(t) \\ c_{-,n}(t) \end{bmatrix} = \boldsymbol{T} \begin{bmatrix} c_{e,n}(t) \\ c_{g,n+1}(t) \end{bmatrix}$$

同时，本章还讨论了缀饰态之间允许的跃迁和缀饰态的时间演化(7.5.20)。

6. 大失谐条件下系统的有效哈密顿量及其应用

大失谐条件下系统变换后的总有效哈密顿量可表示为

$$\hat{H}_{\text{eff}} \cong \hat{H}_0 + \frac{1}{2}\xi^2[\hat{S}, \hat{V}]$$

即 $\hat{H}_{\text{eff}}$ 对应于原 $\hat{H}$ 中的二阶过程，其关键是要确定满足关系式 $[\hat{H}_0, \hat{S}] = \hat{V}$ 的 $\hat{S}$ 。通常有两种方法确定 $\hat{S}$ 。同时，本章还分别讨论了大失谐条件下一个二能级原子与量子单模光场相互作用、两个谐振子耦合系统的相互作用有效哈密顿量以及有效哈密顿量的应用和纠缠态的制备。

7. 自发辐射、受激辐射和受激吸收

根据旋转波近似下二能级原子与多模光场作用时 I- 绘景中的相互作用哈密顿量，利用显含时间微扰方法来求解 I- 绘景中的薛定谔方程，得出其一级微扰近似解为

$$\left|\psi^{(1)}(t)\right\rangle = \left|\psi(0)\right\rangle - \frac{\mathrm{i}}{\hbar}\int_0^t \hat{V}_{\mathrm{I}}(\tau)\left|\psi(0)\right\rangle \mathrm{d}\tau$$

应用全量子理论描述包含各种多模场情况下光的自发辐射、受激辐射和受激吸收三种跃迁过程。

8. 二能级原子之间自发辐射的 Weisskopf-Wigner 理论

在电偶极近似和旋转波近似下，通过 I- 绘景中二能级原子与连续模式光场系统中的相互作用哈密顿量，利用概率幅方法得到一个精确的概率幅线性微积分方程，进行 Weisskopf-Wigner 近似，可求出原子处于激发态 $|e\rangle$ 的概率为 $P_e(t) = \left|c_e(t)\right|^2 = \mathrm{e}^{-\Gamma t}$ ，其中，Γ 为原子的自发辐射速率。这说明，通过 Weisskopf-Wigner 近似，可得到一个合理的原子衰减理论，即处于激发态的原子以指数形式按时间衰减。同时，还求出系统总的态矢量(7.8.21)以及 $\Gamma t \gg 1$ 时辐射光场的态矢量为 $|\gamma_0\rangle \equiv \sum_\lambda c_{g,\lambda}(\infty)|1_\lambda\rangle = \sum_\lambda \frac{g_\lambda^*(\boldsymbol{r}_0)}{\omega_\lambda - \omega_0 + \mathrm{i}\Gamma/2}|1_\lambda\rangle$ 。

7.10　习　　题

1. 考虑量子单模光场与单个二能级原子相互作用的J-C模型，试在薛定谔绘景中求解薛定谔方程，得出系统的态矢量；说明什么是量子拉比振荡。

2. 选取 $\hat{H}_0 = \hbar\omega\left(\hat{a}^\dagger\hat{a} + \frac{1}{2}\hat{\sigma}_z\right)$，可得出旋转参考系中J-C模型的哈密顿量(7.3.10)，即 $\hat{H}' = \frac{1}{2}\hbar\varDelta\hat{\sigma}_z + \hbar g(\hat{a}\hat{\sigma}_+ + \hat{a}^\dagger\hat{\sigma}_-)$，求出薛定谔方程的动力学解。

3. 假设二能级原子与单模光场作用的相互作用哈密顿量为 $\hat{V} = \hbar g(\hat{a}^4\hat{\sigma}_+ + \hat{a}^{\dagger 4}\hat{\sigma}_-)$，求解其系统初态处于 $|e,0\rangle$ 时的动力学解，并讨论初态处于 $|e,0\rangle$ 的情况。

4. 在无损耗腔中原子与光场相互作用的系统哈密顿量表示为

$$\hat{H} = \hbar\omega_0\hat{\sigma}_z + \hbar\omega\hat{a}^\dagger\hat{a} + \hbar g\left(\hat{\sigma}_+\hat{a}\sqrt{\hat{a}^\dagger\hat{a}} + \sqrt{\hat{a}^\dagger\hat{a}}\,\hat{a}^\dagger\hat{\sigma}_-\right)$$

试计算原子布居数反转，分别在初始相干态光场和初始热光场态中讨论拉比振荡时间、坍缩时间和恢复时间。

5. 在旋转波近似下，利用一个二能级原子与量子化光场相互作用的J-C模型，在初始时原子处于激发态、光场处于数态 $|n\rangle$，且完全共振情况下可得到精确解。利用该结果计算原子电偶极矩算符 $\hat{d} = d(\hat{\sigma}_+\mathrm{e}^{-\mathrm{i}\varphi} + \hat{\sigma}_-\mathrm{e}^{\mathrm{i}\varphi})$ 的期望值。量子模型的计算结果是否与经典模型的相类似?

6. 在光场初始处于相干态 $|\alpha\rangle$ 情况下，计算J-C模型中原子电偶极矩算符的期望值。该结果与上题结果相比如何？画出原子电偶极矩算符的期望值的演化曲线。

7. 利用J-C模型的动力学解，画出非共振条件下原子布居数反转的动力学解，分析非零失谐量对拉比振荡坍缩时间和恢复时间的影响。

8. 考虑初始光场处于热光场态下的J-C模型，并假定原子初始处于激发态。分析拉比振荡的坍缩时间，并得出热光场态平均光子数与坍缩时间的关系。

9. 证明关联函数的期望值(7.4.18)，即

$$\begin{aligned}
&\left\langle e,\alpha\left|\hat{\sigma}_+(t)\hat{\sigma}_-(t+\tau)\right|e,\alpha\right\rangle \\
&= \mathrm{e}^{-\mathrm{i}\omega\tau-|\alpha|^2}\sum_{n=0}^{\infty}\frac{|\alpha|^{2n}}{n!}\frac{1}{4\varOmega_n^2}\left[\cos\left(\varOmega_{n-1}\tau/2\right) - \frac{\mathrm{i}\varDelta}{\varOmega_{n-1}}\sin\left(\varOmega_{n-1}\tau/2\right)\right] \\
&\quad\times\left\{(\varOmega_n+\varDelta)^2\mathrm{e}^{-\mathrm{i}\varOmega_n\tau/2} + (\varOmega_n-\varDelta)^2\mathrm{e}^{\mathrm{i}\varOmega_n\tau/2} + 8g^2(n+1)\cos\left[\varOmega_n(\tau+2t)/2\right]\right\}
\end{aligned}$$

式中，$\varOmega_n = \sqrt{\varDelta^2 + 4g^2(n+1)}$。

10. 在电偶极近似和旋转波近似下，一个二能级原子与量子化光场相互作用，试计算初始光场处于相干态 $|\alpha\rangle$ 和初始原子处于叠加态 $(|e\rangle + \mathrm{e}^{-\mathrm{i}\varphi}|g\rangle)/\sqrt{2}$ 时任

意t时刻的原子布居数反转，并讨论二能级原子保持布居数囚禁的条件。

11. 在旋转波近似下，一个二能级原子与量子化光场共振相互作用，在$t=0$时刻一个处于激发态$|e\rangle$的原子被注入真空态$|0\rangle$的光腔中，系统的态为$|e,0\rangle$。①试求稍后时刻t系统所处的态；②当原子在时刻t离开空腔时，找到原子处于基态$|g\rangle$的概率。
12. 在$t=0$时刻一个处于激发态$|e\rangle$的原子被注入相干态$|\alpha\rangle$的光腔中，系统的态为$|e,\alpha\rangle$。①试在旋转波近似和共振条件下计算$t=T$时刻，找到原子处于基态$|g\rangle$而光场处于态$|n+1\rangle$的概率，并说明此时系统处于态$|e,0\rangle$的概率为多少；②写出原子处于不依赖光场的态$|g\rangle$的概率，它是对无穷多项振荡函数求和。
13. 假设缀饰态原子的初态为$|e,n\rangle$，试在旋转波近似下求出t时刻分别处于态$|e,n\rangle$和$|g,n+1\rangle$的概率。
14. 试证明用缀饰态概率幅来表示电偶极矩算符的平均值为

$$\langle e\hat{\boldsymbol{r}}\rangle = d\sum_n\left\{\left[\left|c_{+,n}(t)\right|^2-\left|c_{-,n}(t)\right|^2\right]\sin(2\theta_n)+\left[c_{+,n}(t)c_{-,n}^*(t)+\text{c.c.}\right]\cos(2\theta_n)\right\}$$

式中，$\cos(2\theta_n)=\varDelta/\varOmega_n$；$\sin(2\theta_n)=2g\sqrt{n+1}/\varOmega_n$。

15. 对于一个简并Λ型三能级原子的拉曼散射模型，其能级由基态$|g\rangle$、激发态$|e\rangle$和高激发态$|f\rangle$构成，简并时$E_g=E_e$，被填充的“虚拟”中间态与实际的高激发态$|f\rangle$能级远远失谐。该相互作用哈密顿量为$\hat{H}_{\text{Int}}=\hbar g\hat{a}^\dagger\hat{a}(\hat{\sigma}_++\hat{\sigma}_-)$，其中，$\hat{\sigma}_+=|e\rangle\langle g|$，$\hat{\sigma}_-=|g\rangle\langle e|$。①求出该模型的缀饰态；②假设初始光场处于相干态$|\alpha\rangle$和原子处于基态$|g\rangle$，计算原子布居数反转，证明拉比振荡的复苏是正常且完整的；③若初始光场处于热光场态，试计算原子布居数反转。
16. 双光子共振时的广义J-C模型可以用有效哈密顿量$\hat{H}_{\text{e}}=\hbar g(\hat{a}^2\hat{\sigma}_++\hat{a}^{\dagger 2}\hat{\sigma}_-)$描述。简单起见，其中已忽略斯塔克位移项。①求出该模型的缀饰态；②假设初始时原子处于基态$|g\rangle$和光场处于数态$|n\rangle$，计算原子布居数反转，分析拉比振荡的坍缩和恢复的性质；③当初始光场处于相干态$|\alpha\rangle$和初始原子仍处于基态时，计算原子布居数反转，并分析拉比振荡的坍缩和恢复的性质。
17. 双模双光子共振模型可用有效哈密顿量$\hat{H}_{\text{e}}=\hbar g(\hat{a}^\dagger\hat{b}\hat{\sigma}_++\hat{a}^\dagger\hat{b}\hat{\sigma}_-)$描述，即每个模式都吸收或发射光子。设两个模式都处于相干态，试求原子布居数反转，并分析拉比振荡崩塌和恢复现象。
18. 在旋转波近似下，二能级原子与经典单模光场作用的哈密顿量为$\hat{H}=\frac{1}{2}\hbar\omega_0\hat{\sigma}_z-\frac{1}{2}\hbar\varOmega_{\text{R}}(\hat{\sigma}_+\text{e}^{-\text{i}\omega t}+\hat{\sigma}_-\text{e}^{\text{i}\omega t})$，在大失谐条件下，试导出该系统的总有效哈密顿量为$\hat{H}_{\text{eff}}=\frac{1}{2}\hbar\varDelta\hat{\sigma}_z+\frac{\hbar\varOmega_{\text{R}}^2}{4\varDelta}\hat{\sigma}_z$，其中，$\varDelta=\omega_0-\omega$。

19. 非线性的二次谐波过程是指光子经过非线性介质后，从一个光子转变成两个光子的三次非线性过程，描述该量子化泵浦场的简并参量下转换的哈密顿量为 $\hat{H}=\hbar\omega_a\hat{a}^\dagger\hat{a}+\hbar\omega_b\hat{b}^\dagger\hat{b}+\hbar g(\hat{a}^2\hat{b}^\dagger+\hat{a}^{\dagger 2}\hat{b})$。试推导系统的总有效哈密顿量为 $\hat{H}_{\text{eff}}=\hbar\Delta\hat{b}^\dagger\hat{b}+\dfrac{\hbar g^2}{\Delta}(4\hat{a}^\dagger\hat{a}\hat{b}^\dagger\hat{b}+2\hat{b}^\dagger\hat{b}-\hat{a}^{\dagger 2}\hat{a}^2)$，其中，$\Delta=\omega_b-2\omega_a$，$\omega_a$ 和 ω_b 分别为信号场模和泵浦场模的频率；$\hat{a}$ 和 $\hat{b}$ 分别为信号光场模和泵浦光场模的光子湮没算符。

20. 描述Λ型三能级原子与量子双模光场相互作用的哈密顿量为 $\hat{H}=\hat{H}_0+\hat{V}$，其中，$\hat{H}_0=\sum\limits_{k=a.b.c}\hbar\omega_k|k\rangle\langle k|+\omega_1\hat{a}_1^\dagger\hat{a}_1+\omega_2\hat{a}_2^\dagger\hat{a}_2$，$\hat{V}=\hbar g(\hat{a}_1|a\rangle\langle b|+\hat{a}_2|a\rangle\langle c|+\text{h.c.})$，试推导该系统的总有效哈密顿量。

21. 在电偶极近似和旋转波近似下，导出 V 型三能级原子与量子双模光场相互作用系统的态矢量演化过程。

参考文献

[1] Scully M O, Zubairy M S. Quantum Optics. Cambridge: Cambridge University Press, 1997.

[2] Gerry C C, Knight P. Introductory Quantum Optics. Cambridge: Cambridge University Press, 2005.

[3] Walls D F, Milburn G J. Quantum Optics. 2nd ed. Berlin: Springer, 2008.

[4] Meystre P, Sargent Ⅲ M. Elements of Quantum Optics. 4th ed. Berlin: Springer, 2007.

[5] Grynberg G, Aspect A, Fabre C. An Introduction to Quantum Optics: From the Semi-classical Approach to Quantized Light. Cambridge: Cambridge University Press, 2010.

[6] Schleich W P. Quantum Optics in Phase Space. Berlin: Wiley-VCH Press, 2001.

[7] 郭光灿, 周祥发. 量子光学. 北京: 科学出版社, 2022.

[8] 郭光灿. 量子光学. 北京: 高等教育出版社, 1990.

[9] 张智明. 量子光学. 北京: 科学出版社, 2015.

[10] 彭金生, 李高翔. 近代量子光学导论. 北京: 科学出版社, 1996.

[11] 格里, 奈特. 量子光学导论. 景俊译. 北京: 清华大学出版社, 2019.

[12] 科恩 · 塔诺季, 杜邦 · 罗克, 格林伯格. 原子与光子相互作用: 基本过程和应用. 颜波, 景俊译. 北京: 清华大学出版社, 2021.

[13] Schrieffer J R, Wolff P A. Relation between the Anderson and Kondo Hamiltonians. Physical Review, 1966,149(2): 491-492.

[14] Sun C P, Liu Y X, Wei L F, et al. Non-classical light emission by a superconducting artificial atom with broken symmetry. arXiv: Quant-Ph/0506011, 2005.

[15] James D F V, Jerke J. Effective Hamiltonian theory and its applications in quantum information. Canadian Journal of Physics, 2007, 85: 625-632.

[16] Zheng S B, Guo G C. Efficient scheme for two-atom entanglement and quantum information processing in cavity QED. Physical Review Letters, 2000, 85(11): 2392-2395.

[17] Vedral V. Modern Foundations of Quantum Optics. London: Imperial College Press, 2006.

第 8 章　量子光学中的物理实验系统

前面详细讨论了经典光场和量子光场分别与物质相互作用及其所呈现出的非经典效应。光场与物质相互作用离不开具体的物理实验系统。目前，量子光学实验中的物理实验系统有腔量子电动力学系统、离子阱系统、线性和非线性光学系统、超冷原子系统、核磁共振系统、量子点系统、超导约瑟夫森结电路系统等。本章主要介绍腔量子电动力学系统、离子阱系统以及线性和非线性光学系统[1-22]。

8.1　腔量子电动力学系统

2012 年度的诺贝尔物理学奖授予了从事腔量子电动力学(quantum electrodynamics, QED)实验研究的法国科学家 Haroche 和从事离子操控的美国科学家 Wineland，他们开创了能够测量和操控单个量子系统的突破性的实验技术和方法，使人们测量和操控多个量子系统成为可能。

腔量子电动力学是研究单量子层次上的光和物质相互作用的，旨在研究受限于特定空间，如微光学腔、高品质微波腔、受限量子器件等的原子(离子)与光场作用的量子行为。腔量子电动力学也可以作为光学器件在光学实验等其他领域中应用，系统可以用来研制单光子水平的光学开关、微尺度的分束器以及干涉仪等，这些器件在组成量子逻辑门、产生量子干涉和制备纠缠态等量子信息领域得到应用[1-16]。

8.1.1　描述原子与腔场相互作用的主要参数

在腔量子电动力学系统中，原子与腔场通过交换光子实现了相互作用，描述相互作用过程的主要参数有：

(1) 腔模的有效体积 V_{m} ，取决于腔的几何参数。对球面镜腔，有效体积为 $V_{\mathrm{m}} = \pi\omega_0^2 l / 4$ ，其中，ω_0 为腔基模光束腰斑半径，l 为腔的长度。

(2) 原子的自发辐射衰减率 γ ，包括纵向衰减 $\gamma_{\|}$ 和横向衰减 $\gamma_{\perp}$ 。$\gamma_{\|}$ 描述激发态原子跃迁并辐射一个光子的概率，由爱因斯坦自发辐射系数 A 决定，$\gamma_{\|} = A$ ，对于纯辐射，$\gamma_{\perp} = \gamma_{\|} / 2$ 。

(3) 腔模耗散率或退相干概率 κ ，表征光子在腔内的寿命，由腔镜透射、腔内吸收和散射等各种损耗因素决定。腔模耗散率 $\kappa = \pi c / (2Fl)$ ，其中，c 为真空中的光速，F 为腔的精细常数，腔的总损耗 $\delta_c = 2\pi/F$。若使用反射率极高的腔镜如超镜，则可获得非常高的 F 值，从而降低 κ。

(4) 原子与腔场相互作用的耦合常数 g。该耦合常数描述原子与腔场耦合的强弱，表征原子与腔场交换能量的快慢。

(5) 腔量子电动力学系统还可以用临界光子数 n_0 和临界原子数 N_0 来描述。临界光子数 n_0 表征给定几何结构的光学微腔中足以饱和原子响应的平均光子数；临界原子数 N_0 表征原子与腔场耦合时足以影响腔内场的平均原子数。n_0 和 N_0 可用腔与原子的耦合系数 g、腔场的退相干概率 κ、原子的自发辐射衰减率 γ 等参数表示，即

$$n_0 \approx \frac{\gamma^2}{g^2} \tag{8.1.1}$$

$$N_0 \approx \frac{\kappa\gamma}{g^2} \tag{8.1.2}$$

腔量子电动力学系统分为弱耦合和强耦合等不同的耦合区域。当临界光子数 n_0 和临界原子数 N_0 均远大于 1，即 $(n_0, N_0) \gg 1$ 或 $g \ll (\kappa, \gamma)$ 时，原子与腔场发生弱耦合。当 $(n_0, N_0) \ll 1$，即 $g \gg \kappa$ 和 $g \gg \gamma$ 时，意味着原子与腔场发生强耦合。此时，原子-腔场的耦合强度均大于腔场的衰减和原子的衰减，原子辐射一个光子到腔中，光子被腔镜反射回来并再次被原子吸收，这个过程比腔中光子的损失要快，从而使整个过程是可逆的，即原子和腔场还没有明显衰减时就已交换了多次能量，原子辐射的光子在泄漏出腔前，可以被原子多次吸收、辐射。在强耦合区域，单个光子和单个原子都会对对方产生巨大的影响，改变对方的量子状态，并且单原子和腔场的能量振荡交换表现出有趣的量子效应，如共振腔中的原子呈现出坍缩和恢复的拉比振荡等。

8.1.2　里德伯原子的基本性质

里德伯(Rydberg)原子是指原子中的一个价电子(通常为碱性原子的价电子)被激发到主量子数 n 很高的高激发态的原子。当主量子数 n 一定时，轨道角动量量子数和磁量子数分别取最大值 $l = n-1$ 和 $|m| = n-1$ 的量子态称为圆里德伯态。腔量子电动力学实验中常用的主量子数 $n \approx 50$ 的圆里德伯态，目前已观察主量子数达 733 的里德伯原子跃迁。里德伯原子具有以下性质。

(1) 构成一个有效的二能级系统。

由于只允许一种电偶极跃迁：$n \leftrightarrow n-1$、$|m| \leftrightarrow |m|-1$，即允许跃迁只发生在两个相邻能级之间，从而可构成一个有效的二能级系统。

(2) 辐射或吸收的电磁波频率处于微波波段，与微波谐振腔相匹配。

忽略原子实引起的量子亏损，主量子数为 n 的量子态的能量为

$$E_n = -\frac{R}{n^2} \tag{8.1.3}$$

式中，$R = 13.6\text{eV}$，为里德伯常数。

此时相邻能级之间跃迁产生的电磁辐射的圆频率为

$$\omega_0 = \frac{E_n - E_{n-1}}{\hbar} \approx \frac{2R}{\hbar n^3} \tag{8.1.4}$$

对于$n \approx 50$，辐射频率$\nu_0 = \dfrac{\omega_0}{2\pi} \approx 52.5\text{GHz}$，对应的波长为$\lambda_0 = c/\nu_0 \approx 5.7\text{mm}$，处于微波波段。

(3) 允许跃迁的电偶极矩大，从而与腔场的耦合强。

当两个主量子数分别为n和n'的里德伯原子在相邻能级之间跃迁($\Delta n = n - n' = \pm 1$)时，其电偶极跃迁矩阵元为

$$d = \langle q\hat{\boldsymbol{r}} \rangle = \langle n | q\hat{\boldsymbol{r}} | n' \rangle \approx q n^2 a_0 \tag{8.1.5}$$

式中，q为电荷；a_0为玻尔半径。

二能级原子与单模腔场相互作用的耦合常数满足关系$g \propto d \propto n^2$，故n越大，原子与腔场的耦合越强。

(4) 态的能级寿命长。

原子在自由空间中的自发辐射速率为

$$\Gamma = \frac{d^2 \omega_0^3}{3\pi\varepsilon_0 \hbar c^3} \tag{8.1.6}$$

利用前面的结果$\omega_0 \propto n^{-3}$和$d \propto n^2$，可得

$$\Gamma = \Gamma_0 n^{-5} \tag{8.1.7}$$

式中，$\Gamma_0 = c\alpha^4/a_0 = 10^9 \text{s}^{-1}$为较低激发态的自发辐射速率(此处$\alpha$为精细结构常数$\alpha = e^2/(\hbar c) \approx 1/137$)，对应的较低激发态的寿命则为$\tau_0 = 1/\Gamma_0 \sim 10^{-9}\text{s}$。对$n \approx 50$的里德伯态，其寿命$\tau = 1/\Gamma = \tau_0 n^5 \sim 10^{-1}\text{s}$，对相关实验来讲，这是一个相当长的时间。

(5) 里德伯原子电离能较小，而相邻能级的电离能不同，可通过外场的选择性电离实现原子的选择性探测，区分原子的两个状态。

8.1.3　系统的动力学演化

第 7 章介绍了 J-C 模型是量子光学旋转波近似下描述单模光场与单个二能级原子相互作用的一个理论模型。在实际问题中，可以利用如高激发态的里德伯原子和高Q腔耦合实现，微波腔场模与原子的里德伯态能级$|e\rangle \to |g\rangle$跃迁匹配，共振耦合排斥非共振原子跃迁和非共振腔场模式。一个二能级原子与单模腔场作用，

在旋转波近似下，系统的相互作用哈密顿量为

$$\hat{V} = \hbar g(\hat{a}\hat{\sigma}_+ + \hat{a}^\dagger\hat{\sigma}_-) \tag{8.1.8}$$

在相互作用绘景中，系统的相互作用哈密顿量表示为

$$\hat{V}_\mathrm{I} = g(\hat{\sigma}_+\hat{a}\,\mathrm{e}^{\mathrm{i}\Delta t} + \hat{a}^\dagger\hat{\sigma}_-\mathrm{e}^{-\mathrm{i}\Delta t}) \tag{8.1.9}$$

式中，$\Delta = \omega_0 - \omega$，为失谐量。

在共振情况下，相互作用绘景中系统的相互作用哈密顿量为

$$\hat{V}_\mathrm{I} = \hbar g(\hat{a}\hat{\sigma}_+ + \hat{a}^\dagger\hat{\sigma}_-) \tag{8.1.10}$$

假设原子和光场系统初始处于$|\psi(0)\rangle$，则任意t时刻的量子态为

$$|\psi(t)\rangle = \hat{U}(t)|\psi(0)\rangle \tag{8.1.11}$$

式中，$\hat{U}(t)$为下列时间演化算符：

$$\hat{U}(t) = \exp(-\mathrm{i}\hat{V}_\mathrm{I}t/\hbar) = \exp[-\mathrm{i}gt(\hat{\sigma}_+\hat{a} + \hat{a}^\dagger\hat{\sigma}_-)] \tag{8.1.12}$$

利用时间演化算符方法，在原子基态($|e\rangle$, $|g\rangle$)下，式(8.1.12)可展开为

$$\begin{aligned}\hat{U}(t) =& \cos\left(gt\sqrt{\hat{a}^\dagger\hat{a}+1}\right)|e\rangle\langle e| - \mathrm{i}\frac{\sin\left(gt\sqrt{\hat{a}^\dagger\hat{a}+1}\right)}{\sqrt{\hat{a}^\dagger\hat{a}+1}}\hat{a}|e\rangle\langle g| \\ & -\mathrm{i}\hat{a}^\dagger\frac{\sin\left(gt\sqrt{\hat{a}^\dagger\hat{a}+1}\right)}{\sqrt{\hat{a}^\dagger\hat{a}+1}}|g\rangle\langle e| + \cos\left(gt\sqrt{\hat{a}^\dagger\hat{a}}\right)|g\rangle\langle g|\end{aligned} \tag{8.1.13}$$

下面针对具体初态进行讨论。

假设初始时刻原子处于激发态$|e\rangle$，光场处于光子数态$|n\rangle$，系统初态为$|\psi(0)\rangle = |e,n\rangle$，经过演化后，$t$时刻系统的态为

$$|\psi(t)\rangle = \cos\left(gt\sqrt{n+1}\right)|e,n\rangle - \mathrm{i}\sin\left(gt\sqrt{n+1}\right)|g,n+1\rangle \tag{8.1.14}$$

系统将在$|e,n\rangle$和$|g,n+1\rangle$两个态之间进行量子拉比振荡，其拉比振荡频率为$\Omega_n = 2g\sqrt{n+1}$。对于真空拉比振荡，振荡频率为$\Omega_0 = 2g$，式(8.1.14)将简化为

$$|\psi(t)\rangle = \cos(gt)|e,0\rangle - \mathrm{i}\sin(gt)|g,1\rangle \tag{8.1.15}$$

同样，若系统初态为$|\psi(0)\rangle = |g,n+1\rangle$，则$t$时刻系统的态为

$$|\psi(t)\rangle = \cos\left(gt\sqrt{n+1}\right)|g,n+1\rangle - \mathrm{i}\sin\left(gt\sqrt{n+1}\right)|e,n\rangle \tag{8.1.16}$$

对于真空拉比振荡，式(8.1.16)可简化为

$$|\psi(t)\rangle = \cos(gt)|g,1\rangle - \mathrm{i}\sin(gt)|e,0\rangle \tag{8.1.17}$$

式(8.1.14)～式(8.1.17)描述了原子与腔场之间的纠缠态随时间的演化。

当 $\Omega_n t = 2g\sqrt{n+1}t = \pi/2$ (称为量子 $\pi/2$ 脉冲或 $\pi/2$ 拉比旋转)时，式(8.1.14)中的系统态为

$$|\psi(\pi/2)\rangle = \frac{1}{\sqrt{2}}(|e,n\rangle - \mathrm{i}|g,n+1\rangle) \tag{8.1.18}$$

这就得到原子与腔场之间的最大纠缠态。

当 $\Omega_n t = 2g\sqrt{n+1}t = \pi$ (称为量子 π 脉冲或 π 拉比旋转)时，若原子-腔场系统初态处于态 $|e,n\rangle$，则系统演化为态 $|g,n+1\rangle$；反之，若系统初态处于态 $|g,n+1\rangle$，由式(8.1.16)可知，系统将演化成态 $|e,n\rangle$。

当 $\Omega_n t = 2g\sqrt{n+1}t = 2\pi$ (称为量子 2π 脉冲)时，原子-腔场系统的演化为

$$|e,n\rangle \to -|e,n\rangle, \quad |g,n+1\rangle \to -|g,n+1\rangle \tag{8.1.19}$$

原子-腔场系统经历整个过程将产生相移，特别地，对于真空拉比振荡，即当光场初始处于真空态 $|0\rangle$ 时，一个处于基态 $|g\rangle$ 的原子进入光腔后，能否产生相移是由腔中是否存在光子决定的。这些结果在量子信息处理中具有重要应用。

8.1.4 耗散腔中二能级原子与单模腔场的相互作用

一个二能级原子与量子单模腔场共振作用，在旋转波近似和相互作用绘景中，系统的相互作用哈密顿量由式(8.1.10)描述，这里的作用腔场是微波场而不是光场。其原因是将圆里德伯原子能态作为二能级原子态在实际情况中较为容易，里德伯原子能态之间的跃迁频率处于微波波段；微波实验中的主要损耗是谐振腔壁对光子的吸收。

设初始时刻原子处于激发态、光场处于真空态，若没有光子损耗，则系统将处于态 $|1\rangle = |e,0\rangle$ 和 $|2\rangle = |g,1\rangle$ 之间进行拉比振荡。若有光子损耗，则系统还存在态 $|3\rangle = |g,0\rangle$。在耗散的谐振腔中单模腔场所满足的密度算符演化的主方程写成矩阵形式即为

$$\frac{\mathrm{d}}{\mathrm{d}t}\hat{\boldsymbol{\rho}} = \frac{1}{\mathrm{i}\hbar}[\hat{\boldsymbol{V}}_1, \hat{\boldsymbol{\rho}}] + \frac{\kappa}{2}(2\hat{a}\hat{\boldsymbol{\rho}}\hat{a}^\dagger - \hat{a}^\dagger\hat{a}\hat{\boldsymbol{\rho}} - \hat{\boldsymbol{\rho}}\hat{a}^\dagger\hat{a}) \tag{8.1.20}$$

式中，$\kappa = \omega / Q$，Q 为腔的品质因子，用于表征光子损失率。

在态 $|i\rangle (i = 1,2,3)$ 下，$\rho_{ij} = \langle i|\hat{\boldsymbol{\rho}}|j\rangle$，方程(8.1.20)相应的密度矩阵元方程为

$$\frac{\mathrm{d}}{\mathrm{d}t}\rho_{11} = \mathrm{i}g(\rho_{12} - \rho_{21}) \tag{8.1.21}$$

$$\frac{\mathrm{d}}{\mathrm{d}t}\rho_{22} = -\kappa\rho_{22} - \mathrm{i}g(\rho_{12} - \rho_{21}) \tag{8.1.22}$$

$$\frac{\mathrm{d}}{\mathrm{d}t}(\rho_{12} - \rho_{21}) = -\frac{\kappa}{2}(\rho_{12} - \rho_{21}) + \mathrm{i}2g(\rho_{11} - \rho_{22}) \tag{8.1.23}$$

$$\frac{\mathrm{d}}{\mathrm{d}t}\rho_{33}=\kappa\rho_{22} \tag{8.1.24}$$

方程(8.1.24)与其余方程并不独立，因为 $\rho_{11}+\rho_{22}+\rho_{33}=1$。设 $V=\rho_{12}-\rho_{21}$，$W=\rho_{11}-\rho_{22}$，方程(8.1.21)～(8.1.23)可以写为

$$\frac{\mathrm{d}}{\mathrm{d}t}\begin{bmatrix}\rho_{11}\\ \rho_{22}\\ V\end{bmatrix}=\begin{bmatrix}0 & 0 & \mathrm{i}g\\ 0 & -\kappa & -\mathrm{i}g\\ \mathrm{i}2g & -\mathrm{i}2g & -\kappa/2\end{bmatrix}\begin{bmatrix}\rho_{11}\\ \rho_{22}\\ V\end{bmatrix} \tag{8.1.25}$$

方程(8.1.25)右边矩阵的本征值满足下列方程

$$\left(\lambda+\frac{\kappa}{2}\right)(\lambda^2+\kappa\lambda+4g^2)=0 \tag{8.1.26}$$

其解为

$$\lambda_0=-\frac{\kappa}{2} \tag{8.1.27a}$$

$$\lambda_\pm=-\frac{\kappa}{2}\pm\frac{\kappa}{2}\sqrt{1-\frac{16g^2}{\kappa^2}} \tag{8.1.27b}$$

下面分两种极限情况进行讨论。

(1) 当 $g\ll\kappa$ 时，原子与腔场的耦合远小于腔场的衰减率，处于弱耦合区域。此时，式(8.1.27b)可简化为 $\lambda_\pm=-\frac{\kappa}{2}\pm\frac{\kappa}{2}\left(1-\frac{8g^2}{\kappa^2}\right)$，即

$$\lambda_+=-\frac{4g^2}{\kappa},\quad \lambda_-=-\kappa+\frac{4g^2}{\kappa} \tag{8.1.28}$$

则原子的上能态布居数，即原子处于上能态的概率为

$$\rho_{11}(t)=A\mathrm{e}^{-\kappa t/2}+B\mathrm{e}^{-4g^2t/\kappa}+C\mathrm{e}^{-\kappa t+4g^2t/\kappa} \tag{8.1.29}$$

式中，系数由初始条件 $\rho_{11}(0)=1$、$\rho_{22}(0)=0$ 和 $V(0)=0$ 确定。

由条件 $\rho_{11}(0)=1$ 可得

$$A+B+C=1 \tag{8.1.30}$$

根据条件 $\rho_{22}(0)=0$ 和 $V(0)=0$，可得 $\frac{\mathrm{d}}{\mathrm{d}t}\rho_{11}(0)=0$ 和 $\frac{\mathrm{d}^2}{\mathrm{d}t^2}\rho_{11}(0)=-2g^2$，从而可得

$$\frac{\kappa}{2}A+\frac{4g^2}{\kappa}B+\left(\kappa-\frac{4g^2}{\kappa}\right)C=0 \tag{8.1.31}$$

$$\left(\frac{\kappa}{2}\right)^2A+\left(\frac{4g^2}{\kappa}\right)^2B+\left(\kappa-\frac{4g^2}{\kappa}\right)^2C=-2g^2 \tag{8.1.32}$$

解方程(8.1.30)～(8.1.32)可以求出系数 A、B 和 C。在 $g/\kappa\ll1$ 条件下，可得

$$\rho_{11}(t) \approx \mathrm{e}^{-4g^2 t/\kappa} \tag{8.1.33}$$

这说明在弱耦合区域，原子在低品质腔中的高能态布居数像在自由空间一样按指数衰减(但衰减率不同)，不出现真空拉比振荡。

(2) 当 $g \gg \kappa$ 时，原子与腔场的耦合远大于腔场的衰减率，处于强耦合区域。此时，式(8.1.27b)近似为

$$\lambda_{\pm} = -\frac{\kappa}{2} \pm \mathrm{i}2g \tag{8.1.34}$$

则原子处于上能态的概率为

$$\rho_{11}(t) = D\mathrm{e}^{-\kappa t/2} + E\mathrm{e}^{-\kappa t/2}\mathrm{e}^{\mathrm{i}2gt} + F\mathrm{e}^{-\kappa t/2}\mathrm{e}^{-\mathrm{i}2gt} \tag{8.1.35}$$

对式(8.1.35)施加初始条件，可得

$$\rho_{11}(t) \approx \frac{\mathrm{e}^{-\kappa t/2}}{2}\left[1+\cos(2gt)\right] \tag{8.1.36}$$

这表明,原子处于激发态的概率 $P_e(t) = \rho_{11}(t)$,一边以真空拉比频率 $\Omega_0 = 2g$ 振荡，一边以系数 $\kappa/2 = \omega/(2Q)$ 衰减，如图 8.1.1 所示，其中 $T = gt$ ，即在高品质腔内的高能态布居数的衰减呈现拉比振荡，说明自发发射在弱场阻尼下是可逆的，意味着原子发射光子，然后重新吸收和发射，直到最后光子从腔中漏出。

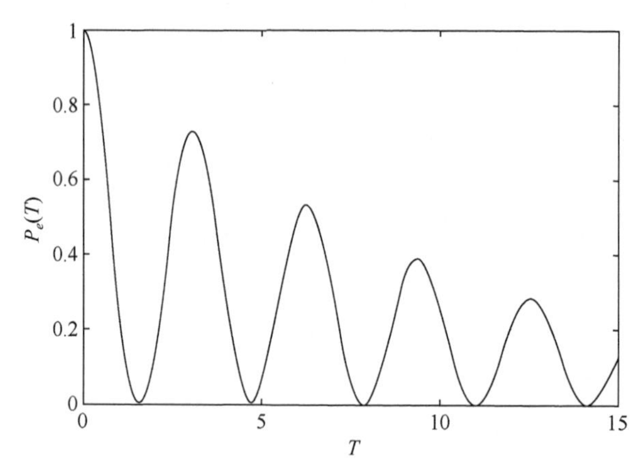

图 8.1.1　原子在高品质腔中激发态布居数的衰减

8.1.5　J-C 模型的实验实现

J-C模型描述了一个二能级原子与量子单模光场的相互作用。

德国慕尼黑马克斯 · 普朗克量子光学研究所 Walther 小组和法国巴黎 Haroche 小组率先完成了 J-C 模型方面的实验工作。1987 年，德国 Walther 小组使用热光场，因未达到足够宽的相互作用时间范围，仅观测到衰减振荡形式的自发辐射(即坍缩)现象。1996 年，法国 Haroche 小组改进了实验条件，使用相干态光场在足够

宽的相互作用时间范围内进行实验，观测到坍缩与恢复现象。

法国 Haroche 小组实现 J-C 模型的实验装置如图 8.1.2 所示。

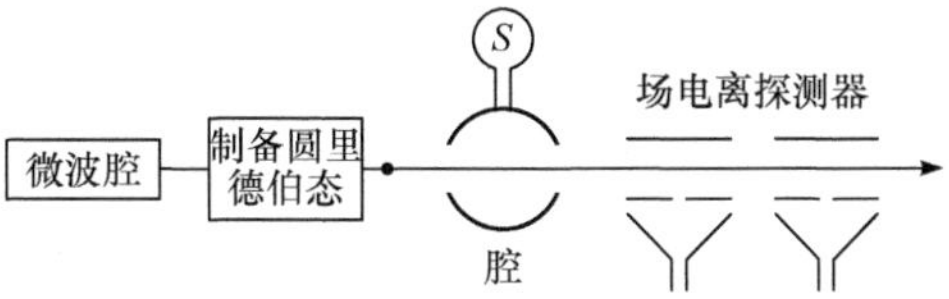

S
场电离探测器
微波腔
制备圆里德伯态
腔

图 8.1.2　法国 Haroche 小组实现 J-C 模型的实验装置

从原子炉射出的原子被一束激光制备成圆里德伯态；腔场被制备成通过波导来自微波源 S 的相干态，处于圆里德伯态的原子在腔中与相干态腔场相互作用。原子束要足够弱，这是为了确保任意时刻腔中只有一个原子；从腔中出来的原子被场电离探测器探测，上下能态的原子先后被两个场电离探测器探测，即第一个场电离探测器只探测处于上能态的原子，第二个场电离探测器只探测处于下能态的原子。

实验中用到的是处于圆里德伯态的铷原子，该量子态的主量子数 n 分别对应 49、50、51，主要涉及 $|f\rangle$、$|g\rangle$ 和 $|e\rangle$ 三个能级，图 8.1.3 表示其原子能级图。原子能级 $|e\rangle\leftrightarrow|g\rangle$ 和 $|g\rangle\leftrightarrow|f\rangle$ 的跃迁频率分别为 51.1GHz 和 54.3GHz。腔场与原子能级 $|e\rangle\leftrightarrow|g\rangle$ 的跃迁发生共振，而后者 $|g\rangle\leftrightarrow|f\rangle$ 的跃迁频率与腔场模频率远离共振，从而不会在相关能级之间出现跃迁。

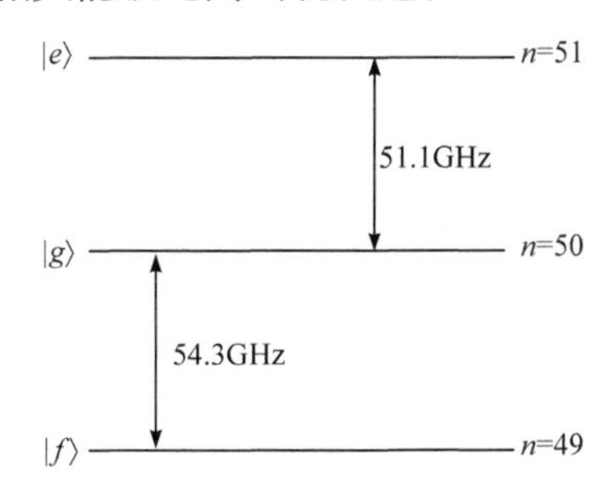

图 8.1.3　腔量子电动力学实验中圆里德伯态的原子能级图

谐振腔是由球面镜直径 50nm、曲率半径 40nm、两镜间距 27nm 的超导球面铌镜构成的法布里-珀罗(Fabry-Perot)谐振腔。该腔的品质因子 $Q=3\times10^{8}$，腔内光子的存储时间约为 1ms，而原子与腔场的相互作用时间为微秒量级。因此，原子的圆里德伯态的寿命(0.1s) > 腔内光子的存储时间(约 1ms) ≫ 原子与腔场的相互作用时间(微秒量级)，满足强耦合条件。腔壁被冷却到约 1K 的低温，对应腔内的平均热光子数为 0.7，采用进一步的方法(如向腔中注入一系列吸收光子的基态原子)可使该平均热光子数进一步降低到 0.1。微波源 S 可为谐振腔提供相干态光场，给腔施加静电场可调节腔场频率，使其与原子跃迁频率共振或失谐。

利用该实验系统，法国 Haroche 小组已测量到坍缩与恢复效应等一系列量子效应。

8.1.6 大失谐条件下腔场薛定谔猫态的制备

在图 8.1.2 的 J-C 模型实验装置中，在谐振腔前后分别添加一个经典光场 R_1 和 R_2，构成图 8.1.4 所示的一个拉姆齐干涉仪。该实验系统可用来制备腔场薛定谔猫态，而经典光场 R_1 和 R_2 是对 $|g\rangle \leftrightarrow |f\rangle$ 跃迁产生 π/2 脉冲作用的拉姆齐区域。

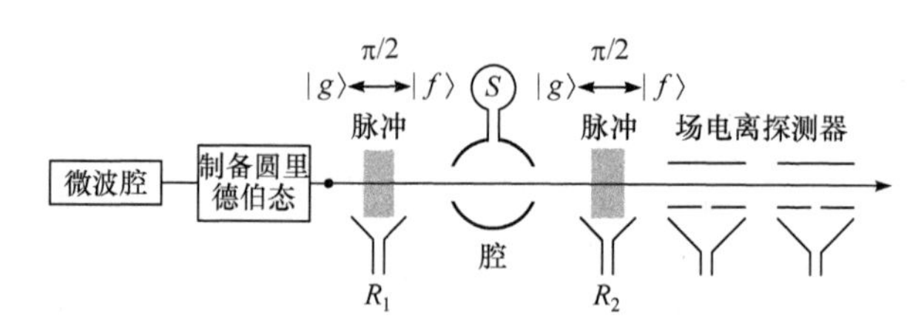

图 8.1.4　制备腔场薛定谔猫态的示意图

在大失谐条件下，二能级原子与单模量子腔场作用的相互作用有效哈密顿量为

$$\hat{H}_{\mathrm{e}} = \hbar\chi(\hat{a}^\dagger \hat{a}\hat{\sigma}_z + \hat{\sigma}_+\hat{\sigma}_-) \tag{8.1.37}$$

式中，$\chi = g^2/\varDelta$；$\varDelta = \omega_0 - \omega$ 为光场频率与原子 $|e\rangle \leftrightarrow |g\rangle$ 跃迁频率之间的失谐量。

对于图 8.1.3 所示的三能级原子 $|f\rangle$、$|g\rangle$ 和 $|e\rangle$，腔场与 $|e\rangle \leftrightarrow |g\rangle$ 间的原子跃迁发生大失谐作用，而最低能态 $|f\rangle$ 因与腔场频率远失谐而与动力学无关。若原子上能态 $|e\rangle$ 无布居数，则系统的相互作用有效哈密顿量(8.1.37)可简化为

$$\hat{H}_{\mathrm{e}} = -\hbar\chi\hat{a}^\dagger\hat{a}|g\rangle\langle g| \tag{8.1.38}$$

经典光场 R_1 和 R_2 均与在能级 $|g\rangle \leftrightarrow |f\rangle$ 间跃迁的原子发生共振相互作用，其拉比频率为 $\varOmega_{\mathrm{R}}$。由式(6.2.15)可知，在共振情况下，其相应的时间演化算符为

$$\begin{aligned}\hat{U}_{\mathrm{I}}(t) &= \exp\left[\mathrm{i}\frac{1}{2}\varOmega_{\mathrm{R}}t(\hat{\sigma}_+\mathrm{e}^{-\mathrm{i}\varphi} + \hat{\sigma}_-\mathrm{e}^{\mathrm{i}\varphi})\right] \\ &= \hat{I}\cos\left(\frac{1}{2}\varOmega_{\mathrm{R}}t\right) + \mathrm{i}\sin\left(\frac{1}{2}\varOmega_{\mathrm{R}}t\right)(\hat{\sigma}_+\mathrm{e}^{-\mathrm{i}\varphi} + \hat{\sigma}_-\mathrm{e}^{\mathrm{i}\varphi})\end{aligned} \tag{8.1.39}$$

式中，$\hat{\sigma}_+ = |g\rangle\langle f|$；$\hat{\sigma}_- = |f\rangle\langle g|$。

若取 $\varphi = -\pi/2$，则得

$$\hat{U}_{\mathrm{I}}(t) = \hat{I}\cos\left(\frac{1}{2}\varOmega_{\mathrm{R}}t\right) - \sin\left(\frac{1}{2}\varOmega_{\mathrm{R}}t\right)(|g\rangle\langle f| - |f\rangle\langle g|) \tag{8.1.40}$$

设原子进入 R_1 区域时处于能态 $|g\rangle$，通过 π/2 脉冲($\varOmega_{\mathrm{R}}t = \pi/2$)后，原子将处于

$$|\psi\rangle_{\mathrm{atom}} = \frac{1}{\sqrt{2}}(|g\rangle + |f\rangle) \tag{8.1.41}$$

该能态的原子进入相干态谐振腔时，原子-腔场系统的初态为

$$|\psi(0)\rangle = |\psi\rangle_{\mathrm{atom}}|\alpha\rangle = \frac{1}{\sqrt{2}}(|g\rangle + |f\rangle)|\alpha\rangle \tag{8.1.42}$$

原子与腔场发生色散相互作用，式(8.1.42)的态将演化为

$$|\psi(t)\rangle = \exp(-\mathrm{i}\hat{H}_{\mathrm{e}}t/\hbar)|\psi(0)\rangle = \frac{1}{\sqrt{2}}(|g\rangle|\alpha \mathrm{e}^{\mathrm{i}\chi t}\rangle + |f\rangle|\alpha\rangle) \tag{8.1.43}$$

通过谐振腔的原子进入第二个拉姆齐区域 R_2，根据式(8.1.40)，R_2 将进行如下变换：

$$|g\rangle = \cos(\theta/2)|g\rangle + \sin(\theta/2)|f\rangle \tag{8.1.44}$$

$$|f\rangle = \cos(\theta/2)|f\rangle - \sin(\theta/2)|g\rangle \tag{8.1.45}$$

式中，$\theta = \Omega_{\mathrm{R}}T$。

此时，系统状态(8.1.43)将变换为

$$\begin{aligned}|\psi(t),\theta\rangle &= \frac{1}{\sqrt{2}}\left[\left(\cos\frac{\theta}{2}|g\rangle + \sin\frac{\theta}{2}|f\rangle\right)\left|\alpha \mathrm{e}^{\mathrm{i}\chi t}\right\rangle + \left(\cos\frac{\theta}{2}|f\rangle - \sin\frac{\theta}{2}|g\rangle|\alpha\rangle\right)\right] \\ &= |g\rangle\frac{1}{\sqrt{2}}\left(\cos\frac{\theta}{2}\left|\alpha \mathrm{e}^{\mathrm{i}\chi t}\right\rangle - \sin\frac{\theta}{2}|\alpha\rangle\right) + |f\rangle\frac{1}{\sqrt{2}}\left(\sin\frac{\theta}{2}\left|\alpha \mathrm{e}^{\mathrm{i}\chi t}\right\rangle + \cos\frac{\theta}{2}|\alpha\rangle\right)\end{aligned} \tag{8.1.46}$$

选取 $\chi t = \pi$ 和 $\theta = \pi/2$，可得

$$|\psi(t),\pi/2\rangle = \frac{1}{2}[-(|\alpha\rangle - |-\alpha\rangle)|g\rangle + (|\alpha\rangle - |-\alpha\rangle)|f\rangle] \tag{8.1.47}$$

接下来设置场电离探测器来探测原子状态。当探测到原子处于态 $|f\rangle$ 时，腔场处于偶相干态，即

$$|\psi_{\mathrm{e}}\rangle = N_{\mathrm{e}}(|\alpha\rangle + |-\alpha\rangle) \tag{8.1.48}$$

若探测到原子处于态 $|g\rangle$，则腔场处于奇相干态，即

$$|\psi_{\mathrm{o}}\rangle = N_{\mathrm{o}}(|\alpha\rangle - |-\alpha\rangle) \tag{8.1.49}$$

以上说明，将原子与腔场的色散相互作用和原子与两个经典电磁场的共振相互作用相结合，可以制备腔场的薛定谔猫态。

利用微波腔量子电动力学实验系统，完成了许多其他实验工作[1-9,11-16]：①揭示了基本的量子现象和量子测量过程，如进行了薛定谔猫态实验、实现了单光子量子存储器以及可调量子相位门、制备多原子纠缠态以及介观光场的纠缠、实现原子碰撞的相干控制、冻结谐振腔中相干场的增长、实现腔场衰减过程的层析、测量光子数态寿命、利用微波腔量子电动力学系统演示了许多量子信息过程等。②产生和测量非经典光场，如制备并探测不同光子数的 Fock 态、测量和重构单光子数态 Wigner 函数、记录单光子的产生与湮没、重构腔场的非经典态等。③纠缠态的制备，如制备原子和原子之间的纠缠态、腔场和原子之间的纠缠态、光场和光场之间的纠缠态、原子之间的 EPR 态、多组分纠缠态等。④研究原子和腔场相干相互作用过程和原子计数，如观测里德伯原子在高品质腔中的拉比振荡，证实

腔中光场的量子化行为，通过高品质腔中的里德伯原子和介观场之间的色散相互作用实现高效的、对原子有选择性的、非破坏性的原子计数等。

总之，利用原子与经典光场或量子光场的相互作用(共振或色散)，可发现许多奇特的量子效应，并获得了广泛的应用。

8.2 囚禁离子阱系统

囚禁离子阱系统是量子光学中最重要的实验系统之一，是最早用于量子计算的物理系统，也是可扩展量子计算的重要候选物理系统之一[1,8,10,11,17-21]。

离子阱是一种通过电磁场将离子囚禁和限定在有限区域内，并使用激光束对其内态的离子能级和外态的离子振动进行操控，即利用囚禁在射频电场中离子的超精细或塞曼能级作为量子比特载体，通过激光或微波进行相干操控以实现量子信息处理。在构建量子计算机的理论和实验研究中，囚禁离子阱系统在物理原理上满足所有的 Divincenzo 判据，其中大部分判据已被实验证明，被认为是量子计算机物理实现最有希望的方案之一。

激光场与离子的相互作用在离子阱量子计算中起关键作用，例如，通过囚禁离子与激光场的相互作用，可以精确地操控囚禁离子的内态和外态，制备宏观相干叠加态、纠缠态等各种量子态，实现量子逻辑门、囚禁离子的边带冷却与加热，利用激光来激发离子荧光读出量子位等。本节将介绍囚禁离子和激光场的相互作用。

8.2.1 囚禁离子和激光场相互作用系统的哈密顿量

描述被囚禁离子和激光场的相互作用，一个最基本的模型是假设激光场与在谐振子势阱中运动的一个二能级离子相互作用。被囚禁在阱中的离子，沿势阱轴做简谐振动，它和激光场的相互作用与之前讨论的激光场和单个裸态原子、离子相互作用的情况有所不同，原子、离子的内部运动通过激光场与外部运动耦合，出现了一些复杂的情况。

线性射频 Paul 势阱示意图如图 8.2.1 所示，一个被囚禁在射频保罗(Paul)势阱中的离子，需要考虑其内部和外部两类运动。内部运动是指囚禁离子中超精细的内部电子能态之间的跃迁，并且只考虑两个电子能态 $|g\rangle$ 和 $|e\rangle$，构成两态系统。外部运动是指囚禁离子围绕势阱中心的质心振动，即离子整体的运动。假设势阱可近似看作谐振子势阱，势阱中的离子振动可以用量子化的简谐振动来描述。选择势阱中各方向上的离子振动频率满足一定的条件，仅需考虑沿势阱的主轴(即 x 轴)方向的量子化振动，从而忽略其径向振动。

设势阱对称轴为 x 轴，势阱中黑点表示单个囚禁离子，下方小图表示末端横截面图。

假设沿势阱的 x 轴方向施加一束激光，激光束很强，可进行经典处理，则囚禁离子和激光场相互作用系统的总哈密顿量，包含离子内部运动和外部运动的自由哈密顿量之和 $\hat{H}_0$ 以及相互作用哈密顿量 $\hat{V}$ 两部分，即

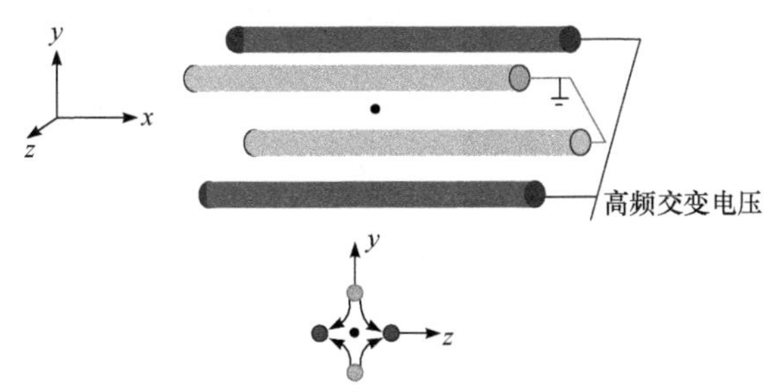

图 8.2.1　线性射频 Paul 势阱示意图

$$\hat{H} = \hat{H}_0 + \hat{V} \tag{8.2.1}$$

$$\hat{H}_0 = \frac{1}{2}\hbar\omega_0\hat{\sigma}_z + \hbar\nu\hat{a}^\dagger\hat{a} \tag{8.2.2}$$

$$\hat{V} = e\hat{x}\hat{E}(\hat{x},t) \tag{8.2.3}$$

式中，ω_0 为离子内部两能态的本征频率；$\hat{\sigma}_z = |e\rangle\langle e| - |g\rangle\langle g|$ 为离子内态的泡利算符 z 分量；在描述振动频率为 ν 的囚禁离子外部运动时，分别用 $\hat{a}$ 和 $\hat{a}^\dagger$ 表示简谐振子量子(声子)的湮没算符和产生算符；$\hat{x}$ 为离子的质心位置算符，可表示为

$$\hat{x} = \sqrt{\frac{\hbar}{2\nu m}}(\hat{a} + \hat{a}^\dagger) \tag{8.2.4}$$

$\hat{E}(\hat{x},t)$ 为激光场，可用经典单色平面波表示为

$$\hat{E}(\hat{x},t) = E_0\cos(k_l\hat{x} - \omega_l t + \varphi) \tag{8.2.5}$$

式中，E_0 为激光场的振幅；ω_l 为激光频率；k_l 为激光场波矢；φ 为初相位。

将式(8.2.4)和式(8.2.5)代入式(8.2.3)，则离子-激光场的相互作用哈密顿量为

$$\hat{V} = \frac{1}{2}\hbar\Omega(\hat{\sigma}_+ + \hat{\sigma}_-)[\mathrm{e}^{\mathrm{i}\eta(\hat{a}+\hat{a}^\dagger)}\mathrm{e}^{-\mathrm{i}(\omega_l t-\varphi)} + \mathrm{e}^{-\mathrm{i}\eta(\hat{a}+\hat{a}^\dagger)}\mathrm{e}^{\mathrm{i}(\omega_l t-\varphi)}] \tag{8.2.6}$$

式中，$\hat{\sigma}_+ = |e\rangle\langle g|$ 和 $\hat{\sigma}_- = |g\rangle\langle e|$ 分别为离子的上升算符和下降算符；$\Omega = eE_0\langle g|\hat{x}|e\rangle/\hbar$ 为激光场与囚禁离子耦合的经典拉比频率；η 称为兰姆-狄克(Lamb-Dicke)参数，用于描述离子内态与外态之间的耦合强度，表示为

$$\eta = k_l\sqrt{\frac{\hbar}{2\nu m}} \tag{8.2.7}$$

一般情况下，$\eta \ll 1$ 称为兰姆-狄克范围或兰姆-狄克极限。在兰姆-狄克范围内，离子的振荡幅度 $\sqrt{\hbar/(2\nu m)}$ 远小于激光波长 $\lambda_l = 2\pi/k_l$。因此，在离子的振荡范围内可把激光强度看作常数。

8.2.2 囚禁离子阱系统的边带冷却

在旋转波近似下，系统的相互作用哈密顿量(8.2.6)可表示为

$$\hat{V}=\frac{1}{2}\hbar\Omega[\mathrm{e}^{\mathrm{i}\eta(\hat{a}+\hat{a}^{\dagger})}\hat{\sigma}_{+}\mathrm{e}^{-\mathrm{i}(\omega_{l}t-\varphi)}+\mathrm{e}^{-\mathrm{i}\eta(\hat{a}+\hat{a}^{\dagger})}\hat{\sigma}_{-}\mathrm{e}^{\mathrm{i}(\omega_{l}t-\varphi)}] \tag{8.2.8}$$

利用幺正变换

$$\hat{U}=\mathrm{e}^{-\mathrm{i}\hat{H}_{0}t/\hbar}=\exp\left[-\mathrm{i}\left(\frac{1}{2}\omega_{0}\hat{\sigma}_{z}+\nu\hat{a}^{\dagger}\hat{a}\right)t\right] \tag{8.2.9}$$

根据哈密顿量算符的绘景变换公式

$$\hat{H}_{\mathrm{I}}=-\mathrm{i}\hbar\hat{U}^{\dagger}\frac{\mathrm{d}\hat{U}}{\mathrm{d}t}+\hat{U}^{\dagger}\hat{H}\hat{U} \tag{8.2.10}$$

可得相互作用绘景中的相互作用哈密顿量为

$$\hat{H}_{\mathrm{I}}=\frac{1}{2}\hbar\Omega\left[\mathrm{e}^{\mathrm{i}\eta(\hat{a}\,\mathrm{e}^{-\mathrm{i}\nu t}+\hat{a}^{\dagger}\mathrm{e}^{\mathrm{i}\nu t})}\hat{\sigma}_{+}\mathrm{e}^{-\mathrm{i}(\Delta t-\varphi)}+\mathrm{e}^{-\mathrm{i}\eta(\hat{a}\,\mathrm{e}^{-\mathrm{i}\nu t}+\hat{a}^{\dagger}\mathrm{e}^{\mathrm{i}\nu t})}\hat{\sigma}_{-}\mathrm{e}^{\mathrm{i}(\Delta t-\varphi)}\right] \tag{8.2.11}$$

式中，$\Delta=\omega_{l}-\omega_{0}$ 为激光频率与离子跃迁频率的失谐量。

在兰姆-狄克极限下，有

$$\exp\left[\pm\mathrm{i}\eta(\hat{a}\mathrm{e}^{-\mathrm{i}\nu t}+\hat{a}^{\dagger}\mathrm{e}^{\mathrm{i}\nu t})\right]=1\pm\mathrm{i}\eta(\hat{a}\mathrm{e}^{-\mathrm{i}\nu t}+\hat{a}^{\dagger}\mathrm{e}^{\mathrm{i}\nu t})+\cdots \tag{8.2.12}$$

将式(8.2.11)中的指数算符按照式(8.2.12)展开并保留到一次项，可简化为

$$\hat{H}_{\mathrm{I}}=\frac{1}{2}\hbar\Omega\left\{\hat{\sigma}_{+}\mathrm{e}^{-\mathrm{i}(\Delta t-\varphi)}\left[1+\mathrm{i}\eta(\hat{a}\mathrm{e}^{-\mathrm{i}\nu t}+\hat{a}^{\dagger}\mathrm{e}^{\mathrm{i}\nu t})\right]+\hat{\sigma}_{-}\mathrm{e}^{\mathrm{i}(\Delta t-\varphi)}\left[1-\mathrm{i}\eta(\hat{a}\mathrm{e}^{-\mathrm{i}\nu t}+\hat{a}^{\dagger}\mathrm{e}^{\mathrm{i}\nu t})\right]\right\} \tag{8.2.13}$$

离子(或离子串)在谐振子势阱中振动，激光场的耦合作用可以引起离子内部运动和外部运动的耦合，激光和离子跃迁能量差 $\hbar\Delta=\hbar(\omega_{l}-\omega_{0})$ 可以转换为离子振动动能，从而导致振动声子数的增多或减少。用符号 $|i,n\rangle\equiv|i\rangle|n\rangle$ 表示离子内态和外部振动声子态直积态，称为对态(其中，i 为离子内态量子数，n 表示振动声子数)，$\hat{H}_{\mathrm{I}}$ 可以产生形式为 $|s,n\rangle\leftrightarrow|d,n+m\rangle$ 的不同对态之间的耦合。假设调节驱动激光场的频率为 $\omega_{l}=\omega_{0}+l\nu$，则失谐量 $\Delta=\omega_{l}-\omega_{0}=l\nu$，下面分四种典型情况讨论实现离子内-外态的相互作用哈密顿量形式。

(1) 当失谐量 $\Delta=\omega_{l}-\omega_{0}=0$ 时，相互作用哈密顿量为

$$\hat{H}_{\mathrm{I}}=\frac{1}{2}\hbar\Omega(\hat{\sigma}_{+}\mathrm{e}^{\mathrm{i}\varphi}+\hat{\sigma}_{-}\mathrm{e}^{-\mathrm{i}\varphi}) \tag{8.2.14}$$

此时 $l=0$，对应离子内态的共振跃迁 $|g,n\rangle\leftrightarrow|e,n\rangle$，仅改变离子的内部运动状态，振动声子态不变，发生载波跃迁。耦合常数 Ω 则取决于激光强度、离子跃迁类型以及离子能级的相关结构。

(2) 当 $\varDelta=\omega_l-\omega_0=-\nu<0$ 时，其作用哈密顿量为

$$\hat{H}_{\rm I}=\frac{1}{2}\hbar\varOmega\left\{{\rm e}^{{\rm i}\varphi}\hat{\sigma}_+\left[{\rm e}^{{\rm i}\nu t}+{\rm i}\eta(\hat{a}+\hat{a}^{\dagger}{\rm e}^{{\rm i}2\nu t})\right]+{\rm e}^{-{\rm i}\varphi}\hat{\sigma}_-\left[{\rm e}^{-{\rm i}\nu t}-{\rm i}\eta(\hat{a}\,{\rm e}^{-{\rm i}2\nu t}+\hat{a}^{\dagger})\right]\right\} \tag{8.2.15}$$

与常数项相比，略去各种快速振荡项 ${\rm e}^{\pm{\rm i}\nu t}$ 和 ${\rm e}^{\pm{\rm i}2\nu t}$，从而有

$$\hat{H}_{\rm I}=\frac{1}{2}{\rm i}\hbar\varOmega\eta\left({\rm e}^{{\rm i}\varphi}\hat{\sigma}_+\hat{a}-{\rm e}^{-{\rm i}\varphi}\hat{\sigma}_-\hat{a}^{\dagger}\right) \tag{8.2.16}$$

式(8.2.16)中的 $\hat{H}_{\rm I}$ 具有 J-C 模型的形式，它描述离子的内部运动($\hat{\sigma}_+$, $\hat{\sigma}_-$)和外部运动($\hat{a}^{\dagger}$, $\hat{a}$)之间的相互作用。这一现象表明，在描述激发离子内态的同时湮没了一个振动声子态的过程，例如，跃迁 $|g,1\rangle\leftrightarrow|e,0\rangle$，从离子基态、一个声子态跃迁到离子激发态、零声子态的过程，称为红边带跃迁。此时，$l=-1$，特指对应第一红边带跃迁。若红边带跃迁耦合两态 $|g,n\rangle\leftrightarrow|e,n-1\rangle$，则该二能级系统的拉比频率为 $\varOmega_{n,n-1}=\eta\sqrt{n}\varOmega$。囚禁离子边带跃迁的能级图如图 8.2.2 所示。

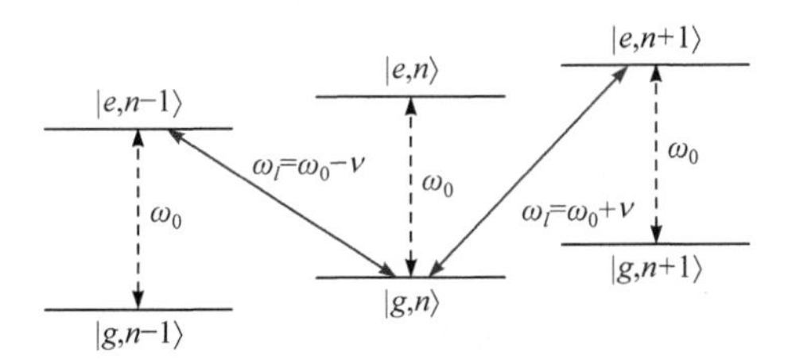

图 8.2.2　囚禁离子边带跃迁的能级图

(3) 当 $\varDelta=\omega_l-\omega_0=\nu>0$ 时，相互作用哈密顿量为

$$\hat{H}_{\rm I}=\frac{1}{2}{\rm i}\hbar\varOmega\eta\left({\rm e}^{{\rm i}\varphi}\hat{\sigma}_+\hat{a}^{\dagger}-{\rm e}^{-{\rm i}\varphi}\hat{\sigma}_-\hat{a}\right) \tag{8.2.17}$$

式(8.2.17)中的 $\hat{H}_{\rm I}$ 含有 $\hat{\sigma}_+\hat{a}^{\dagger}$ 项和 $\hat{\sigma}_-\hat{a}$ 项，对应反 J-C 模型。在腔量子电动力学系统的 J-C 模型中，它们对应能量不守恒过程，从而不易实现。在本节的离子阱系统中，除了离子的内部运动和外部运动外，还有外加激光与离子交换能量，离子能够从激光场中吸收能量跃迁到上能态并产生一个声子($\hat{\sigma}_+\hat{a}^{\dagger}$ 项)，离子也可以跃迁到下能态并湮没一个声子，从而把能量传递给激光($\hat{\sigma}_-\hat{a}$ 项)，因此它们不违反能量守恒定律，从而易于实现。该过程说明，在描述激发离子内态的同时产生了一个振动声子态的过程，例如，$|g,0\rangle\leftrightarrow|e,1\rangle$ 描述从离子基态、零声子态跃迁到离子激发态、一个声子态的过程，称为蓝边带跃迁。此时，$l=1$，特指对应第一个蓝边带跃迁。若蓝边带跃迁耦合两态 $|g,n\rangle\leftrightarrow|e,n+1\rangle$，则该二能级系统的拉比频率为 $\varOmega_{n,n+1}=\eta\sqrt{n+1}\varOmega$。

(4) 非兰姆-狄克极限下囚禁离子内外态的强耦合。

实际上，进行较强的离子内态和外态耦合更有利于降低离子阱噪声，提高振动自由度的冷却效率。因此，在非兰姆-狄克极限下实现囚禁单个离子的相干操作更具有现实意义。在非兰姆-狄克极限下，对方程(8.2.11)中的兰姆-狄克参数展开到高阶项，可以实现多声子过程。

当$\varDelta = \omega_l - \omega_0 = -l\nu < 0$时，相互作用哈密顿量为

$$\hat{H}_{\mathrm{I}} \sim \eta^l (\hat{a}^\dagger)^l \hat{\sigma}_- + \mathrm{h.c.} \tag{8.2.18}$$

当$\varDelta = \omega_l - \omega_0 = l\nu > 0$时，相互作用哈密顿量为

$$\hat{H}_{\mathrm{I}} \sim \eta^l \hat{a}^l \hat{\sigma}_- + \mathrm{h.c.} \tag{8.2.19}$$

囚禁离子阱系统的边带冷却就是利用红边带跃迁(或红失谐光)及离子声子从高能态到低能态的自发辐射，而将离子冷却到振动声子模的基态。

总之，利用囚禁离子系统可以研究丰富的物理效应，并取得了重大科技进展。

8.3 光 学 系 统

光学系统是量子光学实验中传统的重要物理系统之一。量子光学中的许多实验是利用光学系统实验实现的。例如，利用简并参量和非简并参量下的转换过程或四波混频过程产生压缩光，通过平衡零拍探测法进行压缩光的探测，利用干涉仪探测光场相干性，利用 HBT 实验研究光的二阶相干性，利用光学分束器进行各种光场量子态的变换等。

光学系统的有些内容已在前面部分章节中进行了介绍，例如，4.4 节讨论了光学分束器的量子力学描述及其对电磁场量子态的变换，5.5 节介绍了压缩光的产生和检测等，故本节仅介绍目前量子光学中常用的基于光学系统的几种实验。

8.3.1 非简并自发参量下转换制备纠缠光子源

参量转换分为参量上转换和参量下转换两类。把两个低频光子转换为一个高频光子的过程称为参量上转换，也是常说的和频过程。而参量下转换是指一束高频光(称为泵浦光)入射到非线性晶体上，转换为两束低频光(分别称为信号光和闲置光)的过程，也是常说的差频过程。

参量下转换过程是物理上产生压缩光场和量子纠缠态等非经典态的一种很有用的方法，是一种光频率发生改变而介质本身不参与能量交换的非线性过程。

参量下转换过程又分为四种情况：有信号光注入的参量下转换过程，称为光学参量放大器；没有信号光注入的参量下转换过程，称为光学参量振荡器。根据参量下转换过程中产生的两个光子的频率和偏振简并与否，又可分为简并光学参

量放大器、非简并光学参量放大器、简并光学参量振荡器和非简并光学参量振荡器。其中，光学参量放大器腔可以对下转换光场产生放大作用。若信号光、闲置光和泵浦光多次通过非线性晶体，则可以得到多次放大。若将非线性晶体置于谐振腔中，并用强泵浦光照射，当增益超过损耗时，可以在腔内建立相当强的信号光及闲置光。

当信号光和闲置光的频率、波矢量分别不相等时，称其为非简并参量下转换。当信号光和闲置光初始均处于真空态时，称其为自发参量下转换。当同时满足非简并参量下转换和自发参量下转换条件时，称其为非简并自发参量下转换。这里讨论非简并自发参量下转换制备纠缠光子源的过程。

一般地，参量下转换要求满足相位匹配条件，即能量守恒和动量守恒，可表示为

$$\hbar\omega_{\mathrm{p}} = \hbar\omega_{\mathrm{s}} + \hbar\omega_{\mathrm{i}} \tag{8.3.1}$$

$$\hbar\boldsymbol{k}_{\mathrm{p}} = \hbar\boldsymbol{k}_{\mathrm{s}} + \hbar\boldsymbol{k}_{\mathrm{i}} \tag{8.3.2}$$

式中，ω_{p}、ω_{s}和ω_{i}分别表示泵浦光、信号光和闲置光的频率；$\boldsymbol{k}_{\mathrm{p}}$、$\boldsymbol{k}_{\mathrm{s}}$和$\boldsymbol{k}_{\mathrm{i}}$分别表示泵浦光、信号光和闲置光相应的波矢。

描述非简并参量下转换过程的相互作用哈密顿量为

$$\hat{H}_{\mathrm{I}} = \hbar\chi^{(2)}\hat{a}_{\mathrm{s}}^{\dagger}\hat{a}_{\mathrm{i}}^{\dagger}\hat{a}_{\mathrm{p}}^{\dagger} + \mathrm{h.c.} \tag{8.3.3}$$

式中，$\chi^{(2)}$为晶体的二级非线性极化率；$\hat{a}_j$和$\hat{a}_j^{\dagger}$($j = \mathrm{p,s,i}$)分别表示j光的光子湮没算符和产生算符。

通常，泵浦光场较强，可进行经典处理(称为参量近似)，故式(8.3.3)转化为

$$\hat{H}_{\mathrm{I}} = \hbar\eta\hat{a}_{\mathrm{s}}^{\dagger}\hat{a}_{\mathrm{i}}^{\dagger} + \mathrm{h.c.} \tag{8.3.4}$$

式中，$\eta \propto \chi^{(2)}E_{\mathrm{p}}$，$E_{\mathrm{p}}$为泵浦光场中的电场振幅。

实际上，非简并自发参量下转换过程分为两类[1,7-9,11,22]。第一类非简并自发参量下转换是信号光和闲置光的偏振方向相同，且均与泵浦光的偏振方向垂直。第二类非简并自发参量下转换为信号光和闲置光的偏振方向垂直，下面分别予以介绍。

1. 第一类非简并自发参量下转换

在第一类非简并自发参量下转换中，信号光和闲置光的偏振方向相同，描述该非简并参量下转换过程的相互作用哈密顿量由式(8.3.4)确定。根据相位匹配条件的要求，信号光和闲置光的传播方向分别位于以泵浦光传播方向为轴的同心圆锥的两侧(非简并时，信号光和闲置光位于不同圆锥；简并时，信号光和闲置光则位于相同圆锥)，如图 8.3.1 所示。(a)图中信号光与闲置光的偏振方向相同，但都

与泵浦光垂直。从不同光锥中出射的光颜色不同，通常靠近中心轴的光的颜色是橘黄色的，而角度较大的光的颜色是红色的，泵浦光处在紫外波段。(b)图为相位匹配条件的图像。

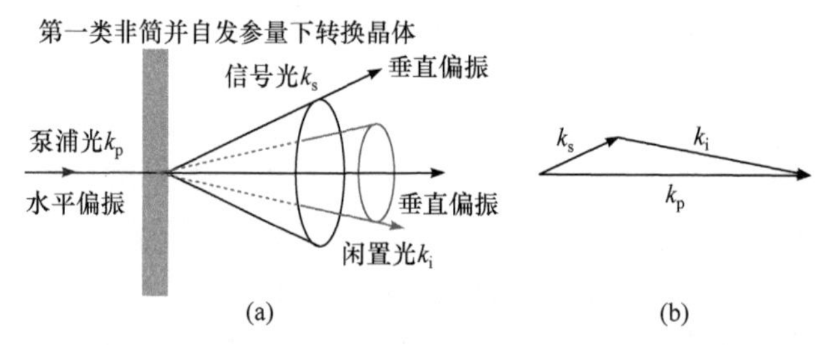

图 8.3.1　第一类非简并自发参量下转换晶体对应的光束示意图及相位匹配条件

设信号光和闲置光的初始时刻t_0状态为$|\psi(t_0)\rangle$，则任意t时刻的状态为

$$|\psi(t)\rangle=\exp(-\mathrm{i}\hat{H}_\mathrm{I}t/\hbar)|\psi(t_0)\rangle \tag{8.3.5}$$

设初态$|\psi(t_0)\rangle=|0\rangle_\mathrm{s}|0\rangle_\mathrm{i}$，将它和式(8.3.4)代入式(8.3.5)，可得

$$\begin{aligned}|\psi(t)\rangle&\approx\left[1-\mathrm{i}\hat{H}_\mathrm{I}t/\hbar-\frac{1}{2}(\hat{H}_\mathrm{I}t/\hbar)^2\right]|\psi(t_0)\rangle\\&=\left(1-\frac{\mu^2}{2}\right)|0\rangle_\mathrm{s}|0\rangle_\mathrm{i}-\mathrm{i}\mu|1\rangle_\mathrm{s}|1\rangle_\mathrm{i}\end{aligned} \tag{8.3.6}$$

式中，$\mu=\eta t$，在式(8.3.6)中略去了$|2\rangle_\mathrm{s}|2\rangle_\mathrm{i}$项。

可见，利用第一类非简并自发参量下转换可制备出真空态和单光子态的纠缠态。

2. 第二类非简并自发参量下转换

在第二类非简并自发参量下转换中，信号光和闲置光的偏振方向垂直，如图 8.3.2 所示。(a)图中信号光与闲置光的偏振方向互相垂直，双折射效应导致光子沿着相互交汇的两个光锥出射，其中一个为正常光(o 光)，另一个为非常光(e

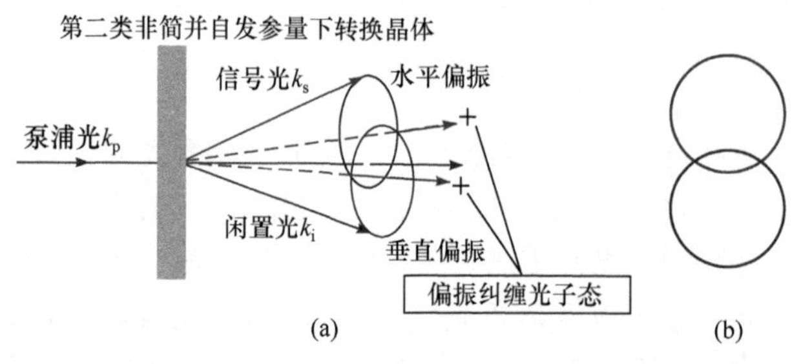

图 8.3.2　第二类非简并自发参量下转换晶体对应的光束示意图

光)在出射光子光锥的交汇重叠处，形成了偏振纠缠态，在这两个点无法区分光子来自哪一个光束。(b)图为出射光对应光锥的交会重叠截面图。

在参量近似下，描述第二类非简并自发参量下转换的相互作用哈密顿量为

$$\hat{H}_{\mathrm{I}}=\hbar\eta(\hat{a}_{\mathrm{Hs}}^{\dagger}\hat{a}_{\mathrm{Vi}}^{\dagger}+\hat{a}_{\mathrm{Vs}}^{\dagger}\hat{a}_{\mathrm{Hi}}^{\dagger})+\mathrm{h.c.} \tag{8.3.7}$$

式中，$\hat{a}_{\mathrm{H}k}^{\dagger}$ 和 $\hat{a}_{\mathrm{V}k}^{\dagger}$ ($k=\mathrm{s,i}$)分别表示水平偏振 H 和垂直偏振 V 的 k 模光子的光子产生算符。

设信号光和闲置光的初态为 $|\psi(t_0)\rangle=|0\rangle_{\mathrm{Hs}}|0\rangle_{\mathrm{Vs}}|0\rangle_{\mathrm{Hi}}|0\rangle_{\mathrm{Vi}}$，则任意 t 时刻的状态演化仍可由式(8.3.5)描述，将其展开到时间 t 的二阶，可得

$$|\psi(t)\rangle=(1-\mu^2)|0\rangle_{\mathrm{Hs}}|0\rangle_{\mathrm{Vs}}|0\rangle_{\mathrm{Hi}}|0\rangle_{\mathrm{Vi}}-\mathrm{i}\mu(|1\rangle_{\mathrm{Hs}}|0\rangle_{\mathrm{Vs}}|0\rangle_{\mathrm{Hi}}|1\rangle_{\mathrm{Vi}}+|0\rangle_{\mathrm{Hs}}|1\rangle_{\mathrm{Vs}}|1\rangle_{\mathrm{Hi}}|0\rangle_{\mathrm{Vi}}) \tag{8.3.8}$$

式中，$\mu=\eta t$。

定义偏振真空态、水平偏振单光子态和垂直偏振单光子态分别为 $|0\rangle=|0\rangle_{\mathrm{H}}|0\rangle_{\mathrm{V}}$、$|H\rangle=|1\rangle_{\mathrm{H}}|0\rangle_{\mathrm{V}}$、$|V\rangle=|0\rangle_{\mathrm{H}}|1\rangle_{\mathrm{V}}$，则式(8.3.8)可表示为

$$|\psi(t)\rangle=(1-\mu^2)|0\rangle_{\mathrm{s}}|0\rangle_{\mathrm{i}}-\mathrm{i}\mu(|H\rangle_{\mathrm{s}}|V\rangle_{\mathrm{i}}+|V\rangle_{\mathrm{s}}|H\rangle_{\mathrm{i}}) \tag{8.3.9}$$

将式(8.3.9)右边第二项表示的态进行归一化，即

$$|\psi^{+}\rangle=\frac{1}{\sqrt{2}}(|H\rangle_{\mathrm{s}}|V\rangle_{\mathrm{i}}+|V\rangle_{\mathrm{s}}|H\rangle_{\mathrm{i}}) \tag{8.3.10}$$

这是称为贝尔态的四个量子态之一，是最大纠缠的偏振纠缠态。贝尔态的完备集为

$$|\psi^{\pm}\rangle=\frac{1}{\sqrt{2}}(|H\rangle_1|V\rangle_2\pm|V\rangle_1|H\rangle_2) \tag{8.3.11}$$

$$|\varPhi^{\pm}\rangle=\frac{1}{\sqrt{2}}(|H\rangle_1|H\rangle_2\pm|V\rangle_1|V\rangle_2) \tag{8.3.12}$$

可见，利用第二类非简并自发参量下转换可制备出单光子偏振纠缠态，即可以产生偏振纠缠的光子对。

8.3.2　马赫-曾德尔单光子干涉仪

干涉仪是光学实验中探测光场相干性的重要装置，可实现对光场参数的精确测量，在精密测量领域具有巨大的应用前景。马赫-曾德尔干涉仪(Mach-Zehnder interferometer, MZI)是利用分振幅法产生双光束来实现干涉的仪器[1,7-9,11,22]，一般是由两个 50:50 的对称分束器、一个相移器和两个反射镜组成的四端口光学干涉仪，如图 8.3.3 所示。其中，BS_1 和 BS_2 为对称分束器、φ 为相移器、M_1 和 M_2 为反射镜。这里，马赫-曾德尔单光子干涉仪是指用单光子输入该干涉仪来实现干涉

效应的仪器。马赫-曾德尔干涉仪克服了迈克耳孙干涉仪回波干扰的不足，因而获得了比迈克耳孙干涉仪更为广泛的应用。

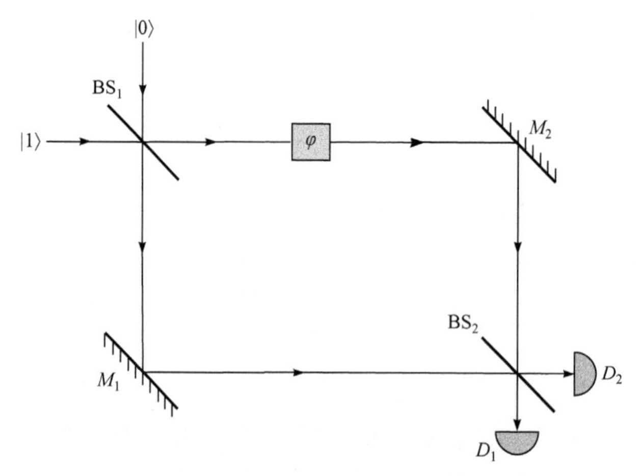

图 8.3.3　马赫-曾德尔干涉仪

入射两端口的光束经过分束器上下表面后，反射光束的相位均改变了 $\pi/2$，分束器输出端口算符 $\hat{a}'$、$\hat{b}'$ 与输入端口算符 $\hat{a}$、$\hat{b}$ 的关系为

$$\hat{a}' = \frac{1}{\sqrt{2}}(\hat{a} + \mathrm{i}\hat{b}), \quad \hat{b}' = \frac{1}{\sqrt{2}}(\mathrm{i}\hat{a} + \hat{b}) \tag{8.3.13}$$

从而可得

$$\hat{a}^\dagger = \frac{1}{\sqrt{2}}(\hat{a}'^\dagger + \mathrm{i}\hat{b}'^\dagger), \quad \hat{b}^\dagger = \frac{1}{\sqrt{2}}(\hat{b}'^\dagger + \mathrm{i}\hat{a}'^\dagger) \tag{8.3.14}$$

其中干涉效应的出现是由于两个探测器 D_1 和 D_2 不能区分来自哪条路径。相移器 φ 可用来改变两束光的光程差和相位差。

分束器 BS_1 对量子态的变换为

$$\begin{aligned} |0\rangle_a|1\rangle_b &\xrightarrow{\mathrm{BS}_1} \frac{1}{\sqrt{2}}(\hat{b}'^\dagger + \mathrm{i}\hat{a}'^\dagger)|0\rangle_{a'}|0\rangle_{b'} \\ &= \frac{1}{\sqrt{2}}(|0\rangle|1\rangle + \mathrm{i}|1\rangle|0\rangle) \end{aligned} \tag{8.3.15}$$

反射镜对每项都产生 $\mathrm{e}^{\mathrm{i}\pi/2}$ 因子，就等同于一个无关相位，故可忽略。相移器 φ 用幺正算符 $\mathrm{e}^{\mathrm{i}\varphi\hat{n}}$ 来描述，$\hat{n}$ 为光子数算符。相移器对该量子态的变换为

$$\frac{1}{\sqrt{2}}(|0\rangle|1\rangle + \mathrm{i}|1\rangle|0\rangle) \xrightarrow{\varphi} \frac{1}{\sqrt{2}}(\mathrm{e}^{\mathrm{i}\varphi}|0\rangle|1\rangle + \mathrm{i}|1\rangle|0\rangle) \tag{8.3.16}$$

第二个分束器 BS_2 对量子态的作用为

$$|0\rangle|1\rangle \xrightarrow{\mathrm{BS}_2} \frac{1}{\sqrt{2}}(|0\rangle|1\rangle + \mathrm{i}|1\rangle|0\rangle) \tag{8.3.17}$$

$$|1\rangle|0\rangle \xrightarrow{\text{BS}_2} \frac{1}{\sqrt{2}}(|1\rangle|0\rangle + \mathrm{i}|0\rangle|1\rangle) \tag{8.3.18}$$

故分束器 BS_2 将式(8.3.16)的量子态变换为

$$\frac{1}{\sqrt{2}}(\mathrm{e}^{\mathrm{i}\varphi}|0\rangle|1\rangle + \mathrm{i}|1\rangle|0\rangle) \xrightarrow{\text{BS}_2} \frac{1}{2}[(\mathrm{e}^{\mathrm{i}\varphi}-1)|0\rangle|1\rangle + \mathrm{i}(\mathrm{e}^{\mathrm{i}\varphi}+1)|1\rangle|0\rangle] \tag{8.3.19}$$

量子态 $|0\rangle|1\rangle$ 被探测器 D_1 探测到的概率为

$$P_{01} = \left|\frac{1}{2}(\mathrm{e}^{\mathrm{i}\varphi}-1)\right|^2 = \frac{1}{2}(1-\cos\varphi) \tag{8.3.20}$$

量子态 $|1\rangle|0\rangle$ 被探测器 D_2 探测到的概率为

$$P_{02} = \left|\frac{1}{2}(\mathrm{e}^{\mathrm{i}\varphi}+1)\right|^2 = \frac{1}{2}(1+\cos\varphi) \tag{8.3.21}$$

可见，调节相移 φ 值，这些探测到的概率呈现出周期性振荡，即出现单光子干涉的干涉条纹，实验中观察到的正是这些条纹。

8.3.3　相干光干涉测量

利用相干光干涉探测光子数之差的方法[1,7-9,11,22]是很常见的获取相移 φ 的方法，它因简单易行而被广泛应用于实验研究中。如图 8.3.3 所示，在干涉仪的两个输出端放置两个光子计数器，则可测量干涉仪两个输出态之间的光子数差。

首先来看相干态光在分束器中的变换。由关系式(4.4.8)可知，均处于相干态 $|\alpha\rangle_a|\beta\rangle_b$ 的两束入射光，经过分束器变换后，两束出射光也处于相干态的直积态，而不是纠缠态。同时，关系式中两光束的总平均光子数 $|\alpha|^2+|\beta|^2$ 在整个变换过程中保持不变。

当以相干态 $|\alpha\rangle_a$ 和真空态 $|0\rangle_b$ 为马赫-曾德尔干涉仪两端的输入态时，由式(4.4.38)可得

$$|\alpha\rangle_a|0\rangle_b \xrightarrow{\text{BS}_1} \left|\frac{\alpha}{\sqrt{2}}\right\rangle_{a'}\left|\frac{\mathrm{i}\alpha}{\sqrt{2}}\right\rangle_{b'} \tag{8.3.22}$$

然后，两条路径间的光程差导致两条路径上光子的相位差 φ，假设此相位差在 b 路径上，则相位差 φ 可用幺正算符 $\hat{U}_\varphi = \mathrm{e}^{\mathrm{i}\varphi\hat{n}_b}$ 来描述，其中，相位差 $\varphi = 2\pi x/\lambda$，x 为马赫-曾德尔干涉仪中两路径间的光程差。若将相移算符 $\hat{U}_\varphi$ 作用在第一个分束器的输出态 $\left|\frac{\alpha}{\sqrt{2}}\right\rangle_{a'}\left|\frac{\mathrm{i}\alpha}{\sqrt{2}}\right\rangle_{b'}$，利用 $\mathrm{e}^{\mathrm{i}\varphi\hat{n}_b}|n\rangle_b = \mathrm{e}^{\mathrm{i}\varphi n}|n\rangle_b$，则可得到量子态为

$$\hat{U}_\varphi\left|\frac{\alpha}{\sqrt{2}}\right\rangle_{a'}\left|\frac{\mathrm{i}\alpha}{\sqrt{2}}\right\rangle_{b'} = \left|\frac{\alpha}{\sqrt{2}}\right\rangle_{a'}\left|\frac{\mathrm{i}\alpha\mathrm{e}^{\mathrm{i}\varphi}}{\sqrt{2}}\right\rangle_{b'} \tag{8.3.23}$$

利用关系式(8.3.14)，第二个分束器将把上述量子态变换为

$$\left|\frac{\alpha}{\sqrt{2}}\right\rangle_{a'}\left|\frac{\mathrm{i}\alpha\mathrm{e}^{\mathrm{i}\varphi}}{\sqrt{2}}\right\rangle_{b'}\xrightarrow{\mathrm{BS}_2}\left|\frac{\alpha}{2}(1-\mathrm{e}^{\mathrm{i}\varphi})\right\rangle_{a'}\left|\frac{\mathrm{i}\alpha}{2}(1+\mathrm{e}^{\mathrm{i}\varphi})\right\rangle_{b'} \tag{8.3.24}$$

由于量子化光场的强度正比于量子态的平均光子数，所以第二个分束器中两个输出端的光子数差算符为

$$\hat{J}=\hat{n}_b-\hat{n}_a \tag{8.3.25}$$

光子数算符 $\hat{n}_b$ 和 $\hat{n}_a$ 的期望值可分别计算为

$$\langle\hat{n}_b\rangle=\langle\hat{b}^\dagger\hat{b}\rangle=\frac{\bar{n}}{2}(1+\cos\varphi) \tag{8.3.26}$$

$$\langle\hat{n}_a\rangle=\langle\hat{a}^\dagger\hat{a}\rangle=\frac{\bar{n}}{2}(1-\cos\varphi) \tag{8.3.27}$$

式中，$\bar{n}=|\alpha|^2$ 为输入相干态的平均光子数。

因此，可得

$$\langle\hat{J}\rangle=\bar{n}\cos\varphi \tag{8.3.28}$$

光子数差算符 $\hat{J}$ 平方的平均值为

$$\langle\hat{J}^2\rangle=\bar{n}+\bar{n}^2\cos^2\varphi \tag{8.3.29}$$

输出信号的不确定度为

$$\Delta\hat{J}=\sqrt{\langle\hat{J}^2\rangle-\langle\hat{J}\rangle^2}=\sqrt{\bar{n}} \tag{8.3.30}$$

将它代入误差传递公式，可得相位的不确定度为

$$\Delta\varphi=\frac{\Delta\hat{J}}{|\mathrm{d}\hat{J}/\mathrm{d}\varphi|}=\frac{1}{\sqrt{\bar{n}}\,|\sin\varphi|}\geqslant\frac{1}{\sqrt{\bar{n}}} \tag{8.3.31}$$

使式(8.3.31)取等号时的最优相位点为 $\varphi_{\min}=(2k+1)\pi/2$ ，k 取任意整数。所能达到的最小不确定度为 $\Delta\varphi_{\min}=1/\sqrt{\bar{n}}$ ，称为散粒噪声极限(shot-noise limit，SNL)或标准量子极限(standard quantum limit, SQL)。

在参数测量时，不仅要关注相移测量的精度，还需要关注信噪比(signal-to-noise ratio, SNR)，其表达式为

$$\mathrm{SNR}=\frac{|\langle\hat{J}\rangle|}{\Delta\hat{J}}=\sqrt{\bar{n}}|\cos\varphi| \tag{8.3.32}$$

当信噪比增大时，灵敏度降低，反之亦然。

利用光场的非经典态(如压缩真空态)进行干涉测量，可提高相位的测量精度，并可能超过该标准量子限度。事实上，相位不确定度的基本极限是海森伯极限，为 $\Delta\varphi_{\mathrm{H}}=1/\bar{n}$ 。达到这个极限是多年来量子光学研究中的一个重要目标。如今，利用粒子数态、NOON 态以及纠缠相干态等非高斯型的非经典态作为马赫-曾德尔干涉

仪的探测态，测量精度不仅可以超越标准量子极限，甚至可以达到海森伯极限。

8.4 小　结

1. 腔量子电动力学系统

本节主要讨论了单个等效二能级原子与量子化辐射场相互作用的腔量子电动力学实验，其作用腔场是微波场而不是光场。原因是将圆里德伯原子能态作为二能级原子态在实际中较为容易，里德伯原子能态之间的跃迁频率处于微波波段；微波实验中的主要损耗是谐振腔壁对光子的吸收。光波段的腔量子电动力学也是人们广泛研究的领域。微波腔量子电动力学和光波腔量子电动力学具有本质区别。其主要内容为

(1) 介绍了描述原子与腔场相互作用的主要参数，分析了里德伯原子的基本性质：

① 可构成一个有效的二能级系统。

② 辐射或吸收的电磁波频率处于微波波段，与微波谐振腔相匹配。

③ 允许跃迁的电偶极矩大，从而与腔场的耦合强。

④ 态的能级寿命长。

⑤ 里德伯原子电离能较小，可通过外场的选择性电离实现原子的选择性探测，区分原子的两个状态。

(2) 利用时间演化算符方法，可将时间演化算符 $\hat{U}(t)$ 在原子基态($|e\rangle$, $|g\rangle$)下展开，分析了不同系统初态下的系统态矢量 $|\psi(t)\rangle$ ，得到原子与腔场之间的纠缠随时间的演化。

(3) 讨论了耗散腔中二能级原子与单模腔场的相互作用。利用密度算符演化过程的主方程得出了共振系统中密度矩阵元的微分方程组，分别讨论了弱耦合区域和强耦合区域微分方程组的解。结果表明，原子在低品质腔内的上能态布居数按指数衰减，不会出现真空拉比振荡，而在高品质腔内的上能态布居数的衰减将呈现拉比振荡。

(4) 介绍了实现 J-C 模型的实验装置，详细分析了大失谐条件下，制备腔场的偶相干态 $|\psi_{\mathrm{e}}\rangle = N_{\mathrm{e}}(|\alpha\rangle + |-\alpha\rangle)$ 和奇相干态 $|\psi_{\mathrm{o}}\rangle = N_{\mathrm{o}}(|\alpha\rangle - |-\alpha\rangle)$ ，即制备了腔场的薛定谔猫态。

2. 囚禁离子阱系统

一个被囚禁在射频 Paul 势阱中的离子，需要考虑其内部运动和外部运动。

(1) 囚禁离子和激光场相互作用系统的总哈密顿量为

$$\hat{H} = \hat{H}_0 + \hat{V}$$

式中

$$\hat{H}_0 = \frac{1}{2}\hbar\omega_0\hat{\sigma}_z + \hbar\nu\hat{a}^\dagger\hat{a}\ ,\quad \hat{V} = \frac{1}{2}\hbar\Omega(\hat{\sigma}_+ + \hat{\sigma}_-)[\mathrm{e}^{\mathrm{i}\eta(\hat{a}+\hat{a}^\dagger)}\mathrm{e}^{-\mathrm{i}(\omega_l t-\varphi)} + \mathrm{e}^{-\mathrm{i}\eta(\hat{a}+\hat{a}^\dagger)}\mathrm{e}^{\mathrm{i}(\omega_l t-\varphi)}]$$

其中，$\eta = k_l\sqrt{\dfrac{\hbar}{2\nu m}}$ 称为兰姆-狄克参数，描述了离子内态与外态之间的耦合强度。$\eta \ll 1$ 称为兰姆-狄克范围或兰姆-狄克极限。在兰姆-狄克范围，离子的振荡幅度 $\sqrt{\hbar/(2\nu m)}$ 远小于激光波长 $\lambda_l = 2\pi/k_l$。因此，在离子的振荡范围内可把激光强度看作常数。

(2) 囚禁离子阱系统的边带冷却。

在旋转波近似下，I-绘景中的相互作用哈密顿量表示为

$$\hat{H}_\mathrm{I} = \frac{1}{2}\hbar\Omega\left[\mathrm{e}^{\mathrm{i}\eta(\hat{a}\,\mathrm{e}^{-\mathrm{i}\nu t}+\hat{a}^\dagger\mathrm{e}^{\mathrm{i}\nu t})}\hat{\sigma}_+\mathrm{e}^{-\mathrm{i}(\Delta t-\varphi)} + \mathrm{e}^{-\mathrm{i}\eta(\hat{a}\,\mathrm{e}^{-\mathrm{i}\nu t}+\hat{a}^\dagger\mathrm{e}^{\mathrm{i}\nu t})}\hat{\sigma}_-\mathrm{e}^{\mathrm{i}(\Delta t-\varphi)}\right]$$

式中，$\Delta = \omega_l - \omega_0$。

在兰姆-狄克极限下，可将上式展开并保留到一次项，即

$$\hat{H}_\mathrm{I} = \frac{1}{2}\hbar\Omega\left\{\hat{\sigma}_+\mathrm{e}^{-\mathrm{i}(\Delta t-\varphi)}\left[1+\mathrm{i}\eta(\hat{a}\mathrm{e}^{-\mathrm{i}\nu t}+\hat{a}^\dagger\mathrm{e}^{\mathrm{i}\nu t})\right]+\hat{\sigma}_-\mathrm{e}^{\mathrm{i}(\Delta t-\varphi)}\left[1-\mathrm{i}\eta(\hat{a}\mathrm{e}^{-\mathrm{i}\nu t}+\hat{a}^\dagger\mathrm{e}^{\mathrm{i}\nu t})\right]\right\}$$

通过激光场的耦合作用，可以引起离子内部运动和外部运动的耦合，激光和离子跃迁能量差 $\hbar\Delta = \hbar(\omega_l - \omega_0)$ 可以转变为离子振动动能，从而导致振动声子数的增加或减少。

假设调节驱动激光场的频率为 $\omega_l = \omega_0 + l\nu$，则失谐量 $\Delta = \omega_l - \omega_0 = l\nu$，可分四种典型情况讨论实现离子内外态的相互作用哈密顿量形式。

① 当失谐量 $\Delta = \omega_l - \omega_0 = 0$ 时，发生载波跃迁，此时 $l = 0$，对应离子内态的共振跃迁 $|g,n\rangle \leftrightarrow |e,n\rangle$，仅改变离子的内部运动状态，振动声子态不变。

② 当 $\Delta = \omega_l - \omega_0 = -\nu < 0$ 时，$\hat{H}_\mathrm{I}$ 具有 J-C 模型的形式，它描述了离子的内部运动（$\hat{\sigma}_+$，$\hat{\sigma}_-$）和外部运动（$\hat{a}^\dagger$，$\hat{a}$）之间的相互作用。发生红边带跃迁 $|g,n\rangle \leftrightarrow |e,n-1\rangle$，跃迁 $|g,1\rangle \leftrightarrow |e,0\rangle$ 对应第一红边带跃迁。

③ 当 $\Delta = \omega_l - \omega_0 = \nu > 0$ 时，$\hat{H}_\mathrm{I}$ 含有 $\hat{\sigma}_+\hat{a}^\dagger$ 项和 $\hat{\sigma}_-\hat{a}$ 项，对应反 J-C 模型。发生蓝边带跃迁 $|g,n\rangle \leftrightarrow |e,n+1\rangle$，跃迁 $|g,0\rangle \leftrightarrow |e,1\rangle$ 对应第一蓝边带跃迁。

④ 非兰姆-狄克极限下囚禁离子内外态实现强耦合，更有利于降低离子阱噪声，提高振动自由度的冷却效率，实现多声子过程。

3. 光学系统

(1) 非简并自发参量下转换制备纠缠光子源。利用第一类非简并自发参量下

转换可制备出真空态和单光子态的纠缠态；利用第二类非简并自发参量下转换可制备出最大纠缠的偏振纠缠态。

(2) 利用马赫-曾德尔单光子干涉仪，通过调节相移φ值可探测到量子态的概率呈现出周期性振荡，发现单光子干涉的干涉条纹。

(3) 利用相干光干涉探测光子数之差的方法，可得到相位的不确定度为

$$\Delta\varphi = \frac{1}{\sqrt{\bar{n}}\,|\sin\varphi|} \geqslant \frac{1}{\sqrt{\bar{n}}}$$

即所能达到的最小不确定度为$\Delta\varphi_{\min} = 1/\sqrt{\bar{n}}$，称其为散粒噪声极限或标准量子极限。

如今利用粒子数态、NOON 态以及纠缠相干态等非高斯型的非经典态作为马赫-曾德尔干涉仪的探测态，测量精度不仅可以突破标准量子极限，甚至可以达到海森伯极限$\Delta\varphi_{\mathrm{H}} = 1/\bar{n}$。

8.5　习　　题

1. 证明关系式(8.1.5)，即对于主量子数为n和$n-1$的里德伯原子在相邻能级之间跃迁时，电偶极跃迁矩阵元正比于n^2。
2. 对于猫态$|\psi\rangle = N(|\alpha \mathrm{e}^{\mathrm{i}\varphi}\rangle + |\alpha \mathrm{e}^{-\mathrm{i}\varphi}\rangle)$，将其进行归一化，该态在初始短时间内的退相干率与角度φ有何关系？
3. 相干态$|\alpha\rangle$处于损耗腔中，t时刻的相干态将变为$|\alpha\rangle \to |\mathrm{e}^{-\kappa t/2}\alpha\rangle$，利用这个结果和密度算符$\hat{\boldsymbol{\rho}}$按光场相干态表象展开$\hat{\boldsymbol{\rho}} = \int P(\alpha)|\alpha\rangle\langle\alpha|\mathrm{d}^2\alpha$，导出描述腔场衰减的密度算符演化过程的主方程为$\dfrac{\mathrm{d}}{\mathrm{d}t}\hat{\boldsymbol{\rho}} = \dfrac{\kappa}{2}(2\hat{a}\hat{\boldsymbol{\rho}}\hat{a}^\dagger - \hat{a}^\dagger\hat{a}\hat{\boldsymbol{\rho}} - \hat{\boldsymbol{\rho}}\hat{a}^\dagger\hat{a})$。
4. 当考虑原子衰减γ和腔耗散κ情况时，利用海森伯算符方法导出 J-C 模型中原子下降算符$\hat{\sigma}_-$和单模腔中光子湮没算符$\hat{a}$的演化方程，得出原子-腔场的耦合系数g、腔模耗散率κ、原子的自发辐射率γ三个参数之间的关系。根据它们的大小，分析弱耦合和强耦合等不同的耦合区域。
5. 假设原子被制备成叠加态$|\psi\rangle_{\text{atom}} = (|e\rangle + \mathrm{e}^{\mathrm{i}\varphi}|g\rangle)/\sqrt{2}$，并被注入初态为真空态的谐振腔。密度算符演化过程的主方程由式(8.1.20)描述。试分别在高品质因子和低品质因子情况下，计算激发态布居数的时间演化，分析动力学对相对相位φ的作用。
6. 对于单个囚禁离子，当激光调节到与离子内态共振(即电子能级$|g\rangle \leftrightarrow |e\rangle$跃迁频率与激光驱动频率相等)作用时，需要保留$\eta$的二阶项，导出其相互作用哈密顿量。假设离子内态初始为基态而其质心运动制备为相干态，试研究系统的

动力学演化。此时的内态与振动自由度会纠缠吗？

7. 对于式(8.3.24)的量子态$\left|\frac{\alpha}{2}(1-e^{i\varphi})\right\rangle_{a'}\left|\frac{i\alpha}{2}(1+e^{i\varphi})\right\rangle_{b'}$，试详细求解出两个输出端的光子数差算符$\hat{J}=\hat{n}_b-\hat{n}_a$的涨落。

8. 微扰展开式(8.3.6)中的第一阶给出第一类非简并自发参量下转换的输出态为$|1\rangle_s|1\rangle_i$。①证明其第二阶给出的输出态为$|2\rangle_s|2\rangle_i$；②假设每个态上均有2对光子，将这两对光子同时输入50:50对称分束器上，求其输出态。

9. 对于图8.3.3所示的马赫-曾德尔干涉仪，分束器输入端的系统状态表示为两个单光子态$|1\rangle_a|1\rangle_b$，若将相移器放置在M_2与BS_2干涉仪的光路b上，则在经过第二个分束器前，试证明系统状态变换为$(|2\rangle_a|0\rangle_b+e^{2i\varphi}|0\rangle_a|2\rangle_b)/\sqrt{2}$；经过第二个分束器后，试证明系统状态变换为$|\text{out}\rangle=\frac{1}{2\sqrt{2}}(1-e^{2i\varphi})(|2\rangle_a|0\rangle_b-|0\rangle_a|2\rangle_b)+\frac{i}{2}(1+e^{2i\varphi})|1\rangle_a|1\rangle_b$。

10. 若图8.3.3所示的马赫-曾德尔干涉仪的输入端仍为两个单光子态$|1\rangle_a|1\rangle_b$，选择测量b模输出端的宇称，该模的宇称算符为$\hat{\Pi}_b=(-1)^{\hat{b}^\dagger\hat{b}}=e^{i\pi\hat{b}^\dagger\hat{b}}$，根据上题的输出态$|\text{out}\rangle$，试计算该宇称算符观测值对相位测量的不确定度。

11. 设想图8.3.3中的马赫-曾德尔干涉仪的第一个分束器被某特殊装置取代，可产生最大纠缠态$|\psi_N\rangle=\frac{1}{\sqrt{2}}(|N\rangle_a|0\rangle_b+e^{i\Phi_N}|0\rangle_a|N\rangle_b)$(也称为NOON态)，其中，$\Phi_N$是可依赖$N$的相位。试证明对该量子态，相位测量的不确定度对所有的N都精确等于$\Delta\varphi=1/N$。注意：必须考虑相移器以及第二个分束器的作用。

12. 利用非简并光学参量放大器可以制备连续变量纠缠态。非简并光学参量放大器过程是双模的非线性相互作用，描述其相互作用的哈密顿量为$\hat{H}=i\hbar\chi(\hat{a}^\dagger\hat{b}^\dagger-\hat{a}\hat{b})$，试证明：在压缩强度大时，$|\psi(t)\rangle\to|0,0\rangle+|1,1\rangle+|2,2\rangle+\cdots$。

参考文献

[1] Gerry C C, Knight P. Introductory Quantum Optics. Cambridge: Cambridge University Press, 2005.

[2] Walls D F, Milburn G J. Quantum Optics. 2nd ed. Berlin: Springer, 2008.

[3] Scully M O, Zubairy M S. Quantum Optics. Cambridge: Cambridge University Press, 1997.

[4] Meystre P, Sargent Ⅲ M. Elements of Quantum Optics. 4th ed. Berlin: Springer, 2007.

[5] Berman P R. Cavity Quantum Electrodynamics. New York: Academic Press, 1994.

[6] Dutra S M. Cavity Quantum Electrodynamics: The Strange Theory of Light in a Box. New Jersey: John Wiley & Sons, 2004.

[7] 郭光灿, 周祥发. 量子光学. 北京: 科学出版社, 2022.
[8] 张智明. 量子光学. 北京: 科学出版社, 2015.
[9] 张卫平, 等. 量子光学研究前沿. 上海: 上海交通大学出版社, 2014.
[10] 李承祖, 陈平形, 梁林梅, 等. 量子计算机研究(上). 北京: 科学出版社, 2011.
[11] 格里, 奈特. 量子光学导论. 景俊译. 北京: 清华大学出版社, 2019.
[12] Rempe G, Walther H, Klein N. Observation of quantum collapse and revival in a one-atom maser. Physical Review Letters, 1987, 58(4): 353-356.
[13] Brune M, Schmidt-Kaler F, Maali A, et al. Quantum Rabi oscillation: A direct test of field quantization in a cavity. Physical Review Letters, 1996, 76(11): 1800-1803.
[14] Brune M, Hagley E, Dreyer J, et al. Observing the progressive decoherence of the "Meter" in a quantum measurement. Physical Review Letters, 1996, 77(24): 4887-4890.
[15] Raimond J M, Brune M, Haroche S. Colloquium: Manipulating quantum entanglement with atoms and photons in a cavity. Reviews of Modern Physics, 2001, 73(3): 565-582.
[16] Haroche S. Nobel lecture: Controlling photons in a box and exploring the quantum to classical boundary. Reviews of Modern Physics, 2013, 85(3): 1083-1102.
[17] Leibfried D, Blatt R, Monroe C, et al. Quantum dynamics of single trapped ions. Reviews of Modern Physics, 2003, 75(1): 281-324.
[18] Wineland D J. Nobel lecture: Superposition, entanglement, and raising Schrödinger's cat. Reviews of Modern Physics, 2013, 85(3): 1103-1114.
[19] Cirac J I, Zoller P. Quantum computations with cold trapped ions. Physical Review Letters, 1995, 74 (20): 4091-4094.
[20] Duan L M, Monroe C. Colloquium: Quantum networks with trapped ions. Reviews of Modern Physics, 2010, 82(2): 1209-1224.
[21] Paul W. Electromagnetic traps for charged and neutral particles. Reviews of Modern Physics, 1990, 62(3): 531-540.
[22] Pan J W, Chen Z B, Lu C Y, et al. Multiphoton entanglement and interferometry. Reviews of Modern Physics, 2012, 84(2): 777-838.

第 9 章　开放量子系统的量子理论

根据是否与外界环境有相互作用，量子系统一般可以分为两类：封闭量子系统和开放量子系统。封闭量子系统不与外界环境发生相互作用，它的运动学方程为薛定谔方程和非耗散的刘维尔(Liouville)方程，其状态演化是幺正的。开放量子系统将与外界环境发生作用，其状态演化是非幺正的，会不可避免地导致系统能量的损耗和相干性的消退。目前，处理开放量子系统的耗散动力学模型和量子理论有多种方法[1-16]，如约化密度算符主方程、福克尔-普朗克(Fokker-Planck)方程、朗之万(Langevin)方程、Lindblad 主方程、量子蒙特卡罗波函数等。

本章安排如下：首先，在相互作用绘景中，分别在热库和压缩真空库作用下，建立量子系统约化密度算符满足的主方程；其次，分别讨论利用密度算符的三种准概率分布函数，将量子主方程转化为相应的福克尔-普朗克方程；再次，在海森伯绘景中，得出力学量算符方程，通过噪声算符将库作用转变为随机力，引入量子朗之万方程；接着，利用超算符方法详细推导开放系统非幺正演化的 Lindblad 主方程；最后，介绍一种描述量子系统演化的量子蒙特卡罗波函数。

9.1　量子系统的约化密度算符满足的主方程

主方程方法是量子理论中研究开放量子系统的一种常用方法[1-4,10-12,15,16]。只要对复合量子系统(量子系统+库)的库变量求迹，建立描述量子系统的约化密度算符主方程，就可以探讨有关物理量的期望值随时间的演化规律。

设一个量子系统 S 与库 R 相互作用的总哈密顿量为

$$\hat{H}=\hat{H}_{\mathrm{S}}+\hat{H}_{\mathrm{R}}+\hat{V}=\hat{H}_0+\hat{V} \tag{9.1.1}$$

式中，$\hat{H}_0=\hat{H}_{\mathrm{S}}+\hat{H}_{\mathrm{R}}$，$\hat{H}_{\mathrm{S}}$ 和 $\hat{H}_{\mathrm{R}}$ 分别为系统和库的自由哈密顿量；$\hat{V}$ 为相互作用哈密顿量。

在相互作用绘景中，系统和库作用所构成的复合系统的密度算符运动方程为

$$\mathrm{i}\hbar\frac{\partial\hat{\boldsymbol{w}}(t)}{\partial t}=[\hat{\boldsymbol{V}}_{\mathrm{I}}(t),\hat{\boldsymbol{w}}(t)] \tag{9.1.2}$$

式中，$\hat{\boldsymbol{w}}(t)$ 为复合系统的密度算符；$\hat{\boldsymbol{V}}_{\mathrm{I}}(t)$ 为下列相互作用绘景中的相互作用哈密顿量的矩阵表示：

$$\hat{\boldsymbol{V}}_{\mathrm{I}}(t)=\mathrm{e}^{\mathrm{i}\hat{H}_0t/\hbar}\hat{V}\mathrm{e}^{-\mathrm{i}\hat{H}_0t/\hbar} \tag{9.1.3}$$

对库变量求迹后可得到量子系统的约化密度算符为

$$\hat{\boldsymbol{\rho}}(t) = \mathrm{Tr}_{\mathrm{R}}[\boldsymbol{w}(t)] \tag{9.1.4}$$

对方程(9.1.2)进行积分，可得

$$\hat{\boldsymbol{w}}(t) = \hat{\boldsymbol{w}}(t_i) + \frac{1}{\mathrm{i}\hbar}\int_{t_i}^{t} \mathrm{d}t'[\hat{\boldsymbol{V}}_{\mathrm{I}}(t'), \hat{\boldsymbol{w}}(t')] \tag{9.1.5}$$

式中，t_i 表示相互作用的初始时刻。

将式(9.1.5)代入式(9.1.2)，可得

$$\frac{\partial \hat{\boldsymbol{w}}(t)}{\partial t} = \frac{1}{\mathrm{i}\hbar}[\hat{\boldsymbol{V}}_{\mathrm{I}}(t), \hat{\boldsymbol{w}}(t_i)] + \frac{1}{(\mathrm{i}\hbar)^2}\int_{t_i}^{t} \mathrm{d}t'[\hat{\boldsymbol{V}}_{\mathrm{I}}(t),[\hat{\boldsymbol{V}}_{\mathrm{I}}(t'), \hat{\boldsymbol{w}}(t')]] \tag{9.1.6}$$

设初始时刻 t_i 系统与库无作用，则系统与库是独立的，此时有 $\boldsymbol{w}(t_i) = \hat{\boldsymbol{\rho}}(t_i) \otimes \hat{\boldsymbol{\rho}}_{\mathrm{R}}(t_i)$。通常库 R 很大，与系统 S 作用时不会导致库状态发生明显改变，故进行玻恩(Born)近似，即

$$\boldsymbol{w}(t) = \hat{\boldsymbol{\rho}}(t) \otimes \hat{\boldsymbol{\rho}}_{\mathrm{R}}(t_i) \tag{9.1.7}$$

对式(9.1.6)中库的变量求迹，可得系统的约化密度算符 $\hat{\rho}(t)$ 所满足的方程为

$$\frac{\mathrm{d}\hat{\boldsymbol{\rho}}(t)}{\mathrm{d}t} = \frac{1}{\mathrm{i}\hbar}\mathrm{Tr}_{\mathrm{R}}[\hat{\boldsymbol{V}}_{\mathrm{I}}(t), \hat{\boldsymbol{\rho}}(t_i) \otimes \hat{\boldsymbol{\rho}}_{\mathrm{R}}(t_i)] + \frac{1}{(\mathrm{i}\hbar)^2}\mathrm{Tr}_{\mathrm{R}}\int_{t_i}^{t} \mathrm{d}t'[\hat{\boldsymbol{V}}_{\mathrm{I}}(t),[\hat{\boldsymbol{V}}_{\mathrm{I}}(t'), \hat{\boldsymbol{\rho}}(t') \otimes \hat{\boldsymbol{\rho}}_{\mathrm{R}}(t_i)]] \tag{9.1.8}$$

由此可知，系统的当前状态 $\hat{\boldsymbol{\rho}}(t)$ 与其历史状态 $\hat{\boldsymbol{\rho}}(t')$ 有关，即具有记忆效应。引入马尔可夫近似，即用 $\hat{\boldsymbol{\rho}}(t)$ 代替积分中的 $\hat{\boldsymbol{\rho}}(t')$，以消除记忆效应，可将式(9.1.8)的主方程转化为

$$\frac{\mathrm{d}\hat{\boldsymbol{\rho}}(t)}{\mathrm{d}t} = \frac{1}{\mathrm{i}\hbar}\mathrm{Tr}_{\mathrm{R}}[\hat{\boldsymbol{V}}_{\mathrm{I}}(t), \hat{\boldsymbol{\rho}}(t_i) \otimes \hat{\boldsymbol{\rho}}_{\mathrm{R}}(t_i)] + \frac{1}{(\mathrm{i}\hbar)^2}\mathrm{Tr}_{\mathrm{R}}\int_{t_i}^{t} \mathrm{d}t'[\hat{\boldsymbol{V}}_{\mathrm{I}}(t),[\hat{\boldsymbol{V}}_{\mathrm{I}}(t'), \hat{\boldsymbol{\rho}}(t) \otimes \hat{\boldsymbol{\rho}}_{\mathrm{R}}(t_i)]] \tag{9.1.9}$$

要进行进一步的计算，必须知道相互作用哈密顿量的具体形式以及库所处的状态，下面将分别予以介绍。

9.1.1　原子分别在热库和压缩真空库中的主方程

设一个二能级原子在库中受阻尼产生辐射衰减，在相互作用绘景中，二能级原子与库的相互作用哈密顿量在旋转波近似下具有的形式为

$$\hat{V}_{\mathrm{I}}(t) = \hbar\sum_{k} g_k[\hat{b}_k^{\dagger}\hat{\sigma}_{-}\mathrm{e}^{-\mathrm{i}(\omega_0-\omega_k)t} + \hat{\sigma}_{+}\hat{b}_k\mathrm{e}^{\mathrm{i}(\omega_0-\omega_k)t}] \tag{9.1.10}$$

式中，$\hat{\sigma}_{+} = |e\rangle\langle g|$ 和 $\hat{\sigma}_{-} = |g\rangle\langle e|$，$|e\rangle$ 和 $|g\rangle$ 分别为原子的激发态和基态；ω_0 为原子的本征跃迁频率；g_k 为原子与库中 k 模的耦合系数；$\hat{b}_k$ 和 ω_k 分别为库中 k 模的光子湮没算符和频率。

将库的噪声算符表示为

$$\hat{B}(t)=\sum_k g_k\hat{b}_k\mathrm{e}^{\mathrm{i}(\omega_0-\omega_k)t} \tag{9.1.11}$$

将式(9.1.10)代入式(9.1.9)，可得原子的约化密度算符 $\hat{\boldsymbol{\rho}}(t)$ 所满足的方程为

$$\begin{aligned}\frac{\partial\hat{\boldsymbol{\rho}}(t)}{\partial t}=&-\mathrm{i}\sum_k g_k\mathrm{Tr_R}\{[\hat{b}_k^\dagger\hat{\sigma}_-,\hat{\boldsymbol{\rho}}(t_i)\otimes\hat{\boldsymbol{\rho}}_\mathrm{R}(t_i)]\mathrm{e}^{-\mathrm{i}(\omega_0-\omega_k)t}+[\hat{\sigma}_+\hat{b}_k,\hat{\boldsymbol{\rho}}(t_i)\otimes\hat{\boldsymbol{\rho}}_\mathrm{R}(t_i)]\mathrm{e}^{\mathrm{i}(\omega_0-\omega_k)t}\}\\&+I_1[\hat{\sigma}_+\hat{\sigma}_+\hat{\boldsymbol{\rho}}(t)-2\hat{\sigma}_+\hat{\boldsymbol{\rho}}(t)\hat{\sigma}_++\hat{\boldsymbol{\rho}}(t)\hat{\sigma}_+\hat{\sigma}_+]\\&+I_2[\hat{\sigma}_-\hat{\sigma}_-\hat{\boldsymbol{\rho}}(t)-2\hat{\sigma}_-\hat{\boldsymbol{\rho}}(t)\hat{\sigma}_-+\hat{\boldsymbol{\rho}}(t)\hat{\sigma}_-\hat{\sigma}_-]\\&+I_3[\hat{\sigma}_-\hat{\boldsymbol{\rho}}(t)\hat{\sigma}_+-\hat{\sigma}_+\hat{\sigma}_-\hat{\boldsymbol{\rho}}(t)]+I_3^*[\hat{\sigma}_-\hat{\boldsymbol{\rho}}(t)\hat{\sigma}_+-\hat{\boldsymbol{\rho}}(t)\hat{\sigma}_+\hat{\sigma}_-]\\&+I_4[\hat{\sigma}_+\hat{\boldsymbol{\rho}}(t)\hat{\sigma}_--\hat{\sigma}_-\hat{\sigma}_+\hat{\boldsymbol{\rho}}(t)]+I_4^*[\hat{\sigma}_+\hat{\boldsymbol{\rho}}(t)\hat{\sigma}_--\hat{\boldsymbol{\rho}}(t)\hat{\sigma}_-\hat{\sigma}_+]\end{aligned} \tag{9.1.12}$$

式中

$$I_1=\int_0^t\mathrm{d}t'\langle\hat{B}(t)\hat{B}(t')\rangle=\int_0^t\mathrm{d}t'\sum_{j,k}g_jg_k\mathrm{e}^{-\mathrm{i}(\omega_j-\omega_0)t}\mathrm{e}^{-\mathrm{i}(\omega_k-\omega_0)t'}\langle\hat{b}_j\hat{b}_k\rangle \tag{9.1.13}$$

$$I_2=\int_0^t\mathrm{d}t'\langle\hat{B}^\dagger(t)\hat{B}^\dagger(t')\rangle=\int_0^t\mathrm{d}t'\sum_{j,k}g_j^*g_k^*\mathrm{e}^{\mathrm{i}(\omega_j-\omega_0)t}\mathrm{e}^{\mathrm{i}(\omega_k-\omega_0)t'}\langle\hat{b}_j^\dagger\hat{b}_k^\dagger\rangle \tag{9.1.14}$$

$$I_3=\int_0^t\mathrm{d}t'\langle\hat{B}(t)\hat{B}^\dagger(t')\rangle=\int_0^t\mathrm{d}t'\sum_{j,k}g_jg_k^*\mathrm{e}^{-\mathrm{i}(\omega_j-\omega_0)t}\mathrm{e}^{\mathrm{i}(\omega_k-\omega_0)t'}\langle\hat{b}_j\hat{b}_k^\dagger\rangle \tag{9.1.15}$$

$$I_4=\int_0^t\mathrm{d}t'\langle\hat{B}^\dagger(t)\hat{B}(t')\rangle=\int_0^t\mathrm{d}t'\sum_{j,k}g_j^*g_k\mathrm{e}^{\mathrm{i}(\omega_j-\omega_0)t}\mathrm{e}^{-\mathrm{i}(\omega_k-\omega_0)t'}\langle\hat{b}_j^\dagger\hat{b}_k\rangle \tag{9.1.16}$$

$I_i(i=1,2,3,4)$ 值与相互作用库环境所处的具体状态有关。由算符求迹的循环不变特性可知，当二能级原子与库作用时，有

$$\begin{aligned}\mathrm{Tr_R}[\hat{b}_k^\dagger\hat{\sigma}_-,\,\hat{\boldsymbol{\rho}}(t_i)\otimes\hat{\boldsymbol{\rho}}_\mathrm{R}(t_i)]&=\mathrm{Tr_R}[\hat{b}_k^\dagger\hat{\sigma}_-\hat{\boldsymbol{\rho}}(t_i)\otimes\hat{\boldsymbol{\rho}}_\mathrm{R}(t_i)-\hat{\boldsymbol{\rho}}(t_i)\otimes\hat{\boldsymbol{\rho}}_\mathrm{R}(t_i)\hat{b}_k^\dagger\hat{\sigma}_-]\\&=\langle\hat{b}_k^\dagger\rangle[\hat{\sigma}_-,\hat{\boldsymbol{\rho}}(t_i)]\end{aligned} \tag{9.1.17a}$$

$$\mathrm{Tr_R}[\hat{\sigma}_+\hat{b}_k,\,\hat{\boldsymbol{\rho}}(t_i)\otimes\hat{\boldsymbol{\rho}}_\mathrm{R}(t_i)]=\langle\hat{b}_k\rangle[\hat{\sigma}_+,\hat{\boldsymbol{\rho}}(t_i)] \tag{9.1.17b}$$

1. 与热库作用的二能级原子的主方程

假设库为多模热光场态，热平衡时的密度算符为

$$\hat{\boldsymbol{\rho}}_\mathrm{R}=\prod_k\left[1-\exp\left(-\frac{\hbar\omega_k}{k_\mathrm{B}T}\right)\right]\exp\left(-\frac{\hbar\omega_k\hat{b}_k^\dagger\hat{b}_k}{k_\mathrm{B}T}\right) \tag{9.1.18}$$

通过计算可得

$$\langle\hat{b}_k\rangle=\langle\hat{b}_k^\dagger\rangle=0 \tag{9.1.19a}$$

$$\langle\hat{b}_k^\dagger\hat{b}_j\rangle=\mathrm{Tr_R}(\hat{\boldsymbol{\rho}}_\mathrm{R}\hat{b}_k^\dagger\hat{b}_j)=\delta_{kj}\bar{n}_k \tag{9.1.19b}$$

$$\langle \hat{b}_k \hat{b}_j^\dagger \rangle = \delta_{kj}(\overline{n}_k + 1) \tag{9.1.19c}$$

$$\langle \hat{b}_k \hat{b}_j \rangle = \langle \hat{b}_k^\dagger \hat{b}_j^\dagger \rangle = 0 \tag{9.1.19d}$$

$\overline{n}_j$ 为热库处于热平衡状态下模式 j 的平均光子数，即

$$\overline{n}_j = \frac{1}{\exp[\hbar\omega_j / (k_B T)] - 1} \tag{9.1.20}$$

当二能级原子与热库相互作用时，其耦合常数为

$$g_\lambda(\boldsymbol{r}_0) = -\frac{\boldsymbol{d}_{eg} \cdot \boldsymbol{e}_\lambda}{\hbar} E_\lambda^{(r)} \mathrm{e}^{\mathrm{i}\boldsymbol{k}_\lambda \cdot \boldsymbol{r}_0} = -\frac{d_{eg}\cos\theta}{\hbar}\sqrt{\frac{\hbar\omega_\lambda}{2V\varepsilon_0}}\,\mathrm{e}^{\mathrm{i}\boldsymbol{k}_\lambda \cdot \boldsymbol{r}_0} \tag{9.1.21}$$

$$\left|g_\lambda(\boldsymbol{r}_0)\right|^2 \to \left|g(\omega,\theta)\right|^2 = \frac{\omega d_{eg}^2 \cos^2\theta}{2\varepsilon_0 \hbar V} \tag{9.1.22}$$

因在波矢 $\boldsymbol{k}_\lambda$ 空间体元 $\mathrm{d}^3 k_\lambda$ 中所包含的模数为 $2\dfrac{V}{(2\pi)^3}\mathrm{d}^3 k_\lambda$，对式(9.1.13)～式(9.1.16)光场模 k 的求和转化为积分(积分时略去下标 λ)，则有

$$\begin{aligned}\sum_\lambda g_\lambda^2 &\to 2\frac{V}{(2\pi)^3}\iiint g^2(k)\mathrm{d}^3 k \\ &= 2\frac{V}{(2\pi)^3}\int_0^{2\pi}\mathrm{d}\varphi\int_0^{\pi}\mathrm{d}\theta\sin\theta\int_0^{\infty}\omega^2\frac{\omega d_{eg}^2\cos^2\theta}{c^3 2\varepsilon_0\hbar V}\mathrm{d}\omega \\ &= \frac{d_{eg}^2}{6\pi^2\varepsilon_0\hbar c^3}\int_0^\infty \omega^3 \mathrm{d}\omega\end{aligned} \tag{9.1.23}$$

通过上述讨论和计算，由式(9.1.19d)可得热平衡状态下 $I_1 = I_2 = 0$，而 I_4 值可计算为

$$\begin{aligned} I_4 &= \int_0^t \mathrm{d}t' \sum_j \left|g_j\right|^2 \overline{n}_j \mathrm{e}^{\mathrm{i}(\omega_j - \omega_0)(t-t')} \\ &\to \int_0^t \mathrm{d}t' \frac{d_{eg}^2}{6\pi^2\varepsilon_0\hbar c^3}\int_0^\infty \omega^3 \overline{n}(\omega)\mathrm{e}^{\mathrm{i}(\omega-\omega_0)(t-t')}\mathrm{d}\omega \\ &\approx \frac{d_{eg}^2\omega_0^3}{6\pi^2\varepsilon_0\hbar c^3}\overline{n}(\omega_0)\int_0^t \mathrm{d}t'\int_0^\infty \mathrm{e}^{\mathrm{i}(\omega-\omega_0)(t-t')}\mathrm{d}\omega \\ &= \frac{d_{eg}^2\omega_0^3}{6\pi^2\varepsilon_0\hbar c^3}\overline{n}(\omega_0)\int_0^t \mathrm{d}t' 2\pi\delta(t-t') \\ &= \frac{d_{eg}^2\omega_0^3}{3\pi\varepsilon_0\hbar c^3}\overline{n}(\omega_0) \times \frac{1}{2} \\ &= \frac{\varGamma}{2}\overline{n}(\omega_0)\end{aligned} \tag{9.1.24}$$

式中，$\varGamma$ 为衰减常数或自发辐射速率：

$$\varGamma = \frac{\omega_0^3 d_{eg}^2}{3\pi\varepsilon_0 \hbar c^3} = \frac{1}{4\pi\varepsilon_0}\frac{4\omega_0^3 d_{eg}^2}{3\hbar c^3} \tag{9.1.25}$$

同理可得

$$I_3 = \frac{\varGamma}{2}[\bar{n}(\omega_0)+1] \tag{9.1.26}$$

将式(9.1.19)和 $I_i (i=1, 2, 3, 4)$ 值代入式(9.1.12)，可得热平衡状态热库中二能级原子的主方程为

$$\begin{aligned}\frac{\partial \hat{\boldsymbol{\rho}}(t)}{\partial t} &= \frac{\varGamma}{2}(1+\bar{n})[2\hat{\sigma}_-\hat{\boldsymbol{\rho}}(t)\hat{\sigma}_+ - \hat{\sigma}_+\hat{\sigma}_-\hat{\boldsymbol{\rho}}(t) - \hat{\boldsymbol{\rho}}(t)\hat{\sigma}_+\hat{\sigma}_-] \\ &\quad + \frac{\varGamma}{2}\bar{n}[2\hat{\sigma}_+\hat{\boldsymbol{\rho}}(t)\hat{\sigma}_- - \hat{\sigma}_-\hat{\sigma}_+\hat{\boldsymbol{\rho}}(t) - \hat{\boldsymbol{\rho}}(t)\hat{\sigma}_-\hat{\sigma}_+]\end{aligned} \tag{9.1.27}$$

若 $\hat{\sigma}_+ = |e\rangle\langle g|$ 、$\hat{\sigma}_- = |g\rangle\langle e|$，则原子密度矩阵元的方程为

$$\frac{\mathrm{d}}{\mathrm{d}t}\rho_{ee}(t) = \langle e|\hat{\boldsymbol{\rho}}(t)|e\rangle = -\varGamma(\bar{n}+1)\rho_{ee}(t) + \varGamma\bar{n}\rho_{gg}(t) \tag{9.1.28a}$$

$$\frac{\mathrm{d}}{\mathrm{d}t}\rho_{eg}(t) = \langle e|\hat{\boldsymbol{\rho}}(t)|g\rangle = -\frac{\varGamma}{2}(2\bar{n}+1)\rho_{eg}(t) \tag{9.1.28b}$$

$$\frac{\mathrm{d}}{\mathrm{d}t}\rho_{ge}(t) = -\frac{\varGamma}{2}(2\bar{n}+1)\rho_{ge}(t) = \frac{\mathrm{d}}{\mathrm{d}t}\rho_{eg}^*(t) \tag{9.1.28c}$$

$$\frac{\mathrm{d}}{\mathrm{d}t}\rho_{gg}(t) = \langle g|\hat{\boldsymbol{\rho}}(t)|g\rangle = -\varGamma\bar{n}\rho_{gg}(t) + \varGamma(\bar{n}+1)\rho_{ee}(t) \tag{9.1.28d}$$

当温度 $T=0$ 时，平均光子数 $\bar{n}=0$，此时二能级原子的主方程简化为

$$\frac{\partial \hat{\boldsymbol{\rho}}(t)}{\partial t} = \frac{\varGamma}{2}[2\hat{\sigma}_-\hat{\boldsymbol{\rho}}(t)\hat{\sigma}_+ - \hat{\sigma}_+\hat{\sigma}_-\hat{\boldsymbol{\rho}}(t) - \hat{\boldsymbol{\rho}}(t)\hat{\sigma}_+\hat{\sigma}_-] \tag{9.1.29}$$

原子的密度矩阵元方程为

$$\frac{\mathrm{d}}{\mathrm{d}t}\rho_{ee}(t) = -\varGamma\rho_{ee}(t) \tag{9.1.30a}$$

$$\frac{\mathrm{d}}{\mathrm{d}t}\rho_{eg}(t) = -\frac{\varGamma}{2}\rho_{eg}(t) \tag{9.1.30b}$$

$$\frac{\mathrm{d}}{\mathrm{d}t}\rho_{ge}(t) = -\frac{\varGamma}{2}\rho_{ge}(t) = \frac{\mathrm{d}}{\mathrm{d}t}\rho_{eg}^*(t) \tag{9.1.30c}$$

$$\frac{\mathrm{d}}{\mathrm{d}t}\rho_{gg}(t) = \varGamma\rho_{ee}(t) \tag{9.1.30d}$$

由式(9.1.30a)可知，激发态的布居数以 $\varGamma$ 进行指数衰减，这正好与 Weisskopf-

Wigner 理论所得的结果一致。

2. 与压缩真空库作用的二能级原子的主方程

对于多模压缩真空库，其约化密度算符为

$$\hat{\boldsymbol{\rho}} = |\xi\rangle\langle\xi| = \prod_k \hat{S}_k(\xi)|0_k\rangle\langle 0_k|\hat{S}_k^\dagger(\xi) \tag{9.1.31}$$

式中，$\hat{S}_k(\xi)$ 为多模压缩算符：

$$\hat{S}_k(\xi) = \exp(\xi^* \hat{b}_{k_0+k}\hat{b}_{k_0-k} - \xi \hat{b}_{k_0+k}^\dagger \hat{b}_{k_0-k}^\dagger) \tag{9.1.32}$$

其中，$\xi = r\mathrm{e}^{\mathrm{i}\theta}$ 为压缩参量；$|0_k\rangle$ 为双模$(k_0 \pm k)$真空态，这里 $k_0 = \omega_0/c$ 为中心频率，两个模式的频率写成 $\omega_k^{(\pm)} = \omega_0 \pm \Omega_k$；$\hat{b}_{k_0 \pm k}$ 和 $\hat{b}_{k_0 \pm k}^\dagger$ 分别为双模所对应的湮没算符和产生算符。

按照类似于单模压缩算符推导关系式(5.2.4)和式(5.2.5)的方法，可得

$$\hat{S}_{k-k_0}^\dagger(\xi)\hat{b}_k\hat{S}_{k-k_0} = \hat{b}_k \cosh r - \hat{b}_{2k_0-k}^\dagger \mathrm{e}^{\mathrm{i}\theta}\sinh r \tag{9.1.33a}$$

$$\hat{S}_{k-k_0}^\dagger(\xi)\hat{b}_k^\dagger\hat{S}_{k-k_0} = b_k^\dagger \cosh r - \hat{b}_{2k_0-k} \mathrm{e}^{-\mathrm{i}\theta}\sinh r \tag{9.1.33b}$$

利用上述关系式，根据双模压缩真空库情况下算符的期望值公式：

$$\langle \hat{b}_k^\dagger \hat{b}_{k'}\rangle = \prod_q \left\langle 0_q \left| \hat{S}_q^\dagger \hat{b}_k^\dagger \hat{S}_q \hat{S}_q^\dagger \hat{b}_{k'} \hat{S}_q \right| 0_q \right\rangle \tag{9.1.34}$$

可依次求得相关算符的期望值为

$$\langle \hat{b}_k\rangle = \langle \hat{b}_k^\dagger\rangle = 0 \tag{9.1.35a}$$

$$\langle \hat{b}_k^\dagger \hat{b}_{k'}\rangle = N\delta_{kk'} \tag{9.1.35b}$$

$$\langle \hat{b}_k \hat{b}_{k'}^\dagger\rangle = (1+N)\delta_{kk'} \tag{9.1.35c}$$

$$\langle \hat{b}_k \hat{b}_{k'}\rangle = M\delta_{k',2k_0-k} \tag{9.1.35d}$$

$$\langle \hat{b}_k^\dagger \hat{b}_{k'}^\dagger\rangle = M^*\delta_{k',2k_0-k} \tag{9.1.35e}$$

式中，$N = \sinh^2 r$；$M = -\mathrm{e}^{\mathrm{i}\theta}\sinh r\cosh r$。

按照类似于热库情况的计算方法，可得压缩真空库下 $I_1 = \dfrac{\Gamma}{2}M$，$I_2 = \dfrac{\Gamma}{2}M^*$，$I_3$ 和 I_4 的值与热平衡状态热库类似，$I_3 = \dfrac{\Gamma}{2}(1+N)$，$I_4 = \dfrac{\Gamma}{2}N$，具体可参考附录Ⅵ的推导。

将式(9.1.35)和 $I_i(i=1,2,3,4)$ 值代入式(9.1.12)，得到压缩真空库情况下二能级原子的约化密度算符方程为

$$\begin{aligned}\frac{\mathrm{d}\hat{\boldsymbol{\rho}}(t)}{\mathrm{d}t}=&\frac{\Gamma(1+N)}{2}[2\hat{\sigma}_-\hat{\boldsymbol{\rho}}(t)\hat{\sigma}_+-\hat{\sigma}_+\hat{\sigma}_-\hat{\boldsymbol{\rho}}(t)-\hat{\boldsymbol{\rho}}(t)\hat{\sigma}_+\hat{\sigma}_-]\\&+\frac{\Gamma N}{2}[2\hat{\sigma}_+\hat{\boldsymbol{\rho}}(t)\hat{\sigma}_--\hat{\sigma}_-\hat{\sigma}_+\hat{\boldsymbol{\rho}}(t)-\hat{\boldsymbol{\rho}}(t)\hat{\sigma}_-\hat{\sigma}_+]\\&+\Gamma M\hat{\sigma}_+\hat{\boldsymbol{\rho}}(t)\hat{\sigma}_++\Gamma M^*\hat{\sigma}_-\hat{\boldsymbol{\rho}}(t)\hat{\sigma}_-\end{aligned}\tag{9.1.36}$$

式(9.1.36)中用到了 $\hat{\sigma}_+\hat{\sigma}_+=0=\hat{\sigma}_-\hat{\sigma}_-$。

对于任意算符 $\hat{A}$，其期望值及其时间演化为

$$\langle\hat{A}\rangle=\mathrm{Tr}(\hat{A}\hat{\boldsymbol{\rho}})\tag{9.1.37}$$

$$\frac{\mathrm{d}}{\mathrm{d}t}\langle\hat{A}\rangle=\mathrm{Tr}\left(\hat{A}\frac{\mathrm{d}\hat{\boldsymbol{\rho}}}{\mathrm{d}t}\right)\tag{9.1.38}$$

由式(9.1.36)可得

$$\begin{aligned}\frac{\mathrm{d}}{\mathrm{d}t}\langle\hat{\sigma}_+(t)\rangle&=-\frac{\Gamma}{2}(2N+1)\langle\hat{\sigma}_+(t)\rangle+\Gamma M^*\langle\hat{\sigma}_-(t)\rangle\\&=-\frac{\Gamma}{2}(2\sinh^2 r+1)\langle\hat{\sigma}_+(t)\rangle-\Gamma\mathrm{e}^{-\mathrm{i}\theta}\cosh r\sinh r\langle\hat{\sigma}_-(t)\rangle\\&=\frac{\mathrm{d}}{\mathrm{d}t}\langle\hat{\sigma}_-(t)\rangle^*\end{aligned}\tag{9.1.39a}$$

$$\frac{\mathrm{d}}{\mathrm{d}t}\langle\hat{\sigma}_z(t)\rangle=-\Gamma(\cosh^2 r+\sinh^2 r)\langle\hat{\sigma}_z(t)\rangle-\Gamma\tag{9.1.39b}$$

取 $\theta=0$，可得泡利算符 $\hat{\sigma}_x=(\hat{\sigma}_++\hat{\sigma}_-)$、$\hat{\sigma}_y=\mathrm{i}(\hat{\sigma}_--\hat{\sigma}_+)$、$\hat{\sigma}_z=2\hat{\sigma}_+\hat{\sigma}_--1$ 的期望值的时间演化分别为

$$\frac{\mathrm{d}}{\mathrm{d}t}\langle\hat{\sigma}_x(t)\rangle=-\frac{\Gamma}{2}\mathrm{e}^{2r}\langle\hat{\sigma}_x(t)\rangle\tag{9.1.40a}$$

$$\frac{\mathrm{d}}{\mathrm{d}t}\langle\hat{\sigma}_y(t)\rangle=-\frac{\Gamma}{2}\mathrm{e}^{-2r}\langle\hat{\sigma}_y(t)\rangle\tag{9.1.40b}$$

$$\begin{aligned}\frac{\mathrm{d}}{\mathrm{d}t}\langle\hat{\sigma}_z(t)\rangle&=-\Gamma(2\sinh^2 r+1)\langle\hat{\sigma}_z(t)\rangle-\Gamma\\&=-\Gamma_z\langle\hat{\sigma}_z(t)\rangle-\Gamma\end{aligned}\tag{9.1.40c}$$

式中，$\Gamma_z=(2\sinh^2 r+1)\Gamma$。

显然，压缩真空库导致原子的衰减是相对敏感的，原子电偶极矩的两个正交分量 $\langle\hat{\sigma}_x(t)\rangle$ 和 $\langle\hat{\sigma}_y(t)\rangle$ 以不同的速率发生衰减。与普通真空库($r=0$)相比，真空库均以相同速率衰减，而压缩真空库的两个正交分量算符在一个方向增大，同时在另一个方向减小，原子布居数反转 $\langle\hat{\sigma}_z(t)\rangle$ 的衰减速率 Γ_z 变大。

9.1.2 阻尼谐振子分别在热库和压缩真空库中的主方程

在相互作用绘景中，谐振子与库的相互作用哈密顿量为

$$\hat{V}_{\mathrm{I}}(t)=\hbar\sum_k g_k[\hat{b}_k^\dagger\hat{a}\mathrm{e}^{-\mathrm{i}(\omega_0-\omega_k)t}+\hat{a}^\dagger\hat{b}_k\mathrm{e}^{\mathrm{i}(\omega_0-\omega_k)t}] \tag{9.1.41}$$

式中，$\hat{a}$ 和 $\hat{a}^\dagger$ 分别为谐振子中的光子湮没算符和产生算符；g_k 为谐振子与库中模 k 的耦合系数；ω_k 和 $\hat{b}_k$ 分别为库中模 k 的频率和光子湮没算符。

同样，将库的噪声算符表示为

$$\hat{B}(t)=\sum_k g_k\hat{b}_k\mathrm{e}^{\mathrm{i}(\omega_0-\omega_k)t} \tag{9.1.42}$$

将式(9.1.41)代入式(9.1.9)，可得谐振子的约化密度算符 $\hat{\boldsymbol{\rho}}(t)$ 所满足的方程为

$$\begin{aligned}\frac{\partial\hat{\boldsymbol{\rho}}(t)}{\partial t}=&-\mathrm{i}\sum_k g_k\mathrm{Tr}_{\mathrm{R}}\{[\hat{b}_k^\dagger\hat{a},\hat{\boldsymbol{\rho}}(t_i)\otimes\hat{\boldsymbol{\rho}}_{\mathrm{R}}(t_i)]\mathrm{e}^{-\mathrm{i}(\omega_0-\omega_k)t}+[\hat{a}^\dagger\hat{b}_k,\hat{\boldsymbol{\rho}}(t_i)\otimes\hat{\boldsymbol{\rho}}_{\mathrm{R}}(t_i)]\mathrm{e}^{\mathrm{i}(\omega_0-\omega_k)t}\}\\&+I_1[\hat{a}^\dagger\hat{a}^\dagger\hat{\boldsymbol{\rho}}(t)-2\hat{a}^\dagger\hat{\boldsymbol{\rho}}(t)\hat{a}^\dagger+\hat{\boldsymbol{\rho}}(t)\hat{a}^\dagger\hat{a}^\dagger]+I_2[\hat{a}\hat{a}\hat{\boldsymbol{\rho}}(t)-2\hat{a}\hat{\boldsymbol{\rho}}(t)\hat{a}+\hat{\boldsymbol{\rho}}(t)\hat{a}\hat{a}]\\&+I_3[\hat{a}\hat{\boldsymbol{\rho}}(t)\hat{a}^\dagger-\hat{a}^\dagger\hat{a}\hat{\boldsymbol{\rho}}(t)]+I_3^*[\hat{a}\hat{\boldsymbol{\rho}}(t)\hat{a}^\dagger-\hat{\boldsymbol{\rho}}(t)\hat{a}^\dagger\hat{a}]\\&+I_4[\hat{a}^\dagger\hat{\boldsymbol{\rho}}(t)\hat{a}-\hat{a}\hat{a}^\dagger\hat{\boldsymbol{\rho}}(t)]+I_4^*[\hat{a}^\dagger\hat{\boldsymbol{\rho}}(t)\hat{a}-\hat{\boldsymbol{\rho}}(t)\hat{a}\hat{a}^\dagger]\end{aligned} \tag{9.1.43}$$

式中，$I_i(i=1,2,3,4)$ 值由式(9.1.13)～式(9.1.16)确定。

当谐振子与库作用时，有

$$\begin{aligned}\mathrm{Tr}_{\mathrm{R}}[\hat{b}_k^\dagger\hat{a},\hat{\boldsymbol{\rho}}(t_i)\otimes\hat{\boldsymbol{\rho}}_{\mathrm{R}}(t_i)]&=\mathrm{Tr}_{\mathrm{R}}[\hat{b}_k^\dagger\hat{a}\hat{\boldsymbol{\rho}}(t_i)\otimes\hat{\boldsymbol{\rho}}_{\mathrm{R}}(t_i)-\hat{\boldsymbol{\rho}}(t_i)\otimes\hat{\boldsymbol{\rho}}_{\mathrm{R}}(t_i)\hat{b}_k^\dagger\hat{a}]\\&=\langle\hat{b}_k^\dagger\rangle[\hat{a},\hat{\boldsymbol{\rho}}(t_i)]\end{aligned} \tag{9.1.44a}$$

$$\mathrm{Tr}_{\mathrm{R}}[\hat{a}^\dagger\hat{b}_k,\hat{\boldsymbol{\rho}}(t_i)\otimes\hat{\boldsymbol{\rho}}_{\mathrm{R}}(t_i)]=\langle\hat{b}_k\rangle[\hat{a}^\dagger,\hat{\boldsymbol{\rho}}(t_i)] \tag{9.1.44b}$$

1. 与热库作用的阻尼谐振子的主方程

对于热库情况，同样有 $I_1=I_2=0$。对于 $g^2(k)$ 不含方向 (θ,φ) 的特殊情况，有

$$\begin{aligned}\sum_\lambda g_\lambda^2&\to 2\frac{V}{(2\pi)^3}\times 2\pi\times 2\int_0^\infty g^2(k)k^2\mathrm{d}k\\&=\int_0^\infty\frac{V\omega^2}{\pi^2c^3}g^2(\omega)\mathrm{d}\omega=\int_0^\infty D(\omega)g^2(\omega)\mathrm{d}\omega\end{aligned} \tag{9.1.45}$$

式中，$D(\omega)=\dfrac{V\omega^2}{\pi^2c^3}=V\rho(\omega)$，$\rho(\omega)=\dfrac{\omega^2}{\pi^2c^3}$ 为自由空间的模密度。

从而可得

$$
\begin{aligned}
I_4 &= \int_0^t \mathrm{d}t' \sum_j \left| g_j \right|^2 \overline{n}_j \mathrm{e}^{\mathrm{i}(\omega_j-\omega_0)(t-t')} \\
&\to \int_0^t \mathrm{d}t' \int_0^\infty D(\omega) g^2(\omega) \mathrm{d}\omega\, \overline{n}(\omega) \mathrm{e}^{\mathrm{i}(\omega-\omega_0)(t-t')} \\
&\approx D(\omega_0) g^2(\omega_0) \overline{n}(\omega_0) \int_0^t \mathrm{d}t' \int_0^\infty \mathrm{d}\omega \mathrm{e}^{\mathrm{i}(\omega-\omega_0)(t-t')} \\
&= D(\omega_0) g^2(\omega_0) \overline{n}(\omega_0) \int_0^t \mathrm{d}t' 2\pi \delta(t-t') \\
&= \frac{\gamma}{2} \overline{n}(\omega_0)
\end{aligned}
\tag{9.1.46}
$$

$$
I_3 = \frac{\gamma}{2}[\overline{n}(\omega_0)+1] \tag{9.1.47}
$$

式中，$\gamma = 2\pi D(\omega_0) g^2(\omega_0)$。

将 $I_i (i=1,2,3,4)$ 值代入式(9.1.43)，并结合式(9.1.19)和式(9.1.44)的计算结果，可得热平衡状态热库中谐振子的主方程为

$$
\begin{aligned}
\frac{\mathrm{d}\hat{\rho}(t)}{\mathrm{d}t} = &\frac{\gamma}{2}[\overline{n}(\omega_0)+1][2\hat{a}\hat{\rho}(t)\hat{a}^\dagger - \hat{a}^\dagger \hat{a}\hat{\rho}(t) - \hat{\rho}(t)\hat{a}^\dagger \hat{a}] \\
&+ \frac{\gamma}{2}\overline{n}(\omega_0)[2\hat{a}^\dagger \hat{\rho}(t)\hat{a} - \hat{a}\hat{a}^\dagger \hat{\rho}(t) - \hat{\rho}(t)\hat{a}\hat{a}^\dagger]
\end{aligned}
\tag{9.1.48}
$$

当温度 $T=0$ 时，$\overline{n}(\omega_0)=0$，则有

$$
\frac{\mathrm{d}\hat{\rho}(t)}{\mathrm{d}t} = \frac{\gamma}{2}[2\hat{a}\hat{\rho}(t)\hat{a}^\dagger - \hat{a}^\dagger \hat{a}\hat{\rho}(t) - \hat{\rho}(t)\hat{a}^\dagger \hat{a}] \tag{9.1.49}
$$

主方程(9.1.48)描述单模谐振腔场与热库作用时的阻尼衰减，可用来计算光场的平均光子数算符、光子数概率分布函数等的时间演化，下面分别对其进行讨论。

1) 光场的平均光子数的时间演化

利用式(9.1.48)，可得光场的平均光子数 $\langle \hat{n} \rangle = \langle \hat{a}^\dagger \hat{a} \rangle$ 的时间演化为

$$
\frac{\mathrm{d}\langle \hat{n} \rangle}{\mathrm{d}t} = \mathrm{Tr}\left(\hat{a}^\dagger \hat{a} \frac{\mathrm{d}\hat{\rho}}{\mathrm{d}t} \right) = -\gamma \langle \hat{a}^\dagger \hat{a} \rangle + \gamma \overline{n} \tag{9.1.50}
$$

其解为

$$
\langle \hat{n}(t) \rangle = \langle \hat{n}(0) \rangle \mathrm{e}^{-\gamma t} + \overline{n}(1-\mathrm{e}^{-\gamma t}) \tag{9.1.51}
$$

当 $t\to\infty$ 时，其稳态解为 $\langle \hat{n} \rangle \to \overline{n}$。

2) 光子数概率分布函数的时间演化

在光子数态下，耦合体系中谐振子的约化密度矩阵元为 $\langle n | \hat{\rho}(t) | m \rangle$，此时量子谐振子主方程(9.1.48)可表示为

$$\begin{aligned}\frac{\mathrm{d}\rho_{mn}}{\mathrm{d}t}=&\frac{\gamma}{2}(\overline{n}+1)\left[2\sqrt{(m+1)(n+1)}\,\rho_{m+1,n+1}-(m+n)\rho_{mn}\right]\\&+\frac{\gamma}{2}\overline{n}\left[2\sqrt{mn}\,\rho_{m-1,n-1}-(m+n+2)\rho_{mn}\right]\end{aligned}\tag{9.1.52}$$

光子数概率分布函数为其对角矩阵元 $p_n=\rho_{nn}$，于是有

$$\frac{\mathrm{d}}{\mathrm{d}t}p_n=\gamma(\overline{n}+1)[(n+1)p_{n+1}-np_n]+\gamma\overline{n}[np_{n-1}-(n+1)p_n]\tag{9.1.53}$$

它也是阻尼谐振子的粒子布居数满足的方程,其解要依据具体的物理条件来确定。对于热平衡状态，光子吸收和发射过程之间出现了一个细致平衡，即粒子布居数不随时间演化，式(9.1.53)变为

$$\gamma(\overline{n}+1)[(n+1)p_{n+1}-np_n]+\gamma\overline{n}[np_{n-1}-(n+1)p_n]=0\tag{9.1.54}$$

对式(9.1.54)分别取 $n=0, 1, 2, \cdots$，逐次运算可得

$$p_1=\frac{\overline{n}}{\overline{n}+1}p_0\tag{9.1.55}$$

$$p_n=\frac{\overline{n}^n}{(\overline{n}+1)^n}p_0\tag{9.1.56}$$

由归一化条件 $\sum\limits_{n=0}^{\infty}p_n=1$，可得 $p_0=\dfrac{1}{\overline{n}+1}$，因此有

$$p_n=\frac{\overline{n}^n}{(\overline{n}+1)^{n+1}}\tag{9.1.57}$$

这一结果正与单模热光场态的光子数概率分布函数相同。

2. 与压缩真空库作用的阻尼谐振子的主方程

对于压缩真空库情况，其具体由附录Ⅵ详细推导得出，即

$$I_1\simeq\frac{\gamma}{2}M(\omega_0)，\ I_2\simeq\frac{\gamma}{2}M^*(\omega_0)，\ I_3\simeq\frac{\gamma}{2}[N(\omega_0)+1]，\ I_4\simeq\frac{\gamma}{2}N(\omega_0)\tag{9.1.58}$$

式中，$\gamma\equiv2\pi\rho^2(\omega_0)g^2(\omega_0)$；$N=\sinh^2 r$；$M=-\mathrm{e}^{\mathrm{i}\theta}\sinh r\cosh r$，并忽略谐振子的小移位等。

于是，当腔场初始处于双模压缩真空态时，阻尼谐振子的主方程为

$$\begin{aligned}\frac{\mathrm{d}\hat{\boldsymbol{\rho}}(t)}{\mathrm{d}t}=&\frac{\gamma}{2}(N+1)[2\hat{a}\hat{\boldsymbol{\rho}}(t)\hat{a}^\dagger-\hat{a}^\dagger\hat{a}\hat{\boldsymbol{\rho}}(t)-\hat{\boldsymbol{\rho}}(t)\hat{a}^\dagger\hat{a}]\\&+\frac{\gamma}{2}N[2\hat{a}^\dagger\hat{\boldsymbol{\rho}}(t)\hat{a}-\hat{a}\hat{a}^\dagger\hat{\boldsymbol{\rho}}(t)-\hat{\boldsymbol{\rho}}(t)\hat{a}\hat{a}^\dagger]\\&+\frac{\gamma}{2}M[2\hat{a}^\dagger\hat{\boldsymbol{\rho}}(t)\hat{a}^\dagger-\hat{a}^\dagger\hat{a}^\dagger\hat{\boldsymbol{\rho}}(t)-\hat{\boldsymbol{\rho}}(t)\hat{a}^\dagger\hat{a}^\dagger]\\&+\frac{\gamma}{2}M^*[2\hat{a}\hat{\boldsymbol{\rho}}(t)\hat{a}-\hat{a}\hat{a}\hat{\boldsymbol{\rho}}(t)-\hat{\boldsymbol{\rho}}(t)\hat{a}\hat{a}]\end{aligned}\tag{9.1.59}$$

在薛定谔绘景中，与双模压缩真空库作用的阻尼谐振子的主方程为

$$
\begin{aligned}
\frac{\mathrm{d}\hat{\boldsymbol{\rho}}(t)}{\mathrm{d}t}=&\frac{1}{\mathrm{i}\hbar}[\hat{\boldsymbol{H}},\hat{\boldsymbol{\rho}}(t)]\\
&+\frac{\gamma}{2}(N+1)[2\hat{a}\hat{\boldsymbol{\rho}}(t)\hat{a}^{\dagger}-\hat{a}^{\dagger}\hat{a}\hat{\boldsymbol{\rho}}(t)-\hat{\boldsymbol{\rho}}(t)\hat{a}^{\dagger}\hat{a}]\\
&+\frac{\gamma}{2}N[2\hat{a}^{\dagger}\hat{\boldsymbol{\rho}}(t)\hat{a}-\hat{a}\hat{a}^{\dagger}\hat{\boldsymbol{\rho}}(t)-\hat{\boldsymbol{\rho}}(t)\hat{a}\hat{a}^{\dagger}]\\
&+\frac{\gamma}{2}M[2\hat{a}^{\dagger}\hat{\boldsymbol{\rho}}(t)\hat{a}^{\dagger}-\hat{a}^{\dagger}\hat{a}^{\dagger}\hat{\boldsymbol{\rho}}(t)-\hat{\boldsymbol{\rho}}(t)\hat{a}^{\dagger}\hat{a}^{\dagger}]\\
&+\frac{\gamma}{2}M^{*}[2\hat{a}\hat{\boldsymbol{\rho}}(t)\hat{a}-\hat{a}\hat{a}\hat{\boldsymbol{\rho}}(t)-\hat{\boldsymbol{\rho}}(t)\hat{a}\hat{a}]
\end{aligned}
\tag{9.1.60}
$$

当γ=0时，即对于无压缩真空库情况，$N=M=0$，主方程(9.1.59)将过渡到方程(9.1.49)，对应于一般真空库的情况。

当然，如果作用的压缩真空库退化为一般热库，处于温度为T的热平衡状态，$M=0$，$N(\omega_0)=\dfrac{1}{\exp[\hbar\omega_0/(k_{\mathrm{B}}T)]-1}$是热库在$\omega_0$处的平均光子数，此时主方程(9.1.59)就可简化为式(9.1.48)。

下面讨论谐振子光子数算符的期望值随时间的演化。利用主方程(9.1.59)可得谐振子的平均光子数$\langle\hat{n}\rangle=\langle\hat{a}^{\dagger}\hat{a}\rangle$的运动方程为

$$
\frac{\mathrm{d}\langle\hat{n}\rangle}{\mathrm{d}t}=-\gamma\langle\hat{a}^{\dagger}\hat{a}\rangle+\gamma N \tag{9.1.61}
$$

其解为

$$
\langle\hat{n}(t)\rangle=\langle\hat{n}(0)\rangle\mathrm{e}^{-\gamma t}+N(1-\mathrm{e}^{-\gamma t}) \tag{9.1.62}
$$

当$t\to\infty$时，其稳态解为$\langle\hat{n}\rangle\to N$。谐振子的平均光子数等于热库在该温度的平均光子数，即谐振子完全被热库“同化”，成为热库的一部分。

9.2 福克尔-普朗克方程

密度算符主方程在相干态表象的形式就是福克尔-普朗克方程[1-3,10-12,15]。为了得到c-数方程，首先要建立将算符变换为c-数的规则，利用密度算符的准概率分布函数，将主方程转化为c-数的福克尔-普朗克方程。

9.2.1 *P*-表示的福克尔-普朗克方程

在正规序排列算符中，密度算符通过P-表示可以按光场相干态表象的对角项

$|\alpha\rangle\langle\alpha|$ 展开为

$$\hat{\boldsymbol{\rho}}=\int P(\alpha)|\alpha\rangle\langle\alpha|\mathrm{d}^2\alpha \tag{9.2.1}$$

对于相干态 $|\alpha\rangle$，有

$$\hat{a}|\alpha\rangle=\alpha|\alpha\rangle\,,\quad \langle\alpha|\hat{a}^{\dagger}=\langle\alpha|\alpha^{*} \tag{9.2.2}$$

应用 Bargmann 态 $\|\alpha\rangle$ 定义为 $\|\alpha\rangle=\mathrm{e}^{|\alpha|^2/2}|\alpha\rangle$，故有

$$\hat{a}^{\dagger}\|\alpha\rangle=\sum_{n}\frac{\alpha^{n}}{\sqrt{n!}}\sqrt{n+1}|n+1\rangle=\frac{\partial}{\partial\alpha}\|\alpha\rangle \tag{9.2.3}$$

类似地，有

$$\langle\alpha\|\hat{a}=\frac{\partial}{\partial\alpha^{*}}\langle\alpha\| \tag{9.2.4}$$

因此

$$\hat{\boldsymbol{\rho}}=\int P(\alpha)|\alpha\rangle\langle\alpha|\mathrm{d}^2\alpha=\int\mathrm{d}^2\alpha\|\alpha\rangle\langle\alpha\|\mathrm{e}^{-|\alpha|^2}P(\alpha) \tag{9.2.5}$$

则有

$$\hat{a}^{\dagger}\hat{\boldsymbol{\rho}}=\int\mathrm{d}^2\alpha\frac{\partial}{\partial\alpha}\left(\|\alpha\rangle\langle\alpha\|\mathrm{e}^{-\alpha\alpha^{*}}\right)P(\alpha) \tag{9.2.6}$$

对式(9.2.6)右边化简，可得

$$\hat{a}^{\dagger}\hat{\boldsymbol{\rho}}=\int\mathrm{d}^2\alpha\|\alpha\rangle\langle\alpha\|\mathrm{e}^{-\alpha\alpha^{*}}\left(\alpha^{*}-\frac{\partial}{\partial\alpha}\right)P(\alpha) \tag{9.2.7}$$

于是在算符 $\hat{a}^{\dagger}$ 与 $\alpha^{*}-\dfrac{\partial}{\partial\alpha}$ 之间有一种对应关系。同理，对算符 $\hat{a}$ 也有一种对应关系。总之，这些算符的对应关系如下：

$$\hat{a}\hat{\boldsymbol{\rho}}\leftrightarrow\alpha P(\alpha) \tag{9.2.8a}$$

$$\hat{a}^{\dagger}\hat{\boldsymbol{\rho}}\leftrightarrow\left(\alpha^{*}-\frac{\partial}{\partial\alpha}\right)P(\alpha) \tag{9.2.8b}$$

$$\hat{\boldsymbol{\rho}}\hat{a}\leftrightarrow\left(\alpha-\frac{\partial}{\partial\alpha^{*}}\right)P(\alpha) \tag{9.2.8c}$$

$$\hat{\boldsymbol{\rho}}\hat{a}^{\dagger}\leftrightarrow\alpha^{*}P(\alpha) \tag{9.2.8d}$$

算符乘积之间的对应关系则为

$$\hat{a}^{\dagger}\hat{a}\hat{\boldsymbol{\rho}}\leftrightarrow\left(\alpha^{*}-\frac{\partial}{\partial\alpha}\right)\alpha P(\alpha) \tag{9.2.9a}$$

$$\hat{\rho}\hat{a}^\dagger\hat{a} \leftrightarrow \left(\alpha - \frac{\partial}{\partial\alpha^*}\right)\alpha^* P(\alpha) \tag{9.2.9b}$$

将 $\hat{\rho}$ 的 P-表示 $\hat{\rho} = \int P(\alpha)|\alpha\rangle\langle\alpha|\mathrm{d}^2\alpha$ 代入压缩真空库中阻尼谐振子的主方程(9.1.59)，并利用上述算符的对应关系，可以导出 P 表示的福克尔-普朗克方程为

$$\frac{\partial P(\alpha)}{\partial t} = \frac{\gamma}{2}\left[\left(\frac{\partial}{\partial\alpha}\alpha + \frac{\partial}{\partial\alpha^*}\alpha^*\right) + \left(M^*\frac{\partial^2}{\partial\alpha^{*2}} + M\frac{\partial^2}{\partial\alpha^2}\right) + 2N\frac{\partial^2}{\partial\alpha\partial\alpha^*}\right]P(\alpha) \tag{9.2.10}$$

当 $M \leqslant N$ 时，式(9.2.10)具有福克尔-普朗克方程的形式；当 $M > N$ 时，式(9.2.10)是非正定扩散或奇异的，P-表示不适用，这时需要采用 Q-表示来描述。

注意到，α 和 α^* 不是实变量，而是复数，按实变量可写为 $\alpha = x + \mathrm{i}y$、$\alpha^* = x - \mathrm{i}y$、$\frac{\partial}{\partial\alpha} = \frac{1}{2}\left(\frac{\partial}{\partial x} - \mathrm{i}\frac{\partial}{\partial y}\right)$、$\frac{\partial}{\partial\alpha^*} = \frac{1}{2}\left(\frac{\partial}{\partial x} + \mathrm{i}\frac{\partial}{\partial y}\right)$ 等。将他们代入式(9.2.10)可得

$$\begin{aligned}\frac{\partial P(x,y)}{\partial t} = &\left\{\frac{\gamma}{2}\left(\frac{\partial}{\partial x}x + \frac{\partial}{\partial y}y\right) + \frac{\gamma}{8}\left[(M + M^* + 2N)\frac{\partial^2}{\partial x^2}\right.\right.\\ &\left.\left. + (-M - M^* + 2N)\frac{\partial^2}{\partial y^2} + 2\mathrm{i}(M^* - M)\frac{\partial^2}{\partial x\partial y}\right]\right\}P(x,y)\end{aligned} \tag{9.2.11}$$

其标准形式写为

$$\frac{\partial P(X)}{\partial t} = \left(\frac{\gamma}{2}\frac{\partial}{\partial x_j}x_j + \frac{1}{2}\boldsymbol{d}_{ij}\frac{\partial^2}{\partial x_i\partial x_j}\right)P(X) \tag{9.2.12}$$

式中，$\boldsymbol{d}_{ij}$ 称为散射矩阵。

9.2.2 Q-表示的福克尔-普朗克方程

约化密度算符的主方程还可转化为用反正规序排列算符中 Q-表示的 c-数方程，构成 Q-表示下的福克尔-普朗克方程[2,11]。

根据算符求导定理，可得

$$[\hat{a}, \hat{f}(\hat{a}, \hat{a}^\dagger)] = \frac{\partial\hat{f}}{\partial\hat{a}^\dagger} \tag{9.2.13a}$$

$$[\hat{a}^\dagger, \hat{f}(\hat{a}, \hat{a}^\dagger)] = -\frac{\partial\hat{f}}{\partial\hat{a}} \tag{9.2.13b}$$

首先证明式(9.2.13b)。设 $\hat{f}$ 以反正规序排列算符展开，$\hat{f}(\hat{a}, \hat{a}^\dagger) = \sum\limits_{r,s} f_{r,s}^{(a)}\hat{a}^r \cdot (\hat{a}^\dagger)^s$，

利用

$$[\hat{A},\hat{B}\hat{C}]=\hat{B}[\hat{A},\hat{C}]+[\hat{A},\hat{B}]\hat{C} \tag{9.2.14}$$

可得

$$\begin{aligned}[\hat{a}^\dagger,\hat{f}(\hat{a},\hat{a}^\dagger)]&=\sum_{r,s}f_{r,s}^{(a)}\{\hat{a}^r[\hat{a}^\dagger,(\hat{a}^\dagger)^s]+[\hat{a}^\dagger,\hat{a}^r](\hat{a}^\dagger)^s\}\\&=-\sum_{r,s}f_{r,s}^{(a)}r\hat{a}^{r-1}(\hat{a}^\dagger)^s=-\frac{\partial\hat{f}}{\partial\hat{a}}\end{aligned} \tag{9.2.15}$$

同理可证明式(9.2.13a)。

对于恒等式

$$\hat{\boldsymbol{\rho}}\hat{a}^\dagger\hat{a}=\hat{a}^\dagger\hat{\boldsymbol{\rho}}\hat{a}-[\hat{a}^\dagger,\hat{\boldsymbol{\rho}}]\hat{a} \tag{9.2.16}$$

利用上述关系式(9.2.15)，有

$$\hat{\boldsymbol{\rho}}\hat{a}^\dagger\hat{a}=\hat{a}^\dagger\hat{\boldsymbol{\rho}}\hat{a}+\frac{\partial\hat{\boldsymbol{\rho}}}{\partial\hat{a}}\hat{a} \tag{9.2.17}$$

$$\begin{aligned}\frac{1}{\pi}\langle\alpha|\hat{\boldsymbol{\rho}}\hat{a}^\dagger\hat{a}|\alpha\rangle&=\frac{\alpha}{\pi}\langle\alpha|\left(\hat{a}^\dagger\hat{\boldsymbol{\rho}}+\frac{\partial\hat{\boldsymbol{\rho}}}{\partial\hat{a}}\right)|\alpha\rangle\\&=\left(|\alpha|^2+\alpha\frac{\partial}{\partial\alpha}\right)Q(\alpha)\end{aligned} \tag{9.2.18}$$

这样就可将压缩真空库中阻尼谐振子的主方程(9.1.59)转化为 Q- 表示的福克尔-普朗克方程，即

$$\frac{\partial Q(\alpha)}{\partial t}=\frac{\gamma}{2}\left[\left(\frac{\partial}{\partial\alpha}\alpha+\frac{\partial}{\partial\alpha^*}\alpha^*\right)+\left(M^*\frac{\partial^2}{\partial\alpha^{*2}}+M\frac{\partial^2}{\partial\alpha^2}\right)+2(N+1)\frac{\partial^2}{\partial\alpha\partial\alpha^*}\right]Q(\alpha) \tag{9.2.19}$$

转换到实数表示，则为

$$\begin{aligned}\frac{\partial Q}{\partial t}=&\left(\frac{\gamma}{2}\left(\frac{\partial}{\partial x}x+\frac{\partial}{\partial y}y\right)+\frac{\gamma}{8}\left\{\left[M+M^*+2(N+1)\right]\frac{\partial^2}{\partial x^2}\right.\right.\\&\left.\left.+\left[-M-M^*+2(N+1)\right]\frac{\partial^2}{\partial y^2}+2\mathrm{i}(M^*-M)\frac{\partial^2}{\partial x\partial y}\right\}\right)Q\end{aligned} \tag{9.2.20}$$

散射矩阵的行列式正比于 $(N+1)^2+|M|^2$，故对于压缩热库的主方程，该值恒为正值，该方程为 Q- 表示下的福克尔-普朗克方程。

9.2.3　*W*- 表示的福克尔-普朗克方程

在对称序排列中，通过 Wigner 函数可把约化密度算符主方程转化为 W- 表示

的福克尔-普朗克方程[2]。

对称序排列的特征函数为

$$\chi(\beta)=\mathrm{Tr}(\hat{D}(\beta)\hat{\boldsymbol{\rho}}) \tag{9.2.21}$$

式中，$\hat{D}(\beta)=\exp(\beta\hat{a}^{\dagger}-\beta^{*}\hat{a})$。

对 $\chi(\beta)$ 求时间导数，可得

$$\frac{\partial\chi(\beta)}{\partial t}=\mathrm{Tr}\left(\hat{D}(\beta)\frac{\partial\hat{\boldsymbol{\rho}}}{\partial t}\right) \tag{9.2.22}$$

将 $\hat{D}(\beta)=\exp(\beta\hat{a}^{\dagger}-\beta^{*}\hat{a})$ 写为正规序排列，则为

$$\hat{D}=\mathrm{e}^{-\beta\beta^{*}/2}\mathrm{e}^{\beta\hat{a}^{\dagger}}\mathrm{e}^{-\beta^{*}\hat{a}} \tag{9.2.23}$$

$$\frac{\partial\hat{D}}{\partial\beta}=-\frac{\beta^{*}}{2}\hat{D}+\hat{a}^{\dagger}\hat{D} \tag{9.2.24}$$

即

$$\hat{a}^{\dagger}\hat{D}=\left(\frac{\partial}{\partial\beta}+\frac{\beta^{*}}{2}\right)\hat{D} \tag{9.2.25}$$

同理可得

$$\hat{D}\hat{a}=\left(-\frac{\beta}{2}-\frac{\partial}{\partial\beta^{*}}\right)\hat{D} \tag{9.2.26}$$

将 $\hat{D}(\beta)=\exp(\beta\hat{a}^{\dagger}-\beta^{*}\hat{a})$ 写为反正规序排列，则为

$$\hat{D}=\mathrm{e}^{\beta\beta^{*}/2}\mathrm{e}^{-\beta^{*}\hat{a}}\mathrm{e}^{\beta\hat{a}^{\dagger}} \tag{9.2.27}$$

因此有

$$\frac{\partial\hat{D}}{\partial\beta}=\frac{\beta^{*}}{2}\hat{D}+\hat{D}\hat{a}^{\dagger} \tag{9.2.28}$$

或者

$$\hat{D}\hat{a}^{\dagger}=\left(\frac{\partial}{\partial\beta}-\frac{\beta^{*}}{2}\right)\hat{D} \tag{9.2.29}$$

同样可得

$$\hat{a}\hat{D}=\left(\frac{\beta}{2}-\frac{\partial}{\partial\beta^{*}}\right)\hat{D} \tag{9.2.30}$$

利用上述结果可将压缩真空库中阻尼谐振子的主方程(9.1.59)变换为特征函数方程，即

$$\begin{aligned}\frac{\partial\chi(\beta)}{\partial t}=&\frac{\gamma}{2}\left(-|\beta|^{2}-\beta\frac{\partial}{\partial\beta}-\beta^{*}\frac{\partial}{\partial\beta^{*}}\right)\chi(\beta)-\gamma N|\beta|^{2}\chi(\beta)\\&-\frac{\gamma M}{2}(\beta^{*})^{2}\chi(\beta)-\frac{\gamma M^{*}}{2}\beta^{2}\chi(\beta)\end{aligned} \tag{9.2.31}$$

Wigner 函数可表示为

$$W(\alpha)=\int e^{\beta^*\alpha-\beta\alpha^*}\chi(\beta)d^2\beta \tag{9.2.32}$$

因此有

$$\begin{aligned}\int e^{\beta^*\alpha-\beta\alpha^*}\beta^*\beta\chi(\beta)d^2\beta&=-\int\frac{\partial}{\partial\alpha}\frac{\partial}{\partial\alpha^*}(e^{\beta^*\alpha-\beta\alpha^*})\chi(\beta)d^2\beta\\&=-\frac{\partial^2W(\alpha)}{\partial\alpha\partial\alpha^*}\end{aligned} \tag{9.2.33}$$

$$\begin{aligned}\int e^{\beta^*\alpha-\beta\alpha^*}\beta^*\frac{\partial}{\partial\beta^*}\chi(\beta)d^2\beta&=\frac{\partial}{\partial\alpha}\int(e^{\beta^*\alpha-\beta\alpha^*})\frac{\partial}{\partial\beta^*}\chi(\beta)d^2\beta\\&=-\frac{\partial}{\partial\alpha}\int\chi(\beta)\frac{\partial}{\partial\beta^*}(e^{\beta^*\alpha-\beta\alpha^*})d^2\beta\\&=-\frac{\partial}{\partial\alpha}[\alpha W(\alpha)]\end{aligned} \tag{9.2.34}$$

利用上述结果，可以得出压缩真空库中 W- 表示的福克尔-普朗克方程为

$$\frac{\partial W(\alpha)}{\partial t}=\frac{\gamma}{2}\left[\left(\frac{\partial}{\partial\alpha}\alpha+\frac{\partial}{\partial\alpha^*}\alpha^*\right)+M^*\frac{\partial^2}{\partial\alpha^{*2}}+M\frac{\partial^2}{\partial\alpha^2}+2\left(N+\frac{1}{2}\right)\frac{\partial^2}{\partial\alpha\partial\alpha^*}\right]W(\alpha) \tag{9.2.35}$$

比较 P- 表示、Q- 表示和 W- 表示的三类福克尔-普朗克方程可知，它们的唯一区别在于扩散项的系数 λN 、$\lambda(N+1)$ 、$\lambda\left(N+\frac{1}{2}\right)$，后两个方程均具有正定扩散系数。

将式(9.2.35)转到实数表示，则可得到 Wigner 函数形式的福克尔-普朗克方程为

$$\begin{aligned}\frac{\partial W}{\partial t}=\Bigg\{&\frac{\gamma}{2}\left(\frac{\partial}{\partial x}x+\frac{\partial}{\partial y}y\right)+\frac{\gamma}{8}\bigg[(M+M^*+2N+1)\frac{\partial^2}{\partial x^2}\\&+(-M-M^*+2N+1)\frac{\partial^2}{\partial y^2}+2i(M^*-M)\frac{\partial^2}{\partial x\partial y}\bigg]\Bigg\}W\end{aligned} \tag{9.2.36}$$

式中，散射矩阵的行列式正比于$\left(N+\frac{1}{2}\right)^2-|M|^2$。

9.3　朗之万方程

前面在相互作用绘景中，得出了系统的约化密度算符满足的主方程，然后利

用密度算符的准概率分布函数，将主方程转化为c-数的福克尔-普朗克方程，分析环境对系统的影响。本节将在海森伯绘景中，引入量子朗之万方程，讨论阻尼问题[1-4,10-12,15]。

9.3.1 阻尼谐振子的朗之万方程

设单模谐振子腔场系统S与库R相互作用的总哈密顿量为

$$\hat{H}=\hat{H}_0+\hat{V} \tag{9.3.1}$$

$$\hat{H}_0=\hbar\omega_0\hat{a}^\dagger\hat{a}+\sum_k\hbar\omega_k\hat{b}_k^\dagger\hat{b}_k \tag{9.3.2}$$

$$\hat{V}=\hbar\sum_k(g_k\hat{a}^\dagger\hat{b}_k+g_k^*\hat{b}_k^\dagger\hat{a}) \tag{9.3.3}$$

式中，$\hat{H}_0$为单模谐振子系统和库的自由哈密顿量；$\hat{V}$为相互作用哈密顿量。

在海森伯绘景中，根据算符的时间演化方程，可得

$$\frac{\mathrm{d}\hat{a}(t)}{\mathrm{d}t}=\frac{1}{\mathrm{i}\hbar}[\hat{a},\hat{H}]=-\mathrm{i}\omega_0\hat{a}(t)-\mathrm{i}\sum_k g_k\hat{b}_k(t) \tag{9.3.4}$$

$$\frac{\mathrm{d}\hat{b}_k(t)}{\mathrm{d}t}=-\mathrm{i}\omega_k\hat{b}_k(t)-\mathrm{i}g_k^*\hat{a}(t) \tag{9.3.5}$$

对式(9.3.5)的库算符进行积分，可得

$$\hat{b}_k(t)=\hat{b}_k(t_0)\mathrm{e}^{-\mathrm{i}\omega_k(t-t_0)}-\mathrm{i}g_k^*\int_{t_0}^t\mathrm{d}t'\,\hat{a}(t')\mathrm{e}^{-\mathrm{i}\omega_k(t-t')} \tag{9.3.6}$$

式中，第一项表示库算符的自由演化；第二项描述了谐振子系统与库的相互作用。

将式(9.3.6)代入式(9.3.4)，可得

$$\frac{\mathrm{d}\hat{a}(t)}{\mathrm{d}t}=-\mathrm{i}\omega_0\hat{a}(t)-\mathrm{i}\sum_k g_k\hat{b}_k(t_0)\mathrm{e}^{-\mathrm{i}\omega_k(t-t_0)}-\sum_k|g_k|^2\int_{t_0}^t\mathrm{d}t'\,\hat{a}(t')\mathrm{e}^{-\mathrm{i}\omega_k(t-t')} \tag{9.3.7}$$

引入慢变算符

$$\hat{A}(t)=\hat{a}(t)\mathrm{e}^{\mathrm{i}\omega_0 t} \tag{9.3.8}$$

它满足$[\hat{A}(t),\hat{A}^\dagger(t)]=1$。从而，有

$$\frac{\mathrm{d}}{\mathrm{d}t}\hat{A}(t)=-\sum_k|g_k|^2\int_{t_0}^t\mathrm{d}t'\,\hat{A}(t')\,\mathrm{e}^{-\mathrm{i}(\omega_k-\omega_0)(t-t')}+\hat{F}(t) \tag{9.3.9}$$

式中，$\hat{F}(t)$为噪声算符，其表达式为

$$\hat{F}(t)=-\mathrm{i}\sum_k g_k\hat{b}_k(t_0)\mathrm{e}^{\mathrm{i}(\omega_0-\omega_k)(t-t_0)} \tag{9.3.10}$$

利用

$$\sum_k |g_k|^2 \int_{t_0}^{t} \mathrm{d}t' \hat{A}(t') \mathrm{e}^{-\mathrm{i}(\omega_k-\omega_0)(t-t')} \to \frac{\gamma}{2}\hat{A}(t) \tag{9.3.11}$$

式中，$\gamma = 2\pi g^2(\omega_0) D(\omega_0)$。

可将式(9.3.9)表示为朗之万方程，即

$$\frac{\mathrm{d}}{\mathrm{d}t}\hat{A}(t) = -\frac{\gamma}{2}\hat{A}(t) + \hat{F}(t) \tag{9.3.12}$$

其中，方程右边第一项描述耗散；第二项描述噪声涨落。

可见，耗散和涨落二者是同时出现的，这是统计物理耗散-涨落定理的体现。

噪声算符确保算符的对易关系。噪声涨落是必须要考虑的，若不考虑噪声项，则式(9.3.12)的解为

$$\hat{A}(t) = \hat{A}(0)\mathrm{e}^{-\gamma t/2} \tag{9.3.13}$$

从而有

$$[\hat{A}(t), \hat{A}^\dagger(t)] = [\hat{A}(0), \hat{A}^\dagger(0)]\mathrm{e}^{-\gamma t} = \mathrm{e}^{-\gamma t}$$

式中，$[\hat{A}(0), \hat{A}^\dagger(0)] = 1$。

当时间很长时，$[\hat{A}(t), \hat{A}^\dagger(t)] \to 0$，这与量子力学规律相违背，因为无论什么时候，必须满足算符的对易关系。

1. 噪声涨落的性质

对于热平衡状态库，由计算可得

$$\langle \hat{b}_k(0) \rangle_{\mathrm{R}} = \langle \hat{b}_k^\dagger(0) \rangle_{\mathrm{R}} = 0 \tag{9.3.14a}$$

$$\langle \hat{b}_k^\dagger(0)\hat{b}_j(0) \rangle_{\mathrm{R}} = \delta_{kj}\overline{n}_k \tag{9.3.14b}$$

$$\langle \hat{b}_k(0)\hat{b}_j^\dagger(0) \rangle_{\mathrm{R}} = \delta_{kj}(\overline{n}_k + 1) \tag{9.3.14c}$$

$$\langle \hat{b}_k(0)\hat{b}_j(0) \rangle_{\mathrm{R}} = \langle \hat{b}_k^\dagger(0)\hat{b}_j^\dagger(0) \rangle_{\mathrm{R}} = 0 \tag{9.3.14d}$$

利用噪声算符(9.3.10)及上述关系式(9.3.14)，可以计算噪声算符随机力的平均值及各种关联函数，即

$$\langle \hat{F}(t) \rangle_{\mathrm{R}} = \langle \hat{F}^\dagger(t) \rangle_{\mathrm{R}} = 0 \tag{9.3.15a}$$

$$\langle \hat{F}(t)\hat{F}(t') \rangle_{\mathrm{R}} = 0 \tag{9.3.15b}$$

$$\begin{aligned}
\langle \hat{F}^\dagger(t)\hat{F}(t') \rangle_{\mathrm{R}} &= \sum_{j,k} g_j^* g_k \langle \hat{b}_j^\dagger(t_0)\hat{b}_k(t_0) \rangle_{\mathrm{R}} \mathrm{e}^{\mathrm{i}(\omega_0-\omega_k)(t'-t_0)-\mathrm{i}(\omega_0-\omega_j)(t-t_0)} \\
&= \sum_j |g_j|^2 \overline{n}_j \mathrm{e}^{\mathrm{i}(\omega_j-\omega_0)(t-t')} \\
&\to \int_0^\infty \mathrm{d}\omega D(\omega) |g(\omega)|^2 \overline{n}(\omega) \mathrm{e}^{\mathrm{i}(\omega-\omega_0)(t-t')}
\end{aligned}$$

$$
\begin{aligned}
&= D(\omega_0)\left|g(\omega_0)\right|^2 \bar{n}(\omega_0)\int_0^{\infty} \mathrm{d}\omega\, \mathrm{e}^{\mathrm{i}(\omega-\omega_0)(t-t')} \\
&= D(\omega_0)\left|g(\omega_0)\right|^2 \bar{n}(\omega_0) 2\pi\delta(t-t') \\
&= \gamma\bar{n}(\omega_0)\delta(t-t')
\end{aligned}
\tag{9.3.15c}
$$

$$
\langle \hat{F}(t)\hat{F}^{\dagger}(t')\rangle_{\mathrm{R}} = \gamma[\bar{n}(\omega_0)+1]\delta(t-t') \tag{9.3.15d}
$$

2. 腔场有关物理量的平均值

本节首先计算 $\hat{A}(t)$，根据朗之万方程(9.3.12)可得

$$
\frac{\mathrm{d}}{\mathrm{d}t}[\hat{A}(t)\mathrm{e}^{\gamma t/2}] = \hat{F}(t)\mathrm{e}^{\gamma t/2} \tag{9.3.16}
$$

积分得到

$$
\hat{A}(t) = \hat{A}(0)\mathrm{e}^{-\gamma t/2} + \int_0^t \mathrm{d}t'\, \mathrm{e}^{-\gamma(t-t')/2}\hat{F}(t') \tag{9.3.17}
$$

$$
\langle \hat{F}^{\dagger}(t)\hat{A}(t)\rangle_{\mathrm{R}} = \langle \hat{F}^{\dagger}(t)\hat{A}(0)\rangle_{\mathrm{R}}\, \mathrm{e}^{-\gamma t/2} + \int_0^t \mathrm{d}t' \langle \hat{F}^{\dagger}(t)\hat{F}(t')\rangle_{\mathrm{R}}\, \mathrm{e}^{-\gamma(t-t')/2} \tag{9.3.18}
$$

假定 $\hat{F}^{\dagger}(t)$ 和 $\hat{A}(t)$ 是统计独立的，则 $\langle \hat{F}^{\dagger}(t)\hat{A}(0)\rangle_{\mathrm{R}} = 0$ 。因此有

$$
\begin{aligned}
\langle \hat{F}^{\dagger}(t)\hat{A}(t)\rangle_{\mathrm{R}} &= \int_0^t \mathrm{d}t'\, \gamma\bar{n}(\omega_0)\delta(t-t')\mathrm{e}^{-\gamma(t-t')/2} \\
&= \gamma\bar{n}(\omega_0)\int_0^t \mathrm{d}t'\, \delta(t-t')\mathrm{e}^{-\gamma(t-t')/2} \\
&= \frac{1}{2}\gamma\bar{n}(\omega_0)
\end{aligned}
\tag{9.3.19}
$$

同理可得

$$
\langle \hat{A}^{\dagger}(t)\hat{F}(t)\rangle_{\mathrm{R}} = \frac{1}{2}\gamma\bar{n}(\omega_0) \tag{9.3.20}
$$

光腔场平均光子数的时间演化为

$$
\begin{aligned}
\frac{\mathrm{d}}{\mathrm{d}t}\langle \hat{A}^{\dagger}(t)\hat{A}(t)\rangle_{\mathrm{R}} &= \langle \dot{\hat{A}}^{\dagger}(t)\hat{A}(t)\rangle_{\mathrm{R}} + \langle \hat{A}^{\dagger}(t)\dot{\hat{A}}(t)\rangle_{\mathrm{R}} \\
&= \left\langle \left[-\frac{\gamma}{2}\hat{A}^{\dagger}(t) + \hat{F}^{\dagger}(t)\right]\hat{A}(t)\right\rangle_{\mathrm{R}} + \left\langle \hat{A}^{\dagger}(t)\left[-\frac{\gamma}{2}\hat{A}(t) + \hat{F}(t)\right]\right\rangle_{\mathrm{R}} \\
&= -\gamma\langle \hat{A}^{\dagger}(t)\hat{A}(t)\rangle_{\mathrm{R}} + \langle \hat{F}^{\dagger}(t)\hat{A}(t)\rangle_{\mathrm{R}} + \langle \hat{A}^{\dagger}(t)\hat{F}(t)\rangle_{\mathrm{R}} \\
&= -\gamma\langle \hat{A}^{\dagger}(t)\hat{A}(t)\rangle_{\mathrm{R}} + \gamma\bar{n}(\omega_0)
\end{aligned}
\tag{9.3.21}
$$

其解为

$$\langle \hat{A}^\dagger(t)\hat{A}(t)\rangle_{\mathrm{R}} = \overline{n}(\omega_0)(1-\mathrm{e}^{-\gamma t}) + \langle \hat{A}^\dagger(0)\hat{A}(0)\rangle_{\mathrm{R}}\,\mathrm{e}^{-\gamma t} \tag{9.3.22}$$

即

$$\langle \hat{a}^\dagger(t)\hat{a}(t)\rangle_{\mathrm{R}} = \overline{n}(\omega_0)(1-\mathrm{e}^{-\gamma t}) + \langle \hat{a}^\dagger(0)\hat{a}(0)\rangle_{\mathrm{R}}\,\mathrm{e}^{-\gamma t} \tag{9.3.23}$$

当库处于真空态或绝对零度时，$\overline{n}(\omega_0)=0$，腔场的平均光子数将指数衰减。当$\gamma t \gg 1$时，$\langle \hat{a}^\dagger(\infty)\hat{a}(\infty)\rangle_{\mathrm{R}} \to \overline{n}(\omega_0)$。

9.3.2　光场的双时关联函数和光谱线型

腔场的光谱函数定义为双时关联函数的傅里叶变换，即

$$S(\omega) = \frac{1}{\pi}\mathrm{Re}\int_0^\infty \mathrm{d}\tau \langle \hat{a}^\dagger(t)\hat{a}(t+\tau)\rangle_{\mathrm{R}}\,\mathrm{e}^{\mathrm{i}\omega\tau} \tag{9.3.24}$$

利用$\hat{A}(t)=\hat{a}(t)\mathrm{e}^{\mathrm{i}\omega_0 t}$，可得$\hat{a}(t)=\hat{A}(t)\mathrm{e}^{-\mathrm{i}\omega_0 t}$，则有

$$\langle \hat{a}^\dagger(t)\hat{a}(t+\tau)\rangle_{\mathrm{R}} = \langle \hat{A}^\dagger(t)\hat{A}(t+\tau)\rangle_{\mathrm{R}}\,\mathrm{e}^{-\mathrm{i}\omega_0\tau} \tag{9.3.25}$$

再对式(9.3.16)积分，可得

$$\hat{A}(t_0+\tau) = \hat{A}(t_0)\mathrm{e}^{-\gamma t/2} + \int_{t_0}^{t_0+\tau} \mathrm{d}t' \hat{F}(t')\mathrm{e}^{-\gamma(t_0+\tau-t')/2} \tag{9.3.26}$$

$$\langle \hat{A}^\dagger(t_0)\hat{A}(t_0+\tau)\rangle_{\mathrm{R}} = \langle \hat{A}^\dagger(t_0)\hat{A}(t_0)\rangle_{\mathrm{R}}\,\mathrm{e}^{-\gamma t/2} + \int_{t_0}^{t_0+\tau} \mathrm{d}t' \langle \hat{A}^\dagger(t_0)\hat{F}(t')\rangle_{\mathrm{R}}\,\mathrm{e}^{-\gamma(t_0+\tau-t')/2} \tag{9.3.27}$$

利用$\langle \hat{A}^\dagger(t_0)\hat{F}(t')\rangle_{\mathrm{R}} = \langle \hat{A}^\dagger(t_0)\rangle_{\mathrm{R}}\langle \hat{F}(t')\rangle_{\mathrm{R}} = 0$，可得

$$\langle \hat{A}^\dagger(t_0)\hat{A}(t_0+\tau)\rangle_{\mathrm{R}} = \langle \hat{A}^\dagger(t_0)\hat{A}(t_0)\rangle_{\mathrm{R}}\,\mathrm{e}^{-\gamma t/2} = \overline{n}\,\mathrm{e}^{-\gamma t/2} \tag{9.3.28}$$

$$\langle \hat{a}^\dagger(t_0)\hat{a}(t_0+\tau)\rangle_{\mathrm{R}} = \langle \hat{A}^\dagger(t_0)\hat{A}(t_0+\tau)\rangle_{\mathrm{R}}\,\mathrm{e}^{-\mathrm{i}\omega_0\tau} = \overline{n}\,\mathrm{e}^{-\mathrm{i}\omega_0\tau-\gamma t/2} \tag{9.3.29}$$

式中，$\overline{n} = \langle \hat{a}^\dagger(t_0)\hat{a}(t_0)\rangle_{\mathrm{R}} = \langle \hat{A}^\dagger(t_0)\hat{A}(t_0)\rangle_{\mathrm{R}}$是初始时刻$t_0$腔场的平均光子数。

将式(9.3.29)代入式(9.3.24)，可得

$$\begin{aligned} S(\omega) &= \frac{1}{\pi}\mathrm{Re}\int_0^\infty \mathrm{d}\tau \langle \hat{a}^\dagger(t)\hat{a}(t+\tau)\rangle_{\mathrm{R}}\,\mathrm{e}^{\mathrm{i}\omega\tau} \\ &= \frac{1}{\pi}\mathrm{Re}\int_0^\infty \mathrm{d}\tau\, \overline{n}\,\mathrm{e}^{\mathrm{i}(\omega-\omega_0)\tau-\gamma t/2} \\ &= \frac{\overline{n}}{\pi}\frac{\gamma/2}{(\omega-\omega_0)^2+(\gamma/2)^2} \end{aligned} \tag{9.3.30}$$

这是以ω_0为中心频率、半高宽为$\gamma/2$的洛伦兹线型。也就是说，在有阻尼时，腔场不再是频率为ω_0的单色场，而是具有一定线型和线宽(半高宽$\gamma/2$)的多频场。

9.4　开放系统与库耦合的 Lindblad 主方程

下面讨论开放量子系统和环境相互作用的主方程的另一种形式，即开放系统非幺正演化的主方程或 Lindblad 主方程[1-7,10-14,16]。

9.4.1　量子系统的约化密度算符描述及其演化

设所感兴趣的量子系统或子系统 S 与子系统或库环境 R 在初始时刻 t_0 前无相互作用，它们的哈密顿量分别为 $\hat{H}_{\mathrm{S}}$ 和 $\hat{H}_{\mathrm{R}}$。由于 $\hat{H}_{\mathrm{S}}$ 和 $\hat{H}_{\mathrm{R}}$ 分别作用于不同子系统的希尔伯特空间，所以是相对易的，即

$$[\hat{H}_{\mathrm{S}},\hat{H}_{\mathrm{R}}]=0 \tag{9.4.1}$$

所对应的能量本征值方程分别为

$$\hat{H}_{\mathrm{S}}|s_m\rangle=\varepsilon_{\mathrm{S}}|s_m\rangle \tag{9.4.2}$$

$$\hat{H}_{\mathrm{R}}|r_n\rangle=\varepsilon_{\mathrm{R}}|r_n\rangle \tag{9.4.3}$$

式中，ε_{S}、ε_{R} 和 $|s_m\rangle$、$|r_n\rangle$ 分别为它们各自哈密顿算符的本征值和相应的本征矢。

从 $t=t_0$ 时刻开始，两个子系统通过 $\hat{H}_{\mathrm{Int}}$ 互相耦合，复合系统的哈密顿量为

$$\hat{H}=\hat{H}_{\mathrm{S}}+\hat{H}_{\mathrm{R}}+\hat{H}_{\mathrm{Int}}=\hat{H}_0+\hat{H}_{\mathrm{Int}} \tag{9.4.4}$$

式中，$\hat{H}_0=\hat{H}_{\mathrm{S}}+\hat{H}_{\mathrm{R}}$ 为无相互作用时复合系统的哈密顿量。

在薛定谔绘景中，复合系统的密度算符随时间的演化方程满足

$$\mathrm{i}\hbar\frac{\partial\hat{\boldsymbol{\rho}}(t)}{\partial t}=[\hat{\boldsymbol{H}},\hat{\boldsymbol{\rho}}(t)] \tag{9.4.5}$$

当矩阵形式的 $\hat{\boldsymbol{H}}$ 不显含时间时，式(9.4.5)的解为

$$\hat{\boldsymbol{\rho}}(t)=\hat{\boldsymbol{U}}(t,t_0)\hat{\boldsymbol{\rho}}(t_0)\hat{\boldsymbol{U}}^\dagger(t,t_0) \tag{9.4.6}$$

式中，$\hat{\boldsymbol{U}}(t,t_0)=\mathrm{e}^{-\mathrm{i}\hat{\boldsymbol{H}}\times(t-t_0)/\hbar}$ 为幺正演化算符；$\hat{\boldsymbol{\rho}}(t_0)$ 为 t_0 时刻复合系统的密度算符。

在 t_0 时刻，两个子系统尚未发生耦合作用，两个子系统密度算符 $\hat{\boldsymbol{\rho}}_{\mathrm{SR}}(t_0)$ 可表示为它们的直积，即

$$\hat{\boldsymbol{\rho}}_{\mathrm{SR}}(t_0)=\hat{\boldsymbol{\rho}}_{\mathrm{S}}(t_0)\otimes\hat{\boldsymbol{\rho}}_{\mathrm{R}}(t_0) \tag{9.4.7}$$

不失一般性，设两个子系统初始均处于纯态(如初始环境处于混合态，总可引入一个辅助系统纯化)，$|\varphi\rangle_{\mathrm{S}}$ 和 $|o\rangle_{\mathrm{R}}$ 分别为子系统 S 和 R 的初态，$\hat{\boldsymbol{\rho}}_{\mathrm{S}}(t_0)=|\varphi\rangle_{\mathrm{S}}\,{}_{\mathrm{S}}\langle\varphi|$ 和 $\hat{\boldsymbol{\rho}}_{\mathrm{R}}(t_0)=|o\rangle_{\mathrm{R}}\,{}_{\mathrm{R}}\langle o|$ 分别为子系统 S 和 R 的密度算符。

当两个子系统相互作用并经历时间 $t-t_0$ 时，复合系统的密度算符表示为

$$\hat{\boldsymbol{\rho}}_{\mathrm{SR}}(t)=\hat{\boldsymbol{U}}(t,t_0)[\hat{\boldsymbol{\rho}}_{\mathrm{S}}(t_0)\otimes|o\rangle_{\mathrm{R}}\,{}_{\mathrm{R}}\langle o|]\hat{\boldsymbol{U}}^\dagger(t,t_0) \tag{9.4.8}$$

此时子系统 S 的态将由复合系统 $\hat{\boldsymbol{\rho}}_{\mathrm{SR}}(t)$ 对子系统 R 求迹得到的约化密度算符 $\hat{\boldsymbol{\rho}}_{\mathrm{S}}(t)$ 描述，即

$$
\begin{aligned}
\hat{\boldsymbol{\rho}}_{\mathrm{S}}(t) &= \mathrm{Tr}_{\mathrm{R}}[\hat{\boldsymbol{\rho}}_{\mathrm{SR}}(t)] \\
&= \sum_n {}_{\mathrm{R}}\langle r_n|\hat{\boldsymbol{U}}(t,t_0)[\hat{\boldsymbol{\rho}}_{\mathrm{S}}(t_0)\otimes|o\rangle_{\mathrm{R}}\,{}_{\mathrm{R}}\langle o|]\hat{\boldsymbol{U}}^{\dagger}(t,t_0)|r_n\rangle_{\mathrm{R}} \\
&= \sum_n {}_{\mathrm{R}}\langle r_n|\hat{\boldsymbol{U}}(t,t_0)|o\rangle_{\mathrm{R}}\,\hat{\boldsymbol{\rho}}_{\mathrm{S}}(t_0)\,{}_{\mathrm{R}}\langle o|\hat{\boldsymbol{U}}^{\dagger}(t,t_0)|r_n\rangle_{\mathrm{R}} \\
&= \sum_{n=0}^{K}\hat{\boldsymbol{M}}_n(t)\hat{\boldsymbol{\rho}}_{\mathrm{S}}(t_0)\hat{\boldsymbol{M}}_n^{\dagger}(t)
\end{aligned}
\tag{9.4.9}
$$

式中，$\{|r\rangle_n\}$ 为子系统 R 的一组正交归一完备基；$\hat{\boldsymbol{M}}_n$ 被定义为 Kraus 算符：

$$
\hat{\boldsymbol{M}}_n(t) = {}_{\mathrm{R}}\langle r_n|\hat{\boldsymbol{U}}(t,t_0)|o\rangle_{\mathrm{R}} \tag{9.4.10}
$$

它是作用在子系统 S 的希尔伯特空间上与时间有关的线性算符。Kraus 算符由库环境初态、复合系统的幺正演化算符 $\hat{\boldsymbol{U}}$ (与系统和环境的耦合哈密顿量有关)以及库环境中的一组正交基集 $\{|r_n\rangle_{\mathrm{R}}\}$ 的选择确定，即对复合系统的幺正演化算符 $\hat{\boldsymbol{U}}$ 的库变量 R 求迹。若环境自由度为 N_{R}，则不同的 Kraus 算符 $\hat{\boldsymbol{M}}_n(t)$ 的最大数目为 $k = N_{\mathrm{R}}^2$，这些算符完全刻画了系统和环境的相互作用方式。

Kraus 算符 $\hat{\boldsymbol{M}}_n$ 满足归一化条件，即

$$
\begin{aligned}
\sum_n \hat{\boldsymbol{M}}_n^{\dagger}(t)\hat{\boldsymbol{M}}_n(t) &= \sum_n {}_{\mathrm{R}}\langle o|\hat{\boldsymbol{U}}^{\dagger}(t,t_0)|r_n\rangle_{\mathrm{R}}\,{}_{\mathrm{R}}\langle r_n|\hat{\boldsymbol{U}}(t,t_0)|o\rangle_{\mathrm{R}} \\
&= {}_{\mathrm{R}}\langle o|\hat{\boldsymbol{U}}^{\dagger}(t,t_0)\hat{\boldsymbol{U}}(t,t_0)|o\rangle_{\mathrm{R}} = 1
\end{aligned}
\tag{9.4.11}
$$

利用 Kraus 算符的这一性质，可以验证式(9.4.9)中的 $\hat{\boldsymbol{\rho}}_{\mathrm{S}}(t)$ 是描述 t 时刻子系统 S 状态的密度算符。实际上 Kraus 算符可满足密度算符的所有性质。

(1) $\hat{\boldsymbol{\rho}}_{\mathrm{S}}(t)$ 是厄米的：

$$
\hat{\boldsymbol{\rho}}_{\mathrm{S}}^{\dagger}(t) = \sum_n [\hat{\boldsymbol{M}}_n\hat{\boldsymbol{\rho}}_{\mathrm{S}}(t_0)\hat{\boldsymbol{M}}_n^{\dagger}]^{\dagger} = \sum_n \hat{\boldsymbol{M}}_n\hat{\boldsymbol{\rho}}_{\mathrm{S}}(t_0)\hat{\boldsymbol{M}}_n^{\dagger} = \hat{\boldsymbol{\rho}}_{\mathrm{S}}(t)
$$

(2) $\hat{\boldsymbol{\rho}}_{\mathrm{S}}(t)$ 是幺迹的：

$$
\mathrm{Tr}[\hat{\boldsymbol{\rho}}_{\mathrm{S}}(t)] = \mathrm{Tr}[\sum_n \hat{\boldsymbol{M}}_n\hat{\boldsymbol{\rho}}_{\mathrm{S}}(t_0)\hat{\boldsymbol{M}}_n^{+}] = \mathrm{Tr}[\hat{\boldsymbol{\rho}}_{\mathrm{S}}(t_0)] = 1
$$

(3) $\hat{\boldsymbol{\rho}}_{\mathrm{S}}(t)$ 是正定的，即对子系统 S 的希尔伯特空间任意态矢量 $|\psi_{\mathrm{S}}\rangle$，均有

$$
\begin{aligned}
\langle\psi_{\mathrm{S}}(t)|\hat{\boldsymbol{\rho}}_{\mathrm{S}}(t)|\psi_{\mathrm{S}}(t)\rangle &= \sum_n \langle\psi_{\mathrm{S}}(t)|\hat{\boldsymbol{M}}_n\hat{\boldsymbol{\rho}}_{\mathrm{S}}(t_0)\hat{\boldsymbol{M}}_n^{\dagger}|\psi_{\mathrm{S}}(t)\rangle \\
&= \sum_n \left|\langle\psi_{\mathrm{S}}(t)|\hat{\boldsymbol{M}}_n|\varphi\rangle_{\mathrm{S}}\right|^2 \geqslant 0
\end{aligned}
$$

按照密度算符的定义，$\hat{\boldsymbol{\rho}}_S(t)=\sum_n \hat{\boldsymbol{M}}_n \hat{\boldsymbol{\rho}}_S(t_0)\hat{\boldsymbol{M}}_n^\dagger$是描述$t$时刻子系统$S$状态的密度算符。

9.4.2 超算符的表示形式

当复合系统经历一个幺正演化过程时，子系统S的密度算符经历一个变换，即

$$\hat{\boldsymbol{\rho}}_S(t_0)\to\hat{\boldsymbol{\rho}}_S(t)=\sum_n \hat{\boldsymbol{M}}_n(t)\hat{\boldsymbol{\rho}}_S(t_0)\hat{\boldsymbol{M}}_n^\dagger(t) \tag{9.4.12}$$

将式(9.4.12)的变换记为

$$\$[\hat{\boldsymbol{\rho}}_S(t_0)]=\hat{\boldsymbol{\rho}}_S(t)=\sum_n \hat{\boldsymbol{M}}_n(t)\hat{\boldsymbol{\rho}}_S(t_0)\hat{\boldsymbol{M}}_n^\dagger(t) \tag{9.4.13}$$

式中，\$表示从一个算符到另一个算符的变换，称为超算符(superoperator)。超算符\$描述复合系统幺正变换下子系统S的密度算符的变换。式(9.4.13)称为超算符\$的算符和表示。

显然，给定超算符\$，其算符和表示不是唯一的。在对子系统R求迹时，若取R的另一组基

$$|u_k\rangle=\sum_j \boldsymbol{U}_{kj}|r_j\rangle \tag{9.4.14}$$

就可得到\$的另一组算符和表示为

$$\$[\hat{\boldsymbol{\rho}}_S(t_0)]=\sum_k \hat{\boldsymbol{N}}_k\hat{\boldsymbol{\rho}}_S(t_0)\hat{\boldsymbol{N}}_k^\dagger \tag{9.4.15}$$

式中

$$\hat{\boldsymbol{N}}_k=\sum_n \boldsymbol{U}_{kn}\hat{\boldsymbol{M}}_n \tag{9.4.16}$$

因此，同一个超算符的不同算符和表示，可通过一个幺正变换互相联系。

对于形式不同的两个算符和表示：

$$\$_1[\hat{\boldsymbol{\rho}}(t_0)]=\sum_k \hat{\boldsymbol{M}}_k\hat{\boldsymbol{\rho}}(t_0)\hat{\boldsymbol{M}}_k^\dagger,\quad \$_2[\hat{\boldsymbol{\rho}}(t_0)]=\sum_k \hat{\boldsymbol{N}}_k\hat{\boldsymbol{\rho}}(t_0)\hat{\boldsymbol{N}}_k^\dagger$$

式中，矩阵$\hat{\boldsymbol{M}}_0=\frac{1}{\sqrt{2}}\begin{bmatrix}1&0\\0&1\end{bmatrix}$，$\hat{\boldsymbol{M}}_1=\frac{1}{\sqrt{2}}\begin{bmatrix}1&0\\0&-1\end{bmatrix}$，$\hat{\boldsymbol{N}}_0=\begin{bmatrix}1&0\\0&0\end{bmatrix}$，$\hat{\boldsymbol{N}}_1=\begin{bmatrix}0&0\\0&1\end{bmatrix}$，就可通过下列幺正变换联系：

$$\hat{\boldsymbol{N}}_0=\frac{1}{\sqrt{2}}(\hat{\boldsymbol{M}}_0+\hat{\boldsymbol{M}}_1),\quad \hat{\boldsymbol{N}}_1=\frac{1}{\sqrt{2}}(\hat{\boldsymbol{M}}_0-\hat{\boldsymbol{M}}_1)$$

实际上，它们表示同一个超算符。这两个不同的物理过程对应着量子系统相同的动力学描述。

超算符在研究开放量子系统的量子信息学中显得非常重要。

9.4.3 开放系统非幺正演化的 Lindblad 主方程

下面在马尔可夫近似(即系统的将来状态只取决于现在的状态，与过去的历史状态无关)下，推导系统的非幺正演化的主方程。

假设开放子系统的非幺正演化方程可以表示为

$$\mathrm{i}\hbar\frac{\partial\hat{\boldsymbol{\rho}}(t)}{\partial t}=\hat{\boldsymbol{L}}[\hat{\boldsymbol{\rho}}(t)] \tag{9.4.17}$$

式中，$\hat{\boldsymbol{L}}$ 为一个线性算符，它可以像哈密顿量算符进行幺正演化一样，产生一个有限超算符。

若 $\hat{\boldsymbol{L}}$ 与时间无关，则式(9.4.17)的形式解为

$$\hat{\boldsymbol{\rho}}(t)=\mathrm{e}^{-\mathrm{i}\hat{\boldsymbol{L}}t/\hbar}[\hat{\boldsymbol{\rho}}(0)] \tag{9.4.18}$$

为了确定 $\hat{\boldsymbol{L}}$，具体通过系统和环境耦合的复合系统的薛定谔方程描述，而量子系统状态的密度算符是通过复合系统密度算符对环境求迹后所得的约化密度算符，即

$$\frac{\partial\hat{\boldsymbol{\rho}}_{\mathrm{S}}(t)}{\partial t}=\mathrm{Tr}_{\mathrm{R}}\left[\frac{\partial\hat{\boldsymbol{\rho}}_{\mathrm{SR}}(t)}{\partial t}\right]=\frac{1}{\mathrm{i}\hbar}\mathrm{Tr}_{\mathrm{R}}[\hat{\boldsymbol{H}},\hat{\boldsymbol{\rho}}_{\mathrm{SR}}(t)] \tag{9.4.19}$$

式中，$\hat{\boldsymbol{\rho}}_{\mathrm{SR}}(t)$ 和 $\hat{\boldsymbol{H}}$ 分别为复合系统的密度矩阵和哈密顿量，并用到封闭系统的密度算符演化方程。

在马尔可夫近似下，当系统与环境相互作用时，可将环境跳变对量子系统的影响表示为一组作用在量子系统上的算符，则量子系统从初始状态 $\hat{\boldsymbol{\rho}}_{\mathrm{S}}(t_0)$ 到 $\hat{\boldsymbol{\rho}}_{\mathrm{S}}(t)$ 的约化密度算符的演化，可以用式(9.4.13)中超算符 \$ 的算符和表示，并且 $\$\big|_{t=t_0}=\hat{\boldsymbol{I}}$，从而使系统密度矩阵能始终保持单位迹，而 $\hat{\boldsymbol{M}}_n(t)$ 是式(9.4.10)描述的 Kraus 算符。当系统从 t_0 时刻开始经过无限小时间 $\mathrm{d}t$ 时，有 $\hat{\boldsymbol{U}}(\mathrm{d}t)\approx\hat{\boldsymbol{I}}-\mathrm{i}\hat{\boldsymbol{H}}\mathrm{d}t/\hbar$，其中，$\hat{\boldsymbol{H}}=\hat{\boldsymbol{H}}_{\mathrm{S}}+\hat{\boldsymbol{H}}_{\mathrm{R}}+\hat{\boldsymbol{H}}_{\mathrm{Int}}$，从而 Kraus 算符之一将为

$$\hat{\boldsymbol{M}}_0(t_0+\mathrm{d}t,t_0)=\hat{\boldsymbol{I}}_{\mathrm{S}}+\left(-\frac{\mathrm{i}}{\hbar}\hat{\boldsymbol{H}}_{\mathrm{S}}+\hat{\boldsymbol{K}}_{\mathrm{S}}\right)\mathrm{d}t \tag{9.4.20}$$

式中

$$\hat{\boldsymbol{K}}_{\mathrm{S}}={}_{\mathrm{R}}\langle r_0|\left[-\frac{\mathrm{i}}{\hbar}(\hat{\boldsymbol{H}}_{\mathrm{R}}+\hat{\boldsymbol{H}}_{\mathrm{Int}})\right]|o\rangle_{\mathrm{R}} \tag{9.4.21}$$

表示哈密顿量 $\hat{\boldsymbol{H}}_{\mathrm{R}}+\hat{\boldsymbol{H}}_{\mathrm{Int}}$ 对环境基态平均后对子系统 S 的影响。其余的 Kraus 算符 $\hat{\boldsymbol{M}}_n(n>0)$ 描述在环境影响下子系统 S 发生的某些量子跃迁过程。若系统经历了量子跃迁，则只能以与 $\mathrm{d}t$ 成比例的跃迁概率出现，从而有

$$\hat{\boldsymbol{M}}_n(t_0+\mathrm{d}t,t_0)=\sqrt{\mathrm{d}t}\,\hat{\boldsymbol{C}}_n,\quad n=1,2,\cdots \tag{9.4.22}$$

式中，集合 $\{\hat{\boldsymbol{C}}_n\}$ 中的每个算符都称为 Lindblad 算符，它表示作用在系统的一种可能的跃迁。式(9.4.21)中的 $\hat{\boldsymbol{K}}_{\mathrm{S}}$ 是作用到子系统 S 上的另一个厄米算符，它可由 Kraus 算符的归一化条件确定。

利用式(9.4.20)和式(9.4.21)，略去 $\mathrm{d}t$ 的高阶小项，则有

$$\hat{\boldsymbol{I}}_{\mathrm{S}}=\sum_{n\geqslant 0}\hat{\boldsymbol{M}}_n^{\dagger}\hat{\boldsymbol{M}}_n=\hat{\boldsymbol{I}}_{\mathrm{S}}+\mathrm{d}t\left(2\hat{\boldsymbol{K}}_{\mathrm{S}}+\sum_m\hat{\boldsymbol{C}}_m^{\dagger}\hat{\boldsymbol{C}}_m\right)$$

于是可得出

$$\hat{\boldsymbol{K}}_{\mathrm{S}}=-\frac{1}{2}\sum_m\hat{\boldsymbol{C}}_m^{\dagger}\hat{\boldsymbol{C}}_m \tag{9.4.23}$$

将式(9.4.23)的 Kraus 算符代入式(9.4.13)，可得

$$\begin{aligned}\hat{\boldsymbol{\rho}}_{\mathrm{S}}(t_0+\mathrm{d}t)&=\sum_n\hat{\boldsymbol{M}}_n(\mathrm{d}t)\hat{\boldsymbol{\rho}}_{\mathrm{S}}(t_0)\hat{\boldsymbol{M}}_n^{\dagger}(\mathrm{d}t)\\&=\left[\hat{\boldsymbol{I}}+\left(-\frac{\mathrm{i}}{\hbar}\hat{\boldsymbol{H}}_{\mathrm{S}}+\hat{\boldsymbol{K}}_{\mathrm{S}}\right)\mathrm{d}t\right]\hat{\boldsymbol{\rho}}_{\mathrm{S}}(t_0)\left[\hat{\boldsymbol{I}}+\left(\frac{\mathrm{i}}{\hbar}\hat{\boldsymbol{H}}_{\mathrm{S}}+\hat{\boldsymbol{K}}_{\mathrm{S}}\right)\mathrm{d}t\right]+\mathrm{d}t\sum_m\hat{\boldsymbol{C}}_m\hat{\boldsymbol{\rho}}_{\mathrm{S}}(t_0)\hat{\boldsymbol{C}}_m^{\dagger}\end{aligned}$$

略去 $\mathrm{d}t$ 的二次项，可得

$$\hat{\boldsymbol{\rho}}_{\mathrm{S}}(t_0+\mathrm{d}t)=\hat{\boldsymbol{\rho}}_{\mathrm{S}}(t_0)+\mathrm{d}t\left\{-\frac{\mathrm{i}}{\hbar}\left[\hat{\boldsymbol{H}}_{\mathrm{S}},\hat{\boldsymbol{\rho}}_{\mathrm{S}}(t_0)\right]+\hat{\boldsymbol{K}}_{\mathrm{S}}\hat{\boldsymbol{\rho}}_{\mathrm{S}}(t_0)+\hat{\boldsymbol{\rho}}_{\mathrm{S}}(t_0)\hat{\boldsymbol{K}}_{\mathrm{S}}+\sum_m\hat{\boldsymbol{C}}_m\hat{\boldsymbol{\rho}}_{\mathrm{S}}(t_0)\hat{\boldsymbol{C}}_m^{\dagger}\right\}$$

根据导数定义 $[\hat{\boldsymbol{\rho}}_{\mathrm{S}}(t_0+\mathrm{d}t)-\hat{\boldsymbol{\rho}}_{\mathrm{S}}(t_0)]/\mathrm{d}t=\mathrm{d}\hat{\boldsymbol{\rho}}_{\mathrm{S}}(t_0)/\mathrm{d}t$，利用式(9.4.23)，并将时间 t_0 改为 t，上式可表示为

$$\frac{\mathrm{d}\hat{\boldsymbol{\rho}}_{\mathrm{S}}(t)}{\mathrm{d}t}=-\frac{\mathrm{i}}{\hbar}[\hat{\boldsymbol{H}}_{\mathrm{S}},\hat{\boldsymbol{\rho}}_{\mathrm{S}}(t)]+\hat{\boldsymbol{L}}[\hat{\boldsymbol{\rho}}_{\mathrm{S}}(t)] \tag{9.4.24}$$

式中

$$\hat{\boldsymbol{L}}[\hat{\boldsymbol{\rho}}_{\mathrm{S}}(t)]=\sum_m\hat{\boldsymbol{C}}_m\hat{\boldsymbol{\rho}}_{\mathrm{S}}(t)\hat{\boldsymbol{C}}_m^{\dagger}-\frac{1}{2}\sum_m\left[\hat{\boldsymbol{C}}_m^{\dagger}\hat{\boldsymbol{C}}_m\hat{\boldsymbol{\rho}}_{\mathrm{S}}(t)+\hat{\boldsymbol{\rho}}_{\mathrm{S}}(t)\hat{\boldsymbol{C}}_m^{\dagger}\hat{\boldsymbol{C}}_m\right] \tag{9.4.25}$$

式(9.4.24)即是在马尔可夫近似下开放量子系统 S 密度算符非幺正演化的主方程，称为 Lindblad 主方程。方程(9.4.24)的右边第一项是常见的薛定谔项，与封闭系统的幺正演化有关；第二项描述系统和环境相互作用可能发生非幺正的、退相干过程，式(9.4.25)中算符 $\hat{\boldsymbol{C}}_m$ 称为 Lindblad 算符或量子跃迁算符，每个 $\hat{\boldsymbol{C}}_m\hat{\boldsymbol{\rho}}_{\mathrm{S}}\hat{\boldsymbol{C}}_m^{\dagger}$ 表示一种可

能的量子跃迁，而 $\hat{\boldsymbol{L}}[\hat{\boldsymbol{\rho}}_{\mathrm{S}}]$ 中的最后两项是在没有发生量子跃迁时归一化所需的。

9.4.4 Lindblad 主方程的应用实例

求解 Lindblad 主方程有许多方法，这主要与所研究问题的主方程形式以及求解的具体目标有关。作为 Lindblad 主方程的应用实例，本节将具体讨论谐振子在环境的辐射场作用下发生能级衰减的过程。

1. 阻尼谐振子

对于描述阻尼谐振子的情况，其自由哈密顿量为 $\hat{\boldsymbol{H}}_{\mathrm{S}}=\hbar\omega\hat{a}^{\dagger}\hat{a}$ ，式(9.4.25)的跃迁算符为

$$\hat{C}_1=\sqrt{\gamma(\overline{n}+1)}\,\hat{a}\ ,\quad \hat{C}_2=\sqrt{\gamma\overline{n}}\,\hat{a}^{\dagger} \tag{9.4.26}$$

此时，描述谐振子衰变的 Lindblad 主方程(9.4.24)在去掉 $\hat{\boldsymbol{\rho}}_{\mathrm{S}}(t)$ 的下标 S 时可表示为

$$\begin{aligned}\frac{\mathrm{d}\hat{\boldsymbol{\rho}}}{\mathrm{d}t}=&-\mathrm{i}\omega[\hat{a}^{\dagger}\hat{a},\hat{\boldsymbol{\rho}}]+\frac{1}{2}\gamma(2\hat{a}\hat{\boldsymbol{\rho}}\hat{a}^{\dagger}-\hat{a}^{\dagger}\hat{a}\hat{\boldsymbol{\rho}}-\hat{\boldsymbol{\rho}}\hat{a}^{\dagger}\hat{a})\\&+\gamma\overline{n}(2\hat{a}\hat{\boldsymbol{\rho}}\hat{a}^{\dagger}+2\hat{a}^{\dagger}\hat{\boldsymbol{\rho}}\hat{a}-\hat{a}^{\dagger}\hat{a}\hat{\boldsymbol{\rho}}-\hat{\boldsymbol{\rho}}\hat{a}^{\dagger}\hat{a}-\hat{a}\hat{a}^{\dagger}\hat{\boldsymbol{\rho}}-\hat{\boldsymbol{\rho}}\hat{a}\hat{a}^{\dagger})\end{aligned} \tag{9.4.27}$$

利用迹的循环性质和玻色子算符对易关系 $[\hat{a},\hat{a}^{\dagger}]=1$ ，可得

$$\left\langle\frac{\mathrm{d}\hat{a}}{\mathrm{d}t}\right\rangle=\mathrm{Tr}\left(\hat{a}\frac{\mathrm{d}\hat{\boldsymbol{\rho}}}{\mathrm{d}t}\right)=-\left(\mathrm{i}\omega+\frac{\gamma}{2}\right)\langle\hat{a}\rangle \tag{9.4.28}$$

其解为

$$\langle\hat{a}\rangle=\langle\hat{a}(0)\rangle\exp[-(\mathrm{i}\omega+\gamma/2)] \tag{9.4.29}$$

当辐射场初始时刻处在真空态(取环境 $\hat{H}_{\mathrm{R}}=0$)时，谐振子的这种阻尼过程可用下列一个跃迁算符描述：

$$\hat{C}_1=\sqrt{\gamma}\,\hat{a} \tag{9.4.30}$$

此时，描述谐振子衰变的 Lindblad 主方程(9.4.24)可转化为

$$\frac{\mathrm{d}\hat{\boldsymbol{\rho}}}{\mathrm{d}t}=-\mathrm{i}\omega[\hat{a}^{\dagger}\hat{a},\hat{\boldsymbol{\rho}}]+\frac{\gamma}{2}(2\hat{a}\hat{\boldsymbol{\rho}}\hat{a}^{\dagger}-\hat{a}^{\dagger}\hat{a}\hat{\boldsymbol{\rho}}-\hat{\boldsymbol{\rho}}\hat{a}^{\dagger}\hat{a}) \tag{9.4.31}$$

当然，对于初始处于真空态场情况，可令式(9.4.27)中 $\overline{n}=0$ ，就可得到描述谐振子衰变的 Lindblad 主方程(9.4.31)。

2. 简谐振子的相位衰减

现在讨论简谐振子($\hat{a}$ ， $\hat{a}^{\dagger}$)与热库($\hat{b}_i,\hat{b}_i^{\dagger},i=1,2,\cdots$)的耦合问题。简谐振子与

热库相互作用哈密顿量表示为

$$\hat{\boldsymbol{H}}_{\text{Int}} = \sum_i g(\hat{a}^\dagger \hat{a}\hat{b}_i^\dagger \hat{b}_i) + \text{h.c.} \tag{9.4.32}$$

该过程仅用一个 Lindblad 跃迁算符 $\hat{C}_1 = \sqrt{\gamma}\hat{a}^\dagger \hat{a}$ 描述，相互作用绘景中的主方程为

$$\frac{\mathrm{d}\hat{\boldsymbol{\rho}}_{\text{I}}}{\mathrm{d}t} = \frac{\gamma}{2}[2\hat{a}^\dagger \hat{a}\hat{\boldsymbol{\rho}}_{\text{I}}\hat{a}^\dagger \hat{a} - (\hat{a}^\dagger \hat{a})^2 \hat{\boldsymbol{\rho}}_{\text{I}} - \hat{\boldsymbol{\rho}}_{\text{I}}(\hat{a}^\dagger \hat{a})^2] \tag{9.4.33}$$

式中，系数γ为简谐振子被单个量子占据时，热库光子被简谐振子散射时的散射率。若简谐振子的占有量子数为n，则散射光子数为γn^2。

主方程(9.4.33)描述了简谐振子的相位弥散[2,14]，相当于量子相位衰减退相干通道。该方程可在光子数表象中求解，令$\langle m|\hat{\boldsymbol{\rho}}_{\text{I}}|n\rangle = \rho_{mn}$，则主方程(9.4.33)的矩阵元形式为

$$\frac{\mathrm{d}\rho_{mn}}{\mathrm{d}t} = \frac{\gamma}{2}(2mn - m^2 - n^2)\rho_{mn} = -\frac{\gamma}{2}(m-n)^2 \rho_{mn} \tag{9.4.34}$$

对时间积分可得

$$\rho_{mn}(t) = \rho_{mn}(0)\exp\left[-\frac{1}{2}(m-n)^2\gamma t\right] = \rho_{mn}(0)\exp\left(-\frac{1}{2}\gamma t\right) \tag{9.4.35}$$

式中，$m,n = 0,1$。

这是一个典型简谐振子的相位退相干衰减模型。对于$m \neq n$的非对角项，经过一定时间后都会衰减掉，只剩下两对角项并保持为初始数值。初始时刻制备一个宏观叠加的猫态，即

$$|\psi(0)\rangle_{\text{cat}} = \frac{1}{\sqrt{2}}(|n_1\rangle + |n_2\rangle) \tag{9.4.36}$$

$$\hat{\boldsymbol{\rho}}_{\text{cat}}(0) = \frac{1}{2}(|n_1\rangle\langle n_1| + |n_2\rangle\langle n_2| + |n_1\rangle\langle n_2| + |n_2\rangle\langle n_1|) \tag{9.4.37}$$

假设它是宏观叠加的猫态，$|n_1 - n_2| \gg 1$，此时演化的结果是，非对角项将迅速衰减，即$\exp\left[-(n_1 - n_2)^2\gamma t/2\right] \to 0$，系统从相干叠加纯态演化为混合态。这是目前看不到宏观相干叠加态中猫态的必然结果。因此，在量子态制备、量子计算机研究等量子信息处理中，怎样减少退相干具有非常重要的意义。

9.5　量子蒙特卡罗波函数方法

与库耦合的量子系统演化将由主方程(9.4.24)描述，$\hat{\boldsymbol{L}}[\hat{\rho}(t)]$描述了与环境相互作用系统的非幺正演化过程。借助于 Lindblad 形式项(9.4.25)，Lindblad 主方程

(9.4.24)可重新表示为

$$\frac{\mathrm{d}\hat{\rho}}{\mathrm{d}t}=-\frac{\mathrm{i}}{\hbar}[\hat{\boldsymbol{H}}_{\text{eff}}\hat{\boldsymbol{\rho}}-\hat{\boldsymbol{\rho}}\hat{\boldsymbol{H}}_{\text{eff}}^{\dagger}]+\hat{\boldsymbol{L}}_{\text{jump}}[\hat{\boldsymbol{\rho}}] \tag{9.5.1}$$

式中，$\hat{\boldsymbol{H}}_{\text{eff}}$ 为非厄米有效哈密顿量。

$$\hat{\boldsymbol{H}}_{\text{eff}}\equiv\hat{\boldsymbol{H}}-\frac{\mathrm{i}\hbar}{2}\sum_{m}\hat{\boldsymbol{C}}_{m}^{\dagger}\hat{\boldsymbol{C}}_{m} \tag{9.5.2}$$

$$\hat{\boldsymbol{L}}_{\text{jump}}[\hat{\boldsymbol{\rho}}]\equiv\sum_{m}\hat{\boldsymbol{C}}_{m}\hat{\boldsymbol{\rho}}(t)\hat{\boldsymbol{C}}_{m}^{\dagger} \tag{9.5.3}$$

系统密度算符的演化是由非厄米有效哈密顿量控制的类薛定谔部分和 $\hat{\boldsymbol{L}}_{\text{jump}}[\hat{\boldsymbol{\rho}}]$ 中的量子跃迁部分两种情况作用的结果。

下面将讨论一种基于蒙特卡罗波函数的方法来描述该量子系统[1,3,8-10,16]。此时，一般不能用薛定谔方程来描述系统与库的相互作用，因为系统即使初始处于纯态，耦合到库环境后也将变为混合态。在瞬时的量子跃迁之间，系统按照非厄米哈密顿量演化，称为量子轨迹方法，也称为量子跳跃方法，或量子蒙特卡罗波函数方法。

9.5.1　量子蒙特卡罗波函数方法的求解步骤

利用蒙特卡罗波函数方法模拟计算波函数 $|\psi(t)\rangle\to|\psi(t+\delta t)\rangle$ 的变化可采用下列两个步骤。

步骤 1　由波函数 $|\psi(t)\rangle$ 在式(9.5.2)中的非厄米哈密顿量作用下演化为 $|\tilde{\psi}(t+\delta t)\rangle$，当 δt 足够小时，有

$$|\tilde{\psi}(t+\delta t)\rangle=\exp[-\mathrm{i}\hat{\boldsymbol{H}}_{\text{eff}}\delta t/\hbar]|\psi(t)\rangle=(1-\mathrm{i}\hat{\boldsymbol{H}}_{\text{eff}}\delta t/\hbar)|\psi(t)\rangle \tag{9.5.4}$$

由于 $\hat{H}_{\text{eff}}$ 的非厄米性，所以 $|\tilde{\psi}(t+\delta t)\rangle$ 不是归一化的，有

$$\begin{aligned}\langle\tilde{\psi}(t+\delta t)|\tilde{\psi}(t+\delta t)\rangle&=\langle\psi(t)|(1+\mathrm{i}\hat{\boldsymbol{H}}_{\text{eff}}^{\dagger}\delta t/\hbar)(1-\mathrm{i}\hat{\boldsymbol{H}}_{\text{eff}}\delta t/\hbar)|\psi(t)\rangle\\&=1-\delta p\end{aligned} \tag{9.5.5}$$

式中

$$\begin{aligned}\delta p&=\frac{\mathrm{i}}{\hbar}\delta t\langle\psi(t)|(\hat{\boldsymbol{H}}_{\text{eff}}-\hat{\boldsymbol{H}}_{\text{eff}}^{\dagger})|\psi(t)\rangle\\&=\delta t\sum_{m}\langle\psi(t)|\hat{\boldsymbol{C}}_{m}^{\dagger}\hat{\boldsymbol{C}}_{m}|\psi(t)\rangle\equiv\sum_{m}\delta p_{m}\end{aligned} \tag{9.5.6}$$

且 $\delta p_m\geqslant 0$，总可以通过调节 δt，使得 $\delta p\ll 1$。

步骤 2　量子跃迁或量子跳跃测量过程。为了确定量子跃迁是否已经发生，定义一个与 δp 可比较的 0～1 均匀分布的随机数 ξ。

(1) 当 $\xi>\delta p$ 时，这种情况没有跃迁，系统将以下列方式进行非幺正演化：

$$\left|\psi_{\text{no jump}}(t+\delta t)\right\rangle=\frac{\left|\tilde{\psi}(t+\delta t)\right\rangle}{\left\langle\tilde{\psi}(t+\delta t)\middle|\tilde{\psi}(t+\delta t)\right\rangle^{1/2}}=\frac{1}{\sqrt{1-\delta p}}\left(1-\frac{\mathrm{i}\hat{\boldsymbol{H}}_{\text{eff}}\delta t}{\hbar}\right)\left|\psi(t)\right\rangle \tag{9.5.7}$$

(2) 当$\xi\leqslant\delta p$时，光子被吸收，发生跃迁，系统跃迁到下列归一化量子态。状态$\hat{\boldsymbol{C}}_m\left|\psi(t)\right\rangle$之一按照相对概率$P_m=\delta p_m/\delta p$（总概率$\sum\limits_m P_m=1$）在各种可能的跃迁中发生一次量子跃迁，即

$$\left|\psi_{\text{jump}}(t+\delta t)\right\rangle=\frac{\hat{\boldsymbol{C}}_m\left|\psi(t)\right\rangle}{\left\langle\psi(t)\right|\hat{\boldsymbol{C}}_m^{\dagger}\hat{\boldsymbol{C}}_m\left|\psi(t)\right\rangle^{1/2}}=\sqrt{\frac{\delta t}{\delta p_m}}\hat{\boldsymbol{C}}_m\left|\psi(t)\right\rangle \tag{9.5.8}$$

重复上述整个过程就可以得到一条量子轨迹或经历，描述耗散系统系综内一个样本的条件演化，演化中偶然地在时刻$t_1,t_2,\cdots$记录跃迁事件的发生；对观察到的大量量子轨迹求平均就可获得整个系综的平均行为，其中包括系统所有可能的经历。

9.5.2　蒙特卡罗波函数方法在平均值上等价于主方程

定义$\boldsymbol{\vartheta}(t)=\left|\psi(t)\right\rangle\left\langle\psi(t)\right|$，这是在时刻$t$对多次蒙特卡罗模拟结果的平均，所有值都从$\left|\psi(t)\right\rangle$开始，则有

$$\begin{aligned}&\left|\psi(t)\right\rangle\left\langle\psi(t)\right|\to\left|\psi(t+\delta t)\right\rangle\left\langle\psi(t+\delta t)\right|\\&=(1-\delta p)\frac{\left|\tilde{\psi}(t+\delta t)\right\rangle}{\sqrt{1-\delta p}}\frac{\left\langle\tilde{\psi}(t+\delta t)\right|}{\sqrt{1-\delta p}}+\delta p\sum_m\frac{\delta p_m}{\delta p}\sqrt{\frac{\delta t}{\delta p_m}}\hat{\boldsymbol{C}}_m\left|\psi(t)\right\rangle\sqrt{\frac{\delta t}{\delta p_m}}\left\langle\psi(t)\right|\hat{\boldsymbol{C}}_m^{\dagger}\end{aligned} \tag{9.5.9}$$

将式(9.5.2)和式(9.5.4)代入式(9.5.9)，可得

$$\begin{aligned}&\left|\psi(t+\delta t)\right\rangle\left\langle\psi(t+\delta t)\right|\\&=\left[1-\frac{\mathrm{i}\delta t}{\hbar}\left(\hat{\boldsymbol{H}}-\frac{\mathrm{i}\hbar}{2}\sum_m\hat{\boldsymbol{C}}_m^{\dagger}\hat{\boldsymbol{C}}_m\right)\right]\left|\psi(t)\right\rangle\left\langle\psi(t)\right|\left[1+\frac{\mathrm{i}\delta t}{\hbar}\left(\hat{\boldsymbol{H}}+\frac{\mathrm{i}\hbar}{2}\sum_m\hat{\boldsymbol{C}}_m^{\dagger}\hat{\boldsymbol{C}}_m\right)\right]\\&\quad+\delta t\sum_m\hat{\boldsymbol{C}}_m\left|\psi(t)\right\rangle\left\langle\psi(t)\right|\hat{\boldsymbol{C}}_m^{\dagger}\end{aligned} \tag{9.5.10}$$

从而有

$$\boldsymbol{\vartheta}(t+\delta t)=\boldsymbol{\vartheta}(t)-\frac{\mathrm{i}\delta t}{\hbar}[\hat{\boldsymbol{H}},\boldsymbol{\vartheta}(t)]-\frac{\delta t}{2}\sum_m\left[\boldsymbol{\vartheta}(t)\hat{\boldsymbol{C}}_m^{\dagger}\hat{\boldsymbol{C}}_m+\hat{\boldsymbol{C}}_m^{\dagger}\hat{\boldsymbol{C}}_m\boldsymbol{\vartheta}(t)\right]+\delta t\sum_m\hat{\boldsymbol{C}}_m\boldsymbol{\vartheta}(t)\hat{\boldsymbol{C}}_m^{\dagger}) \tag{9.5.11}$$

再对大量轨道求平均，即可得与式(9.4.24)一致的主方程为

$$\frac{\delta\boldsymbol{\vartheta}(t)}{\delta t}=\frac{1}{\mathrm{i}\hbar}[\hat{\boldsymbol{H}},\boldsymbol{\vartheta}(t)]+\hat{\boldsymbol{L}}[\boldsymbol{\vartheta}(t)] \tag{9.5.12}$$

与主方程方法相类似，人们还是对模拟计算可观测物理量的平均值感兴趣。对于每条轨迹，可得 $\langle\psi_i(t)|\hat{A}|\psi_i(t)\rangle$，于是有

$$\langle\hat{A}\rangle_n = \frac{1}{n}\sum_n \langle\psi_i(t)|\hat{A}|\psi_i(t)\rangle \tag{9.5.13}$$

当 $n\to\infty$ 时，$\langle\hat{A}\rangle_n\to\langle\hat{A}\rangle$。只要 $\boldsymbol{\vartheta}(t)$ 和 $\hat{\boldsymbol{\rho}}(t)$ 的初始条件相同，量子蒙特卡罗波函数方法与主方程方法就等价。

当考虑绝对零度情况下二能级原子的自发辐射时，有

$$\hat{\boldsymbol{H}}_{\text{eff}} \equiv \frac{\hbar\omega_0}{2}\hat{\sigma}_z - \frac{\mathrm{i}\hbar\varGamma}{2}\hat{\sigma}_+\hat{\sigma}_- \tag{9.5.14}$$

$$\hat{\boldsymbol{L}}_{\text{jump}}[\hat{\boldsymbol{\rho}}] \equiv \varGamma\hat{\sigma}_+\hat{\boldsymbol{\rho}}\hat{\sigma}_- \tag{9.5.15}$$

考虑主方程右边处于上能态 $|e\rangle$ 的平均值时，$\langle e|\hat{\boldsymbol{L}}_{\text{jump}}[\hat{\boldsymbol{\rho}}]|e\rangle \equiv \varGamma\langle e|\hat{\sigma}_+\hat{\boldsymbol{\rho}}\hat{\sigma}_-|e\rangle = 0$。因此，如果只考虑上能态 $|e\rangle$ 的演化，那么仅用有效哈密顿量(9.5.14)就足以刻画系统的演化。

9.5.3　蒙特卡罗波函数方法模拟结果分析

图 9.5.1 给出了利用量子蒙特卡罗波函数方法模拟经典光场下耗散二能级系统的布居数动力学演化，并与相应的耗散二能级原子的主方程求解结果相比较。其中所选量子轨迹数目 $N=1000$，参数设置为 $\varDelta=0$、$g=1.5$、$\gamma=0.5$，初始原子处于上能态 $|e\rangle$。该耗散二能级系统的主方程表示为

$$\frac{\mathrm{d}\hat{\boldsymbol{\rho}}(t)}{\mathrm{d}t} = -\mathrm{i}\left[\frac{1}{2}\varDelta\hat{\boldsymbol{\sigma}}_z + g\hat{\boldsymbol{\sigma}}_x, \hat{\boldsymbol{\rho}}(t)\right] + \frac{1}{2}\gamma\hat{\boldsymbol{L}}(\hat{\sigma}_-)[\hat{\boldsymbol{\rho}}] \tag{9.5.16}$$

式中，$\varDelta$ 为失谐量；g 为耦合系数；γ 为环境噪声引起的上能态退相干速率；算符 $\hat{\boldsymbol{L}}(\hat{\sigma}_-)[\hat{\boldsymbol{\rho}}]$ 表示为

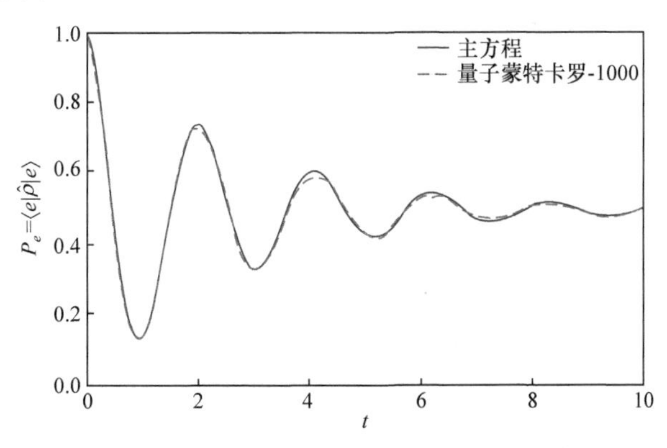

图 9.5.1　耗散二能级原子的主方程演化及量子蒙特卡罗波函数方法模拟的结果比较

$$\hat{\boldsymbol{L}}(\hat{\sigma}_-)[\hat{\boldsymbol{\rho}}] = 2\hat{\sigma}_-\hat{\boldsymbol{\rho}}\hat{\sigma}_+ - [\hat{\sigma}_+\hat{\sigma}_-\hat{\boldsymbol{\rho}} + \hat{\boldsymbol{\rho}}\hat{\sigma}_+\hat{\sigma}_-] \tag{9.5.17}$$

可见，蒙特卡罗模拟过程中所选量子轨迹数目 N 越多，所得结果越接近由精确的主方程描述的动力学演化结果。

同样,图 9.5.2 表示利用量子蒙特卡罗波函数方法模拟量子光场下耗散二能级系统的布居数动力学演化，将其与相应的 J-C 模型的主方程求解结果进行比较。其中所选量子轨迹数目 $N=100$ ，参数设置为 $\varDelta=-0.2$ 、 $g=1.0$ 、 $\gamma=0.01$ 、 $\kappa=0.001$ 、 $\bar{n}=0.75$ 。初始时，原子处于下能态 $|g\rangle$ ，光场处于相干态 $|\alpha=4\rangle$ 。相应的耗散 J-C 模型的主方程为

$$\begin{aligned}\frac{\mathrm{d}\hat{\boldsymbol{\rho}}(t)}{\mathrm{d}t} &= -\mathrm{i}\left[\frac{1}{2}\varDelta\hat{\boldsymbol{\sigma}}_z + g(\hat{\boldsymbol{\sigma}}_+\hat{a} + \hat{\boldsymbol{\sigma}}_-\hat{a}^\dagger), \hat{\boldsymbol{\rho}}(t)\right] + \frac{1}{2}\gamma\hat{\boldsymbol{L}}(\hat{\sigma}_-)[\hat{\boldsymbol{\rho}}] \\ &\quad + \frac{\kappa}{2}(\bar{n}+1)\hat{\boldsymbol{L}}(\hat{a})[\hat{\boldsymbol{\rho}}] + \frac{\kappa}{2}\bar{n}\,\hat{\boldsymbol{L}}(\hat{a}^\dagger)[\hat{\boldsymbol{\rho}}]\end{aligned} \tag{9.5.18}$$

式中，κ 为光场模式与噪声环境耦合所引起的退相干速率；$\bar{n}$ 为环境中的平均光子数；$\varDelta$ 为失谐量；g 为耦合系数。

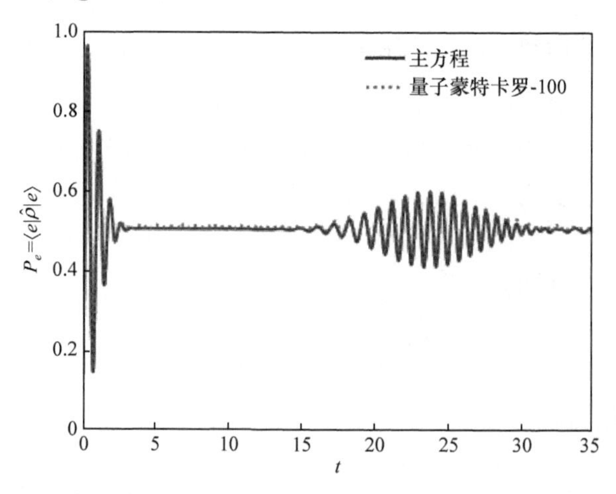

图 9.5.2　耗散 J-C 模型的主方程演化及量子蒙特卡罗波函数方法模拟的结果比较

由图 9.5.2 可知，对于初始相干态，在所选轨迹数目为 100 时，系统的坍缩-恢复现象就能精确地呈现出来。本节计算的图 9.5.1 和图 9.5.2 的数据由基于 Julia 语言的 QuantumOptics.jl 软件包模拟获得[9]，其模拟结果与文献[10]一致。

9.6 小　结

对于与外界环境发生作用的开放量子系统，其状态演化是非幺正的，不可避

免地会导致系统能量的损耗和相干性的消退。本章系统阐述了开放量子系统的耗散动力学模型和量子理论。

1. 量子系统的约化密度算符满足的主方程

与热库作用的二能级原子的主方程为

$$\frac{\partial\hat{\rho}}{\partial t}=\frac{\Gamma}{2}(1+\bar{n})(2\hat{\sigma}_-\hat{\rho}\hat{\sigma}_+-\hat{\sigma}_+\hat{\sigma}_-\hat{\rho}-\hat{\rho}\hat{\sigma}_+\hat{\sigma}_-)+\frac{\Gamma}{2}\bar{n}(2\hat{\sigma}_+\hat{\rho}\hat{\sigma}_--\hat{\sigma}_-\hat{\sigma}_+\hat{\rho}-\hat{\rho}\hat{\sigma}_-\hat{\sigma}_+)$$

当温度$T=0$，即平均光子数$\bar{n}=0$时，二能级原子的主方程简化为

$$\frac{\partial\hat{\rho}}{\partial t}=\frac{\Gamma}{2}(2\hat{\sigma}_-\hat{\rho}\hat{\sigma}_+-\hat{\sigma}_+\hat{\sigma}_-\hat{\rho}-\hat{\rho}\hat{\sigma}_+\hat{\sigma}_-)$$

与压缩真空库作用的二能级原子的主方程为

$$\begin{aligned}\frac{\mathrm{d}\hat{\rho}}{\mathrm{d}t}=&\frac{\Gamma(1+N)}{2}(2\hat{\sigma}_-\hat{\rho}\hat{\sigma}_+-\hat{\sigma}_+\hat{\sigma}_-\hat{\rho}-\hat{\rho}\hat{\sigma}_+\hat{\sigma}_-)+\frac{\Gamma N}{2}(2\hat{\sigma}_+\hat{\rho}\hat{\sigma}_--\hat{\sigma}_-\hat{\sigma}_+\hat{\rho}-\hat{\rho}\hat{\sigma}_-\hat{\sigma}_+)\\&+\Gamma M\hat{\sigma}_+\hat{\rho}\hat{\sigma}_++\Gamma M^*\hat{\sigma}_-\hat{\rho}\hat{\sigma}_-\end{aligned}$$

式中，$N=\sinh^2 r$；$M=-\mathrm{e}^{\mathrm{i}\theta}\sinh r\cosh r$。

与热库作用的阻尼谐振子的主方程为

$$\frac{\mathrm{d}\hat{\rho}}{\mathrm{d}t}=\frac{\gamma}{2}[\bar{n}(\omega_0)+1](2\hat{a}\hat{\rho}\hat{a}^\dagger-\hat{a}^\dagger\hat{a}\hat{\rho}-\hat{\rho}\hat{a}^\dagger\hat{a})+\frac{\gamma}{2}\bar{n}(\omega_0)(2\hat{a}^\dagger\hat{\rho}\hat{a}-\hat{a}\hat{a}^\dagger\hat{\rho}-\hat{\rho}\hat{a}\hat{a}^\dagger)$$

当温度$T=0$，即$\bar{n}(\omega_0)=0$时，则有

$$\frac{\mathrm{d}\hat{\rho}}{\mathrm{d}t}=\frac{\gamma}{2}(2\hat{a}\hat{\rho}\hat{a}^\dagger-\hat{a}^\dagger\hat{a}\hat{\rho}-\hat{\rho}\hat{a}^\dagger\hat{a})$$

与压缩真空库作用的阻尼谐振子的主方程为

$$\begin{aligned}\frac{\mathrm{d}\hat{\rho}}{\mathrm{d}t}=&\frac{\gamma}{2}(N+1)(2\hat{a}\hat{\rho}\hat{a}^\dagger-\hat{a}^\dagger\hat{a}\hat{\rho}-\hat{\rho}\hat{a}^\dagger\hat{a})+\frac{\gamma}{2}N(2\hat{a}^\dagger\hat{\rho}\hat{a}-\hat{a}\hat{a}^\dagger\hat{\rho}-\hat{\rho}\hat{a}\hat{a}^\dagger)\\&+\frac{\gamma}{2}M(2\hat{a}^\dagger\hat{\rho}\hat{a}^\dagger-\hat{a}^\dagger\hat{a}^\dagger\hat{\rho}-\hat{\rho}\hat{a}^\dagger\hat{a}^\dagger)+\frac{\gamma}{2}M^*(2\hat{a}\hat{\rho}\hat{a}-\hat{a}\hat{a}\hat{\rho}-\hat{\rho}\hat{a}\hat{a})\end{aligned}$$

2. 福克尔-普朗克方程

压缩真空库作用下阻尼谐振子的主方程转化为P-表示的福克尔-普朗克方程为

$$\frac{\partial P(\alpha)}{\partial t}=\frac{\gamma}{2}\left[\left(\frac{\partial}{\partial\alpha}\alpha+\frac{\partial}{\partial\alpha^*}\alpha^*\right)+\left(M^*\frac{\partial^2}{\partial\alpha^{*2}}+M\frac{\partial^2}{\partial\alpha^2}\right)+2N\frac{\partial^2}{\partial\alpha\partial\alpha^*}\right]P(\alpha)$$

Q-表示的福克尔-普朗克方程为

$$\frac{\partial Q(\alpha)}{\partial t}=\frac{\gamma}{2}\left[\left(\frac{\partial}{\partial\alpha}\alpha+\frac{\partial}{\partial\alpha^*}\alpha^*\right)+\left(M^*\frac{\partial^2}{\partial\alpha^{*2}}+M\frac{\partial^2}{\partial\alpha^2}\right)+2(N+1)\frac{\partial^2}{\partial\alpha\partial\alpha^*}\right]Q(\alpha)$$

W-表示的福克尔-普朗克方程为

$$\frac{\partial W(\alpha)}{\partial t}=\frac{\gamma}{2}\left[\left(\frac{\partial}{\partial\alpha}\alpha+\frac{\partial}{\partial\alpha^*}\alpha^*\right)+\left(M^*\frac{\partial^2}{\partial\alpha^{*2}}+M\frac{\partial^2}{\partial\alpha^2}\right)+2\left(N+\frac{1}{2}\right)\frac{\partial^2}{\partial\alpha\partial\alpha^*}\right]W(\alpha)$$

3. 朗之万方程

在海森伯绘景中，阻尼谐振子的朗之万方程为

$$\frac{\mathrm{d}}{\mathrm{d}t}\hat{A}(t)=-\frac{\gamma}{2}\hat{A}(t)+\hat{F}(t)$$

式中，$\gamma=2\pi g^2(\omega_0)D(\omega_0)$。

方程右边第一项描述耗散；第二项描述噪声涨落。同时，本章还讨论了噪声涨落的性质和光场的双时关联函数和光谱线型。

4. 开放系统与库耦合的 Lindblad 主方程

在马尔可夫近似下，开放系统非幺正演化的主方程，即 Lindblad 主方程为

$$\frac{\mathrm{d}\hat{\boldsymbol{\rho}}_{\mathrm{S}}(t)}{\mathrm{d}t}=-\frac{\mathrm{i}}{\hbar}[\hat{\boldsymbol{H}}_{\mathrm{S}},\hat{\boldsymbol{\rho}}_{\mathrm{S}}(t)]+\hat{\boldsymbol{L}}[\hat{\boldsymbol{\rho}}_{\mathrm{S}}(t)]$$

式中，$\hat{\boldsymbol{L}}[\hat{\boldsymbol{\rho}}_{\mathrm{S}}(t)]=\sum_m\hat{\boldsymbol{C}}_m\hat{\boldsymbol{\rho}}_{\mathrm{S}}(t)\hat{\boldsymbol{C}}_m^{\dagger}-\frac{1}{2}\sum_m\left[\hat{\boldsymbol{C}}_m^{\dagger}\hat{\boldsymbol{C}}_m\hat{\boldsymbol{\rho}}_{\mathrm{S}}(t)+\hat{\boldsymbol{\rho}}_{\mathrm{S}}(t)\hat{\boldsymbol{C}}_m^{\dagger}\hat{\boldsymbol{C}}_m\right]$，描述系统和环境相互作用可能发生非幺正的、退相干过程，算符 $\hat{\boldsymbol{C}}_m$ 称为 Lindblad 算符或量子跃迁算符，每个 $\hat{\boldsymbol{C}}_m\hat{\boldsymbol{\rho}}_{\mathrm{S}}(t)\hat{\boldsymbol{C}}_m^{\dagger}$ 表示一种可能的量子跃迁。

5. 量子蒙特卡罗波函数方法

借助于 Lindblad 形式项，主方程可重新表示为

$$\frac{\mathrm{d}\hat{\boldsymbol{\rho}}}{\mathrm{d}t}=-\frac{\mathrm{i}}{\hbar}[\hat{\boldsymbol{H}}_{\mathrm{eff}}\hat{\boldsymbol{\rho}}-\hat{\boldsymbol{\rho}}\hat{\boldsymbol{H}}_{\mathrm{eff}}^{\dagger}]+\hat{\boldsymbol{L}}_{\mathrm{jump}}[\hat{\boldsymbol{\rho}}]$$

式中，$\hat{\boldsymbol{H}}_{\mathrm{eff}}\equiv\hat{\boldsymbol{H}}-\frac{\mathrm{i}\hbar}{2}\sum_m\hat{\boldsymbol{C}}_m^{\dagger}\hat{\boldsymbol{C}}_m$ 为非厄米有效哈密顿量；$\hat{\boldsymbol{L}}_{\mathrm{jump}}[\hat{\boldsymbol{\rho}}]\equiv\sum_m\hat{\boldsymbol{C}}_m\hat{\boldsymbol{\rho}}(t)\hat{\boldsymbol{C}}_m^{\dagger}$ 为量子跃迁部分。

模拟波函数 $|\psi(t)\rangle\to|\psi(t+\delta t)\rangle$ 的变化可按照 9.5.1 节介绍的步骤进行，量子蒙特卡罗波函数方法在平均值上等价于主方程方法。

9.7 习　　题

1. 当阻尼谐振子被一个强共振线性力驱动时，其相互作用绘景中的主方程为

$$\frac{\mathrm{d}\hat{\rho}}{\mathrm{d}t}=-\mathrm{i}\varepsilon[\hat{a}+\hat{a}^{\dagger},\hat{\rho}]+\frac{\gamma}{2}(2\hat{a}\hat{\rho}\hat{a}^{\dagger}-\hat{a}^{\dagger}\hat{a}\hat{\rho}-\hat{\rho}\hat{a}^{\dagger}\hat{a})$$

证明其稳态解为相干态$|-2\mathrm{i}\varepsilon/\gamma\rangle$。

2. 根据压缩真空库下二能级原子的主方程(9.1.36)，推导关系式(9.1.39)和式(9.1.40)。
3. 根据热平衡状态下热库中谐振子的主方程(9.1.48)，分别计算算符$\hat{a}^2$和$\hat{n}^2$期望值的时间演化$\dfrac{\mathrm{d}\langle\hat{a}^2\rangle}{\mathrm{d}t}$和$\dfrac{\mathrm{d}\langle\hat{n}^2\rangle}{\mathrm{d}t}$。
4. 利用压缩真空库下谐振子的主方程(9.1.59)，计算描述光场的两个正交的振幅分量算符$\hat{X}_1$和$\hat{X}_2$的涨落$(\Delta\hat{X}_1)_t^2$和$(\Delta\hat{X}_2)_t^2$，其中，$\hat{X}_1=\dfrac{1}{2}(\hat{a}+\hat{a}^{\dagger})$；$\hat{X}_2=\dfrac{1}{2\mathrm{i}}(\hat{a}-\hat{a}^{\dagger})$。
5. 推导关系式(9.1.33a)和式(9.1.33b)，即$\hat{S}_{k-k_0}^{\dagger}(\xi)\hat{b}_k\hat{S}_{k-k_0}=\hat{b}_k\cosh r-\hat{b}_{2k_0-k}^{\dagger}\mathrm{e}^{\mathrm{i}\theta}\sinh r$，$\hat{S}_{k-k_0}^{\dagger}(\xi)\hat{b}_k^{\dagger}\hat{S}_{k-k_0}=b_k^{\dagger}\cosh r-\hat{b}_{2k_0-k}\mathrm{e}^{-\mathrm{i}\theta}\sinh r$。利用该关系式证明相关算符的期望值(9.1.35a)～(9.1.35e)。
6. 对于式(9.1.49)的主方程$\dfrac{\mathrm{d}\hat{\rho}(t)}{\mathrm{d}t}=\dfrac{\gamma}{2}[2\hat{a}\hat{\rho}(t)\hat{a}^{\dagger}-\hat{a}^{\dagger}\hat{a}\hat{\rho}(t)-\hat{\rho}(t)\hat{a}^{\dagger}\hat{a}]$，写出该主方程中各密度矩阵元的微分方程组；求解系统初态为 Fock 态$|3\rangle$时的微分方程组，并在演化过程中画出三维 Wigner 函数。
7. 假设原子初始处于激发态，腔场初始为平均光子数$\bar{n}=5$的相干态。在耗散谐振腔中二能级原子与单模场发生共振相互作用，数值计算下列主方程相应的微分方程组：

$$\frac{\mathrm{d}\hat{\rho}(t)}{\mathrm{d}t}=\frac{1}{\mathrm{i}\hbar}[\hat{H}_{\mathrm{Int}},\hat{\rho}(t)]+\frac{\gamma}{2}[2\hat{a}\hat{\rho}(t)\hat{a}^{\dagger}-\hat{a}^{\dagger}\hat{a}\hat{\rho}(t)-\hat{\rho}(t)\hat{a}^{\dagger}\hat{a}]$$

式中，$\hat{H}_{\mathrm{Int}}=\hbar g(\hat{a}\hat{\sigma}_{+}+\hat{a}^{\dagger}\hat{\sigma}_{-})$；$\gamma=\omega_0/Q$，$Q$为用于刻画光子损失率的腔品质因子。考虑$\gamma=0$、$\gamma=0.01g$和$\gamma=0.03g$三种情况，并分别画出原子布居数反转和平均光子数随标度时间gt的变化。
8. 试证明主方程(9.1.49)的解可表示为下列迭代形式：

$$\rho_{mn}(t)=\exp\left[-\frac{\gamma t}{2}(m+n)\right]\sum_{l}\left[\frac{(m+l)!(n+l)!}{m!n!}\right]^{1/2}\frac{(1-\mathrm{e}^{-\gamma l})^l}{l!}\rho_{m+1,n+1}(0)$$

式中，$\rho_{mn}(t)=\langle m|\hat{\rho}(t)|n\rangle$。
9. 取两个正交分量算符为$\hat{X}_1=\hat{a}+\hat{a}^{\dagger}$、$\hat{X}_2=\mathrm{i}(\hat{a}^{\dagger}-\hat{a})$，试证明主方程(9.1.59)可表示为

$$\frac{\mathrm{d}\hat{\boldsymbol{\rho}}}{\mathrm{d}t}=\mathrm{i}\frac{\gamma}{8}[\hat{X}_2,\{\hat{X}_1,\hat{\boldsymbol{\rho}}\}]-\mathrm{i}\frac{\gamma}{8}[\hat{X}_1,\{\hat{X}_2,\hat{\boldsymbol{\rho}}\}]$$
$$-\frac{\gamma}{8}\mathrm{e}^{2r}[\hat{X}_1,\{\hat{X}_1,\hat{\boldsymbol{\rho}}\}]-\frac{\gamma}{8}\mathrm{e}^{-2r}[\hat{X}_2,\{\hat{X}_2,\hat{\boldsymbol{\rho}}\}]$$

式中，$\{\ \}$满足反对易关系；本题对压缩库取$N=\sinh^2 r$、$M=\sinh r\cosh r$。

10. 推导压缩真空库中P-表示的福克尔-普朗克方程(9.2.10)：

$$\frac{\partial P(\alpha)}{\partial t}=\frac{\gamma}{2}\left[\left(\frac{\partial}{\partial\alpha}\alpha+\frac{\partial}{\partial\alpha^*}\alpha^*\right)+\left(M^*\frac{\partial^2}{\partial\alpha^{*2}}+M\frac{\partial^2}{\partial\alpha^2}\right)+2N\frac{\partial^2}{\partial\alpha\partial\alpha^*}\right]P(\alpha)$$

11. 试由压缩真空库中P-表示的福克尔-普朗克方程(9.2.10)导出其相应的实变量方程(9.2.11)。

12. 热库中谐振子的主方程为

$$\frac{\mathrm{d}\hat{\boldsymbol{\rho}}(t)}{\mathrm{d}t}=\frac{\gamma}{2}(\overline{n}+1)(2\hat{a}\hat{\boldsymbol{\rho}}\hat{a}^\dagger-\hat{a}^\dagger\hat{a}\hat{\boldsymbol{\rho}}-\hat{\boldsymbol{\rho}}\hat{a}^\dagger\hat{a})+\frac{\gamma}{2}\overline{n}(2\hat{a}^\dagger\hat{\boldsymbol{\rho}}\hat{a}-\hat{a}\hat{a}^\dagger\hat{\boldsymbol{\rho}}-\hat{\boldsymbol{\rho}}\hat{a}\hat{a}^\dagger)$$

推导出其Q-表示的福克尔-普朗克方程。

13. 一个相位弥散的谐振子满足主方程$\dfrac{\mathrm{d}\hat{\boldsymbol{\rho}}}{\mathrm{d}t}=-\gamma[\hat{a}^\dagger\hat{a},[\hat{a}^\dagger\hat{a},\hat{\boldsymbol{\rho}}]]$，试证明其$Q$-表示的福克尔-普朗克方程满足

$$\frac{\partial Q}{\partial t}=\frac{\gamma}{2}\left(\frac{\partial}{\partial\alpha}\alpha+\frac{\partial}{\partial\alpha^*}\alpha^*+2\frac{\partial^2}{\partial\alpha\partial\alpha^*}|\alpha|^2-\frac{\partial^2}{\partial\alpha^2}\alpha^2-\frac{\partial^2}{\partial\alpha^{*2}}\alpha^{*2}\right)Q$$

14. 描述腔场非幺正演化的有效哈密顿量为$\hat{\boldsymbol{H}}_{\mathrm{eff}}=\hat{\boldsymbol{H}}-\dfrac{\mathrm{i}\hbar\gamma}{2}\hat{a}^\dagger\hat{a}$，其中第二项表示腔场的能量损耗。假设腔场除了能量损耗外，无别的相互作用，即$\hat{H}=0$。①现腔场初始处于相干态$|\alpha\rangle$，试分析光子被吸收(即发生量子跃迁)和不被吸收时，相干态中的腔场状态如何发生变化。②若腔场初始被制备为偶、奇相干态，试分析光子被吸收和不被吸收时的腔场状态。

15. 处于偶相干态的腔场，由于环境的作用会发生退相干。①设环境初始处于态$|\varepsilon\rangle$，试分析初始处于偶相干态的腔场在发生退相干时，腔场将处于混合态，当$t\to\infty$时，腔场将衰减成真空态。②从量子光学主方程$\dfrac{\mathrm{d}\hat{\boldsymbol{\rho}}(t)}{\mathrm{d}t}=\dfrac{1}{\mathrm{i}\hbar}[\hat{\boldsymbol{H}},\hat{\boldsymbol{\rho}}]+\dfrac{\gamma}{2}$ $[2\hat{a}\hat{\boldsymbol{\rho}}(t)\hat{a}^\dagger-\hat{a}^\dagger\hat{a}\hat{\boldsymbol{\rho}}(t)-\hat{\boldsymbol{\rho}}(t)\hat{a}^\dagger\hat{a}]$出发进行讨论，求出其退相干时间(即相干性的保持时间)为$T_{\mathrm{decoh}}=1/(2|\alpha|^2\gamma)$。

注：腔场除能量损耗外，无别的相互作用，取$\hat{H}=0$。

16. 在二能级原子与压缩真空库作用的主方程(9.1.36)中，引入 Lindblad 算符：

$\hat{C}=\hat{\sigma}_-\cosh r-\hat{\sigma}_+\mathrm{e}^{\mathrm{i}\theta}\sinh r$，试证明 $\dfrac{\mathrm{d}\hat{\rho}(t)}{\mathrm{d}t}=\Gamma\left[\hat{C}\hat{\rho}(t)\hat{C}^{\dagger}-\dfrac{1}{2}\hat{C}^{\dagger}\hat{C}\hat{\rho}(t)-\dfrac{1}{2}\hat{\rho}(t)\cdot\right.$ $\left.\hat{C}^{\dagger}\hat{C}\right]$，据此证明：

$$\frac{\mathrm{d}}{\mathrm{d}t}\langle\hat{\sigma}_+(t)\rangle=\frac{\mathrm{d}}{\mathrm{d}t}\langle\hat{\sigma}_-(t)\rangle^*$$

$$=-\frac{\Gamma}{2}(2\sinh^2 r+1)\langle\hat{\sigma}_+(t)\rangle-\Gamma\mathrm{e}^{-\mathrm{i}\theta}\cosh r\sinh r\langle\hat{\sigma}_-(t)\rangle$$

$$\frac{\mathrm{d}}{\mathrm{d}t}\langle\hat{\sigma}_z(t)\rangle=-\Gamma(\cosh^2 r+\sinh^2 r)\langle\hat{\sigma}_z(t)\rangle-\Gamma$$

17. 对于一个二能级原子，原子初始处于 $|\psi(0)\rangle=\cos\dfrac{\theta}{2}|e\rangle+\sin\dfrac{\theta}{2}|g\rangle$，其哈密顿量为 $\hat{H}_0=\dfrac{\hbar}{2}\omega_0\hat{\sigma}_z$，当只考虑单纯去相位时，引入 Lindblad 算符 $\hat{C}=\sqrt{\gamma}\hat{\sigma}_z$ 来描述其耗散过程，试求 Lindblad 主方程中的密度算符解。

参考文献

[1] Scully M O, Zubairy M S. Quantum Optics. Cambridge: Cambridge University Press, 1997.

[2] Walls D F, Milburn G J. Quantum Optics. 2nd ed. Berlin: Springer, 2008.

[3] Meystre P, Sargent Ⅲ M. Elements of Quantum Optics. 4th ed. Berlin: Springer, 2007.

[4] Carmichael H J. Statistical Methods in Quantum Optics 1. Berlin: Springer, 1999.

[5] Gerry C C, Knight P. Introductory Quantum Optics. Cambridge: Cambridge University Press, 2005.

[6] Plenio M B, Knight P L. The quantum-jump approach to dissipative dynamics in quantum optics. Reviews of Modern Physics, 1998, 70(1):101-144.

[7] Lindblad G. On the generators of quantum dynamical semigroups. Communications in Mathematical Physics,1976, 48(2): 119-130.

[8] Imamoḡlu A, Yamamoto Y. Quantum Monte Carlo wave-function approach to dissipative processes in mesoscopic semiconductors. Physics Letters A, 1994, 191(5-6):425-430.

[9] Krämer S, Plankensteiner D, Ostermann L, et al. QuantumOptics.jl: A Julia framework for simulating open quantum systems. Computer Physics Communications, 2018, 227:109-116.

[10] 郭光灿, 周祥发. 量子光学. 北京: 科学出版社, 2022.

[11] 郭光灿. 量子光学. 北京: 高等教育出版社, 1990.

[12] 张智明. 量子光学. 北京: 科学出版社, 2015.

[13] 李承祖, 陈平形, 梁林梅, 等. 量子计算机研究(上). 北京: 科学出版社, 2011.

[14] 张永德. 量子信息物理原理. 北京: 科学出版社, 2006.

[15] 彭金生, 李高翔. 近代量子光学导论. 北京: 科学出版社, 1996.

[16] 闫学群. 高等量子力学. 北京: 电子工业出版社, 2020.

附　　录

附录Ⅰ　常用数学公式

1. 狄拉克 δ 函数的公式

狄拉克 δ 函数的定义为

$$\delta(x-x_0)=\begin{cases}0, & x\neq x_0\\ \infty, & x=x_0\end{cases} \tag{Ⅰ.1}$$

$$\int_a^b \delta(x-x_0)\mathrm{d}x=\begin{cases}1, & x_0\in(a,b)\\ 0, & x_0\notin(a,b)\end{cases} \tag{Ⅰ.2}$$

狄拉克 δ 函数的常用公式为

$$\delta(-x)=\delta(x) \tag{Ⅰ.3}$$

$$\delta'(-x)=-\delta'(x) \tag{Ⅰ.4}$$

$$\delta(ax)=\frac{1}{|a|}\delta(x) \tag{Ⅰ.5}$$

$$\int_{-\infty}^{\infty} f(x)\delta(x-x_0)\mathrm{d}x=f(x_0) \tag{Ⅰ.6}$$

$$f(x)\delta(x-a)=f(a)\delta(x-a) \tag{Ⅰ.7}$$

$$\delta(x^2-a^2)=\frac{1}{2a}[\delta(x+a)+\delta(x-a)],\quad a>0 \tag{Ⅰ.8}$$

$$\delta(x)=\lim_{t\to\infty}\frac{\sin(tx)}{\pi x},\quad \delta(x)=\lim_{t\to\infty}\frac{\sin^2(tx)}{\pi t x^2} \tag{Ⅰ.9}$$

$$\delta(x)=\lim_{a\to 0}\frac{1}{a\sqrt{\pi}}\exp(-x^2/a^2) \tag{Ⅰ.10}$$

$$\delta(x)=\frac{1}{2\pi}\int_{-\infty}^{\infty}\mathrm{e}^{\pm ikx}\mathrm{d}k,\quad \delta(k)=\frac{1}{2\pi}\int_{-\infty}^{\infty}\mathrm{e}^{\pm ikx}\mathrm{d}x \tag{Ⅰ.11}$$

$$\delta(p-p')=\frac{1}{2\pi}\int_{-\infty}^{\infty}\mathrm{e}^{\mathrm{i}(p-p')x}\mathrm{d}x=\frac{1}{2\pi\hbar}\int_{-\infty}^{\infty}\mathrm{e}^{\mathrm{i}(p-p')x/\hbar}\mathrm{d}x \tag{Ⅰ.12}$$

$$\int_0^{\infty}\mathrm{d}k\mathrm{e}^{\pm ikx}=\pi\delta(x)\pm \mathrm{i}P\cdot\frac{1}{x} \tag{Ⅰ.13}$$

$$\lim_{\varepsilon\to 0}\frac{1}{x\pm \mathrm{i}\varepsilon}=P\cdot\frac{1}{x}\mp \mathrm{i}\pi\delta(x) \tag{Ⅰ.14}$$

式中，$P\cdot\frac{1}{x}$表示函数的柯西积分主值，其定义为

$$P\int_{-a}^{b}\frac{f(x)}{x}\mathrm{d}x=\lim_{\varepsilon\to 0}\left[\int_{-a}^{-\varepsilon}\frac{f(x)}{x}\mathrm{d}x+\int_{\varepsilon}^{b}\frac{f(x)}{x}\mathrm{d}x\right] \tag{Ⅰ.15}$$

2. Γ函数的定义

$$\Gamma(t)=\int_0^{\infty}x^{t-1}\mathrm{e}^{-x}\mathrm{d}x,\quad \mathrm{Re}(t)>0 \tag{Ⅰ.16}$$

$$\Gamma(t+1)=t\Gamma(t) \tag{Ⅰ.17}$$

$$\int_0^{\infty}\mathrm{e}^{-ax}x^n\mathrm{d}x=\frac{\Gamma(n+1)}{a^{n+1}}=\frac{n!}{a^{n+1}},\quad \mathrm{Re}(a)>0 \tag{Ⅰ.18}$$

对于整数($n\geqslant 0$)，有

$$\Gamma(n+1)=n!,\quad \Gamma(1)=1,\quad \Gamma\left(\frac{1}{2}\right)=\sqrt{\pi} \tag{Ⅰ.19}$$

3. 高斯积分

$$\int_{-\infty}^{\infty}\mathrm{e}^{-ax^2+bx}\mathrm{d}x=\sqrt{\frac{\pi}{a}}\exp\left(\frac{b^2}{4a}\right),\quad \mathrm{Re}(a)>0 \tag{Ⅰ.20}$$

$$\int_{-\infty}^{\infty}\mathrm{e}^{-ax^2}x^{2n}\mathrm{d}x=\frac{1}{\sqrt{a^{2n+1}}}\Gamma\left(n+\frac{1}{2}\right)=\frac{(2n-1)!!}{(2a)^n}\sqrt{\frac{\pi}{a}},\quad \mathrm{Re}(a)>0 \tag{Ⅰ.21}$$

4. 复平面的积分

对于复变量$z=x+\mathrm{i}y$，其积分公式为

$$\int \mathrm{d}^2z\,\mathrm{e}^{-\alpha|z|^2+\beta z+\gamma z^*}=\frac{\pi}{\alpha}\exp\left(\frac{\beta\gamma}{\alpha}\right),\quad \alpha>0 \tag{Ⅰ.22}$$

$$\int \mathrm{d}^2z\,z^m(z^*)^n\mathrm{e}^{-\alpha|z|^2}=\frac{\pi m!}{\alpha^{m+1}}\delta_{m,n} \tag{Ⅰ.23}$$

$$\int \mathrm{d}^2z\,f(z^*)\exp\left(-|z|^2+t^*z\right)=\pi f(t^*) \tag{Ⅰ.24}$$

附录Ⅱ　复平面上的二维$\delta^{(2)}(\alpha)$函数和算符的δ函数

1. 复平面上的二维$\delta^{(2)}(\alpha)$函数

在复平面内，复数$\alpha=\alpha_{\mathrm{r}}+\mathrm{i}\alpha_{\mathrm{i}}$，二维函数$\delta^{(2)}(\alpha)=\delta(\alpha_{\mathrm{r}})\delta(\alpha_{\mathrm{i}})\equiv\delta(\alpha)\delta(\alpha^*)$可

表示为

$$\delta^{(2)}(\alpha)=\frac{1}{\pi^2}\int \mathrm{e}^{\alpha\beta^*\pm\alpha^*\beta}\mathrm{d}^2\beta \tag{Ⅱ.1}$$

证明 设复数$\alpha=\alpha_\mathrm{r}+\mathrm{i}\alpha_\mathrm{i}$，$\beta=\beta_\mathrm{r}+\mathrm{i}\beta_\mathrm{i}$，$\mathrm{d}^2\beta=\mathrm{d}\beta_\mathrm{r}\mathrm{d}\beta_\mathrm{i}$，则有

$$\begin{aligned}\frac{1}{\pi^2}\int \mathrm{e}^{\alpha\beta^*-\beta\alpha^*}\mathrm{d}^2\beta&=\frac{1}{\pi^2}\int \mathrm{e}^{2\mathrm{i}(\alpha_\mathrm{i}\beta_\mathrm{r}-\alpha_\mathrm{r}\beta_\mathrm{i})}\mathrm{d}\beta_\mathrm{r}\mathrm{d}\beta_\mathrm{i}\\&=\frac{1}{(2\pi)^2}\int \mathrm{e}^{\mathrm{i}(\alpha_\mathrm{i}\beta_\mathrm{r}-\alpha_\mathrm{r}\beta_\mathrm{i})}\mathrm{d}\beta_\mathrm{r}\mathrm{d}\beta_\mathrm{i}\\&=\delta(\alpha_\mathrm{i})\delta(\alpha_\mathrm{r})\equiv\delta(\alpha)\delta(\alpha^*)\end{aligned}$$

同理，可证$\delta^{(2)}(\alpha)=\frac{1}{\pi^2}\int \mathrm{e}^{\alpha\beta^*+\alpha^*\beta}\mathrm{d}^2\beta$，从而式(Ⅱ.1)得证。

在复平面内，二维$\delta^{(2)}(\alpha)$函数有多种表示形式，$\delta^{(2)}(\alpha)=\delta(\alpha_\mathrm{r})\delta(\alpha_\mathrm{i})$还可表示为

$$\delta^{(2)}(\alpha)=\delta(\alpha_\mathrm{r})\delta(\alpha_\mathrm{i})=\frac{1}{\pi^2}\int \mathrm{e}^{\pm\mathrm{i}(\alpha\beta+\alpha^*\beta^*)}\mathrm{d}^2\beta \tag{Ⅱ.2}$$

$$\delta^{(2)}(\alpha)=\frac{1}{\pi^2}\int \mathrm{e}^{\pm\mathrm{i}(\alpha\beta^*+\alpha^*\beta)}\mathrm{d}^2\beta \tag{Ⅱ.3}$$

复平面上的傅里叶变换为

$$f(\alpha,\alpha^*)=\frac{1}{\pi^2}\int F(z,z^*)\mathrm{e}^{\mathrm{i}(\alpha z+\alpha^* z^*)}\mathrm{d}^2 z \tag{Ⅱ.4}$$

$$F(z,z^*)=\int f(\alpha,\alpha^*)\mathrm{e}^{-\mathrm{i}(\alpha z+\alpha^* z^*)}\mathrm{d}^2\alpha \tag{Ⅱ.5}$$

2. 正规序排列算符的δ函数定义

$$\delta(\alpha^*-\hat{a}^\dagger)\delta(\alpha-\hat{a})=\frac{1}{\pi^2}\int \exp[-\beta(\alpha^*-\hat{a}^\dagger)]\exp[\beta^*(\alpha-\hat{a})]\mathrm{d}^2\beta \tag{Ⅱ.6a}$$

它的等价形式为

$$\delta(\alpha^*-\hat{a}^\dagger)\delta(\alpha-\hat{a})=\frac{1}{\pi^2}\int \exp[-\mathrm{i}\beta(\alpha^*-\hat{a}^\dagger)]\exp[-\mathrm{i}\beta^*(\alpha-\hat{a})]\mathrm{d}^2\beta \tag{Ⅱ.6b}$$

实际上，式(Ⅱ.6b)则是只要对式(Ⅱ.6a)变换变量$\beta\to\mathrm{i}\beta$和$\beta^*\to-\mathrm{i}\beta^*$就可获得。

正规序排列算符的δ函数具有下列两个性质。

性质 1 在相干态$|\gamma\rangle$下，有$\langle\gamma|\delta(\alpha^*-\hat{a}^\dagger)\delta(\alpha-\hat{a})|\gamma\rangle=\delta(\alpha^*-\gamma^*)\delta(\alpha-\gamma)\equiv\delta^{(2)}(\alpha-\gamma)$，这样就可将算符的$\delta$函数与数的$\delta^{(2)}(\alpha)$函数联系起来。

证明 式(Ⅱ.6a)的两边在相干态$|\gamma\rangle$下的期望值为

$$\delta(\alpha^*-\gamma^*)\delta(\alpha-\gamma)=\frac{1}{\pi^2}\int \mathrm{e}^{-\beta(\alpha^*-\gamma^*)}\mathrm{e}^{\beta^*(\alpha-\gamma)}\mathrm{d}^2\beta$$

取 $\alpha=\alpha_{\mathrm{r}}+\mathrm{i}\alpha_{\mathrm{i}}$，$\beta=\beta_{\mathrm{r}}+\mathrm{i}\beta_{\mathrm{i}}$，$\gamma=\gamma_{\mathrm{r}}+\mathrm{i}\gamma_{\mathrm{i}}$，可得 $\mathrm{d}^2\beta=\mathrm{d}\beta_{\mathrm{r}}\mathrm{d}\beta_{\mathrm{i}}$，则上式右边可表示为

$$\begin{aligned}\frac{1}{\pi^2}\int \mathrm{e}^{-\beta(\alpha^*-\gamma^*)}\mathrm{e}^{\beta^*(\alpha-\gamma)}\mathrm{d}^2\beta&=\frac{1}{\pi^2}\int\exp\{2\mathrm{i}[\beta_{\mathrm{r}}(\alpha_{\mathrm{i}}-\gamma_{\mathrm{i}})-\beta_{\mathrm{i}}(\alpha_{\mathrm{r}}-\gamma_{\mathrm{r}})]\}\mathrm{d}\beta_{\mathrm{r}}\mathrm{d}\beta_{\mathrm{i}}\\&=\frac{1}{(2\pi)^2}\int\exp\{\mathrm{i}[\beta_{\mathrm{r}}(\alpha_{\mathrm{i}}-\gamma_{\mathrm{i}})-\beta_{\mathrm{i}}(\alpha_{\mathrm{r}}-\gamma_{\mathrm{r}})]\}\mathrm{d}\beta_{\mathrm{r}}\mathrm{d}\beta_{\mathrm{i}}\\&=\delta[\mathrm{Im}(\alpha-\gamma)]\delta[\mathrm{Re}(\alpha-\gamma)]\\&\equiv\delta(\alpha^*-\gamma^*)\delta(\alpha-\gamma)\end{aligned}$$

从而得证。

性质 2　$(\hat{a}^\dagger)^m\hat{a}^n=\int(\alpha^*)^m\alpha^n\,\delta(\alpha^*-\hat{a}^\dagger)\delta(\alpha-\hat{a})\mathrm{d}^2\alpha$，这样就可通过 δ 函数积分将相干态的特征值与算符联系起来。在相干态 $|\gamma\rangle$ 下，可得

$$\begin{aligned}\langle\gamma|\int\alpha^{*m}\alpha^n\,\delta(\alpha^*-\hat{a}^\dagger)\delta(\alpha-\hat{a})\mathrm{d}^2\alpha|\gamma\rangle&=\int\alpha^{*m}\alpha^n\,\delta(\alpha^*-\gamma^*)\delta(\alpha-\gamma)\mathrm{d}^2\alpha\\&=\gamma^{*m}\gamma^n\\&=\langle\gamma|(\hat{a}^\dagger)^m\hat{a}^n|\gamma\rangle\end{aligned}$$

从而得证。

3. 反正规序排列算符的 δ 函数形式

$$\delta(\alpha-\hat{a})\delta(\alpha^*-\hat{a}^\dagger)=\frac{1}{\pi^2}\int\exp[\beta^*(\alpha-\hat{a})]\exp[-\beta(\alpha^*-\hat{a}^\dagger)]\mathrm{d}^2\beta \tag{Ⅱ.7}$$

证明：利用相干态的完备性关系 $\frac{1}{\pi}\int|\gamma\rangle\langle\gamma|\mathrm{d}^2\gamma=\hat{I}$，可得

$$\begin{aligned}\frac{1}{\pi^2}\int\mathrm{e}^{\beta^*(\alpha-\hat{a})}\mathrm{e}^{-\beta(\alpha^*-\hat{a}^\dagger)}\mathrm{d}^2\beta&=\frac{1}{\pi^3}\iint\mathrm{e}^{\beta^*(\alpha-\hat{a})}|\gamma\rangle\langle\gamma|\mathrm{e}^{-\beta(\alpha^*-\hat{a}^\dagger)}\mathrm{d}^2\beta\mathrm{d}^2\gamma\\&=\frac{1}{\pi^3}\iint\mathrm{e}^{\beta^*(\alpha-\gamma)}|\gamma\rangle\langle\gamma|\mathrm{e}^{-\beta(\alpha^*-\gamma^*)}\mathrm{d}^2\beta\mathrm{d}^2\gamma\\&=\frac{1}{\pi}\int\delta(\alpha-\gamma)|\gamma\rangle\langle\gamma|\delta(\alpha^*-\gamma^*)\mathrm{d}^2\gamma\\&=\delta(\alpha-\hat{a})\left(\frac{1}{\pi}\int|\gamma\rangle\langle\gamma|\mathrm{d}^2\gamma\right)\delta(\alpha^*-\hat{a}^\dagger)\\&=\delta(\alpha-\hat{a})\delta(\alpha^*-\hat{a}^\dagger)\end{aligned}$$

从而得证。

附录Ⅲ　泊松分布、二项式分布、高斯分布

泊松分布是一种重要的离散概率分布，常用于描述一个时间或空间间隔内随

机事件发生的次数。若一个随机事件 X 在时间上以固定的速率随机独立出现，则在单位时间内出现 n 次的概率服从泊松分布，即

$$P[n(X)=n]=\mathrm{e}^{-\mu}\frac{\mu^n}{n!} \tag{Ⅲ.1}$$

容易验证泊松分布是归一化的。泊松分布的期望值和方差分别为

$$E[n(X)]=\sum_{n=0}^{\infty}n\mathrm{e}^{-\mu}\frac{\mu^n}{n!}=\mu \tag{Ⅲ.2}$$

$$V[n(X)]=E[n^2]-E^2(n)=\sum_{k=0}^{\infty}n^2\mathrm{e}^{-\mu}\frac{\mu^n}{n!}-\mu^2=\mu \tag{Ⅲ.3}$$

可见，该事件发生的期望值和方差相等。

上述结论可以直接应用到光场中的光子。光场中的光子是随机出现的，在一个时间间隔 T 内，光子出现的次数也是随机的，其平均光子数记为 $\bar{n}$ 。若将时间间隔 T 再分成 N 份，则在每个更小的时间间隔 T/N 内，光子出现的概率为 $p=\bar{n}/N$ ，光子不出现的概率为 $1-p$ 。根据二项式分布，在 T 时间间隔内光子出现 n 次的概率为

$$P(n)=\frac{N!}{n!(N-n)!}p^n(1-p)^{N-n} \tag{Ⅲ.4}$$

则二项式分布的期望值和方差分别为

$$E[n(X)]=\sum_{n}nP=Np=\bar{n}\ ,\quad V[n(X)]=Np(1-p) \tag{Ⅲ.5}$$

因为

$$\begin{aligned}P(n)&=\frac{N!}{n!(N-n)!}p^n(1-p)^{N-n}=\frac{N!}{n!(N-n)!}\left(\frac{\bar{n}}{N}\right)^n\left(1-\frac{\bar{n}}{N}\right)^{N-n}\\&=\frac{N(N-1)(N-2)\cdots(N-n+1)}{N^n}\frac{\bar{n}^n}{n!}\left[\left(1-\frac{\bar{n}}{N}\right)^{\frac{N}{\bar{n}}}\right]^{\bar{n}}\left(1-\frac{\bar{n}}{N}\right)^{-n}\\&=\frac{\bar{n}^n}{n!}\left[\left(1-\frac{\bar{n}}{N}\right)^{\frac{N}{\bar{n}}}\right]^{\bar{n}}\left(1-\frac{\bar{n}}{N}\right)^{-n}\prod_{j=1}^{n-1}\left(1-\frac{j}{N}\right)\end{aligned} \tag{Ⅲ.6}$$

当 $N\to\infty$ 时， $\lim\limits_{N\to\infty}Np=\bar{n}$ ， $\lim\limits_{N\to\infty}\left(1-\frac{\bar{n}}{N}\right)^{-n}\prod\limits_{j=1}^{n-1}\left(1-\frac{j}{N}\right)\to 1$ ， $\lim\limits_{N\to\infty}\left[\left(1-\frac{\bar{n}}{N}\right)^{-\frac{N}{\bar{n}}}\right]^{-\bar{n}}$ $\to\mathrm{e}^{-\bar{n}}$ ，二项式分布将过渡到泊松分布，即

$$P(n)=\mathrm{e}^{-\bar{n}}\frac{\bar{n}^n}{n!} \tag{Ⅲ.7}$$

可见，对于相干光场 $|\alpha\rangle$ ，其平均光子数为 $\bar{n}=|\alpha|^2$ ，其光场光子数服从上述泊松分布。当 $n=\bar{n}$ 时，分布 $P(n)$ 取极大值。当 $\bar{n}\gg 1$ 时，光场光子数的均方偏差

为 $\Delta n=\bar{n}^{1/2}=|\alpha|$，光子数的相对涨落量为

$$\frac{\Delta n}{\bar{n}}=\frac{1}{\bar{n}^{1/2}}=\frac{1}{|\alpha|}\ll 1 \tag{Ⅲ.8}$$

即光子主要分布在区域 $(\bar{n}-\sqrt{\bar{n}})\sim(\bar{n}+\sqrt{\bar{n}})$，从而可将 $\ln P(n)$ 在 $n=\bar{n}$ 附近进行泰勒级数展开，当只保留到 $n-\bar{n}$ 的二次幂项时，有

$$\ln P(n)\approx \ln P\Big|_{n=\bar{n}}+\frac{\partial(\ln P)}{\partial n}\Big|_{n=\bar{n}}(n-\bar{n})+\frac{1}{2!}\frac{\partial^2(\ln P)}{\partial n^2}\Big|_{n=\bar{n}}(n-\bar{n})^2 \tag{Ⅲ.9}$$

将 $P(n)$ 代入式(Ⅲ.9)，并利用斯特林公式 $n!\approx\sqrt{2\pi n}\,n^n\mathrm{e}^{-n}$，取

$$\ln n!\approx n\ln n-n \tag{Ⅲ.10}$$

可得

$$\ln P(n)\approx-\frac{1}{2\bar{n}}(n-\bar{n})^2 \tag{Ⅲ.11}$$

于是

$$P(n)=A\exp\left[-\frac{(n-\bar{n})^2}{2\bar{n}}\right] \tag{Ⅲ.12}$$

式中，A 为归一化系数。

对 $P(n)$ 进行归一化 $\int P(n)\mathrm{d}n=1$，可得

$$A=\frac{1}{\sqrt{2\pi\bar{n}}} \tag{Ⅲ.13}$$

当 $\bar{n}\gg 1$ 时，$P(n)$ 转化为

$$P(n)=\frac{1}{\sqrt{2\pi\bar{n}}}\exp\left[-\frac{(n-\bar{n})^2}{2\bar{n}}\right] \tag{Ⅲ.14}$$

式(Ⅲ.14)就是典型的高斯分布。

附录Ⅳ　动量表象中积分时的 Wigner 函数形式

现在证明，在动量表象中积分时的 Wigner 函数形式，即式(3.3.39)为

$$W(q,p)=\frac{1}{2\pi\hbar}\int_{-\infty}^{\infty}\left\langle p+\tfrac{1}{2}p'\right|\hat{\boldsymbol{\rho}}\left|p-\tfrac{1}{2}p'\right\rangle\mathrm{e}^{-\mathrm{i}p'q/\hbar}\mathrm{d}p' \tag{Ⅳ.1}$$

设 $\varphi(p)$ 为量子态 $|\psi\rangle$ 在动量表象中的态矢量，$\varphi(p)$ 与 $\psi(q)$ 互为傅里叶变换。利用如下傅里叶变换：

$$\psi(q+q')=\frac{1}{\sqrt{2\pi\hbar}}\int\mathrm{d}p'\varphi(p')\mathrm{e}^{\mathrm{i}p'(q+q')/\hbar} \tag{Ⅳ.2}$$

$$\psi^*(q-q') = \frac{1}{\sqrt{2\pi\hbar}}\int \mathrm{d}p''\varphi^*(p'')\mathrm{e}^{-\mathrm{i}p''(q-q')/\hbar} \tag{Ⅳ.3}$$

则式(3.3.38)中的$W(q,p) = \frac{1}{\pi\hbar}\int_{-\infty}^{\infty}\langle q+q'|\hat{\rho}|q-q'\rangle \mathrm{e}^{\mathrm{i}2pq'/\hbar}\mathrm{d}q'$可以转化为

$$\begin{aligned} W(q,p) &= \frac{1}{\pi\hbar}\frac{1}{2\pi\hbar}\iiint \mathrm{d}q'\mathrm{d}p'\mathrm{d}p''\mathrm{e}^{\mathrm{i}p'(q+q')/\hbar}\varphi(p')\mathrm{e}^{-\mathrm{i}p''(q-q')/\hbar}\varphi^*(p'')\mathrm{e}^{\mathrm{i}2pq'/\hbar} \\ &= \frac{1}{\pi\hbar}\frac{1}{2\pi\hbar}\iiint \mathrm{d}q'\mathrm{d}p'\mathrm{d}p''\varphi(p')\varphi^*(p'')\mathrm{e}^{\mathrm{i}q(p'-p'')/\hbar}\mathrm{e}^{\mathrm{i}q'(p'+p'')/\hbar}\mathrm{e}^{\mathrm{i}2pq'/\hbar} \\ &= \frac{1}{\pi\hbar}\iint \mathrm{d}p'\mathrm{d}p''\delta(2p+p'+p'')\mathrm{e}^{\mathrm{i}(p'-p'')q/\hbar}\varphi(p')\varphi^*(p'') \end{aligned} \tag{Ⅳ.4}$$

令$p'=u+v$、$p''=u-v$，则$p'+p''=2u$、$p'-p''=2v$、$\left|\frac{\partial(p',p'')}{\partial(u,v)}\right|=2$、$\mathrm{d}p'\mathrm{d}p''=2\mathrm{d}u\mathrm{d}v$，可将式(Ⅳ.4)转化为

$$\begin{aligned} W(q,p) &= \frac{1}{\pi\hbar}\iint \mathrm{d}u\mathrm{d}v\delta(p+u)\mathrm{e}^{\mathrm{i}2vq/\hbar}\varphi(u+v)\varphi^*(u-v) \\ &= \frac{1}{\pi\hbar}\int \mathrm{d}v\mathrm{e}^{\mathrm{i}2vq/\hbar}\varphi(-p+v)\varphi^*(-p-v) \end{aligned} \tag{Ⅳ.5}$$

将v换为$-p'$，可得

$$\begin{aligned} W(q,p) &= \frac{1}{\pi\hbar}\int_{-\infty}^{\infty}(-\mathrm{d}p')\mathrm{e}^{-\mathrm{i}2p'q/\hbar}\varphi(-p-p')\varphi^*(-p+p') \\ &= \frac{1}{\pi\hbar}\int_{-\infty}^{\infty}\varphi(p+p')\varphi^*(p-p')\mathrm{e}^{-\mathrm{i}2p'q/\hbar}\mathrm{d}p' \\ &= \frac{1}{\pi\hbar}\int_{-\infty}^{\infty}\langle p+p'|\hat{\rho}|p-p'\rangle \mathrm{e}^{-\mathrm{i}2p'q/\hbar}\mathrm{d}p' \\ &= \frac{1}{2\pi\hbar}\int_{-\infty}^{\infty}\left\langle p+\frac{1}{2}p'\right|\hat{\rho}\left|p-\frac{1}{2}p'\right\rangle \mathrm{e}^{-\mathrm{i}p'q/\hbar}\mathrm{d}p' \end{aligned} \tag{Ⅳ.6}$$

从而式(3.3.39)即式(Ⅳ.1)得证。

附录Ⅴ　系统动力学演化方法求解有效哈密顿量

假设系统的哈密顿量表示为

$$\hat{H} = \hat{H}_0 + \hat{V} \tag{Ⅴ.1}$$

式中，$\hat{H}_0$为自由哈密顿量；$\hat{V}$为相互作用哈密顿量，其一般形式为

$$\hat{V} = \hbar g(\hat{A}+\hat{A}^\dagger) \tag{Ⅴ.2}$$

对于一个二能级原子与量子单模光场相互作用的J-C模型，在旋转波近似下，

$\hat{A}=\hat{a}\hat{\sigma}_+$、$\hat{H}_0=\frac{1}{2}\hbar\omega_0\hat{\sigma}_z+\hbar\omega\hat{a}^\dagger\hat{a}$，则在相互作用绘景中的相互作用哈密顿量为

$$\hat{H}_\text{I}=\hbar g(\hat{A}\text{e}^{\text{i}\varDelta t}+\hat{A}^\dagger\text{e}^{-\text{i}\varDelta t}) \tag{V.3}$$

式中，$\varDelta=\omega_0-\omega$ 为光场频率 ω 与原子能级耦合的失谐量。

相互作用绘景中的薛定谔方程为

$$\text{i}\hbar\frac{\text{d}|\psi(t)\rangle}{\text{d}t}=\hat{H}_\text{I}(t)|\psi(t)\rangle \tag{V.4}$$

则方程的解可表示为

$$|\psi(t)\rangle=\hat{U}(t)|\psi(0)\rangle=\hat{T}\left[\exp\left(-\frac{\text{i}}{\hbar}\int_0^t\text{d}t'\hat{H}_\text{I}(t')\right)\right]|\psi(0)\rangle \tag{V.5}$$

式中，$\hat{T}$ 为编时算符；$|\psi(0)\rangle$ 为原子和光场系统的初态。

对时间演化算符 $\hat{U}(t)$ 进行微扰展开，可得

$$\begin{aligned}\hat{U}(t)&=\hat{T}\left[\exp\left(-\frac{\text{i}}{\hbar}\int_0^t\text{d}t'\hat{H}_\text{I}(t')\right)\right]\\&=\hat{T}\left[1-\frac{\text{i}}{\hbar}\int_0^t\text{d}t'\hat{H}_\text{I}(t')-\frac{1}{2\hbar^2}\int_0^t\text{d}t'\int_0^t\text{d}t''\hat{H}_\text{I}(t')\hat{H}_\text{I}(t'')+\cdots\right]\\&=\hat{I}-\frac{\text{i}}{\hbar}\int_0^t\text{d}t'\hat{H}_\text{I}(t')-\frac{1}{\hbar^2}\int_0^t\text{d}t'\int_0^{t'}\text{d}t''\hat{H}_\text{I}(t')\hat{H}_\text{I}(t'')+\cdots\end{aligned} \tag{V.6}$$

式中，第三项使用了编时算符 $\hat{T}$ 后可写为

$$\hat{T}\left[\int_0^t\text{d}t'\int_0^{t'}\text{d}t''\hat{H}_\text{I}(t')\hat{H}_\text{I}(t'')\right]=2\int_0^t\text{d}t'\int_0^{t'}\text{d}t''\hat{H}_\text{I}(t')\hat{H}_\text{I}(t'') \tag{V.7}$$

方程(V.6)中的第二项(即一阶项)为

$$\begin{aligned}\int_0^t\text{d}t'\hat{H}_\text{I}(t')&=\hbar g\left[\hat{A}\left(\frac{\text{e}^{\text{i}\varDelta t'}}{\text{i}\varDelta}\right)\Bigg|_0^t-\hat{A}^\dagger\left(\frac{\text{e}^{-\text{i}\varDelta t'}}{\text{i}\varDelta}\right)\Bigg|_0^t\right]\\&=\frac{\hbar g}{\text{i}\varDelta}\left[\hat{A}(\text{e}^{\text{i}\varDelta t}-1)-\hat{A}^\dagger(\text{e}^{-\text{i}\varDelta t}-1)\right]\end{aligned} \tag{V.8}$$

将其代入式(V.6)的二阶项，可得

$$\begin{aligned}\int_0^t\text{d}t'\int_0^{t'}\text{d}t''\hat{H}_\text{I}(t')\hat{H}_\text{I}(t'')=\frac{\hbar^2g^2}{\text{i}\varDelta}\int_0^t\text{d}t'[\hat{A}^2\text{e}^{2\text{i}\varDelta t'}-\hat{A}^2\text{e}^{\text{i}\varDelta t'}-\hat{A}^{\dagger 2}\text{e}^{-2\text{i}\varDelta t'}\\+\hat{A}^{\dagger 2}\text{e}^{-\text{i}\varDelta t'}+\hat{A}^\dagger\hat{A}(1-\text{e}^{-\text{i}\varDelta t'})-\hat{A}\hat{A}^\dagger(1-\text{e}^{\text{i}\varDelta t'})]\end{aligned} \tag{V.9}$$

在旋转波近似下，式(V.9)积分中的所有显含时间振荡项($\text{e}^{\pm 2\text{i}\varDelta t'}$ 和 $\text{e}^{\pm\text{i}\varDelta t'}$)在积分后平均为零。同时又在大失谐条件下，$g^2/\varDelta$ 较小。故其余项在积分后为

$$\int_0^t\text{d}t'\int_0^{t'}\text{d}t''\hat{H}_\text{I}(t')\hat{H}_\text{I}(t'')=\frac{\text{i}\hbar^2g^2t}{\varDelta}[\hat{A},\hat{A}^\dagger] \tag{V.10}$$

于是在二阶近似下，时间演化算符$\hat{U}(t)$可表示为

$$\hat{U}(t)=\hat{I}-\frac{g}{\varDelta}[\hat{A}(\mathrm{e}^{\mathrm{i}\varDelta t}-1)-\hat{A}^{\dagger}(\mathrm{e}^{-\mathrm{i}\varDelta t}-1)]-\frac{\mathrm{i}g^2t}{\varDelta}[\hat{A},\hat{A}^{\dagger}] \tag{V.11}$$

当系统的平均激发数$\langle\hat{A}\rangle=\langle\hat{A}^{\dagger}\hat{A}\rangle^{1/2}\ll 1$时，再加上大失谐条件，式(V.11)中$g$的一阶项可以忽略，从而可得

$$\hat{U}(t)=\hat{I}-\mathrm{i}\hat{H}_{\mathrm{e}}t/\hbar=\exp(-\mathrm{i}\hat{H}_{\mathrm{e}}t/\hbar) \tag{V.12}$$

式中

$$\hat{H}_{\mathrm{e}}=\frac{\hbar g^2}{\varDelta}[\hat{A},\hat{A}^{\dagger}] \tag{V.13}$$

对于J-C模型，$\hat{A}=\hat{a}\hat{\sigma}_{+}$，则有

$$[\hat{A},\hat{A}^{\dagger}]=\hat{\sigma}_{+}\hat{\sigma}_{-}+\hat{a}^{\dagger}\hat{a}\hat{\sigma}_{z} \tag{V.14}$$

相应的相互作用有效哈密顿量为

$$\hat{H}_{\mathrm{e}}=\frac{\hbar g^2}{\varDelta}(\hat{\sigma}_{+}\hat{\sigma}_{-}+\hat{a}^{\dagger}\hat{a}\hat{\sigma}_{z}) \tag{V.15}$$

这个结果与式(7.3.44)或式(7.6.12)完全相同。

附录Ⅵ　压缩真空库作用下谐振子主方程的$I_i(i=1,2,3,4)$值计算

双模压缩真空库与平衡状态热库不同，I_1和I_2的值不为零，故有

$$I_1=\int_0^t\mathrm{d}t'\langle\hat{B}(t)\hat{B}(t')\rangle=\int_0^t\mathrm{d}t'\sum_{j,k}g_jg_k\mathrm{e}^{-\mathrm{i}(\omega_j-\omega_0)t}\mathrm{e}^{-\mathrm{i}(\omega_k-\omega_0)t'}\langle\hat{b}_j\hat{b}_k\rangle \tag{Ⅵ.1}$$

对模式求和转化为频率空间的积分，即

$$I_1=\int_0^t\mathrm{d}t'\int_0^{\infty}\mathrm{d}\omega_1\rho(\omega_1)\int_0^{\infty}\mathrm{d}\omega_2\rho(\omega_2)g(\omega_1)g(\omega_2)\langle b(\omega_1)b(\omega_2)\rangle_{\mathrm{R}}\,\mathrm{e}^{-\mathrm{i}(\omega_1t+\omega_2t')+\mathrm{i}\omega_0(t+t')} \tag{Ⅵ.2}$$

式中，$\rho(\omega)$为库在频域上的态函数密度。

对于平衡时的普通谐振子热库，关联函数$\langle b(\omega_1)b(\omega_2)\rangle_{\mathrm{R}}=0$，但对双模压缩真空库，存在相位关联，$\langle b(\omega_1)b(\omega_2)\rangle_{\mathrm{R}}\neq 0$。

因此，假定

$$\langle b(\omega_1)b(\omega_2)\rangle_{\mathrm{R}}=M(\omega_1)\delta(2\omega_0-\omega_1-\omega_2) \tag{Ⅵ.3}$$

$$I_1=\int_0^t\mathrm{d}t'\int_0^{\infty}\mathrm{d}\omega\rho(\omega)\rho(2\omega_0-\omega)g(\omega)g(2\omega_0-\omega)M(\omega)\mathrm{e}^{\mathrm{i}(\omega_0-\omega)(t-t')} \tag{Ⅵ.4}$$

该积分仅与时间 $\tau=t-t'$ 有关。进行第一马尔可夫近似：设 $\rho(\omega)$、$g(\omega)$、$M(\omega)$ 是在 ω_0 附近的缓变函数，而且 ω_0 很大。因此，取变换 $\varepsilon=\omega-\omega_0$ 后有

$$I_1 \approx \int_0^t \mathrm{d}\tau \int_{-\infty}^{\infty} \mathrm{d}\varepsilon \rho^2(\omega_0+\varepsilon) g^2(\omega_0+\varepsilon) M(\omega_0+\varepsilon) \mathrm{e}^{-\mathrm{i}\varepsilon\tau} \tag{Ⅵ.5}$$

这里已设频域函数是以 ω_0 为中心对称的。

由于假设对频率的积分为时间的快速衰减函数，所以可将时间的积分上限扩大到无穷。交换时间和频率的积分次序，先对时间积分，可得

$$I_1 \approx \int_{-\infty}^{\infty} \mathrm{d}\varepsilon \rho^2(\omega_0+\varepsilon) g^2(\omega_0+\varepsilon) M(\omega_0+\varepsilon) \left[\pi\delta(\varepsilon)-\mathrm{i}P\cdot\frac{1}{\varepsilon}\right] \tag{Ⅵ.6}$$

式(Ⅵ.6)用到以下关系式：

$$\begin{aligned}\int_0^{\infty} \mathrm{d}\tau \mathrm{e}^{\pm\mathrm{i}\varepsilon\tau} &= \lim_{\eta\to 0^+} \int_0^{\infty} \mathrm{d}\tau \mathrm{e}^{\pm\mathrm{i}\varepsilon\tau-\eta\tau} \\ &= \lim_{\eta\to 0^+} \frac{1}{\eta \mp \mathrm{i}\varepsilon} \\ &= \lim_{\eta\to 0^+} \frac{\eta}{\eta^2+\varepsilon^2} \pm \lim_{\eta\to 0^+} \frac{\mathrm{i}\varepsilon}{\eta^2+\varepsilon^2} \\ &= \pi\delta(\varepsilon) \pm \mathrm{i}P\cdot\frac{1}{\varepsilon}\end{aligned} \tag{Ⅵ.7}$$

式中，$P\cdot\frac{1}{\varepsilon}$ 表示柯西积分主值，其定义为

$$P\int_{-a}^{b} \frac{f(\omega)}{\omega}\mathrm{d}\omega = \lim_{\eta\to 0}\left[\int_{-a}^{-\eta} \frac{f(\omega)}{\omega}\mathrm{d}\omega + \int_{\eta}^{b} \frac{f(\omega)}{\omega}\mathrm{d}\omega\right] \tag{Ⅵ.8}$$

定义阻尼速率 γ 和 $\bar{\Delta}$ 分别为

$$\gamma \equiv 2\pi\rho^2(\omega_0) g^2(\omega_0) \tag{Ⅵ.9}$$

$$\begin{aligned}\bar{\Delta} &= -P\int_{-\infty}^{\infty} \mathrm{d}\varepsilon \frac{1}{\varepsilon} \rho^2(\omega_0+\varepsilon) g^2(\omega_0+\varepsilon) M(\omega_0+\varepsilon) \\ &= P\int_{-\infty}^{\infty} \mathrm{d}\omega \frac{1}{\omega_0-\omega} \rho^2(\omega) g^2(\omega) M(\omega)\end{aligned} \tag{Ⅵ.10}$$

则有

$$I_1 = \frac{\gamma}{2} M(\omega_0) + \mathrm{i}\bar{\Delta} \tag{Ⅵ.11}$$

同理可得

$$I_2 = \frac{\gamma}{2} M(\omega_0) - \mathrm{i}\bar{\Delta} \tag{Ⅵ.12}$$

$$I_3 = \frac{\gamma}{2}[1 + N(\omega_0)] - \mathrm{i}\Delta \tag{Ⅵ.13}$$

$$I_4 = \frac{\gamma}{2}N(\omega_0) - \mathrm{i}\Delta \tag{Ⅵ.14}$$

式中，函数 $N(\omega_0)$ 为正比于压缩真空库的强度谱，定义为

$$\langle \hat{b}^{\dagger}(\omega)\hat{b}(\omega')\rangle_{\mathrm{R}} = N(\omega)\delta(\omega - \omega') \tag{Ⅵ.15}$$

而 Δ 为谐振子频率的微小移动，定义为

$$\begin{aligned}\Delta &= -P\int_{-\infty}^{\infty}\mathrm{d}\varepsilon \frac{1}{\varepsilon}\rho^2(\omega_0+\varepsilon)g^2(\omega_0+\varepsilon)[N(\omega_0+\varepsilon)+1] \\ &= P\int_{-\infty}^{\infty}\mathrm{d}\omega \frac{1}{\omega_0-\omega}\rho^2(\omega)g^2(\omega)[N(\omega)+1]\end{aligned} \tag{Ⅵ.16}$$

对于二能级原子系统，Δ 表示兰姆移位，一般忽略 Δ 和 $\overline{\Delta}$ 的影响。

将 $I_i(i=1,2,3,4)$ 值代入式(9.1.43)，就可得到压缩真空库作用下谐振子的主方程。